실무를 위한 식품분석학

FOOD ANALYSIS

실무를 위한 식품분석학

노봉수 · 김석중 · 김영석 · 이광근
이재환 · 최승준 · 이혜영 · 조인희

개정2판

수학사

개정 2판을 내며

식품과 관련된 불안한 뉴스가 잊을 만하면 한 번씩 불거져 식품 안전에 대한 관심과 의식이 높아지면서 식품 분석에 관한 중요성도 점점 더 강조되고 있다. 특히나 산업 현장에서는 더욱 그러하다. '식품분석학'은 식품을 연구하거나 다루는 사람이라면 모두에게 꼭 필요한 분야이다. 식품과 관련된 모든 분야를 연구함에 있어 분석 업무가 제대로 이루어지지 않으면 어떤 것도 성취할 수 없기 때문이다. 실생활에서 식품 안전사고가 증가하게 되면 식품 안전과 더불어 식품 내에 존재하는 미량 성분에 관한 분석과 이에 대한 관심 또한 증폭되는 것도 사실이다.

좋은 분석기기를 마련하여 미지의 물질을 분석하는 것보다도 더 중요한 것은 자신이 분석한 데이터에 대한 자신감이라 할 수 있다. 다시 말하면 검증을 통해 개관적인 의미를 전달할 수 있어야 한다. 실험 시 어떤 오차가 발생할 수 있으며 그로 인한 오차 가능성은 어느 정도인지를 예상하고 설명할 수 있어야 정확하고 정밀한 데이터를 제시할 수 있다. 단순히 반복실험을 통하여 얻은 결과를 제시하는 것에 그치기보다는, 보다 더 세밀하게 그 결과가 갖고 있는 문제점을 파악하고 이를 설명할 수 있어야 진정으로 분석을 할 수 있는 사람이라 말할 수 있다.

이 책에서는 대학교, 식품 관련 산업체, 식품의약품안전처에서 모두가 중요하게 여기는 문제들에 대한 비중을 높이고 이를 심도 있게 다루었다. 실험에 임하기에 앞서 기본이 되는 요소들에 대하여 좀 더 철저한 준비가 이루어져야 함을 서술하고, 새로운 분석기기들에 대한 응용력을 통하여 빠르게 변화하는 분석 기술에 대한 적응도를 높이고자 하였다. 무엇보다도 미지의 시료에 대한 분석을 어떻게 접근하여 해결해야 하는가 하는 문제를 마지막 장에서 다룬다. 이러한 문제는 실제 현장에서 흔히 접하게 되는 문제들로, 훈련을 통하여 어떤 상황에 마주치게 되더라도 모두 헤쳐 나갈 수 있어야 식품 분석을 제대로 할 수 있다고 할 것이다.

이 책에서 다루지 못한 분석기기도 많이 있으나 우선은 현장 업무에 임할 때 바로 도움이 되도록 기본이 되는 요소들을 중심으로 서술하였으며 대학원 과정에서 필요한 부분도 다루고 있어서 교재로서뿐만 아니라 현장에서 분석 업무를 담당하는 사람에게도 참고가 되었으면 하는 바람이다.

이번 개정 2판에서는 개정판을 발행한 이후 발견된 오류를 바로 잡고, Part 1의 기초 이론과 원리 부분을 압축, 정리하였다. 또한 Part 5 분광광도계, Part 6 크로마토그래피, Part 7 식품의 미지 시료 분석법으로 나누어 새로이 구성하였다. 특히 GC나 LC 분석에서 많이 사용되는 질량분석기 부분을 보강하였다. 부록에는 '식품기사 준비를 위한 필답형 문제와 풀이'를 새롭게 소개하였으며, 이와는 별도로 각 장별로 자기 주도적 학습을 진행해 나가는 데 도움이 되도록 연습문제를 제시하였다. 최근 코로나 19 유행 등으로 대면 강의보다는 비대면 강의가 늘어나고 있는 현실에서 문제를 많이 풀어 볼 수 있는 기회를 제공하는 것은 큰 의미가 있으리라 생각한다. 새로운 부분의 내용을 보강하고 문제를 발굴하기 위하여 집필진으로 세 분을 더 모신 것도 또 다른 결실이라 할 수 있다. 앞으로도 더욱 더 좋은 교재로 자리 매김할 수 있도록 노력할 것을 약속드리며, 이번 개정 2판 편집 업무에 힘써주신 수학사 이영호 사장님과 직원 여러분께 감사의 뜻을 전한다.

저자 일동

차례

Part 1

기본 이론과 기본 원리

10/0.25
160/0.17

Part 1

기본 이론과 기본 원리

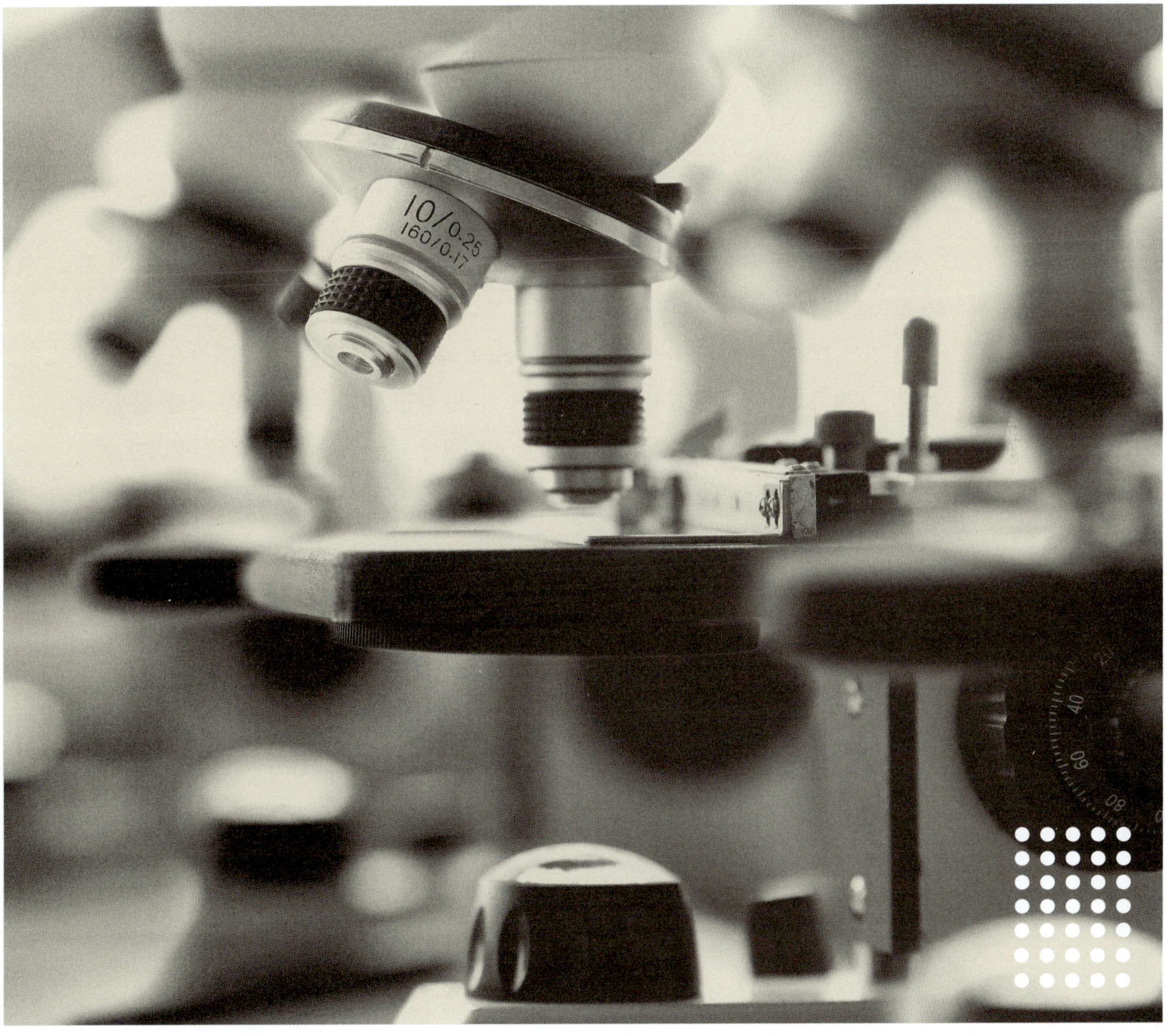

FOOD ANALYSIS

01 분석실험의 기초

1. 실험에 들어가기 전

식품 분석 실험은 식품 내 다양한 식품 성분들을 정성 또는 정량적으로 분석하고자 하는 것으로 화학적 분석, 물리적 분석 및 기기 분석 등을 포함한다. 따라서 다양한 실험 기구 및 기기, 그리고 시약 등을 다루게 되며, 이들의 특성 및 사용방법을 정확하게 숙지하여 실험이 원활하고 안전하게 진행되도록 하여야 한다. 실험 시 간혹 발생하는 폭발, 화재, 약품 중독, 상해 등의 재난은 실험실 안전수칙 불이행이나 부주의로 발생하나, 정해진 실험 과정을 정확히 따르고 안전수칙을 잘 이행하면 사고 없이 무사히 소기의 목적을 달성하며 실험을 마칠 수 있다. 안전하고 성공적으로 실험을 마치기 위해서는 실험 목적 및 방법의 정확한 숙지, 실험실 안전수칙의 철저한 준수, 항상 주의를 기울이는 태도와 마음가짐이 절대적으로 필요하다.

1) 기본적인 실험실 안전수칙

실험실에서 지켜야 할 기본적인 안전수칙은 다음과 같으며, 반드시 이를 숙지하고 이해해야 한다.

① 실험실에서는 철저히 담당교수와 조교의 지시에 따르며, 주어진 실험 목적을 달성하기 위해 필요한 실험 이외의 것을 수행해서는 안 된다.

② 실험의 목적과 실험방법, 실험에 사용되는 시약, 그리고 기기 및 기구의 특성 및 사용 시 주의점을 철저히 숙지한다.

③ 실험실에서는 준비된 실험복을 반드시 착용하며, 불필요한 신체 노출은 피한다.

④ 특별한 별도의 지시가 없는 한 어떤 시약도 입에 넣어서는 안 되며, 부득불 시약의 냄새를 확인할 경우에는 시약병 입구를 손으로 부채질하여 공기에 희석된 상태에서 살며시 맡도록 한다.

⑤ 인체에 유해하거나 냄새가 강한 기체가 발생되는 경우에는 반드시 후드 내에서 실험하도록 하며, 실험실에 유출되었을 경우에는 즉시 환기시키도록 한다.

⑥ 실험실 내에서 실험 이외의 목적으로 불을 사용하여서는 안 되며, 가열을 위해 불을 사용하는 경우 특별한 주의를 기울이고 가까운 곳에 인화성 물질이 없도록 한다.

⑦ 각자의 소지품은 주어진 장소에 비치하며, 실험대에는 실험에 필요한 기구, 시약 및 실험노트 등 실험에 직접 필요한 물품 이외에는 놓지 않도록 한다.

⑧ 시약병에서 시약을 덜어낼 때에는 미리 레이블에 적힌 시약의 특성을 파악하고 주어진 주의사항에 따라 시행해야 하며, 시약은 항상 깨끗한 시약 스푼, 시약 접시, 비커 등을 사용하여 옮기도록 한다. 시약은 가급적 필요 이상의 양을 취하지 않도록 하며, 일단 시약병에서 취하고 남은 시약은 도로 시약병에 담지 않고 폐기 처리하도록 한다.

⑨ 농도가 높은 산을 희석시키고자 하는 경우에는 반드시 미리 준비한 물(증류수 등)에 천천히 가하면서 잘 저어 주도록 한다. 이때에도 발열이 심한 경우에는 얼음물 등에서 작업을 수행하여야 하며, 어느 경우에도 농도가 높은 산 용액에 물을 직접 가하지 않도록 한다.

⑩ 시험관 등에 담긴 실험 용액을 가열하는 경우에는 가능한 직접 가열을 피하고, 과도한 압력이 생기지 않도록 한다. 가열하는 동안 시험관 등 용기의 입구가 본인이나 주위에 있는 다른 사람에게 향하지 않도록 한다.

⑪ 메스실린더나 피펫 등 눈금이 새겨진 측정용 유리 기구는 가열하지 않으며, 가능한 세재로 직접 세척하지 않도록 한다. 사용 후 바로 여러 번 물로 세척하도록 한다.

⑫ 실험이 완료되면 사용한 기구 등은 깨끗이 닦아 반납하여야 하며, 실험 시 발생한 폐수는 규칙에 따라 지정된 장소나 용기에 폐기하도록 한다.

2) 실험 시 준비물

(1) 교과서, 실험노트, 필기도구

실험방법 등이 설명된 교과서나 유인물을 미리 숙지하고 준비하도록 하며, 실험 중 특이한 사항이나 관찰한 내용 등을 필기할 실험노트를 항상 지니도록 한다. 실험 중 기록한 모든 사항은 실험 후 제출할 보고서 작성 시 참조하도록 한다.

(2) 실험복 및 간편한 복장

항상 청결한 실험복을 착용하도록 하며, 활동이 편리한 복장을 갖추도록 한다. 가능한 신체의 노출을 줄이며, 신발도 맨살이 드러나지 않는 유형의 것을 구비하도록 한다.

(3) 소화기 및 구급약

항상 예기치 못한 재난이 발생할 수 있으므로 위급 상황 시 사용할 소화기의 상태, 위치 및 사용법을 확인하고, 화상이나 찰과상 등에 대비한 구급약을 갖추도록 한다. 기타 위급 상황 시 필요한 긴급 연락처를 숙지하고 가까운 보건소 등의 위치를 확인한다.

3) 실험보고서 작성

실험보고서에는 실험의 목적 및 원리, 실험방법, 실험 결과, 고찰 및 참고문헌 등이 포함되며, 가급적 간단하고 명료하게 작성한다. 실험보고서는 자신이 실험한 내용과 결과, 그리고 자신의 생각을 타인에게 보고하는 것이므로 읽기 쉽고 보기에 편하도록 해야 한다.

(1) 표지

실험의 제목, 일시, 보고서 작성자, 담당 교수나 조교 등을 표기한다.

(2) 실험의 목적 및 원리

실험을 통해 알고자 했던, 또는 얻고자 했던 원래 실험의 목적을 간략하게 기술한다. 또 실험과 관련이 있고 뒷받침이 되는 실험의 원리나 이론 등을 설명한다.

(3) 실험방법

사용된 재료, 시약, 기구, 기기 등을 나열하며, 수행된 모든 절차를 간략히 작성한다. 제3자 보고를 쉽게 할 수 있도록 기록해야 한다.

실험보고서

학과: ____________

학번: ____________

이름: ____________

담당교수: ____________

실험 제목 ____________________

1. 실험의 목적 및 원리

2. 실험방법

3. 실험 결과

4. 고찰

5. 요약

6. 참고문헌

(4) 실험 결과

실험을 통해 얻은 모든 결과를 숫자나 그림, 표 등을 사용하여 제시하며, 숫자로 표현할 때에는 유효숫자를 고려하여 나타내도록 한다. 필요시에는 실험 결과들의 평균값이나 표준편차 등을 구하여 보여 주도록 한다.

(5) 고찰

실험을 통해 얻은 결과의 의미를 설명하고, 참고문헌 등을 통해 파악된 지식이나 다른 실험자들의 결과나 데이터를 비교하여 본 실험의 의의, 특이사항, 문제점, 앞으로 개선되거나 해결해야 하는 사항 등을 기술한다. 참고문헌을 이용하더라도 가급적 자신의 생각을 자신의 언어로 표현하며, 논리적으로 서술하도록 한다. 일반적으로 학생들의 실험보고서에서 편차가 드러나는 부분으로 가장 많은 시간을 필요로 한다.

(6) 요약

전체적인 실험의 제반 사항을 간략하게 요약하고, 가능하다면 실험의 결론을 도출한다.

(7) 참고문헌

실험보고서 작성에 사용된 모든 참고문헌을 표시하며, 참고문헌의 일부 내용을 직접 인용했을 때에는 해당 실험보고서 본문에 각주를 달아 보기 좋게 표시하도록 한다.

2. 기초 지식

식품 분석을 수행하기 위하여 필요한 시약은 실험자가 원하는 농도로 직접 제조해야 되는 경우가 대부분이다. 특히, 제조해야 되는 시약의 대부분은 용액으로 만들어지기 때문에 용액의 농도에 익숙해야 한다. 그리고 구비하고 있는 시약 및 표준용액으로 원하는 소정 농도의 용액으로 전환이 용이하게 이루어질 수 있어야 한다.

용액 중에 있는 소수의 물질을 용질(solute)이라 하고, 다수의 물질을 용매(solvent)라고 한다. 이 중 용매가 물인 용액을 수용액(aqueous solution)이라 한다.

용액의 농도는 주어진 부피나 질량 중에 얼마만큼의 용질이 함유되어 있는지를 의미하며, 필요나 목적에 따라 다양한 방법으로 표시된다.

1) SI 단위

국제단위계(International System of Units, SI Unit System)는 프랑스어 Le Système International d'Unités에서 유래되었으며, 도량형의 하나로 미터법 또는 MKS 시스템(Metre-Kilogram-Second system)이라고도 한다.

기본적인 SI 단위들은 표 1-1에 수록되어 있으며, 이들로부터 모든 다른 단위들을 유도할 수 있다. 길이, 질량, 시간의 표준 단위는 각각 미터(meter, m), 킬로그램(kilogram, kg), 초(second, s)이다. 온도는 켈빈(kelvin, K), 물질의 양은 몰(mole, mol), 전류는 암페어(ampere, A)로 표시된다.

기본 단위들로부터 구해지는 다른 몇 가지 단위들은 표 1-2에 나타내었다. 예를 들면 힘은 뉴턴(newton, N), 압력은 파스칼(pascal, Pa), 에너지는 줄(joule, J)로 표시되는데, 이들은 각각 길이, 시간, 질량의 기본 단위들로 나타낼 수 있다.

극도의 미량 또는 다량으로 존재하는 양을 나타내는 경우에는 지수 표기법보다는 이에 상응하는 접두어를 사용하는 것이 더욱 편리하다. 이에 대해서는 표 1-3에 나타내었다.

과학계에서 SI 단위계는 국제적으로 채택되어 사용되고 있지만, 그 밖의 다른 단위들도 함께 사용하고 있다. SI 단위 이외에 널리 사용되는 몇 가지 단위들을 표 1-4에 수록하였으며 이들과 SI 단위들과의 관계도 나타내었다.

표 1-1 기본적인 SI 단위

물리적 양	단위(기호)	정의
길이	미터(m)	빛이 진공에서 1/2999 792 458초 동안 진행한 거리
질량	킬로그램(kg)	1킬로그램은 프랑스 Sèvre에 보관된 국제 표준 킬로그램원기의 질량
시간	초(s)	1초는 ^{133}Cs원자의 전이에 대응하는 복사선 주기의 9 192 631 770배에 해당하는 시간
전류	암페어(A)	1암페어는 진공에서 단면적을 무시할 정도의 무한히 긴 두 개의 직선 평형 도체를 1 m 간격으로 나란히 놓았을 때 2×10^{-7} 미터당 뉴턴의 힘을 발생시킬 수 있는 전류량
온도	캘빈(K)	온도는 물의 삼중점(물의 고체, 액체, 기체 상태가 평형인 점)이 273.16K이고, 절대영도가 0K인 것으로 정의
광도	칸델라(cd)	사람의 눈으로 볼 수 있는 광도의 척도
물리적 양	몰(mol)	1몰은 정확하게 0.012 kg의 ^{12}C 속에 들어 있는 탄소 수와 같은 수의 입자로 정의(약 6.02214199×10^{23}개)

표 1-2 주요 SI 유도 단위

물리적 양	단위	기호	다른 단위항으로 표시	SI 기본 단위항으로 표시
주파수	헤르츠(hertz)	Hz		1/s
힘	뉴턴(newton)	N		$m \cdot kg/s^2$
압력	파스칼(pascal)	Pa	N/m^2	$kg(m \cdot s^2)$
에너지, 일, 열량	줄(joule)	J	$N \cdot m$	$m^2 \cdot kg/s^2$
힘, 복사선속	와트(watt)	W	J/s	$m^2 \cdot kg/s^3$
전기량, 전하	쿨롱(coulomb)	C		$s \cdot A$
전위, 전위차, 기전력	볼트(volt)	V	W/A	$m^2 \cdot kg/(s^3 \cdot A)$
전기저항	옴(ohm)	Ω	V/A	$m^2 \cdot kg/(s^3 \cdot A^2)$

표 1-3 접두어

접두어	기호	자릿수	접두어	기호	자릿수
테라(tera)	T	10^{12}	데시(deci)	d	10^{-1}
기가(giga)	G	10^{9}	센티(centi)	c	10^{-2}
메가(mega)	M	10^{6}	밀리(milli)	m	10^{-3}
킬로(kilo)	k	10^{3}	마이크로(micro)	μ	10^{-6}
헥토(hecto)	h	10^{2}	나노(nano)	n	10^{-9}
데카(deca)	da	10^{1}	피코(pico)	p	10^{-12}

표 1-4 기타 단위들과 SI 단위와의 관계

물리적 양	단위	기호	SI 단위와의 대응량
부피	리터(liter)	L	*10^{-3} m^3
	밀리리터(milliliter)	mL	*10^{-6} m^3
길이	옹스트롬(angstrom)	Å	*10^{-10} m
	인치(inch)	in	*0.0254 m
질량	파운드(pound)	lb	*0.45359237 kg
힘	다인(dyne)	dyn	*10^{-5} N
압력	기압(atmosphere)	atm	*101325 Pa
	바(bar)	bar	*10^{5} Pa
	토어(torr)	1 mmHg	133.322 Pa
	파운드/인치²(lb/in2)	psi	6894.76 Pa

(계속)

물리적 양	단위	기호	SI 단위와의 대응량
에너지	에르그(erg)	erg	*10^{-7} J
	전자볼트(electron volt)	eV	$1.60217733 \times 10^{-19}$ J
	열화학적 칼로리(calorie)	cal	*4.184 J
	킬로칼로리(Calorie)	Cal	*1,000 cal = 4.184 kJ
동력	마력(horsepower)	hp	745.700 W
온도	섭씨(centigrade, celsius)	℃	*K − 273.15
	화씨(fahrenheit)	℉	*1.8(K − 273.15) + 32

1) 별표(*)는 정의에 따라 정확한 환산값을 나타낸 것

2) 몰 농도와 몰랄 농도

몰 농도(molarity, M)는 용액 1 L에 함유되어 있는 용질의 몰(mol) 수를 의미한다. 여기서 1몰이란 원자, 분자, 또는 이온들이 수적으로는 아보가드로수(6.022×10^{23})만큼 있다는 것을 나타내며, 양적으로는 각각의 원자량(atomic mass) 또는 분자량(molecular mass)만큼 존재함을 표시한다. 한편, 1 L는 세 변의 길이가 각각 10 cm인 정육면체의 부피와 같으므로 1 L = $(10\ \text{cm})^3 = (0.1\ \text{m})^3 = 10^{-3}\ \text{m}^3$이다. 몰 농도를 공식으로 표시하면 다음과 같다.

$$\text{몰 농도(M)} = \frac{\text{용질의 몰 수}}{\text{용액의 리터 수}}$$

몰랄 농도(molality, m)는 용매 1 kg에 함유되어 있는 용질의 몰 수를 의미한다. 용액의 온도가 증가하면 부피가 증가하여 농도가 바뀌게 되는 몰 농도에 비하여, 몰랄 농도는 온도의 영향을 받지 않는다. 몰랄 농도를 공식으로 표시하면 다음과 같다.

$$\text{몰랄 농도(m)} = \frac{\text{용질의 몰 수}}{\text{용매의 kg 수}}$$

3) 노말 농도

노말 농도(normality, N)는 용액 1 L에 함유되어 있는 용질의 당량(equivalent, eq) 수를 의미한다. 노말 농도를 공식으로 표시하면 다음과 같다.

$$\text{노말 농도(N)} = \frac{\text{용질의 당량 수}}{\text{용액의 리터 수}}$$

이는 몰 농도와 매우 유사하지만, 몰 대신 당량을 단위로 하는 차이점이 있다. 실제적으로 몰 농도로 주어진 용액을 아래 계산식을 사용하면 쉽게 노말 농도로 바꿀 수 있다.

$$\text{노말 농도(N)} = \text{몰 농도} \times \text{몰당 당량 수}$$
$$= \frac{\text{용질의 몰 수}}{\text{용액의 리터 수}} \times \frac{\text{용질의 당량 수}}{\text{용질의 몰 수}} = \frac{\text{용질의 당량 수}}{\text{용액의 리터 수}}$$

당량과 노말 농도를 사용하면 적정에 필요한 계산을 쉽게 할 수 있다. 이는 산-염기 반응이나 산화-환원 반응에서 일어나는 화학반응은 항상 당량(수) 대 당량(수)으로 일어나기 때문이다. 즉 어느 반응에서 한 반응물의 당량 수는 다른 반응물의 당량 수와 정확히 일치한다. 다음 수식을 생각해 보자.

$$\text{노말 농도(N)} \times \text{용액의 부피(V)} = \frac{\text{용질의 당량 수}}{\text{용액의 리터 수}} \times \text{용액의 리터 수} = \text{용질의 당량 수}$$

이 공식을 이용하면 $N_A \times V_A = N_B \times V_B$

농도를 모르는 용액(B)의 노말 농도(N_B)를 구하고자 한다면, B용액의 일정 부피(V_B)를 노말 농도(N_A)를 알고 있는 적정 용액 A와 당량점까지 적정하여 그때까지 소모된 적정 용액의 부피(V_A)를 측정하여 간단히 구할 수 있다.

4) 당량

화학반응이 일어날 때에는 대개 반응물질들이 정량적으로 반응하여 각 반응물질들의 양적비는 항상 일정하다. 즉, 각 반응물질들은 당량 대 당량의 비율로 반응이 일어났다고 할 수 있다. 달리 표현하면 반응물 A의 1당량은 반응물 B의 1당량과 정확히 1 : 1로 반응한다. 이러한 예는 산-염기 반응이나 산화-환원 반응에서 흔히 볼 수 있다.

산-염기의 중화반응에서 H^+ 1몰을 제공하는 산의 1당량은 항상 OH^- 1몰을 제공하는 염기의 1당량을 중화한다. 즉, 두 반응물질은 정확히 일정한 양적비(당량비)로 결합한다.

$$H^+ + OH^- \longrightarrow H_2O$$

이 수식에서 알 수 있듯이 H^+ 1몰은 OH^- 1몰과 반응(중화)하기 때문에 몇 g의 산이 1몰의 H^+를 제공하며, 몇 g의 염기가 1몰의 OH^-를 제공하는지를 알 수 있다면 이들의 양적 반응 관계식을 수립할 수 있다. 산-염기 반응에서 당량을 정의해 보면 다음과 같다.

산 1당량 = 수소이온(H^+) 1몰을 제공할 수 있는 산의 양
염기 1당량 = 수소이온(H^+) 1몰을 중화시킬 수 있는 염기의 양
= 수산화이온(OH^-) 1몰을 제공할 수 있는 염기의 양

산의 당량을 결정하는 것을 예로 들어 보면 다음과 같다.

HCl 1몰은 H^+ 1몰을 제공하므로, HCl 1몰은 HCl 1당량과 같다.

1몰의 HCl ⟶ 1몰의 H^+ 제공   ∴ 1몰 HCl = 1당량 HCl

이에 비해 H_2SO_4 1몰은 H^+ 2몰을 제공하므로 완전 해리 시에는 H_2SO_4 1몰은 2당량에 해당된다.

1몰의 H_2SO_4 ⟶ 몰의 H^+ 제공   ∴ 1몰 H_2SO_4 = 2당량 H_2SO_4

따라서, 산 1몰에 있는 당량 수는 산 1분자가 중화될 때 해리되는 수소이온(H^+)의 수와 같다. 즉 산이 일양성자 산인 경우에는 산 1몰 = 산 1당량, 산이 이양성자 산인 경우에는 산 1몰 = 산 2당량으로 산정할 수 있다.

염기의 당량을 구하는 방법도 산의 경우와 유사하다. NaOH의 경우에 NaOH 1몰은 OH^- 1몰을 제공하며 $Ca(OH)_2$ 1몰이 완전히 해리되면 OH^- 2몰을 제공하게 된다.

1몰의 NaOH ⟶ 1몰의 OH^- 제공   ∴ 1몰 NaOH = 1당량 NaOH
1몰의 $Ca(OH)_2$ ⟶ 2몰의 OH^- 제공   ∴ 1몰 $Ca(OH)_2$ = 2당량 $Ca(OH)_2$

산과 염기의 반응에서 당량에 해당하는 질량(당량무게, equivalent weight)을 알면 화학반응의 양적 계산에서 각 반응의 질량 관계를 쉽게 알 수 있다. 다음 산-염기 반응에서

$$H_2SO_4 + 2NaOH \longrightarrow Na_2SO_4 + 2H_2O$$

H_2SO_4 1몰은 수소이온을 2몰 제공할 수 있으므로 2당량이다.

1몰 H_2SO_4 = 2당량 H_2SO_4,   1몰 H_2SO_4 = 98.09 g H_2SO_4

$$\therefore \ 1\text{당량 } H_2SO_4 = \frac{98.09}{2} \text{ g } H_2SO_4 = 49.045 \text{ g } H_2SO_4$$

NaOH 1몰은 수소이온 1몰을 중화시킬수 있으므로 1당량이다.

1몰 NaOH = 1당량 NaOH, 몰 NaOH = 40.0 g NaOH

∴ 1당량 NaOH = 40.0 g NaOH

따라서, H_2SO_4와 NaOH는 당량 대 당량, 질량비로 표현하면 당량무게의 비율로 반응한다. 여기서 당량에 해당하는 질량인 당량무게는 당량에 해당하는 질량(g) 수이다.

$$\text{당량무게} = \frac{\text{g 수/mol}}{\text{당량 수/mol}} = \text{g 수/당량 수}$$

H_2SO_4와 NaOH의 산-염기 반응 시 두 반응물질은 당량 대 당량, 질량으로 표시하면 당량무게 대 당량무게인 49.045 g과 40.0 g의 양적 비율로 반응함을 알 수 있다.

산화-환원 반응에서의 당량은 산-염기 반응에서와 매우 유사하다. 이것은 산화제와 환원제가 같은 당량비로 결합하는 것으로 산화제가 1개의 전자를 받아들이면, 환원제는 1개의 전자를 내놓는 것을 나타낸다. 산화-환원 반응에서 당량에 대한 정의는 다음과 같다.

산화제 1당량 = 전자 1몰을 받아들일 수 있는 산화제의 양

환원제 1당량 = 전자 1몰을 내놓을 수 있는 환원제의 양

5) 백분율 농도

혼합물이나 용액 중에 포함되어 있는 용질의 백분율(%)을 중량백분율(weight percent, wt %, w/w %), 용량백분율(volume percent, vol %, v/v %), 또는 중용량백분율(w/v %)로 나타낸다.

$$\text{중량백분율(w/w \%)} = \frac{\text{용질의 질량}}{\text{전체 용액(또는 혼합물)의 질량}} \times 100$$

$$\text{용량백분율(v/v \%)} = \frac{\text{용질의 부피}}{\text{전체 용액의 부피}} \times 100$$

$$\text{중용량백분율(w/v \%)} = \frac{\text{용질의 질량(g)}}{\text{전체 용액의 부피(mL)}} \times 100$$

tip 중량백분율, 용량백분율, 중용량백분율을 각각 "w/w %", "v/v %", "w/v %"로 표시하지만, 특별한 언급 없이 "%"로만 표시하였을 경우에는 항상 w/w %를 의미한다.

6) 백만분율 농도와 십억분율 농도

시료 중에 함유되어 있는 극미량 성분의 농도는 백만분율(parts per million, ppm) 농도 또는 십억분율(parts per billion, ppb) 농도로 표시할 수 있다. 이는 흔히 백만(10^6) g 또는 십억(10^9) g의 전체 용액(또는 혼합물) 중에 함유되어 있는 용질의 g 수를 의미한다.

$$\text{백만분율 농도(ppm)} = \frac{\text{용질의 질량}}{\text{전체 용액의 질량}} \times 10^6$$

$$\text{십억분율 농도(ppb)} = \frac{\text{용질의 질량}}{\text{전체 용액의 질량}} \times 10^9$$

위의 경우 분자와 분모의 질량 단위는 같아야 한다.

> **tip** 물의 밀도를 1.00 g/mL로 보았을 때, 묽은 수용액의 밀도도 상온에서 거의 1.00 g/mL에 해당된다. 즉, 근사적으로 묽은 수용액 1 mL와 1 g은 같다고 할 수 있다. 따라서 편의상 1 ppm은 1 μg/mL(= 1 mg/L), 1 ppb는 1 ng/mL(= 1 μg/L)으로 간주하기도 한다.
>
> $$1\ \text{ppm} \fallingdotseq 1\ \mu\text{g/mL}, \qquad 1\ \text{ppb} \fallingdotseq 1\ \text{ng/mL}$$

7) 용액 농도의 변경

(1) 백분율 농도의 변경

a%의 용액이 A mL 있을 때 이것을 용매로 희석시켜 b%로 하려면 첨가해야 할 용매의 양 B mL는 다음 식에 의해 구할 수 있다.

$$B(\text{mL}) = A \times \frac{a-b}{b}$$

농도가 큰 a%인 용액 A g(또는 mL)과 그보다 농도가 낮은 b%인 용액 B g(또는 mL)을 혼

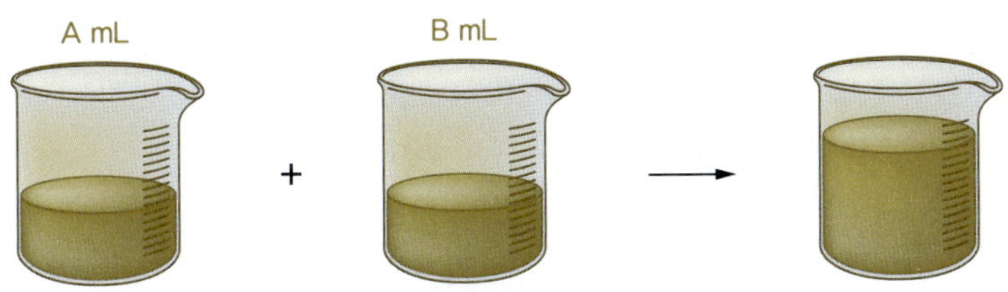

그림 1-1 용액과 용매의 혼합

합하여 c%인 용액 (A + B) g(또는 mL)을 만들려면 다음과 같은 비례로 혼합하면 된다.

a > c > b인 경우 A = c − b B = a − c

즉, a%인 용액과 b%인 용액을 (c − b) : (a − c)의 비율로 혼합하면 c%의 목적하는 농도의 용액을 얻을 수 있다.

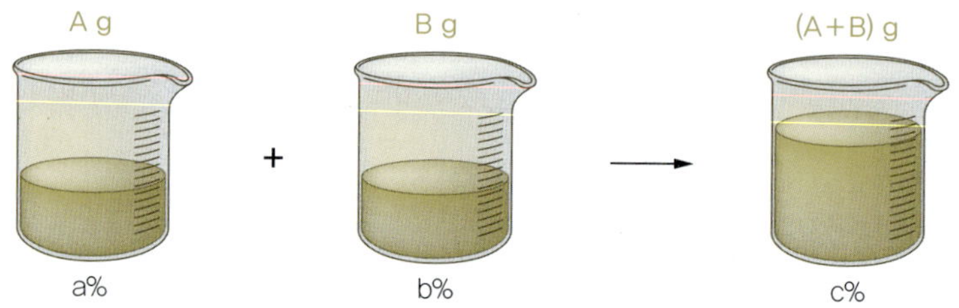

그림 1-2 농도가 다른 두 용액의 혼합

tip 위의 공식은 용액의 중량 또는 부피 어느 것으로 하여도 무방하나, 두 용액을 혼합하여 생긴 혼합 용액의 부피 변화가 심한 경우에는 반드시 중량을 사용하여야 한다.

다음 그림 1-3과 같이 물과 에탄올을 혼합하는 경우를 생각해 보자. 물과 에탄올을 혼합하였을 때 혼합 용액의 부피는 각각의 합과 일치하지 않을 수 있다.

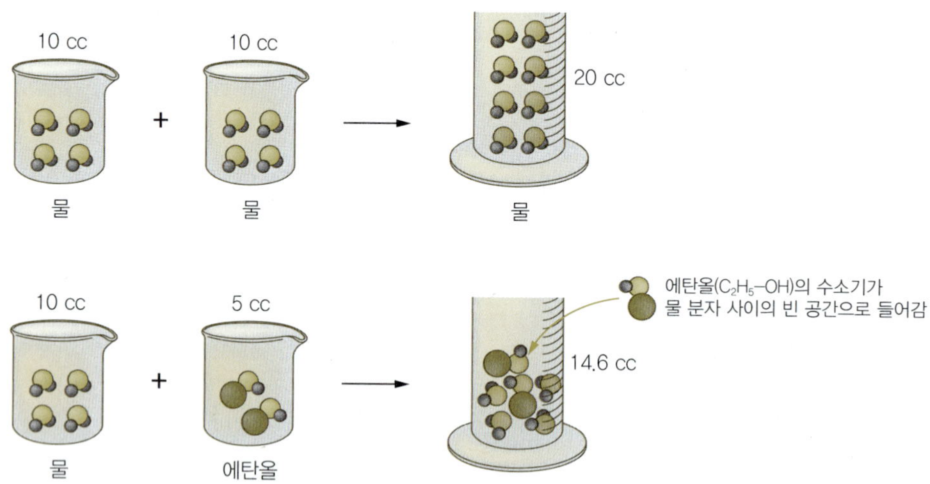

그림 1-3 물과 에탄올의 혼합 시 부피 변화

(2) 몰 농도와 노말 농도의 변경

몰 농도나 노말 농도로 되어 있는 경우 농도 M_1, N_1 용액의 부피가 V_1인 경우 물로 희석하여 용액의 농도를 각각 M_2, N_2로 변경하고자 할 때에는 다음 공식을 사용한다.

$$M_1 \times V_1 = M_2 \times V_2$$

$$N_1 \times V_1 = N_2 \times V_2$$

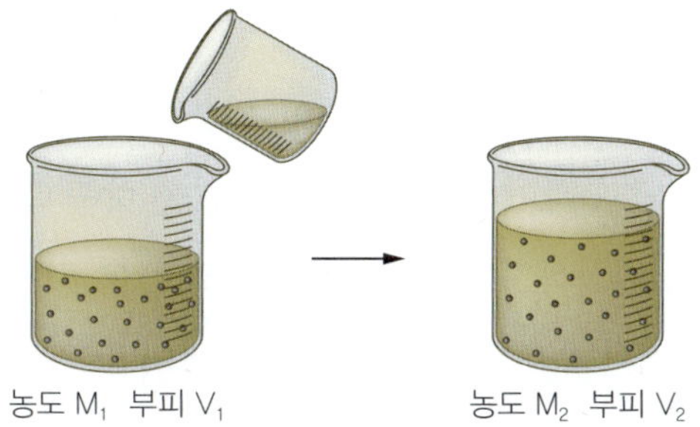

그림 1-4 몰(노말) 농도의 변경

> **tip** M×V와 N×V는 각각 몰 농도와 노말 농도의 정의에 의하면
>
> $$\frac{\text{용질의 몰 수}}{\text{용액의 리터 수}} \times \text{용액의 리터 수} = \text{용질의 몰 수}$$
>
> $$\frac{\text{용질의 당량 수}}{\text{용액의 리터 수}} \times \text{용액의 리터 수} = \text{용질의 당량 수}$$

따라서 M×V와 N×V는 각각 '용질의 몰 수'와 '용질의 당량 수'를 의미한다. 한 용액에 용매를 첨가하여 회석하는 경우 용액의 부피는 변하지만 용질의 절대 몰 수와 당량 수에는 변화가 없음을 명심한다.

8) 표정과 역가

(1) 표정

표준용액(standard solution)은 정량분석의 기준 용액으로 사용되는 것으로 이를 분석에 사용하기 전에 그것의 정확한 농도를 알고 있어야 한다.

실제로 그런 시약은 완전 순수한 형태를 얻을 수 없는 경우가 많고, 농도가 불확실한 경우도 있다. 따라서 정확한 농도를 알 수 있고, 어느 화학반응을 통해 표준용액과 정량적으로 반응하는 순수한 물질을 택하여 이것의 정확한 농도의 용액을 만들고, 이를 이용하여 표준용액을 적정하고 그 적정량으로부터 표준용액의 정확한 농도를 산출할 수 있다. 용량분석에 사용되는 표준용액은 주로 노말 농도이므로 다음과 같은 공식이 성립된다.

$$N_A \times V_A = N_B \times V_B \qquad \therefore\ N_A = \frac{N_B \times V_B}{V_A}$$

N_A : 미지의 표준용액의 농도,　　N_B : 표준물질로 제작된 적정용액의 농도
V_A : 표준용액의 부피,　　V_B : 적정에 사용된 표준물질로 제작된 적정용액의 부피

표준물질 용액의 역가를 측정할 때에는 기준이 되는 표준물질이 필요하며, 이들 표준물질은 화학적으로 안정하고 순수하며 다음과 같은 조건을 갖추고 있어야 한다.

① 구입하기 쉽고 조성이 변화하지 않으며 정제, 건조할 수 있어야 한다.
② 칭량 중 공기에 의해 산화되지 않고 수분이나 이산화탄소를 흡수하지 않아야 한다.
③ 물이나 기타 용매에 잘 녹아야 한다.
④ 표정 시 반응이 정량적이고 빠르게 진행되어야 한다.
⑤ 무게 측정 시 오차를 줄일 수 있으므로 g 당량이 큰 것이 좋다. 때로는 간접적으로 2차 표준물질을 사용하여 표준용액의 농도를 정하기도 하는데, 이 방법은 정밀도는 다소 저하되지만 간편하여 흔히 이용된다.

표준용액을 조제하기 위해 특정 농도의 용액을 만들려고 하여도 각 과정마다 오차가 발생할 수 있어 만들어진 용액의 농도는 100% 정확할 수가 없다. 따라서 용액의 농도가 실험 결과에 큰 영향을 미치는 용량 분석에 사용되는 용액들은 반드시 그 용액이 얼마나 정확하게 만들어졌는지를 확인한 후 실험에 이용하여야 한다. 이와 같이 용액이 얼마나 정확하게 만들어졌는지를 확인하는 것을 그 용액의 역가(factor)를 측정한다고 하며 간단히 f로 표시한다. 정확하게 만들어진 용액의 역가는 1이며, 정량보다 용질이 적게 들어간 용액은 1보다 적게, 반대로 용질이 많이 들어간 용액의 경우는 1보다 크게 나타난다.

예를 들어 g 당량이 40.0 g인 0.1 N NaOH 용액의 역가를 측정하였더니 그 역가가 1이었다면 이 용액 1,000 mL 중에는 NaOH가 정확하게 40.0 g이 용해되어 있다는 것이다. 역가가 1.05이었다면 NaOH가 정량의 1.05배 용해되어 있다는 뜻이며, 역가가 0.98이었다면 NaOH가 정량의 0.98배 용해되어 있다는 뜻이다. 즉, 역가는 정확한 규정 농도 용액에 대

해 얼마의 오차가 발생했는지를 계수로 산출하는 것이며, 그 규정 농도 용액의 사용 시 역가, 즉 산출된 계수를 보정해 주어야 한다.

규정된 노말 농도 용액을 제조하여도 실제 농도는 무게 측정 시 오차 등의 이유로 일치하지 않는 경우 실제의 노말 농도와 이론값의 노말 농도로 나누어 표시한다.

$$\therefore f = N/N_o \qquad N = N_o f$$

f : 역가, N : 실제의 노말 농도, N_o : 소정의 노말 농도

일반적으로 N_o의 노말 농도 용액 V_o mL가 N 노말 농도 용액 V mL와 당량은 서로 일치하므로 다음 식이 성립한다.

$$N_o \times V_o = N \times V$$

$$\therefore V_o = NV/N_o$$

N 대신에 $N_o \cdot f$를 대입하면

$$N_o f\ V/N_o = f\ V$$

그리고 $f = N/N_o = V_o/V$가 된다.

3. 기본 조작

시료를 다루는 기본적인 조작은 무게와 부피를 측정하는 것이다. 무게는 대부분 전자저울(electronic balance)을 사용하며, 부피는 뷰렛(buret), 피펫(pipet), 주사기, 메스플라스크, 메스실린더 등 용도에 따라 좀 더 다양한 기구들이 사용된다. 이러한 무게와 부피 측정용 기구와 기기는 사용에 앞서 올바른 사용법을 익혀야 하며, 사용법에 따라 정확히 사용하여야 한다. 사용 중에는 청결이 유지될 수 있도록 하고, 사용 후에는 주의를 기울여 세척해야 한다. 특히, 전자저울은 매우 예민한 기기이므로 사용에 특별한 주의를 기울여야 하며, 정기적으로 점검해 이상이 없는지를 확인한다.

1) 무게 측정

물질의 무게, 즉 질량을 측정하는 것은 화학 분석, 특히 정량분석에 있어서 매우 중요한

조작이다. 요즈음은 주로 분석용 전자저울을 이용하는데 이를 그림 1-5에 나타내었다. 전자저울은 무게를 재려는 물체에 작용하는 중력과 균형을 이루는 전자기 힘을 발생시키며 이에 따라 전류가 흐르게 된다. 이때 발생하는 전류는 무게를 달 물체의 질량에 비례한다.

시료의 무게를 재기 위해서는 먼저 저울의 접시 위에 깨끗이 처리된 담는 용기를 올려놓는다. 이때 시료가 담겨지지 않은 빈 용기의 질량을 빈 그릇무게(tare)라고 하며, 대부분의 전자저울에는 tare 버튼을 눌러 빈 그릇무게를 '0'으로 조절할 수 있다. 그리고 시료를 용기에 넣고 저울이 보여주는 무게의 수치를 읽는다. 이는 시료를 담은 용기에서 용기의 무게를 뺀 시료만의 무게가 된다. 만약, 빈 그릇무게 달기의 자동 조작장치가 없거나 tare 버튼을 누르지 않아 '빈 그릇무게'를 '0'으로 조절하지 않았다면, 시료를 담은 용기의 무게에서 빈 용기의 질량을 빼주어 시료의 무게를 구할 수 있다.

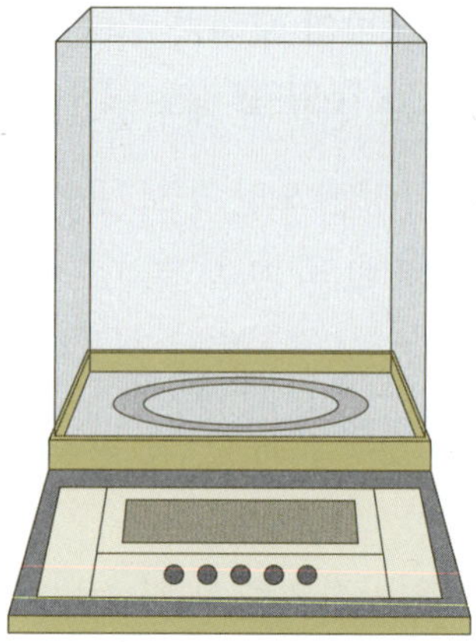

그림 1-5 분석용 전자저울

시료의 무게를 측정하는 동안 시료를 저울 안에 엎질렀다면 바로 저울 청소용 솔(brush)이나 휴지 등으로 닦아 낸다. 시료가 전자저울의 접시 아래에 있는 내부장치 안으로 들어가지 않도록 특별히 주의해야 한다. 또한, 흡습성이 강한 시료를 다룰 때에는 무게 측정 또는 이동 시 공기 중에 노출되는 시간을 최소화하며, 뚜껑이 달린 칭량병(무게달기병)을 사용하면 편리하다. 온도가 높은 시료의 무게를 측정할 때에는 상온에서 충분히 보관하여야 고온의 시료가 일으키는 대류성 공기흐름으로 인한 오차를 피할 수 있다. 무게를 측정하는 동안 저울의 유리창문은 외부 공기흐름에 의한 영향을 막기 위하여 닫아야 하며, 유리창문이 없는 윗접시 저울의 경우에는 저울 주위에 적당한 막음장치를 설치하는 것이 좋다. 매우 예민한 전자저울을 정확하게 사용하기 위해서는 항상 수평 상태를 유지할 수 있도록

tip

- 분석용 전자저울은 매우 정교하고 예민하다. 칭량접시 위에 물체를 올려놓을 때에는 매우 조심스럽고 천천히 다루어야 하며, 팔이나 손 등에 의해 직접적인 힘이 가해지지 않도록 한다. 각 저울의 한계용량 범위를 벗어나는 무거운 물체를 올려놓아서도 안 된다.
- 시료를 직접 저울의 무게달기 접시 위에 올려놓지 않는다. 이는 저울의 부식을 방지할 뿐 아니라 무게를 잰 시료를 손실 없이 모두 회수하기 위해서이다.

수평 확인용 기포로 점검하고, 안전한 실험대 위에 올려놓아야 진동에 의한 오차를 최소화할 수 있다.

2) 부피 측정

식품 분석 시 일정량의 용액을 채취, 측정, 조제 등을 위해 부피를 측정할 때는 뷰렛, 메스플라스크, 메스실린더, 피펫, 주사기 등을 사용한다. 이들을 사용하여 부피를 측정하거나 일정한 부피로 조제하는 경우 대개 부피 측정의 단위는 mL이다.

부피 측정용 기구는 습도, 기압, 온도 등에 따라 측정값이 약간씩 달라질 수 있으므로 15℃, 1기압 하에서 측정하는 것을 표준으로 정하였다. 그러나 식품 분석에서는 대부분 측정을 실온에서 실시하며, 특별히 온도 등에 대한 보정을 실시하지는 않는다.

(1) 뷰렛

뷰렛(buret)은 액상의 용액을 적정할 때 사용하는 유리기구로 가늘고 균일한 굵기의 유리관에 정밀한 간격으로 눈금을 새겨 놓은 관이다(그림 1-6).

뷰렛에서 액상의 용액을 빼내기 전후 눈금의 높이를 읽어 그 차이 값을 사용하는 용액의 부피로 정한다. 뷰렛에서 액체의 높이를 읽을 때 눈의 높이는 액체의 맨 위쪽과 같아야 한다. 만약 눈의 위치가 액체 면의 높이보다 높으면 액체는 실제보다 많은 것처럼 보이게 되고, 반대로 눈의 위치가 낮으면 액체는 실제 부피보다 적게 보인다. 그림 1-7과 같이 눈과 액체의 높이 차이 때문에 발생하는 오차를 시차오차(parallax error)라고 한다.

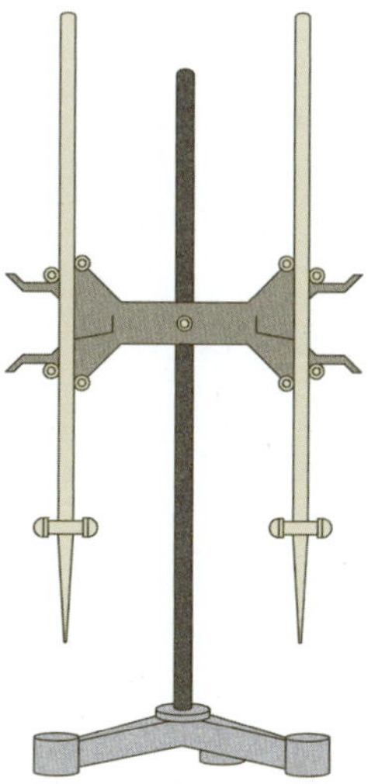

그림 1-6 뷰렛 및 뷰렛 지지대

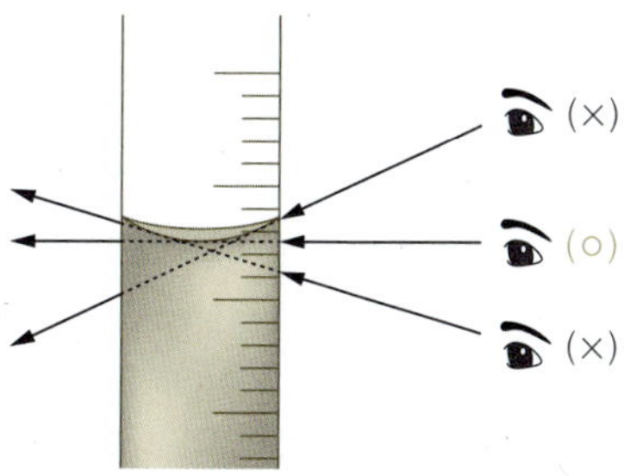

그림 1-7 뷰렛의 눈금을 읽기 위한 바른 눈의 위치와 메니스커스

대부분의 액체 표면은 오목한 형태인 메니스커스(meniscus)를 형성한다. 메니스커스가 형성된 액체의 부피를 정확히 읽기 위해서는 두꺼운 종이의 하단부를 검게 하여 배경으로 이용하면 편리하다. 부피의 변화를 정확히 측정하기 위해서는 메니스커스의 위치를 재현성 있게 읽을 수 있어야 한다. 그리고 뷰렛의 눈금을 읽을 때는 항상 최소 눈금 단위의 1/10까지 읽도록 한다.

뷰렛을 사용하여 적정할 때에는 종말점 가까이에서 조심스럽게 작은 방울을 천천히 떨어뜨리면 종말점의 위치를 좀 더 정확히 정할 수 있다.

기타 디지털 적정기(digital titrator)는 정확도는 다소 떨어지지만, 사용이 편리하고 휴대가 가능하여 현장에서 직접 적정할 때 사용한다. 전자 뷰렛(electronic buret)은 적정 이외에 시약을 손쉽게 공급하기 위해서도 사용되며 공급된 시약의 부피는 디지털 판독계에 표시된다.

(2) 피펫과 주사기

피펫(pipette)은 일정한 부피의 액상을 채취하여 옮기기 위해 사용한다. 일반적으로 네 가지 종류의 피펫이 있으며, 서로 용도나 사용방법 등이 약간씩 다르다.

옮김 피펫(transfer pipette)은 눈금으로 표시된 일정한 한 가지 부피의 용액을 옮기기 위하여 사용된다. 피펫의 유리면에 남게 되는 액체의 마지막 방울은 옮기지 않도록 미리 교정이 되어 있다. 눈금 피펫(measuring pipette)은 용액을 옮기기 전후의 부피 차이를 읽어

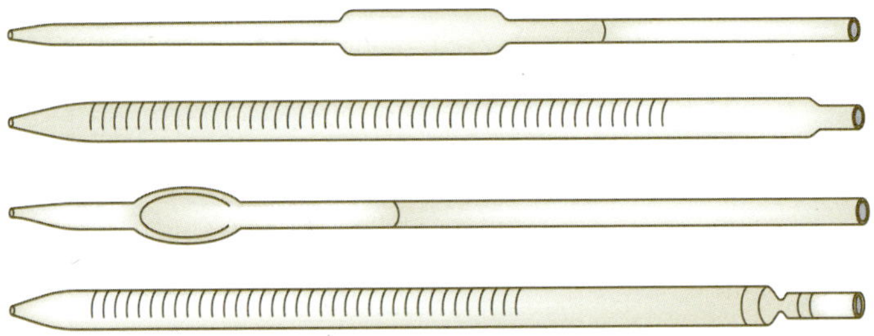

그림 1-8 일반적인 피펫

> **tip**
> • 뷰렛을 사용할 때 가장 흔히 발생할 수 있는 오차는 아래 코크(cork, 꼭지)에 생기는 공기방울 때문에 일어나기 쉽다. 만약 적정 전에 공기방울을 제거하지 못하면, 적정 시에 공기가 차지하는 부피만큼 적정용액 사용량에 오차가 생긴다. 이를 막기 위해서는 적정 전에 뷰렛 아랫부분의 코크를 순간적으로 완전히 열어 용액이 흐르게 함으로써 공기방울을 제거한다. 공기방울이 잘 제거되지 않으면 용액을 흘리는 동안 뷰렛에 가볍게 충격을 주어 공기방울의 이동을 도울 수 있다.
> • 용액을 뷰렛에 채울 때에는 먼저 소량을 흘려 보내 뷰렛의 안쪽 면이 충분히 헹구어지도록 한 후 사용하는 것이 좋다.

원하는 부피를 옮길 수 있도록 눈금이 매겨져 있다. 일반적으로 정확도는 옮김 피펫이 눈금 피펫보다 높다. 오스트발트-폴린 피펫(Ostwald-Folin pipette)은 옮김 피펫과 매우 유사하나 액체의 마지막 한 방울까지 빼내야 하는 점이 다르다. 혈청용 피펫(serological pipette)은 눈금 피펫과 유사하나 피펫의 아래 끝부분까지 눈금이 매겨져 있으며, 마지막 액체 한 방울까지 빼내야 하는 점이 다르다.

피펫의 사용방법은 공 모양의 피펫 필러를 사용하여 그림 1-9와 같이 피펫을 고정한 후에 상부를 눌러 공기를 빼낸 다음, 피펫 끝을 용액 중에 충분히 담가 중간부를 눌러 일정량의 용액을 흡입한 후 이를 옮기고자 하는 유리용기에 대고 하단부를 눌러 피펫 속의 용액을 천천히 흘려 내린다.

그림 1-10에 나와 있는 마이크로 피펫(micropipette)은 주로 1~1000 μL 범위의 용액 부피를 정확히 옮기기 위하여 사용되며, 정확성은 1~2%, 정밀성은 0.5% 내외로 매우 높은 편이다. 액체는 분리될 수 있는 일회용 플라스틱 팁(tip) 속에 채워지며, 손잡이를 이용하여 미리 조절된 부피만큼 플런저(plunger)를 이용하여 빼내게 된다. 이때 플런저는 맨 처음 정지되는 시점까지만 서서히 누르고, 서서히

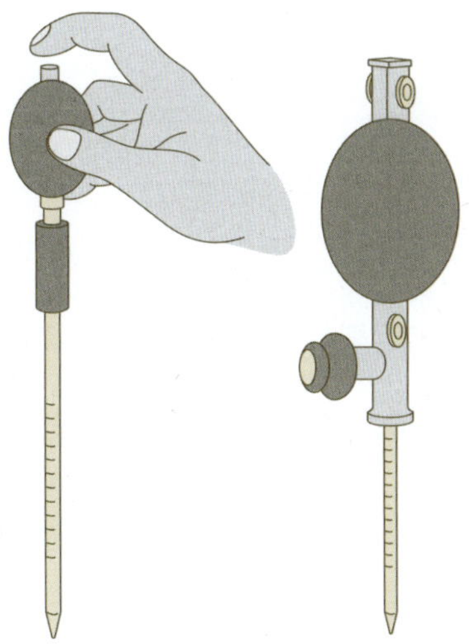

그림 1-9 피펫 필러 사용법

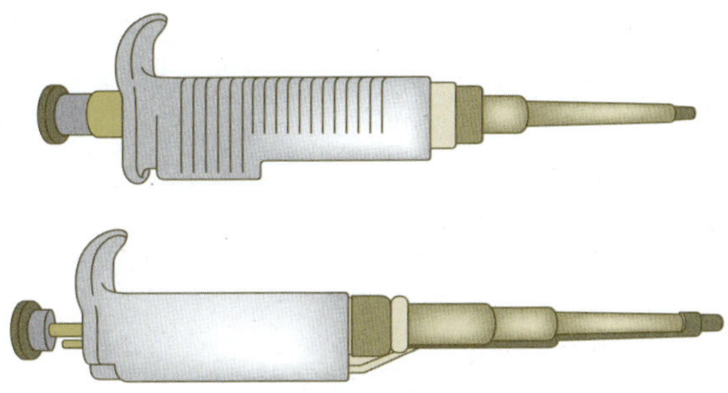

그림 1-10 마이크로 피펫

tip

- 피펫으로 용액을 흡입할 경우에는 일반적으로 피펫의 표선보다 약간 높게 흡입한 다음, 피펫을 수직으로 하여 용액의 윗부분의 메니스커스와 피펫 눈금 및 눈의 위치가 수평이 되도록 한 후 메니스커스의 밑면이 원하는 눈금과 일치하도록 조정한다.
- 피펫을 용액으로 채운 후 이동시킬 경우에는 가능한 수직 상태를 유지하고, 용액이 피펫 필러로 역류하지 않도록 주의한다. 만약 용액이 피펫 필러 안으로 흘러 들어가게 되면 용액 부피의 변화는 물론 오염의 원인이 될 수 있다.
- 피펫 내외부는 항상 청결을 유지하고, 특히 표준용액을 피펫으로 채취할 경우에는 미리 비커에 표준용액을 사용할 분량만큼 받아 놓고 이를 피펫으로 뽑는 것이 좋다. 이는 피펫의 사용으로 표준용액 전체를 오염시키는 일이 생기지 않도록 하기 위함이다.

놓아 주어 액체가 채워질 수 있도록 한다. 특히, 이때 피펫 팁이 액체에 충분히 담가져 흡입 중 공기방울이 채워지지 않도록 주의한다. 다 채워진 후에는 피펫 끝을 용기 벽을 따라 미끄러지듯이 들어내어 피펫 끝 바깥 면에 액체가 필요 이상으로 묻어나지 않도록 한다.

액체를 옮길 때에는 플런저를 천천히 아래로 누르면서 액체가 피펫 팁의 안쪽 면을 따라 배출될 수 있도록 충분히 시간을 주고, 마지막 남아 있는 액체가 전부 빠질 수 있도록 플런저를 좀 더 세게 누른다.

마이크로리터 주사기(syringe)는 극미량의 액체를 옮기기 위하여 사용되며, 디지털 디스펜서를 사용하면 정확성과 정밀성을 0.5% 수준으로 향상시킬 수 있다(그림 1-11).

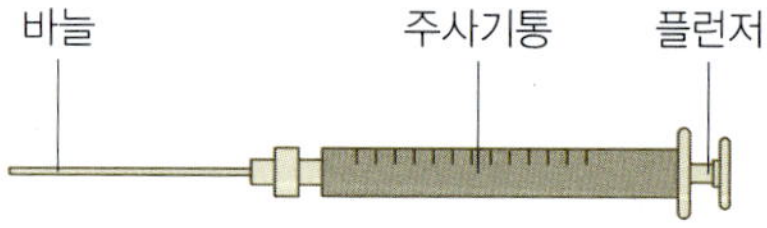

마이크로 주사기

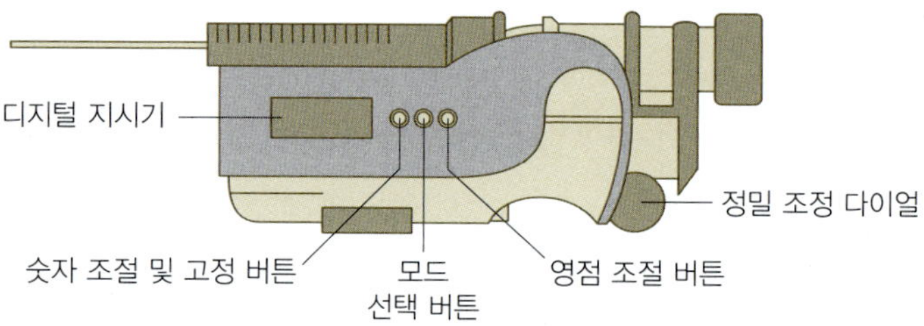

디지털 디스펜서

그림 1-11 마이크로 주사기와 디지털 디스펜서

tip

- 피펫으로 흡입한 액체의 양은 피펫 팁의 각도와 팁 끝이 용액에 어느 깊이로 담겨 있는가에 따라 달라지므로 일정한 상태를 유지하도록 주의한다.
- 마이크로 피펫은 매우 정교하므로 무리한 충격을 주지 않도록 하며, 손잡이 내외부로 액체가 흘러 들어가지 않도록 특별히 주의를 기울인다. 또한, 피펫의 성능을 주기적으로 검정해야 한다.

(3) 메스플라스크와 메스실린더

메스플라스크(messflask) 또는 부피 플라스크(volumetric flask)는 표준용액을 제조하거나 시료를 일정한 부피의 용매에 용해시키고자 할 때 이용되는 유리기구로 필요에 따라 다양한 크기와 모양의 것을 사용할 수 있다(그림 1-12).

메스플라스크는 목 부분에 표시된 표선(mask)의 중심과 메니스커스의 밑바닥이 일치할 때, 특정 부피의 20°C 물이 채워지도록 제작되어 있다. 대부분의 플라스크에는 'TC 20°C'라고 표기되어 있는데, 이는 20°C에서 표시된 부피의 물이 담길 수 있도록 눈금이 매겨져 있음을 의미한다. 온도에 따라 유리로 제작된 플라스크와 액체의 부피가 달라질 수 있어 온도는 중요한 인자이다.

시약의 무게를 달아 메스플라스크에 담은 후 적당량의 용매를 채워 충분히 용해시킨 후 최종적으로 용매를 더 채워 최종 부피로 조절한다. 시료가 용매에 잘 혼합되어 충분히 용해될 수 있도록 하기 위해서는 플라스크의 마개를 채운 후 잘 흔들어 주거나 교반기를 이용하기도 한다. 용액의 최종 부피를 맞춘 후에도 마개 착용 상태에서 플라스크를 수십 번 거꾸로 뒤집는 조작을 반복하여 용액이 고르게 잘 섞일 수 있도록 한다.

메스실린더(mess cylinder)는 유리나 플라스틱제 또는 철제로 만든 원통형 용기로 눈금이 표시되어 있어 일정량의 용액이나 용매를 담을 수 있도록 제작되어 있다(그림 1-13). 메스실린더는 정밀도가 피펫이나 뷰렛에 비해 매우 낮으므로 용액을 손쉽게 대략적으로 채취하

그림 1-12 다양한 크기와 모양의 메스플라스크

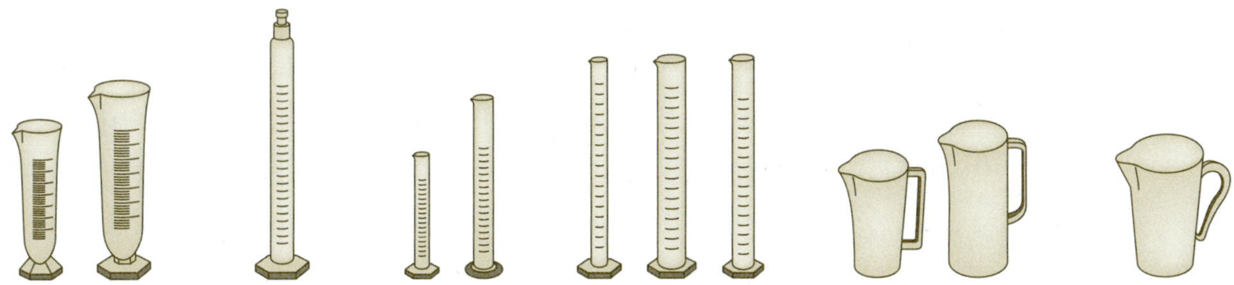

그림 1-13 다양한 크기와 모양의 메스실린더

tip 메스플라스크나 메스실린더 내에서 발열성 물질을 용해하거나 담아서는 안 된다.

고자 할 때 주로 사용한다.

(4) 부피 측정용기의 세척법

부피 측정용기는 항상 청결한 상태를 유지해야 한다. 가능한 사용 후 바로 흐르는 물에 여러 번 씻고 증류수로 다시 헹군다. 유지류 등의 불순물이 묻어 있을 경우에는 3 N NaOH 용액이나 3 M ethanol 용액에 30분 정도 담갔다가 물로 여러 번 세척한다. 또는 세척 용액(cleaning solution)이나 크롬산 혼합액(chromic acid mixture)에 장시간 방치하여 불순물을 제거한 후 깨끗한 물로 충분히 씻어 낸다. 세척 용액을 사용하면 염기성 불순물이나 유기성 불순물의 제거 효과가 크나, 유리용기가 염기성 시약에 의해 침해를 받을 수 있으므로 과도한 사용은 피한다. 피펫의 경우에는 피펫 세척기를 이용하면 편리하다. 측정용기를 세척할 때에는 눈금이 새겨진 부위는 조심히 다루도록 한다.

세척한 부피 측정용기는 실온에 방치하여 건조하거나, 건조가 불완전한 경우라도 담고자 하는 용액을 소량 사용하여 씻어 낸 후에는 사용할 수 있다. 만일 완전히 건조된 용기를 사용하려면 물로 세척한 후 끓는점이 낮은 알코올, 아세톤, 에테르 등으로 살짝 씻어 내면 빨리 건조시킬 수 있다. 이 경우 사용되는 유기용매는 순도가 높은 것이어야 하고 가열하지 않는다. 세척 과정 중 뜨거운 물이나 건조를 위하여 고온에 노출해서는 안 된다. 이는 부피 측정용기의 팽창을 가져와 용량을 변화시킬 수 있기 때문이다.

4. 시료 채취법

시료 채취 혹은 샘플링(sampling)은 식품에서 시료를 선택하는 기술로 시료 채취 이후에 수행되는 모든 분석의 성패를 좌우할 만큼 중요하다. 시료로 사용되는 부분은 식품 전체를 사용할 수도 있고 식품의 일부를 선택하여 그 결과를 전체 식품으로 확대 해석할 수도 있다. 식품의 일부를 시료로 사용하는 경우 선택된 시료가 분석하고자 하는 식품 전체에 대해 대표성을 가질 수 있어야 한다. 대표성을 띠는 시료를 샘플(sample)이라 하고, 대표성을 갖는 시료를 선택하는 기술을 샘플링 또는 시료 채취법이라 한다. 적절한 시료 선택을 통해서만이 전체 시료인 모집단(population)을 대표할 수 있고 정확도(accuracy)와 정밀도(precision) 있는 연구 결과를 얻을 수 있다.

1) 시료의 채취 및 조제

식품은 대부분 비균질적 상태를 유지하는 혼합물이므로 시료 간 성분 차이가 있다. 비균질 상태에 의해 나타나는 차이를 최소화하기 위해 가능한 많은 부분에서 소량씩 취하여 혼합하는 방법을 사용할 수 있다. 천연식품인 경우 품종, 성장 조건, 성장 지역, 저장기간 등의 조건에 따라 특정 성분의 함량 및 조성이 달라질 수 있음을 유의해야 한다.

정확도란 실제 정확한 값에 근사한 정도를 의미하며, 정밀도란 측정된 값이 서로 재현성이 있는가를 의미한다. 예를 들어 10.0 cm의 길이를 가진 추잉검의 길이를 9.99, 10.00, 10.01 cm와 같이 측정하였다면 정확도와 정밀도 모두 좋은 상태이나 5.59. 5.58, 5.61 cm로 측정하였다면 정확도는 떨어지고 정밀도는 좋은 결과이다.

시료 중 분석하고자 하는 목적, 예를 들어 농약 검출, 독소 검사, 이물질의 검출, 미생물 검사, 물성학적 성질 등에 따라 시료 샘플링 방법이 달라진다. 시료 샘플링 방법을 선택할 때 먼저 시료가 대표할 모집단의 수준부터 결정해야 한다. 유한한 개수의 모집단에 대한 샘플링은 시료가 속한 제품군의 질적 특징을 보여 줄 수 있으나 무한한 개수의 모집단에 대한 샘플링은 보통 공정 자체에 대한 자료를 제공한다.

시료 분석은 초기 시료 채취, 시료 처리, 분석, 자료 처리, 결과 해석의 5단계로 이루어진다. 발생 가능한 오차 역시 이 5단계 오차의 합이 되며, 일반적으로 시료의 크기가 클수록 좀 더 신뢰할 만한 결과를 얻을 수 있다. 반복 실험을 하는 이유가 바로 오차를 줄이기 위한 것이다.

2) 시료 채취

대부분의 시료 샘플링은 특정 목적을 위해 이루어진다. 검사 목적, 대상 식품의 종류, 상태, 전체의 수량, 균질 여부, 발췌방법 등을 충분히 고려하여 검체를 채취해야 한다. 검체의 수량은 검사 대상 전체를 대표할 수 있는 최소한의 양이어야 하며 실험하는 사람, 대상, 장소, 목적 및 방법 등에 대해서 구체적인 계획을 세워 실행해야 한다. 시료 채취 계획은 시료 샘플링의 목적, 대상의 크기, 대상의 성격, 샘플링의 기준, 분석방법에 따라 달라진다.

샘플링 계획은 시료의 속성(attribute)을 검사하기 위해 실시하는 경우와 변수(variables), 즉 정량화가 가능한 성질을 검사하는지에 따라 달라진다. 특정 속성을 검사하는 시료 채취법에서는 시료가 그 특징의 보유 여부에 따라 전체 대상을 수용할지가 결정되며 비연속적인 결과가 도출된다. 예를 들어 식중독 균인 *Clostridium botulinum*이 포함되어 있는 통조림의 존재 여부에 따라 전체 통조림의 처리 방향이 결정된다. 반면에 정량화를 위한 시료 채취법의 경우, 예를 들어 시료에 포함된 특정 물질의 농도, 색의 변화 등과 같이 연속적인 크기의 결과들이 도출된다. 이 결과들은 평균 및 표준편차가 구해져서 기준이 되는 수치와 비교되며 정규분포(normal distribution)를 보이게 된다.

(1) 검사 대상 식품의 균질성 여부에 따른 시료 채취

시료 채취의 위치에 관계없이 모두 동일한 성질을 보유한 시료를 동질 시료 또는 균질(homogeneous) 시료라 하며, 그렇지 않은 시료를 이질의 시료 또는 비균질(heterogeneous) 시료라 한다. 식품은 대표적인 이질적 시료로 어떤 위치의 시료를 채취하는가에 따라 최종 결과에 영향을 크게 미친다. 따라서 잘 짜인 샘플링 계획을 통해 전체 시료를 대표할 수 있는 시료를 준비하는 것이 중요하다. 액체 시료인 경우 시료 채취 전에 잘 흔들어서 전체 시료가 모두 동일한 조건을 갖도록 한다. 피펫팅, 펌프질 및 침액(dipping) 등의 방법으로 액체 시료를 채취한다. 만약 대형 탱크라서 흔들기가 불가능하면 여러 부분에서 무작위로 시료를 채취하여 시료가 전체 대상의 대표성을 갖도록 한다. 고체나 분체 시료의 경우도 여러 부분에서 무작위로 시료를 채취한다.

시료 채취 기법으로는 비연속식과 연속식 샘플링이 있다. 또한 액체나 고체 시료를 기계적으로 자동 채취함으로써 사람이 시행할 경우 발생 가능한 오차를 최소화할 수 있다. 특히 시료량이 적은 실험인 경우 기계적 자동 채취법을 추천한다.

(2) 시료의 개수에 따른 시료 채취

시료의 양 자체가 적은 경우, 즉 사과 1개, 고기 한 덩어리라면 전체를 분쇄하고 균질화하여 그 일부를 시료로 사용할 수 있다. 반면에 사과 1박스, 혹은 도축된 소 한 마리, 수천 개의 통조림과 같이 전체를 사용하는 것이 불가능한 경우에는 식품 전체의 여러 곳에서 조금씩 시료를 채취하여 잘 혼합해야 한다. 분석 시 통계적으로 유의미한 결과를 얻기 위해서는 몇 개의 시료를 채취해야 하는지 결정한 후 한쪽으로 몰리지 않는 임의의 균등한 위치에서 해당 개수의 시료를 선택할 수 있다. 만약 8개의 시료를 선택해야 한다면 그림 1-14와 같이 상자를 8부분으로 균등하게 나눈 후 시료를 선정한다.

8개의 시료를 모두 마쇄하기가 어려운 경우에는 각 시료를 그림 1-14의 원형 시료와 같

사과 박스에서 8개의 사과를 선별하는 경우의 시료 채취

원뿔 사분법에 의한 시료 채취

그림 1-14 시료를 채취하는 방법

이 16등분한 후 그 1/4을 선택하면 시료의 위치에 의한 편차를 최소화할 수 있다.

외형상의 형태가 일정하지 않은 시료인 고깃덩어리, 빵, 생선 등은 두께와 관계없이 시료를 가로로 일정하게 자르고 평행으로 절취된 여러 부분을 선택한 후 합하여 시료로 삼는다. 이 방법은 외형이 균질한 두부, 연제품, 된장, 치즈 등에도 활용할 수 있다.

소형 병, 상자, 캔 등의 용기에 담겨 있는 포장된 식품의 경우 각각이 검사의 최저 단위가 될 수 있으며, 대형 용기에 담긴 시료는 충분히 균질화시킨 후 그 일부를 채취한다.

곡류, 콩류, 종실류 등 불균일한 작은 입자로 구성된 식품의 경우 원뿔 사분법(quartering) 혹은 교번시약스푼법을 이용하여 시료를 채취한다. 원뿔 사분법은 고체 시료의 혼합물을 원뿔 모양으로 쌓은 후 상부를 평평하게 만들고 대각선으로 나눠 서로 마주보는 두 부분을 취해 혼합하는 방법이다. 교번시약스푼법은 적당한 크기의 용기나 큰 스푼으로 순차적으로 시료를 취해 일정한 횟수의 것만을 모아 혼합하는 방법이다.

(3) 미생물 검사가 필요한 경우

검사 대상인 식품을 균질화시켜야 미생물에 의한 검사 결과의 신뢰성이 증가된다. 스토마커(stomacher)를 활용하여 식품을 균질화시킨 후 미생물 검사용 시료를 채취한다.

3) 시료의 조제

일부 시료의 결과가 전체 시료를 대표해야 하기에 시료의 균일성은 필수 조건이다. 분쇄, 마쇄, 혼합 등의 공정을 통해 시료의 균질성을 유도할 수 있다. 액상이나 미세한 크기(microsize) 분체는 적당하게 혼합해도 균일성을 갖출 수 있으나 형상, 입도, 경도, 비중 등이 서로 다른 고체 시료의 경우에는 먼저 분쇄나 마쇄를 해야 한다.

(1) 분쇄

분쇄는 단단하고 큰 고체 시료를 잘게 부수는 과정으로, 약절구(유발), 분쇄기, 볼분쇄기(ball mill) 등이 사용되며 때로는 가정용 믹서도 사용한다. 분쇄된 결과물의 크기는 보통 500~840 μm 정도의 표준체(standard sieve)를 활용하며 크기별로 분획이 가능하다. 표준체는 황동으로 제조되며 체 눈의 크기는 "KS A 5101(표준체)"에서 규정하고 있으나 테일러체(Tyler sieve; 미국산)의 메시(mesh)라는 단위도 사용한다. 메시는 1인치(2.54 cm) 사이에 몇 개의 구멍이 있는가를 나타내는 용어로, 250메시는 250개의 구멍이 있다는 뜻이다. 그러므로 메시가 작을수록 구멍의 크기는 커져 큰 알갱이가 나오고 메시가 클수록 작은 분체를 얻을 수 있다. 열에 의해 변성이 되는 성분을 포함하고 있는 경우에는 연속적으로 분쇄하지 않고 순차적으로 나누어서 한다.

(2) 마쇄

수분이 많은 채소, 과실, 육류, 어류 등이나 각종 가공식품 및 조리식품의 경우에는 마찰이나 잘게 빻아서 균질화해야 하며 막자사발, 초퍼(chopper), 균질기(homogenizer), 믹서(mixer) 등이 사용된다. 이들 기계는 사용 시 미리 시료를 적당한 크기로 줄여 주는 것이 마쇄의 효율을 증가시킨다.

① 곡류 : 수분이 적은 곡류의 경우 먼지, 모래, 흙 등의 협잡물을 제거하고 그대로 분석하나 수분이 많은 경우에는 일단 건조 후 사용한다.

② 종실류 : 수분이 비교적 많은 밤, 은행 등의 다수분 고녹말질 시료의 경우에는 곡류와 같이 처리하며, 땅콩, 참깨, 호두 등 저수분 고지방질 시료의 경우에는 검사 목적에 따라 처리를 달리한다.

③ 사탕류 : 대부분 그대로 혼합하여 시료로 사용한다. 당의 결정이 있는 경우에는 시료병을 50℃ 이하 더운물에 담가 당의 결정을 녹인 후 사용한다.

④ 채소 및 과실류 : 수분이 상당량 있으므로 수분 손실에 유의하면서 막자사발에 갈아 즉시 사용한다. 보존이 필요한 경우 발효나 부패를 줄이기 위해 저온 저장한다.

⑤ 버터, 마가린 등 유지류 : 액체상 유지는 그대로 사용하고 고체상인 경우에는 전량 또는 일부분을 취한 후 시료병에 넣고 40℃ 이하에서 녹여 사용한다.

⑥ 과자류 : 수분이 적고 분말이 되기 쉬운 경우 막자사발에서 분쇄하여 혼합하고, 수분이 많아 가루가 되기 어려운 경우 작은 크기로 자른 후 막자사발을 사용하여 충분히 혼합한다.

⑦ 어패류 및 가공품 : 신선물 분석 시 불가식부를 제거, 혼합한 후 마쇄하여 사용한다. 냉동어의 경우 먼저 해동시키고 해동 시 용출된 drip, 즉 액즙은 마쇄한 시료에 혼합한다. 고형분 부분만 분석해야 하는 경우에는 체로 내용물을 걸러낸 후 마쇄 및 혼합한다.

⑧ 육류 및 가공품 : 뼈를 제거한 후 식용 가능한 부분만 잘 혼합한다.

⑨ 난류 : 껍질을 제거한 후 충분히 혼합하여 사용하거나 달걀노른자와 흰자를 분리할 때에는 껍질을 활용한다. 삶은 달걀의 경우 껍질을 제거한 후 잘 혼합한다.

(3) 시료 조제와 조성의 변화

균질화 과정 중 마쇄 및 분쇄 공정은 시료가 생명체로부터 유래한 경우 물리적 스트레스에 의한 세포의 물리적 파쇄를 유발한다. 이는 세포벽과 세포막에 의해 잘 격리되어 있던 효소와 기질의 결합이 증가하여 효소반응이 발생할 수 있으며, 효소 및 화학 반응의 증가는 특정 성분의 변화를 초래하고, 수분 함량의 변화와 이물질의 혼입 등도 발생된다.

① 성분의 변화

시료 조제 중 변화를 보일 수 있는 대표적인 식품 성분은 비타민을 들 수 있다. 비타민 A는 공기 중 산소와 결합하여 산화될 수 있으며, 리보플래빈인 비타민 B_2는 특히 빛의 조사에 민감하여 광분해를 일으킨다. 비타민 C는 산화되기 쉬운 불안정한 수용성 물질로 수분에 유실될 수 있고 공기 중 산소와 결합하여 산화될 수도 있으며 아스코브산 산화효소에 의해서도 파괴된다. 또한 구리이온에 의해 산화가 촉진되므로 구리로 된 용기의 사용을 피해야 한다. 이와 같이 민감한 물질을 분석하는 경우에는 시료를 균질화할 때 질소가스 아래에서 산소와의 접촉을 최소화하거나 어둠 속에서 빛의 조사를 최소화해야 하며 저온 조건에서 처리해야 한다. 시료 제조 시 비타민 이외의 성분 변화는 상대적으로 미비하다.

② 수분 함량의 변화

시료 제조 과정 중 식품은 공기 중의 수분을 흡수하거나 공기 중으로 수분을 방출하게 된다. 마쇄 및 분쇄에 의해 표면적이 증가할수록 수분의 흡습 및 탈습 속도도 증가하게 되며, 분쇄 시 발생하는 열에 의해 수분의 일부가 방출될 수도 있다.

③ **이물의 혼합**

주로 발생되는 이물의 혼합은 쇠그릇을 이용하는 경우 쇠그릇의 철분이 시료로 혼입될 가능성이 있다. 구리와 철 이온은 지방 산패를 촉진시키는 대표적인 산화 촉진 역할을 하므로 시료 제조 시 주의해야 한다.

④ **시료 조제 시 전처리 여부**

수분이 많고 지방 함량이 적으며 열에 안정한 성분인 경우 예비 건조를 할 수 있다. 보통 60~80℃에서 얇게 펴서 가열 건조하여 사용한다. 지질을 다량 함유하는 시료의 지질을 정량분석하고자 하는 경우 시료 처리를 한 기계나 비커에 지방이 남아 있을 수 있으므로 유기용매인 에테르(ether)를 이용하여 처리한 장비에서 지방을 분리한다.

4) 시료의 보전

조제된 시료를 적절하게 보관하여 저장 중의 성분 변화를 최소화해야 한다. 산소 접촉에 의한 지방의 산패 및 휘발 성분의 생성, 공기 중 수분의 흡수 또는 증발, 효소 및 미생물에 의한 변화, 수분 함량이 많은 시료에서의 비타민 손실, 당질에 의한 비효소적 갈변화 등의 시료 변화가 저장 중 발생할 수 있는 변화이다.

이러한 변화는 다음과 같은 방법에 의해 억제되거나 최소화할 수 있다. 수분의 변화는 시료를 밀폐용기에 보존함으로써 최소화하며, 산소에 의한 산화 역시 밀폐용기에 시료를 넣은 후 시료병의 헤드스페이스 내의 공기를 질소 같은 불활성 가스로 치환시켜 보전하면 산화를 최소화할 수 있다. 가장 실용적인 방법은 공기와 접촉하는 표면적을 적게 한 상태로 밀폐하여 보존하는 방법으로, 산소와 수분의 투과성이 적은 재질의 파우치를 사용하고 열접착으로 여러 등분하여 진공 상태로 밀봉하는 방법이 매우 효과적이다.

효소나 미생물에 의한 변화는 시료를 냉장 및 냉동 온도에서 보관하거나 방부제와 같은 물질을 첨가하여 보관한다. 건조가 필요한 경우 동결건조나 감압건조를 통해 열에너지에 의해 발생할 수 있는 시료의 변화를 최소화한다. 처리된 시료는 일반적으로 냉장하는 것이 가장 보편적인 방법이다. 단, 냉장고 안의 상대습도가 극히 낮아 수분 함량이 많은 시료는 쉽게 건조될 뿐 아니라 이화학적 변화가 서서히 진행되므로 유의해야 한다. 일반적으로 상온에서 Q_{10}값이 2~3이 되지만 저온에서는 느린 경우도 많아 가능하면 처리 시료를 저온에서 보관하여 화학반응 속도를 느리게 하는 것도 효과적인 방법이다. 저온 저장은 화학 변화뿐 아니라 효소작용을 억제하고 미생물 생육을 저지하여 변패를 방지하는 수단이 된다.

처리된 시료가 바로 실험에 사용되지 않을 경우에는 냉동시킨다. 식품 내 효소의 작용을 저하시키기 위해서는 -40℃ 이하에서 저장한다. 그러나 시료를 냉동할 경우 이를 해동하여 실험에 사용하므로 제반사항을 검토하여 저장방법을 설정하도록 한다.

시료를 1차 건조하여 풍건 시료로 만드는 것은 냉장의 경우보다 시료의 보존성이 우수하지만 시료의 성질이나 상태, 건조 조건에 따라 성분 변화가 심하다. 일반적으로 재현성 있고 정확한 분석 결과를 얻기 위해서 시료의 보전은, -40~-70℃ 정도와 같은 낮은 온도에서 공기 중 산소의 양이 최소화된 상태에 보관하는 것이 바람직하다.

5) 주의 사항

시료 측정에 사용되는 기기 장치들은 자주 검량(calibration)해야 하며, 부피 정량 유리기구와 피펫 등을 사용하는 경우에도 숙련과 주의가 필요하다. 여러 번 반복 측정된 실험값은 평균으로 표현하며, 이는 신뢰구간(confidence interval)의 다른 표현 방법이다. 신뢰구간이란 참값이 발견될 수 있는 범위로 실험에 의해 나온 신뢰구간이 참값을 포함하지 못한다면 실험의 정확도는 떨어진다. 절대적인 정밀도는 표준편차(standard deviation)로 표현되고, 상대적인 정밀도는 변동계수(coefficient of variation, CV)로 표현된다.

예를 들어 시료의 무게를 5회 측정하였더니 10.01, 10.60, 9.98, 9.88, 10.10이라면 산술평균은 10.11 = (10.01 + 10.06 + 9.98 + 9.88 + 10.10)/5이고 표준편차는 0.28이며, 변동계수는 표준편차/산술평균 × 100으로 2.80%(= 0.28/10.11 × 100)이다. 일반적으로 변동계수가 5% 이하면 정밀도가 있는 실험으로 간주될 수 있다.

채취된 검체는 시료 이름, 채취 장소, 채취 일시, 채취자 및 수량 등을 기재하고 시험에 필요한 참고사항 등을 함께 기재한다.

연습문제

1 실험 노트를 작성할 때 반드시 기록해야 할 사항 중에서 호기심을 키우기 위해 기록해야 하는 항목은?

2 0.05 N의 HCl 10 mL를 적정하는 데 0.0 5N NaOH(역가 1.00) 9.5 mL가 들어갔으면 이때 뷰렛에 들어 있는 용액의 역가는?

풀이 및 정답

1. 고찰이다. 고찰을 통해 예상했던 것과 실제 나타난 결과에 차이가 있다면 왜 이렇게 나왔을까? 생각해 보고 의문점을 기록해 본다. 또 다르게 생각해 볼 여지는 없는지 등을 고찰한다면 후일 다른 연구 실험을 실행할 때 연구 자세를 확립하는 데 많은 도움이 될 것이다.
2. 만일 0.05 N의 HCl 역가가 1.00이라 가정하면 0.05 N의 NaOH가 10.0 mL가 소요된다. 그러나 9.5 mL가 적정에 사용되었다면 0.05 N의 HCl 역가는 1보다 적은 값이 될 것이다.

$$fNV = f'N'V'$$

$$f \times (0.05)(10) = (0.05)(9.5)(1.00)$$

$$\therefore f = 0.95$$

02 pH 및 중화 적정

FOOD ANALYSIS

식품 분석에서 산도(acidity)와 관련된 용어로는 pH와 적정 산도(titratable acidity, TA)가 있다. 적정 산도란 식품 내에 존재하는 모든 산(acid)의 양을 알칼리 표준용액(0.1 M 수산화나트륨 용액)으로 적정한 값으로, pH보다 향미(flavor)에 직접적인 영향을 끼친다.

반면에 pH는 수용액 중에 존재하는 수소이온(H^+, H_3O^+) 몰 농도의 역수를 상용로그로 나타내며 미생물 생존을 예측하는 데 적정 산도보다 유용하다. 식품에서 산으로부터 이온화된 수소이온을 측정하는 면에서 pH와 적정 산도는 공통점을 지니나, 적정 산도는 이온화된 형태뿐 아니라 비이온화된 산의 함량도 측정한다는 점에서 pH와는 차이가 있다.

pH는 주로 pH 미터기를 사용하여 측정하며, 중화 적정 시에는 pH 지시약(indicator)을 사용한다.

1. 수소이온 농도와 산도

1) 수소이온 농도

수분은 2분자의 수소(분자량 1.0078)와 1분자의 산소(분자량 15.999)로 구성되어 있으며 분자량은 18.015(= 1.0078 × 2 + 15.999)이다. 1 L, 즉 1 kg에는 약 55.5 M(= 1,000 g/18.015 g/M)의 물이 존재한다.

물은 약한 전해질로 극히 일부분이 수소이온(H^+)과 수산이온 또는 수산화이온(OH^-)으로 이온화되어 있으며, 수소이온은 실제로는 H_2O와 배위결합 상태인 H_3O^+로 존재한다.

25℃에서 물의 평형상수$(K_{eq}) = \frac{[H_3O^+] \times [OH^-]}{[H_2O]}$는 1.8×10^{-16}이다.

물은 이온화 능력이 매우 약하므로 1 kg 물의 농도를 55.5 M이라고 간주하면 $1.8 \times 10^{-16} = \frac{[H_3O^+] \times [OH^-]}{55.5}$이 되고 수소이온과 수산이온의 곱인 $[H_3O^+] \times [OH^-]$는 1.04×10^{-14}로 계산된다. 어떤 임의의 온도에서 $[H_3O^+]$ 양이온과 $[OH^-]$ 음이온의 곱을 K_w로 나타내며, 25℃에서 물의 K_w은 1.04×10^{-14}이고 100℃에서는 증가하여 58.2×10^{-14}에 이른다.

순수한 물은 수소이온과 수산이온이 같은 농도로 존재하는데 이를 중성 용액이라 하고, 25℃에서 각각 1.0×10^{-7} M씩 존재하게 된다. 이 경우 물에서 이온화된 상태는 55.5 M 중 불과 1.0×10^{-7} M만이 양이온 또는 음이온으로 존재하게 되어 $\frac{1.0 \times 1.0^{-7}\ M}{55.5\ M} = 1.8 \times 10^{-9}$, 즉 1억 물 분자 중 약 1.8분자가 이온 상태로 존재한다.

물은 양이온과 음이온의 곱이 일정하므로 양이온의 농도가 커지면 음이온의 농도는 낮아진다. 산성 용액의 경우에는 $[H_3O^+]$ 농도가 $[OH^-]$보다 크고, 중성 용액의 경우에는 농도가 같으며, 염기성 용액의 경우에는 $[OH^-]$ 농도가 $[H_3O^+]$보다 크다.

수소이온의 농도가 너무 작기에 수소이온 농도의 역수를 상용로그로 나타내는 표시법인 pH법을 스웨덴의 화학자 Sørensen S.L.P.이 1909년 개발하였다. 중성 용액의 경우 25℃에서는 pH 7이고 산성 용액은 pH 7보다 낮으며 염기성 용액의 경우 pH는 7보다 크다. 마찬가지로 pOH란 $[OH^-]$ 농도의 역수를 상용로그로 나타내는 방법으로 $[H_3O^+] \times [OH^-]$는 1.0×10^{-14}이므로 pH+ pOH는 14가 된다. 예를 들어 콜라의 pH는 2.65이고 pOH는 11.35이다.

일부 물질은 물속에서 수소이온을 발생시키는데 이를 산성 물질이라 한다. 물질에 따라 수소이온을 발생하는 정도가 다르며, 수소이온을 쉽게 내는 물질을 강산이라 하고 일부만이 수소이온으로 전환되는 물질을 약산이라 한다. 즉, 염산 0.1 N HCI의 경우 물과 반응하여 거의 모든 HCl이 100% H^+와 Cl^-로 전환되어 25℃에서 pH 1.02가 되나 아세트산 0.1 N CH_3COOH의 경우 약 1%만이 H^+와 CH_3COO^-로 전환되어 pH 2.89가 되고 나머지는 CH_3COOH 상태로 존재하게 된다. 강산의 예로는 HCl, H_2SO_4, HNO_3, HBr, HI 등이 있고, 약산의 예로는 HF, CH_3COOH 등이 있다.

알칼리 혹은 염기란 수소이온을 받아들이는 물질, 즉 OH^-을 발생시키는 물질이며 강염기의 예로는 LiOH, NaOH, KOH 등이 있고, 약염기의 예로 NH_4OH 등이 있다.

2) 적정 산도

pH와 적정 산도는 동일하지 않다. pH는 산성, 중성, 염기성 용액의 중화 적정 시 사용되며 pH 미터기나 지시약을 활용하여 측정한다. 이론적으로 pH는 1에서 14가 가능하나 pH 1 이하는 얻기 어렵다. 이는 H^+이 고농도인 경우에는 완전히 해리되지 않기 때문이다. 반면 거의 모든 식품은 약산성이다. 실제로 과일이나 채소에 들어 있는 유기산들, 즉 시트르산(citric acid), 아세트산(acetic acid), 타타르산(tartaric acid) 등은 약 3% 이하의 이온 가능한 수소가 해리되어 있으며 수소이온이 사라지면 3% 이하의 농도를 유지하기 위하여 새로운 수소이온이 다시 해리된다. 이와 같이 식품은 급격한 수소이온의 농도 변화를 완충해 주는 기능이 있으며 이를 완충작용(buffering action)이라 한다. 약산과 그 염이 존재하는 식품은 항상 완충작용을 한다. 따라서 pH는 쉽게 변화하지 않는다. 적당한 산이나 염기를 그들의 염과 제조하면 특정 pH에서 완충작용을 갖는 완충 용액을 제조할 수 있다.

식품은 복잡한 적정 산도 체계를 갖고 있다. 지방산, 암모니아, 유기산 등도 이론적으로 수소이온을 생성할 수 있고, 식품에서 적정 산도는 이들 모두를 포함하며 각각을 분리하여 측정하지 않는다. 식품의 적정 산도는 여러 산성 물질 중 주로 유기산을 대상으로 한다.

포도의 경우 숙성 전에는 말산(malic acid)이 주요 유기산이나 숙성 후에는 타타르산이 주요 적정 산도를 나타낸다. 식품의 적정 산도 중 유기산은 식품의 풍미에 큰 영향을 미치며, 당의 존재에 의해 풍미에 대한 영향은 감소하게 된다. 실제 과일이나 채소의 풍미를 나타낼 때 브릭스(Brix)/산(acid) 비를 활용하는 것이 브릭스나 산 단독으로 사용하는 것보다 유용하다.

대표적 과일의 유기산과 브릭스 조성은 표 2-1에 나타내었다.

표 2-1 대표적 과일의 유기산과 브릭스 조성

과일	주요 유기산	TA(%)	브릭스(Brix)
사과	말산(사과산)	0.27~1.02	9.12~13.5
바나나	말산/시트르산(3:1)	0.25	16.5~19.5
포도	타타르산/말산(3:2)	0.84~1.16	13.3~14.4
오렌지	시트르산	0.68~1.20	9~14
복숭아	시트르산	1~2	11.8~12.3
파인애플	시트르산	0.78~0.84	12.3~16.8

(계속)

과일	주요 유기산	TA(%)	브릭스(Brix)
토마토	시트르산	0.2~0.6	4
딸기	시트르산	0.95~1.18	8~10.1
레몬	시트르산	4.2~8.33	7.1~11.9

tip 브릭스(Brix)란?

당 농도를 나타내는 단위의 하나로 보통 굴절계로 측정하며 당 농도를 설탕 농도로 하여 무게백분율(w/w %)로 나타낸다.

2. 중화 적정

1) 중화 적정 곡선과 지시약의 선정

중화반응이란 산의 수소이온[H^+]과 알칼리의 수산화이온[OH^-]이 반응하여 물을 생성하는 것을 말한다.

$$H^+ + OH^- \rightleftharpoons H_2O$$

적정(titration)이란 뷰렛에 표준용액을 넣은 후 시료에 첨가하여 반응에 사용된 표준용액의 양을 측정하는 과정이다. 따라서 중화 적정이란 산 또는 알칼리 표준용액을 첨가하여 시료의 알칼리 또는 산과 반응시켜 물을 생성시키는 과정이다. 반응 시료의 pH 변화는 반응 종점인 당량점(equivalence point), 즉 수소이온과 수산화이온이 동일량 존재하는 범위에서 급격하게 변화한다. 반응 종점에 도달 시 급격한 pH 변화는 일반적으로 지시약을 활용하여 확인한다.

강산과 강염기를 활용한 중화 적정 곡선을 보면 초기에는 pH 변화가 서서히 일어나지만 당량점 근처에서는 급격히 상승하여 거의 수직선에 가깝게 변화하고 그 이후에는 다시 완만하게 증가한다(그림 2-1). 강알칼리로 약산을 적정할 때에는 당량점 근처의 pH는 급격하게 변화하지 않는 완충현상을 나타내며 pH 7~10 사이에서 급격한 변화를 보인다. 이 경우에는 완충현상은 약산의 pK_a 부분의 pH에서 최대를 이룬다(그림 2-2). 만약 약산이 여러 수소이온화 기를 갖는 경우에는 여러 완충현상이 발생하게 된다. 여러 개의 수소이온화 기를 갖는 약산의 완충 범위는 각각 ($\frac{pK_{a_1}+pK_{a_2}}{2}$)의 pH에서 완충을 이룬다.

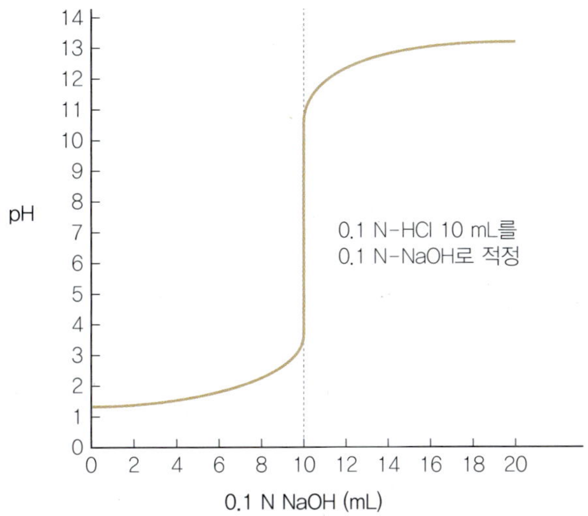

그림 2-1 강산과 강염기의 적정 곡선

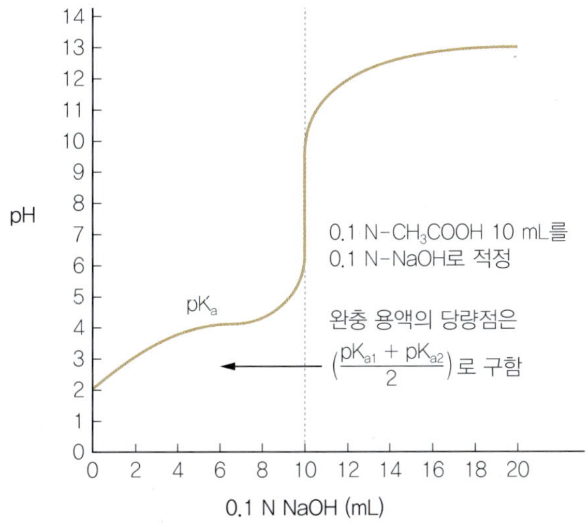

그림 2-2 약산과 강염기의 적정 곡선

표 2-2 식품에 자주 사용되는 유기산의 pK값

유기산	pK_{a_1}	pK_{a_2}	pK_{a_3}
옥살산	1.19	4.21	-
인산	2.12	7.21	12.30
타타르산	3.02	4.54	-
말산	3.40	5.05	-
시트르산	3.06	4.74	5.40
젖산	3.86	-	-
아스코브산	4.10	11.79	-
아세트산	4.76	-	-

식품에 자주 사용되는 유기산의 pK값은 표 2-2와 같다.

식품과 같이 약산과 그 염의 작용에 의해 급격한 pH의 변화를 막는 완충 용액의 현상은 핸더슨-하셀바흐식(Henderson-Hasselbalch equation)을 이용하여 설명할 수 있다. 핸더슨-하셀바흐식은 식품의 pH, 약산의 pK_a, 약산과 그 염의 완충작용 사이의 관계를 설명한다.

$$pH = pK_a + \log\frac{[\text{proton acceptor}]}{[\text{proton donor}]} = pK_a + \log\frac{[\text{Base}]}{[\text{Acid}]}$$

이 식을 사용하면 원하는 pH를 제조하기 위해 필요한 약산[양성자주개(proton donor)]과 그 염[양성자받개(proton acceptor)]의 농도를 결정할 수 있다. 이때 pK_a는 물질마다 정해져 있는 고유의 값이 된다. 약산과 그 염의 농도가 동일할 경우 pH와 pK_a는 동일해지고 가장 큰 완충작용을 하는 지역이 된다. 또한 약산의 농도와 그 염의 농도 비가 1에서 멀어질수록 완충 능력은 감소한다.

예를 들어 약산인 아세트산(CH_3COOH)과 아세트산나트륨(CH_3COONa)이 있다. 아세트산의 pK_a는 4.75일 때 1 L의 pH 4.5인 0.2 M 완충 용액을 제조한다고 하면 필요한 아세트산과 아세트산나트륨의 양은 다음과 같이 계산된다.

아세트산(CH_3COOH) + 아세트산나트륨(CH_3COONa) = 0.2 M

아세트산나트륨(CH_3COONa) = x라고 하면, 아세트산(CH_3COOH) = $0.2 - x$

$$4.5 = 4.75 + \log\frac{(x)}{(0.2 - x)} \qquad \therefore\ x = 0.07$$

즉 아세트산(CH_3COOH)은 0.13 M과 아세트산나트륨(CH_3COONa) 0.07 M을 혼합하여 1 L로 희석하면 된다.

한편 그림 2-1에서와 같이 0.1 N HCl 10 mL를 0.1 N NaOH로 적정하는 경우 8 mL의 0.1 N NaOH를 첨가한 부분까지는 여전히 산성 조건을 띠고 있어 페놀프탈레인 지시약을 첨가한 용액의 색깔이 무색이나, 중화 적정이 이루어지는 중화 적정점(end point)을 지나며 pH의 급격한 변화를 가져오는 부분에서 약간의 미색을 보이다가 알칼리 조건을 형성하는 0.1 N NaOH 소모량이 12 mL를 넘어가는 부분부터는 진한 홍색을 띤다(그림 2-3).

산성 중화 적정점 염기성

그림 2-3 NaOH와 HCl 용액을 이용한 적정 실험 중 페놀프탈레인 지시약에 따른 색깔 변화

3. 시료의 pH 측정법

1) pH 미터기 사용

pH 미터기를 사용할 경우 활성(activity)과 농도(concentration) 개념을 이해해야 한다. 활성이란 화학적 반응성을 측정하는 것이고, 농도는 모든 형태의 이온 양을 표현한다. 활성을 띠지 않는 이온도 존재하므로 활성은 항상 실제 농도에 비해 낮게 나타나며, 또한 농도에 비례해서 표시된다.

pH 미터기는 서로 다른 2개의 용액에 극히 얇은 유리막으로 간격을 만들어 그 사이에서 pH 차이에 의해 전위가 변하는 것을 이용하는 장치이다. 2개의 전극이 필요한데 하나는 기준전극(reference electrode)으로 칼로멜(calomel) 전극이 이용되고, 하나는 유리전극(glass electrode)이며 얇은 막으로 둘러싸인 Ag - AgCl - Cl^- 전극이다. 유리전극을 시료에 담가 기준전극과의 기전력을 전위차계로 측정한다. 최근에는 기준전극과 유리전극이 함께 있는 복합전극(combination electrode) 형태로 개발되어 더욱 편리해졌다.

pH 미터기는 제조사에 따라 약간의 차이가 있지만 표준 pH 완충 용액을 이용하여 검량 후 사용해야 한다. 각각 분홍, 노랑, 파란색을 띠는 pH 4.0, 7.0, 10.0 표준 완충 용액을 이용한다. pH 전극을 보존할 때에는 칼로멜 기준전극을 전극 내부에 들어 있는 포화 KCl 용액보다 약 2 cm 낮게 보존액에 담가 보존액이 전극 내부로 들어오지 않도록 한다.

2) pH 지시약 사용

특정 pH 범위에서 가역적 변색을 일으키는 유기물질을 활용하면 시료의 pH를 측정할 수 있다. pH 지시약은 단독 또는 다른 색소와 혼합하여 사용할 수 있다. 지시약 선택은 산과 알칼리의 적정 곡선을 활용하여 중화반응 종점의 pH 변화를 이해하면 쉽게 결정할 수 있다. 표준용액과 반응액은 각각 강산, 강알칼리, 혹은 약산, 약알칼리일 수 있다(표 2-3).

강산으로 강알칼리를 적정하는 경우 당량점 근처의 pH는 4~10까지 급격한 변화를 보이므로 지시약의 선정도 상대적으로 용이하다. 즉 pH 4~10 사이에 색이 변하는 지시약인 메틸오렌지 및 페놀프탈레인을 사용하면 된다. 강산으로 약알칼리 시료를 적정할 경우 pH 변화는 급격하지 않고 pH 4~7 사이의 산성 쪽에서 변화를 보여 지시약으로 메틸오렌지, 메틸레드를 사용할 수 있다. 약산으로 강알칼리 적정 시에는 당량점 근처의 pH는 급격하

표 2-3 주요 지시약의 색 및 지시약 범위

지시약	약호	산성색	지시약 범위	염기성 색
Thymol blue	TB	적색	1.2~2.8	황색
Methyl orange	MO	적색	3.1~4.4	황색
Bromophenol blue	BPB	황색	3.0~4.6	청자색
Brom cresol green	BCG	황색	3.8~5.4	청색
Methyl red	MR	적색	4.2~6.3	황색
Brom cresol purple	BCP	황색	5.2~6.8	청자색
Bromthymol blue	BTB	황색	6.0~7.6	청색
Phenol red	PR	황색	6.8~8.4	적색
Cresol red	CR	황색	7.2~8.8	적색
Thymol blue	TB	황색	8.0~9.6	청색
Phenolphthalein	PP	무색	8.2~10.0	자홍색
Thymolphthalein	TP	무색	9.3~11.0	청색

지 않으며 pH 7~10 사이에서 변화를 보이기에 지시약은 알칼리 쪽인 페놀프탈레인, 티몰블루 등을 활용한다.

그림 2-4 pH에 따른 페놀프탈레인 지시약의 색깔 변화(위)와 리트머스 테스트(아래)

약산으로 약알칼리를 적정할 경우 pH 7 근처에서 당량점이 되며 pH 변화의 범위가 매우 좁기에 적절한 지시약을 선정하는 것은 쉽지 않다. 중화 적정을 할 경우 표준용액의 농도는 0.01~1.0 N 정도가 사용된다.

pH 조건에서의 색을 보면 pH 4.01과 pH 7.0에서는 무색을 띠고 pH 9.21에서는 자홍색을 띤다. 한편 리트머스 테스트를 해 보면 pH에 따라 색의 변화를 볼 수 있어 용액의 pH 상태를 가늠할 수 있다(그림 2-4).

4. 산·알칼리 표준용액의 조제

1) 산 표준용액

산 표준용액으로 자주 사용되는 것은 HCl 및 H_2SO_4이다. 일반적으로 HCl이 사용되고 H_2SO_4는 뜨거운 용액의 적정, 또는 산이 과량 존재하여 장기간 가열이 필요한 경우에 사용한다. 반면 HNO_3는 지시약을 파괴하는 성질이 있어 사용하지 않는다. Na_2CO_3나 $KHCO_3$는 표준용액의 역가를 정하는 표정용 표준물질로 사용된다.

예를 들어 1 N HCl 용액을 제조하고자 한다면 비중 및 농도를 이용하여 산출하거나 노말 농도로 제조할 수 있다. 비중 및 농도를 활용하는 경우 다음 식을 이용한다.

$$V = \frac{36.465 \times 100}{(\text{비중} \times \text{농도})}$$

V : 1 L에 첨가해야 할 HCl 부피

예를 들어 35.4%의 농도인 HCl을 이용하는 경우 비중은 1.18이므로 첨가할 부피는 다음과 같다(표 2-4).

$$V = \frac{36.465 \times 100}{(1.18 \times 35.4)} = 87.3\ (\text{mL})$$

35.4%의 이 농도는 노말 농도로 11.45 N이기에 1 N 용액으로 희석하기 위해서는 11.45배 희석해 원하는 최종 부피를 제조하면 된다. 즉 1 L를 제조하고자 한다면 $\frac{1\ \text{L}}{11.45}$인 87.3 mL를 첨가한다.

제조된 HCl 표준물질을 $KHCO_3$로 표정할 경우 $KHCO_3$(분자량, 100.114)은 이론상 1 N

HCl에 의해 동량의 노말 농도가 요구되므로

$$100.114\ g : 1,000\ mL = KHCO_3\ 함량 : V_o$$

$$V_o = \frac{1,000 \times KHCO_3\ 함량}{100.114}$$

따라서 1 N HCl의 역가(factor) f는

$$f = \frac{V_o}{V} = \frac{1,000 \times KHCO_3\ 함량}{100.114 \times V}$$

예를 들어 $KHCO_3$ 함량이 2.0141 g이고 이를 적정하는 데 1 N HCl이 20 mL 소비되었다면 1 N HCl의 역가 f는 $\frac{1,000 \times 2.0141}{100.114 \times 20}$로 1.0059이다.

만약 Na_2CO_3로 표정할 경우에는 Na_2CO_3(분자량, 105.989)은 1몰당 2노말이 생성되므로 52.99 g : 1,000 mL = Na_2CO_3 함량 : V_o이 되어 $V_o = \frac{1,000 \times Na_2CO_3\ 함량}{52.99}$이다.

1 N HCl의 역가 $f = \frac{V_o}{V} = \frac{1,000 \times Na_2CO_3\ 함량}{52.99 \times V}$이다.

표 2-4 HCl의 비중과 농도

비중	노말 농도(N)	농도(%)	비중	노말 농도(N)	농도(%)
1.070	4.158	14.17	1.140	8.648	27.66
1.080	4.784	16.15	1.150	9.327	29.57
1.090	5.414	18.11	1.160	10.04	31.51
1.100	6.037	20.01	1.170	10.74	33.46
1.110	6.674	21.92	1.180	11.45	35.39
1.120	7.317	23.82	1.190	12.15	37.23
1.230	7.981	25.75	1.200	12.87	39.11

2) 알칼리 표준용액

알칼리 표준용액으로 사용되는 물질은 NaOH, KOH, 및 $Ba(OH)_2$이다. 일반적으로는 NaOH가 사용되며 KOH는 알코올에 더 잘 용해되어 에탄올 이용 용매에 사용된다. 알칼리 용액은 공기 중에서 이산화탄소를 흡수하는 성질이 있어 탄산염을 함유하기가 쉽다. 따라서 표준용액을 제조한 후 HCl 등을 이용하여 표정한다.

예를 들어 1 N NaOH 용액을 제조할 경우 NaOH 약 45 g을 물 950 mL에 녹인 후 새로 만든 $Ba(OH)_2$ 포화 용액을 침전이 생기지 않을 때까지 가한 후 상등액을 여과하여 1 N HCl로 표정한다. 표정은 1 N HCl 20 mL를 취한 후 물 50 mL로 희석시키고 메틸오렌지 지시약을 가한 후 NaOH로 색이 변할 때까지 적정한다.

$$\text{NaOH 역가 } f = \frac{(\text{1 N HCl의 mL} \times \text{1 N HCl의 역가})}{(\text{NaOH mL 수})} \text{이다.}$$

연습문제

1 완충 용액이란?

2 0.003 N HCl의 pH는?

3 0.003 N 아세트산의 pH는? $K_a = 1.85 \times 10^{-5}$

4 0.003 N NaOH의 pH는?

5 pH가 6.32인 0.2 M 인산 완충 용액 200 mL를 만드는 데 필요한 각 인산의 양은? 단, (KH_2PO_4)의 분자량은 136 g이고, (K_2HPO_4)의 분자량은 174 g이다.

6 만일 0.1 M 염산 용액에 분말 NaOH를 pH가 7.3에 이를 때까지 넣어 녹인다면 이 용액의 최종 $[OH^-]$는?

7 탄산(H_2CO_3)과 중탄산염(HCO_3^-)의 pK_a값은 각각 3.77과 10.2이다. 이들 각각의 이온화 반응식을 쓰시오. 또한 평형상수를 나타내는 식을 쓰고 평형상수 값을 구하시오.

8 보통 완충 용액을 만들 때는 계산된 양의 약산과 짝염기를 사용한다. pH 7.4인 0.1 M 인산 완충 용액 1 L를 만들기 위해서는 0.1 M KH_2PO_4(약산)과 0.1 M K_2HPO_4(짝염기)의 혼합 비율은?

9 1.0 M 젖산 75 mL와 1.0 M 젖산나트륨염 25 mL를 섞어서 제조한 완충 용액의 pH는? (젖산 $pK_a = 3.86$)

10 0.10 M 아세트산과 0.25 M 아세트산 나트륨염을 포함하는 완충 용액의 pH는? ($pK_a = 4.76$)

풀이 및 정답

1. 완충 용액이란 산이나 염기를 가해도 공통 이온 효과에 의해 그 용액의 수소이온 농도가 크게 변하지 않는 용액을 말한다.
2. HCl은 강산이므로 모두가 다 해리가 된다.

$$pH = -Log\ (H^+)$$
$$= -Log\ (0.003) = -2.523$$

3. 아세트산은 약산이므로 모두 다 해리되지 않고 일부만 해리된다. 해리되는 양은,

$$Ka = \frac{[CH_3COO^-][H^+]}{[CH_3COOH]} = 1.85 \times 10^{-5}$$

$[CH_3COOH]$: $0.003 - x$라고 한다면

$[H^+]$, $[CH_3COO^-]$는 각각 x, x가 된다. 따라서 x만큼 해리가 된다. 따라서

$$Ka = \frac{[CH_3COO^-][H^+]}{[CH_3COOH]} = \frac{x \times x}{0.003 - x} = 1.85 \times 10^{-5}$$

이 관계식에서 x를 구하고, 구한 x값을 $pH = -Log(H^+)$에 대입하면 구할 수 있다.

4. NaOH는 강염기이므로 모두 다 해리된다.

$$pOH = -Log(OH^-)$$
$$= -Log(0.003) = -2.523$$

그런데 $pH + pOH = 14$이므로

$$pH = 14 - pOH$$
$$= 14 + Log(0.003) = 11.477$$

5. 이 문제는 헨더슨-하셀바흐식(Henderson-Hasselbalch equation)을 이용하면 된다.

$$pH = pK_a + Log(\text{짝염기}/\text{짝산})$$

인산의 경우는 삼양성자성 산이므로

$pH = pK_{a_2} + Log[(HPO_4^{2-})/(H_2PO_4^-)]$가 된다. 여기에 각각을 대입하면

$$6.32 = 6.8 + Log[(HPO_4^{2-})/(H_2PO_4^-)]$$

$Log[(HPO_4^{2-})/(H_2PO_4^{-}-)] = -0.48$이 되고

$$(HPO_4^{2-})/(H_2PO_4^-) = 10 - 0.48 = 0.331$$
$$(HPO_4^{2-})/(H_2PO_4^-) = 3$$

이것을 이용하여 두 번째 문제를 풀 수 있는데, 0.2 M 인산 완충 용액 200 mL가 필요하다고 했으므로 이 용액에 들어가는 인산의 총 몰수는 $0.2\ M \times 0.2\ L = 0.04$ mole이 된다.

몰 농도 × 용액의 리터 단위 부피 = mole 수이므로 이 몰수는 (짝산의 몰수 + 짝염기의 몰수)이다.

즉, $(H_2PO_4^-)$ mole + (HPO_4^{2-}) mole = 0.04 mole이다.

여기서 짝산의 몰수 $(H_2PO_4^-)$ mole = x라 하면

짝염기의 몰수 (HPO_4^{2-}) mole = $0.04 - x$가 된다.

용액의 부피가 같으므로 몰 농도의 비와 몰수의 비는 동일하므로

$$(H_2PO_4^-)/(HPO_4^{2-}) = (H_2PO_4^-)\ mole/(HPO_4^{2-})\ mole = 3$$
$$x/(0.04 - x) = 3$$

여기서 $x = 0.03$이 나온다.

즉, 짝산의 몰수가 0.03이고, 짝염기의 몰수는 0.01이 된다.

짝산의 몰질량이 136 g, 짝염기의 몰질량이 174 g이고, 몰수 = 물질의 질량/몰질량이므로

짝산(KH_2PO_4)의 질량은 $0.03 \times 136 = 4.08$ g이고, 짝염기(K_2HPO_4)의 질량은 $0.01 \times 174 = 1.74$ g이다.

6. 다른 것은 생각할 필요도 없이 최종 pH가 7.3이므로

$pH = -Log[H^+] = 7.3$이다.

따라서 $[H^+][OH^-] = 10^{-14}$

$$10^{-7.3} \times [OH^-] = 10^{-14}$$
$$[OH^-] = 10^{-6.7} = 1.9953*10^{-7}\ M$$

7. $H_2CO_3 \longrightarrow H^+ + HCO_3^-$

$$Ka = [H^+][HCO_3^-]/H_2CO_3 = 10^{-3.77} = 1.6982*10^{-4}$$
$$HCO_3 \longrightarrow H^+ + CO_3^{2-}$$
$$Ka = [H^+][CO_3^{2-}]/[HCO_3^-] = 10^{-10.2} = 6.30957*10^{-11}$$

8. 염기 + 산 = 1,000 mL

$$pH = pK_a + Log[\text{짝염기}]/[\text{산}]$$
$$7.4 = 7.2 + Log[K_2HPO_4]/[KH_2PO_4]$$
$$0.2 = Log[K_2HPO_4]/[KH_2PO_4] = Log[K_2HPO_4]/(1{,}000 - [K_2HPO_4])$$

따라서 K_2HPO_4 : 613.14 mL, KH_2PO_4 : 386.86 mL

9. 1.0 M 젖산 75 mL 속에는 0.075 mol의 젖산이 존재하며, 1.0 M 젖산 나트륨염 25 mL 속에는 0.025 mol의 젖산 염기가 존재한다.

$$pH = pK_a + Log[A^-]/[HA]$$
$$pH = 3.86 + Log(0.025/0.075) = 3.86 - 0.477 = 3.383$$

10. $pH = 4.76 + Log(0.25/0.1)$

$$= 4.76 + 0.398 = 5.16$$

FOOD ANALYSIS

03 식품 분석에서의 **통계 처리**

식품 성분의 분석이나 오염 및 독성물질을 분석할 때 통계 처리는 매우 중요하다. 예를 들면 옥수수에 함유된 아플라톡신을 분석하려 할 때 반복 분석된 3개의 데이터를 단순히 평균만 내어 처리할지 아니면 유난히 높은 농도가 나온 하나의 데이터를 버릴지 고민하는 경우가 많다. 실제로 많은 식품과학 전공자들이 실험을 할 때 이러한 문제들로 힘들어 한다. 하지만 통계라는 아주 훌륭한 친구를 둔 이상 이와 같은 고민은 더 이상 하지 않아도 된다. 여기에서는 식품분석화학에서 흔히 쓰는 통계 처리 및 수학에 대해 알아보기로 한다.

통계란 무엇일까? 아직도 여러분을 고교 시절 가장 괴롭혔던 수학의 한 부분이라고 생각한다면 지금 당장 그 생각을 바꿔야 한다. 왜냐하면 통계란 우리의 생활뿐만 아니라 우리들의 전공인 식품과학과 매우 밀접한 관계를 맺고 있기 때문이다. 개인적으로 통계의 정의 중 가장 멋진 정의라 생각하는 다음 문장을 소개한다. "통계란 데이터를 표현하는 도구이며 그 데이터가 얼마만큼 신뢰성이 있는지를 보여 주는 도구이다." 통계의 존재 이유를 설명할 때 전제되는 명제는 그 어떠한 실험 결론도 어느 정도 우연오차(random error)를 내포하고 있기 때문에 100% 완전한 확실성을 가진 것은 없다는 사실이다. 즉 통계에 의해 비로소 우리가 실험으로 얻은 결론이 바른지 아닌지, 또는 받아들여야 할지 아닐지를 결정할 수 있다. 이런 점에 비추어 보면 통계는 실험을 위주로 한 식품 분석에서는 꼭 필요한 존재이다. 여기서 하나 주목할 사실은 통계는 반드시 우연오차만을 다룬다는 점이다.

1. 표준정규분포

식품을 포함한 생물화학적 사실을 연구하다 보면 각 데이터의 분포가 평균값을 중심으로 하여 종 모양을 이루는 경우가 흔하다. 우선 표준정규분포가 무엇인지 알아보고, 평균과 표준편차에 대해 공부하기로 한다. 여러 자연현상에 대한 데이터 측정값을 x축에 놓고 측정값에 대한 빈도수를 y축에 놓으면 종 모양의 그래프가 완성된다. 가장 빈도수가 높은 측정값은 중심에 존재하게 되고 중심값에서 양옆으로 멀어질수록 빈도수는 감소하게 된다. 그림 3-1과 같이 데이터에 대한 아주 자연스런 종 모양의 그래프를 표준정규분포 또는 가우스 분포(Gaussian distribution)라고 한다. 보다 더 자연스런 종 모양을 원한다면 당연히 측정 반복 수를 늘리면 된다. 자세한 사항은 통계학 교과서나 참고문헌을 참조하길 바란다.

2. 평균과 표준편차

가우스 분포를 보면 중심에 위치한 측정값이 평균(average 또는 mean), 분포의 폭을 표준편차라고 이해하면 된다. 평균은 전체 측정값의 합을 측정 수로 나눈 값을 말하며, 표준편차는 분포의 폭으로 표준편차의 값이 작을수록 분포는 좁아진다. 그림 3-2를 보면 표준편

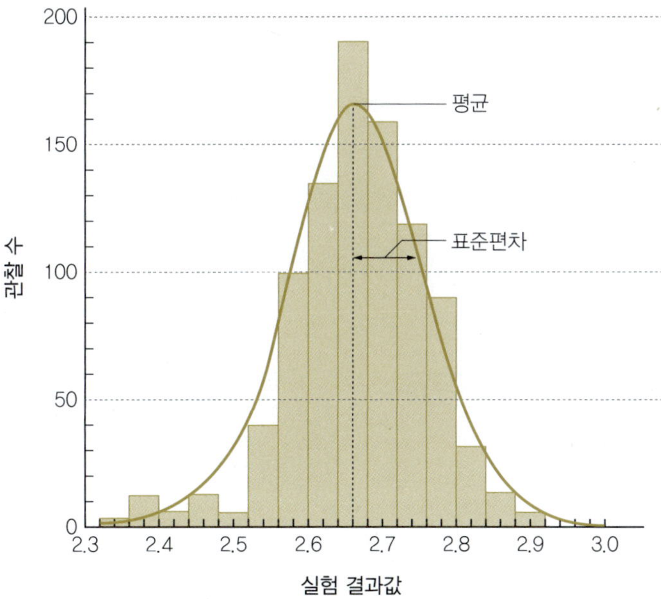

그림 3-1 전형적인 표준정규분포 곡선

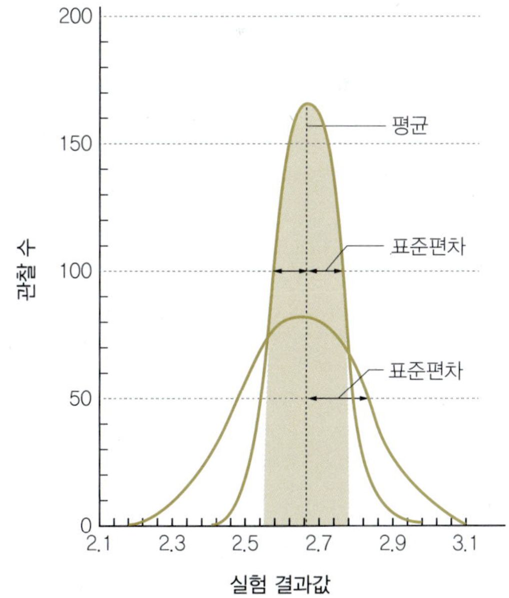

그림 3-2 표준편차를 2배로 했을 때의 표준정규분포 곡선의 변화

차를 2배로 했을 때 종 모양의 분포가 얼마나 뭉툭해지는지 잘 알 수 있다.

상대표준편차(relative standard deviation)는 표준편차를 평균으로 나눈 후 100을 곱해 퍼센트로 표기한 것이다. 이는 표준편차의 값을 일반화한 것으로, 평균이 얼마인가를 감안해서 이해하기 쉽게 만들어 놓은 것이다. 표준편차를 계산하는 식에서 분모에 표기한 n−1, 즉 측정 수에서 1을 뺀 수치는 통계에서 매우 중요하며 이를 자유도(degree of freedom)라고 표기한다. 자유도는 이후 여러 통계에서 많이 사용되므로 유념하도록 한다.

여러 통계 및 분석책을 보면 평균을 $\bar{x}$ 또는 μ로 표기하는 경우가 있는데 전자는 일반적인 측정 수가 한정되어 있을 때의 평균값이고 후자는 측정 수가 무한할 때의 평균값이다. 표준편차도 마찬가지로 s 또는 δ로 표기할 경우가 있는데 평균과 마찬가지로 이해하면 된다. 때때로 분산(variance)이라는 용어도 사용되는데 이는 표준편차를 제곱한 값(s^2)이다.

이외에 꼭 알아야 할 평균 관련 통계 용어가 있다면 중앙값(median)과 범위(range) 정도이다. 중앙값은 평균과 달리 그야말로 측정값 중 중간값에 해당하는 것을 의미한다. 예를 들면 2, 18, 30, 45, 72와 같이 5개의 측정값이 있으면 이들의 평균은 32.4이지만 중앙값은 37이다. 중앙값을 산출할 때 학생들이 어려워하는 것이 측정 수가 홀수이면 값을 찾기가 쉬운데 만약 짝수이면 계산이 간단하지 않아서이다. 짝수일 때 중간치를 나타내는 두 숫자의 평균을 중앙값으로 하면 된다. 예를 들면 2, 18, 30, 45의 측정값이 있으면 이들의 중앙값은 18과 30의 평균인 24가 된다. 범위는 가장 큰 측정값과 가장 작은 측정값의 차이를 말하는데 2, 18, 30, 45, 72의 경우 범위는 72−2=70이 된다.

예제 평균, 표준편차, 상대표준편차

다음과 같은 데이터를 얻었을 때 평균, 표준편차 그리고 상대표준편차를 구하시오.

데이터 : 7, 18, 10, 15

풀이 평균 $\bar{x}=\frac{7+18+10+15}{4}=12_{.5}$

표준편차 $s=\sqrt{\frac{(7-12_{.5})^2+(18-12_{.5})^2+(10-12_{.5})^2+(15-12_{.5})^2}{4-1}}$

상대표준편차는 $(4_{.9}/12_{.5})\times 100\%=39\%$

3. 표준편차와 확률

우리가 계산한 표준편차를 이용하여 표준정규분포곡선의 면적을 살펴보면, 평균에서 표준편차만큼의 범위($\mu \pm \sigma$)를 갖는 곡선의 면적은 68.3%이고 평균에서 두 배의 표준편차만큼의 범위($\mu \pm 2\sigma$)의 곡선 면적은 95.5%이다. 세 배의 곡선 면적($\mu \pm 3\sigma$)은 99.7%가 된다. 이는 계산 시 그렇게 중요하지는 않으나 가설의 검증 등 통계학에서는 중요하므로 이런 사실을 염두에 두자.

4. F 검정을 이용한 표준편차 간의 비교

통계에서 가장 중요하게 많이 쓰이는 질문은 '두 집단의 평균값이 실험적 불확도를 고려했을 때 과연 유의적으로 차이가 있느냐' 하는 것이다. 이 질문에 답하기 위해서는 두 집단의 표준편차가 유의적으로 차이가 나는지 먼저 결정하여야 한다.

다음 두 실험의 결과를 가지고 논의해 보면, 표 3-1은 식품 중 단백질 정량 결과를 기존의 켈달장치와 신규 구입한 자동화 켈달장치를 이용하여 나타낸 것이다.

표 3-1 식품 중 조단백질 정량

	켈달장치	자동화 켈달장치
조단백질 평균(x)	36.14	36.20
표준편차(s)	0.28	0.47
측정수(n)	10	4

이 두 결과값이 과연 유의적으로 차이가 날까 하는 질문에 대해 F 검정을 제안한다.

$$F_{calculated} = \frac{S_1^2}{S_2^2}$$

이때 S_1은 S_2보다 큰 값을 설정한다. 그리고 계산된 F_{cal} 값을 표 3-2의 F_{table} 값과 비교한다. 표에서 수치를 찾을 때는 각 집단의 n수에서 1을 뺀 값이 자유도이므로 이를 고려해서 찾아야 한다.

$$F_{calculated} = \frac{0.47^2}{0.28} = 2.82$$

표 3-2 95% 신뢰수준에서 $F = s_1^2/s_2^2$의 임계값

s_2에 대한 자유도	s_1에 대한 자유도													
	2	3	4	5	6	7	8	9	10	12	15	20	30	∞
2	19.0	19.2	19.2	19.3	19.3	19.4	19.4	19.4	19.4	19.4	19.4	19.4	19.5	19.5
3	9.55	9.28	9.12	9.01	8.94	8.89	8.84	8.81	8.79	8.74	8.70	8.66	8.62	8.53
4	6.94	6.59	6.39	6.26	6.16	6.09	6.04	6.00	5.96	5.91	5.86	5.80	5.75	5.63
5	5.79	5.41	5.19	5.05	4.95	4.88	4.82	4.77	4.74	4.68	4.62	4.56	4.50	4.36
6	5.14	4.76	4.53	4.39	4.28	4.21	4.15	4.10	4.06	4.00	3.94	3.87	3.81	3.67
7	4.74	4.35	4.12	3.97	3.87	3.79	3.73	3.68	3.64	3.58	3.51	3.44	3.38	3.23
8	4.46	4.07	3.84	3.69	3.58	3.50	3.44	3.39	3.35	3.28	3.22	3.15	3.08	2.93
9	4.26	3.86	3.63	3.48	3.37	3.29	3.23	3.18	3.14	3.07	3.01	2.94	2.86	2.71
10	4.10	3.71	3.48	3.33	3.22	3.14	3.07	3.02	2.98	2.91	2.84	2.77	2.70	2.54
11	3.98	3.59	3.36	3.20	3.10	3.01	2.95	2.90	2.85	2.79	2.72	2.65	2.57	2.40
12	3.88	3.49	3.26	3.11	3.00	2.91	2.85	2.80	2.75	2.69	2.62	2.54	2.47	2.30
15	3.68	3.29	3.06	2.90	2.79	2.71	2.64	2.59	2.54	2.48	2.40	2.33	2.25	2.07
20	3.49	3.10	2.87	2.71	2.60	2.51	2.45	2.39	2.35	2.28	2.20	2.12	2.04	1.84
30	3.32	2.92	2.69	2.53	2.42	2.33	2.27	2.21	2.16	2.09	2.01	1.93	1.84	1.62
∞	3.00	2.60	2.37	2.21	2.10	2.01	1.94	1.88	1.83	1.75	1.67	1.57	1.46	1.00

이므로 이 값은 F_{table} 3.86보다 작으므로 '95% 신뢰 수준에서 두 집단의 표준편차 값의 차이는 유의적이지 않다'고 결론지을 수 있다.

5. 스튜던트 t 검정

스튜던트 t 검정(Student's t test)은 신뢰구간(confidence intervals)을 표현하거나 두 실험 간의 차이가 있는지 없는지를 판정하는 중요한 통계학의 도구이다. 일단 용어에 'Student'가 들어가므로 뭔가 교육적인 것과 연결이 되지 않았을까 하는 의문이 생길 것이다. 사실 이 통계 도구를 고안한 사람은 아일랜드의 유명 맥주회사 기네스(Guinness)의 사원이었던 Gosset였다. 아주 유용한 수학적 통계 도구를 만들어 놓고 이를 특허화하려고 하니 회사의 직무발명으로 결론이 날 수 있어서 이에 대비하여 일종의 가명으로 'Student'라는 이름을 사용한 것이다. 보다 많은 부를 누리려는 과학자의 노력 정도로 이해하면 될 것 같다.

1) 신뢰구간

신뢰구간을 t 검정값으로 표기하게 된 동기는 우리가 계산한 유한 측정 수의 평균은 진정

한 참값(true value)에서 유래한 평균이 아니어서 이를 어떻게 표기할 수 없을까 하는 의문에서 시작되었다. 즉 참값의 평균(μ)을 t 검정 수치를 이용하여 다음과 같이 표기한 것이다.

$$\mu = \bar{x} \pm \frac{ts}{\sqrt{n}}$$

이 수식을 자세히 살펴보면 참값의 평균은 여전히 하나의 수치로 표기할 수 없고 일정 범위로 설명해야 한다는 것을 알 수 있다. 진정 참값은 알 수 없는 경우가 많다. 이 식에서 n은 측정 수이고 t는 표 3-3에서 읽되 표를 읽기 위해서는 앞에서 설명한 자유도의 개념을 알고 있어야 한다. 자유도가 높을수록 t값은 작아지는 것을 볼 수 있는데 이는 조금만 생각해 보면 알 수 있는 사실이다. 또한 신뢰수준(confidence level)이란 어느 정도의 확신을 가지고 수치를 말할 수 있느냐 하는 정도이며, 당연히 높은 신뢰수준일수록 t값이 높아지

표 3-3 일정 신뢰수준에서 자유도에 따른 t 값

자유도	신뢰수준(%)						
	50	90	95	98	99	99.5	99.9
1	1.000	6.314	12.706	31.821	63.657	127.32	636.619
2	0.816	2.920	4.303	6.965	9.925	14.089	31.598
3	0.765	2.353	3.182	4.541	5.841	7.453	12.924
4	0.741	2.132	2.776	3.747	4.604	5.598	8.610
5	0.727	2.015	2.571	3.365	4.032	4.773	6.869
6	0.718	1.943	2.447	3.143	3.707	4.317	5.959
7	0.711	1.895	2.365	2.998	3.500	4.029	5.408
8	0.706	1.860	2.306	2.896	3.355	3.832	5.041
9	0.703	1.833	2.262	2.821	3.250	3.690	4.781
10	0.700	1.812	2.228	2.764	3.169	3.581	4.587
15	0.691	1.753	2.131	2.602	2.947	3.252	4.073
20	0.687	1.725	2.086	2.528	2.845	3.153	3.850
25	0.684	1.708	2.068	2.485	2.787	3.078	3.725
30	0.683	1.697	2.042	2.457	2.750	3.030	3.646
40	0.681	1.684	2.021	2.423	2.704	2.971	3.551
60	0.679	1.671	2.000	2.390	2.660	2.915	3.460
120	0.677	1.658	1.980	2.358	2.617	2.860	3.373
∞	0.674	1.645	1.960	2.326	2.576	2.807	3.291

는 것을 알 수 있다.

이제 신뢰구간의 의미를 다시 한 번 되새겨 보자. 여러분은 당연히 자신이 실험하고 계산한 데이터가 정확하길 바랄 것이다. 여기서 말하는 정확도란 참값에 얼마나 근접하느냐 하는 것인데 신뢰구간에서 말하는 +, − 이후에 나오는 수치가 작을수록, 즉 신뢰구간이 적을수록 정확하다고 할 수 있다. 신뢰구간 계산식을 살펴보면 분자에는 t와 표준편차가 있고 분모로는 측정 수가 루트 안에 있다. 수학의 기초만 알아도 신뢰구간을 적게 만들려면 분자는 적을수록 좋고 분모는 클수록 좋다는 것은 알 수 있다.

분자인 s를 적게 만들려면 어떻게 해야 할까? 가장 좋은 방법은 여러분이 실험을 아주 확실하게 해서 편차를 적게 만들면 된다. 실험을 확실하게 하려면 기초 지식 및 실험 테크닉을 연마하여 우수한 연구원이 되면 신뢰구간이 줄어들어 실험데이터의 정확도는 높아진다. 분모인 측정 수가 많을수록 신뢰구간이 줄어드는 것은 설명할 필요조차 없다.

예제 신뢰구간

100 g의 식품에서 지질 성분을 분석하여 다음과 같은 5회 반복 데이터를 얻었다면 이때 50%와 90% 신뢰구간을 계산하시오.

데이터 : 12.6, 11.9, 13.0, 12.7, 12.5 g

풀이 먼저 데이터의 평균과 표준편차를 계산하면 다음과 같다.

$$x = 12.5_4, \quad s = 0.4_0$$

50% 신뢰구간을 계산하기 위하여 t 표의 자유도 4(degrees of freedom = n − 1)에서의 값을 보면 0.741이다. 따라서

$$\mu(50\%) = \bar{x} \pm \frac{ts}{\sqrt{n}} = 12.5_4 \pm \frac{(0.741)(0.4_0)}{\sqrt{5}} = 12.5_4 \pm 0.1_3$$

90% 신뢰구간은

$$\mu(90\%) = \bar{x} \pm \frac{ts}{\sqrt{n}} = 12.5_4 \pm \frac{(2.132)(0.4_0)}{\sqrt{5}} = 12.5_4 \pm 0.3_8$$

이 값은 50% 확률에서는 참값이 범위 $12.5_4 \pm 0.1_3(12.4_1 \sim 12.6_7)$에 존재한다는 것이고 90% 확률에서는 $12.5_4 \pm 0.3_8(12.1_6 \sim 12.9_2)$의 범위에 존재한다는 의미이다.

2) 스튜던트 T 검정을 이용한 두 집단 간 평균 비교

실험 결과에 대한 언론 보도를 조금이라도 유심히 본 학생이라면 "실험물질을 투여한 처리군이 대조군에 비해 95% 신뢰수준에서 유의적 차이를 보여 효과를 입증했다…" 등과 같

은 문구를 많이 들어봤을 것이다. 여기서 말하는 유의적 차이를 입증하는 대표적인 통계 도구가 스튜던트 T 검정이다. 즉 두 집단의 평균값이 차이가 나는지 아니면 같은지에 대한 판정을 내려 주는 것이다. 95% 신뢰수준이라는 것은 20개 중 1개의 확률로 상이한 결과가 나올 수 있다는 의미로 5%에 대해서는 결론이 틀릴 수 있다는 뜻이다.

두 집단 간 평균 비교는 앞서 설명한 F 검정 결과에 따라 다음 두 경우로 나눌 수 있다.

(1) F 검정 결과 두 표준편차가 유의적으로 차이가 나지 않는 경우

표 3-2의 결과를 토대로 F 검정을 실시한 결과 두 표준편차가 유의적으로 차이가 나지 않았다. 이럴 경우 다음과 같은 과정을 거쳐 두 집단의 평균을 비교할 수 있다.

다음 식으로 t값을 계산할 수 있다. 여기서 $\bar{x}_1$, $\bar{x}_2$는 두 집단의 평균값이고, n_1, n_2는 두 집단의 측정 수이다.

$$t = \frac{|\bar{x}_1 - \bar{x}_2|}{s_{pooled}} \sqrt{\frac{n_1 n_2}{n_1 + n_2}}$$

s_{pooled}는 두 집단의 표준편차를 이용하여 다음 식으로 계산된다.

$$s_{pooled} = \sqrt{\frac{s_1^2(n_1 - 1) + s_2^2(n_2 - 1)}{n_1 + n_2 - 2}}$$

여기서 계산된 t값이 표의 95% 신뢰수준에서의 t값보다 크면 두 집단의 평균은 유의적 수준에서 다르다(차이가 난다)라고 판정할 수 있다. 표에서의 자유도는 두 집단을 이용하므로 $n_1 + n_2 - 2$로 산정되어야 한다.

예제 T-test를 이용한 평균값들 사이의 비교

김군은 최근 두 초콜릿에 존재하는 카페인 성분 차이를 구하는 실험을 수행하여 A회사의 카페인 성분의 평균 및 표준편차 $\bar{x}_1 = 2.310109$ g, $s_1 = 0.000143 (n_1 = 7)$을 얻었다. B회사 제품의 평균, 표준편차는 $\bar{x}_2 = 2.299472$ g, $s_2 = 0.001379 (n_2 = 8)$. 이 두 평균값은 유의적으로 다른지 t-검정을 이용하여 판정하시오.

풀이 이 문제를 풀기 위해선 우선 s_{pooled}을 계산해야 한다.

$$s_{pooled} = \sqrt{\frac{0.000143^2(7-1) + 0.001379^2(8-1)}{7+8-2}} = 0.001017$$

따라서 t 값은

$$t = \frac{|2.310109 - 2.299472|}{0.001017} \sqrt{\frac{7 \cdot 8}{7+8}} = 20.0$$

(계속)

자유도 : 7+8−2=13
표로부터 t값은 95% 신뢰구간에서 2.228과 2.131 사이에 존재한다. 그런데 계산된 수치(t=20.0)는 표의 값보다 크다. 따라서 이 차이는 95% 신뢰구간에서 유의적으로 차이가 난다고 할 수 있다. 99.9% 신뢰구간에서도 표의 값이 4.3이므로 99.9% 신뢰구간에서도 두 집단의 차이는 유의적이라고 할 수 있다.

(2) 두 표준편차가 유의적으로 차이가 나는 경우

F 검정 결과 두 표준편차가 유의적으로 차이가 나면 다른 식을 이용하여 두 평균값의 차이를 판정해야 한다.

표 3-4의 결과값은 1904년 노벨상을 수상한 레일리(Rayleigh) 박사의 중요한 업적 가운데 하나이다. 그는 공기 중 아르곤 가스의 존재를 사상 처음 밝혀 노벨상을 수상하였다. 그는 아르곤 가스 존재를 입증하기 위해 공기에서 산소를 제외한 기체의 무게와 인위적으로 만든 질소의 무게를 비교하였다. 당시 공기는 산소와 질소로만 이루어져 있다고 생각했었다. 만약 두 평균값의 차이가 나면 산소와 질소 외에 다른 기체가 공기 중에 존재한다는 사실이 입증되는 것이다.

먼저 F 검정을 실시하였는데

$$F_{calculated} = s_1^2/s_2^2 = 0.00137^2/0.000143^2 = 93.0$$

표 3-4 Rayleigh 박사 실험에 사용된 공기 중 질소의 무게와 화학적으로 합성된 질소의 무게

공기 중 질소의 무게	화학적으로 합성된 질소의 무게
2.310 17	2.301 43
2.309 86	2.298 90
2.310 10	2.298 16
2.310 01	2.301 82
2.310 24	2.298 69
2.310 10	2.299 40
2.310 28	2.298 49
-	2.298 89
평균	
$2.310\ 10_9$	$2.299\ 47_2$
표준편차	
$0.000\ 14_3$	$0.001\ 37_9$

이 값은 F_{table}값인 4.21보다 훨씬 크다. 따라서 두 표준편차가 유의적으로 차이가 나는 경우이다.

이때 t-검정 값은 식 (3-1)로, 자유도는 식 (3-2)로 주어진다.

$$t_{calculated} = \frac{|\bar{x}_1 - \bar{x}_2|}{\sqrt{(s_1^2 / n_1) + (s_2^2 / n_2)}} \quad (3\text{-}1)$$

$$자유도 = \frac{[(s_1^2 / n_1) + (s_2^2 / n_2)]^2}{\frac{(s_1^2 / n_1)^2}{n_1 - 1} + \frac{(s_2^2 / n_2)^2}{n_2 - 1}} \quad (3\text{-}2)$$

자유도는 계산 결과 7.17, 즉 7이 되고 이때 $t_{cal} = 21.7$, $t_{table} = 2.365$

즉 두 평균값은 유의적으로 차이가 난다는 결론에 이르게 되어 이 연구 결과를 토대로 아르곤 가스의 존재를 입증하였다. 이 결과는 결국 노벨상을 수상하는 결정적 연구 성과가 되었다.

6. 그럽스 검정

기대하였던 데이터가 나오지 않았더라도 마음대로 버려서는 안 된다. 이유는 예상과 크게 다른 데이터들도 참값에 가까울 수 있기 때문이다. 이럴 경우 아주 유용하게 사용되는 통계 도구가 그럽스 검정(Grubbs test)이다.

예상보다 너무 크게 또는 작게 나왔거나 평균값보다 유독 차이가 나는 데이터가 있는 경우 이 테스트를 시행한다. 예를 들어 실험 결과가 12.53, 12.56, 12.47, 12.67, 12.48로 나왔는데 12.67이 유독 커 보여 제거하고 싶다면 다음과 같은 순서로 Grubbs 검정을 시행하여 본다.

G값은 문제가 되는 데이터와 평균의 차이의 절대값을 표준편차로 나눈 값을 말한다.

$$G = \frac{의문시되는\ 결과값 - 평균}{s}$$

여기서 평균은 12.542, 표준편차는 0.0804이므로 G값은 1.625로 계산된다. 이 값은 표 3-5에서 찾은 1.672보다 적으므로 '95% 신뢰수준에서 이 값은 제거되어서는 안 된다'라는 결론에 이르게 된다.

표 3-5 데이터 처리를 위한 G값

관측 수	G(95% 신뢰도)
4	1.463
5	1.672
6	1.822
7	1.938
8	2.032
9	2.110
10	2.176
11	2.234
12	2.285
15	2.409
20	2.557

7. 표준곡선 작성 시 쓰이는 일차방정식 직선

식품 성분 분석에는 필연적으로 분석하고자 하는 성분의 표준곡선이 반드시 필요하다. 표준곡선(standard curve)은 보정선(calibration curve)이라고도 한다. 표준곡선에는 분석 대상의 농도를 x축에, 시험기기의 신호값(데이터)을 y축에 놓게 되는데 이의 상관관계를 일차방정식으로 만든 직선식이 필요하다. 두 데이터를 연결시키는 직선식은 전통적으로 최소제곱법으로 결정하며 액셀과 같은 프로그램의 도움으로 쉽게 계산할 수 있다.

액셀에서 x축과 y축의 값을 표로 정리한 후 그래프를 그리는데 점 그래프로 그린 후 추세선을 긋고 상관 일차방정식을 표기하면 완료된다. 이러한 추세선 그래프는 식품 분석에서 표준곡선을 구축하는 데 매우 중요하므로 잘 익혀 두어야 한다.

tip 엑셀 프로그램에서 일차방정식을 구하는 방법

① 먼저 엑셀프로그램을 구동한 후 x축과 y축에 해당하는 데이터를 세로로 입력한다.
② 화면 윗부분 메뉴에서 삽입을 선택한 후 함수를 선택한다.
③ 함수에서 범주 선택 창에 통계를 선택한 후 기울기를 구하고 싶으면 slope를, y절편을 구하고 싶으면 intercept를 선택한다.
④ Slope 창이 뜨고 x와 y축의 데이터를 선택하면 자동으로 계산되어 엑셀 창에 값이 보인다.

8. 식품 분석 계산에 쓰이는 수학 : 유효숫자

유효숫자(significant figures)란 정확도를 높이기 위해 과학적 의미를 지니는 최소의 자릿수를 의미한다. 예를 들어 0.237이라고 표기하였다면 유효숫자는 2, 3, 7의 세 숫자가 된다. 만약 9.28×10^4라면 9, 2, 8 이렇게 세 숫자가 유효숫자이다. 이러한 유효숫자의 개념은 중고등학교 수학 과정에 나오므로 별 어려움이 없을 것이라고 생각하기 쉬우나 의외로 틀리기 쉬우므로 주의해야 한다.

특히 0을 포함하는 숫자의 경우 유효숫자 0이냐 아니냐가 매우 중요한 의미를 지닌다. 즉 0.1060과 같은 숫자의 경우 첫 번째 0은 단순한 자리를 표현하기 때문에 유효숫자라고 할 수 없다. 두 번째, 네 번째 0은 유효숫자이다.

1) 측정값과 유효숫자

유효숫자는 저울, 비커, 메스실린더 등의 측정기기에서 눈금을 읽을 때 매우 중요한 의미를 지닌다. 측정값에서 유효숫자의 수는 측정하는 사람에 의해 정확하다고 믿는 숫자의 수이며, 여기에는 1개의 추정 수를 포함하고 있다.

측정값이 '6, 6.0, 6.00'이라고 하는 것은 각각 수치 맺음하여 6과 6.0, 6.00이 되는 범위에 참값이 있다는 것을 의미한다. 즉, 참값이 x라면 다음과 같음을 나타낸다.

6이라는 측정값은 $5.5 \leq x < 6.5$ (오차는 1, 또는 ±0.5)
6.0이라는 측정값은 $5.95 \leq x < 6.05$ (오차는 0.1, 또는 ±0.05)
6.00이라는 측정값은 $5.995 \leq x < 6.005$ (오차는 0.01, 또는 ±0.005)

위 6.0의 '6'과 다음의 '0'은 '6'과 '0'으로 측정된 것이란 의미가 있는 숫자이다.

특정 측정기기에서 눈금을 읽을 때의 유효숫자와 관계된 포인트는 다음과 같이 요약할 수 있다.

tip 주의 사항

① 유효 숫자에는 1개의 추정 수가 포함된다.

② 가장 작은 눈금의 1/10(또는 0.1)을 읽는다(이 규칙은 모든 측정에 적용). 이는 읽는 값의 오차(판독 오차)를 의미하는데 측정기에 표시된 최소 눈금의 ±1/10을 의미한다. 만일 확신이 서지 않는다면 최소 눈금의 1/5을 읽는다.

산업통산자원부 국가기술표준원에서 나온 자료 중의 예를 보면 더 잘 알 수 있다(표 3-6). 측정기기에서 측정값을 읽은 후 유효숫자가 몇 개인지 확실히 이야기할 수 있을 것이며, 정확도를 높이려면 당연히 유효숫자가 많이 표기된 측정기기를 사용하면 된다.

표 3-6 유효숫자의 판단을 위한 참고자료

기구	눈금 표시	주의 사항
비커	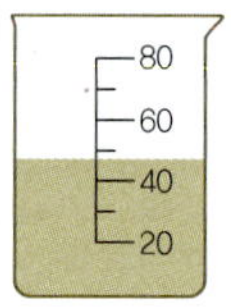	이 비커의 최소 눈금은 10 mL 따라서 10 mL의 1/10인 ±1 mL까지 읽을 수 있음 양호하게 읽은 값이 47 mL라면 47 mL±1 mL로 표시한 사람은 46 mL로 읽었고, 다른 사람은 48 mL로 읽었다면 ±1 mL 오차 내에 있으므로 모두 올바른 답임 그러면 47 mL±1 mL의 유효숫자는 몇 개인가? 답은 2개. '4'는 확실히 알고 있는 수이고 '7'은 추정한 값
메스실린더	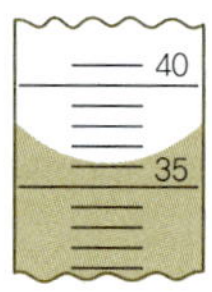	이 실린더의 최소 눈금은 1 mL 따라서 읽음 오차는 ±0.1 mL 읽은 값이 36.5 mL라면 36.5 mL±0.1 mL로 표시 유효숫자는 몇 개인가? '3'과 '6'은 확실한 숫자이고, '5'는 추정값이므로 유효숫자는 3개
뷰렛	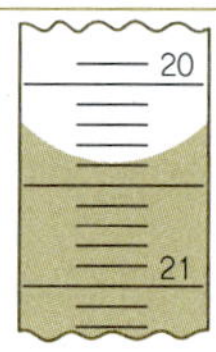	이 뷰렛의 최소 눈금은 0.1 mL(뷰렛이라 눈금을 거꾸로 읽어 나간다). 최소 눈금이 0.1 mL이므로 읽음 오차는 ±0.01 mL 읽은 값이 20.38 mL라면 20.38 mL±0.01 mL로 표시 유효숫자는 몇 개인가? '2', '0'과 '3'은 구별할 수 있으나 '8'은 추정한 것이므로 유효숫자는 4개

자료 : 산업통산자원부, 국가기술표준원, 2007

2) 유효숫자를 이용한 계산

유효숫자를 이용한 계산에 앞서 항상 염두에 두어야 하는 사항들은 다음과 같다.

- 앞 위치의 0은 유효숫자가 아니다.
- 사이에 위치한 0은 항상 유효숫자이다.
- 뒤쪽에 있는 0에 소숫점이 있다면 유효숫자이다.

유효숫자를 포함한 계산은 덧셈/뺄셈 그리고 곱셈/나눗셈으로 구분한다. 우선 덧셈/뺄셈은 최소 자릿수의 유효숫자에 맞추어 최소 자릿수만 맞추면 간단히 해결된다. 예를 들어 7.26－6은 1.26이 나오지만 숫자 6의 최소 자릿수가 1자리이므로 답은 1.26이 아닌 1이 된다. 곱셈/나눗셈의 경우에는 유효숫자의 개수가 적은 것에 초점을 맞추면 된다. 예를 들면

34.60/2.46287은 답이 14.0486이 나오는데 두 숫자 중 유효숫자의 개수가 적은 34.60이 4개의 유효숫자를 가지므로 답은 14.05가 된다.

로그 계산에서는 항상 로그 계산값의 소수점을 중심으로 좌측의 지표는 유효숫자가 아님을 인식하는 것이 중요하다. 즉 가수부분만이 유효숫자임을 기억한다. 예를 들면 $\log(5.403 \times 10^{-8})$을 계산하면 -7.2674가 나오는데 원 숫자 5.403×10^{-8}의 유효숫자는 네 개이다. 하지만 결과값에서 유효숫자는 가수부분만 존재하기 때문에 -7.2674 모두 써야 제대로 된 계산이 된다. 쉽게 생각해서 지표 부분은 단지 자릿수만 나타내기 때문에 유효숫자로서의 자격이 없다라고 정도만 이해하면 된다.

표 3-7 유효숫자의 표기법

수	유효자릿수	유효숫자 표기법
0.00682	3	6.82×10^{-3}
1.072	4	$1.072(\times 10^{0})$
300	1	3×10^{2}
300.	3	3.00×10^{2}
300.0	4	3.000×10^{2}

예제 한 화합물인 $C_{14}H_{10}$의 분자량을 유효숫자 개념을 가지고 계산하시오.

풀이 탄소의 원자량을 14만큼 곱하고 수소의 원자량에 10을 곱해 보자. 이때 원자량은 과학적 데이터이므로 모든 수(6자리)는 유효숫자라 생각하고, 14나 10은 단순 곱이므로 고려할 필요가 없다.

$$14 \times 12.0107 = 168.1498 \quad \leftarrow \text{유효숫자 } 6$$
$$10 \times 1.00794 = \underline{10.0794} \quad \leftarrow \text{유효숫자 } 6$$
$$178.2292$$

정답은 178.229

9. 유효숫자를 고려한 반올림

반올림은 일종의 유효숫자 마지막 자릿수를 정리함으로써 유효숫자의 자릿수를 정리하는 과정이라 할 수 있다. 기본 원리는 마지막 자릿수의 숫자가 5 이상이면 반올림하고 4 이하이면 버리면 된다. 예를 들면 3.0447에서 유효숫자 3자리로 만들려면 3.04가 된다. 그리고 3.046에서 유효숫자 세 자리로 만들려면 3.05가 되는 식이다.

여기서 유념할 것은 만약 마지막 자릿수의 숫자가 정확히 5라면 생각을 한 번 더 해야 한다. 즉 round-to-even method를 취해 주어야 하는데 3.015라면 3.02가 답이 된다. 마지막 숫자를 반드시 짝수로 만들어야 하는 원칙이 round-to-even method이다. 만약 3.045라면 답은 3.04가 답이 된다. 3.05로 만들면 짝수가 아니므로 round-to-even method의 원칙에 어긋나기 때문이다. 하지만 3.04501을 유효숫자 3자리로 반올림하려면 답은 3.05가 된다. 그 이유는 5 다음에 01이라는 수가 있어 5를 의미 있는 5로 만들어 주었기 때문이다.

10. 절대 및 상대 불확도

불확도란 측정 결과에 관련하여 측정량을 합리적으로 추정한 값들의 분산 특성을 나타내는 파라미터라고 정의할 수 있다. 절대불확도(absolute uncertainty)라고 하는 것은 평균과 표준편차로 나타내었을 때 표준편차 그 자체를 의미한다. 상대불확도는 절대불확도를 평균으로 나눈 값을 말한다. 만약 12.35 ± 0.02 mL이라는 값을 얻었으면 절대불확도가 0.02가 되고 상대불확도는 0.02/12.35인 0.002가 된다.

FOOD ANALYSIS

04
표준곡선 작성법 및 검증방법

식품 분석의 가장 중요하고도 최고의 목적은 정확한 분석값을 제공하는 것이다. 하지만 앞에서 살펴본 바와 같이 정확한 분석값은 매우 제공하기 어렵다. 충분한 정확도(accuracy)와 정밀도(precision)를 갖춘 데이터를 제공하기 위해서는 어떻게 해야 할까? 여기에서는 최고의 정확도 및 정밀도를 갖춘 결과값을 제공하기 위해 어떠한 보완장치가 따라야 하는지에 대한 이론을 제시하고자 한다.

1. 식품분석화학에 쓰이는 여러 검증법

1) 검증의 기초

정확도와 정밀도는 얼핏 듣기에 매우 유사해 보이는 단어이지만 분석화학에서는 명확히 구별되는 개념이다. 정확도는 그야말로 우리가 측정한 데이터가 얼마나 참값에 가까운가 하는 정도를 말한다. 반복 측정한 데이터가 조밀하게 모여 있는 정도와는 상관이 없다. 반면 정밀도의 개념은 참값에 근사한 것과는 상관없이 얼마나 반복 데이터들이 같은 구역에 모여 있는가 하는 개념이다. 앞으로 공부하겠지만 정확도를 확보하기 위해서는 표준곡선, 회수율 측정, 그리고 명확한 공시료(trial piece)와 대조군을 준비하여야 한다. 반면, 높은 정밀도를 가지기 위해서는 반복시험 수를 늘려야 하며, 표준편차를 적게 하는 노력을 기울여야 한다.

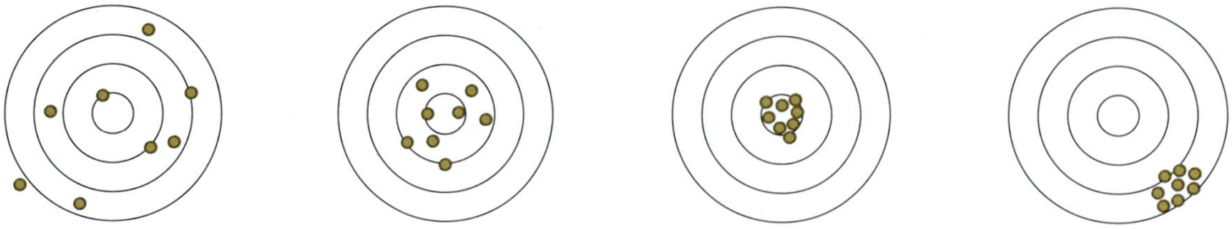

그림 4-1 정확도와 정밀도를 설명한 그림

실험을 통해 얻은 최초의 데이터를 원데이터(raw data)라고 한다. 예를 들면 분광광도계(spectrophotometer)를 이용할 경우 0.1, 0.5 등의 모니터에 나온 수치가 원데이터이다. 이 데이터를 표준곡선을 이용하여 일차방정식을 통해 나온 데이터(주로 농도로 표기됨)를 처리 데이터(treated data)라고 한다. 이 처리 데이터를 통계 처리하고 정확한 평균 및 표준편차를 함께 표기한 경우를 결과(result)라고 한다. 따라서 앞으로 "실험 결과를 말씀 드리겠습니다"라는 말도 매우 신중하게 해야 할 것이다.

다음은 긍정 오류(false positive)와 부정 오류(false negative)에 대해 알아보기로 한다. 설명을 위해 통조림에서 퓨란이 검출되는 경우를 예로 들면, 긍정 오류는 실제로는 검출되지 않거나 낮은 농도인데 높은 농도의 값이 나온 경우를 말하고, 부정 오류는 실제로는 높은 농도의 값이 나오는데 실험 결과 낮은 농도가 나와 틀린 결과를 말할 때 쓰는 용어이다.

선택성(selectivity) 또는 특이성(specificity)은 분석체(analyte)가 얼마나 다른 물질과 분리가 잘 되었느냐 하는 척도인데 일반적으로 크로마토그래피의 크로마토그램에서 피크의 분리가 얼마나 깨끗하게 분리되었는가 하는 정도가 선택성(특이성)의 중요한 지표가 된다.

민감도(sensitivity)는 분석체의 농도가 실제 신호에 얼마나 잘 반영되었는가 하는 정도를 나타낸다. 그래서 민감도의 지표는 표준곡선에서 직선의 기울기가 얼마나 크냐에 따라 결정된다. 즉 민감도를 측정하려면 다음의 식으로 계산하면 된다.

민감도 = 신호의 변화량/분석체의 농도 변화

2) 회수율 측정

회수율(recovery) 측정이란 우리가 측정하고자 하는 분석체가 과연 시료 준비 과정 및 기기 분석에서 몇 퍼센트나 제대로 회수되는가 하는 정도를 나타낸다. 이 개념은 분석화학에서 매우 중요한 개념으로 어떠한 분석을 수행하든지 회수율에 대한 데이터는 제공되어야 한다. 회수율이 왜 필요한가를 감자칩과 아크릴아마이드로 설명하면 다음과 같다. 감자칩에서 아크릴아마이드를 분석할 때 샘플링 후 시료 준비 과정에서 여러 화학 성분을 첨가하거나 추출 등의 과정을 거치게 된다. 이때 실제로 많은 분석체(아크릴아마이드)의 손실이 발생한다. 이러한 손실률이 얼마나 되는지 분석하는 것이 회수율 측정이다.

회수율을 측정하기 위해서는 이미 알고 있는 농도에 알고 있는 양만큼 분석체를 추가적으로 첨가(분석 용어로는 'spike'이라고 함)한다. 이때 무첨가 시료(unspiked sample)와 정확히 같은 방법으로 시료 준비 및 분석을 실시해야 한다. 분석 후 인위적으로 분석체를 넣은 시료의 농도에서 무첨가 시료의 농도를 뺀 후 추가한 분석체의 양(또는 농도)으로 나누고 여기에 100을 곱한 것이 회수율이다.

$$\text{회수율}(\%) = \frac{\text{추가로 첨가된 시료의 농도} - \text{첨가하지 않은 시료 농도}}{\text{첨가된 양의 농도}} \times 100(\%)$$

회수율이 100%가 되지 않는 주된 이유는 매트릭스(matrix) 효과로 설명할 수 있다. 매트릭스란 분석화학에서 시료의 구성 성분 중 분석체를 제외한 모든 성분을 말한다. 분석을 실시하게 되면 이러한 매트릭스가 분석체와 반응을 일으키거나 방해작용을 해서 분석을 어렵게 하는 것이 사실이다. 그래서 회수율을 정확히 측정하여 이러한 작용을 알고 최소화하자는 것이 목적이다. 회수율을 측정할 때에는 2개 이상 농도의 분석체를 첨가(spike)하여 측정하는 것이 보다 정확한 값을 산출할 수 있다.

예제 우리가 간장에서 퓨란을 분석한다고 가정할 때 시료 중 퓨란이 원래 10.0 μg/L 존재한다. 회수율 측정을 위해 5.0 μg/L을 첨가하여 분석하였더니 14.6 μg/L의 퓨란이 검출되었다. 이때 회수율은 얼마인지 계산하시오.

풀이 퓨란의 회수율을 구하는 문제로 다음 식으로 풀 수 있다.

$$\%\ \text{recovery} = \frac{14.6\ \mu g/L - 10.0\ \mu g/L}{5.0\ \mu g/L} \times 100 = 92\%$$

만약 어떤 물질의 회수율이 일정 범위를 가진다고 규정되어 있으면 이에 준하는 회수율을 반드시 제시하여야 한다. 예를 들면 만약 회수율의 범위가 96~104%라고 규정되어 있다면 여기서 계산된 92%는 받아들일 수가 없다. 따라서 이런 경우에는 실험방법의 개선이 필요하다.

3) 눈금 확인과 작업 검사

눈금 확인(calibration check)과 작업 검사(performance test)는 분석실험을 수행하는 연구실에서 반드시 수행해야 할 매우 중요한 요소 중의 하나이다. 눈금 확인은 분석을 하다가 여러 다양한 오차의 함정에 빠지기 쉬운 환경에서 10번의 분석마다 알고 있는 농도의 분석체를 제시하여 분석하게 하는 것을 말한다. 즉, 10번의 분석마다 체크를 한다고 생각하면 된다.

작업 검사는 분석을 하는 연구원이 같은 분석을 반복하다 보면 자신도 모르게 편중(bias)에 빠지기 쉬운데 이를 방지하기 위해 시행하는 검증방법이다. 실험실의 책임자(또는 상위기관의 책임자)가 자신만 알고 있는 농도의 분석체를 연구원에게 제시하여 그것을 분석하게 하는 것이다. 실험의 결과가 알려진 농도와 일치하거나 유사하면 이 테스트를 통과하는 것이고, 만약 수치가 많이 다르다면(이때 다른 정도는 앞 장에서 배운 통계 기법을 이용) 그 연구원은 무엇인가 틀린 실험방법을 실시하고 있다는 것을 뜻하므로 자기 성찰을 통해 면밀히 그 이유를 밝혀야 할 것이다.

이러한 테스트는 현재 우수실험실관리기준(Good Laboratory Practice, GLP)을 시행하는 전 세계의 실험실에서 실시되고 있다. 특히 미국환경연구원(EPA)은 자신들의 실험실뿐 아니라 용역을 주고 있는 모든 기관의 연구실도 철저한 문서화 및 표준프로토콜을 항상 비치하고 유지할 것을 필수 사항으로 정하고 있다. 국내의 유명 연구소들도 이러한 추세를 따라가는 중이므로 향후 전 연구실로 확대될 전망이다. 이에 학생 여러분들도 학부 실험 시 또는 프로젝트에 참여하여 연구할 때에는 이 점을 명심하여야 한다.

4) 기타 검증 항목들

분석방법의 검증(validation)을 위해서는 앞에서 설명한 대로 선택성, 정확성, 정밀성, 농도의 범위 등이 꼭 필요하다. 그 외 필요한 항목으로는 선형성(linearity)을 들 수 있다. 선형성은 분석체의 농도 범위가 얼마나 검출기 신호와 비례관계를 가지는가 하는 정도를 말한다. 검출기의 특성상 항상 선형성을 기대할 수 없는 것이 사실이다. 즉 거의 대부분의 검출기는 농도가 극히 낮을 때나 일정 수준 이상일 때에 기울기가 꺾이는 포화(saturation)현상이 발생한다. 당연히 우리의 분석 농도는 이러한 선형성이 확보된 범위에서 실험해야 하는 것은 기본이다. 그림 4-2에서 선형성이 확보된 범위는 a에서 b 사이라고 할 수 있다.

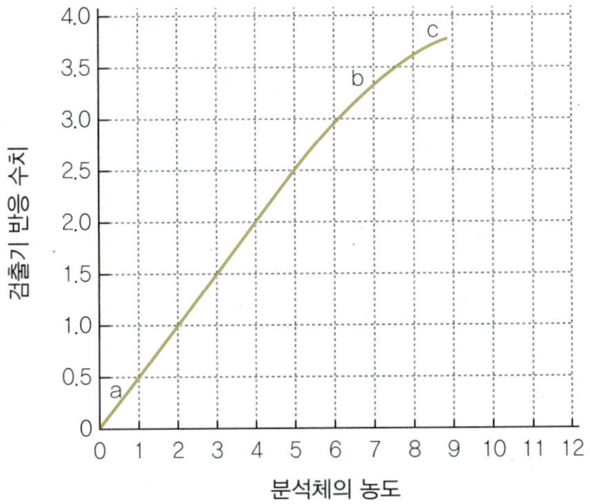

그림 4-2 선형성을 나타낸 그림

검출한계(limit of detection)와 정량한계(limit of quantification)도 매우 중요한 검증 요소이다. 검출한계는 한 마디로 베이스라인의 노이즈와 유의적으로 차이를 보이는 최소한의 분석체 신호라고 할 수 있다. 이러한 분석체의 신호는 농도와 같은 개념으로 이해하면 된다. 검출한계는 여러 가지 계산법이 있는데 가장 간단한 방법은 분석체의 농도를 계속 낮추었을 때 피크의 높이가 노이즈 평균 높이의 3배 이상이면 이 농도를 검출한계라고 한다. 10배 이상일 때는 일반적으로 정량한계라고 하는데 어떤 이론서에 의하면 정량한계를 8배라고 규정하기도 한다.

보다 더 정확히 검출한계를 계산하는 방법은 다음의 순서를 따르는 것이다.

① 경험적으로 검출한계라고 가정되는 농도의 1~5배의 분석체 용액을 준비한다.

② 7번 이상 분석하여 신호를 얻는다.

③ 반복한 신호의 표준편차(s)를 구한다.

④ 분석체가 포함되지 않은 공시험용액(blank, 보통 물)을 준비하여 7번 반복하여 평균값 y_{blank}를 구한다.

⑤ 최소 검출 신호값(y_{dl})을 다음과 같이 계산한다.

$$y_{dl} = y_{blank} + 3s$$

⑥ 신호와 농도의 관계식에서 기울기 m을 구한다.

$$y_{sample} - y_{blank} = m \times \text{농도}$$

여기서 농도는 검출한계가 되므로 검출한계는 3 s/m으로 계산된다. 정량한계는 10 s/m으로 계산된다. 따라서 검출한계만 계산되면 검출한계의 10/3값이 정량한계라고 보면 된다.

예제 검출한계

항상 검출기의 전기적 신호값은 분석체의 농도와 비례한다. 주스에 포함된 비타민 C 검출실험을 실시하였다. 실험을 통해 예상되는 검출한계와 비슷한 7번의 실험 데이터는 5.0, 5.0, 5.2, 4.2, 4.6, 6.0, 4.9 nA이었다. 공시험의 결과값은 1.4, 2.2, 1.7, 0.9, 0.4, 1.5, 0.7 nA이었다. 표준곡선의 기울기는 m = 0.229 nA/μM이다.

(a) 신호의 검출한계(signal detection limit)와 최소 검출 농도(minimum detectable concentration)는 얼마인가?

(b) 만약 7.0 nA의 신호를 갖는 분석체의 농도는 얼마인가?

풀이 (a) 우선 공시험의 평균과 표준편차를 구하면

$$\text{공시험의 평균 } y_{blank} = 1.2_6 \text{ nA}$$
$$\text{공시험의 표준편차 } s = 0.5_6 \text{ nA}$$

신호 검출한계를 계산하면

$$y_{dl} = y_{blank} + 3s$$
$$= 1.2_3 \text{ nA} + (3)(0.5_6 \text{ nA}) = 2.9_4 \text{ nA}$$

최소 검출한계 농도를 계산하면

$$\text{검출한계} = \frac{3s}{m} = \frac{(3)(0.5_6 \text{ nA})}{0.22_9 \text{ nA}/\mu M} = 7.3\ \mu M$$

(b) 간단히 식에 대입하면 다음과 같은 값을 얻을 수 있다.

$$y_{sample} - y_{blank} = m \times \text{농도}$$

$$\text{농도} = \frac{y_{sample} - y_{blank}}{m}$$
$$= \frac{70 \text{ nA} - 1.2_6 \text{ nA}}{0.22_9 \text{ nA}/\mu M} = 2.5_1\ \mu M$$

2. 표준곡선 작성법

1) 외부표준물질을 이용한 표준곡선 작성

화학 분석에서 표준곡선의 작성은 필수적이다. 모든 분석값(주로 농도)은 표준곡선을 통해 비로소 신호값에서 변환이 된다. 표준곡선은 표준물질을 무엇으로 쓰느냐에 따라 3가지로 구분되며 외부표준물질법, 내부표준물질법 그리고 표준물질 첨가법이 그것이다. 많은 식품 분석 책에서 분석방법은 열심히 다루고 있으나 정작 기본이 되는 이러한 표준곡선에

관해 설명된 책은 드문 편이다.

우선 외부표준물질법은 아주 간단하다. 여러분이 알고 있는 표준곡선 작성법이 거의 이것이라고 생각하면 된다. 여러 농도의 분석체 표준용액을 제조하여 정확히 같은 방법으로 분석한다. 분석 수행 후 농도에 따라 신호값이 차이가 나는데 이를 추세선으로 연결하여 일차방정식을 만든다. 이 일차방정식에 의해 신호값은 농도로 변환되는 것이다. 그림 4-3에 일반적인 외부표준물질을 이용한 표준곡선을 나타내었다. 그림 4-3은 알데하이드의 일종인 핵산알(hexanal)의 농도에 따른 GC-FID 검출기의 신호를 그래프화(plot)한 것이다. 이러한 곡선을 작성할 때에는 적어도 4개 이상의 농도가 다른 용액을 준비하는 것이 좋다. 농도는 분석체의 예상 농도를 설정하여 그 범위를 결정하는 것이 좋다. 아울러 각 농도별로는 3개 이상의 반복 시료를 준비하여 표준곡선을 작성해야 한다. 그리고 그림에서 보다시피 추세선의 일차방정식을 구하고 상관계수(correlation coefficient, r)를 병기해 준다. 일차방정식은 예전에는 최소 제곱법(least-square method) 등으로 번거롭게 구하였으나, 이제는 엑셀 프로그램의 도움을 받으면 쉽게 구할 수 있다. 상관계수 역시 엑셀 프로그램으로 쉽게 구할 수 있다. 상관계수의 제곱값으로 많이 나타내는데 이를 결정계수(coefficient of determination, R^2)라 하며, 결정계수가 1에 가까울수록 좋은 표준곡선이라 할 수 있다. 일반적으로 0.97 이상의 상관계수 제곱값을 가지면 좋은 곡선이라고 할 수 있으나, 일부 생물 관련 실험의 경우에는 0.5 이하의 값을 가질 수도 있다.

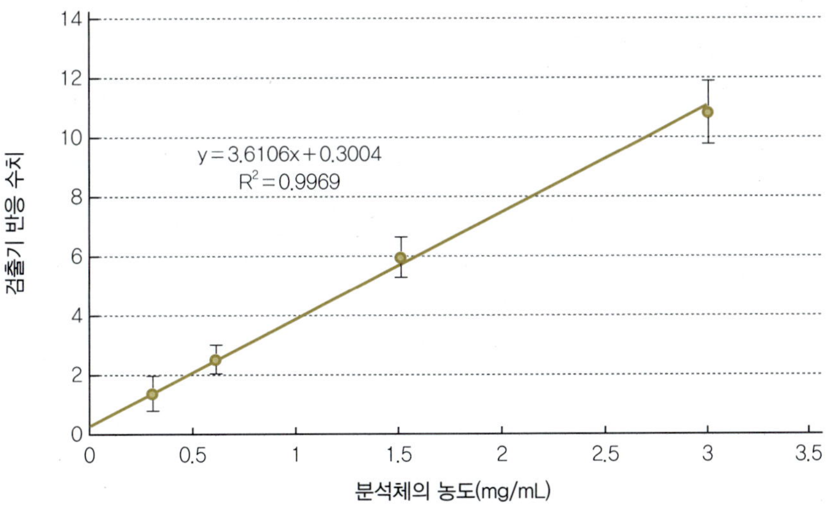

그림 4-3 외부표준물질을 이용한 표준곡선의 예

외부표준물질을 이용할 때에는 반드시 회수율에 대한 정보를 제공하여야 한다. 그 이유는 단지 외부표준물질은 마지막 단계에서의 분석체 농도만 제공하기 때문에 시료준비 또는 기기 분석 과정 중 일어나는 분석체의 손실은 고려하지 않기 때문이다. 사실 시료 준비 과정 중 분석체의 손실은 매우 빈번하게 발생한다. 주된 원인은 매트릭스 효과 때문이다. 앞에서 설명한 대로 매트릭스란 시료 중 분석체를 제외한 모든 구성 성분을 말하는데 이러한 매트릭스가 분석체와 상호 화학반응을 일으켜 분석체의 분석을 어렵게 하는 현상을 매트릭스 효과라 한다. 이러한 이유로 외부표준물질을 이용할 때에는 반드시 회수율을 함께 검증 자료로 제공해야 한다.

2) 내부표준물질을 이용한 표준곡선 작성

외부와 내부 표준물질을 구분하는 가장 쉬운 방법은 분석을 위해 표준물질을 시료 용액에 넣어 주느냐 아니냐의 차이라고 볼 수 있다. 시료 용액에 넣어 주는 경우 내부표준물질(internal standard, IS)이라고 하고 자체적으로 표준곡선을 작성하는 것을 외부표준물질이라고 한다. 내부표준물질은 분석체와 완전히 같은 물질은 아니다. 정확하게 말하면 내부표준물질이란 분석체와 물리화학적으로 가장 비슷한 물질을 말한다.

내부표준물질이 가져야 할 중요 성질로는 첫째 분석체와 화학적, 분광학적, 크로마토그래피 상으로 비슷해야 한다. 둘째는 화학 구조가 명확해야 하고 높은 순도의 물질로 존재해야 한다. 마지막으로 분석체와 거의 비슷한 회수율을 가져야 한다.

가장 이상적인 내부표준물질로는 분석체의 동위원소 유사물(isotopic analog)이라고 할 수 있다. 동위원소는 분석체와 가장 물리화학적 성질이 유사하여 시료 준비 과정에서 발생할 수 있는 손실을 최소화할수 있기 때문이다. 하지만 일부 분석체를 제외하고는 이러한 동위원소를 쉽게 이용하기가 매우 어려운 것이 사실이다. 따라서 내부표준물질 선택에 있어 매우 신중을 기하여 가장 물리화학적 성질이 유사한 내부표준물질을 선택해야 한다.

내부표준물질을 이용하는 경우 외부표준물질에서 단순히 분석체 표준물질의 농도만을 표준곡선에 반영한 것과는 달리 분석체와 내부표준물질의 크로마토그램상의 피크 면적 비(peak area ratio, PAR)를 나타내어야 한다. PAR의 경우 비록 분석체가 시료 준비 과정에서 손실이 발생한다 하더라도 PAR은 일정하므로 정확한 분석이 가능하다.

$$\text{내부표준물질 : } \frac{\text{분석체의 피크 면적}}{\text{농도}} = F\left(\frac{\text{표준물질의 면적}}{\text{표준물질의 농도}}\right)$$

$$\frac{A_X}{[X]} = F\left(\frac{A_S}{[S]}\right)$$

예제 크로마토그래피를 이용한 실험에서 분석체 X와 내부표준물질 S의 초기 농도는 0.083_7 M X와 0.066_6 M S였다. 이들의 크로마토그램상의 피크 면적은 Y이다. 농도를 모르는 분석체 X를 분석하기 위해 내부표준물질 S(0.146 M)를 10 mL 첨가한 후 최종 부피를 25.0 mL로 맞추었다. 이 상태에서 크로마토그래피를 실시한 결과 피크 면적이 $A_x = 533$, $A_s = 582$였다면 분석체 X의 농도를 계산하시오.

풀이 앞에서 배운 내부표준물질의 식을 이용하여 F를 결정하면

$$\text{standard mixture : } \frac{A_X}{[X]} = F\left(\frac{A_S}{[S]}\right)$$

$$\frac{423}{0.083_7\,M} = F\left(\frac{347}{0.066_6\,M}\right) \Rightarrow F = 0.970_0$$

내부표준물질을 첨가한 후의 표준물질 농도는 다음과 같이 결정된다.

$$[S] = \underbrace{(0.146\,M)}_{\text{초기 농도}}\underbrace{\left(\frac{10.0\text{ mL}}{25.0\text{ mL}}\right)}_{\text{희석 배수}} = 0.058_4\,M$$

(초기 부피: 10.0 mL, 최종 부피: 25.0 mL)

이렇게 계산된 F와 [S]를 이용하여 식을 풀면 [X]를 구할 수 있다.

$$\text{미지의 혼합물 : } \frac{A_X}{[X]} = F\left(\frac{A_S}{[S]}\right)$$

$$\frac{553}{[X]} = 0.970_0\left(\frac{582}{0.058_4\,M}\right) \Rightarrow [X] = 0.0572_1\,M$$

이때 X의 농도는 25 mL로 희석된 결과이므로 원래 존재하던 X의 농도는

$(25.0/10.0)(0.572_1\text{ M}) = 0.143\text{ M}$

3) 표준물질 첨가 분석법

앞에서 정확한 분석을 위해 표준물질을 시료 용액 내에 첨가(spike)시키느냐 아니냐에 따라 내부 또는 외부 표준물질로 분류한다고 하였다. 이제 제3의 방법인 표준물질 첨가법에 대해 알아보기로 한다. 사실 이 방법은 3가지 방법 중 가장 번거롭고 난이도가 높지만, 보다 정확한 분석을 위해서는 어렵고 번거로운 작업을 거쳐야 하는 법이다. 특히 이 방법은 앞서 설명한 매트릭스 효과가 뚜렷한 시료에 아주 좋다. 왜냐하면 매트릭스 효과가 심하여 분석체 분리가 어려운 경우 내부/외부 표준물질이 제구실을 하지 못할 경우가 많기 때문이다.

이 방법에서는 아예 분석체를 시료에 첨가해 준다. 첨가시킨 시료는 당연히 크로마토그램 상에서 증가된 피크로 나타나고, 증가된 피크 면적으로부터 원래 존재하던 분석체의 농도를 계산으로 추정하는 것이 이 방법의 원리라 할 수 있다. 이 방법은 특히 시료 중 구성 성분에 대한 정보가 부족하거나 아주 복잡한 구성 성분을 가지는 경우, 그리고 이들이 분석체에 큰 영향을 줄 경우 매우 유효하다.

$$\frac{\text{미지 시료의 분석체 농도}}{\text{표준물질과 분석체 혼합물의 농도}} = \frac{\text{미지의 분석체 응답신호}}{\text{혼합물의 응답신호}}$$

$$\frac{[X]_i}{[X]_f + [S]_f} = \frac{I_x}{I_{s+x}}$$

예제 비타민 C는 아주 흔하게 식품에 첨가하는 첨가물이다. 우리가 UV-Vis 분광기로 주스 50.0 mL 중의 비타민 C를 분석하고자 할 때 검출기의 신호값이 1.78이라는 값을 얻었다. 정확히 분석하기 위해 0.279 M 농도의 비타민 C를 0.400 mL 첨가하였더니 검출기의 신호값이 3.35이었다. 이때 초기 주스의 비타민 C 농도 [X]를 구하시오.

풀이 초기 주스의 비타민 C 농도를 $[X]_i$라 하면, 0.400 mL의 standard를 50.0 mL의 주스에 첨가하면 부피는 50.4 mL로 늘어난다. 따라서 최종 용액의 농도는

$$\text{최종 용액의 농도} = [X]_f = [X]_i\left(\frac{V_0}{V}\right) = [X]_i\left(\frac{50.0}{50.4}\right)$$

최종 제품의 첨가된 표준물질의 농도는

$$[S]_f = [S]_i\left(\frac{V_s}{V}\right) = [0.279\text{M}]\left(\frac{0.400}{50.4}\right) = 2.21_4\ \text{mM}$$

이를 식에 응용하면 다음과 같은 최종값이 나온다.

$$\frac{[X]_i}{[X]_f + [S]_f} = \frac{[X]_i}{\left(\frac{50.0}{50.4}\right)[X]_i + 2.21_4\,\mu\text{M}} = \frac{1.78\mu\text{A}}{3.35\mu\text{A}} \Rightarrow [X]_i = 2.49\mu\text{M}$$

그림 4-4는 일반적인 표준물질 첨가법에 대한 그래프와 어떻게 실제 농도를 유추하는가에 대한 설명이다. 즉 초기 상태($x = 0$)에도 분석체가 존재하므로 신호값이 있으며 추가된 표준물질에 의해 신호가 증가됨을 보여 주고 있다. 아울러 원시료에 존재하던 농도는 추세선 연장선의 x 절편값임을 알 수 있다. 원시료 농도가 x축 절편인 것은 여러 계산을 거쳐 얻어낸 것으로 여기에서는 그 과정을 생략하였다.

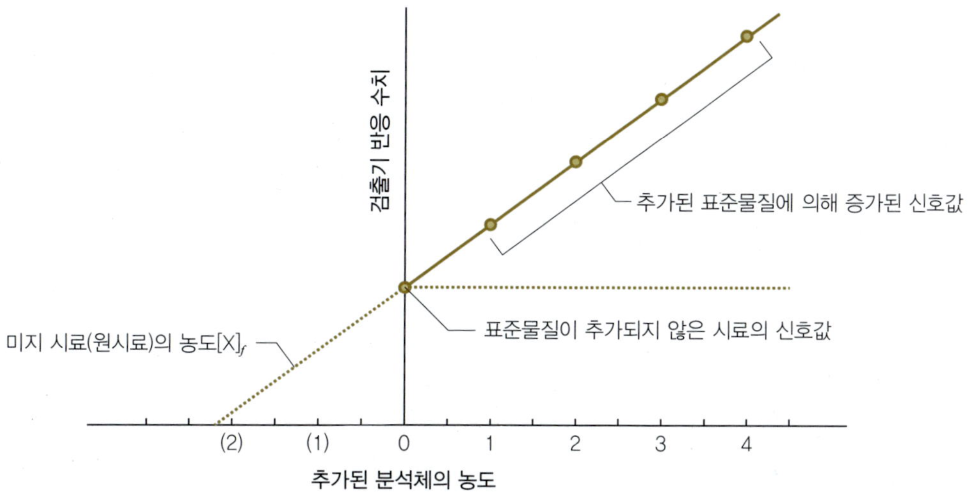

그림 4-4 **표준물질 첨가법에서 원농도를 구하는 그래픽 방법**

연습문제

1 정확도와 정밀도를 비교 설명하면?

2 눈금 확인(calibration check)과 작업 검사(performance test)를 각각 설명하면?

3 선형성(linearity)이란?

풀이 및 정답

1. 정확도는 참값에 가까운 정도를 나타내는 반면, 정밀도는 반복 측정한 데이터가 조밀하게 모여 있는 정도를 말한다.
2. 눈금 확인(calibration check)은 분석을 하다가 여러 가지 다양한 오차의 함정에 빠지기 쉬운 환경에서 매 10번의 분석마다 알고 있는 농도의 분석체를 제시하여 분석하게 하는 것이고, 작업 검사(performance test)는 분석을 하는 연구원이 같은 분석을 반복하다 보면 자기도 모르는 사이에 편중에 빠지게 되는 것을 방지하기 위해 실행하는 체크법이다. 즉, 실험실 책임자가 자신만 알고 있는 농도의 분석체를 연구원에게 제시하여 분석하게 하는 것이다.
3. 선형성은 분석체 농도의 범위가 얼마나 검출기 신호와 비례관계를 가지는가를 가늠하는 정도를 말한다.

Part 2

식품 일반 성분의 분석

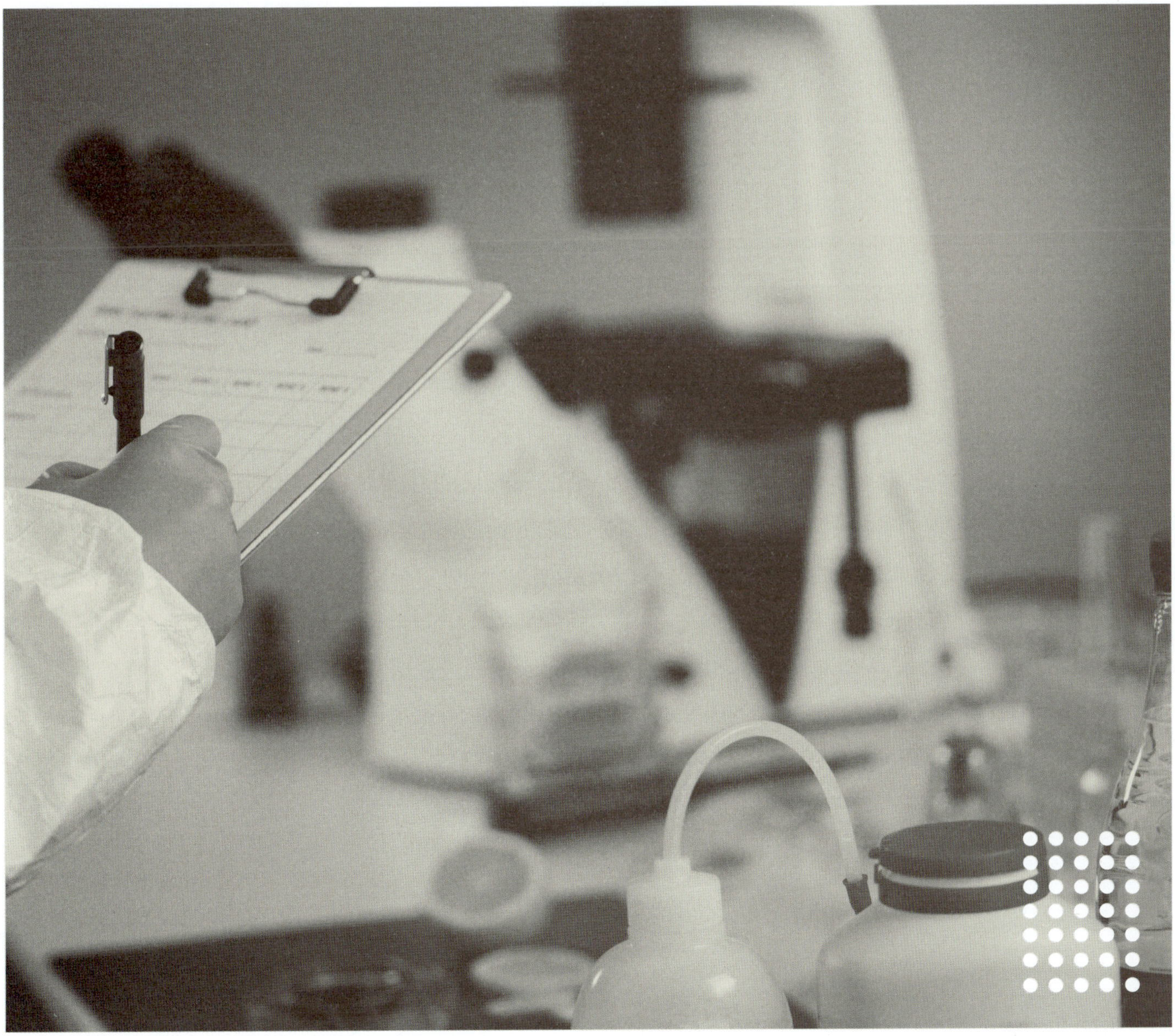

FOOD ANALYSIS

05 수분 정량분석

수분은 식품의 품질 평가에서 가장 기본적인 항목이다. 식품의 일반 성분 분석에서 단백질, 지질, 탄수화물, 회분 등은 근사 성분(proximate components) 값인 데 비하여 수분은 화학량으로 명확한 H_2O의 측정을 목적으로 한다.

수분 측정 시 주의할 점은 조금만 부주의하면 방습 또는 흡습하게 되므로, 수분의 증감 현상 및 전체 시료를 대표할 수 있는 시료를 조제하는 것이다. 그러므로 시료의 특성을 충분히 파악하고 적절하게 균질화하여 시료를 채취하는 것이 중요하다.

수분 정량 목적은 ① 식품의 주요 성분표를 작성하기 위해 ② 건조·염장·발효 등의 식품 가공이나 ③ 식품의 저장 중 성분 변화의 실태를 파악하기 위함이다. 수분 측정에 많이 이용되는 방법으로는 건조법, 증류법, 칼피셔법(Karl-Fisher's method), 전기 수분 계측법, 근적외선 분광 흡수법, 가스 크로마토그래피법, 핵자기 공명 흡수법 등이 있다.

최근 가열 건조의 한 방법으로 microwave 가열 건조법이 개발되어 식품의 성상에 알맞은 가열 건조 조건이 검토되고 있으며, 이 방법은 시료 한 개의 수분 측정시간이 불과 수 분 내지 10여 분 정도로 신속하며 간편한 방법이다.

1. 건조법

수분 측정방법의 하나인 건조법에는 상압, 감압, 동결, 건조제법 및 적외선 수분 측정법 등이 있다. 건조법은 식품의 수증기압을 높이고 주위의 수증기압을 상대적으로 떨어뜨려 식품 속의 수분이 증발하도록 하는 방법이다. 그러므로 고온(100~135℃)에서 건조시키는 것이 효율은 높으나 열에 불안정한 성분을 함유하고 있는 식품의 경우에는 가열온도가 높으면 성분들 간의 반응이나 분해로 휘발량이 증대되어 실제 참값보다 높게 나타날 수 있다. 이런 식품은 비교적 저온(40~70℃)으로 가열하는 감압 가열 건조법이 좋다.

1) 상압 가열 건조법

(1) 개요

일반적으로 건조법이라고 하면 상압 가열 건조법을 가리킨다. 이 방법은 시료를 가열하는 동안 시료 중의 다른 성분들은 휘발이나 화학적 변화가 없고 수분만 모두 휘발한다는 기본 조건을 전제로 한다. 그러나 실제로는 가열에 의하여 수분 이외에도 휘발하는 성분(알코올, 에스터, 알데하이드 등)이 있으며 지방 성분은 부분적으로 산화될 우려도 있다. 시료에 따라서는 105℃ 정도의 가열온도도 지나치게 높을 수 있으므로 가열 건조온도(보통 105~110℃)는 시료마다 정해진 분석 조건하에서 엄밀하게 조작하여야 정밀도가 높다. 한편, 곡물류 등과 같이 열에 안정된 성분을 함유한 식품들은 오히려 고온(135℃)에서 건조하는 편이 좋다.

(2) 측정방법

① 시약 및 기구

- 건조기(dry oven) : 자동 온도 조절장치(PID controller)가 내장되어 있어 내부 온도를 60~200℃의 범위로 ±0.1℃까지 자동 조절할 수 있다.
- 데시케이터 : 가열 건조시킨 칭량병, 도가니, 시료 등이 수분을 흡수하지 않도록 유지하면서 방랭하는 장치이다. 데시케이터는 일반적으로 두꺼운 유리로 만들어졌으며, 밑바닥에는 135℃에서 수시간 건조시킨 건조제(표 5-1)로 주로 실리카겔을 넣고, 중간에는 구멍이 뚫린 자제판으로 칸막이를 하여 시료를 놓을 수 있도록 하였으며, 뚜껑은 바셀린을 발라서 완전히 밀폐하였다.

  데시케이터 사용 시 뚜껑의 개폐를 신속히 하여야 하며, 평행 방향인 옆으로 밀어 열도록 한다. 특히 시료나 기구를 넣고 꺼낼 때는 바셀린이 묻지 않도록 주의한다.
- 도가니 집게(crucible tung) : 중량 분석에서 무게를 칭량하는 기구는 모두 이 집게로

표 5-1 건조제의 종류와 제습력

건조제	공기 1 L 중에 있는 물의 양(mg)(25°C)	건조제	공기 1 L 중에 있는 물의 양(mg)(25°C)
P_2O_5	0.00002	H_2SO_4(100%)	0.003~0.008
$Mg(ClO_4)_2$	0.0005	NaOH(융해)	0.16
$Mg(ClO_4)_2 \cdot 3H_2O$	0.002	CaO	0.2
KOH(융해)	0.002	$CaCl_2$	0.14~0.25
Al_2O_3	0.003	H_2SO_4(95%)	0.3
SiO_2(silicagel)	0.5~0.003	$CaCl_2$(융해)	0.36

집어서 다룬다. 왜냐하면 용기가 상당히 뜨겁고, 직접 손으로 잡으면 실험자 손의 기름이 용기에 묻을 수 있기 때문이다. 주의할 점은 가열된 도자기제의 용기에 차가운 금속이 닿으면 깨질 수 있으므로 집게의 끝부분을 조금 가열한 다음 사용하는 것이 좋다.

- 칭량 용기 : 칭량 용기로는 뚜껑이 부착된 유리 칭량병과, 알루미늄이나 경금속성 재질의 칭량 접시가 있다. 칭량 용기는 시료를 담아 건조시키는 데 사용하는 것으로 건조기나 데시케이터에 넣고 꺼내기가 편리하며, 중량이 그다지 높지 않은 안정된 것을 선택한다.
- 화학천칭(chemical balance) : 여러 종류의 분석 천칭이 있지만 0.1 mg의 눈금까지 측정 가능하고 100 g 이상을 칭량할 수 있어서 좋다. 칭량할 때 주의할 점은 천칭과 칭량 용기의 온도가 다르면 천칭 내 공기의 대류로 인해 현저한 부력오차가 발생하므로 칭량 용기는 반드시 데시케이터 내에서 실온에 이르도록 일정 시간 동안 방랭하였다가 측정한다.

이 부력오차는 칭량 용기 주위의 대류현상이나 무게의 차이로 방열, 흡열의 속도가 다르기 때문에 나타난다. 10 g의 중량을 가진 소형 알루미늄 칭량 용기의 온도가 천칭 내의 온도보다 5°C 높으면 용기의 무게는 실제 무게보다 1~2 mg 낮게 측정된다.

② 항량

식품 분석에서 수분, 회분, 섬유 등의 정량은 일정한 조건하에서 화학천칭을 사용한 중량 분석을 통해 이루어진다. 칭량병이나 도가니는 가열한 직후와 장시간 실내에 방치해 두었을 때 무게에 상당히 차이가 생긴다. 그래서 화학천칭으로 물체를 달 때는 가열 건조시킨 것은 데시케이터 속에서 30분 정도 방랭한 후에 무게를 측정한다. 이 조작을 반복하는 경우에는 방랭시간을 앞의 경우과 동일하게 한다. 만일, 가열이 불충분하거나 데시케이터 속의 흡습력이 약할 경우에는 칭량병의 무게가 변할 수 있다.

그러므로 빈 용기나 시료를 넣은 용기는 일정 시간 가열한 후에 데시케이터 속에서 30분 방랭, 칭량한 다음 다시 30분~2시간 정도 가열, 데시케이터 속에서 30분간 방랭, 다시 칭량하여 전후의 무게차가 0.2 mg 이하로 되면 항량(constant weight)이 되었다고 간주한다.

그렇지 않을 때는 몇 번이고 되풀이하여 가열, 방랭, 칭량을 하여 항량을 구한다. 이와 같이 하여도 항량을 얻기 어려우면 칭량병의 세척은 완벽한지, 데시케이터 속의 건조제가 흡습하지 않았는지, 가열 조건 시간과 데시케이터 내에서 방랭시간이 각각 다르지 않았는지, 천칭 덮개 안에 실리카겔이 놓여 있는지 등을 검토한다.

③ 조작

소정의 온도로 조절한 건조기에 칭량 용기를 넣고 1~2시간 가열한 후 데시케이터로 옮겨 30분간 방랭시킨 다음 0.1 mg까지 측정하여 항량을 구한다(W_0 g). 알맞은 양의 시료를 칭량 용기에 취하여(W_1 g) 105~110℃의 건조기에 넣고 2시간 동안 건조시킨다(이때 반드시 칭량 용기의 뚜껑은 열어서 함께 건조기 안에 넣음). 건조가 끝나면 칭량 용기의 뚜껑을 닫고 데시케이터 안으로 옮겨 30분간 방랭(한번 정한 시간은 항상 동일하게)한 후 칭량한다. 다시 1시간 동안 건조기 안에서 건조한 다음 데시케이터에 옮겨 30분간 방랭하고 칭량하는 조작을 반복하여 0.1 mg까지 측정하여 항량을 구한다(W_2 g). 건조시간은 최소 2시간으로 하며, 건조가 진행됨에 따라 항량에 도달하거나 그 값에 매우 가까워지는 경우가 많으므로 2회째 건조부터는 1시간으로 한다.

한편 지방 함량이 많은 시료는 처음 건조 시 중량이 감소하고 그 후 일부 지방의 산화 등으로 중량이 증가하는 경우가 있다. 이러한 경우는 중량 증가가 일어나기 직전의 최저 중량을 항량으로 한다. 또 액체 식품이나 가열할 때 융해되는 식품들은 그대로 가열하면 표면에 굳은 피막을 형성하여 수분 증발을 방해하는 경우가 있으므로, 이때는 정제된 바다모래(sea sand)나 규조토 같은 건조 보조제를 시료와 혼합하여 건조하면 식품의 수분 증발 면적이 넓어져 효과적이다.

(3) 계산

가열에 의하여 감소된 중량을 수분 함량으로 간주하고 그 백분율 함량은 다음 식과 같이 계산한다.

$$시료의\ 수분(\%) = \frac{W_1 - W_2}{W_1 - W_0} \times 100$$

W_0 : 칭량병의 항량, W_1 : 건조 전 시료를 담은 칭량병의 무게, W_2 : 건조 후 칭량병과 시료의 무게

2) 감압 가열 건조법

(1) 개요

감압 가열 건조법은 여러 식품에 자주 적용되는 방법으로, 시료를 담은 칭량 용기를 감압 전기 정온 건조기에 넣고(표 5-2와 같이), 각 시료에 따라 감압도 50~100 mmHg, 가열온도 40~100℃의 범위에서 알맞은 조건을 설정하여 항량이 될 때까지 건조하고, 건조 전후의 중량 감소량을 수분 함량으로 한다.

감압 가열 건조는 100℃ 이하의 온도로도 수분을 제거할 수 있으므로 열에 변화되기 쉬운 식품은 60~70℃가 알맞고, 열에 비교적 안정한 식품은 100~110℃로 건조하면 효과적이다.

(2) 측정방법

① 시약 및 기구

- 감압 건조기 : 온도가 60~110℃±0.1의 범위로 자동 조절이 가능한 전열식이며, 진공 펌프에 의하여 내부를 감압하도록 되어 있다(그림 5-1). 건조 중에 시료로부터 증발되는 수분의 제거와 건조기를 상압으로 할 때 외부에서 유입되는 공기 중의 수분 제거를 위해 탈수용 트랩을 이용한다.
- 칭량 용기, 데시케이터, 직시 천칭, 도가니 집게 등

그림 5-1 감압 건조기

② 조작

상압 가열 건조법의 경우와 같이 미리 항량을 구한 칭량 용기(W_0 g)에 적당량의 시료를 취하여 0.1 mg까지 칭량(W_1 g)하고, 상압에서 소정의 온도로 조절한 감압 전기 정온 건조기 속

표 5-2 건조법에 의한 수분 정량의 표준 조건

식품군	채취량(g)	건조온도(℃)	건조시간(시간)	건조 조제의 필요	필름법의 적용
*곡립, 건면, 구운 과자	2	V_{25} 100	5, (5) 항량		
	2	135	3		
곡분, 녹말	2	135	1~2 항량		
**빵, 생면	2	135	1		
감자, 고구마, 토란	10	V_{100} 70	5, (5) 항량		
정제당	5	100	3, (2) 항량		
조당, 액상당, 생과자, 꿀	2	V_{50} 70	2, (2) 항량	○	
물엿	2	V_{55} 100	2		○
잼(jam)	2	V_{200} 70	2, (2) 항량	○	
	2	V_{15} 70	4	○	
유지	5	V_{200} 120	2, (2) 항량		
*종실	4	V_{100} 100	5, (2) 항량		
	4	130	2		
*콩류	4	135	2		
콩가루, 탈지대두	2	130	1		
삶은 콩	2	V_{25} 100	2, (2) 항량		○
된장	2	V_{50} 70	2, (2) 항량		○
생선 및 그 가공품	10	100	5, (2) 항량		
	5	V_{50} 70	5, (2) 항량		
생육 및 그 가공품	5	V_{100} 100	5, (2) 항량		
	5	125	2~4 항량		
생란	3	V_{25} 100	2, (2) 항량		
생유	3	100	3	○	
분유	2	V_{100} 100	2, (2) 항량		
연유	2	V_{100} 100	2, (2) 항량	○	○
치즈	3	V_{100} 100	2, (2) 항량		
	3	130	1.5		
채소, 과실, 해초	10	V_{100} 70	5, (2) 항량	○	
건조 채소, 건조 과실	5	V_{100} 70	6		
마른 해초	2	V_{100} 70	5, (2) 항량		

1) *는 조쇄 시료, **는 예비 건조 시료

2) V는 감압(vacuum oven)을 나타낸다. 예컨대 V_{50} 70 = 50 mmHg, 70℃

3) ( ) 내는 제2회 이후의 건조시간, 즉 5, (2) 항량은 처음 1회 5시간, 이후 2시간에 항량이 된다. 3은 3시간 건조로 한 번에 항량이 된다.

에 칭량 용기의 뚜껑을 열어 둔 채로 넣는다. 건조기의 문을 닫고 진공 펌프를 작동하여 감압 건조한다. 다음 진공 펌프를 중지하고 제습한 건조 공기를 천천히 보내 건조기 내를 상압 상태로 회복시킨 후 건조기를 연다. 칭량 용기의 뚜껑을 닫고 꺼내어 데시케이터 속에서 방랭(보통 30분간)한 후에 칭량한다. 이와 같이 건조, 방랭, 칭량의 조작을 반복하여 항량(W_2 g, 0.1 mg까지 칭량)을 구하고 건조 전후의 중량 감소량을 수분 함량으로 한다.

3) 적외선 수분 측정기법

(1) 개요

이 방법은 정밀도가 높은 수평 천칭 위에 놓인 시료를 적외선 램프를 사용해 가열하여 수분을 증발시키면서 그 중량 변화를 측정할 수 있도록 고안된 장치로, 건조 감량이 시료의 수분 함량이다. 특히 적외선의 복사열과 직진성에 따라 시료를 가열함으로써 효율적으로 수분을 증발시킬 수 있다. 적외선 에너지는 직진성이 크므로 개방 상태에서도 시료의 효율적인 가열 건조가 가능하다.

측정기기는 일반적으로 램프의 높이와 공급 전압을 조절하여 건조시간을 결정하며, 피건조물체가 노출되도록 만든 것과 바깥을 통으로 싸놓은 모양이 있다. 어느 것이나 피건조물체의 표면상의 건조온도를 측정할 수 있도록 되어 있다.

일반적으로 가열 건조법에 비하여 정밀도는 떨어지지만, 간편하게 시료의 개략적인 값을 구할 수 있어 신속하게 측정하고자 할 때 매우 편리하다. 다만, 동일 시료라 하더라도 수분 함량이 극도로 다른 경우, 시료의 입도가 다른 경우, 색상이 다른 경우(색상에 따라 열의 흡수 및 반사가 크게 다름)는 건조 조건을 달리하여야 한다.

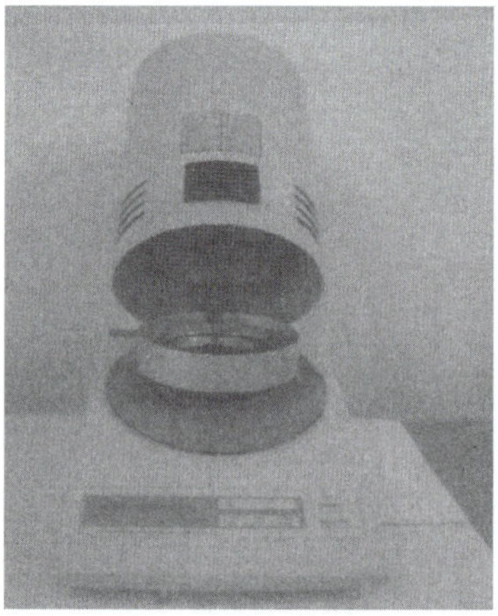

그림 5-2 적외선램프 수분 측정기

(2) 측정방법

① 시약 및 기구

- 적외선램프 수분 측정기 : 그림 5-2와 같은 간단한 원리의 측정장치로, 여러 가지 모양이 있으며 어느 것을 사용하여도 된다.

② 조작

적정량의 시료(일반적으로 3~5 g)를 측정장치의 건조접시 위에 직접 올려놓거나 바닥이 넓은 알루미늄제 용기에 취하여(점착성 또는 paste상의 시료) 바닥에 평평하게 편 다음 기기에서 적외선 램프의 높이나 전압을 조절하고 일정 시간 가열 건조한다.

건조에 상당히 긴 시간이 필요한 시료는 간편법으로 무의미하므로, 시료의 성상을 고려하여 10~15분 이내에 감량이 거의 이루어져야 한다. 건조가 진행됨에 따라 감량된 중량을 수분 함량으로 한다.

2. 증류법

1) 개요

증류식 수분 측정장치에 물과 혼합되지 않는 유기용매 및 시료를 함께 넣고 가열하면 시료 중의 물이 용매 증기와 함께 공비혼합 증기 상태로 증발한다. 이들 증기를 냉각관을 통해 냉각시키면 액화되면서 눈금이 새겨진 측정관에 모아지는데 이때 물층과 유기용매층이 분리되고, 이렇게 얻은 물층에서 물의 용량만을 측정하는 방법이다.

이때 사용하는 용매는 그 비중이 물보다 가벼운 것이나 무거운 것 모두 사용할 수 있지만, 각 용매의 비중에 따른 증류장치의 구조는 기본적으로 서로 다르다.

증류법에는 표 5-3과 같은 각종 용매가 사용되며, 이들 공비혼합물의 끓는점은 물의 비율이 적어짐에 따라 용매의 끓는점에 가까워진다. 그래서 열에 불안정한 성분을 많이 함유한 식품에서는 끓는점이 낮은 용매를 선택한다. 이 방법은 사용하는 용매를 결정하는 것보다 일정한 가열온도를 유지시키는 것으로, 장치와 용매와 시료 채취량을 일정하게 하여

표 5-3 물과 용매의 공비혼합물

용매	조성(물%)	공비점(°C)	용매 끓는점(°C)
사염화탄소	4.1	66.0	77
클로로폼	2.8	56.1	61
트라이클로로에틸렌	5.4	73.6	88~90
이소아밀알코올	46.6	95.2	132
사이클로헥산	9.0	68.95	81
벤젠	8.8	69.3	80
톨루엔	19.6	84.1	111
자일렌	35.8	92.0	139

야 비교적 쉬운 측정 조건을 선택할 수 있는 이점이 있다.

시료 1개당 측정시간이 1~2시간 소요되므로 많은 시료를 측정하려면 여러 개의 측정 장치를 준비하여야 능률적이다. 물 이외의 증발 성분이나 기름을 많이 함유하는 식품, 복합 식품, 수분 함량이 높은 식품 등에 적용하면 효과적이며, AOAC법(AOAC methods, Association of Official Analytical Chemists methods)에서는 사료, 맥주 원료인 홉(hop) 및 향신료의 수분 측정에 적용하고 있다.

2) 측정방법

(1) 시약 및 기구

① 유기용매

표 5-3의 각종 유기용매로 시약 1급 이상을 사용한다. 측정 전에 용매 15 mL에 물 2~3 mL를 가하여 실제 측정과 같은 조작을 하여 물을 증류 제거하고, 남은 용매를 시료 측정용으로 하면 좋다.

② 증류식 수분 측정장치

물보다 비중이 가벼운 용매를 사용하는 경우에는 그림 5-3 (a)와 같은 간이형을 사용한다. 이 장치는 취급이 간편하지만 플라스크를 가열할 때 측정관이 열을 받지 않도록 주의해야 한다. 가열은 가스버너 또는 전열식의 가열용 맨틀(mantle heater)을 이용한다. 플라스

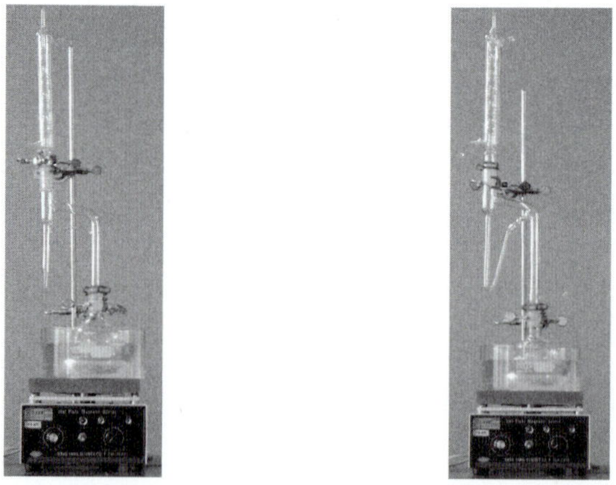

(a) 물보다 비중이 가벼운 용매의 경우　(b) 물보다 비중이 무거운 용매의 경우

그림 5-3 증류식 수분 측정장치

크의 용량은 200~250 mL, 입구의 지름은 3~4 cm 정도의 둥근 편이 좋으며, 측정관은 길이가 7~8 cm 정도이고 용량은 5 mL, 그리고 0.1 mL마다 눈금 표시가 있다. 한편 물보다 비중이 무거운 사염화탄소 등을 이용하는 경우는 그림 5-3 (b)의 장치를 이용한다.

(2) 조작

물의 양으로 환산하여 3~4.5 mL가 되도록 시료(S g)를 측정하여, 플라스크의 입구에 묻지 않도록 주의하면서 주입하고 유기용매 75 mL를 가하여 장치에 연결하고서 가열한다.

가열을 시작하여 처음에는 1초에 2~3방울이 냉각관으로부터 떨어지도록 서서히 가열한다. 처음부터 너무 강하게 가열하면 냉각관의 상부까지 증기가 올라가서 물이 냉각관에 부착하게 되어 물의 회수가 곤란한 경우가 생긴다. 만일 측정관에 물의 증가가 눈에 띄지 않으면 강하게 가열하여 1초에 4~5방울이 떨어지도록 한다. 더 이상 물이 유출되지 않으면, 냉각관 및 측정관의 상부 안쪽 면에 부착된 물을 용매를 이용하여 측정관 속으로 흘려 보내 조금 더 증류를 지속하다 멈춘다. 증류가 끝나면 측정관을 분리하여 25℃까지 냉각시켜 물의 용량을 눈금의 0.05 mL까지 읽어 취한다(V mL). 눈금을 읽을 때는 표선의 시차가 발생하므로 정확한 위치에서 읽는다. 측정값의 표시는 소수점 이하 1자리까지 구한다.

(3) 계산

$$\text{시료의 수분 (\%)} = \frac{V}{S} \times 100$$

S : 시료의 무게(g), V : 증류 후 얻은 측정관 내 물의 양(mL)

3. 칼-피셔법

칼-피셔(Karl-Fisher, KF) 수분 측정법은 메탄올을 함유한 KF 적정용 용제로 균질 시료를 용해하거나 용제를 사용하여 시료에서 물을 추출하고, 그들 용제에 대하여 미리 역가를 구하여 둔 KF 시약으로 적정할 때 물과 화학 당량적인 반응에 의하여 소비된 KF 시약의 용량으로부터 수분량을 산출하는 방법이다. KF 시약은 메탄올을 함유한 용매로 다음 식과 같이 물과 정량적으로 반응한다.

$$H_2O + I_2 + SO_4 + 3C_5H_5N \longrightarrow 2C_5H_5NHI + C_5H_5NSO_3 \quad \cdots\cdots (1)$$

$$C_5H_5NSO_3 + CH_3OH \longrightarrow C_5H_5NHSO_4CH_3 \quad \cdots\cdots (2)$$

(1)식처럼 물(H_2O) 1분자(또는 당량)가 1분자의 요오드(I_2), 1분자의 아황산(SO_2), 3분자의 피리딘(C_5H_5N)과 정량적으로 반응하여 1분자의 피리딘 삼산화황($C_5H_5NSO_3$)을 생성한다. 이후 생성된 피리딘 삼산화황은 용매인 메탄올(CH_3OH)과 반응하여 (2)식에서와 같이 메틸에스터화된 피리딘 삼산화황을 생성시키고 반응은 종결된다. 따라서 (1)과 (2)의 반응으로 남은 요오드의 양을 구하면 물과의 반응으로 소비된 요오드의 양을 알 수 있으며, 이로부터 (1)의 반응으로 소비된 물의 함량을 구할 수 있다. 이 방법은 건조법과는 달리 식품 중에 물 이외에 휘발 성분을 많이 함유하는 경우에도 수분을 정량할 수 있는 장점이 있다.

KF 시약은 물 이외에 몇몇 화합물(ascorbic acid, hydrazine 유도체, 활성 aldehyde, ketone, 과산화물, 금속산화물 등)과도 반응하는 경우가 있어 수분 함량이 증가하는 오차가 발생하기도 하나, 적절한 처리 조건을 부과하여 적정하면 그러한 영향은 제거할 수 있다. 유지나 사탕 등의 균질 식품은 소량을 채취하여 용제에 용해시킨 경우 효과적이지만, 불균질하고 수분이 많은 식품이나 KF 용제에 비용해성인 식품에는 적용이 곤란하다. 그러나 가열로 분해되기 쉬운 식품은 상관없다. 또 불균질 식품이라도 비교적 많은 양을 채취하여 다량의 함수 메탄올에 분산시켜 물을 추출하고 메탄올을 제거하여 KF 시약으로 적정하는 것은 가능하다. KF 적정은 대기습도의 영향을 받지 않는 밀폐계로 전기적 종점을 검출하도록 한 장치를 사용한다.

tip **함수 메탄올의 역가 측정**

KF 적정용 플라스크에 탈수 메탄올 25 mL를 취하여 잘 혼합하면서 KF 시약을 종점까지 적정하여 무수 상태로 한다. 여기에 조제한 함수 메탄올 표준액 20 mL를 피펫으로 넣어 잘 혼합하여 KF 시약으로 적정한다(A mL).

한편, 함수 메탄올 표준용액 조제에 사용한 탈수 메탄올 20 mL를 취하여 KF 적정 플라스크에 넣고 KF 시약으로 적정한다(B mL). 이때의 역가 산출은 다음과 같다.

$$\text{KF 시약의 역가 } K(\text{mg } H_2O/\text{mL}) = \frac{80}{A-B}$$

$$\text{함수 메탄올 표준용액의 역가 } F(\text{mg } H_2O/\text{mL}) = \frac{K \times (A+B)}{20}$$

1) 정량 조작

(1) 시료의 적정

① 용제로 용해시킨 시료

KF 적정용 플라스크에 용제로 용해시킨 시료 용액을 시료의 성상 및 용제의 종류에 따라 25~50 mL를 취한 다음 KF 시약으로 적정하여 무수 상태로 한다. 적량의 시료(물로 10~100 mg)를 칭량(W g)하여 신속하게 플라스크로 옮긴다.

채취한 시료는 잘 혼합하면서 용해시키고 계속하여 KF 시약을 적하하여 종점을 구한다(A mL). 시료 중의 수분 함량은 다음과 같이 구할 수 있다.

$$\text{시료의 수분(\%)} = \frac{A \times K}{W \times 1{,}000} \times 100$$

K : KF 시약의 역가(mg/mL), A : KF 시약의 적정치, W : 시료량

② 용제로 용해시키지 않은 시료

시료(수분을 많이 함유한 시료는 충분히 균질화하여 1~2 g 취하고, 균질화가 어려운 시료는 3~5 g 취하여 200 mL로 정용) S g을 채취하여 용량 100~200 mL의 용량 플라스크에 넣고, 탈수 메탄올을 약 반 정도 가하여 세게 진탕하며 시료를 분산시키고 탈수 메탄올로 정용한다.

가끔 섞어 주면서 10분간 방치한다. 이때 방치시간은 시료의 성상에 따라 다르다. 즉 미세하게 분산된 시료는 10분 이내로도 충분하지만 입자가 큰 시료는 오래 방치해야 한다. 만일 상온에서 물의 추출이 불충분할 때는 젖당, 엿당 등의 용해 및 식품에서의 물 추출용 formamidine : methanol의 비율을 10 : 1로 하여 용량 플라스크에 반을 넣고 뚜껑을 닫아 60~70℃로 15~30분간 가온하였다가 실온까지 냉각시켜 혼합용제로 정용한다. 상층액(supernatant)은 피펫으로 5~10 mL 채취하여 KF 적정용 플라스크에 넣고 KF 시약으로 적정한다(A mL). 한편, 여기에서 적정에 사용한 탈수 메탄올을 같은 양 만큼 채취하여 KF 시약으로 적정한 값(B mL)을 대조 시험값으로 한다. 시료 중의 수분 함량은 다음 식에 따라 산출한다.

$$\text{시료의 수분(\%)} = \frac{(A - B) \times K \times D}{S \times 1{,}000} \times 100$$

S : 시료량(g), A : KF 시약의 적정값(A mL), K : KF 시약의 역가(mg/mL), B : 공시 적정값(B mL)
D : 추출액(탈수 메탄올 용액)의 희석배수

③ 용제로 용해시키지 않은 시료의 직접 측정법

비교적 수분 함량이 낮은 시료로 충분히 균질화된 시료에 알맞은 방법이다. KF 적정용 플라스크에 시료 용해용 혼합용제 젖당, 엿당 등의 용해 및 식품에서의 물 추출용 formamidine : methanol의 비율을 10 : 1로 25~50 mL를 취하고 KF 시약을 적하하여 무수 상태로 한다. 시료를 취(W g)하여 플라스크에 신속히 넣고 잘 혼화시키면서 60~70℃로 가온하여 약 30분간 추출한다. 잠시 방치해서 실온에 다다르면 KF 시약을 적하하여 종점을 구한다(A mL). 만일 KF 시약을 과잉 적정(A mL)하였을 때에는 잠시 혼합한 다음 함수 메탄올 표준액으로 역적정한다(B mL). 역적정한 경우 시료의 수분 함량은 다음 식에 따라 산출한다.

$$\text{시료의 수분(\%)} = \frac{(A - B) \times (B \times F)}{W \times 1{,}000} \times 100$$

K : KF 시약의 역가(H_2O mg/mL), F : 함수 메탄올 표준용액의 역가

연습문제

1 항량이란?

2 수분 정량의 목적은?

3 식빵의 수분 함량을 분석하기 위하여 식빵 5 g 시료로 상압 가열 건조법 실험을 수행하였다. 이때 최종 칭량병의 무게는 5 g이었고 최종 시료의 무게는 2 g이었다면 이 식빵의 수분 함량은?

4 증류법을 이용하여 식품의 수분 함량을 측정하고자 한다. 이때 사용해야 하는 용매는?

5 식품의 수분 함량을 측정하기 위하여 활용되는 칼-피셔법(Karl-Fisher's method)의 원리는?

6 칼-피셔법은 건조법보다 특정한 식품의 수분 함량을 측정할 때 정확하게 식품 중의 수분을 정량할 수 있다. 식품 중 수분 함량을 측정할 때 건조법보다 칼-피셔법이 더 유용한 식품은?

풀이 및 정답

1. 식품 분석에서 수분, 회분, 섬유 등의 정량은 일정한 조건하에서 화학천칭을 사용한 중량 분석을 통해 이루어진다. 칭량병이나 도가니는 가열한 직후와 장시간 실내에 방치해 두었을 때 무게에 차이가 생기므로, 데시케이터 속에서 일정 시간 방랭한 후에 무게를 측정하여 이에 대한 오차를 줄여야 한다. 항량이란 이러한 건조 또는 가열을 반복하여 중량이 일정하게 변화하지 않게 되었을 때의 중량을 말한다.
2. ① 식품의 주요 성분표를 작성하기 위함
   ② 건조, 염장, 발효 등의 식품 가공 중 성분 변화의 실태를 파악하기 위함
   ③ 식품의 저장 중 성분 변화의 실태를 파악하기 위함
3. $2/5 \times 100 = 40\%$
4. 수분 측정장치에 물과 혼합되지 않는 유기용매 및 시료를 함께 넣고 가열하면 시료 중의 물이 용매 증기와 함께 공비 혼합 증기 상태로 증발한다. 이들 증기를 냉각관을 통해 냉각시키면 액화되면서 눈금이 새겨진 측정관에 모아지는데 이때 물층과 유기용매층이 분리된다. 이때 생긴 물층에서 물의 용량만을 측정하는 방법을 증류법이라 한다. 증류법에는 다양한 용매가 사용되는데 이들 공비 혼합물의 끓는점은 물의 비율이 적어짐에 따라 용매의 끓는점에 가까워진다. 따라서 열에 불안정한 성분을 많이 함유한 식품에서는 끓는점이 낮은 용매를 선택한다.
5. 칼-피셔(KF)법은 메탄올을 함유한 KF 적정용 용제로 균질 시료를 용해하거나 용제를 사용하여 시료로부터 물을 추출하고 그들 용제에 대하여 미리 역가를 구하여 둔 KF 시약으로 적정할 때, 물과 화학 당량적 반응에 의하여 소비된 KF 시약의 용량으로부터 수분량을 산출하는 방법이다.
6. 식품 중 물 이외에 휘발 성분을 많이 함유하는 경우에 건조법보다 Karl-Fisher법이 수분 함량을 정확히 정량하는 데 유용하다.

FOOD ANALYSIS

06 조단백질 정량분석

식품 중 단백질은 탄소(약 52%), 수소(약 7%), 산소(약 23%) 원소 외에 반드시 일정량의 비율로 질소(약 16%)를 함유하며, 이외에도 황(약 2%), 인(P), 미량의 금속 등을 함유하고 있다. 특히 질소는 지질이나 탄수화물 등 다른 식품의 중요 성분에는 들어 있지 않아 단백질 정량에 이용된다. 즉 전 질소량을 정량한 후 이 값에 일정의 계수(6.25 : 표 6-1 참조)를 곱하여 단백질 함량으로 간주한다.

식품 중 질소화합물은 단백질 외에 아미노산류, 아마이드류, 퓨린염기류, 크레아틴류 등을 함유하고 있다. 이들은 단백질이 아니며 비단백태 질소라고 부른다. 또 식품 중 전 질소량에 단백질 환산계수를 곱하여 산출한 단백질은 이 성분들이 포함되어 있으므로 조단백질(crude protein)이라고 한다. 식품의 종류에 따라서는 비단백태 질소화합물의 함량에 상당한 차가 인정되므로, 이들을 제외한 단백질을 정량할 때는 미리 비단백태 질소화합물을 시료에서 추출, 분리함으로써 단백질만의 질소를 정량하여 단백질 환산계수를 곱해 산출하고 이를 순단백질이라 한다.

전 질소 정량법으로는 오래전부터 알려진 켈달법(Kjeldahl method)이 있으며, 이 방법은 가장 신뢰할 수 있는 정량법으로 오랫동안 이용되어 왔다. 그러나 현재는 식품의 성분이 불균일 조직체 또는 불균일 혼합물로 된 점을 고려하여 적은 양의 시료로 짧은 시간에 분석할 수 있도록 개량된 세미마이크로 켈달법(semimicro Kjeldahl method) 또는 마이크로

표 6-1 식품 및 재료의 단백질환산계수

식품(재료)명	단백질 환산계수	식품(재료)명	단백질 환산계수	식품(재료)명	단백질 환산계수
젤라틴	5.55	통밀	6.31	콩(Jack, Mung)	6.25
고기	6.25	배아	5.80	땅콩	5.46
우유, 유제품	6.38	배유	5.70	아몬드	5.18
쌀	5.95	우동, 국수	5.70	호두	5.46
대맥, 호밀	5.83	마카로니	5.70	코코넛	5.30
조, 귀리	5.83	팥	6.25	알	6.25
옥수수	6.25	아주까리(콩류)	5.30	면실, 아마인	5.30
모밀	6.25	대두	5.71	깨, 마, 호박	5.30
소맥 전립	5.83	Velvet 콩	5.46	수박, 해바라기	5.40

자료 : FAO, Washington, D.C., 2006

켈달법(micro Kjeldahl method)을 널리 사용하고 있다. 이 방법은 분해 소요시간을 단축하고 재현성을 높일 수 있을 뿐만 아니라 질소화합물의 완전한 암모니아화를 꾀할 수 있어 정확도와 정밀도가 높은 편이다.

1. 단백질의 정성반응

단백질은 여러 종류의 시약과 반응하여 고유의 색을 나타내는데 이것은 단백질을 구성하고 있는 특수한 아미노산의 잔기나 카복실기 또는 아민기와의 반응으로 나타나는 정색반응이다. 이 반응을 통하여 단백질의 유무를 확인할 수 있다.

1) 뷰렛 반응

단백질 용액 3 mL에 1% $CuSO_4$ 수용액을 넣고, 여기에 10% NaOH 용액 3~5 mL를 가하면 적자색 또는 청자색을 나타낸다. 이 반응은 두 개 이상의 카아바밀기(−$CONH_2$)를 가진 화합물(뷰렛, 옥사마이드)과의 반응으로 펩타이드 결합을 다수 가지고 있어서 구리이온과 착염을 형성시킨다. 정성뿐만 아니라 정량에도 이용된다. 이 방법은 Kjeldahl 방법보다도 경제적이고 신속하며 간단하게 분석할 수 있는 방법으로 로리법(Lowry method), 자외선 흡수법, 혼탁도를 이용하는 방법보다도 색소 성분에 의한 영향이 적고 측정에 영향을 미치는 물질이 비교적 적다. 그러나 비펩타이드나 비단백질의 질소와는 반응하지 않는다.

Lowry 방법보다는 감도가 떨어지며, 적어도 2~4 mg의 단백질이 있어야 측정이 가능하다. 고농도의 암모늄염이 존재하면 반응에 영향을 미치므로 단백질의 종류에 따라 색깔이 약간 변한다. 예를 들면 젤라틴의 경우 분홍색을 띤 자줏빛을 나타낸다. 많은 양의 지질이나 탄수화물이 있으면 불투명해지기도 하며, bovine serum albumin 등 알려진 단백질에 의해 색이 표준화되어야 하는 단점을 안고 있다.

① 황산구리($CuSO_4 \cdot 5H_2O$) 1.5 g과 타타르산칼륨나트륨(sodium potassium tartrate, $CHOHCOOK\text{-}CHOHCOONa \cdot 5H_2O$) 6 g을 500 mL의 증류수에 녹인 용액에 300 mL의 10% NaOH를 잘 저어 주면서 혼합한다.

② 증류수를 첨가하여 1 L로 만든 다음 파라핀으로 용기를 봉하여 방치한다.

> **tip** 검은색 또는 붉은색의 침전물질이 보이면 잘못 만들어졌거나 오염이 되었을 가능성이 높으므로 다시 만들어야 한다.

③ 단백질이 1~10 mg/mL 함유할 정도의 시료 1 mL에 위의 시약(②) 4 mL를 잘 혼합한 후 실온(20~25℃)에 30분간 방치한다.

④ 540 nm에서 흡광도를 측정한다. 측정 시료가 투명하지 않으면 여과하거나 원심분리한다. 그래도 정도가 심한 경우에는 이 방법을 사용하기가 곤란하다. 표준검량곡선을 위한 표준물질로는 소혈청알부민(bovine serum albumin)을 사용하며, 각 농도별 흡광도로 표시하여 나타낸다.

2) 밀론 반응

밀론(Millon) 반응은 단백질 중에 페놀핵을 가진 아미노산인 타이로신이 존재하기 때문에 일어나며 견사, 우유, 밀 등은 이 반응을 일으키나 젤라틴은 반응을 일으키지 않는다.

① 밀론 시약 : 수은 4 g을 진한 질산 6 mL에 넣고 열을 가하면서(필요한 경우) 용해시킨 후 약 2배의 물을 가해서 그 상층액을 쓰거나 여과하여 쓴다. 새로 조제한 것일수록 반응이 예민하므로 측정 시 바로 만들어 사용한다.

② 단백질 용액 3~5 mL에 밀론 시약 1 mL를 가하면 백색 침전이 생긴다.

③ 이것을 60~70℃로 가온해 주면 적자색(벽돌의 적색)을 나타낸다.

3) 잔토프로테인 반응

단백질 용액 5 mL에 진한 질산 2 mL을 넣으면 백색(또는 황색) 침전이 생기며, 이를 가온하면 침전은 녹고 황색을 띤다. 이것을 방랭시킨 뒤 NH_4OH 또는 NaOH 용액을 가하여 알칼리성으로 하면 등황색으로 변한다. 단백질 중의 타이로신, 트립토판, 페닐알라닌 등의 방향족 아미노산이 나이트로화되어 정색되는 것으로, 피부에 질산이 묻으면 피부색이 변하는 것은 이 반응의 영향이다. 그러나 젤라틴 등은 이런 방향족아미노산이 포함되어 있지 않아서 잔토프로테인(xanthoprotein) 반응은 일어나지 않는다.

4) 닌하이드린 반응

α-아미노기를 가진 화합물이 나타내는 정색반응이며 단백질뿐만 아니라 유리아미노산, 아미노산으로 구성된 펩타이드류, 그 외에 아민류 또는 암모니아 등도 이와 같은 반응을 나타낸다. 이 반응은 단백질 용액에 1%의 닌하이드린(ninhydrin) 용액을 가한 후 중성에서 가열할 때 나타나는 자색의 정색반응이다. 정량분석에도 이용되는데 닌하이드린과 결합한 자색의 복합체 물질은 440 nm에서 최대흡광도를 나타내므로 흡광도를 측정하여 표준검량곡선과 비교하여 단백질량을 산출할 수도 있다.

5) 침전반응

용액 중에 녹아 있는 단백질의 침전반응은 전하와 관련이 있는 등전점에서의 침전이다. 즉 단백질의 전하와 반대의 전하를 가진 물질을 첨가했을 경우 생기는 침전반응이 있고, 단백질을 전혀 용해시키지 않는 유기용매를 가했을 때 생기는 침전반응 등이 있다.

(1) 염석법

단백질 용액에 $(NH_4)_2SO_4$, Na_2SO_4, $MgSO_4$ 및 NaCl 등의 포화 용액을 가하면 침전이 일어난다. 이런 경우 침전작용은 사실상 단백질에 변성을 일으키지 않기 때문에 침전된 단백질을 모아서 다시 묽게 하면 용해시킬 수 있다.

(2) 유기용매법

단백질 용액에 에탄올, 메탄올, 아세톤 등과 같이 물에 잘 용해되는 유기용매를 넣으면 다시 용해하지만, 장시간 유기용매와 접촉시키면 단백질이 변성되어 불용성이 될 수 있다.

따라서 유기용매와의 반응을 저온에서 실시하면 침전은 생기지만, 유기용매에 의한 변성은 최소화할 수 있기 때문에 이 방법도 단백질 정제에 이용된다.

(3) 유기침전법

단백질 용액에 삼염화아세트산(CCl_3COOH), 설포닐살리실산(sulfonyl salicylic acid), 피크르산(picric acid), 타닌산(tannic acid) 등을 넣으면 대부분의 단백질은 완전히 침전한다.

① 삼염화아세트산 용액을 가하면 백색 침전이 생긴다.

② 피크르산 1 g과 시트르산 2 g을 물 100 mL에 녹인 용액을 일정량 가하면 황색 침전이 생긴다.

③ 20% 설포닐살리실산 용액을 가하면 백색 침전이 생긴다.

④ 묽은 식초산 용액에 1% 타닌산을 녹인 용액을 가하면 백색 침전이 생긴다.

(4) 중금속 염법

중성 및 약산성의 단백질 용액 3 mL에 Hg^{2+}, Ag^{2+}, Cu^{2+}, Fe^{2+}, Zn^{2+}, Pb^{2+} 등 중금속의 2가 이온 용액을 적당량 가하면 단백질 침전이 생긴다.

6) 응고반응

단백질은 변성 요인들에 의해 물리적 및 화학적 작용을 받아 변성을 하며 경우에 따라서는 응고현상을 나타내는데, 단백질 종류에 따라 다르지만 일반적으로 60~70℃에서 응고한다. 묽은 염산이나 아세트산을 가하여 산성으로 하면 응고 속도가 빨라지는 데 비해서 알칼리성 용액에서는 열에 의한 응고는 일으키지 않는다. 예컨대 알부민, 글로불린 등은 응고되나 젤라틴, 프로타민 등은 응고되지 않는다.

달걀흰자, 젤라틴, 어육즙을 3 g씩 취하여 각각 다른 시험관에 넣고 같은 양의 물을 가해서 물중탕(water bath)으로 서서히 가온하면 달걀흰자는 응고되고, 젤라틴은 녹은 상태이며 어육즙은 상층부터 응고된다. 대부분의 단백질은 효소에 의해서 응고가 일어난다. 카세인에 레닌(레넷)을 가하면 적당한 pH에서 응고가 일어나고, 피브리노겐은 트롬빈에 의해서 피브린이 되어 응고한다.

2. 단백질의 정량

1) 켈달 질소 정량법

질소의 화학적 정량법은 듀마법(Dumas method)과 Kjeldahl법으로 대별된다. Dumas법은 질소화합물을 전부 질소가스로 변화시킨 다음 표준조건 아래에서 체적으로부터 질소량을 구하는 원소 분석법이다. 이 방법은 정확한 결과를 얻을 수 있으나 단백질을 전부 질소가스로 만드는 데 고도의 기술이 필요하다. 미량 성분을 정량하는 데에는 적당하나 일반적인 식품 분석에는 이용하지 않는다. 반면 Kjeldahl법은 널리 이용되어 왔으며 중화 적정을 이용한 정량법이다.

일정량의 시료에 진한 황산과 분해 촉진제를 넣은 후 가열하면 분해 및 산화·환원이 동시에 일어나고, 시료에 포함되어 있던 질소는 일단 암모니아로 변해서 황산과 반응하여 황산암모늄을 만들고 분해액 속에 남게 된다. 이때 탄수화물이나 지질 및 진한 황산 등도 같이 분해하여 유독한 일산화탄소, 아황산가스, 이산화탄소 등을 발생시키므로 조심히 다루어야 한다. 분해액에 과잉의 알칼리를 가하여 수증기로 증류시키면 암모니아가 다시 방출된다. 이 가스를 일정량의 규정 농도의 황산 용액에 흡수시키고 남은 과잉의 산을 규정 알칼리 용액으로 역적정하면 전 질소량을 산출할 수 있다. 한편, 산화제로서 황산칼륨을 가하면 온도가 높아짐에 따라 SO_3가 생성되어 유기물 분해가 촉진된다.

$$\text{질소화합물 시료} + H_2SO_4 \longrightarrow (NH_4)_2SO_4 + SO_2\uparrow + CO_2\uparrow + CO\uparrow + H_2O$$

$$(NH_4)_2SO_4 + 2NaOH \longrightarrow 2NH_3\uparrow + 2H_2O$$

$$2NH_3 + H_2SO_4 \longrightarrow (NH_4)_2SO_4$$

$$H_2SO_4 + 2NaOH \longrightarrow Na_2SO_4 + 2H_2O$$

$$K_2SO_4 + H_2SO_4 \longrightarrow 2KHSO_4 \longrightarrow K_2SO_4 + H_2O + SO_3$$

(1) 시약 조제

① 진한 황산 : 1급 시약이다. 유기물 분해에 소요되는 황산의 양은 시료(유기물)의 종류에 따라 다르다(표 6-2). 시료에 지질이 많이 함유된 경우 황산량을 증가시킨다. 분해 온도를 높이기 위해 황산칼륨 10 g을 첨가하였을 경우, 분해 후에 9 mL 이상의 황산이 남아 있지 않으면 냉각하였을 때 완전히 굳어져 암모니아의 회수율이 저하된다.

예제 시료 2 g일 때, 염류 15 g, 황산 25 mL로 하면 이때 소비되는 황산량은 12 mL 이하이고 황산 잔량은 13 mL로서 충분한 조건이 된다.

표 6-2 유기물의 분해에 필요한 황산의 양

시료	분해시간(분)	황산(g)/시료(g)	시료	분해시간 (분)	황산(g)/시료(g)
살리실산	75	10.04	설탕	95	8.36
녹말	95	7.29	옥수수가루	100	6.27
알부민	95	8.27	젤라틴	90	16.74
카세인	95	9.67	올레산	100	19.87
스테아르산	95	18.86			

② 분해 촉진제 : 일반적으로 황산칼륨(K_2SO_4) 10 g과 황산구리($CuSO_4 \cdot 5H_2O$) 1 g을 먹자사발로 분쇄·혼합하여 사용한다. 1회 사용량은 1~2 g 정도이다. 촉매로 사용되는 무기물은 황산구리 이외에 수은, 산화수은, 셀레늄 및 그 화합물, 환원철 등이 있으며 시료의 종류에 따라 효과가 다르다.

Heterocyclic nitrogen ring 화합물 및 방향족 질소화합물과 같은 내화물(refractory)은 황산구리 같은 약한 촉매로는 18시간 이상 걸려도 암모니아가스로 완전히 분해되기가 어렵다. 셀레늄도 비슷한 결과가 나오며, 수은을 사용하면 질소의 회수율이 좋다.

③ 혼합 지시약 : 0.1% 브로모크레솔그린(bromocresol green) 용액(95% 에탄올에 녹임)과 0.2% 메틸레드(methyl red, MR) 용액(95% 에탄올에 용해)을 3 : 1 비율로 혼합하여 갈색병에 보존한다. 이 혼합 지시약은 산성에서 적색, 염기성에서 녹색을 나타내고 변색점은 pH 5.1이다.

④ 0.1 N NaOH 표준용액 : 표준용액은 정확히 표정하여 조제한다. 또 용액 내에 탄산화합물이 존재하면 중화 적정 시 역가가 변하므로 시약 조제 시뿐만 아니라 보관, 사용할

tip 수은 사용 시 AOAC에서 채택하고 있는 최적 배합비율은 건물 시료 2 g, 산화수은 0.7 g, 황산칼륨 15 g, 황산 25 mL이다. 구리 촉매는 밀가루, 현미 등과 같은 녹말질이 많은 식품에서는 수은 촉매와 같은 효과이나, 어육의 경우는 수은 촉매 쪽이 바람직하다. 그러나 수은화합물은 유독하므로 취급할 때 주의해야 하며 환경오염의 우려도 있다. 한편, 이산화티탄과 황산구리를 병용하는 촉매는 수은화합물을 사용한 분해와 같은 효과가 있다.

때 이를 제거함은 물론 탄산가스의 유입을 막을 수 있도록 소다석회장치를 덧붙인다.

⑤ 0.1 N 황산 : 정확히 표정하여 조제한다. 시약 1급의 황산 농도는 36~38 N이므로 황산 30 mL를 취하여 1 L로 희석한 후 다시 10배로 하면 약 0.1 N 황산 용액을 얻을 수 있다. 진한 황산은 물과 혼합하면 심하게 발열하므로 물을 비커에 넣고 희석하면서 황산을 주의하며 소량씩 가하여 조제한다.

⑥ 중화용 30% NaOH 용액 : 시약 1급의 NaOH 90 g을 증류수 210 mL에 용해(발열반응)하여 냉각 후 시약병에 옮겨 저장한다. 알칼리는 유리를 침해하므로 병뚜껑은 고무마개가 좋다. ④에서 언급한 주의 사항을 참조한다.

⑦ 비등석 : 가벼운 돌을 1~3 mm 정도로 부수고 물로 세척한 다음 500℃ 이상에서 가열한 것이나, 유리구슬, 유리 조각 또는 유리관(외경 1~1.5 mm) 등을 사용한다.

(2) 기구 및 장치

① 분해용 플라스크 및 분해대 : 그림 6-1과 같이 밑이 둥근 분해용 플라스크(Kjeldahl flask)로 100~200 mL 크기를 이용하며, 분해 시 발생하는 아황산 같은 유독한 가스를 모아서 배기시킬 수 있는 장치로 분해대(draft)가 있다. 가열은 전열기/가스버너를 이용한다.

② 증류장치 : 질소 증류장치로 Micro(또는 semimicro) Kjeldahl 증류장치가 이용된다(그림 6-2). 수증기 발생 플라스크에는 물을 2/3 정도 채우고 소량의 입자상 아연 및 황산

그림 6-1 Kjeldahl 분해장치

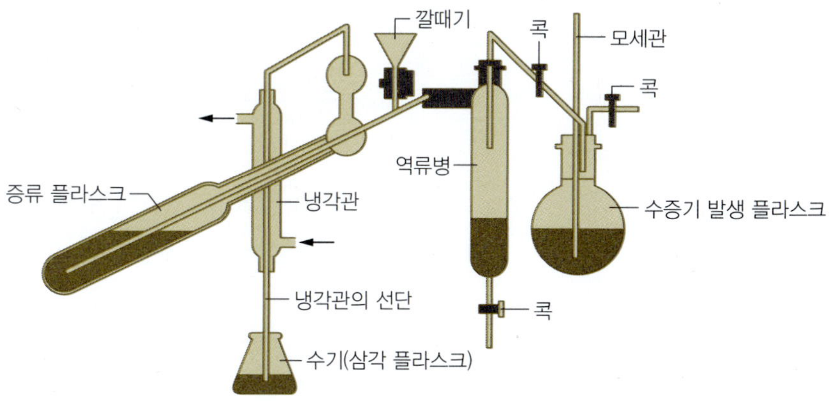

그림 6-2 질소 증류장치

1~2방울을 첨가하여 산성으로 한다($Zn + H_2SO_4 \longleftrightarrow ZnSO_4 + H_2$로 비등이 원활). 냉각기는 보통 것을 사용하며 냉각기 끝은 안지름이 2 mm 정도가 알맞다. 만일 너무 굵으면 생성하는 기포가 커져서 암모니아가 규정 황산에 흡수되지 않고 날아가 버린다.

③ 자동 뷰렛 : 산 용액 및 알칼리 용액 전용의 자동 뷰렛을 준비한다.

④ 부피 측정 플라스크, 피펫, 세척병, 엘렌마이어 플라스크 등 분석실험에 필요한 기구들을 준비한다.

(3) 측정

시료의 분해, 분해액의 수증기 증류 및 암모니아의 포집, 적정 등 3단계로 구분된다.

① 분해 : 건조된 분해 플라스크에 적당량의 시료(질소 10~25 mg, 단백질 50~150 mg)를 취하여 넣는다. 시료의 채취 요령은 다음과 같다.

tip 시료 채취 요령

알맞는 양의 시료를 채취하여 분해하는 것은 매우 중요하다. 그러므로 실험 전에 먼저 다른 식품 성분표나 기타 여러 문헌을 참고하여 대략의 질소(N)량을 조사하여 계산에 의해 채취량, 희석량을 구하여 둔다. 일반적으로 수기에 황산 용액을 10~20 mL 취하므로 증류할 때 그 반 정도가 황산암모늄이 된다. 따라서 황산의 소비량이 5 mL 내외가 되도록 하는 것이 이상적이다.

수기의 황산이 0.01 N이면 이 용액 1 mL는 질소 0.14 mg에 상당하므로 황산 소비량 5 mL는 0.14 mg × 5 = 0.7 mg으로 된다. 이는 증류 시에 채취한 시료 분해 희석 용액 10 mL 중에 0.7 mg의 질소가 함유되어야 함을 의미한다. 예를 들면 식품 성분표의 단백질 함량이 20%이고, 분해 후 250 mL로 정용하여 그것을 10 mL 취하여 증류하였다면 시료를 취하는 양은 다음과 같다.

$$0.7(\text{mg}) \times \frac{250(\text{mL})}{10(\text{mL})} \times \frac{100(\%)}{20(\%)/6.25} = 547(\text{mg})$$

즉 시료 500 mg 정도로 정확히 취하여 분해하고서 250 mL로 정용하면 된다. 한편, 채소의 경우 단백질 함량이 1%라면,

$$0.7(\text{mg}) \times \frac{250(\text{mL})}{10(\text{mL})} \times \frac{100(\%)}{1.0(\%)/6.25} = 10{,}937.5(\text{mg}) \fallingdotseq 10.94(\text{g})$$

이므로 시료량이 많아 곤란할 때에는 시료의 양을 반으로 줄여 분해하고 250 mL 대

신 100 mL로 정용하면 된다.

- 시료와 촉매가 분해병의 긴 목에 묻지 않도록 폴리에틸렌 필름이나 질소를 함유하지 않은 종이에 싸서 넣으면 좋다. 액체 시료는 소량의 물로 씻어 넣는다.
- 진한 황산 약 20 mL를 넣고 촉매 1~3 g을 첨가해 분해병을 흔들어 시료와 황산을 잘 혼합한 후 분해대에 비스듬히 고정시켜 배기챔버(draft) 내에서 분해를 시작한다.
- 분해가 시작되면 액은 검어지고 거품이 부글부글 끓어오른다. 이때는 가열을 약하게 하다가 검은색의 점도가 큰 액체가 되면 온도를 높여 끓인다.
- 반응물의 색상은 흑갈색에서 다갈색으로, 마지막에는 청색~황록색의 투명한 액이 된다. 이때부터 1시간가량 더 가열하여 분해를 완결시킨다.
- 분해가 완전하지 않으면 방랭 중에 다시 흐려진다. 분해시간은 4~6시간 정도이다.
- 분해가 끝나면 플라스크를 방랭하고 물 150 mL를 흔들면서 가하여 석출된 염류를 녹인다. 이 분해액을 200 mL의 부피 측정 플라스크에 넣어 희석하는 것은 직접 증류 시 30% NaOH 용액을 가할 때 분해액의 급격한 비등을 막기 위해서이다.

② 증류 : 분해가 완료되면 증류장치(그림 6-2 참조)를 이용하여 증류한다. 증류에는 수증기 증류와 직접 증류의 두 가지 방법이 있다.

③ 적정 : 0.1 N H_2SO_4는 유출되어 나온 암모니아에 의하여 중화되고 남은 과잉의 0.1 N H_2SO_4를 0.1 N NaOH 표준용액으로 중화 적정한다. 혼합 지시약의 색상은 처음 산성에서 약간 어두운 적자색을 나타내다가 중화 종점이 가까워지면 자적색이 되었다가 중화 종말점에는 회색 또는 청록색이 된다. 그러므로 회색으로 되는 점을 종말점이라 하고 적정 눈금(V_1)을 측정한다. 같은 방법으로 공시험도 시료를 제외한 모든 과정을 병행하여 적정 눈금(V_o)을 측정한다.

tip

- 유기물 분해에 필요한 진한 H_2SO_4의 소비량은 탄수화물과 단백질의 경우는 시료 1 g당 약 6 mL, 지질은 약 12 mL이므로 시료량에 따라 황산 첨가량을 증감하여야 한다. 또 소금은 진한 H_2SO_4와 직접 반응하므로($2NaCl + H_2SO_4 \rightarrow Na_2SO_4 + 2HCl$) 김치, 젓갈류 등을 분해할 때는 소금의 양만큼 황산을 더 첨가해야 한다. 녹말, 당분, 지방분이 많은 시료는 거품 발생이 심한데 파라핀 조각을 넣으면 방지할 수 있다.
- 중화용 NaOH 용액의 첨가량은 분해 플라스크 안의 황산의 양 또는 시료에 의하여 결정된다. 이 중화반응은 $H_2SO_4 + 2NaOH \rightarrow Na_2SO_4 + 2H_2O$로 2분자의 NaOH와 1분자의 H_2SO_4이 반응한다. 그러므로 H_2SO_4 1 mL는 약 1.8 g의 H_2SO_4를 포함하는 셈이고, 중화용 NaOH 1 mL는 약 0.4 g의 NaOH를 함유하므로 이를 바탕으로 계산한다. 용액의 색상이 짙은 하늘색이 되는 것은 NaOH 첨가로 가열되어 $CuSO_4 + 2NaOH \rightarrow Cu(OH)_2 + Na_2SO_4$로 수산화구리[$Cu(OH)_2$]를 생성하기 때문이며, 다갈색으로 변하는 것은 다시 가열 분해로 인하여 $Cu(OH)_2 \rightarrow CuO + H_2O$로 되어 산화제2구리(CuO)를 형성하기 때문이다.

④ 시료 중의 질소량은 다음과 같이 계산한다.

$$N(mg) = 1.4 \times (V_o - V_1) \times f$$

V_o : 공시험에서 소비된 0.1 N-NaOH (mL), V_1 : 본 시험에서 소비된 0.1N-NaOH (mL)

$$N(mg\%) = \frac{1.4 \times (V_o - V_1) \times f}{S \times 1000} \times 100$$

f : 0.1 N-NaOH 표준용액의 역가, S : 시료 채취량

조단백질의 산출은 다음과 같다.

$$\text{조단백질}(\%) = \frac{0.0014 \times (V_o - V_1) \times D \times f \times N}{S} \times 100$$

D : 회석배수, N : 단백질의 질소 환산계수

예제 0.1 N 황산 1 mL에 상당하는 질소량

Kjeldahl법의 중화반응 $H_2SO_4 + 2NH_3 \rightarrow (NH_4)_2SO_4$으로부터 0.1 N 황산 1 mL는 4.9 mg의 황산을 함유하므로 98.08 : 34.06 = 4.9 mg : x에서 x = 1.7 mg NH_3가 된다. 즉 0.1 N 황산 용액 1 mL는 1.7 mg의 NH_3와 반응하고 NH_3는 1.7 mg, 질소량으로 1.4 mg이 된다.

2) 마이크로 켈달 분해방법

마이크로 켈달(Micro Kjeldahl) 분해방법은 종래 Kjeldahl법을 개량한 것으로 시료를 Kjeldahl 분해 플라스크에 취하고 이산화티타늄(TiO_2), $CuSO_4$, K_2SO_4 및 진한 황산을 첨가한 후 가열해서 유기물을 분해하는 동시에, 단백질 및 유기 질소화합물 중의 질소를 암모니아로 포착한다. 이어서 강알칼리 조건하에서 가열 증류하여 발생된 암모니아를 붕산 또는 황산 용액 속에 포집하고, 황산 또는 NaOH 표준용액으로 적정하여 얻어진 질소량에 단백질 환산계수를 곱하여 단백질 함량으로 산출한다. 이 방법은 단백질 함량이 5~20% 범위의 것이 가장 적정하다.

(1) 시약

① 진한 H_2SO_4, K_2SO_4, TiO_2, $CuSO_4 \cdot 5H_2O$: 시약 1급을 사용하며 중화용 NaOH 용액 : NaOH 450 g을 탈이온수 1 L에 용해시킨 것을 사용한다.

② 비등석 : 10~20 mesh 정도 입도를 지닌 도토판(Doto plate)이 좋다. 비등석 대신 사상아연을 사용하는 경우 20 mesh 이상의 것이 좋다.

③ 4% 붕산(H_3BO_3) : 붕산 40 g을 탈이온수 960 mL에 넣고 가열하면서 용해시킨 다음 냉각한다. NH_3의 포집은 3% 이상의 붕산이면 가능하다.

④ 혼합 지시약 : 0.1% methyl red와 0.2% bromocresol green을 2 : 1의 비율로 95% 에탄올 용액에 녹여 혼합한다.

⑤ 덱스트로스 : 덱스트로스(dextrose)의 질소 함유량은 극히 미량이기 때문에 정제된 dextrose 2~5 g을 채취하여도 측정에 영향이 없으므로 공시험용으로 사용한다.

⑥ 산 표준용액 : 0.1 N H_2SO_4 또는 HCl의 표준용액을 조제하고 Na_2CO_3으로 표정한 다음 역가를 구하고 밀폐하여 보존한다. 표정방법은 표준시약의 Na_2CO_3(무수) 약 2.7 g을 백금접시 또는 석영 도가니에 취하고 500~600℃에서 3시간 동안 가열한 다음 중량을 측정하고(W_1) 탈이온수 500 mL로 정용하여 0.1 N 1차 표준용액으로 하며, Na_2CO_3 용액의 역가를 구한다.

25 mL를 취하고 혼합 지시약 1~2방울을 첨가하고서 0.1 N H_2SO_4 또는 HCl 표준용액을 적하하여 청색 → 무색 → 담홍색으로 되는 때를 종말점(V)으로 한다. 무색이 되기 직전에 적하를 일시 중지하고 5분 정도 약하게 끓여 탄산가스를 제거한 다음 냉각한다. 표준용액을 다시 적하하여 담홍색에 이르게 한다. 이때 역가는 다음과 같이 계산한다.

$$H_2SO_4 \text{ 용액 역가 } f' = \frac{W_1}{2.65}$$

$$\text{산 표준용액의 역가 } f = \frac{V}{25(\text{mL}) \times f'}$$

한편, 산의 표준용액 표정에는 H_2SO_4 외에 붕사($Na_2B_4O_7 \cdot 10H_2O$)를 사용해도 된다.

(2) 기구 및 장치

① 분해용 가열장치

② Kjeldahl 분해 플라스크 : 용량 500 mL 또는 800~1,000 mL를 사용한다. 시료 채취량이 1 g 이상인 때는 용량이 큰 편이 분해가 빠르고 암모니아화도 완전하게 이루어진다.

③ 암모니아 증류장치

④ 뷰렛 : 테프론콕이 달린 용량 25 mL 이하이며, 0.05 mL의 눈금이 새겨진 것을 사용한다.

(3) 측정

① 시료 0.5~2.2 g(S g)을 측정하여 분해 플라스크에 넣는다. 플라스크의 긴 목부분에 시료가 부착하였을 때는 소량의 탈이온수로 씻어 내린다.

② K_2SO_4 0.5 g, TiO_2 0.5 g, $CuSO_4$ 0.5 g(분해 촉매는 미리 K_2SO_4 150 g : TiO_2 5 g : $CuSO_4$ 5 g의 비율로 혼합해 두고 이 중 16 g을 채취하여도 됨). 진한 황산 25 mL를 첨가하고 비등석 5~6개를 넣고 황산이 충분히 시료에 침투하도록 조용히 흔들어 섞은 다음 분해용 가열장치에서 가열한다. 거품이 심하게 일지 않도록 주의하며 가열하고, 거품이 심할 경우에는 파라핀을 첨가하면 된다.

③ 분해 플라스크의 내용액이 투명하게 된 다음 더욱 강하게 30~60분간 추가로 가열하여 분해를 완료시킨다(곡류 2.0 g을 분해하는 데 30분 소요. 황록색 → 녹색 → 청색이 됨).

④ 냉각되면 탈이온수 200 mL를 가하여 25℃ 이하로 유지한 다음, 소량(밥알 정도)의 사상아연을 첨가하고서 중화용 NaOH 용액 70 mL를 넣는다. 흔들면 거품이 심하게 발생하므로 흔들지 말고 증류장치에 연결한다. 증류장치의 출구는 붕산 용액 속에 들어가 있도록 한다.

⑤ 분해 플라스크를 흔들어 내용물을 혼합한다. 이때 시료에 따라서 거품이 심하게 발생할 수 있으므로 용기 밖으로 흘러넘치지 않도록 조심한다. 30분간 가열 증류하여 유액 120~150 mL를 모은다.

⑥ 유출액에 혼합 지시약 5~6방울을 가하고 0.1 N 산 표준용액으로 적정한다. 청색 → 청록색 → 무색 → 담홍색이 된 때를 종말점으로 한다(V_1). 공시험용은 시료 대신 dextrose를 시료와 동량 취해 앞에서와 같은 방법으로 분해, 증류하여 적정한다(V_2).

(4) 계산 및 측정값 표시

시료 중의 질소 함량 및 조단백질 함량은 다음 식에 의해 구한다.

$$N(mg\%) = \frac{1.4 \times (V_1 - V_2) \times f}{S \times 1000} \times 100$$

$$조단백질(\%) = \frac{1.4 \times (V_1 - V_2) \times f \times N}{S} \times 100$$

f : 산 표준용액의 역가, N : 단백질의 질소 환산계수, V_1 : 산 표준용액의 적정값(mL)
V_2 : 공시험에서 소비된 산 표준용액의 적정값(mL), S : 시료의 중량(g)

3. 순단백질

시료를 물로 침출하여 용출된 질소화합물에 단백질 침전제를 사용하여 단백질만을 침전시켜 여과, 분별하여 순단백질만을 분리시켜서 정량하는 방법이다. 이 방법에서는 침전시키는 방법, 정량적으로 여과하는 것 등에 세심한 주의가 필요하다. 단백질 침전제로는 용도에 따라 여러 가지가 있으며 표 6-3에 나타낸 것 외에도 텅스텐산, 몰리브덴산, 피크르산, $Hg(OH)_2$, $Zn(OH)_2$ 등 많은 종류가 있다.

표 6-3 단백질 침전제의 종류와 용도

단백질 침전제	시료	용도
수산화구리	식품, 사료	단백질의 정량
삼염화아세트산	전반적인 것	단백질, 당 정량 시 단백질 제거
메타인산	생리액 젖산, 비타민 C	정량 시 단백질 제거
설파살리실산	생리액	비타민 C 정량 시 단백질 제거

단백질 침전제를 사용하여 단백질을 침전 분별하는 경우에는 적당한 조건하에서 실시하지 않으면 다른 화합물도 동시에 침전시켜 버린다. 특히 아미노산, 아마이드, 그 밖의 질소화합물은 직접 순단백질의 정량치에 영향을 미치는 것들이다. 식물성 식품이나 사료의 경우에는 불용성 질소화합물로 알칼로이드, 색소 등 많은 화합물을 포함하고 있으며 이들 물질은 극히 소량이 추출되어 포함되는 경우, 순단백 정량에는 크게 영향을 미치지 않으므로 무시한다. 그러나 특별한 경우에는 그 양을 고려하여야 한다.

1) 번스타인 측정법

(1) 시약 및 기구

① $CuSO_4$ 용액는 시약 1급의 $CuSO_4 \cdot 5H_2O$ 60 g을 물 1 L에 용해하며 NaOH 용액은 시

약 1급의 NaOH 12.5 g을 물 1 L에 용해한다. 1 N $BaCl_2$ 용액은 $BaCl_2$ 104 g을 1 L의 물에 용해하며 SO_2^{2-}의 검출에 사용한다.

② 질소 정량에 필요한 시약과 질소 정량 장치 및 기구는 조단백질 정량과 동일하다.

③ 정량용 여과지로는 여과지(Toyo No.6) 지름 11 cm를, 그리고 비커, 깔때기, 교반용 유리막대(끝에 1 cm 정도의 고무관을 끼움), 메스실린더, 홀피펫 등을 이용한다.

(2) 측정

① 시료 1~2 g(조단백질 정량법에 준함)을 200 mL 비커에 취하고 증류수 100 mL를 가한 다음 끓을 때까지 가열한다. 시료가 만일 녹말을 다량 함유한 경우라면 녹말이 호화되어 여과가 곤란해지므로 물중탕에서 10분간 가열한다.

② 가열 후 황산구리 용액 25 mL를 첨가하여 잘 교반한다. 수산화나트륨 용액 25 mL를 첨가하여 단백질을 침전시킨다. 침전은 경사법에 따라 SO_4^{2-}의 반응이 없어질 때까지 세척한다.

③ 이 경우 상층액만 비커를 기울여 깔때기 안의 여과지 위에 넣고 침전을 유출시키지 않도록 세심한 주의를 하며 수세를 반복한다. 세척액의 일부를 채취하여 염화바륨 용액을 첨가한다(1~2방울). 만일 SO_4^{2-}가 존재하면 황산바륨을 생성하여 백색 침전이 생성된다.

④ 이 침전이 나타나지 않을 때까지 세척을 반복한다(세척액은 500~1,000 mL 필요). 침전을 여과지 위에 옮기고 비커 안에 침전이 남지 않도록 옮긴다. 침전물과 함께 여과지를 60℃ 부근에서 건조시킨 다음 여과지와 함께 분해 플라스크에 넣는다.

⑤ 조단백질의 정량방법에 따라 분해, 증류, 적정의 순으로 총질소를 정량하여 단백질의 질소 환산계수를 곱하여 순단백질 함량으로 한다. 만일 여과지가 질소를 함유하고 있다면 별도로 측정하여 그 값을 빼 주어야 한다.

tip 번스타인(Barnstein)법에 따라 단백 분리를 할 때 첨가하는 NaOH 용액이 너무 진하거나 너무 많으면 단백질이 일부 용해되어 측정한 값보다도 적게 나타나고, 또 단백질의 양이 많으면 시약을 증량하여야 하므로 주의가 필요하다.

4. 각종 식품의 단백질 측정

1) 현미, 백미, 밀 등 곡류

① 수분을 20% 이하로 풍건한 시료를 잘 섞어서 20~50 g을 취하여 분쇄기로 갈아서 시료의 90% 이상이 30 mesh를 통과하도록 한다. 분쇄한 시료는 충분히 혼합한 다음 기밀 용기에 보존한다.

② 수분 함량을 측정하여 단백질 함량을 표시할 때 함께 기록한다.

③ 분쇄한 시료를 충분히 혼합하고서 2±0.2 g 이내를 정확히 칭량하여 앞에서 제시한 단백질 정량방법으로 정량한다. 측정값의 오차는 현미, 백미는 단백질로서 0.1%, 기타 밀, 보리, 옥수수 등은 0.1~0.2%이다.

2) 밀가루 등의 곡분류

① 쌀, 옥수수, 밀 등의 곡분류가 30 mesh 이상의 분말 상태이면 그대로 사용한다.

② 시료를 2 g±0.2 이내로 칭량하여 단백질 정량방법으로 정량한다.

3) 유제품

① 전 단백질 함량은 Kjeldahl법으로 전 질소를 정량해서 이 값에 6.25를 곱한다.

② 우유 5 g을 500 mL Kjeldahl 분해 플라스크에 넣고 물로 플라스크의 기벽을 씻은 후 분해 촉진제로 15 g의 K_2SO_4, 0.5 g의 TiO_2, 0.5 g의 $CuSO_4$를 첨가하고 진한 황산 25 mL를 주입한 후 분해, 증류, 적정의 조작을 micro Kjeldahl법에 따라 정량한다.

③ 유제품들은 시료 채취량이 다를 뿐 기타 측정방법은 우유와 동일하다. 우유, 무가당 연유는 5 g, 가당 연유는 100 g을 취하여 500 mL로 희석하여 그중 10 mL를 사용하고, 분유 및 탈지분유는 1 g, 치즈 2 g, 크림 5 g, 아이스크림 4~5 g을 각각 시료 채취한다. 공시험구는 우유 대신에 증류수 5 mL를 사용한다.

4) 식육 및 육제품

시료 조제는 수분 측정에서와 같이 하며, 시료 0.5~2 g을 1 mg까지 정확히 칭량하여 전 질소 함량을 정량하고 질소-단백질 환산계수 6.25를 곱하여 단백질량을 산출한다.

5) 채소류

채소는 엽채류와 근채류로 대별하며 표 6-4에 나타낸 것과 같이 질산태 질소화합물을 어느 정도 함유하는 식품이다. 채소류는 다량의 질산태 질소화합물을 함유하므로 일반적인 Kjeldahl법으로는 부정확하기 때문에, 살리실산을 첨가하여 질산이온을 포착하고서 Kjeldahl법으로 전 질소를 정량하고, 별도로 질산이온을 이온전극법으로 측정하여 제한 다음, 질소-단백질 환산계수 6.25를 곱하여 단백질 함량으로 한다. 살리실산에 의한 질산이온의 포착은 축합에 의한 나이트로화 반응이므로, 시료는 반드시 건조시켜 분쇄해야 한다. 한편 채소류 가운데 질산태 질소화합물이 적은 종류들은 micro Kjeldahl법으로 단백질 정량이 가능하다.

표 6-4 채소류의 전 질소, 질산태 질소 함량(건물중)

시료	전 질소(mg/100 g)	질산태 질소(mg/100 g)	(질산태 질소/전 질소)×100(%)
순무	4,490 ± 560	1,040 ± 660	23.1
양배추(여름 수확)	2,480 ± 280	710 ± 210	28.6
셀러리	3,410 ± 370	1,590 ± 510	46.6
시금치(봄 수확)	5,130 ± 260	120 ± 69	2.3
시금치(가을 수확)	5,460 ± 470	530 ± 250	9.7
당근	1,970 ± 240	108 ± 95	5.5
호박	1,950 ± 420	23 ± 8	1.2
오이(시설 재배)	4,580 ± 800	53 ± 70	1.1

(1) 시료 조제

수분을 측정하고 난 건조물을 분쇄 혼합하여 기밀 용기에 보존하면서 측정용 시료로 사용하면 좋다. 이 경우 분쇄할 때 흡습 우려가 있으므로 다시 70℃로 1시간 건조한 다음에 밀봉 용기에 보존한다. 또한 측정용 시료는 무수물로 간주하고 산출한다.

(2) 측정

① 살리실산을 첨가하여 Kjeldahl 분해법에 의한 전 질소 정량

- Kjeldahl 분해 플라스크에 시료 2 g을 채취하고, 살리실산 2 g을 포함한 진한 H_2SO_4 40 mL를 가한다. 이들을 혼합하여 30분 이상 방치하면서 흔들어 섞는다.

- $Na_2S_2O_3 \cdot 5H_2O$ 5 g 또는 아연가루(분말) 2 g을 가하여 흔들어 섞고 5분간 방치한다. 거품 발생이 잔잔해질 때까지 천천히 가열한다. 다음 과정은 micro Kjeldahl법에 따르며, 황산을 가하지 않고 분해제만 넣는다.
- NH_3 증류 시에는 중화용 NaOH 용액을 1.5~2배 가한다. 공시험구에서는 시료 대신에 설탕 2 g을 취하여 위와 동일한 방법으로 시행한다.
- 100 g 중의 전 질소로 표시하며 계산은 다음과 같다.

$$\text{전 질소량(mg/100 g)} = \frac{n \times 100}{S \times W}$$

n : 측정용 시료 채취량 중의 전 질소량(mg), S : 시료 채취량(g)

$$\text{W : 신선한 상태의 시료 1 g당 중량(g)} = \frac{100\%}{100(\%) - \text{수분 함량}}$$

② 이온 전극을 이용한 질산태 질소의 정량

이온 전극을 사용하므로 다량의 염화물 이온이 공존하면 질산태 질소 정량에 방해를 받을 수 있어서 식염을 첨가한 식품의 경우 사용하기가 곤란하다.

- 추출용 용액 : 0.05 M 황산알루미늄〔$Al_2(SO_4)_3 \cdot 18H_2O$〕 용액(33.31 g을 물 1 L에 용해)과 첨가용 표준용액을 사용한다.
- 표준용액 : 14.4443 g의 질산칼륨을 정확히 칭량하여 물 1 L로 정용하고 2,000 μg/mL의 표준용액으로 한다. 이것을 희석하여 각 농도의 용액을 조제하고, 여기에 각각 0.05 M 황산알루미늄 용액을 같은 양 가하여 질산태 질소 함량으로 하여 10, 100, 1,000 μg/mL의 표준용액을 조제한다.
- 시료 약 0.5 g을 정확히 칭량하여 용량 100 mL의 뚜껑 있는 삼각 플라스크로 옮긴다. 이것에 위의 추출용 용액 및 표준용액을 25 mL씩 가하고 마개를 닫고서 진탕기로 45분간 흔들어 혼합한다.
- 여과하여 추출액을 용량 30~50 mL의 비커에 담아 바로 전극을 넣어 교반기로 교반하면서 이온미터로 전위를 측정한다(1~1.5분 후의 눈금 측정). 동시에 각 표준용액에 대해서도 전위를 측정하고 표준검량선을 작성한다. 검량선으로부터 추출액의 질산태 질소 함량(μg/mL)을 구한다.
- 다음 식으로 시료 중의 질산태 질소 함량을 계산한다. 무수물인 시료 중

$$\text{질산태 질소 함량(mg/무수물 100 g)} = \frac{(A-10) \times B \times 100}{S \times 1,000}$$

A : 추출액 중의 질산태 질소 함량 농도(μg/mL), B : 추출액량(mL) (여기서는 50 mL에 해당), S : 시료량(g)

신선한 상태의 시료 100 g 중

$$\text{질산태 질소 함량(mg)} = \frac{\text{무수물 100 g당 질산태 질소 함량(mg)}}{W}$$

W : 무수량 1 g당의 신선한 상태의 시료 중량

시료 100 g 중

$$\text{단백질 함량} = \frac{〔(\text{전질소/시료 100 g}) - \text{질산태 질소 함량(mg/시료 100 g)}〕 \times 6.25}{1,000}$$

연습문제

1 식품의 조단백질을 분석하기 위한 켈달(Kjeldahl) 분석법의 4단계는?

2 개량 켈달을 이용하여 단백질의 함량을 구하는 과정이다. 빈칸에 해당되는 수치를 적으시오.

> $NH_4 \cdot H_2BO_3 \equiv HCl$ (36.5 g, 1 g 당량)
>
> $N \equiv HCl$ (1 g 당량)
>
> N : HCl = 14 g : 36.5 g (1 g 당량)
>
> N 14 g ≡ 1 N HCl 1000 mL (HCl __①__ 함유)
>
> N __②__ g ≡ 0.5 N HCl 1000 mL (HCl __③__ 함유)
>
> N __④__ mg ≡ 0.5 N HCl 1 mL
>
> $$\text{조단백질 함량(\%)} = \frac{⑤ \times (V_1 - V_0) \times f \times N}{S\ (g)} \times 100$$
>
> 여기서 V_1 : 공시험에서 소비된 0.5 N HCl 용액의 mL 수, V_0 : 이 시험에서 소비된 0.5 N HCl 용액의 mL 수,
> f : 0.5 N HCl 용액의 농도계수, N : 시료 단백질의 질소계수, S : 시료 채취량(g)

3 뷰렛 반응과 닌하이드린 반응에서 각각 분석할 수 있는 것은?

4 쌀 1 g을 취하여 질소를 정량한 결과, 전 질소가 1.5%일 때 쌀 중의 조단백질 함량은?
단, 이때 질소계수는 6.25로 가정한다.

5 켈달 질소 정량법을 활용하여 식품의 조단백의 함량을 계산하고자 할 때 전 질소량 값에 단백질 환산계수(주로 6.25)를 곱하여 구하게 된다. 단백질 환산계수를 곱하는 이유는?

풀이 및 정답

1. 분해-증류-중화-적정
   식품에 진한 황산을 가한 후 가열하면 분해 및 산화·환원이 동시에 일어나고, 식품에 포함되어 있던 질소는 암모니아로 변해 황산과 반응하여 황산암모늄을 만들어 분해액 속에 남게 된다〔분해〕. 이때 탄수화물이나 지질 및 진한 황산 등도 같이 분해되어 유독한 일산화탄소, 아황산가스, 이산화탄소 등을 발생하게 한다. 분해액에 과잉의 알칼리를 가하여 수증기로 증류시키면 암모니아가 다시 방출된다〔증류〕. 이 가스를 일정량의 규정 농도의 황산 용액에 흡수시키고〔중화〕, 남은 과잉의 산을 규정 알칼리 용액으로 역적정하면〔적정〕 전 질소량을 산출할 수 있게 되어 조단백 양을 분석할 수 있다.
2. ① 36.5 g
   ② 1.4 g
   ③ 3.65 g
   ④ 0.7
   ⑤ 0.0007
3. 뷰렛 반응 : 펩타이드 결합의 단백질류
   닌하이드린 반응 : α-amino기를 가지는 아미노산 및 단백질류
4. $1 \times 1.5(\%) \times 6.25 = 9.4(\%)$
5. 식품은 단백질뿐만 아니라 아미노산류, 아마이드류, 퓨린염기류, 크레아틴류 등과 같은 비단백태 질소를 함유하고 있기 때문이다.

07 조지방 정량분석

FOOD ANALYSIS

지질이란 극성 용매인 물에는 거의 녹지 않으나 비극성 유기용매에는 녹는 소수성(hydrophobicity)이 강한 물질을 말한다. 구성 성분에 따라 단순지질, 복합지질, 유도지질로 분류된다. 단순지질은 지방산과 각종 알코올의 에스터로 구성된 물질로 중성지질, 납, 스테롤 에스터 등이 포함되며, 복합지질은 지방산에 다른 종류의 화합물이 결합된 형태로 인지질, 당지질, 황지질 등이 있다. 유도지질은 단순지질과 복합지질로부터 유래된 물질로 지방산, 고급알코올류, 각종 탄화수소 및 지용성 비타민을 포함한다.

지방 형태의 모든 성분을 일차적으로 분석하는 것을 조지방 분석이라 하며 전체적인 지방 함량을 알 수 있다. 지방 분석은 보다 구체적으로 지방산 분석, 트라이아실글리세롤(트라이글리세라이드) 분석 및 스테로이드 계통의 지방, 지용성 비타민, 카로틴 등 비누화될 수 없는 지방 분석 등으로 세분할 수 있다.

1. 지방의 구조적 특성

자연계 유래 지방산의 일반적 특징은 짝수의 탄소 수, 시스(*cis*)형 이중결합, 이중결합이 2개 이상 존재할 때는 비공액형 형태이다. 홀수를 갖는 일부 지방산, 공액형 형태 지방이 자연계에서 발견되나 특수한 경우이다. 트랜스(*trans*)형 지방산은 일부 미생물이나 낙농 식품에서 발견된다. 반면에 경화 처리된 유지에서는 트랜스형 불포화지방산이 발견되는데 이는 금속 촉매를 이용한 경화 과정 중 시스형 이중결합이 트랜스형으로 이성질화(isomerization)한 것에 기인하며, 최근 문제되고 있는 트랜스지방의 주요 원인이 된다.

동물 및 식물 유래 식용 지질은 트라이글리세라이드(triglyceride, triacylglycerol) 형태로 존재하며 중성지질이라고도 불린다. 동물과 식물 지방의 식용 지질의 대부분은 한 분자의 글리세롤과 지방산이 에스터 결합된 트라이아실글리세롤로 존재한다(그림 7-1).

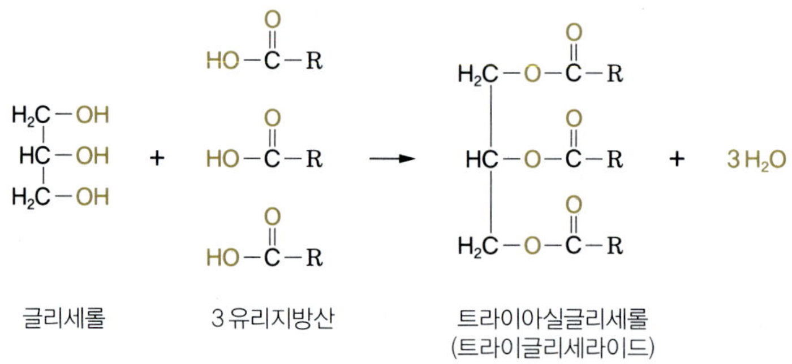

그림 7-1 중성지질과 지방산의 관계

녹는점이 높은 지방산이 많이 붙어 있는 경우 상온에서 고체로 존재하며, 녹는점이 낮은 지방산이 높은 비율로 존재하는 경우는 액체로 존재한다. 탄소사슬의 길이가 길수록, 이중결합의 개수가 적을수록 녹는점은 높다. 돼지기름이나 쇠기름 같은 동물성 기름은 대부분 상온에서 고체로 존재하고 식물성 기름은 상온에서 액체로 존재하는데, 이 두 종류의 기름이 완전히 다른 지방산으로 구성된 것이 아니라 이중결합의 수, 탄소사슬의 수에 차이가 있는 것이다. 또한 동물성 기름 중 상온에서 액체로 존재하는 어유의 경우 이중결합의 수가 많으며, 식물성 기름 중 상온에서 고체로 존재하는 카카오버터(초콜릿의 원료)는 이중결합의 수가 적은 지방산이 많을 뿐이다.

2. 정량분석 방법

1) 지질 분석방법의 분류

식품에서 지방의 분석법은 유기용매법, 비유기용매법, 기기 분석법으로 분류할 수 있다. 유기용매를 활용한 지질 분석은 유기용매를 이용하여 시료에서 지방을 추출하는 것으로 사용 용매의 지방에 대한 용해도 및 선호도에 따라 상이한 결과를 낼 수 있다. 비유기용매법이나 기기 분석법은 지방의 물리, 화학적 성질을 이용한 방법이다.

유기용매를 활용한 방법에는 속슬렛 추출법(Soxhlet extraction method), 마조니아(Mojonnier)법, 골드피시(Goldfish)법, 뢰제-고트리브(Roese-Gottlieb)법,

(ra-pid microwave solvent extraction)법 등이 있다. 비유기용매 이용법에는 뱁콕(Bobcock)법, 게르버(Gerber)법, 세제(detergent)법 등이 있다. 기기 분석법에는 유전상수 측정법, 저해상 핵자기 공명 측정법, X선 흡광도 측정법, 적외선 측정법, 초음파 측정법, 색도 측정법, 밀도 측정법 및 Milko-tester 측정법이 있다.

2) 유기용매를 활용한 방법

(1) 시료 준비

식품에서 시료를 준비할 때 식품의 종류, 지방의 종류 및 특성을 이해해야 한다. 식품 내 지방의 산화작용을 줄이기 위해 질소가스가 흐르는 저온 상태에서 시료를 준비해야 한다. 수분을 다량 함유한 시료에서는 유기용매가 수분층을 통과할 수 없으므로 지방 추출이 용이하지 않다. 높은 온도에서 수분을 제거하게 되면 지방 산화가 발생할 수 있고 지방이 단백질과 탄수화물에 결합되어 추출이 쉽지 않다. 표면적을 크게 하고 용매의 침투성을 좋게 하기 위해 시료를 잘게 자른 후 감압 저온 상태에서 건조해야 한다.

낙농 식품, 빵, 밀가루, 동물성 식품의 지방은 대부분이 다른 성분과 결합되어 있어 이들을 분리하기 위해 산가수분해(acid hydrolysis)와 같은 전처리를 거쳐야 한다. 식품 시료에 3 N HCl 첨가 후 1시간 정도 뜨거운 물이 있는 수조에서 환류(reflux)시키면 지방이 분리되면서 추출 수율이 높아진다.

(2) 용매 선택

① 에테르 추출법 : 비극성 용매인 에테르(ether)를 이용한 지방 추출법으로, 모노아실글리세롤(monoacylglycerols), 다이아실글리세롤(diacylglycerols), 트라이아실글리세롤(triacylglycerols), 대부분의 스테롤, 당지질 등이 주로 추출된다. 일부 식품에서는 인지질, 유리지방산 같은 극성 지방이 정량적으로 추출되지 못하는 단점이 있으므로 복합지질이나 인지질 등을 측정할 때에는 사용하지 않는 것이 좋다. 스낵 제품 및 건조제품에 적합하다.

표 7-1 용매를 이용한 지방 추출법의 정리

지방 추출법	대상 시료	제품 예
에테르 추출법	수분이 적은 가공품	스낵류 등
산가수분해법	복합지질이 많은 제품	알 제품 등
알칼리 분해법	단백질이 많은 제품	유제품 등
CM법	수분이 많은 제품	육류, 농산물 등
Caviezel법	지방 5% 이상 가공식품	육류 및 알류

② 산가수분해법 : 에테르 같은 비극성 용매는 인지질, 당지질 같은 결합지질을 용출시키지 못하므로 먼저 시료를 산 처리하여 당지질과 단백질을 가수분해하여 세포벽을 파괴한 후 에테르와 석유 에테르 혼합액으로 지질을 추출한다. 지질 성분 외에 약간의 지방산 에스터, 글리세롤, 저분자 탄수화물, 중합체, 아미노산과 같은 비지방물질도 추출되어 실제 지방 함량보다 다소 높게 나올 수 있다. 수산물, 달걀 가공품에 적합하다.

③ 알칼리 처리법 : 암모니아수로 유화되어 있는 지방구를 분리한 후 산으로 중화시켜 단백질의 용해도를 증가시키고 에테르를 사용하여 지방질을 추출한다. 에테르는 끓는점이 낮고 휘발성이 강하므로 추출 시 중간중간 뚜껑을 열어 가스를 제거해야 하며 치즈, 우유 등의 유제품과, 단백질과 당이 많은 시료의 지방 분석에 적합하다.

④ 클로로폼-메탄올 추출법(CM법) : 클로로폼-메탄올 혼합 용매를 사용하여 지질을 추출하면 스테롤 등이 파괴되지 않고, 지질의 구조가 바뀔 가능성도 매우 적어진다. 탄소 수가 적은 유지를 추출하는 데 매우 효율적인 추출법으로 유제품 분석에도 사용된다. 주로 육류 및 수분이 많은(50% 이상) 시료에 적용된다.

⑤ 카비젤법 : 카비젤법(Caviezel method)은 GC(gas chromatography)에 의한 지방 및 포화지방산의 동시 분석법이다. 추출 용매로 부탄올을 사용하여 시료로부터 지질을 추출한 다음 수산화칼륨을 사용하여 지질을 지방산과 글리세롤로 분해하고 범위의 지방산을 GC로 분석하여 지방과 포화지방산을 동시에 분석하는 방법이다. 육류, 알 제품, 우유 제품의 분석에 적합하다.

(3) 속슬렛 추출법

속슬렛 추출법은 국제적으로 분석법을 정리한 국제분석화학회(Association of Official Analytical Chemists, AOAC)에서 곡류의 지방(AOAC 920.39C), 육류의 지방(AOAC 960.39) 추

출에 활용되는 방법으로, 에테르를 용매로 사용하는 반연속식 방법이다. 에테르에 녹는 것은 지방 이외의 지용성 색소, 왁스, 스테로이드 등 다양하므로 이 방법으로 정량된 지방을 조지방 또는 에테르 추출물이라 한다.

분석방법은 시료에 10% 이상의 수분이 있으면 감압 상태에서 건조 후 약 2 g의 시료를 팀블(thimble)이라는 용기에 넣고 유리섬유로 입구를 막는다. 에테르나 석유 에테르를 무게를 알고 있는 플라스크에 넣고 속슬렛 추출기〔그림 7-2 (a)〕로 추출한다. 일 초에 4~5방울의 용매가 떨어지는 추출 속도라면 약 4시간, 2~3방울 떨어지는 속도는 16시간 정도 추출한다. 추출이 완료되면 플라스크를 건조하고 데시케이터에서 방랭한 후 무게를 측정한다.

$$\text{조지방 함량(\%)} = \frac{\text{시료의 지방 함량}}{\text{건조된 시료의 함량}} \times 100(\%)$$

(4) 마조니아법

마조니아(Mojonnier)법은 우유 또는 유제품의 지질 정량에 활용되는 방법으로, 지질 함량이 높은 액상 또는 점질상 식품에 적용한다. 시료에 암모니아를 첨가하여 지방과 단백질의 결합을 약하게 한 후 에테르나 석유 에테르 혼합 용매를 이용하여 마조니아 플라스크에서 추출한다. 시료에서 액체를 제거할 필요가 없는 비연속적 유기용매 추출법이다.

분석방법은 약 10 g의 우유를 마조니아 플라스크〔그림 7-2 (b)〕에 첨가한 후 1.5 mL 암모니아수를 첨가하여 심하게 진탕한다. 암모니아수는 산성 시료를 중화시키고 단백질을 용해시킬 수 있다. 알코올 첨가로 젤 형성을 방해하고 에틸 에테르를 첨가하여 지방을 녹인다. 석유 에테르를 첨가하여 에틸 에테르층에서 수분을 제거하고 추가적으로 시료에서 비극성 지방을 녹인다. 원심분리 후 에테르 상등액층을 무게를 알고 있는 마조니아 플라스크에 따른 후 알코올, 에틸 에테르, 석유 에테르

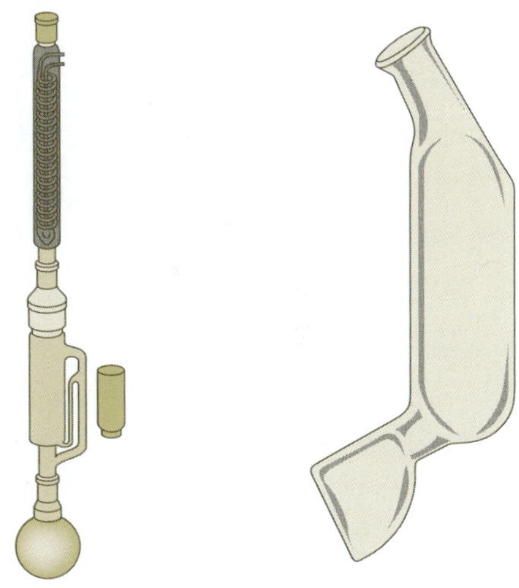

(a) 속슬렛 추출기 (b) 마조니아 플라스크

그림 7-2 속슬렛추출기와 마조니아 플라스크

> **tip** 좋은 추출 용매는 분리하고자 하는 물질에 대한 높은 용해력을 지니면서 기타 물질은 녹이지 않고 쉽게 제거되어 잔류량이 없어야 한다. 상대적으로 끓는점이 낮고 폭발성이 없어야 하며 비극성이어야 한다. 또한 식품 시료에 침투가 용이해야 하고 분획이 되지 않아야 하며 경제적이고 공기 중의 수분을 흡수하지 않아야 한다. 에틸 에테르(ethyl ether)나 석유 에테르가 일반적으로 사용되며, 식용유지 추출 시에는 펜탄(pentane), 헥산을 사용한다. 에틸 에테르는 끓는점은 낮으나 폭발 위험성이 있고 가격이 비싸다. 반면 석유 에테르는 주로 에틸 에테르보다 끓는점이 높고 더 비극성이어서 유지에 대한 선택성이 있는 데 비해 경제적이고 공기 중의 수분을 덜 흡수하며 폭발성이 덜하다.

순으로 용매를 첨가한 후에 새로운 마조니아 플라스크로 옮긴다. 용매 제거 후 시료의 무게를 측정하여 조지방을 계산한다.

$$\text{조지방 함량(\%)} = \frac{〔(\text{시료+시료접시})_{\text{무게}} - (\text{시료접시})_{\text{무게}}〕 - (\text{용매가 없는 상태에서 남아 있는 잔류물의 무게})}{\text{시료 무게}} \times 100$$

용매가 없는 상태에서 남아 있는 잔류물의 무게는 우유 대신 10 mL 증류수를 이용한다.

3) 비유기용매를 활용한 방법

(1) 뱁콕법

뱁콕(Bobcock) 추출법은 유기용매를 사용하지 않는 방법으로, 우유 시료에 황산(H_2SO_4)을 첨가하여 단백질을 변성시키고 열을 발생하여 지방을 분리시킨다. 원심분리 후 뜨거운 물을 첨가하여 지방이 뱁콕 시료병의 눈금 위까지 올라오게 한 후 눈금을 읽어 정량한다. 단위는 지방 함량에 대한 퍼센트지방으로 표시된다〔그림 7-3 (a)〕. 뱁콕 추출법은 일반적으로 우유 유지방 측정에 사용되나 초콜릿이 첨가된 우유나 당이 첨가된 우유에는 사용할 수 없다. 또한 인지질의 함량 역시 측정되지 않는다.

(2) 게르버법

게르버(Gerber)법은 뱁콕법과 유사하지만 황산과 함께 아밀알코올을 사용하는 것이 다르

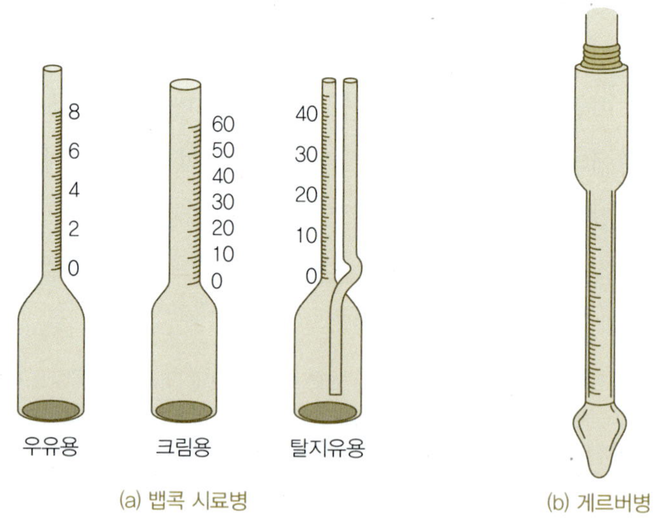

그림 7-3 뱁콕 시료병과 게르버병

다. 뱁콕법에 비해 간단하고 빠르며 좀 더 다양한 시료에 응용할 수 있다. 아밀알코올은 황산에 의해 발생할 수 있는 당이 검게 변하는 반응을 억제한다.

황산을 먼저 게르버병에 담고 우유 시료를 첨가한 후 아밀알코올을 넣는다. 마개로 입구를 봉쇄하고 게르버병을 진탕한 후 원심분리하여 상층부의 지방 함량을 측정한다〔그림 7-3 (b)〕.

(3) 세제법

세제(detergent)법은 첨가된 세제가 단백질과 결합하여 유화 상태를 파괴하여 지방을 분리시키는 원리를 이용하는 방법으로, 원래는 뱁콕법에 사용되는 황산의 부식성을 피하기 위해 개발되었다. 예를 들어 우유 시료에 음이온 세제인 dioctylsodium phosphate를 첨가하여 단백질에서 지방을 분리한 후 강력한 친수성 비이온성 폴리옥시에틸렌(polyoxyethylene) 세제를 첨가하여 지방을 분리하여 그 함량을 측정한다.

4) 기기 분석 이용법

(1) 유전상수 측정법

유전상수(dielectric constant)는 유지의 함량에 따라 다르며 대두에서 유지 함량과 유전상수는 밀접한 관계를 보인다. 이를 활용하여 식품의 유지 함량을 측정할 수 있다.

(2) 적외선 측정법

적외선 방법은 지방이 5.73 μm의 파장을 흡수할 수 있다는 원리를 활용한 측정법이다. 즉, 시료가 5.73 μm의 파장을 더 많이 흡수할수록 유지 함량이 커진다. 적외선 기기를 이용한 우유의 지방 함량은 'AOAC법 972.16'으로 고시되어 있다.

(3) 기타 측정법

저해상 핵자기공명 측정법(low resolution NMR method)은 비파괴검사로 시료를 분쇄하지 않고 지방 함량을 측정하는 방법이다. Time domain low resolution NMR과 frequency domain NMR 두 가지 종류가 사용된다. 고체 상태와 액체 상태에서 핵자기공명(NMR)의 양성자의 양상이 다르다. 이를 활용하여 시료에서 수분 함량, 유지의 함량, 고체 지방의 함량 및 고체와 액체 비(ratio)를 측정할 수 있다.

X선 흡수 분석법(X-ray absorption method)은 축육에서 X선 흡수가 지방에 따라 차이 나

는 것을 이용하여 주로 축산물의 지방 함량을 측정할 때 사용한다.

초음파 측정법(ultrasonic method)은 우유에서 음속(sound velocity)이 지방 함량이 증가하면 증가하고 감소하면 같이 감소하는 성질을 활용하여 지방의 함량을 측정하는 방법이다. 동물 사체에도 사용 가능하다.

색도 측정법(colorimetric method)은 우유의 지방이 하이드록삼산(hydroxamic acid)과 반응 시 발생하는 색의 변화를 통해 지방의 함량을 측정하는 방법이다.

밀도 측정법(density measurement method)은 유지 기름의 양과 밀도(density)가 밀접한 관계를 나타내는 것을 활용한 방법이다.

Milko-tester법은 우유의 지방에 의해 빛이 산란되는 혼탁도를 측정하는 방법으로, 알칼리 pH와 EDTA(ethylene diamine tetraacetic acid)를 이용하여 단백질에 의한 영향을 감소시킨다.

3. 각종 식품의 조지방 측정

(1) 곡류

곡류의 경우 에테르를 이용한 속슬렛 추출법이나 산가수분해법을 활용할 수 있다. 에테르 추출법에 의해서는 주로 트라이아실글리세롤이 추출되며 스테롤, 유리지방산, 당지질 및 소량의 인지질이 동시에 추출되는 반면, 산가수분해법은 이 성분 외에 유리지방산의 함량이 증가하고 첨가된 알코올에 의한 일부 지방산의 에스터화가 진행된다. 따라서 두 용매 추출법에 의한 지질의 조성이 다르다.

(2) 면류

유탕 처리를 한 면류에는 상당량의 지질이 함유되어 있으나 그 이외의 건조국수, 마카로

tip

- 식품에 포함된 지질은 극성과 비극성 지질이 불균일하게 분포되어 있다. 식품의 지질을 정확히 측정함으로써 강화되고 있는 식품의 안전성 및 저장 안정성을 확립할 수 있다.
- 지질은 극성 용매에는 녹지 않고 비극성 용매에 녹으므로 이를 활용하여야 식품의 다른 성분인 단백질, 탄수화물, 물 등으로부터 지방을 분리할 수 있다. 중성지질은 헥산이나 석유 에테르에 녹으나 당지질은 알코올에 더 잘 녹는다. 모든 지질을 추출할 수 있는 한 가지 유기용매를 선별하는 것은 사실상 불가능하다. 또한 복합지질의 경우 지질은 단백질이나 탄수화물로부터 분리한 후 추출해야 한다.
- 일반적으로 가장 많이 사용되는 지방 추출법은 속슬렛 추출법이며, 이 방법은 시료가 건조되어 있어야 한다. 액체 시료는 마조니아법이 일반적이다. 기기 분석적인 측정은 지방 함량에 따른 각각의 표준검량선이 있어야 한다.

니, 스파게티류에는 상대적으로 지질의 양이 적다. 보통 산가수분해법이 이용되나 에테르 추출법도 사용된다.

(3) 대두 제품

대두 제품에 따라 다양한 지질 추출법이 있으며 추출방법에 따른 지방 함량의 결과가 달라질 수 있다. 대두 및 대두 제품에는 일반적으로 지질 함량이 높고 인지질 등도 상당량 함유되어 있다.

연습문제

1 속슬렛 추출법(Soxhlet extraction method)과 마조니아(Majonnier)법은 대표적인 유기용매를 활용한 대표적 조지방 정량분석법이지만, 두 방법의 활용은 식품의 특성에 따라 다르다. 식품의 어떤 특성에 따라 두 정량분석법의 적용이 다른지 설명하면?

2 속슬렛 추출법의 원리는?

풀이 및 정답

1. 속슬렛 추출법은 시료가 건조되어 있어야 적용할 수 있으므로 시료가 10% 이상의 수분을 함유하고 있으면 시료를 건조시킨 후에야 조지방 정량분석이 가능하다. 반면에 마조니아법은 건조 과정의 전처리 없이 조지방 정량분석을 할 수 있다.
2. 속슬렛 추출기를 사용하여 수기에 에테르를 넣고 가열하면 증기 상태의 에테르가 측관을 통해 상승하고, 이는 냉각관에서 응축되어 추출관 내의 시료 위에 적하된다. 추출관 에테르가 적당량이 되면 지방을 녹인 에테르는 수기에 흘러내리고, 다시 수기 중의 에테르만 재증발하여 순환하면서 연속적으로 지방을 추출한다. 추출물에서 에테르와 수분을 증발시킨 후 남은 건조물의 양을 칭량하여 조지방을 정량한다.

08 조회분 정량분석

FOOD ANALYSIS

회분(ash)은 식품을 완전히 태우고 남는 무기물이라 정의되며, 그 함량은 대개 500~600℃의 고온에서 지속적으로 가열하여 유기물을 완전히 연소시킨 후 얻은 흰색이나 회색 재의 질량에 해당한다. 그러나 회분의 함량은 식품 중에 존재하는 무기물의 양과 정확히 일치하지는 않는데, 이는 회화 과정 중에 무기물들이 산화물, 인산염, 황산염과 같은 다른 형태로 바뀌거나 휘발하기 때문이다. 그러므로 이를 조회분(crude ash)이라고 한다.

이러한 회분 분석은 식품의 영양적 평가 항목으로 특정 무기질 분석의 전 단계로 의의가 있을 뿐 아니라 식품의 품질 평가(당, 녹말, 젤라틴 등에서 높은 회분 함량은 저품질) 측면에서도 중요하다. 또한 식품 중에 비유기성 오염물의 존재 확인이나 가축·가금류 사료의 품질 평가에도 이용할 수 있다.

회화법은 크게 직접법과 간접법으로 나눌 수 있다. 직접회화법에는 산소 존재하에 고온에서 완전히 연소시켜 시료의 유기물을 산화시키는 건식법과 진한 강산 혼합물을 이용하여 시료의 유기물을 산화시키는 습식법이 대표적이며, 간접회화법에는 전기 전도도를 이용해 식품 중의 총 전해질 함량을 분석하는 전도도법이 있다.

1. 건식회화법

시료를 550~600℃의 높은 온도에서 태워 모든 유기물을 산화시키고 휘발하지 않는 무기 잔여물을 회분으로 하는 가장 표준적인 회분 함량 분석법이다. 이 과정 중에 물과 휘발 성분은 날아가고 유기물은 산소에 의해 CO_2와 N_2의 산화물로 산화되어 날아가며 대부분의 무기물은 산화물, 황산염, 인산염, 염소, 규산염으로 전환된다. Fe, Se, Pb, Hg 같은 원소는 일부 휘발되므로 이들을 분석하기 위해서는 다소 낮은 온도인 500~525℃에서 회화한다. 이때 회분 함량이 다소 높은 것은 탄산염의 분해가 완전하지 못하기 때문이다.

1) 기구

① 회화용기(crucible) : 사기증발접시(지름 6 cm) 또는 뚜껑이 있는 사기 도가니(25 mL; 그림 8-1)

② 전기로(electric muffle furnace)나 버너 : 전기로는 내화벽돌로 된 내부에 니크롬선을 장착하여 회화에 필요한 고온을 제공하는 장치(그림 8-2)로, 대개 최고 온도는 1,000℃까지 가능하고 온도 조절도 할 수 있다. 약 20분 만에 600℃에 도달하는 제원이 요구된다. 전기로가 없을 때는 삼각로에서 버너로 가열하여 회화시킬 수 있다.

③ 데시케이터(desiccator) : 진공 데시케이터를 사용하는 것이 좋다.

④ 분석저울 : 0.1 mg 감도를 지닌 저울을 사용한다.

⑤ 집게(tongs)

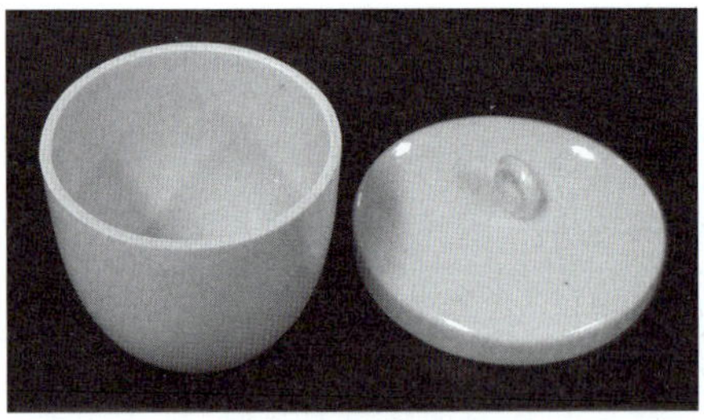

그림 8-1 사기 도가니

그림 8-2 전기로

tip 사기증발접시는 시료에 골고루 산소를 충분히 공급할 수 있으며, 부풀어 오르는 시료의 적당한 탄화에 적절하여 전기로에서의 회화에 좋다. 버너를 사용한 회화에서는 회분의 성질에 따라 날아가는 경우가 있으므로 뚜껑이 있는 도가니가 적당하다. 사기 회화용기는 빠른 온도 변화에 깨질 수 있으므로 주의한다.

2) 시험 조작

① 회화용기의 칭량 : 세척 및 건조하여 깨끗한 회화용기를 전기로나 가스버너를 이용하여 600℃에서 수시간 강하게 가열한 후 데시케이터에 옮겨 실온으로 냉각한 후 곧바로 칭량한다. 다시 2시간 강하게 가열하여 건조 칭량하는 조작을 항량에 도달할 때까지 반복한다.

② 시료의 채취 및 전처리 : 항량에 도달한 회화용기에 시료별로 2~10 g 정도 취하여 전체 무게를 정확히 칭량한다. 건조 시료의 경우 2 g 정도, 주류, 주스 등의 음료나 유지류와 같이 회분량이 적은 것은 10 g 정도, 설탕처럼 회화 시에 부풀어 오르는 것은 10 g도 많으므로 적게 취한다. 시료에 따라서는 칭량 후 회화에 앞서 필요한 전처리를 실시한다.

tip 시료의 전처리

① 전처리 불필요 : 곡류, 콩류 및 기타 ②, ③, ④항에 포함되지 않는 시료

② 예비 건조 : 수분 함량이 많은 동물성 식품은 건조기에서 최대한 건조시키고, 액상 식품과 액상 음료는 물중탕(water bath)에서 증발 건조시킨다.

③ 예비 탄화 : 회화할 때 팽창하면서 거품 등이 발생하는 시료로 당류 및 당 함량이 많은 식품, 정제녹말, 달걀흰자위 및 일부의 어육 등은 버너의 약한 불로 주의하면서 탄화하거나 열판상에서 적외선 램프를 조사하면서 300℃ 이하에서 탄화시킨다. 과잉의 거품이 형성되거나 튀지 않도록 가열하면서도 온도를 조절한다. 1~2방울의 올리브유를 넣으면 거품이 튀는 것을 방지할 수 있다.

④ 예비 연소 : 유지류, 버터 등 고지방 식품은 미리 가열하여 기름기에 직접 점화된 불꽃이 자연적으로 꺼질 때까지 연소시킨다.

⑤ 기타 : 젤리는 회화 중 튀기 때문에 회분 함량을 아는 솜과 섞는다. 염분이 많은 식품은 물에 불용성인 성분과 염분 함유 물 추출물을 분리하여 회화시키고 튀는 것을 방지하기 위해 뚜껑을 사용한다. 아세트산마그네슘〔$Mg(CH_3COO)_2$〕 알코올 용액은 곡류의 회화를 촉진시키기 위해서 사용되며, 글리세린, 알코올, 수소 첨가는 회화를 촉진시킨다.

3) 회화

① 전처리가 끝나면 용기를 그대로 회화로에 옮겨 550~600℃에서 수시간 가열하여 백색~회백색의 회분이 얻어질 때까지 회화를 계속한다.

② 회화 종료 후 가열을 멈추고 그대로 식혀 온도가 약 200℃가 되었을 때 데시케이터에 옮겨 식힌 후 칭량한다.

tip 회화 후에도 대량의 탄소가 남아서 회백색의 회분을 얻을 수 없을 경우의 처리법은

① 흑회색 회분을 식힌 후 약 15 mL의 물을 넣고 탄 덩어리를 유리막대로 부수어 물중탕에서 잘 가온하여 가용분을 침출시킨다.
② 침출액을 정량 여과지로 작은 비커에 여과한다. 잔류물은 다시 물로 씻고 씻은 액은 비커에 더한다.
③ 여과지상의 잔류물은 여과지와 함께 먼저의 회화용기에 넣고 건조 후 550~600°C에서 회화시킨다.
④ 비커의 액은 물중탕에서 농축하여 잔류물이 회화된 회화용기로 옮기고, 소량의 물로 비커를 씻어 씻은 액도 회화용기에 넣는다. 회화용기를 다시 물중탕에서 증발 건조하고, 500~600°C에서 2시간 가열하면 탄소가 함유되지 않은 회분을 얻을 수 있다.

4) 계산

회화한 다음에는 데시케이터로 옮겨 식히고 실온까지 내려오면 바로 칭량하여 검체의 회분량(%)을 다음 식에 따라 계산한다.

$$\text{시료의 조회분}(\%) = \frac{W_2 - W_0}{W_1 - W_0} \times 100$$

W_0 : 항량이 된 회화용기의 중량(g), W_1 : 회화 전의 회화용기와 시료의 중량(g)
W_2 : 회화 후의 회화용기와 회분의 중량(g), S : 시료의 채취량(g) $= W_1 - W_0$

예제 도가니 항량은 21.0011 g이고 여기에서 분쇄한 콩가루를 채취한 후 칭량한 결과는 22.8773 g이었다. 시료가 담긴 도가니를 회화시켜 얻은 항량이 21.0987 g이었다면 이 경우 콩가루의 조회분 함량을 계산하시오.

풀이

$$\text{시료의 조회분}(\%) = \frac{21.0987 - 21.0011}{22.8778 - 21.0011} \times 100 = 5.20\%$$

2. 아세트산마그네슘 첨가 신속회화법

소맥 제분에서는 회분 함량이 품질 판정의 기준이 된다. 따라서 다른 일반 식품에 비하여 회분 함량 측정법에 대한 연구가 많이 진행되었으며 분석값의 정확도가 요구되고 있다. 뿐만 아니라 실용상의 문제로 방법의 신속도도 필요하다. 특히, 밀가루는 인산(phosphoric acid, H_3PO_4)이 많이 함유되어 완전회화에 많은 시간이 걸린다. 이는 인산이 많은 시료를 가열하면 양이온과 결합하지 않고 용융 상태가 되며 산소 공급이 불충분해져 오히려 회화가 잘 진행되지 못하기 때문이다. 따라서 회화를 신속하게 진행하기 위하여 시료에 아세트산마그네슘〔$Mg(CH_3COO)_2$〕을 가하여 재를 염기성으로 만든 다음 재빨리 회화시킨다. 이

를 아세트산마그네슘 첨가 신속회화법(modified dry ashing technique)이라 한다. 아세트산마그네슘 대신 질산마그네슘〔$Mg(NO_3)_2$〕을 사용하기도 한다.

3. 저온 플라스마재

직접회화법의 특별한 형태로 전자기장(electromagnetic field)에 의해서 산소를 생성하는 발생기로 약간의 진공 상태에서 식품을 산화시키는 방법이다. 저온 플라스마재(Low-temperature plasma ashing) 방법은 전기회화로에서 사용되는 온도보다 훨씬 낮은 온도인 약 150℃에서 회화가 진행된다.

연습문제

1 회분 정량 시 시료의 적당한 회화온도는?

풀이 및 정답

1. 지속적으로 가열하여 유기물을 완전히 연소시킬 수 있는 500~600℃ 정도의 고온

FOOD ANALYSIS

09 환원당 정량분석

포도당, 갈락토스(galactose), 엿당, 젖당 등과 같이 펠링(Fehling) 용액에 의해 환원성을 갖는 당류를 환원당이라 하며, 자당(설탕), 라피노스(raffinose), 스타키오스(stachyose) 등과 같이 당의 구조가 환원되지 않는 특성을 갖는 당류는 비환원당이라 한다. 따라서 비환원당은 정량에 앞서 가수분해에 의하여 환원기(−CHO, >C=O)를 표면에 노출시킨 다음 정량한다. 식품 중에 한 가지 당만 함유하고 있으면 정량하기 쉬우나 녹말, 올리고당 또는 자당 등과 같이 여러 당이 혼합되어 있는 경우는 분별 정량을 해야 하므로 복잡한 전처리방법을 선택하기도 하고, 경우에 따라서는 큰 오차가 발생하기도 한다.

1. 환원당의 정량으로 베르트랑법

환원당의 정량법에는 구리법, ferric-cyanide법, I_2 산화법 및 기기 분석법 등이 있다. 그 중 베르트랑법(Bertrand method)에 대하여 설명하기로 한다. 포도당, 과당, 젖당, 엿당, 물엿, 양조 과정의 당화액, 간장, 된장 등 환원당이 주요 당으로 존재하는 모든 식품에 적용하는 방법으로, 녹말, 자당 등과 같이 비환원당을 주로 하는 식품의 경우도 효소 분해나 산 분해된 환원당액을 만들면 적용할 수 있다.

Bertrand법은 당 용액(R·CHO)에 Fehling 용액〔$CuSO_4$와 알칼리성 로셸염(Rochelle salt, CHOHCOOK·CHOHCOONa)의 혼합 용액〕을 넣고 가열하면, 환원당의 양에 따라 붉은색의

산화제일구리(Cu_2O)가 침전된다. 이 산화제일구리를 황산제이철〔$Fe_2(SO_4)_3$〕 산성 용액에 녹이면 산화제일구리는 산화되어서 황산구리로 변하고, 황산제이철은 황산제일철($FeSO_4$)로 환원된다.

생성된 황산제일철염은 과망가니즈산칼륨 용액으로 산화 적정하면 당에 의하여 환원된(침전) 구리의 양을 산출하고, Bertrand표(표 9-1 참조)에서 구리 양에 상당하는 당량을 구하여, 시료 중에 함유된 환원당량을 산출한다. 실제로 이 방법은 세심한 주의가 필요하다. 아래의 화학 당량식으로만 진행되지 않으며, 당류의 종류, 반응 조건 등에 따라 생성되는 산화제일구리의 양이 각기 달라진다. Bertrand표 역시 실험을 통해 구한 수치로 당량과 비례하지 않을 수 있으므로 시료 중의 당량, 가열 온도 및 처리하는 시간, 적정방법 등을 일정하게 유지해야 한다.

$$2Cu(OH)_2 + R\cdot CHO \longrightarrow Cu_2O\downarrow + 2H_2O + R\cdot COOH$$

$$Cu_2^{+}O + Fe_2(SO_4)_3 + H_2SO_4 \longrightarrow 2CuSO_4 + 2FeSO_4 + H_2O$$

$$10FeSO_4 + 2KMnO_4 + 8H_2SO_4 \longrightarrow 5Fe_2(SO_4)_3 + 2MnSO_4 + K_2SO_4 + 8H_2O$$

1) 시료 당액의 조제

시료는 환원당이 0.1~1.0 g 함유된 정도를 채취한다. 시험 당액 20 mL 속에 환원당이 꼭 10~100 mg 포함되도록 해야 한다. 즉, 시료를 채취하여 250 mL의 메스플라스크에 정용하고 그중에서 20 mL를 취하므로 시료 내에는 125~1,250 mg의 당이 포함되어 있어야 한다.

① 수용성 시료 : 바로 200~250 mL들이 메스플라스크에 담는다.

② 비수용성 시료

- 모르타르나 믹서기에 넣어 소량의 증류수를 가하고 마쇄하여 증류수로 씻어 메스플라스크에 넣는다. 다시 증류수를 가하여 전량이 100 mL 내외가 되도록 한다.
- 중성 아세트산납〔$Pb(CH_3COO)_2$〕 용액 2 mL 이내를 한 방울씩 떨어뜨려 침전이 더 이상 생기지 않으면 증류수를 표선까지 채운다. 여과하여 단백질을 포함한 침전물을 제거한다.
- 여액은 옥살산나트륨〔$(COONa)_2$〕 분말을 소량씩 가하여 잔존하는 납을 옥살산납〔$Pb(COO)_2$〕으로 침전시킨 다음, 여과하여 조제 시료의 당액으로 사용한다.

2) 시약 및 기구

① 흡인병, Witt 여과기

② 유리 여과기(glass filter) 15AG-4 : 산화제일구리(Cu_2O)와 같은 미세 침전을 여과하기 위해서 여과관 위에 구치 도가니(Gooch crucible)용 석면을 흡인하여 층을 만들어서 사용한다.

③ 황산구리 용액(A액) : 황산구리($CuSO_4 \cdot 5H_2O$) 40 g을 물에 녹여 1 L로 만든다(진한 청색).

④ 알칼리성 Rochelle염 용액(B액) : 타타르산칼리나트륨($CHOHCOOK-CHOHCOONa \cdot 4H_2O$) 200 g을 NaOH 150 g과 함께 증류수에 녹여 1 L가 되도록 한다.

⑤ 황산제이철〔$Fe_2(SO_4)_3$〕 용액(C액) : $Fe_2(SO_4)_3 \cdot nH_2O$ 50 g을 증류수 500 mL에 녹이고, 진한 황산 200 g(약 108.8 mL)을 조금씩 서서히 가하며 실온까지 냉각시킨다. 증류수를 첨가하여 1 L가 되도록 만든다.

tip 이 용액이 과망가니즈산칼륨을 환원하여서는 안 된다. 즉, 이 용액에 일부 과망가니즈산칼륨 용액을 가할 때 보라색이 탈색되어서는 안 된다. 만일 탈색되면 제2철(Fe^{3+})이 섞여 있으므로, 과망가니즈산칼륨이 탈색하지 않을 때까지 조금씩 가하여 환원력이 없어지도록 한 후 사용한다.

⑥ 과망가니즈산칼륨 용액(D액) : 과망가니즈산칼륨 5 g을 물에 녹여 전량을 1 L로 한다. 이 용액은 2일 이상 실온에 방치한 후 유리 여과기(glass filter) 3G-3를 사용하여 여과한 다음 역가를 산출한 후 갈색병에 보관한다.

⑦ 중성 아세트산납 포화용액은 아세트산납 50 g을 증류수 100 mL에 용해시켜 침전이 생기면 여과하여 사용한다.

tip 2일 이상 방치하였다가 여과하는 것은 과망가니즈산칼륨이 먼지 등을 만날 때 생성되는 이산화망가니즈(MnO_2)를 제거하기 위한 일이며, 이 과정을 거치지 않으면 과망가니즈산칼륨이 조금씩 분해되어 그 역가가 떨어진다. 이 용액의 역가는 정확하여야 하며, 이 용액 1 mL는 대략 구리(Cu) 10 mg에 상당한다.

tip 과망가니즈산칼륨 용액 1 mL에 상당하는 구리 양(mg)을 구하는 방법

원리

옥살산나트륨〔$(COONa)_2$〕은 결정수도 가지지 않고 풍해나 조해되지도 않으므로 과망가니즈산칼륨 용액의 적정에는 이상적인 표준물질이다. 또 $(COONa)_2$는 황산 용액에서 $(COOH)_2$를 유리한 다음 과망가니즈산칼륨과 함께 정량적으로 산화환원반응을 진행시킨다.

$$5(COOH)_2 + 2KMnO_4 + 3H_2SO_4 \longrightarrow 10CO_2 + 2MnSO_4 + K_2SO_4 + 8H_2O$$

위 식에서와 같은 산화환원반응에서는 산화제 환원제의 g당량수가 같고, $(COONa)_2$ 1몰(134 g, 2 g당량)은 2Cu(2 × 63.55 g, 2 × 1 g당량)와 서로 당량수가 같다. 그러므로 과망가니즈산칼륨(1 mole = 158.03 g = 5 g당량) 1 mL에 해당하는 구리의 양은 다음 식으로 계산할 수 있다.

$$Cu(mg) = \frac{63.55 \times 2}{134} = \frac{(COONa)_2\text{의 취한 양}}{KMnO_4\text{의 적정값}}$$

방법

① 표준시약인 $(COONa)_2$ 150 mg을 정확히 취하여 200 mL되는 삼각 플라스크에 담는다.

② 물 20 mL를 넣어 녹인 다음, 여기에 H_2SO_4 10 mL를 가한다.

⑤ 물중탕(water bath)에서 60~80°C로 가온하면서 $KMnO_4$ 용액으로 적정한다.

계산

$(COONa)_2$ 150 mg을 취하여 $KMnO_4$ 용액으로 적정하였더니 14 mL가 소요되었다면 이때 과망가니즈산칼륨 1 mL에 해당하는 구리의 양(mg)은 다음과 같다.

$$Cu(mg) = \frac{63.55 \times 2}{134} = \frac{154}{14} = 10.16 \text{ mg}$$

결국 과망가니즈산칼륨 1 mL는 Cu 10.16 mg에 해당함을 구할 수 있다.

3) 측정

① 위에서 조제한 당액 20 mL를 정확히 취해 200~250 mL들이 삼각 플라스크에 담는다.

② $CuSO_4$ 용액(A액) 및 알칼리성 Rochelle염 용액(B액)을 각각 20 mL씩 취해 순서대로 가하여 혼합한다.

③ 석면 쇠그물 위에 놓고 불꽃이 플라스크 밑바닥에만 닿도록 가열한다. 액이 끓기 시작하면 서서히 끓도록 조절하여 정확히 3분간 끓인다. 끓이고 나면 플라스크 속에는 $CuSO_4$의 진한 청색 용액 속에 붉은 산화제일구리의 침전이 생긴다.

④ 침전물 산화제일구리를 $CuSO_4$ 용액으로부터 분리하기 위해 플라스크를 방랭하고, 상층액만 조용히 기울여서 Witt 여과기 또는 흡인 여과기의 glass filter 15AG-4에 넣고 서서히 흡인시켜서 여과한다. 플라스크에 남은 침전물에 따뜻한 물 약 50 mL를 넣고 흔들어서 산화제일구리가 다시 침전하도록 유도한 후 침전물을 얻어 낸다.

⑤ 침전물은 플라스크에 남겨 두면서 따뜻한 물로 4~5회 세척을 되풀이한다. 세척하는 동안에는 산화제일구리가 가능한 한 공기와 접촉하지 못하도록 따뜻한 물을 계속 가한다.

⑥ 세척된 침전이 들어 있는 삼각 플라스크에 앞에서 사용한 glass filter 15AG~4를 끼우고 $Fe(SO_4)_3$ 용액(C액) 200 mL를 메스실린더에 받아서 3~4회 나누어 glass filter에 넣고 filter에 남아 있는 침전을 녹이면서 흡인 여과한다.

⑦ 다시 10 mL의 따뜻한 물을 가하여 필터를 몇 번 세척한다. 세척액도 모두 흡인해서 플라스크에 모은다. 플라스크를 흔들어서 산화제일구리의 침전을 완전히 용해시킨다. 산화제일구리가 용해되면 녹색을 띠게 된다. 이것을 과망가니즈산칼륨 용액(D액)으로 적정하고, 종말점은 적정한 용액의 색이 약간 붉게 되어 15초 정도 유지되는 시점에서 끝낸다.

4) 계산

당액(20 mL)에 포함된 환원당에 의해서 침전된 구리의 양은 다음 식으로 구할 수 있다. 이렇게 구한 구리의 양은 Bertrand 당류 정량표(표 9-1)에 적용해서 환원당을 구한다.

구리 양(mg) = $KMnO_4$ 용액의 적정값(mL) × 10.16(mg/mL)

10.16 : 과망가니즈산칼륨 용액 1 mL에 해당되는 구리의 양(mg/mL)

표 9-1에서 유제품은 젖당 칸에서 찾고 나머지 식품들은 포도당 칸에서 찾으면 된다. 이렇게 얻은 당의 양에 희석배수를 고려하여 다음 식으로 시료 중의 환원당을 계산한다.

$$\text{환원당(\%)} = \frac{\text{Bertrand 당류 정량표에서 얻은 당의 양(g)} \times \text{희석배수}}{\text{시료 채취량(g)}} \times 100$$

2. 환원당 정량법 : 소모기법

포도당, 엿당, 이성질화당, 물엿, 과즙, 벌꿀 등에 포함되어 있는 환원당이나, 가수분해와 같은 전처리를 한 자당, 녹말 등의 측정도 가능하다. 소모기법(Somogyi method)은 구리염 환원법과 요오드 적정법을 병용한 것이다. 환원당을 알칼리성 시약과 함께 가열해 생성된 Cu^{2+}이온은 과요오드산(KIO_3)과 요오드칼륨(KI)으로부터 황산 조건하에서 생성하는 요오드(I_2)를 정량적으로 소비하기 때문에, 잔존하는 요오드를 싸이오황산나트륨($Na_2S_2O_3$) 용액

표 9-1 Bertrand법에 의한 당류 정량표

당류	당류에 상당하는 구리 중량(mg)					당류	당류에 상당하는 구리 중량(mg)				
	전화당	포도당	갈락토스	엿당	젖당		전화당	포도당	갈락토스	엿당	젖당
10	20.6	20.4	19.3	11.2	14.4	56	105.7	105.8	101.5	61.4	76.2
12	24.6	24.3	23.0	13.4	17.2	58	109.2	109.3	104.9	63.5	78.8
14	28.5	28.3	26.7	15.6	20.0	60	112.6	112.8	108.3	65.7	81.4
16	32.5	32.2	30.5	17.8	22.8	62	115.9	116.2	111.6	67.9	83.9
18	36.4	36.2	34.2	20.0	25.6	64	119.2	119.6	115.0	70.0	86.5
20	40.4	40.1	37.9	22.2	28.4	66	122.6	123.0	118.3	72.2	89.0
22	44.2	43.9	41.6	24.4	31.1	68	125.9	126.4	121.7	74.3	91.6
24	48.0	47.7	45.2	26.6	33.9	70	129.2	129.8	125.0	76.5	94.1
26	51.7	51.5	48.9	28.9	36.6	72	132.4	133.1	128.3	78.6	96.9
28	55.5	55.3	52.5	31.1	39.4	74	135.6	136.3	131.5	80.8	99.1
30	59.3	59.1	56.2	33.3	42.1	76	138.9	139.6	134.8	82.9	101.7
32	63.0	62.8	59.7	35.5	44.8	78	142.1	142.8	138.0	85.1	104.2
34	66.7	66.5	63.3	37.6	47.4	80	145.3	146.1	141.3	87.2	106.7
36	70.3	70.1	66.8	39.8	50.1	82	148.5	149.3	144.6	89.4	109.2
38	74.0	73.8	70.4	41.9	52.7	84	151.6	152.5	147.8	91.5	111.7
40	77.7	77.5	73.9	44.1	55.4	86	154.8	155.6	151.1	93.7	114.7
42	81.2	81.1	77.4	46.3	58.0	88	157.9	158.8	154.3	95.8	116.6
44	84.8	84.7	80.8	48.5	60.6	90	161.1	162.0	157.6	98.0	119.1
46	88.3	88.2	84.3	50.6	63.3	92	164.2	165.2	160.8	100.1	121.6
48	91.9	91.8	87.7	52.8	65.9	94	167.3	168.3	164.0	102.2	124.0
50	95.4	95.4	91.2	55.0	68.5	96	170.3	171.5	167.2	104.2	126.5
52	98.9	98.9	94.6	57.1	71.1	98	173.4	174.6	170.4	106.3	128.9
54	102.2	102.3	98.0	59.3	73.7	100	176.5	177.8	173.6	108.4	131.4

으로 적정하여 소비한 I_2 양으로부터 당 함량을 산출한다.

$$Cu_2 + R \cdot CHO \longrightarrow Cu_2O$$

$$KIO_3 + 5KI + 3H_2SO_4 \longrightarrow 3K_2SO_4 + 3H_2O + 3I_2$$

$$Cu_2O + H_2SO_4 \longrightarrow 2Cu^+ + SO_4^{2-} + H_2O$$

$$2Cu^+ + I_2 \longrightarrow Cu^{2+} + 2I^-$$

$$I_2 + 2Na_2S_2O_3 \longrightarrow Na_2S_4O_6 + 2NaI$$

1) 시약 및 기구

① 구리 시약

- Rochelle염 30 g, 무수 탄산나트륨(Na_2CO) 30 g, 1 N NaOH 40 mL를 200 mL의 더운 물에 용해시킨다.
- 80 mL의 물에 황산구리($CuSO_4 \cdot 5H_2O$) 8 g을 녹인 용액을 첨가하고, 끓여 탈기한다.
- 무수 황산나트륨 180 g을 500 mL의 물에 비등 용해한 용액
- 요오드칼륨(KI) 8 g을 녹인 용액 5 mL
- 1 N KIO_3을 5 mL(당 함량 0.015~0.5 mg의 범위)씩 첨가하여 1 L로 만든다. 여기서 1 N KIO_3 용액의 첨가량은 당 함량에 따라 다르다. 즉 포도당으로 0.5~1.5 mg을 측정하는 경우 12 mL를 첨가하고 3.0 mg의 경우는 25 mL를 첨가한다.

② 2 N H_2SO_4 용액 : 시약 1급을 사용한다.

③ 0.005 N $Na_2S_2O_3$ 용액 : $Na_2S_2O_3 \cdot 5H_2O$를 0.1 N보다 좀 진하게 조제하여 저장 용액(stock solution)으로 하며, 농도를 표정하여 냉장고에 보관한다. 사용할 때마다 이 용액 50 mL를 취하여 1 N NaOH 용액 5 mL를 첨가하여 1 L로 만들어 사용한다.

④ 녹말 지시약 : 가용성 녹말 1 g을 냉수 20 mL에 현탁하고 더운 물 60 mL를 가하여 2분간 끓인 다음 NaCl 20 g을 첨가하여 용해시킨 후 방랭하여 100 mL로 정용한다.

⑤ 환원당 표준용액 : 소모기-넬슨법(Somogyi-Nelson method)의 경우와 같이 한다.

⑥ 뚜껑 있는 시험관 : 25 × 200 mm 크기를 사용한다.

⑦ 자동 뷰렛 등

2) 측정

① 시료 용액을 취하기 전에 강산이나 강알칼리이면 먼저 중화시킨 다음 시험관에 5 mL를 취한다. 여기에 알칼리성 구리 시약 5 mL를 가한다.

② 유리 구슬이나 알루미늄 포일을 뚜껑으로 사용한 후 철망 바구니에 담근다.

⑤ 물과 시약만으로 한 공시험용 시험관 및 당 표준용액의 시험관과 함께 비등하는 물 중탕(water bath)에서 15분간 가열한다. 이어 3분간 흐르는 물에 냉각시킨다.

④ 1.5 mL의 2 N H_2SO_4을 가하여 교반한다. 이때 유리된 I_2가 Cu^+이온을 Cu^{2+}이온으로 변화시킨다. 반응하고 남은 과잉의 I_2 양을 0.005 N $Na_2S_2O_3$ 용액으로 적정한다.

⑤ 적정 시 용액이 담황색으로 변하면 녹말 지시약 2방울을 가하여 I_2-녹말 반응의 보라색이 없어지는 때를 종말점으로 하여 눈금을 측정한다.

3) 계산

대조구 시험의 적정값으로부터 시료 용액의 적정값을 뺀 소비 I_2 양은 생성된 Cu^+에 상당하므로 이 양은 환원당의 존재량에 비례한다. 표준곡선을 작성하여 정량치를 구한다.

$$당량(\%) = \frac{(B-A) \times f \times D \times 0.145}{S} \times 100$$

B : 공시험의 적정값(mL), A : 시료 용액의 적정값(mL), f : 0.005 N $Na_2S_2O_3$의 역가(factor),
D : 희석배수, S : 시료 채취량(g),
0.145 : 시료 5 mL당 0.005 N $Na_2S_2O_3$에 해당하는 포도당의 양〔포도당(mg)/0.005 N $Na_2S_2O_3$ mL/시료 5 mL〕

tip 0.05 N $Na_2S_2O_3$을 사용하였을 때 해당되는 계수

엿당	2.62	포도당	1.45	과당	1.44	자일로스	1.35

3. 소모기-넬슨법

구리법을 사용한 환원당의 측정방법으로 포도당 농도가 10~180 μg/mL인 식품의 경우에 사용하면 적합하다. 이 방법은 포도당, 엿당, 이성질화당, 물엿 등 환원당의 측정 외에 과일, 과일 통조림, 과즙 등에 포함된 환원당의 측정에도 적용한다. 당과 구리 시약의 반응으로 생성된 산화제일구리를 산성 조건하에서 인몰리브덴산〔$H_3CPO_4(Mo_{12}O_{36}) \cdot nH_2O$〕과 반응시켜 몰리브덴블루로 발색된 후에 비색 측정을 한다.

$$2Cu_2 + R \cdot CHO \longrightarrow Cu_2O$$

$$Cu_2O + H_2SO_4 \longrightarrow 2Cu^+$$

$$2Cu^+ + MoO^{2-}{}_4 \longrightarrow 2Cu^+ + \text{molybdenum blue}$$

1) 시약 및 기구

① A액 : 무수 탄산나트륨 25 g, Rochelle염 25 g, 탄산수소나트륨($NaHCO_3$) 20 g, 무수 황산나트륨 200 g의 염류들을 800 mL의 물에 먼저 용해하고 물을 채워 1 L로 정용

한다. 높은 염농도로 결정이 석출될 우려가 있으므로 25℃ 이상으로 보존한다.

② B액 : $CuSO_4 \cdot 5H_2O$ 30 g을 4방울의 진한 H_2SO_4를 첨가한 증류수 200 mL에 용해한다.

③ C액 : 몰리브덴산암모늄(ammonium molybdate, 〔$(NH_4)_6Mo_7O_{24} \cdot 4H_2O$〕) 254 g을 진한 황산 21 mL를 포함하는 증류수 450 mL에 용해한다. 또 sodium biasenate ($Na_2HAsO_4 \cdot 7H_2O$) 3 g을 증류수 25 mL에 용해시킨 것을 교반하면서 천천히 가하여 500 mL로 정용한다. 37~40℃에 하룻밤 방치한 후에 갈색병에 보존한다.

④ D액 : A액 25 mL와 B액 1 mL를 혼합하여 당일에 사용한다.

⑤ 환원당 표준용액 : 단당류 및 소당류가 혼합되어 있는 시료에서는 엿당을 표준물질로 사용한다. 엿당은 95℃에서 8시간 진공 건조로 수분을 제거하여 $C_{12}H_{22}O_{11} \cdot H_2O$ (MW 360.31)의 1,052 mg을 정확히 칭량하여 1 L로 정용하면 1 mg/mL 엿당(무수물) 표준용액이 된다. 저장 용액은 동결 보존한다.

⑥ 분광광도계 : 520 nm에서 흡광도를 측정한다.

2) 측정방법

① 시료 용액 1 mL를 시험관에 취한 다음 D액 1 mL를 가한다. 뚜껑은 알루미늄 포일로 한다.

② 끓는 물중탕에서 20분간 가열한 후 흐르는 물에 20분간 냉각시킨다.

③ C액 1 mL를 가하여 거품이 나지 않을 때까지 흔들어 섞는다.

④ 20분간 방치한 후에 물로 25 mL로 정용하고 520 nm에서 흡광도를 측정한다.

3) 계산

표준용액으로 사용한 포도당, 엿당 용액으로 당량과 흡광도 사이의 표준검량곡선을 작성하고 검량곡선에 따라 시료 중의 당량을 결정한다.

4. 환원당 정량으로 다이나이트로살리실산법

환원당은 알칼리성에서 3,5-다이나이트로살리실산(3,5-dinitrosalicylic acid)을 전환시켜 적갈색을 띠게 한다. 이 색소를 이용하여 비색 정량한다.

1) 시약 및 기구

① A 용액 : 4.5% NaOH 용액 300 mL에 1% 3,5-dinitrosalicylic acid 용액 880 mL를 혼합하고, 이 혼합액에 Rochelle염 255 g을 용해한다.

② B 용액 : 10 g의 결정 페놀(phenol)을 10% NaOH 용액 22 mL에 녹이고 물을 가하여 100 mL로 한 다음, 이 용액 69 mL에 황산수소나트륨($NaHSO_3$) 6.9 g을 녹인다.

③ A 용액과 B 용액을 혼합하여 갈색병에 담아 보존한다.

2) 측정

① 시료를 증류수로 50배 희석한다(시료 희석액 1 mL 중에 당 0.2~2 mg 함유).

② 25 mL 메스플라스크에 시료 희석액 1 mL와 시약 3 mL를 가한다.

⑤ 물중탕에서 5분간 끓이고 냉각한 후 증류수로 25 mL가 되게 채운다.

④ 물 1 mL를 같은 방법으로 공시험구로 하여 550 nm에서 흡광도를 측정한다.

3) 계산

특급 무수 포도당을 알코올로 재결정하여 건조하고 0.2~2 mg/mL의 용액을 만들어 흡광도를 측정하여 구한 표준검량곡선으로부터 시료의 당량을 구한다.

연습문제

1 펠링 용액(Fehling's solution)이란?

2 베르트랑법(Bertrand method), 소모기법(Somogyi method), 소모기-넬슨법(Somogyi-Nelson method), 다이나이트로살리실산법(dinitrosalicylic acid method) 등은 대표적인 환원당 정량분석법이다. 환원당을 정량분석하기 위한 이 분석법들의 공통된 원리는?

풀이 및 정답

1. 로셸염(Rochell salt)과 NaOH의 혼합액에 $CuSO_4 \cdot 5H_2O$ 수용액을 동량 혼합하여 만든 용액으로, 환원당의 검출과 정량분석에 사용한다. 환원당에 이 용액을 넣고 가열하면 짙은 푸른색의 용액이 산화구리의 붉은색 침전을 가지게 된다.

2. 환원당이 가지고 있는 환원기(−CHO 및 >C=O)가 베르트랑법, 소모기법, 소모기-넬슨법, 다이나이트로살리실산법에서 사용하는 시약 중의 물질을 환원시키므로, 환원된 물질의 양을 측정함으로써 환원당을 정량분석하는 것이다.

FOOD ANALYSIS

10 조섬유 정량분석

식이섬유(fiber)는 비소화성 탄수화물로 셀룰로스, 헤미셀룰로스, 펙틴, 친수성 콜로이드, 리그닌 등이 주요 성분이다. 그러나 시료 조제 및 분석방법에 따라 측정되는 성분에 차이가 크고, 실험 목적에 따라 임의적인 경우가 많은 편이다. 지금까지 식이섬유 정량을 위해 다양한 방법이 개발되어 왔는데, 크게 중력 측정법과 화학 측정법으로 구분할 수 있다. 중력 측정법은 식품 중의 소화성 탄수화물, 지질, 단백질을 화학적, 효소적으로 분해해서 용해시킨 다음 여과하여 제거한 후, 남은 비소화성 섬유의 중량을 측정하는 방법이다. 화학 측정법은 소화성 탄수화물을 효소분해시켜 제거한 후, 남은 섬유 성분을 산으로 가수분해시켜 얻은 단당류를 분석하고 이들 함량을 합하는 방법이다. 어떤 방법이든 녹말이 문제가 되므로 이를 용해시켜 제거하기 위해 시료를 80~130℃에서 10분~3시간 정도 가열하여 호화시키는 단계를 거치게 된다.

이러한 식이섬유 정량법 중에서 잘 알려진 것으로 중력 측정에 기초한 조섬유(crude fiber) 정량법이 있다. 식품을 묽은 산과 묽은 알칼리, 그리고 알코올 및 에틸 에테르로 순차적 처리를 하면 대부분의 성분이 녹지만 셀룰로스와 리그닌은 불용성 잔사로 남게 된다. 과거에 주로 셀룰로스를 섬유소라 지칭하였기에 일부 리그닌, 펜토산도 포함되어 있는 불용성 잔사를 조섬유라고 한다.

이와 같은 용해 조건에서는 무기질(주로 규산)도 녹지 않기 때문에 불용성 잔사를 회화시켜 회분의 양을 구하여 불용성 잔사량에서 빼면 조섬유 양이 된다. 그러나 헤미셀룰로스, 펙틴 및 친수성 콜로이드 등의 섬유들은 이 조건에서 용해되기 때문에 조섬유 함량에는 포함되지 않는다.

1. 개량 헨네베르크·스토만법에 의한 조섬유의 정량

조섬유 정량에는 헨네베르크·스토만법(Henneberg-Stohmann method)을 개량한 방법들이 널리 쓰이고 있는데 이 중에 AOAC법이 가장 많이 이용된다. 이 방법은 식품을 묽은 산(1.25% H_2SO_4), 묽은 알칼리(1.25% NaOH), 에틸알코올, 그리고 에틸 에테르로 용해하는 용해 과정과, 무기물의 양을 측정하기 위한 회화 과정으로 구성된다. 조섬유 정량은 분석 조건에 민감하기 때문에 시약의 농도, 첨가량, 가열 등과 관련하여 반드시 규정된 조건을 따라야 한다.

1) 시약 및 기구

① 1.25%(0.225 N) 황산(H_2SO_4) 용액 : 정확한 농도로 조제하며 1회 정량에 200 mL가 사용되므로 대량으로 조제한다.

② 1.25%(0.313 N) 수산화칼륨(NaOH) 용액 : 농도를 알고 있는 산 표준용액으로 표정하여 정확히 조제한다. 가능한 탄산나트륨(Na_2CO_3)을 함유하지 않도록 하며 1회 정량에 200 mL가 필요하다.

> **tip** 섬유는 위 농도의 묽은 산과 묽은 알칼리에 용해되지 않는 물질이기 때문에 황산과 수산화칼륨의 농도를 정확하게 하는 것이 중요하다.

③ 에틸 에테르

④ 아세톤

⑤ 이소아밀알코올 : 소포제로 사용된다.

⑥ 여과관 : 그림 10-1과 같이 여과면에 구리 또는 스테인리스 망을 씌운 다음 그 위에 리넨(linnen)이나 면포를 평평하게 덮고 끈으로 머리 쪽을 묶어 고무관으로 거름병에 연결한다.

그림 10-1 여과관

⑦ 석면 : Gooch 여과기용을 사용한다. 길이가 긴 섬유라면 적당하게 잘라서(2 mm 이하) 잘 비벼 풀어서 비커에 옮겨 약 5%의 수산화나트륨 용액에 담가 물중탕(water bath)에서 적어도 8시간 가온시킨 후 뜨거운 물로 세척한다. 이후 묽은 염산(1→3)에 담가 같은 방법으로 가온시킨 후 뜨거운 물에 잘 세척하고 건조 후 600~700℃로 가열한다.

⑧ 유리 여과기(glass filter) : 1G-3, 어댑터(adapter), 흡인병 등과 연결시켜 사용한다.

⑨ 삼각 플라스크 : 용량은 500 mL, 구경 40 mm 정도 크기를 사용한다. 여과관이 자유로이 출입할 수 있도록 입구가 넓어야 하며, 환류냉각관은 고무마개를 통하여 연결시킨다.

2) 시험 조작

① 섬유 양이 5~50 mg 정도가 되도록(곡류 2~5 g, 콩류 1~2 g, 감자나 채소류 2~5 g, 과채류 5 g 정도) 시료를 채취한다. 생채소와 같이 수분량이 많은 시료는 미리 건조하여 분말로 채취한다.

② 묽은 산 및 묽은 알칼리에 용해 후 여과에 영향을 주지 않도록 에틸 에테르로 5~6회 씻어 탈지(조지방 정량 후의 남은 탈지 시료는 그대로 사용 가능)한다.

③ 시료를 500 mL의 플라스크에 넣고 석면 약 0.5 g을 가한 후 뜨거운 1.25% 황산 용액 200 mL를 넣고 즉시 환류냉각기를 달아 1분 이내에 끓기 시작하도록 가열한다.

④ 끓기 시작하면 조용히 끓도록 버너를 조절한다. 때때로 플라스크를 흔들어 기벽에 붙은 시료를 떨어뜨려 황산 용액과 잘 접촉하도록 한다. 기포가 심하게 일어나면 아밀알코올 0.5 mL를 냉각기 상부로부터 가한다.

⑤ 정확히 30분간 끓인 다음 냉각기를 떼어 내고 플라스크에 여과관을 넣어 흡인 여과한다. 뜨거운 물을 세척병에 넣어 삼각 플라스크의 기벽을 따라 씻어 내린 다음, 같은 방법으로 여과관으로 흡인 여과한다. 여액이 산성을 나타내지 않을 때까지 플라스크와 잔류물을 4~5회 씻는다.

⑥ 뜨거운 1.25% 수산화나트륨 용액 200 mL를 사용하여 잔류물을 500 mL의 플라스크에 씻어 넣고, 3분 후에 끓기 시작하도록 가열한다. 끓기 시작하면 조용히 끓도록 버너를 조절하고 정확히 30분이 되면 유리 여과기를 사용하여 흡인 여과한다.

⑦ 여액이 알칼리성을 나타내지 않을 때까지 4~5회 뜨거운 물로 씻은 다음 에탄올 15 mL로 씻고 110℃ 건조기에서 건조하여 에틸 에테르로 씻은 다음 항량이 될 때까지 다시 건조하여(약 1시간) 데시케이터에서 식히고 칭량한다(W_1).

⑧ 450~500℃의 전기로에서 항량이 될 때까지 가열하고 식힌 후 칭량한다(W_2).

조섬유 정량 시 조섬유 자동추출장치(그림 10-2)를 이용하면 동시에 여러 시료를 편하고 빠르게 추출할 수 있다. 즉, 시료를 유리 여과기(그림 10-3)에 넣고 조섬유 자동추출장치의 유리 칼럼 아래에 장착시킨 후 가열하면서 묽은 산 및 묽은 알칼리로 추출한 다음 차가운

그림 10-2 조섬유 자동추출장치

그림 10-3 유리 여과기

아세톤으로 추출한다. 그 다음 잔사가 남은 유리 여과기를 건조시킨 후 칭량하고(W_1), 회화시킨 다음 다시 칭량한다(W_2).

3) 계산

다음 식에 따라 조섬유의 양을 구한다.

$$조섬유(\%) = \frac{W_1 - W_2}{S} \times 100$$

W_1 : 유리 여과기를 110°C로 건조하여 항량이 되었을 때의 무게(g),
W_2 : 전기로에서 가열하여 항량이 되었을 때의 무게(g), S : 시료의 채취량(g)

예제 유리 여과기 항량은 29.7564 g, 여기에서 분쇄 콩가루를 채취한 후 칭량한 결과는 30.2684 g이었다. 묽은 산, 묽은 알칼리, 무수 아세톤을 단계적으로 처리한 후 잔사가 남은 유리 여과기를 건조(110°C, 2시간)시킨 다음 측정한 무게는 29.8039 g이고, 그 다음 이를 회화(600°C, 1시간)시켜 측정한 무게는 29.7788 g이었다. 이 경우 콩가루의 조섬유 함량을 계산하시오.

풀이

$$시료의\ 조섬유(\%) = \frac{29.8039 - 29.7788}{30.2684 - 29.7564} \times 100 = 4.90\%$$

2. 샤르변법

농산 식품의 조섬유를 측정하는 표준방법으로 국가기술표준원에서 제시한 방법이다. 규격번호 KS H ISO 6541로, 농산 식품의 조섬유 함량의 측정을 위한 보편적인 방법으로 사용된다. 샤르변법(modified Scharrer method)은 예를 들어 효모와 같이 ISO 5498의 적용 범위에서 제외된 1% 이하의 조섬유를 함유하는 제품뿐만 아니라 곡류 및 곡류 제품에 적용할 수 있다.

연습문제

1 시료의 양이 5.00 g, 용해 후 여과기 항량이 10.80 g, 건조 후 여과기 항량이 10.40 g일 때 조섬유 함량은?

풀이 및 정답

1. 조섬유(%) $= \dfrac{W_1 - W_2}{S} \times 100 = \dfrac{10.80 - 10.40}{5} \times 100 = 8.0\%$

Part 3

식품 성분의 화학적 분석

11 단백질 분석
12 탄수화물 분석
13 지방 분석
14 색소 및 기능성 물질 분석
15 무기물(미네랄) 분석
16 비타민 분석
17 신종 유해물질 및 곰팡이 독소 분석

FOOD ANALYSIS

11 단백질 분석

단백질을 가수분해하면 펩타이드 결합이 끊어지면서 아미노산이 유리된다. 보통 펩타이드나 단백질은 6 N 염산 용액이 들어 있는 시험관에서 공기를 제거하고 밀봉한 후 100℃로 8~24시간 동안 가열하여 가수분해시킨다. 이러한 가열 조건에서는 모든 펩타이드 결합이 파괴되고, 글루타민과 아스파라진의 경우에는 곁사슬의 아마이드 결합도 파괴된다. 또한 트립토판과 세린, 트레오닌 등의 아미노산은 파괴되기 때문에 이러한 단백질을 정량하기 위해서는 특별히 주의를 기울여야 한다. 산성 용액에서 파괴되는 아미노산을 분석하기 위해서는 별도로 단백질을 알칼리 가수분해시켜 분석한 후에 보정해야 한다.

즉, 단백질의 양을 정량하기 위해서는 단백질의 본질, 단백질의 시료에 있는 다른 성분들의 본질, 정량분석의 신뢰도 및 정밀도 등에 따라서 적당한 방법을 선택하여야 한다. 효소는 단백질 양보다는 효소의 활성을 측정하는 방법을 제시하였다.

1. 단백질 정량

1) 단백질 추출

식품 중에 함유된 단백질을 추출해 낸 후 여러 가지 단백질 정량방법을 이용하여 정량한다. 여기에서는 쇠고기 중의 단백질 추출에 대하여 살펴보고기로 한다.

(1) 시약

Lysis 완충 용액 : 5 M 요소, 2M 싸이오우레아(thiourea), 2% CHAPS, 2% SB 3-10 , 0.2% Bio-lytes, 40 mM 트리스(tris), 100 mM DTT(dithio threitol), 80% 아세톤 용액, 100% 아세톤

(2) 측정

① 쇠고기 1 g을 취해 커터칼로 조직을 잘게 자른 다음 lysis 완충 용액을 넣고 흔들어 잘 섞는다. 온도 상승을 막기 위해 얼음에 담가 두는 과정을 반복한다.

② 초원심분리기를 이용하여 4℃ 조건에서 12,000 g으로 15분간 원심분리한 후 상층액을 취한다. 취한 상층액의 80%가 되도록 아세톤을 넣어 준다.

③ 30분 정도 단백질을 침전시킨 다음 3,000 g에서 15분간 원심분리를 한 후 상층액에 존재하는 아세톤을 제거하고 80% 아세톤 용액을 넣어 한 번 더 세척한다.

④ 3,000 g에서 15분간 원심분리한 후 아세톤을 제거하기 위해 공기 중에 방치한다.

⑤ 최소량의 lysis 완충 용액을 이용해서 단백질을 녹여 낸다. 녹여 낸 용액을 얼음에 담가 두었던 비커에 넣었다가 단백질 정량에 활용한다.

2) 브래드퍼드법

브래드퍼드법(Bradford method)은 쿠마시브릴리언트블루(Coomassie Brilliant Blue) G-250이 단백질과 결합하여 푸른색으로 변하고 최대 흡수파장이 595 nm로 옮겨지는 것을 이용하여 단백질의 농도를 정량하는 방법이다. 2분 안에 측정이 끝나는 매우 신속한 방법으로, 1시간까지 안정성이 유지된다. 재현성이 높고 강도가 로리(Lowry) 방법에 비하여 매우 높다. K^+, Na^+, Mg^{2+}, $(NH_4)_2SO_4$ 폴리페놀, 환원당 등에 영향을 받지 않으며 4,000 dalton 이상의 펩타이드나 단백질은 모두 측정할 수 있다. 비이온성 세척제(Triton X-100), 황산도데실나트륨(sodium dodecyl sulfate) 등에 영향을 받으나 그 양이 0.1% 이내이면 무난하다. 석영 큐벳과 반응하기 때문에 유리 또는 플라스틱 큐벳을 사용해야 하며, 단백질의 종류에 따라 표준검량곡선이 약간 달라지므로 이 점에 유의한다.

(1) 시약

Coomassie Brilliant Blue G-250을 95% 에탄올에 녹여 85%의 인산 용액으로 산성화한다.

(2) 측정

① Coomassie Brilliant Blue G-250 원액을 5배 희석한다. 당일 원액을 희석한 것을 사용하는 것이 바람직하다. 시료(단백질 1~100 μg/mL) 0.1 mL에 희석한 용액 5 mL를 잘 혼합한다.

② 5분 후 595 nm에서 흡광도를 측정한다. 공시험 시료는 증류수 0.1 mL를 사용하며 표준검량곡선을 구하기 위하여 알고 있는 농도의 소혈청알부민(bovine serum albumin, BSA)을 사용하여 같은 방법으로 농도와 흡광도의 관계를 구한다.

③ BSA 표준용액을 준비한다(1~20 mg). 1 mL Bradford 시약 용액에 BSA 표준용액을 넣고 5분간 상온에 방치한 후 595 nm에서 흡광도를 측정하여 표준검량곡선을 구한다.

tip Bradford법은 다른 단백질 정량법에 비해 민감도는 우수하나 단백질 간의 차이가 많기 때문에 정제된 단백질의 절대량을 구하기는 어려운 방법이다.

3) Bicinchoninic acid 방법(BCA법)

단백질이 알칼리 조건하에서 구리 2가 이온(Cu^{2+})을 구리 1가 이온(Cu^{+})으로 환원시키는 것을 이용한 방법이다. 구리 1가 이용과 초록색의 BCA 시약이 반응하여 연분홍색을 형성한다. 이 방법은 Lowry 방법보다 감도가 좋고 한 단계의 혼합 과정뿐이므로 매우 쉽게 할 수 있는 방법이다. Lowry 시약보다도 매우 안정하며 세척제나 완충 용액의 염, 4 M guanidine·HCl, 3 M 요소 등의 영향을 받지 않는다. 반면 발색 정도가 시간에 따라 일정치 못하며 환원당이나 고농도의 황산암모늄 등이 있는 경우 영향을 받는다. 농도에 따라 흡광도의 감응도가 직선이 아닌 경우도 있다는 단점이 있다.

(1) 시약

BCA 시약 : BCA sodium염, Na_2CO_3, NaOH, $CuSO_4$ 등이 혼합되어 pH 11.25를 유지한다.

(2) 측정

① BCA 50 mL와 Cu^{2+} 1 mL를 잘 혼합한 후 1시간 정도 방치하였다가 사용한다.

② 단백질이 포함된 시료 0.1 mL와 ① 용액 2 mL를 혼합한다. 37℃에서 30분간 방치한 후 실온에서 방랭한다. 분광광도계의 강도 선택 정도에 따라 실온에서 2시간 또는

60°C에서 30분간 방치할 수도 있다. 562 nm에서 흡광도를 측정한다.

③ 공시험은 증류수 0.1 mL를 사용하며, 표준검량곡선을 구하기 위하여 알고 있는 농도의 BSA를 사용하여 위와 같은 방법으로 농도와 흡광도의 관계를 얻는다.

4) SPL 96-well plate를 이용한 BCA 단백질 정량법

정확한 단백질 정량은 많은 실험의 기초라고 할 수 있다. 다양한 단백질 정량법 중 현재까지 많이 사용되고 있는 것은 BCA법이나 Bradford법을 들 수 있는데, 일반적으로 실험실에서 사용하는 분광광도계를 이용하는 경우 불편할 수도 있다. 최근 장비의 발달로 고전적인 분광광도계 외에도 96-well type의 ELISA reader나 다목적 reader가 많이 보급되어 있고, 이를 이용하여 다수의 단백질 시료를 정량하는 것이 매우 쉬워졌다. 여기에서는 96-well plate를 이용하여 단백질 정량법을 확립하는 과정을 소개하기로 한다.

단백질 정량은 기본적으로 발색반응 후 흡광도의 차이를 이용하는 것이다. 따라서 반응 후 흡광도 측정에 사용되는 용기의 재질에 따라 정확성에 차이가 생길 수 있으며 투과성이 좋지 않은 재질일 경우에는 측정에 사용하지 못할 수도 있다. 96-well type의 reader를 사용하기에 앞서 96-well plate(SPL #30096)의 투과성도 마찬가지이다. BCA 정량법에 사용할 필터를 이용하여 3개의 96-well plate에 대한 투과성을 사전에 조사해야 한다.

(1) 측정 시약 및 장비

① 순수하게 분리된 BSA : 10 mg/mL

② BCA™ 단백질 정량 Kit

③ 96-well plate

④ Multilabel counter

(2) 측정

① 단백질 시료는 순수하게 분리된 BSA를 1X D-PBS에 각각 2,000, 1,500, 1,000, 950, 500, 250, 125, 25 μg/mL이 되도록 희석한다.

② 25 μL의 단백질 시료를 200 μL의 BCA 시약 용액과 섞은 후 37°C에서 30분간 반응시켜 발색시킨다.

③ Multilabel counter는 A550 광 필터(photometric filter)를 사용하여 1 sec/well씩 측정한다.

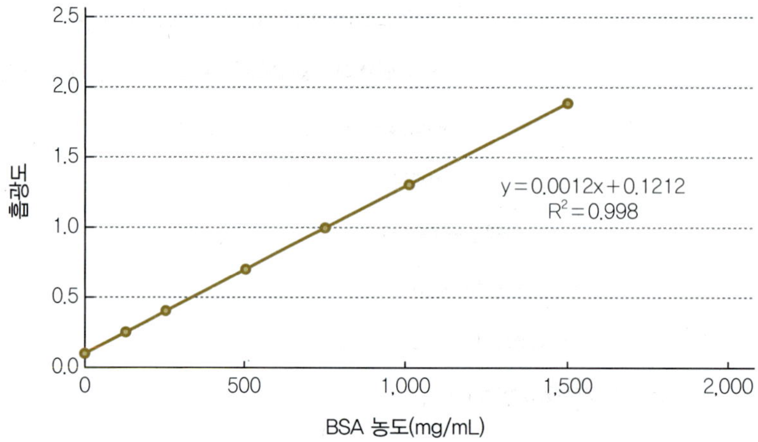

그림 11-1 SPL 96-well plate를 이용한 BCA 단백질 정량법에 의한 BSA 표준검량곡선

5) Lowry법

(1) 시약

① 시약 A : 100 g Na_2CO_3을 0.5N NaOH 1 L에 녹인다.

② 시약 B : 1 g $CuSO_4 \cdot 5H_2O$을 증류수 10 mL에 녹인다.

③ 시약 C : 타타르산칼륨염($K_2C_4H_4O_6$) 2 g을 증류수 10 mL에 녹인다.

(2) 측정

① 시약 A 15 mL, 시약 B 0.75 mL, 시약 C 0.75 mL를 50 mL 플라스크에서 혼합한다.

② 혼합한 시약 1 mL를 단백질 시료 1 mL와 함께 뒤섞어 혼합한다. 단백질 함량은 0.3 mg/mL가 되도록 1 mL를 취한다. 표준용액을 만들 때 BSA(0~1.0 mL)와 증류수를 섞어 1 mL가 되게 취하면 된다. 15분간 실온에서 방치한다.

tip

- RC DC protein assay : Lowry법에 기초를 두고 있는 이 방법은 Bradford법과 Lowry법의 단점을 보완하여 환원제 또는 계면활성제 등 단백질 정량의 저해물질이 포함된 시료에서도 단백질 정량을 정확하고 용이하게 할 수 있도록 개발된 제품이다. RC DC 단백질 정량 kit의 RC는 reducing agent compatible, DC는 detergent compatible의 약자로 두 가지 물질이 동시에 포함된 Laemmli sample buffer(β-mercaptoethanol 포함)나 ReadyPrep™ 순차추출시약(sequential extraction reagent) 등으로 준비한 시료의 단백질 정량에 효과적이다.
- DC protein assay : Lowry법에 기초하고 있는 단백질 정량 kit이다. 먼저 알칼리 조건에서 구리와 단백질의 반응이 일어난 후, 이 구리를 처리한 단백질에 의해 Folin 시약이 환원되면서 발색반응이 일어난다. 반응시간이 Bradford법보다 길고, 반응이 산화-환원 반응이므로 시료의 완충 용액 내에 다량의 환원제나 염은 정확한 흡광도 측정 시 간섭을 일으킬 수 있다.

③ 5 mL의 2 N Folin-phenol 시약과 증류수 50 mL를 혼합한 후 실온에서 15분간 방치한다. 여기서 얻은 용액 3 mL씩을 위의 시약 B와 가능한 빨리 혼합시킨 후 실온에서 45분간 방치한다.

④ 562 nm에서 흡광도를 측정한다(660, 750 nm에서도 가능). 공시험 시료는 증류수 0.1 mL를 사용하며 표준검량곡선 BSA를 사용한다.

6) 자외선 흡수법

대부분의 단백질에 있는 타이로신, 페닐알라닌 및 트립토판 잔기들은 각각 275 nm와 280 nm의 자외선을 흡수한다. 대부분의 단백질에서 이 아미노산들의 합친 수준이 거의 일정하므로 단백질 농도는 280 nm에서의 흡광도와 비례한다. 물론 예외가 있기는 하지만 순수한 단백질의 경우 단백질의 농도가 1 mg/mL이고 자외선이 통과하는 경로가 1 cm일 때 280 nm에서의 흡광도는 1.0이다. 따라서 대부분의 순수한 단백질의 농도는 280 nm에서의 흡광도를 측정함으로써 신속히 결정할 수 있다. 이 방법은 정량하는 데 시간이 걸리지 않으며 정량하고 난 후 단백질을 회수하여 재이용할 수 있다.

유감스럽게도 자연물들에는 280 nm에서 흡광을 나타내는 그 밖의 화합물들이 많이 있다. 특히 핵산은 260 nm에서 최대 흡수를 가지고 있지만 280 nm에서도 흡광도가 상당히 크다. 그러나 A_{280}/A_{260}을 알면 280 nm에서의 핵산의 흡광을 보정할 수 있다. 이들 아미노산에 의해 비어 법칙(Beer's Law)을 이용하면 280 nm에서 최대 흡광도를 보여 주는 관계로부터 단백질을 정량할 수 있다.

한편 핵산은 280 nm보다 260 nm에서 강하게 흡수되므로 핵산의 영향을 배제하고 단백질의 양은 다음 관계식을 이용하면 예상할 수 있을 것이다.

$$\text{단백질(mg/mL)} = 1.45\ D_{280} - 0.74\ D_{260}$$

D_{280} : 280 nm에서의 흡광도,　D_{260} : 260 nm에서의 흡광도

2. 효소의 활성 측정

효소 활성은 반응온도, 반응시간, pH, 이온 세기, 완충 용액의 종류와 효소를 안정화시키는 물질 또는 저해제 등에 영향을 받는다. 이러한 인자에 의한 영향을 최소화하기 위하여 일정한 최적 조건하에서 기질과의 반응을 측정하여 효소 활성을 나타낸다.

효소의 활성도(역가)에 대해 국제단위(International Unit, IU)란 "기질 농도, 적정 pH, 저해제 불첨가, 활성제 존재의 표준 상태하에서 1분당 1 μmol을 전환하는 데 사용되는 효소의 양"으로 정의된다. 여기에 소개되는 활성 측정방법은 식품 분야에서 많이 사용하는 것들로 필요에 따라 기존 방법들이 약간씩 변형된 것이다.

효소에 의한 기질 변화(기질 농도)나, 반응 생성물(환원당)을 측정함으로써 나타낼 수 있다.

곡물을 가공하거나 곡물에 기초를 둔 제품에서 α-amylase의 활성을 측정하기 위해 이용 가능한 방법들을 예로 들어 보면 다음과 같다.

① 비색법 : 요오드(I_2)로 측정, 환원당 측정, 발색반응을 이용한 흡광도 측정 등이 있다.

② 점도 측정법 : 브라벤더 아밀로그래프법(Brabender amylograph method), Falling number method, 점도법(viscosity method) 등이 있다.

③ 형광법(fluorometric method)

④ 젤 확산법(gel diffusion method)

⑤ High Pressure Lipid Chromatography methods

⑥ 비탁법(nephelometric method)

⑦ 특정 기질의 사용

이러한 방법들 중 다수는 임상화학 분야에서 침, 소변, 혈액 등의 α-amylase 활성을 측정하기 위해 발전되었으며, 후에 곡물에서 효소의 활성을 측정하는 데 변용되었다. α-amylase 활성을 측정하기 위한 방법을 선택할 때는 신속성, 간편성, 가격, 특수성, 민감성, 확실성을 고려해야 한다. 보통 이러한 기준들을 고려하여 선택하게 되는데 모든 기준을 갖추어야 하는 것이 아니라 가능한 많은 항목들이 고려되는 것이다.

효소 활성의 단위는 반응시간, 온도, 측정방법이 다르기 때문에 각각의 방법에 대해 다르게 정의된다. 그러므로 다른 방법으로 측정한 값으로 전환하거나 비교하는 것은 어려울

tip α-amylase의 활성도 분석에서 접할 수 있는 문제점

- 효소에 대한 기질의 다양성으로, 녹말의 형태를 말함
- 곡물에 β-amylase의 존재
- α-amylase 활성을 표현하는 데 사용되는 단위의 다양성

뿐 아리나 대부분의 경우에 큰 오차를 보인다.

IU라는 측정 단위가 있기는 하지만 드물게 사용되며 기질이 너무 다양하고 다양한 부위가 가수분해되어 반응 생성물로서 올리고당(다당류)의 혼합물을 형성하기 때문에 '1분당 가수분해되는 bond의 micromole 수'를 사용하기도 한다.

3. 효소의 활성 측정방법 : 실례

1) 아밀레이스 활성

발효 식품의 발효 정도를 관찰하기 위하여 또는 제품의 품질관리를 위하여 아밀레이스(amylase) 활성을 측정한다. Amylase는 α-amylase, β-amylase, glucoamylase 등으로 나누어 관찰하기도 하고 한데 묶어 하나로 관찰하기도 한다. 여기에서는 일반적으로 많이 사용하는 방법을 소개하기로 한다. 시약 및 조제방법은 탄수화물의 환원당 정량 부분을 참조한다.

(1) 전체 amylase 활성

① 가용성 녹말 용액 5 mL를 기질로 효소액 1 mL를 가한 것을 반응용 시료로 한다.

② 효소액 대신에 증류수 1 mL를 가한 것을 공시험구로 한다.

③ 반응용 시료와 공시험구를 완충 용액으로 최적 pH를 맞춘다.

④ 항온 물중탕(water bath)에서 효소-기질액을 반응시킨다. 반응시키는 동안 가끔 흔들어 준다.

⑤ 얼음물을 사용하여 효소반응액을 냉각시켜 효소의 활성을 정지시킨다.

⑥ 0.1 N I_2 용액 20 mL를 가한다.

⑦ 660 nm에서 흡광도를 측정하여 1분당 흡광도의 변화를 측정하고 1분당 흡광도의 변화를 효소단위로 계산한다($\Delta E/\Delta t$: ΔO.D./min).

(2) α-Amylase 활성

① 2 mL 0.02 M 아세트산 완충 용액(pH 5.4)에 5 mL의 0.5% 가용성 녹말 용액, 1 mL의 1% NaCl 용액, 0.8 mL의 증류수를 시험관에 넣고 75℃에서 5분간 예열시킨다.

② 효소액 0.2 mL를 넣고 10분간 반응시킨 후 얼음물에 담가 반응을 정지시킨다.

③ 여과지(Whatman No.1)를 사용하여 침전물을 제거한다.

④ 여액 1 mL를 취하여 3 mL의 다이나이트로살리실산(dinitrosalicylic acid) 시약과 혼합하고 끓는 물에서 5분간 반응시킨 다음, 상온으로 냉각시켜 550 nm에서 흡광도를 측정한다.

⑤ 시료의 흡광도값은 엿당(maltose) 표준곡선에서 엿당 함량으로 환산한다.

⑥ 효소 단위는 분당 1 mol의 엿당을 유리시키는 효소의 양으로 정의한다.

(3) ß-Amylase 활성

① 0.5% 가용성 녹말을 0.4 M 아세트산 완충 용액(pH 4.8)에 녹여 기질로 사용한다.

② 기질 5 mL를 효소액 1 mL와 혼합한 후 30℃의 항온 물중탕에서 30분간 반응시킨다.

③ 3 mL의 다이나이트로살리실산(DSN) 시약과 혼합한 후 끓는 물에서 5분간 방치한다.

④ 발색된 용액을 필요에 따라 증류수로 희석시킨 후 535 nm에서 흡광도를 측정한다.

⑤ 공시험은 기질과 완충 용액의 혼합액에 먼저 3 mL의 DSN 용액을 첨가한 후 효소액을 가하고 5분 동안 끓인 다음 발색시킨다.

⑥ 시료의 흡광도값은 엿당 표준곡선에서 엿당 함량으로 환산한다.

⑦ 효소 단위는 효소액 1 mL가 1 mg의 엿당을 유리시킬 때의 양으로 정의한다.

2) ß-Galactosidase 활성

① 4 mM의 α-nitrophenyl-β-p-galactopyranoside 1 mL를 기질로 하여 효소액 1 mL를 가한다. 증류수 1 mL를 가한 것을 공시험 시료로 한다.

② 반응용 시료와 공시험구를 완충 용액으로 최적 pH를 맞춘 다음 50℃에서 효소-기질액을 30분간 반응시킨다.

③ 1 M Na_2CO_3 0.2 mL를 가하여 효소반응을 정지시킨다.

④ 420 nm에서의 흡광도를 측정하여 유리된 o-nitrophenol의 양을 표준곡선에서 구하여 1분당 1 μmol의 o-nitrophenol을 생성하는 효소량을 효소 단위로 계산한다.

3) Carboxymethyl cellulase (CMCase) 활성(Horikoshi 등의 방법)

① 1%의 CMC를 0.02 M citrate-phosphate 완충 용액(pH 6.5)에 녹여 기질을 만든다.

② 효소액 0.3 mL와 0.7 mL의 기질 용액을 혼합한다.

③ 50℃에서 효소-기질 용액을 10분간 반응시킨다.

④ 3,5-Dinitrosalicylic acid 용액 1 mL를 첨가하여 5분간 끓인다.

⑤ 얼음물을 이용하여 효소반응액을 급랭시킨 다음 증류수 5 mL를 가한다.

⑥ 510 nm에서 흡광도를 측정하여 포도당의 양을 정량한다. 1분당 1 mL 효소액당 생성된 포도당(mM)으로 표시한다.

4) Pectin esterase 활성

일반적으로 식물체에서 얻은 pectin esterase(PE)의 경우 적정 pH의 범위가 7~8인 데 비하여 곰팡이의 PE는 pH 4~5로 매우 낮은 특성을 갖고 있다. 특히 열대 과일주스에서 추출한 PE는 다른 물질에서 얻은 효소에 비하여 상대적으로 열에 안정하다. 그러므로 PE 활성을 측정하는 것은 열처리 공정에서 매우 중요한 정보를 제공하게 된다. 여기에서 언급하는 효소 측정방법은 농축물, 증발기로 주입되는 주스, cut-back juice 등에 적용되기도 하며 저온살균기의 효율성을 측정하는 데도 사용된다.

PE 활성도 측정은 효소 활동의 결과로 펙틴 분자 내에서 형성된 유리 카복실기를 적정함으로써 측정할 수 있다. 30℃에서 기질 용액의 pH를 7로 유지하는 데 요구되는 0.05 N NaOH의 양을 자동 적정기를 사용하여 측정할 수 있다. PE는 불용성 고체로 흡착되기 때문에 식물체로부터 효소를 추출하기 위해서는 0.25 M 염 용액에 방치하거나 효소가 용해되는 약 1시간가량 pH 8을 유지해야 한다.

(1) 필요한 시약

① 시판 중인 사과 펙틴(obipectin, green ribbon, DE 62%)

② NaCl 용액, 2 M : 물 500 mL에 NaCl 58.45 g을 용해시킨다.

③ NaOH 용액 : 0.05 N(2.075 g/L), 0.1 N(4.15 g/L), 0.3125 N(12.97 g/L)

④ 소포제 : diglycerol stearate

⑤ 기질 용액의 준비(1% pectin-salt 용액) : 1 L 정용 플라스크에 2 M NaCl 용액 75 mL를 넣은 다음 증류수를 표시된 선까지 넣는다. 혼합할 수 있는 용기(waring blender)에 위의 용액을 3/4 정도 채운다. 혼합기를 작동시키면서 펙틴 10 g을 천천히 첨가하고 남은 염 용액을 첨가한다. 약 1분간 혼합한 후 냉장고에 넣어 보관한다.

(2) 기기 및 기구

pH 측정기, 혼합기(waring blender), 초시계, 자동적정기 또는 뷰렛, 10 mL 마이크로뷰렛, 10 mL용 그리고 1 L용 정용 플라스크, 자석교반기

(3) 측정

① 250 mL 비커에 12°Brix인 주스 20 mL를 넣고 페놀프탈레인 용액을 첨가한다.

② 0.3125 N NaOH로 적정하고 소요된 mL수를 기록한다.

③ 1% 펙틴 용액 40 mL를 넣는다.

④ 혼합기로 끊임없이 흔들면서 0.1 N NaOH로 pH 7을 맞춘다. 필요한 경우 소량의 소포제를 첨가하고 pH를 7로 조정한다.

⑤ 마이크로뷰렛으로 0.05 N NaOH 1 mL를 첨가하고 자동적정기를 사용하여 시간을 측정한다. 또 pH 7로 다시 맞출 때까지 걸리는 시간을 측정한다(일정한 pH를 유지하기 위하여 소요되는 알칼리의 부피도 측정).

⑥ 위와 같은 과정을 반복하여 소요되는 알칼리의 양, 소요되는 평균시간을 구한다.

(4) 계산

PE의 효소역가(unit)는 시료 1 mL가 1분당 가수분해한 에스터의 밀리글램당량(milli-equivalent)을 1단위로 한다. 또는 PE의 1단위는 1분당 카복실기 1 μmol이 유리될 때 반응에 작용하는 효소의 양이다.

$$a = \frac{b \cdot c10^4}{d \cdot e}$$

a : PE-Units PEU 10^4, b : NaOH의 mL수, c : NaOH의 농도(N), d : 소요시간(min), e : 시료의 양(mL)

5) Polygalacturonase (PG) 활성

① 0.1 M NaCl을 함유한 아세트산 완충 용액(pH 5.0)에 0.45%의 폴리갈락투론산(poly-galacturonic acid)을 서서히 가하면서 교반하여 용해시켜 기질 용액을 만든다.

② 기질 용액 5 mL에 1 mL의 효소액을 가하고 30°C에서 3시간 동안 반응시킨다.

③ 2 N HCl 0.9 mL를 가하여 반응을 중지시키고 2,500×g에서 8분 동안 원심분리한다.

④ 0.5 mL의 상층액에 증류수 0.5 mL, 0.1 N NaOH 1 mL를 가하여 20분 동안 끓인 다음 상온에서 식혀 비몰리브덴산염 발색시약(arsenomolybdate color reagent) 1 mL를

넣고 4 mL의 증류수로 희석한다.

⑤ 520 nm에서 흡광도를 측정하고 매분당 생성된 10 μmol의 환원당의 양으로 나타낸다. 표준검정곡선은 α-D-galacturonic acid를 사용한다.

6) Polyphenol oxidase (PPO) 활성

① 반응 혼합액으로 0.2 M 카테콜(catechol) 0.2 mL를 3 mL 큐벳에 넣는다.

② 50 mM 인산 완충 용액(pH 7.5) 2.2 mL와 (조)효소액 0.1 mL를 가한다.

③ 반응시켜 얻은 생성물의 시간에 따른 흡광도 변화($\Delta E/\Delta t$)를 420 nm에서 측정한다. 공시험구는 효소액 대신에 증류수를 첨가한다.

④ 1분간 효소액 1 mL당 생성된 반응물이 흡광도를 0.01 증가시키는 것으로 나타난다.

7) Peroxidase (POD) 활성

① 50 mM 인산 완충 용액(pH 5.5) 1.5 mL에 효소액 0.01 mL, 3 mM H_2O_2 0.3 mL와 1% *p*-phenylenediamine 0.4 mL를 차례로 혼합한다.

② 반응시켜 얻은 생성물의 시간에 따른 흡광도의 변화($\Delta E/\Delta t$)를 475 nm에서 측정한다. 공시험구는 효소액 대신에 증류수를 첨가한다.

8) Protease 활성

(1) 시약 및 용액

① 카세인 기질 용액 : 1.2 g의 카세인과 5 N NaOH 0.5 mL를 증류수 100 mL에 혼합한 다음 90℃에서 15분간 가열하여 녹인 후 냉각시킨 다음 0.1 M 인산 완충 용액(pH 7.0)으로 2배 희석하여 37℃로 유지시킨다.

② 단백질 침전 시약 : 0.11 M 삼염화아세트산(trichloroacetic acid : CCl_3COOH), 0.22 M 아세트산나트륨(sodium acetate : CH_3COONa), 0.33 M 아세트산(acetic acid : CH_3COOH)을 혼합하여 1 L가 되게 한 용액을 사용한다.

③ Folin 시약 : 단백질 정량 부분을 참조한다.

(2) 측정

① 기질 용액 5 mL를 취하여 효소액 1 mL와 혼합하여 10 mL들이 시험관에 넣은 후 37℃에서 교반하면서 20분 동안 반응시킨다.

② 이 반응액에 단백질 침전 시약 5 mL를 가하여 효소반응을 중단시킨다.

③ 37℃에서 20분간 계속하여 침전시킨 후 여과한다.

④ 이 여과액 1 mL에 0.55 M Na_2Co_3 용액 5 mL와 Folin 시약(3배 희석액) 1 mL를 가하여 37℃에서 20분간 발색시킨 후 660 nm에서 흡광도를 측정한다.

⑤ 효소역가는 효소액 1 mL가 나타내는 660 nm에서의 흡광도값으로 나타낸다.

9) Trypsin 억제제의 활성(Hamerstrand 등의 방법)

① BAPA 용액은 BAPA 80 mg을 2 mL의 dimethyl sulfoxide에 녹여서 0.02 M $CaCl_2$를 함유한 tris 완충 용액(pH 8.2) 200 mL에 녹인다.

② Trypsin 용액은 trypsin 12 mg을 0.001 N HCl 100 mL에 녹인 것을 사용한다.

③ Trypsin 용액 2 mL를 시험관에 넣고 5 mL의 BAPA 용액을 가하여 37℃에서 반응시킨다.

④ 1 mL의 30% 아세트산 용액을 가하여 반응을 정지시키고 410 nm에서 흡광도를 측정한다. 공시험구는 반응을 중지시킨 후 trypsin 용액을 첨가하여 위와 같이 실행한다.

10) Lipoxygenase 활성

① 기질 용액은 에탄올에 녹인 1% 리놀렌산(linolenic acid) 3.55 mL에 0.125 mL Tween 20을 첨가한 후 감압농축기로 에탄올을 증발시켜 날려 보낸다.

② 남은 나머지를 0.05 M Na_2HPO_4 50 mL에 녹인다.

③ 1 N NaOH로 pH를 9.0으로 조정한 다음 0.05 M 인산 완충 용액(pH 6.8)으로 10배 희석한다.

④ 큐벳에 기질 2.4 mL와 효소액 0.1 mL를 혼합한 다음 25℃에서 반응시키면서 일정 시간 간격으로 흡광도(238 nm)를 측정한다.

⑤ 공시험구는 기질 2.4 mL에 증류수 0.1 mL를 첨가한 것을 사용한다.

⑥ 시간당 흡광도의 변화(0.001)를 효소단위로 사용한다.

11) Lipase의 활성(Hydroxamate변법)

알칼리 존재하에서 하이드록실아민이 지방산 에스터를 가수분해해서 하이드록삼산(hydroxamic acid)을 생성하고, 산의 존재하에서 철 이온(ferric ion)과 결합하여 ferrichydroxamate의 킬레이트화합물(chelate compound)을 형성하는 성질을 이용해서 지방의 양을 정량한다.

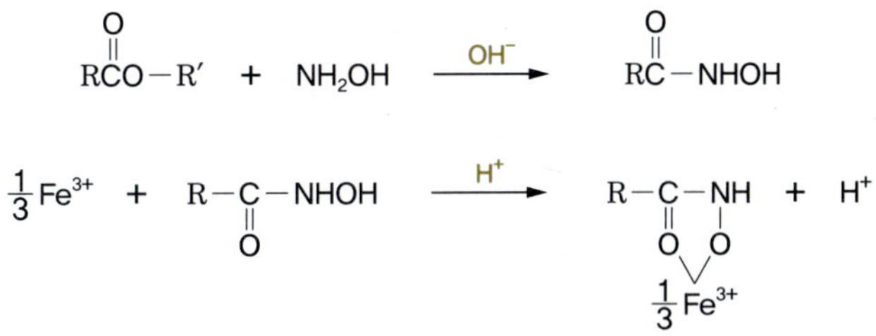

수용액 중에 지방구가 분산되어 있을 경우에는 하이드록실아민이 직접 지방과 작용하는데 방해가 되므로 에탄올과 다이에틸에테르를 첨가하여 지방구를 개열시켜서 하이드록실아민과 잘 반응할 수 있는 상태로 만든다.

(1) 시약

① 하이드록실아민 용액 : 하이드록실아민($NH_2OH \cdot HCl$) 20 g을 메탄올 220 mL에 녹인 용액과 3.5 N NaOH를 5 : 3의 비율로 희석한 용액

② 염화제이철(ferric chloride, $FeCl_3$) 용액 : $FeCl_3$ 100 g을 1.2 N 염산 100 mL에 녹인 용액과 에탄올을 1 : 4로 희석한 용액

③ 에탄올, 염산, 다이에틸에테르(diethylether, $C_2H_5OC_2H_5$), 트라이올레인(triolein), 클로로폼(chloroform : $CHCl_3$) 등

(2) 측정

① 기질 용액은 triolein을 클로로폼으로 100배 희석한 후 알고 있는 양을 취한다. Triolein의 양을 조절하기 위하여 중탕냄비에서 클로로폼은 휘발시킬 수도 있다.

② 위의 기질 용액 1 mL에 효소액 0.5 mL를 가한 다음 37℃에서 30분간 반응시킨다.

③ 반응액 0.2 mL에 2.5 mL의 에탄올과 2.5 mL의 다이에틸에테르를 넣고서 잘 섞는다.

④ 1.0 mL의 하이드록실아민 용액을 첨가하고 균일상을 만든 후 30분간 반응하도록 방

치한 다음 0.25 mL의 염산과 0.5 mL의 용액을 첨가하여 반응시킨 후 2~3분간 원심분리한다.

⑤ 525 nm에서 흡광도를 측정한다. 공시험구는 효소액 대신에 에탄올 0.5 mL를 첨가하여 위와 같이 반복한다.

12) Myrosinase 활성

① 60 mM 인산 완충 용액(pH 6.5) 3 mL에 시니그린(sinigrin), 아스코브산의 농도가 각각 0.34 mM, 0.6 mM이 되도록 넣고 효소액 5 μL를 주입한다.

② 227 nm에서 반응시켜 얻은 생성물의 시간에 따른 흡광도의 변화($\Delta E/\Delta t$)를 측정한다. 공시험은 효소액 대신에 증류수를 첨가한다.

③ 이때 효소액 1 mL당 1분간 흡광도의 변화를 1 unit(임의 단위)으로 정한다.

13) Xanthine 산화효소 활성

① 0.1 M 인산 완충 용액(pH 7.5)에 기질 xanthine을 0.1 mM 첨가하여 녹인다.

② 효소액 1 mL(일반적으로 0.02 unit)를 혼합하고 37℃에서 3분간 반응시킨다.

③ 1 N HCl을 첨가하여 효소반응을 중지시킨다.

④ 생성된 요산염(urate)은 292 nm에서 흡광도를 측정하여 표준곡선으로부터 구한다.

⑤ 이때 효소액 1 mL당 1분간 흡광도의 변화를 1 unit(임의 단위)으로 정한다.

연습문제

1 자외선 흡수법은 정량하는 데 시간이 적게 들 뿐만 아니라 정량하고 난 후 단백질을 회수하여 재이용할 수 있어서 널리 사용되는 단백질 정량법 중의 하나이다. 자외선 흡수법의 원리를 설명하고, 자외선 흡수법을 이용하여 단백질을 정량할 때 흔히 일어날 수 있는 오차의 원인을 설명하시오.

2 효소의 활성도(역가)에 대해 국제단위(International Unit, IU)란?

3 곡물을 가공하거나 곡물에 기초를 둔 제품에서 α-amylase의 활성을 측정하기 위한 방법들은?

풀이 및 정답

1. 대부분의 단백질에 있는 타이로신, 페닐알라닌 및 트립토판 잔기들은 280 nm의 자외선을 흡수하고, 많은 단백질에서 이 아미노산들의 합친 수준은 거의 일정하므로 단백질의 농도는 280 nm에서의 흡광도와 비례하게 된다. 핵산과 같은 자연물은 280 nm 근처에서 높은 흡광도를 가지기 때문에, 단백질 시료의 순도가 낮아 280 nm에서 강하게 흡광하는 자연물은 많이 함유할 경우에는 실제 단백질 함량보다 높은 값을 얻을 수 있다.
2. 기질 농도, 적정 pH, 저해제 불첨가, 활성제 존재의 표준 상태에서 1분당 1 μM을 전환하는 데 사용되는 효소의 양이다.
3. ① 비색법 : 요오드로 측정, 환원당 측정, 발색반응을 이용한 흡광도 측정 등
   ② 점도 측정법 : Brabender amylograph method, Falling number method, Viscosity method 등
   ③ Fluorometric method
   ④ 겔 확산법
   ⑤ High pressure liquid chromatography method
   ⑥ 비탁법
   ⑦ 특정 기질의 사용 등

12 탄수화물 분석

식품에서 수분 다음으로 가장 높은 비율을 차지하는 것이 탄수화물이다. 탄수화물은 포도당, 설탕, 녹말 등과 같이 탄소, 수소, 산소의 3가지 원소로 구성된 화합물이며, 구조적 특징은 분자 내에 알데하이드기(−CHO) 또는 케톤기(>C=O)가 하이드록실기(−OH)와 인접해 있다. 전자를 알도스(aldose), 후자를 케토스(ketose)라고 한다.

탄수화물을 측정할 때 다른 분석의 경우와 마찬가지로 다음 사항을 고려하면 좀 더 정밀한 값을 얻을 수 있다. 시료 양과 시료 중 정량하고자 하는 성분의 농도, 측정방법의 감도, 정확도, 재현성, 시약의 순도, 반응 조건의 범위, 방법상의 특이성, 공존하는 다른 물질에 의한 영향, 측정의 자동화가 가능한지 여부는 물론이고 이외에 현장에서 간편성, 신속성 등이 포함되어야 한다. 이러한 조건을 모두 충족시킬 수는 없으나 측정 목적에 따라 조건들을 만족시킬 수 있는 측정방법을 선택하는 것이 바람직하다.

탄수화물의 정량 원리는 구리(Cu) 시약에 의한 환원당의 정량법, 철(Fe) 시약에 의한 환원당의 정량법, 과요오드산(KIO_3) 산화를 기본으로 하는 당의 정량법, 산 처리를 기본으로 하는 당의 정량법, 효소를 이용하는 당의 정량법 등이 있다.

1. 탄수화물의 정성반응

1) 펠링 반응

펠링 반응(Fehling reaction)은 다음 식과 같이 2가 구리이온(Cu^{2+})이 탄수화물의 알데하이드와 반응하여 산화제일구리(Cu_2O)로 침전하는 반응이다. 이 반응은 환원당의 종류에 따라 환원반응의 속도가 각각 다르고, 포도당의 경우는 1 mL 중 약 0.01 mg까지 검출된다.

$$R \cdot CHO + 2Cu_2 + NaOH + H_2O \longrightarrow RCOONa + Cu_2O\downarrow + 2H^+$$

(1) 시료 및 시약

1%의 포도당, 과당, 엿당, 자당(설탕) 용액, Fehling 용액(다음 A, B 두 용액의 등량 혼합액).

① A액 : 정제한 황산구리($CuSO_4 \cdot 5H_2O$) 69.28 g을 물에 녹여 1 L로 만든다.

② B액 : 346 g의 타타르산칼륨(Rochelle염, CHOHCOOK·CHOHCOONa)과 NaOH 100 g을 물에 녹여 1 L로 한다.

tip A액에 등량의 B액을 가해서 잘 혼합한다. 그러나 B액에 A액을 가하는 것은 바람직하지 않다. 로셀염(Rochelle salt)을 녹일 때는 먼저 NaOH를 녹이고 난 후 Rochelle염을 녹이면 잘 녹는다.

(2) 측정

① 여러 가지 종류의 당류 용액을 각각 시험관에 5 mL씩 취한 다음 위의 A액과 B액을 각각 1 mL씩 혼합한 Fehling 용액을 가한다.

② 전기난로에서 가열하면 당분의 양에 따라 녹색에서 다갈색 사이의 침전이 생성된다.

2) 베네딕트 반응

Fehling 방법을 변형한 방법으로 Rochelle염 대신에 시트르산나트륨($CH_2COONa \cdot COH$-$COONa \cdot CH_2COONa$)을, NaOH 대신에 무수 탄산나트륨(Na_2CO_3)을 사용한다.

(1) 시약

베네딕트 용액(Benedict solution)의 제조는 다음의 A액에 같은 양의 B액을 혼합하여 만든다.

① A액 : 정제한 황산구리($CuSO_4 \cdot 5H_2O$) 17.3 g을 더운물 100 mL에 녹인 다음 냉각시키고, 물을 넣어 150 mL로 만든다.

② B액 : 173 g의 시트르산나트륨과 무수 탄산나트륨 100 g을 600 mL의 더운물에 녹인 다음 냉각하여 850 mL로 만든다.

(2) 측정

① Benedict 용액 5 mL에 시료 용액 1 mL를 가한 다음 이 혼합액을 1~2분간 끓인다.

② 방랭시키면 시료 중의 당량에 따라 녹색, 황색, 적색의 침전이 생긴다.

3) 은거울반응(Tollen's test)

암모니아성 질산은 용액은 착이온 $Ag(NH_3)^{2+}$에 의해 알데하이드를 산화하고 그 자신은 환원되어 은(Ag)을 석출시킨다. 이것이 마치 거울 같아서 은거울반응(silver mirror reaction)이라 하며 polyhydric, phenol, amino phenol, aldehyde 등과 같은 산화될 수 있는 유기성분에 의해 쉽게 일어날 수 있다.

$$2NH_4OH + AgNO_3 \longrightarrow Ag(NH_3)_2OH + H_2O + HNO$$

$$R \cdot CHO + 2Ag(NH_3)_2OH \longrightarrow RCOONH_4 + 2Ag + 3NH_3 + H_2O$$

(1) 시약

암모니아성 $AgNO_3$ 용액 : 용액에 0.2 N $AgNO_3$ 용액에 2 N NH_4OH를 가하면 침전이 생긴다. 계속해서 가하게 되면 일단 생성되었던 침전이 다시 녹는 상태로 된다.

(2) 측정

① 환원당을 포함하는 시료 용액에 암모니아성 $AgNO_3$ 용액을 가한다.

② 서서히 가열하면 시험관 벽에 금속 은을 석출시켜 은거울을 형성한다.

4) 몰리시 반응

(1) 시료 및 시약

1%의 포도당, 자당, 녹말 용액, 5% α-naphthol이 녹아 있는 95% 에탄올 용액, 진한 황산

(2) 측정

이 반응은 황산의 작용에 의하여 생성된 푸르푸랄(furfural)이나 메틸푸르푸랄 등이 두

분자의 α-naphtholsulfonic acid와 반응하여 triarylmethane-chromogen을 만들고 이것이 황산에 산화되어 색이 있는 퀴노이드 화합물로 되는 반응을 이용한 것이다. 이 반응은 예민하여 단백질 중에 존재하는 미량의 탄수화물을 검출하는 데 이용된다.

① 시료액 0.5 mL에 5% α-naphthol의 알코올 용액 2방울을 가하여 혼합한다.

② 진한 황산 1 mL를 시험관 벽으로 천천히 주입하면 두 액의 접촉면에 자색 고리가 나타난다. 이것을 천천히 혼합하면 액 전체가 적색 또는 자색으로 된다.

③ 케토스의 정색은 빠르나 알도스의 발색은 시간이 걸리므로 천천히 가열하는 것이 좋다.

tip 진한 황산이나 α-naphtol은 질산염 또는 아질산염이 있으면 유해하므로 조심해야 한다. α-Naphthol 대신에 5% 티몰의 알코올 용액을 사용하여도 좋다.

5) 단당류와 이당류의 판별법(Barfoed 반응)

(1) 시료 및 시약

① 10%의 glucose, maltose, sucrose 용액

② Barfoed 시약-아세트산구리〔$(CH_3COO)_2Cu$〕 24 g을 끓는 물 450 mL에 녹인 후 바로 8.5% 젖산 25 mL를 가하여 교반한 다음 500 mL로 희석하여 여과한다.

(2) 측정

① 시료액 1 mL와 Barfoed 시약 5 mL를 혼합하여 10초 동안 끓인다.

② 단당류가 존재하면 산화제일구리 침전을 만들지만 이당류에서는 생기지 않는다. 가열을 계속하면 이당류와 그 밖의 것들로 환원되기 때문에 주의해야 한다.

③ 단당류의 양이 적을 때에는 침전되는 양이 적어서 판정하기가 곤란하므로, 가열할 때는 가열 후 4~5분 동안 정치하여 관 밑바닥에 침전시킨 다음 관찰한다.

tip 이 반응의 단점은 염화물이 공존할 때에는 염기성 염화구리의 백색 침전을 생성시키므로 사용하기가 곤란하다.

2. 탄수화물의 정량분석

1) 알도스 정량법

포도당, 물엿, 엿당은 알도스에 속하고, 과당은 케토스에 속한다. 식품을 가공하거나 저장 중의 변화, 안정성 등을 알고자 하는 경우에 알도스, 케토스의 분별 정량이 필요하다.

알도스 정량법은 Willstatter-Schudel법을 개량한 것으로, 알도스가 일정 조건하에서 알칼리성 요오드산(HIO_3)에 의하여 정량적으로 산화되어 알돈산(aldonic acid)이 되는 반응을 이용하는 것이다. 케토스에는 반응하지 않는 것이 특징이다(표 12-1). 다음 식에서 보는 바와 같이 반응 후 남은 I_2의 양을 적정하여 알도스의 양을 측정한다.

$$CH_2OH(CHOH)_nCHO + I_2 + 3NaOH \longrightarrow CH_2OH(CHOH)_nCOONa + 2H_2O + 2NaI$$

$$I_2 + 2Na_2S_2O_3 \longrightarrow Na_2S_4O_6 + 2NaI$$

표 12-1 포도당 측정 시 부가법(additional method)에 따른 과당의 영향

시료	시료 용액 5 mL 중의 당 조성		과당/포도당	20˚C 방치 후 측정		32˚C 방치 후 측정	
	포도당(mg)	과당(mg)		적정값 포도당량(mg)	오차(%)	적정값 포도당량(mg)	오차(%)
1	0.781	0	0	0.781	0	0.780	0
2	0.781	0.42	0.54	0.785	0.5	0.810	3.8
3	0.781	0.50	0.64	0.789	1.0	0.814	4.3
4	0.781	0.60	0.77	0.794	1.7	0.818	4.8
5	0.781	0.83	1.06	0.798	2.1	0.822	5.3
6	0.781	1.66	2.13	0.802	2.8	0.831	6.5

(1) 시약 및 기구

① 포도당, 과당 : 알도스가 주로 엿당 또는 말토올리고당인 경우 표준물질로 엿당을 사용하며 용해 시 부피의 변화를 고려할 때 엿당 263 mg을 정확히 칭량하여 250 mL로 정용하면 무수 엿당 1 mg/mL의 용액이 되므로 희석하여 사용한다.

② 0.01 N I_2 용액 : 요오드칼륨(KI) 20 g을 증류수 150 mL에 용해하고 I_2 12.7 g을 칭량하여 KI 용액에 녹여 1 L로 만든다. 갈색병에 넣어 냉장고에 보관하면서 사용할 때마다 10배로 희석하여 사용한다.

③ 0.15 M Na_2CO_3 용액, 0.2 N H_2SO_4 용액, 녹말 지시약

④ 0.005 N $Na_2S_2O_3$ 용액 : 탄산가스를 제거한 증류수에 $Na_2S_2O_3 \cdot 5H_2O$ 25 g을 녹여 1 L를 만든다. 이 용액은 0.1 N이므로 수일간 방치하였다가 사용하고자 할 때에 20배로 희석한다. $Na_2S_2O_3$ 용액 1 mL가 포도당에 상당하는 양을 구한 다음 적정용으로 사용한다.

⑤ 20℃의 항온실(25℃ 이하의 실온)에서 시행한다.

⑥ 뚜껑이 있는 시험관 : 30 × 200 mm인 것을 사용한다.

⑦ 10 mL 자동 뷰렛이 달린 적정병

(2) 측정

① 시료 용액 5 mL를 뚜껑 있는 시험관에 취한다.

② 0.01 N I_2 용액 5 mL와 0.15 M Na_2CO_3 용액 1 mL를 가한다.

③ 20℃의 어두운 곳에 1.5시간 동안 방치한다.

④ 방치 후 0.2 N H_2SO_4 3 mL를 가하고 0.005 N $Na_2S_2O_3$ 용액으로 적정한다.

⑤ 종말점 부근에 다다르면 녹말 지시약을 가한 후에 자색이 없어질 때까지 적정한다.

(3) 계산

포도당 농도를 달리하여 5 mL 표준용액을 조제하고, 이것으로 검량선을 작성하여 시료 용액 중 알도스의 양을 산출한다(표 12-2). 표준용액은 항상 냉장고에 보관한다.

표 12-2에서 보면 1 mg/5 mL의 정도까지 화학양론적인 반응이 진행됨을 알 수 있다.

표 12-2 포도당 측정농도 한계

포도당 농도(mg/5 mL)	측정값(mL)	0.005 N $Na_2S_2O_3$ 소비량 (mL)	$\frac{\text{포도당(mg)}}{0.005\ N\ Na_2S_2O_3(mL)}$
0.25	8.90	0.56	0.44
0.50	8.29	1.17	0.44
0.75	7.79	1.67	0.45
1.00	7.23	2.23	0.44
1.50	6.37	3.09	0.48
1.80	5.89	3.57	0.50
2.00	5.64	3.82	0.52
공시험(H_2O)	9.46	-	-

2) 케토스 정량법

과당의 측정법으로는 안전성 및 조작의 편이성을 고려할 때 cysteine-carbazole 방법이 좋다. 일반적으로 케토스는 cysteine-carbazole 용액과 혼합하고 진한 황산을 가하여 가열하면 560 nm에서 최대 흡수를 나타내는 적자색을 띠고, 알도스가 존재하여도 그 영향은 적은 것이 특징이다. 케토스 정량법은 과당과 포도당이 혼합되어 있을 때 과당의 분별 정량이 가능하며 과실, 과즙, 청량음료, 벌꿀, 과일 통조림의 시럽 등에 적용할 수 있다.

(1) 시약 및 기구

① Cysteine 용액 : 2-cysteine 염산염 0.75 g을 정확히 칭량하여 증류수 50 mL에 용해한다(신선한 용액을 사용하는 것이 바람직하므로 사용할 때마다 즉시 만들어 사용).

② Carbazole 용액 : 60 mg을 정확히 칭량하여 99.5% 에탄올 50 mL에 용해한다.

③ 황산 용액 : 진한 H_2SO_4 460 mL와 증류수 190 mL를 혼합한다. 황산 시약은 cysteine-carbazole 용액과 혼합할 때 정색반응을 하지 않는 것을 선택하는 것이 바람직하다.

④ 과당 표준용액 : 과당 시약 특급을 95℃에서 8시간 진공 건조하여 무수물로 한 다음, 250 mg을 칭량하여 증류수 250 mL로 정용해서 저장 용액(1 mg/mL)으로 한다. 이 용액을 희석하여 각종 농도의 표준용액으로 조제하며, 표준용액을 냉장고에 저장하는 경우 1개월 이내에 사용한다. 오랜 기간 사용 시 냉동하여 보존하면 안전하다.

⑤ 시험관 : 20 × 200 mm, 항온 수조 : 40 ± 0.1℃, 분광광도계

(2) 측정

① 시료 2 mL(5~50 μg/mL 정도의 케토스 포함)에 1.5% cysteine 용액 0.4 mL를 가한다.

② 얼음에 냉각시키면서 H_2SO_4 용액 12 mL를 천천히 기벽을 따라 가한다.

③ 냉각 후에 carbazole($C_{12}H_9N$) 용액 0.4 mL를 가하여 잘 혼합한다.

④ 40℃의 항온 물중탕(water bath) 내에서 30분간 가온하고 찬물에서 냉각시킨다.

⑤ 케토스 정량은 분광광도계로 560 nm에서 측정한다.

(3) 계산

과당 표준용액으로 작성한 표준검량선으로 시료 중의 과당 함량을 산출한다.

3) 자당의 정량법

자당(설탕)은 포도당과 과당으로 구성된 비환원성 이당류이며 직접 측정할 수는 없다. 자당의 측정방법은 산 또는 효소에 의하여 쉽게 포도당과 과당으로 가수분해되는 성질을 이용한다. 생성된 포도당이나 과당의 함량을 측정하여 자당을 정량한다. 여기에서는 효소전화법을 소개한다.

$$C_{12}H_{22}O_{11} + H_2O \xrightarrow[\text{또는 invertase}]{\text{묽은 산}} C_6H_{12}O_6 + C_6H_{12}O_6$$

선광도법은 전화되기 전후의 선광도를 측정하여 자당 함량을 정량하는 것으로 제당 업계에서 많이 사용한다. 최근에는 GC(gas chromatography)나 HPLC(high performance liquid chromatography)를 이용하기도 한다.

시료 중의 자당을 invertase로 가수분해한 다음에 가수분해 전후의 시료 용액에 대하여 포도당을 glucose 산화효소를 이용하여 비색법에 따라 측정하고, 가수분해 전후의 포도당 함량차의 값에 계수 1.9를 곱하여 자당을 산출한다.

(1) 시약 및 기구

① Invertase 용액 : Invertase(150 unit/mg) 40 mg을 pH 4.6의 0.1 M-아세트산 완충 용액 3 mL에 녹여, 2,000 unit/mL 용액으로 만든다. 실험 당일 만들어 놓은 것을 사용한다.

② 0.1 M 아세트산 완충 용액 : 빙초산 30 g에 증류수를 가하여 500 mL로 정용한다. 이 용액 100 mL를 비커에 취하고 5% NaOH 용액을 서서히 가하여 pH 4.6으로 조정한 다음 용량 1 L의 메스플라스크에 옮겨 증류수로 정용한다.

③ 5 N HCl

④ 포도당 표준용액 : 표준품 포도당을 무수물로 환산하여 1.000 g을 칭량하여 증류수로 100 mL가 되게 정용한다. 조제 후 24시간 방치한 것을 원용액으로 하여, 이 용액 5 mL를 500 mL로 정용한다. 이 용액을 각각 5~60 mL를 취하고 증류수로 100 mL로 정용하면, 이 용액들은 1 mL 중에 포도당을 각각 5~60 μg/mL을 함유하는 표준용액이 된다.

⑤ 물중탕, 시험관, 교반기, 분광광도계

(2) 시료 용액의 조제

시료 약 1 g을 정확히 칭량하여 증류수 500 mL로 정용하여 원액으로 하고, 이 원액을 희석하여 포도당량이 20~40 μg/mL가 되도록 정제한다.

(3) 측정

① 시료 원액 1 mL를 뚜껑이 있는 시험관에 취한다.

② 0.1 M 아세트산 완충 용액 6 mL와 invertase 용액 0.2 mL를 가하여 잘 혼합한다.

③ 37℃로 조절한 물중탕에서 이 온도에 도달한 때로부터 10분간 반응시킨다.

④ 반응이 끝나면 끓는 물중탕 속에서 5분간 가열하여 효소를 불활성화시킨다.

⑤ 증류수를 가하여 25 mL로 정용하여 전화된 시료 용액으로 사용한다.

⑥ 전화된 시료 용액, 희석한 시료 용액, 포도당 표준용액, 공시험구용 증류수를 각각 1 mL씩 뚜껑이 있는 시험관에 취하여 523 nm에서 흡광도를 측정하여 포도당 함량을 산출한다.

(4) 계산

포도당 표준용액의 농도와 흡광도로부터 검량선을 작성하고 이것을 이용하여 전화되기 전후 시료 용액의 포도당 함량을 산출한다.

$$\text{자당}(\%) = (\text{전화 후의 포도당량} - \text{전화 전의 포도당}) \times 1.9$$

4) Phenol-H_2SO_4법에 의한 전당(全糖)의 정량

이 방법은 전당(총당)의 측정법으로 미량의 시료 분석에 적합하다. 황산을 사용하기 때문에 녹말, 셀룰로스 등과 같은 고분자물질도 미리 가수분해하지 않고 시료 용액으로 가능하다. 특히 이 방법은 칼럼 크로마토그래피, 페이퍼 크로마토그래피로 분획한 획분의 전당량 측정에 많이 사용된다. 환원당을 진한 황산으로 처리하면 탈수되어 푸르푸랄 또는 그 유도체가 된다.

이와 같이 황산과의 반응을 이용하는 방법은 anthron-H_2SO_4, cysteine-H_2SO_4, orcinol-H_2SO_4, carbazole-H_2SO_4법 등이 있다.

(1) 시약 및 기구

① 5% 페놀 용액 : 조제한 시약은 갈색병에 저장하고, 착색된 것은 사용하지 않는다.

② 진한 H_2SO_4 : 페놀과의 반응에서 착색하지 않는 특급 시약을 사용한다.

③ 당 표준용액 : 포도당이나 엿당을 표준물질로 사용하며 Somogyi-Nelson법의 환원당 표준용액 조제방법에 따라 조제, 희석하여 25~100 μg/mL 용액을 표준용액으로 한다.

④ 시험관(1.5 × 15 cm), 분광광도계

(2) 측정

① 용액 1 mL(10~100 μg의 탄수화물을 함유)에 페놀 용액을 1 mL 가하여 잘 혼합한다.

② 끝을 자른 피펫으로 진한 황산 5 mL를 직접 액면에 가하여 강하게 발열시킨다.

③ 발열반응으로 가수분해되고, 환원당의 탈수가 이루어지므로 시료로부터 균일하게 발열되도록 하여야 한다. 잘 혼합하고 실온에 20~30분간 방치한다.

④ 470 nm에서 흡광도를 측정한다. 농도를 알고 있는 당 표준용액에 대하여도 같은 방법으로 조작한다. 당 표준용액으로 사용하는 당은 시료의 당 종류와 같은 것이 이상적이지만, 일반적으로 포도당, 엿당을 사용한다.

⑤ 당 표준용액으로부터 검량선을 작성하여 시료 중의 당 함량을 구한다.

3. 효소에 의한 당 분석

1) 효소적 분석을 위한 시료의 전처리

(1) 희석

시료를 희석할 때에는 기질을 완전히 전환시키고도 남을 만큼 조효소의 양이 충분하고, 측정값이 표준곡선상의 직선 구간 내에 있도록 하기 위해 희석한다.

(2) 탈기

시료에 탄산가스가 포함되어 있으면 정확한 피펫팅이 이루어지지 않으므로 맥주, 샴페인, 음료 등의 경우는 여과지를 이용하여 여과시키거나 저어 주어 기포를 제거하는 탈기(degassing) 과정을 거친다.

(3) 여과, 원심분리

탁도가 있는 시료의 경우 틴들(Tyndall) 효과로 오차가 발생할 수 있으므로 적당한 여과지를 선택하여 여과(filtration)하거나 원심분리(centrifugation)하여 정치시킨 후 상층액을 이용한다.

(4) 중성화

완충 용액에서 이루어지는 효소반응은 pH에 영향을 받으므로 반응의 적정 pH를 유지해 준다. 시료에 수산화칼륨 또는 수산화나트륨이나 산을 첨가하여 중성화(neutralization)시킨다.

(5) 카레즈 청정법

카레즈 청정법(Carrez clarification)은 시료 중의 단백질을 제거하는 데 이용되는 방법으로 유화 상태나 탁도, 그리고 약간의 자연 염료를 제거하는 효과를 가진다.

① 시료 1 g을 취해 100 mL 정용 플라스크에 넣고 60 mL 정도의 물을 섞는다.

② 여기에 Carrez-I 용액〔$K_2Fe(CN)_6 \cdot 3H_2O$; 85 mM/L〕 5 mL와 Carrez-II액($ZnSO_4 \cdot 7H_2O$; 250 mM/L) 5 mL를 첨가하면 $Zn_2Fe(CN)_6$의 침전물이 생성된다.

③ 격렬하게 흔들고 난 후 약 10 mL 수산화나트륨(NaOH ; 0.1 M/L)을 첨가하면(pH는 7.5~8.5) 초과된 Zn^{2+}이 수산화아연〔$Zn(OH)_2$〕으로 제거된다.

④ 이를 다시 격렬하게 흔들고 100 mL로 정용한 후 잘 섞어서 여과시킨다.

(6) 마쇄와 균질화

고체 시료의 경우 분석값을 얻으려면 마쇄(grinding)하여야 한다. 식물 세포의 경우 0.2 mm 이하로 부수어야 하고 반고체상의 시료는 균질화(homogenization)시켜야 한다. 시료에 따라서 제분기, waring 블렌더, 믹서, 막자사발, 균질기, 초음파 세포파괴기 등의 기구를 적절히 사용한다. 마쇄와 균질화를 마친 후 필요에 따라서 추출 또는 단백질 등을 제거한다.

(7) 추출

고체 시료의 경우 분석방법이 제한적이므로 분석물을 이용하여 추출(extraction)한다. 시료의 상태나 분석물에 따라 추출 조건을 선택하고 휘발 성분일 경우는 농축하거나 불안정한 분석물은 안정제를 사용한다. 시료에 탁도가 있을 때는 추출 후 여과시켜야 한다.

(8) 지방 제거

지방이 함유된 액상 시료의 경우 탁도가 있거나 유화 상태이다. 이 경우 Tyndall 효과 때문에 흡광도를 잘못 측정할 수 있으며 큐벳 안에 지방 성분의 현탁 등은 흡광도의 변화 현상을 유발시킨다. 지방 성분의 제거(defatting)는 추출물을 냉각하거나 냉물중탕 상에 20분간 방랭하거나 냉장고에 30분간 두어 차가운 상태로 하여 반고체화한 후 제거한다.

(9) 단백질 제거

정확한 분석을 위해 혼탁도를 유발하는 단백질 성분을 제거(deproteinization)한다. 식물이나 동물 조직의 효소는 효소적 정량에 방해되거나 변성된다. 균질화하거나 추출한 시료를 과염소산($HClO_4$)으로 처리한 후 여과시킨다. 과염소산을 제거하기 위해서는 수산화칼륨으로 중화시킨다. 그 외 Carrez 청정법을 이용하여 단백질을 제거할 수도 있다.

(10) 탈색

색소 성분은 측정 파장에서 빛을 흡수하므로 이는 분광광도계의 측정 적정 범위를 벗어날 수 있다. 따라서 시료에 흡착제를 넣은 후 여과시켜 색을 제거(decolorization)할 수 있다. 흡착제의 종류로는 폴리아마이드, 젤라틴, 벤토나이트, polyvinylpolypyrrolidone, 활성탄 등이 있으며, Carrez 청정법으로 탈색 효과를 낼 수 있다.

2) 분광광도계를 이용한 당류의 정량

(1) 포도당

① 원리

포도당(D-glucose)은 아데노신삼인산(adenosine triphosphate, ATP)이 존재할 때 헥소스인산화효소(hexokinase, HK)에 의해 인산화되어 포도당-6-인산(glucose-6-phosphate, G-6-P)과 아데노신이인산(adenosine diphosphate, ADP)을 형성한다. G-6-P는 NADP(nicotinamide adenosine dinucleotide phosphate)에 의해 산화되어 G-6-P와 환원형 NADPH(nicotinamide adenine dinucleotide phosphate hydrogen)를 형성한다. 포도당의 양은 형성된 NADPH 양에 의해 화학양론적으로 측정되며, 이 NADPH의 양은 334 nm, 340 nm 또는 365 nm의 흡광도에서 측정된다.

$$\text{D-glucose} + \text{ATP} \xrightarrow{\text{HK}} \text{G-6-P} + \text{ADP}$$

$$\text{G-6-P} + \text{NADP}^+ \xrightarrow{\text{G6P-DH}} \text{Gluconate-6-Phosphate} + \text{NADPH} + \text{H}^+$$

② 시약

- 시약 용액 1 : 트라이에탄올아민 완충액 : pH 7.6, NADP 110 mg, ATP 260 mg, 황마그네슘 안정제
- 효소 용액 2 : 헥소스인산화효소 320 U, 포도당-6-인산 탈수소효소(glucose-6-phos-

phate dehydrogenase) 160 U

- 시료액 : 4-100 μg D-glucose/큐벳(시료 부피 0.1 mL)

③ 측정방법

- 시약 용액 1 : 1 mL, 시료액 0.1 mL, 제2차 증류수 1.9 mL를 혼합하여 반응 시작 후 20~25℃에서 약 3분 정도 경과했을 때 340 nm에서 흡광도를 측정한다(A_1).
- 효소 용액 0.02 mL를 혼합한 후 약 10~15분간 반응시킨 후 정지시킨다.
- 340 nm에서 흡광도를 측정한다(A_2). 만약 15분 후 반응 정지되지 않았으면 2분 간격으로 흡광도 측정 시 2분간 흡광도 변화가 없을 때까지 측정한다.
- 공시험구에서는 시약 용액 1을 1 mL, 제2차 증류수 1.9 mL를 혼합하여 반응 시작 후 20~25℃에서 약 3분 정도 경과했을 때 흡광도를 측정한다(A_1).
- 효소 용액 0.02 mL를 혼합하고 약 10~15분간 반응시킨 후 정지시킨다.
- 340 nm에서 흡광도를 측정한다(A_2). 만약 15분 후 반응이 정지되지 않으면 2분 간격으로 흡광도 측정 시 2분간 흡광도 변화가 없을 때까지 측정한다.

④ 계산

$$\text{포도당(g/L)} = \frac{V \times MW}{\varepsilon \times d \times v \times 1{,}000} \times \Delta A = \frac{3.02 \times 180.16}{\varepsilon \times 1 \times 0.1 \times 1{,}000} \times \Delta A$$

V : 최종 부피(mL), v : 시료 부피(mL), MW : 포도당의 분자량(g/mol), 180.16, d : 광 경로(cm), 1

ε : 파장별 NADPH의 흡광계수(absorption coefficient) ;

340 nm : 6.3〔$L \times mmol^{-1} \times cm^{-1}$〕, 3.65 nm : 3.5〔$L \times mmol^{-1} \times cm^{-1}$〕, 334 nm : 6.18〔$L \times mmol^{-1} \times cm^{-1}$〕

ΔA : $(A_2 - A_1)_{\text{포도당}} - (A_2 - A_1)_{\text{공시험구}}$

(2) ABTS법

ABTS〔2,2′ Azino-di-(3-ethyl BenzThiazoline)-6-Sulfonate〕법은 *o*-dianisidine이 위험하므로 대신 보다 안전한 2,2′ azino-di-(3-ethyl benzthiazoline)-6-sulfonate를 사용한다.

① 시약

포도당 산화효소(70 unit/mg) 60 mg, 과산화효소(peroxidase) 6 mg, ABTS 50 mg을 0.12 M-인산 완충 용액(pH 7.0) 250 mL에 녹인다. 클로로폼 몇 방울을 가하여 0~5℃에 보존하면 6주간은 안정하다.

② 측정

- 시료 용액 1 mL(5~30 μg의 포도당 함유)에 시약 5 mL를 가해서 잘 혼합한다.

- 실온에서 30~40분간 방치한다.
- 공시험구와 비교하여 430~450 nm에서 흡광도를 측정한다.
- 표준용액으로부터 작성한 표준검량선에 의하여 시료 중의 포도당 함량을 계산한다.

(3) 젖당과 갈락토스

① 원리

젖당은 수용액 상태에서 β-galactosidase 존재 시 포도당과 갈락토스로 가수분해된다. 갈락토스는 β-galactose 탈수소효소(Gal-DH) 존재 시 NAD에 의해 산화되어 갈락톤산(galactonic acid)으로 전환된다. 갈락토스와 젖당의 양은 형성된 NADH 양에 의해 화학양론적으로, 이 NADH의 양은 334 nm, 340 nm 또는 365 nm에서 흡광도를 측정하여 예상한다.

$$\text{D-galactose} + \text{NAD}^+ \xrightarrow{\text{Gal-DH}} \text{Galactonic acid} + \text{NADH} + \text{H}^+$$

② 시약

- 시약 용액 1 : citrate 완충 용액 : pH 6.6, NAD 35 mg, 황산마그네슘 안정제
- 효소 용액 2 : β-galactosidase 100 unit
- 시약 용액 3 : 이인산칼륨(potassium diphosphate) 완충 용액 : pH 8.6, 안정제
- 효소 용액 4 : galactose 탈수소효소 15 unit

③ 측정방법

- 젖당 시료의 공시험구 : 시료액 대신에 증류수를 첨가한 것 외에는 젖당 시료 측정방법과 동일하다.
- 젖당 시료

  ㉠ 시약 용액 1을 0.20 mL, 효소 용액 2를 0.05 mL, 시료액 0.10 mL를 혼합한다.

  ㉡ 20~25℃에서 15분간 반응시킨다.

  ㉢ 시약 용액 3을 1 mL, 재증류한 증류수 1.9 mL를 혼합한다.

  ㉣ 약 2분 경과 후 340 nm에서 흡광도를 측정한다(A_1).

  ㉤ 효소 용액 4를 0.05 mL 첨가하여 약 15분간 반응시킨 후 흡광도를 측정한다(A_2).
- 갈락토스 시료의 공시험구 : 효소액 2와 시료액 대신 증류수 2.05 mL를 혼합하는 것 외에는 갈락토스 시료의 측정법과 동일하다.

• 갈락토스 시료

㉠ 시약 용액 1을 0.2 mL와 시료액 0.10 mL를 20~25℃에서 15분간 유지시킨다.

㉡ 시약 용액 3을 1 mL, 재증류한 증류수는 1.95 mL를 혼합한다.

㉢ 약 2분 경과 후 340 nm에서 흡광도를 측정한다(A_1).

㉣ 효소 용액 4를 0.05 mL를 첨가하여 반응시킨다.

㉤ 약 15분 후 반응이 정지되면 흡광도를 측정한다(A_2).

④ **계산**

$$\text{D-갈락토스의 농도(g/L)} = \frac{3.27 \times 180.16}{\varepsilon \times d \times v \times 1{,}000} \times \Delta A_{\text{갈락토스}} = \frac{5.945}{\varepsilon} \times \Delta A_{\text{갈락토스}}$$

$\Delta A_{\text{갈락토스}}$: 갈락토스 시료로부터 유래된 값 : $\Delta A_{\text{갈락토스}} - \Delta A_{\text{공시험(갈락토스)}}$

$= (A_2 - A_1)_{\text{갈락토스}} - (A_2 - A_1)_{\text{공시험구(갈락토스)}}$

$$\text{젖당의 농도(g/L)} = \frac{3.27 \times 342.3\text{(무수의 젖당)}}{\varepsilon \times d \times v \times 1{,}000} \times \Delta A_{\text{젖당}}$$

$\Delta A_{\text{젖당}}$: 젖당 시료로부터 유래된 값 : $\Delta A_{\text{젖당 시료}} - \Delta A_{\text{공시험(젖당)}}$

$= (A_2 - A_1)_{\text{젖당}} - (A_2 - A_1)_{\text{공시험구(젖당)}}$

연습문제

1 베르트랑법(Bertrand method)이나 펠링 반응(Fehling reaction)을 이용하여 환원당을 정량함으로써 탄수화물에 관련된 정성분석이 가능하다. 이때 사용하는 금속이온은?

① Cu ② Mo ③ Fe ④ Hg

2 다음 중 환원당 정량으로 측정이 가능하지 않은 것은?

① 포도당-포도당 ② 포도당-맥아당 ③ 포도당-과당 ④ 포도당-갈락토스

3 포도당과 설탕이 혼합된 음료 제품의 품질관리를 하는 데 효소 hexokinase와 glucose-6-phosphate dehydrogenase, 그리고 invertase는 있는데 과당을 직접 측정하는 효소는 가지고 있지 않다. 이때 과당의 함량을 분석하는 방법은?

풀이 및 정답

1. ①
2. ③
3. 음료 제품을 둘로 나누어 한 그룹은 포도당을 hexo-kinase와 glucose-6-phosphate dehydrogenase를 이용하여 먼저 측정하고, 다른 그룹은 invertase를 이용하여 설탕을 포도당과 과당으로 분석한 후 전체 포도당의 양을 분석한다. 먼저 분석한 포도당 양을 고려하면 두 번째 그룹에서 증가된 포도당의 양을 파악할 수 있다. 증가된 양만큼의 포도당 당량을 파악하면 이것이 과당의 양에 해당된다고 할 수 있다.

FOOD ANALYSIS

13 지방 분석

식품의 지방 분석은 크게 식용유와 같은 대량의 유지를 분석하는 법과 식품으로부터 유지를 추출하여 분석하는 법으로 나눌 수 있다. 여기에서는 대량의 유지를 분석하는 전통적인 분석법은 물론 각종 식품 시료로부터 지방을 추출하여 지방 산화 정도를 측정하는 법, 유리지방산, 콜레스테롤, 트랜스지방, 중성지질 및 인지질에 대한 분석법을 소개하기로 한다. 지방 분석법은 가스 크로마토그래피(gas chromatography, GC), 고성능 액체 크로마토그래피(high performance liquid chromatography, HPLC), 핵자기공명(nuclear magnetic resonance, NMR), 푸리에 변환 적외선분광기(Fourier transform infrared spectroscopy, FTIR) 등의 분석기기가 병행되어야 한다. 또한 많은 분석법이 미국유화학회(The American Oil Chemists' Society, AOCS), 국제분석화학회(Association of Official Analytical Chemists, AOAC International), 국제순수응용화학연합(International Union of Pure & Applied Chemistry, IUPAC) 등에 등재되어 있어 국제적으로 공통 분석법으로 인정받고 있다.

1. 대량 유지를 분석하는 방법

1) 녹는점 분석법

유지는 트라이아실글리세롤 및 다양한 물질이 혼합되어 존재하기에 온도가 상승하면 고체인 지방에서 액체인 기름으로 점진적인 변화를 보이며, 하나의 특정한 녹는점을 갖고 있지는 않다. 유지의 녹는점은 순수한 화합물의 녹는점과는 다른 개념으로 고체의 지방이 액체의 기름 상태로 변화되는 온도를 의미하며 녹는점 결정 방법에 따라 다소 다른 결과를 나타낼 수 있다.

녹는점 분석에는 투명녹는점(complete melting point, clear point), 상승녹는점(slip melting point), 낙하녹는점법 및 Wiley 녹는점법이 있다. 투명녹는점이란 시료가 완전히 투명한 상태로 전환되는 온도를 녹는점으로 정하는 방법이고, 상승녹는점은 시료가 모세관에서 높이가 상승하는 온도를, 낙하녹는점법은 특수하게 제작된 깔대기의 0.11인치(0.28 cm) 구멍을 유지가 흐르는 온도를, Wiley 녹는점법은 1/8 × 3/8인치(0.3 × 0.9 cm)의 원형 디스크 지방이 알코올과 물 혼합물에서 변형되는 온도를 녹는점으로 결정하는 방법이다. 현재 미국에서는 낙하녹는점법을 주로 사용하며, 상승녹는점은 주로 유럽에서 사용한다.

2) 굴절률 측정

굴절률(refractive index, RI)은 진공 상태의 빛의 속도와 시료 유지의 빛의 속도 비율로 정의된다. 빛이 유지 속에서 굴절되는 성질을 이용하여 그 물질의 순도나 농도 등을 측정할 수 있다. 유지의 굴절률은 경화 과정을 조절하는 데 사용되며 요오드값이 감소하면 비례적으로 감소한다. 각 물질은 고유의 굴절률을 갖고 있기에 유지 시료 혼합물의 순도, 동정 시에도 사용된다.

굴절률은 굴절계(refractometer)를 이용하여 기름은 20~25℃에서, 지방은 40℃에서 측정한다(그림 13-1).

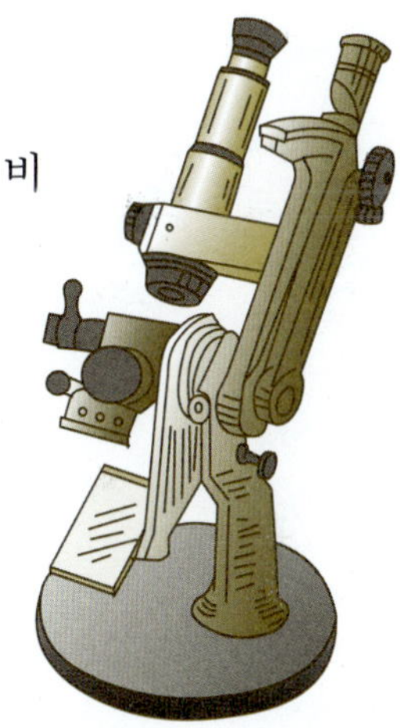

그림 13-1 굴절계

3) 발연점, 인화점, 연소점 측정

발연점(smoke point)은 시료에서 연기가 나는 온도를, 인화점(flash point)은 불꽃이 발화하는 온도를, 연소점(fire point)은 유지의 연속적인 연소에 의한 휘발 성분이 계속 발생하는 온도이다. 유지가 가득 찬 컵을 가열하면서 유지로부터 파란 연기가 나오는 온도가 발연점이다. 인화나 연소점은 계속 가열하면서 5℃ 간격으로 컵 위로 불꽃을 지나가게 해서 불이 붙는 온도로 결정한다. 인화온도가 149℃ 이하인 경우에는 뚜껑이 있는 컵을 사용한다.

4) 고체지방지수 및 고체지방함량

유지 속 고체의 양은 고체지방지수(solid fat index, SFI)로 측정한다. 고체지방지수는 팽창 측정법(dilatometry)을 이용하며, 이는 온도에 따른 고체 유지의 부피 증가를 이용하여 고체 함량을 예측하는 것이다. 고체지방지수는 고체 지방의 부피를 액체 지방의 부피로 나눈 값이다(그림 13-2). 반면 고체유지함량(solid fat content, SFC)은 펄스 핵자기공명(pulse NMR) 같은 기기를 이용하여 측정한다.

고체지방지수 측정법은 원형 유리구에 고체 유지를 채운 후 가열하면 고체 지방이 녹아 액체가 되면서 부피가 증가하게 되는데, 이때 눈금이 그려진 튜브의 높이 증가를 측정하면 된다.

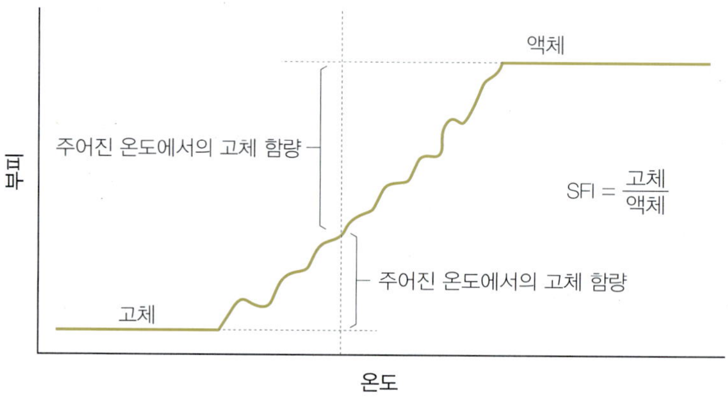

그림 13-2 고체지방지수 측정 원리

5) 산값 측정

대부분의 식용유지는 중성지방 형태로 되어 있으나, 저장 기간과 조건 등에 의해 글리세롤과 유리지방산으로 분해된다. 산값(acid value, AV)은 유지(지방과 기름) 1 g 중에 함유된 유리지방산을 중화시키는 데 필요한 수산화칼륨(KOH)의 mg 수를 말한다. 산값은 유지 품질의 척도이며 산화도 평가방법이다.

(1) 시약 및 기구

① 85% KOH 0.6601 g을 증류수 10 mL에 녹인 후 에탄올을 이용하여 100 mL로 정용하여 0.1 N KOH 에탄올 용액을 제조한다.

② 다이에틸에테르와 에탄올을 1 : 1(v/v)로 혼합한다.

③ 0.25 mg 페놀프탈레인(phenolphthalein)을 에탄올 25 mL로 정용하여 1% 페놀프탈레인 용액을 제조한다.

④ 기구 : 삼각 플라스크(100 또는 250 mL 용량), 뷰렛 : 50 mL 용량(콕 달린 갈색으로 준비), 스탠드, 스포이트

(2) 측정방법

① 5~10 g의 유지 시료를 삼각 플라스크에 정확히 칭량하여 기록한다.

② 다이에틸에테르-에탄올 혼합 용매 50 mL를 넣어 유지 시료를 용해시킨다.

③ 1% 페놀프탈레인 지시약을 2~3방울 떨어뜨린다.

④ 뷰렛을 이용하여 0.1 N KOH로 적정한다. 이때 종말점은 미홍색이 30초간 사라지지 않을 때이며, 종말점까지 적정에 사용된 KOH의 양을 기록한다.

(3) 계산

$$\text{산값(AV)} = \frac{(A-B)\times N\times 56.1}{W}$$

A : 시료의 수산화칼륨 용액 적정량(mL), B : 공실험의 수산화칼륨 용액 적정량(mL), W : 시료의 채취량(g), N : 수산화칼륨 용액의 노말 농도(N)

실험에 사용되는 시료 양은 산값의 정도에 따라 다르다(표 13-1).

표 13-1 시료 양과 산값의 관계

예상 산값	시료량(g)	정량의 정밀도(g)
0~1	20	0.05
1~4	10	0.02
4~15	2.5	0.01
15~75	0.5	0.001
75 이상	0.1	0.0002

6) 비누화값 측정

비누화값(saponification value)은 유지 1 g을 비누화시키는 데 필요한 수산화칼륨의 mg

수로 정의된다. 중성지방의 에스터 결합은 알칼리에 의해 가수분해되어 글리세롤과 지방산-염으로 분해된다. 지방산-염(비누)은 친수성의 카복실기와 소수성의 탄소사슬을 동시에 지니는 양친성 물질로 물속에서 이온으로 분리되며 유화제 역할을 하게 된다.

고급지방산 1 g에 함유되어 있는 중성지질의 함량이 저급지방산을 갖는 유지에 비해 적어 비누화값이 낮으며, 비누화값은 유지의 지방산 조성을 상대적으로 비교하는 척도로 이용될 수 있다.

(1) 시약 및 기구

① 85% KOH 3.3 g을 증류수 10 mL에 녹인 후 에탄올로 100 mL로 정용하여 0.5 N KOH을 제조한다.

② 35% 염산 4.2 mL를 증류수로 100 mL 정용하여 0.5 N HCl를 제조한다.

③ 1% phenolphthalein 지시약을 제조한다.

④ 기구 : 삼각 플라스크(250 mL 용량), 뷰렛 : 50 mL 용량(콕 달린 것), 스탠드, 스포이트

(2) 측정방법

① 1~2 g의 시료를 삼각 플라스크에 정확히 칭량하여 기록한다.

② 0.5 N KOH을 정확히 25 mL 가한다.

③ 삼각 플라스크를 냉각기와 연결시킨 후 물로 30분간 중탕하여 반응시킨다.

④ 반응물이 굳기 전에 냉각기 안을 소량의 증류수로 헹군다.

⑤ 지시약을 넣고 0.5 N HCl로 적정한다. 이때 종말점은 미홍색이 30초간 사라지지 않을 때이며, 종말점까지 적정에 사용된 KOH의 양을 기록한다.

⑥ 다음 식에 따라 계산하며 공실험은 시료를 넣지 않고 ②~⑥의 과정을 시행한다.

(3) 계산

$$\text{비누화값} = \frac{(B - S) \times M \times 56.1}{W}$$

S : 시료의 0.5 N 염산 용액 적정량(mL), B : 공실험의 0.5 N 염산 용액 적정량(mL), W : 시료의 채취량(g), M HCl 용액의 몰 농도

7) 요오드값

요오드값(iodine value)은 유지의 불포화도를 측정하는 방법으로 100 g의 시료에 요오

드가 흡수되는 그램 수로 정의된다. 유지에 이중결합이 많을수록 흡수되는 요오드는 증가한다.

$$과량의\ ICl + R-CH=CH-R \longrightarrow R-CHI-CHI-R + ICl(반응\ 후\ 잔량)$$

$$ICl(반응\ 후\ 잔량) + 2KI \longrightarrow KCl + KI + I_2$$

$$I_2 + 녹말(청색) + 2Na_2S_2O_3 \longrightarrow 2NaI + 녹말(무색) + Na_2S_4O_6$$

(1) 시약 및 기구

① Wijs 시약(ICl의 빙초산 용액)의 제조는 다음과 같다. 일급 ICl_3(삼염화요오드) 7.9 g과 I 8.7 g을 따로 플라스크에 채취하여 각각 적당량의 빙초산을 가해 가온하여 용해시킨 다음 냉각한다. 이 두 용액을 흔들어 잘 혼합하여 1 L 메스플라스크에 넣고 빙초산으로 완전히 세척하여 전량을 1 L로 하고 이것을 착색 시약병에 넣어 보존한다. 한편, 일급 ICI 8.4 g을 적당량의 빙초산에 가온 용해하여 1 L로 정용하여도 된다.

② 사염화탄소(CCl_4) 또는 클로로폼($CHCl_3$)

③ KI 10 g을 물 90 mL에 녹여 10% KI 용액을 제조한다.

④ 가용성 녹말 1 g을 물 100 mL에 가온, 용해하여 1% 녹말 용액을 제조한다.

⑤ 특급 $K_2Cr_2O_7$ 4.9035 g을 물에 용해시켜 1 L로 하여 0.1 N $K_2Cr_2O_7$ 용액을 제조한다.

⑥ 일급 $Na_2S_2O_3$ 24.8g을 물에 녹여 1 L로 하여 0.1 N $Na_2S_2O_3$ 용액을 제조한다.

(2) 측정방법

① 시료는 고체 지방 0.6~1.0 g, 불건성유 0.3~0.4 g, 반건성유 0.2~0.3 g, 건성유 0.1~0.2 g의 범위로 시료를 삼각 플라스크에 취한 다음 사염화탄소 또는 클로로폼 10 mL를 가하여 완전히 용해시킨다.

② 이것에 Wijs 시약 25 mL을 넣어 마개를 한 다음 저어 어두운 곳에 방치한다.

③ 10% KI 용액 20 mL와 물 100 mL를 넣고 저어 주며 혼합한다. 유리된 요오드를 0.1 N 용액으로 적정하고, 용액이 미황색으로 된 때에 1% 녹말 용액을 몇 방울 넣어 다시 잘 저으면서 적정을 계속한다. 녹말의 청남색이 소실되는 점을 종말점으로 한다.

④ 이 시험과 병행하여 시료를 가하지 않은 공시험을 실시한다.

(3) 계산

$$요오드값 = \frac{(B-S)\times N\times 12.69}{W}$$

B : 공실험의 $Na_2S_2O_3$ 적정량(mL), S : 시료의 $Na_2S_2O_3$ 적정량(mL), N : $Na_2S_2O_3$ 노말 농도,
W : 시료 무게(g), 12.69 : 싸이오설페이트(thiosulfate)의 mEq를 요오드의 그램 수로 바꾸는 데 필요한 상수

계산 요오드값은 다음과 같이 구할 수 있다.

요오드값 = (%hexadecenoic acid × 0.950) + (%octadecenoic acid × 0.860)
+ (%octadecadienoic acid × 1.782) + (%octadecatrienoic acid × 2.616)
+ (%eicosenoic acid × 0.785) + (%docosenoic acid × 0.723)

8) 비비누화물

비비누화물은 비누화가 되지 않는 물질의 함량을 측정하는 방법이다.

(1) 시약 및 기구

① 1 N 수산화칼륨·에탄올액

② 에테르

③ 0.1 N 수산화나트륨액

④ 페놀프탈레인 시액

⑤ 기구 : 환류냉각기, 물중탕(water bath), 분액깔때기, 데시케이터

(2) 측정방법

① 검체 약 1~5 g을 측정해 300 mL의 플라스크에 넣는다. 1 N 수산화칼륨·에탄올액 50 mL를 가하여 환류냉각기를 달고 물중탕에서 가끔 흔들어 주면서 1시간 끓인다.

② 물중탕에서 에탄올을 증발시키고 잔류물에 끓는 물 50 mL를 가하여 분액깔때기에 옮기고 플라스크는 끓는 물 25 mL씩으로 2회 씻어, 씻은 액은 먼저의 액에 합쳐 상온으로 식힌 다음 에테르 50 mL씩을 2회 잘 흔들어 섞어 추출한다.

③ 에테르 추출액을 합쳐 다른 분액깔때기에 옮기고 0.1 N 수산화나트륨액 20 mL씩으로 2회 씻는다. 그리고 물 15 mL씩으로 씻은 액이 페놀프탈레인 시액 2방울에 의하여 홍색을 나타내지 않을 때까지 씻는다.

④ 에테르액을 무게를 잰 유리용기에 넣고 분액깔때기는 에테르 10 mL씩으로 씻는다. 씻

은 액은 에테르액에 합쳐 주의하여 증발시킨 다음 잔류물을 105℃에서 30분간 건조하고, 데시케이터에서 방랭한 후에 무게를 달아 비비누화물의 양으로 한다.

2. 지방 산화 측정법

지방의 산패는 이취 및 불쾌한 풍미를 발생시키며 지방 분해 및 지방 산화에 의한 결과이다. 지방 분해에 의한 결과는 트라이아실글리세롤로부터 주로 저급지방산이 분리되어 이취를 발생시키는 현상이다. 지방 산화는 자유라디칼의 연쇄반응이 주를 이루는 자동산화, 일중항산소가 관여하는 감광제에 의한 광산화, 유탕 처리에 의한 열산화 및 효소 리폭시제네이스(lipoxygenase)에 의해 유발되는 산화로 나눌 수 있다. 일반적인 유지는 저장 중 일차적으로 하이드로퍼옥사이드(hydroperoxide)가 생성되는 1차 산화 단계를 거친 후 하이드로퍼옥사이드가 분해되고 휘발성 물질이 생성되는 2차 산화 단계가 이어진다.

지방 산화 정도를 측정하는 방법으로는 과산화물값, TBA값, CDA 측정법, 총 카보닐화합물의 측정, 아니시딘값의 측정, 자외선 분광광도법, 크로마토그래피 방법, AOM 시험, 오븐 시험, 헤드스페이스 산소소거법 등이 있다. 최근 DPPH를 활용한 지방 산화 및 항산화물질 함량에 대한 측정법이 보고되었다.

1) 과산화물값

과산화물값(peroxide value, POV)은 1차 산화물을 측정하는 기본 방법이지만 온도가 높은 유탕 처리나 산패가 진행된 경우에는 사용하지 못한다. 과산화물값의 측정 원리는 1차 산화 생성물인 지방 하이드로퍼옥사이드를 측정하는 것이다. 유지의 산패를 검출하거나 유도기간을 측정하는 데 이용되며 과산화물값은 유지 1 kg에 함유된 과산화물의 mmol 수 또는 mEq 수로 표시한다. 보통 유지를 아세트산 또는 클로로폼과 아세트산 혼합액의 용매에 용해시킨 후 요오드화칼륨(KI)을 용해시켜 형성되는 요오드화 이온(I^-)을 용해된 유지 중의 과산화물과 반응시켜 요오드(I)로 산화시킨다. 이때 생성된 요오드를 $Na_2S_2O_3$의 표준용액으로 적정하여 그 소비량으로부터 과산화물의 함량을 계산한다(표 13-2).

$$\mathrm{ROOH} + 2\,\mathrm{KI}(\text{과량}) \longrightarrow \mathrm{ROH} + \mathrm{I_2} + \mathrm{KOH}$$

$$\mathrm{I_2} + \text{녹말(청색)} + 2\,\mathrm{Na_2S_2O_3} \longrightarrow \mathrm{Na_2S_4O_6} + 2\,\mathrm{NaI} + \text{녹말(무색)}$$

표 13-2 시료량과 과산화물값의 관계

예상 과산화물값(meq/kg)	시료량(g)	정량의 정밀도(g)
0~12	5.0~2.0	0.01
12~20	5.0~1.2	0.01
20~30	1.2~0.8	0.01
30~50	0.8~0.5	0.001
50~90	0.5~0.3	0.001

(1) 시약 및 기구

① 클로로폼과 아세트산의 2 : 3(v/v) 혼합 용매를 제조한다.

② 70 g KI에 50 mL 증류수를 첨가하여 포화 KI 용액을 제조한다.

③ 1% 녹말 용액을 제조한다.

④ 0.01 N를 제조한다.

⑤ 기구 : 삼각 플라스크(250 mL 용량), 뷰렛 : 50 mL 용량(콕 달린 것), 스탠드, 스포이트

(2) 측정방법

① 1~5 g의 유지 시료를 삼각 플라스크에 칭량하여 기록한다.

② 혼합 용매 25 mL을 넣고 충분히 시료를 용해시켜 준다.

③ 증류수 30 mL을 넣고 가볍게 흔들어서 섞어 준다.

④ 1% 녹말 용액을 2~3방울 넣어준 다음 병을 돌려가며 가볍게 흔들어 준다. 0.01 N $Na_2S_2O_3$을 이용하여 적정한다.

⑤ 종말점은 시료의 색이 완전히 투명해지는 때이며, 종말점까지 적정에 사용된 $Na_2S_2O_3$의 양을 기록하고, 아래 식에 따라 계산한다.

⑥ 공실험은 같은 방법으로 시료를 넣지 않고 시행한다.

(3) 계산

$$\text{과산화물값(POV)} = \frac{(S-B)\times N\times 1{,}000}{W}$$

S : 시료의 적정량(mL), B : 공실험 적정량(mL), N : $Na_2S_2O_3$ 노말 농도, W : 시료의 채취량(g)

과산화물값의 단점은 첫째, 유지의 산패가 진행됨에 따라 생성되는 하이드로퍼옥사이드의 함량은 일단 최고값에 도달한 후 감소하기 때문에 산패가 발생한 지 오래된 유지는 과

산화물값이 의외로 낮을 수 있다는 것이다. 둘째, 고온에서 분해되기 때문에 유탕 처리 시에는 적용하기가 쉽지 않다.

일반적으로 식물성 기름은 과산화물값이 60~100 meq/kg에 도달하기까지 걸리는 시간을 그 유도기간으로 정하며, 동물성 유지의 경우는 과산화물값이 20~40이 되는데 소요되는 시간을 그 유도기간으로 정하고 있다.

2) TBA값

TBA값(thiobarbituric acid value)의 원리는 지방 산화의 2차 생성물인 말론알데하이드(malonaldehyde)의 농도를 측정하는 것이다. TBA 시험은 유지의 산패가 진행됨에 따라 생성되는 카보닐화합물 중 말론알데하이드 생성에 근거를 둔 것이다. 산패된 유지나 지질 식품 중의 말론알데하이드는 두 분자의 TBA와 한 분자의 말론알데하이드가 반응하여 적자색의 복합체를 형성하며, 이를 530 nm에서 흡광도를 측정하여 말론알데하이드의 양을 산출한다.

(1) 시약 및 기구

① 빙초산

② 0.69 g의 TBA를 증류수 100 mL로 용해, 희석하여 TBA 용액을 제조한다.

③ 위의 TBA 용액과 빙초산을 1 : 1로 혼합하여 TBA 시액을 제조한다.

④ 벤젠

⑤ 기구 : 삼각 플라스크(125~300 mL), 분액깔때기(250 mL), screw cap이 있는 시험관(18 × 145 mm 또는 25 × 200 mm), 분광광도계(530 nm), 물중탕(water bath)

(2) 측정방법

① 약 50~200 mg의 시료를 칭량한 후 벤젠 5 mL를 넣고 충분히 용해시킨다.

② TBA 시약 5 mL를 넣고 95℃ 물에서 120분간 끓인다.

③ 흐르는 물에 냉각 후 530 nm에서 흡광도를 측정한다.

(3) 계산

$$\text{TBA값} = \frac{(S - B) \times 50}{W}$$

S : 530 nm에서 시료의 흡광도, B : 공시험의 530 nm에서의 흡광도, W : 시료 채취량

TBA 시험은 과산화물값을 측정하는 방법보다 재현성이 낮다고 하나 산화가 진행됨에 따라 그 값은 계속 증가한다. 과산화물값과 같이 산화가 진행됨에 따라 그 값이 감소하는 일은 없다는 장점이 있다. 그러나 TBA 시험에서 TBA와 복합체를 형성하는 반응 중에서 적자색(532~538 nm)으로 발색되는 것 외에 황색(450 nm)의 최고 흡광대가 나타나는 경우가 있으며, 다른 반응을 동반하는 경우도 있으므로 정확성이 결여될 때가 있다.

3) CDA값

CDA(conjugated dienoic acid)값은 이중결합이 2개 이상인 다가 불포화지방산 함유 지질의 초기 산화 정도를 측정할 수 있다. 리놀레산이나 리놀렌산이 다량 함유된 유지의 경우 산화 개시 단계에서 비공액형 이중결합이 공액형 이중결합, 즉 공액다이엔(conjugated diene) 형태로 전환된다. 전환된 공액형 이중결합의 양을 측정하여 초기 산화 속도를 결정할 수 있다. 단점은 산화가 진행되면 더 이상 증가하지 않아 일정 산화 정도에만 응용할 수 있다는 점이다.

(1) 시약 및 기구

① 이소옥탄(isooctane), UV-Vis 분광광도계

(2) 측정방법

① 시료 100 mg을 이소옥탄 25 mL(17.2975 g)에 녹인다.

② 이를 다시 이소옥탄으로 5~20배 희석한다.

③ UV-Vis 분광광도계를 이용하여 233 nm에서 흡광도를 분석한다.

④ 영점 시료는 이소옥탄 샘플의 흡광도가 0.2 이하이거나 0.8 이상일 때는 4~25배 희석하여 흡광도의 범위를 조절한다.

⑤ 다음 식에 따라 계산한다.

(3) 계산

$$\text{Conjugated dienoic acid value(\%)} = \frac{0.84 \times A_{233}}{bc - K_o}$$

K_o : 산의 흡광도. 계수, 0.03, A_{233} : 233 nm에서의 흡광도, b : cell의 길이(cm), c : L당 시료의 g수

4) 총 카보닐값

총 카보닐값(total carbonyl value) 측정은 TBA값과 같이 2차 산화 생성물을 측정하는 방법으로 유탕 처리(deep-fat frying)에 많이 이용된다. 측정 원리는 산화가 진행될수록 증가하는 카보닐화합물의 양을 정량하는 것이다. 즉, 유지의 자동 산화 과정 중 최종 단계에서 카보닐화합물이 생성되는데 그 양을 측정함으로써 산패 정도를 알아내는 방법이다. 카보닐화합물은 과산화물값과 같이 산화 과정이 지속되는 동안 최고값에 도달하였다가 다시 감소하는 일이 없이 계속 증가한다. 그러나 일부 카보닐화합물은 휘발성이 강하기 때문에 생성된 카보닐화합물의 일부가 소실될 수 있으므로 주의해야 한다.

유지를 석유 에테르 : 다이에틸에테르(87 : 13) 혼합 용매에 녹인 후 실리카겔 칼럼에 도입하면 극성물질은 흡착되고 비극성물질은 용출된다. 용출된 물질에서 용매를 제거하고 무게를 측정한 후 원래 시료 무게에서 빼면 발생한 극성물질의 총량이 된다. 보통 극성물질이 27% 이상 되면 유지의 변화가 심한 것으로 간주된다. 또한 2,4-dinitrophenylhydrazine과 반응시켜 2,4-dinitrophenylhydrazone 유도체를 만들고, 이를 분리한 후 수산화칼륨을 가하여 발색시킨 다음, 430~460 nm에서 흡광도를 측정하여 카보닐값(mEq/kg)을 산출하는 방법도 있다.

최근 유전상수를 이용하여 총 극성물질(total polar matters) 함량을 측정하는 방법이 개발되어 간단하게 유탕 처리된 유지의 산패도를 측정하는 방법이 도입되었다.

5) 아니시딘값과 토토스값

유지의 산패가 진행되면 알데하이드의 농도는 증가한다. 아니시딘값(anisidine value)은 알데하이드 중에서도 주로 2-alkenal과 2,4-alkadienal을 측정하는 것이다. 한편, 산화값(oxidation value) 또는 토토스값(totox value)은 다음과 같이 표시하며, 유지의 산화 정도를 평가하는 데 널리 이용된다.

토토스(또는 oxidation value) = 2 × 과산화물값(POV) + 아니시딘값

아세트산에 녹인 *p*-아니시딘은 알데하이드와 반응하여 황색의 복합체를 형성하는데, 이를 350 nm에서 흡광도를 측정하여 그 양을 산출한다.

(1) 시약 및 기구

① 이소옥탄

② 0.25% *p*-아니시딘(99.0% 아세트산, w/v) 용액

③ 기구 : UV-Vis 분광광도계

(2) 측정방법

① 시료 100 mg에 이소옥탄을 사용하여 25 mL로 정용한다.

② UV-Vis 분광광도계를 이용하여 350 nm에서 흡광도를 측정한다.

③ 다시 이 용액 5 mL를 시험관에 취해 0.25% *p*-아니시딘(99.0% 아세트산, w/v) 용액 1 mL를 첨가한다.

④ 10분간 방치한 후 350 nm에서 흡광도를 측정하고 다음 식에 의해 계산한다.

(3) 계산

$$\text{아니시딘값} = \frac{25 \times (1.2A_s - A_b)}{W}$$

A_s : 아니시딘 시약과 반응한 후의 시료 용액의 흡광도

A_b : 아니시딘 시약과 반응하기 전의 시료 용액의 흡광도, W : 시료의 무게(g)

6) 유리지방산 측정

유지의 산패가 진행될수록 트라이아실글리세롤이 가수분해되면서 유리지방산 함량은 증가하게 된다. 시료의 유리지방산 함량을 측정함으로써 유지의 산패 정도를 측정할 수 있다. 유리지방산의 예상 수치에 따라 시료량을 정한 후 뜨거운 알코올과 2 mL 지시약을 첨가하여 수산화나트륨으로 정량한다(표 13-3). 유리지방산값은 특정 지방산의 무게 퍼센트로 표현되며 주로 올레산(oleic acid)이 기준으로 사용된다. 코코넛기름이나 팜핵기름은 라

표 13-3 시료량과 유리지방산 함량 간의 관계

유리지방산(%)	시료량(g)	알코올(mL)	알칼리의 세기
0.0~0.2	56.4±0.22	50	0.1 N
0.2~1.0	8.2±0.2	50	0.1 N
1.0~30.0	7.05±0.05	75	0.25 N
30.0~50.0	7.05±0.05	100	0.05 또는 1.0 N
50.0~100.0	3.525±0.001	100	1.0 N

우르산(lauric acid)으로, 팜유는 팔미트산(palmitic acid)으로 표현한다.

$$\text{올레산 기준 유리지방산(\%)} = \frac{\text{수산화나트륨(mL)} \times N \times 28.2}{W}$$

$$\text{라우르산 기준 유리지방산(\%)} = \frac{\text{수산화나트륨(mL)} \times N \times 20.0}{W}$$

$$\text{팔미트산 기준 유리지방산(\%)} = \frac{\text{수산화나트륨(mL)} \times N \times 25.6}{W}$$

N : 수산화나트륨의 노말 농도,　W : 시료의 무게(g)

인산이나 아미노산 등 산값에 영향을 미치는 인자가 없다면 지방산만으로도 다음 식으로 산값을 구할 수 있다.

$$\text{\%유리지방산(올레산 기준)} \times 1.99 = \text{산값}$$

만약 라우르산 및 팔미트산을 기준으로 사용한다면 각각 2.81 및 2.19를 사용한다.

3. 지방 산화-산화 안정성 측정법

유지 및 유지를 다량 함유하고 있는 식품은 불포화지방산의 포함 정도, 항산화물질의 종류 및 양, 가공 공정 및 저장 상태에 따라 산화 안정성이 달라진다. 유지가 산화스트레스에 대항하는 정도를 산화 안정성이라 한다. 유지는 상온에서 상대적으로 긴 산화 안정도를 갖기 때문에 가혹한 테스트 환경을 활용하여 식품의 유통기간 등을 설정한다. 다만 고온에서 이루어지는 실험 조건이 상온에서 장기간 저장하면서 발생하는 현상과 반드시 동일하지는 않을 것이며, 실험 중 오염 및 부주의로 발생하는 오차에 의해 실제 상황과 일치하지 않는 현상이 발생할 수 있다. 특히 금속으로 된 용기는 사용해서는 안 된다.

1) 유지안정지수와 AOM법

유지안정지수(oil stability index, OSI)는 보통 110~130℃로 가열되고 있는 유지에 순수한 공기를 불어넣고 발생하는 휘발성 물질을 탈이온화된 수분을 이용하여 제거하면서 측정한 유도기간(induction period)을 의미한다. 유도기간이란 지방 산화가 지수적으로 증가하는 데 필요한 시간으로 산화 안정성이 큰 유지일수록 유도기간은 길어진다.

활성산소법(active oxygen method, AOM)은 유지 산패의 용이성을 단시간에 판단하는 방법으로, 유지를 약 97℃의 물중탕에 유지하면서 2.33 mL/sec의 속도로 공기를 불어넣어 산패를 일으킨 다음 과산화물값을 측정하거나, TBA값을 측정하여 유지의 산패 유도기간을 측정한다. 식용유를 50℃에서 저장 시 1개월의 산화도는 93℃에서의 6일, 180℃에서 1시간의 산화도와 유사하다. 이 방법은 가속 저장수명시험법(accelerated shelf life test)의 하나이다. 최근에 개발된 기기인 랜시맷(Rancimat)법은 간편하고 쉽게 유지의 안정도를 측정한다.

2) 샤알 오븐 테스트

샤알 오븐 테스트(Schaal oven test)는 제과 및 제빵 공업에서 많이 사용하는 방법이다. 유지 산패를 측정하고자 하는 시료를 접시에 담고 일정한 온도(63℃ 또는 145℉)로 유지되고 있는 항온조에 넣어서 수시로 감각평가를 하여 산패의 발생을 검출하거나 그 유도기간을 추정하는 방법이다. 이 방법은 빵, 케이크, 비스킷과 같이 식품을 부수지 않고는 유지를 추출하기 어렵거나, 감각평가 외에는 산패를 측정하기 곤란할 때 사용하는 방법이다.

3) 헤드스페이스 산소 소거 시험

이 방법의 원리는 밀폐되어 외부 공기가 출입하지 못하는 시료병에서 시료 위 헤드스페이스의 산소량을 GC-TCD(gas chromatography-thermal conductivity detector)를 이용하여 측정하는 방법이다. 지방 산화란 지방과 산소의 결합이므로 산화가 진행될수록 산소의 양은 감소하고 상대적으로 시료의 무게는 증가하게 된다. 시료의 무게 증가를 측정하는 방법 이외에 감소하는 산소 양을 측정하여 시료의 산화 정도를 분석한다.

(1) 시약 및 기구

10 mL 또는 30 mL의 밀폐 가능한 시료병

(2) 측정방법

① 10 mL 시료병에 2 g 유지 시료를 넣은 후 완전히 밀폐시킨다.

② 고온에서 유지를 산화시킨다. 산화온도는 자동 산화의 경우 60℃, 유지의 산패를 촉진시킬 경우에는 100℃, 유탕 처리온도로는 180℃를 선정한다.

③ 시료병에서 공기 유입이 차단되는 주사기를 이용하여 헤드스페이스 기체를 천천히 포집한 후 GC-TCD에서 분석한다.

산화가 진행될수록 헤드스페이스 산소의 함량은 감소한다. 이때 시료병이 완전히 밀폐되어 외부의 산소가 시료병으로 혼입되지 않도록 주의해야 한다.

4) DPPH법

DPPH(2,2′-diphenyl-picryl hydrazyl)는 상대적으로 안정한 자유라디칼(radical)로 분자 내에 비공유 전자를 가지고 있다. DPPH는 수용액 상태에서 보라색이지만, 전자(electron)나 라디칼에 의해 비라디칼화되면 담황색으로 변한다. 이때 감소하는 흡광도의 수치를 UV-Vis 분광광도계를 이용하여 515~517 nm에서 측정한다. DPPH는 지방 산화 유래 라디칼과도 직간접적으로 반응하여 흡광도의 변화를 일으킬 수 있다(그림 13-3).

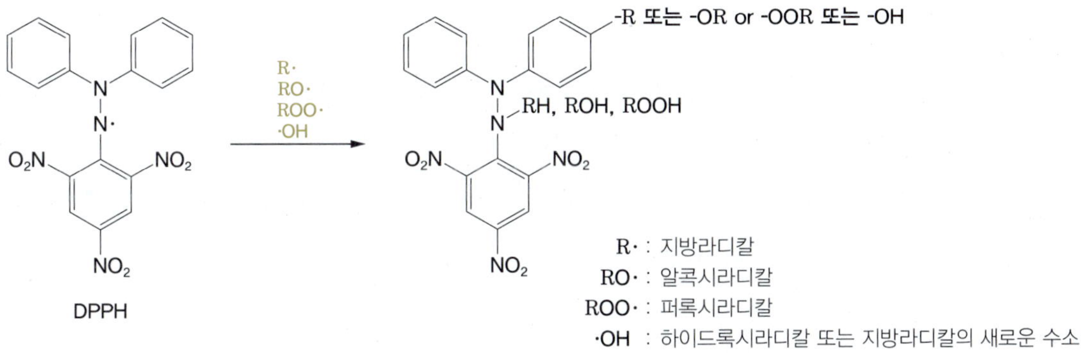

그림 13-3 DPPH와 지방 유래 자유라디칼의 반응 원리

(1) 시약 및 기구

① 0.1 mM DPPH 이소옥탄 용액

② UV-Vis 분광광도계

(2) 측정방법

① 시료 약 50 mg을 0.1 mM DPPH(in isooctane) 5 mL에 희석시킨다.

② 상온 암실에서 30분 동안 반응시킨다.

③ 분광광도계를 이용하여 517 nm에서 흡광도를 측정 및 기록한다(그림 13-4).

산화 처리 전의 시료에 의한 DPPH 흡광도는 초기 유지에 함유된 항산화물질의 함량과

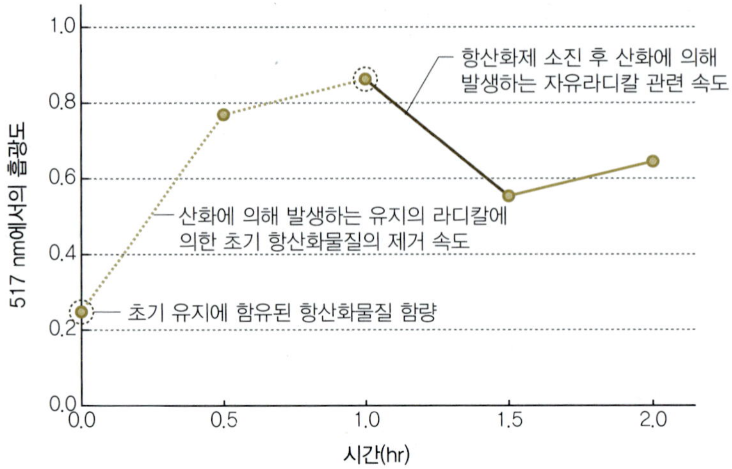

그림 13-4 **일반 식용유지의 산화 시 DPPH 흡광도 변화**

밀접한 관계가 있다. 즉 흡광도가 낮을수록 유지에 함유된 항산화물질의 농도는 크다. 산화 과정이 진행되면 유지로부터 발생하는 라디칼에 의해 내재되어 있던 항산화물질이 소비되면서 흡광도는 증가하게 되고(점선) 발생한 자유라디칼에 의해 내재되어 있던 항산화물질이 소진되면 흡광도는 다시 감소하게 된다(굵은선).

4. 지방산, 콜레스테롤, 트랜스지방, 중성지질 및 인지질의 분석법

1) 지방산 분석

지방산은 GC를 이용하여 분석한다. 지방산은 휘발성이 낮아서(즉 끓는점이 200~300℃ 이상으로 높기 때문에) GC로 분석하기 위해서는 지방산의 카복실기에 메틸기를 에스터 결합시켜 주어 휘발성을 높이는 전처리가 필요하다. 식품에 들어 있는 유지는 유기용매를 이용하여 추출한 후에 비누화 공정을 거치면서 메틸에스터화를 유도한다.

(1) 시료의 전처리방법(메틸에스터화)

① 시료 100 mg을 20 mL 시약병에 넣고 0.5 N 수산화나트륨 4 mL와 섞어 준 후 끓는 물에서 10분간 중탕한 후 냉각하여 중성지질을 지방산과 글리세롤로 분해시킨다.

② 14% BF_3(boron trifluoride) 4 mL를 섞은 다음 끓는 물에서 5분간 중탕한 후 냉각한다.

③ 포화 NaCl 6 mL를 섞어 주고 헥산 3 mL를 첨가한다.

④ 메틸에스터화된 지방산을 GC를 이용하여 분리한다.

2) 콜레스테롤 분석법

콜레스테롤 분석법은 시료의 종류에 따라 다양한 방법이 보고되어 있다. 콜레스테롤은 물, 산, 알칼리에 불용성이며 유기용매에는 가용성이나 찬 아세톤이나 에탄올에는 녹지 않는다. 시료에서 회수된 지방 중 비누화되지 않는 부분에 존재하는 콜레스테롤은 트라이메틸실릴(trimethylsilyl, TMS) 에테르 형태로 유도되어 GC를 이용하여 정량된다.

(1) 시약 및 기구

① 수산화나트륨

② 에탄올

③ 무수 황산나트륨

④ dimethylformamide

⑤ hexamethyldisilazane, trimethylchlorosilane

⑥ 헵탄

⑦ 기구 : 회전증발농축기, 원심분리기, GC

(2) 측정방법

① 식품 시료에서 지방을 추출한 후 수산화나트륨과 에탄올을 넣어 비누화시킨다.

② 벤젠과 1 N 수산화나트륨을 첨가하여 진탕한다.

③ 수용액층은 제거하고 이 과정을 0.5 N 수산화나트륨을 이용하여 반복한다.

④ 물로 여러 번 세척한 후 벤젠층을 무수 황산나트륨을 첨가하여 탈수하고, 회전증발농축기를 이용하여 농축한다.

⑤ 잔류물을 dimethylformamide에 녹인 후 hexamethyldisilazane과 trimethylchlorosilane을 이용하여 유도화한다.

⑥ 수분과 내부표준물질이 있는 헵탄을 첨가하여 넣은 후 원심분리한다.

⑦ 헵탄층을 분석한다.

(3) 달걀노른자에서 콜레스테롤의 분석방법

① 달걀노른자만을 분리하여 비커에 아세톤 50 mL을 넣고 잘 혼합하여 방치한다.

② 상층액을 여과 후 잔사에 20 mL 아세톤을 가해 동일한 방법으로 재추출한 후 아세톤 가용부에 수산화나트륨 2 g을 넣고 30분간 환류장치에서 가열하여 비누화시킨다.

③ 아세톤을 증류한 후 물 50 mL을 첨가하고 분액깔대기에 에테르 30 mL을 가해 추출한다.

④ 다시 에테르 30 mL을 가해 재추출한다.

⑤ 에테르 추출액에서 무수 황산나트륨을 첨가하여 탈수 후 용매를 증발시킨다.

⑥ 박층 크로마토그래피는 실리카겔을 흡착제로 이용하여 제조하고, 헥산-다이에틸에테르-폼산(80 : 20 : 2, v/v/v) 등의 혼합 용매를 이용하여 전개시킨 후 2′,7′-dichloro-fluorescein 함유 메탄올 용액을 뿌린 다음 자외선으로 보면 노란 밴드가 보인다(그림 13-5).

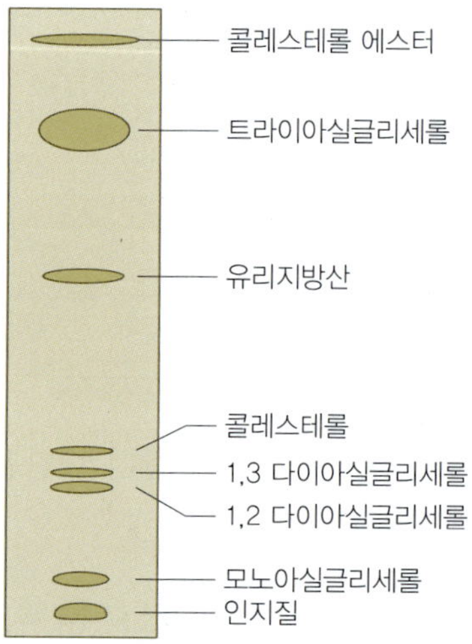

그림 13-5 박층 크로마토그래피를 이용한 지용성 물질의 분리

이 방법은 지방 분획물이 존재하는지를 확인하는 빠른 방법으로 사용될 수 있으며, 또한 박층 크로마토그래피에서 각각의 분획을 긁어 내어 적당한 유기용매로 녹인 후 즉시 GC 등의 분석에 사용할 수 있는 일종의 분리법이 된다.

3) 트랜스지방 분석법

트랜스지방은 트랜스 구조를 1개 이상 가지고 있는 모든 불포화지방을 의미하나, 이중결합이 2개 이상일 때에는 메틸렌기에 의해 분리되거나 또는 비공액형 이중결합을 가지고 있는 지방으로 한정되어 공액리놀렌산(conjugated linoleic acid, CLA)은 제외된다.

식품의약품안전처에서는 트랜스지방 분석법을 공고하였으며, 주요 분석 식품은 정제된 식물성 유지나, 경화 또는 부분경화시킨 식물성 유지, 반추동물에서 기인하는 유지를 대상으로 하였다. 트랜스지방 계산의 특성은 공액형 이중결합을 제외한 모든 트랜스지방을 포함하는 방식으로, 가장 문제시되고 있는 엘라이드산(elaidic acid)만을 계산하는 것이 아니라 이중결합이 여러 개인 트랜스지방도 포함된다.

실험방법은 지방산 분석과 동일하다. 통상적으로 트랜스형 이성질체는 시스형보다 먼저 분리된다. ccc 18 : 3과 20 : 1의 피크 순서는 칼럼의 종류 및 분석온도에 따라 다르며 트랜스지방산의 분리 조건을 최적화시키는 데에는 20 : 1의 피크가 ccc 18 : 3 바로 앞에 나오는 것이 좋다. 일부 18 : 3의 트랜스형 이성질체는 γ-리놀레산의 피크와 겹치므로 먼저 지방산을 분석하여 이를 확인하거나 가스 크로마토그래피-질량 검출기나 기타 방법을 이용하여 피크를 재확인하는 것이 필요하다(그림 13-6).

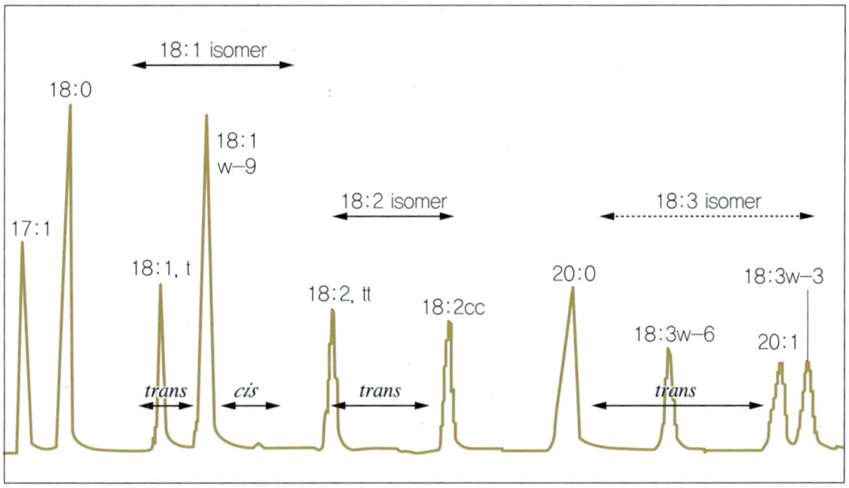

그림 13-6 시스형 및 트랜스형 지방산의 판별

가스 크로마토그램에 나타난 피크는 지방산이 아닌 지방산의 메틸에스터화된 것이다. 또한 분석기기마다 지방산의 각 피크 반응이 다르므로 이를 모두 고려해야 정확한 정량분석이 가능하다.

4) 중성지질 분석

(1) HPLC를 이용한 중성지질 분석

중성지질, 즉 트라이아실글리세롤은 비휘발성 물질로 HPLC를 이용하여 분석해 왔다. 역상 칼럼을 사용하며 C_{18}보다는 C_{30} 칼럼이 각각의 중성지질을 분리하는 데 유리한 것으로 보고되었다(그림 13-7).

HPLC 분석 조건은 C_{18} 또는 C_{30} 역상칼럼을 이용하였고 검출기로는 ELSD(evaporative light scattering detector)를 사용하였다. 농도 기울기가 있는 아세토나이트릴과 다이클로로메탄 혼합 용매를 이용하였다.

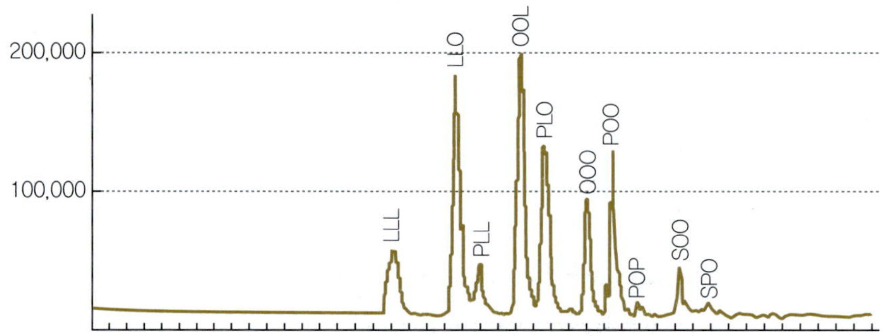

그림 13-7 참기름의 트라이아실글리세롤의 HPLC-ELSD 분석

(2) GC를 이용한 중성지질 분석

HPLC뿐만 아니라 GC를 이용하여 중성지질을 분석할 수도 있다(그림 13-8). 비휘발성인 중성지질을 고온으로 분리하기 위해, 고온에서 견딜 수 있는 15 m와 30 m 길이의 GC 칼

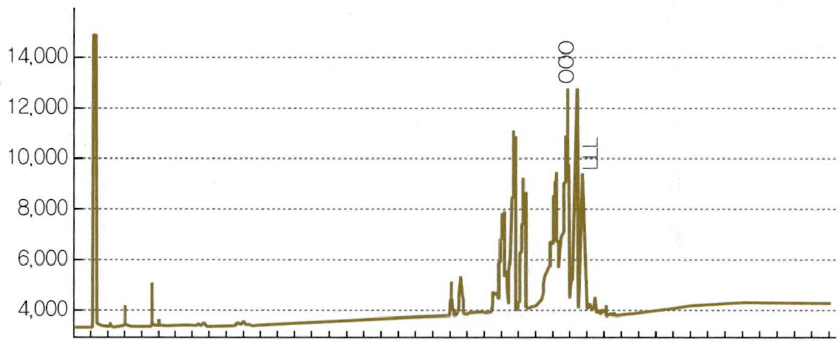

그림 13-8 참기름의 트라이아실글리세롤의 GC 분석

럼이 개발되어 사용되고 있다. HPLC 분석과 비교해 볼 때 상대적으로 짧은 분석시간과 전처리 공정으로 앞으로 이용 분야가 넓어질 것으로 예상된다.

GC 분석 조건은 주입구 및 검출기 온도가 각각 370℃, 캐리어가스는 헬륨으로 2 mL/mm 속도, 오븐의 온도는 초기 1분간 280℃로 시작하여 3℃/min의 속도로 365℃까지 증가한 후 최종적으로 10분간 머무른다.

5) 인지질 분석

인지질(phospholipid)은 생체막을 구성하는 주요 성분으로 유화제 및 표면활성제 역할을 담당한다. 인지질에는 포스포글리세라이드(phosphoglyceride)와 스핑고마이엘린(sphingomyelin)의 두 종류가 있다. 포스포글리세라이드도 포스파티드산, 포스파티딜콜린(레시틴), 포스파티딜에탄올아민(세팔린), 포스파티딜세린, 포스파티딜이노시톨 등 여러 종류가 존재한다(그림 13-9).

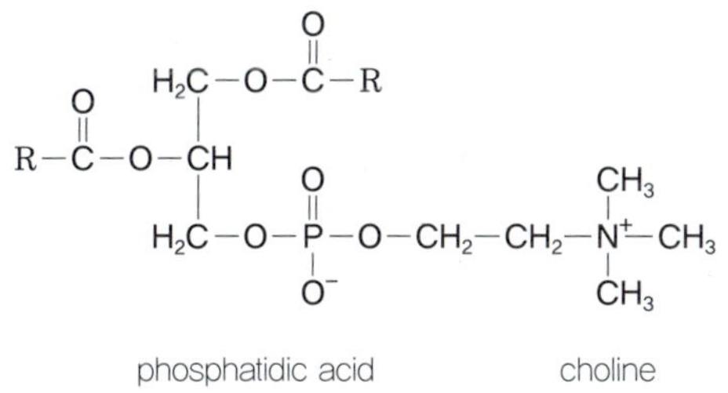

그림 13-9 포스파티딜콜린(레시틴)의 구조

동식물성 조직에서 이들을 분석하기 위해서는 먼저 조직에서 조지방을 구한 후 중성지질을 분리해야 한다. 구체적으로 보면 먼저 클로로폼 : 메탄올 또는 클로로폼 : 메탄올 : 물 혼합 용매를 이용하여 먼저 조지방을 추출한 후 실리카겔이 충전된 칼럼 크로마토그래피에 추출된 조지방을 분획한다. 클로로폼을 용출 용매로 사용하면 주로 중성지질이 추출되고, 클로로폼과 메탄올 혼합 용매에는 스핑고마이엘린이, 메탄올 추출액에는 포스포글리세라이드가 분획된다. 분획물은 박층 크로마토그래피를 활용하여 순도를 측정할 수 있고 구체적인 혼합물은 UV 검출기 205 nm의 HPLC를 활용하면 정량 및 정성 분석이 가능하다.

최근 ELSD를 이용한 인지질 분석이 많이 보고되고 있다. 실리카겔이 충전된 칼럼 크로마토그래피 대신 C_8 고체상 추출을 활용하여 인지질을 분획한다.

tip 지방 산화와 각 단계별 유지 산패 측정법

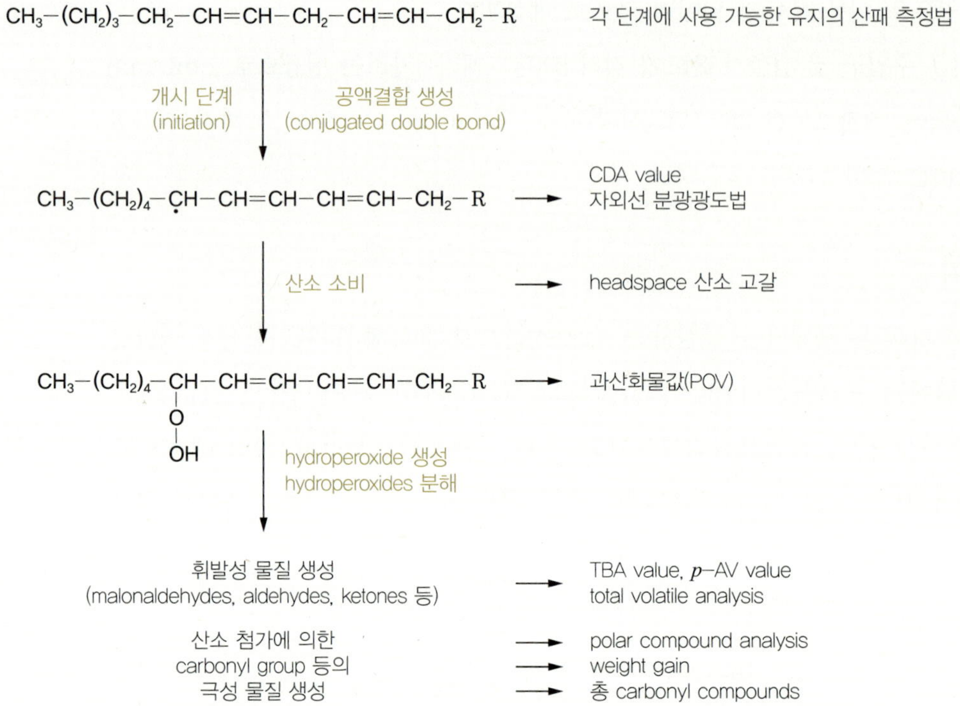

tip 식품 시료의 유지 분석 시 필요한 상황

적당한 비극성기를 갖는 용매인 헥산 : 이소프로판올(3 : 2, v/v), 클로로폼 : 메탄올(2 : 1, v/v), 다이에틸에테르 : 헥산(1 : 9, v/v) 등의 혼합 용매나 헥산이 유지 추출을 위해 사용된다. 추출된 유지에서 용매는 회전증발기나 질소가스가 흐르는 상태에서 제거하며, 추출 중 발생할 수 있는 산화를 억제하기 위해 10~100 mg/L 정도의 항산화제(BHT)를 첨가할 수 있다. 지질 추출 과정 중 빛, 열, 공기와의 접촉은 최소화해야 한다. 추출된 유지에서 불순물을 제거하고 분획을 가능하게 하는 것이 고체상 추출(solid-phase extraction)로 내부에 실리카겔과 같은 흡착물을 갖고 있는 칼럼을 이용하는 것이다.

연습문제

1 지방이 단백질, 탄수화물과 함께 혼합되어 있는 식품이 있다. 우선 탄수화물과 단백질로부터 지방을 분리해야 하는데 이때 사용할 수 있는 방법은?

2 Triglyceride로 이루어진 유지의 비누화값(검화가)을 측정하였더니 195이었다. 이 유지의 평균 분자량은?

3 어떤 유지 300 g에 I_2 2몰을 첨가하여 부가 반응(addition reaction)이 일어났다면 이때의 요오드값은? 단, 분자량을 가정하여 제시한 값을 적용하여도 무방하다.

4 Tristearin (M.W. 890)의 비누화값은? 단, KOH = 56 g/몰이다.

풀이 및 정답

1. 원통 거름종이에 시료와 함께 클로로폼이나 에테르 등의 유기용매를 사용하여 지방을 녹인 후 용매로 반복하여 원통 거름종이를 통과시켜 완전히 녹아내린 부분만을 분석하면 된다.
2. x값을 분자량이라고 하면 KOH = 56 g/몰

$$3\text{몰} \times 56\ \text{g/몰} \times 1{,}000\ \text{mg/g} \times \frac{1\ \text{g}}{\text{x g}} \fallingdotseq 195$$

3. 식만 완성하면 된다. 계산은 다소 틀려도 무방하다.

만약 Triolein (MW 885.4)의 요오드값을 구하는 문제라면

$$\frac{3 \times \text{요오드 분자량}}{\text{triolein의 분자량}} \times 100$$

따라서 $\dfrac{2 \times 127 \times 2 \times 300}{885.4} = 172.12$

4. $3\text{몰} \times 56\ \text{g/몰} \times 1{,}000\ \text{mg/g} \times \dfrac{1\ \text{g}}{890\ \text{g}} \fallingdotseq 188$

14 색소 및 기능성 물질 분석

색소 및 기능성 물질의 분석은 최근 식품 연구 분야에서 중요성이 강조되고 있다. 식품으로 고부가가치를 창출하고 식품에 새로운 기능성을 부여하기 위해 원료 소재로부터 다양한 생리활성물질의 추출, 분리, 동정 및 기능성 확인 등이 연구되고 있다. 여기에서는 기능성을 갖는 화학물 중 식품 유래 색소와 페놀성 화합물을 중심으로 식물 유래 생리활성 물질의 분석에 대해 알아보고자 한다.

식품의 색은 관능성 및 제품의 인상을 결정짓는 중요한 요소 중의 하나이다. 식품의 천연색소는 크게 식물 유래의 4가지와 동물 유래의 1가지로 나눌 수 있다. 식물계 색소는 지용성인 카로티노이드(carotenoids), 엽록소(chlorophylls)와 수용성인 안토사이아닌(anthocyanins)과 베타레인(betalains)이다. 동물성 색소는 헴(heme) 단백질인 마이오글로빈(myoglobin)이 대표적이다. 연어나 송어의 붉은 빛은 카로티노이드 색소에 기인하며 이것은 식물성 먹이에서 유래한다. 합성색소는 타르계와 비타르계가 있으며, 식품에 주로 사용하는 것은 수용성 타르계 색소이다. 석탄 건류 부산물인 콜타르(coal tar)에서 생성되어 콜타르계 색소로 분류되었으나 최근에는 석유에서 생산된다. 화학 구조에 따라 Azo계, Xanthene계, Triphenylmethane계, Indigoid계로 분류할 수 있으며, 용해성에 따라 수용성, 유용성 및 알루미늄레이크류로 나눈다. 수용성 색소는 수용액에서 염을 형성하여 녹을 수 있는 염료이며, 유용성 색소는 분자 내에 산성 또는 염기를 보유하고 있지 않아 물에는 녹지 않으나 유지에는 녹는다. 알루미늄레이크류 색소는 물과 유지에 녹지 않는 대신 분산되어 착색된다.

생리활성물질 또는 기능성 물질은 탄수화물, 단백질, 지질, 식물생리활성물질 등의 다양한 형태로 유래하므로 단순히 정의하기가 쉽지 않다. 탄수화물, 단백질, 지질 유래 생리활성물질의 분석은 기본적으로 각각 원료 성분의 분석법을 기초로 분석할 수 있다. 예를 들어 기능성 지질인 DHA (docosahexaenoic acid) 등의 오메가-3 지방산 분석은 GC를 이용하여 분석 가능하다. 최근 식물 유래 기능성 물질인 식물생리활성물질의 약리작용에 대한 관심이 높아지고 있다. 이들은 주로 phenolic 구조를 기본으로 한다. 식물에서 phenolic 구조는 phenylalanine 및 tyrosine 유래 2차 대사산물로 쿠마르산(coumaric acid), flavonoid, tannin, lignan, lignin, 코르크질(suberin), stilbene, chalcone 등이 속한다(그림 14-1). 대부분 비휘발성 물질이므로 HPLC를 기본으로 다양한 검출기 및 이동상의 기울기(gradient)를 활용하여 분석한다.

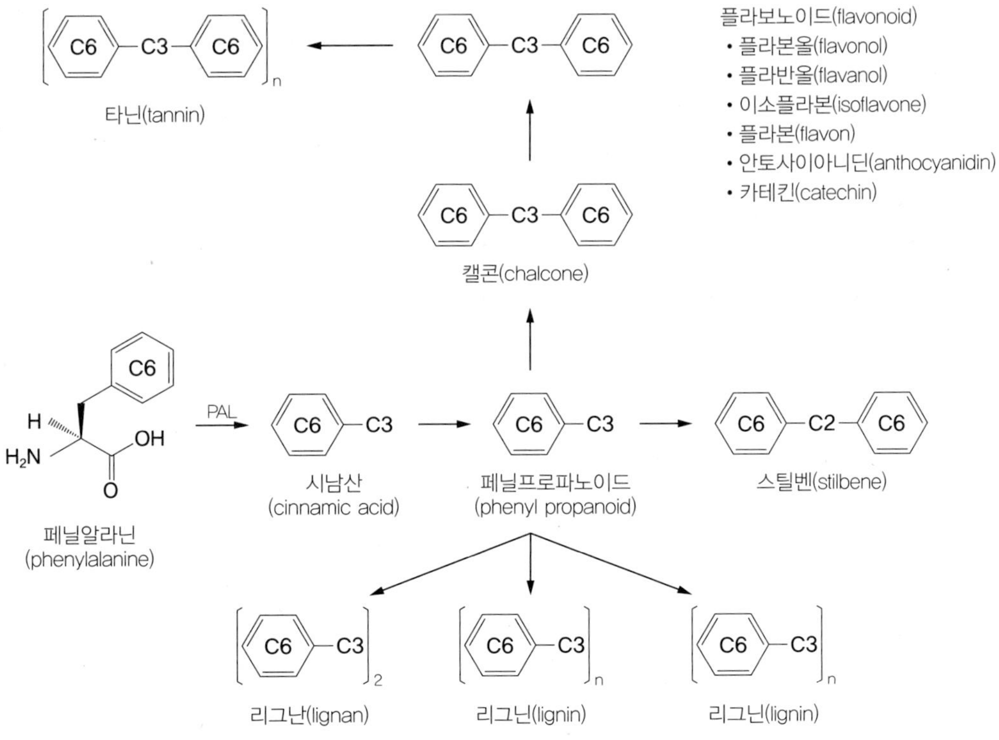

그림 14-1 식물 유래 페놀성 화합물의 생성 경로

*PAL : phenylalanine ammonia lyase

1. 색소 분석

식품의 색소는 천연 및 합성 색소로 구분되며, 정량 및 정성 분석은 가스 크로마토그래피(GC), 고성능 액체 크로마토그래피(HPLC) 등의 기기 분석으로 가능하다.

색소 분석 시에는 산소, 열, 빛, 금속이온, 촉매제와의 접촉을 최소화해야 한다. 식물 시료로부터 색소 추출 시에는 시료를 생것 그대로 사용 가능하며, 동결 시에는 미리 효소에 의한 영향을 최소화하기 위해 데치기 공정을 거친다. 추출된 색소는 질소 충전된 유리용기에 알루미늄 포일로 빛을 차단한 상태에서 저온 보관한다. 수용성 색소는 냉동 시 색소 간의 반응이 발생할 수 있으므로 장기간 냉동 보관하지 않는다. 시료의 수분 함량을 미리 측정해 두어 건물중량과 습식중량에 대한 자료를 확보해 두는 것도 좋다.

1) 엽록소

엽록소(chlorophylls)는 광합성 생물에 포함된 지용성 녹색 색소로 포피린(porphyrin) 구조와 마그네슘을 갖고 있으며, 단백질과 결합하여 클로로플라스틴(chloroplastin) 또는 필로클로린(phyllochlorin)이라는 색소단백질로 존재한다. 고등식물계에서는 엽록소 a와 엽록소 b가 약 3 : 1의 비율로 존재하며 모조류, 규조류, 갈조류에는 a와 c, 홍조류에는 a와 d, 부등모류에는 a와 e가 발견된다.

(1) 추출

생엽과 건조식물 조직의 엽록소는 지방, 지단백질, 카로티노이드 등의 다른 조직과 결합되어 있으므로 적절한 용매를 이용하여 추출한다. 가장 많이 사용하는 용매는 생엽인 경우 아세톤, 건조 시료인 경우 다이에틸에테르이지만, 차가운 메탄올도 사용한다. 특히 초음파 처리를 동시에 하면 추출 효율을 증가시킬 수 있다. 포화된 탄산칼슘을 함유하고 있는 다이메틸설폭사이드도 사용된다.

(2) 분석

추출된 엽록소 분석 시 사용 가능한 검출기로는 UV-Vis 검출기, PDA 검출기(photodiode array detector), coulometric electrochemical array detector, 질량 검출기로는 MALDI, field desorption, FAB, ESI, APCI 등이 이용된다. 최근에는 FAB와 APCI 검출기를 갖춘 이중 질량 분석법〔tandem mass spectrometry(MS/MS)〕이 사용된다.

(3) 유의 사항

수분이 많은 시료는 미리 건조해야 한다. 약간의 MgO나 $MgCO_3$를 첨가하면 추출 중 발생하는 산 생성에 의한 엽록소 a가 페오피틴 a로 변화되는 것을 예방할 수 있다. 아세톤, 에탄올, 메탄올을 이용하여 엽록소를 추출하는 경우에는 엽록소 추출물을 다이에틸에테르와 같은 소수성 유기용매와 섞어 알로메트릭 클로로필(allometric chlorophyll) 형성 및 저장 중 색소의 결정화 현상을 방지할 수 있다.

(4) 간단한 엽록소 정량방법

시료를 잘게 분쇄한 후 0.1 g 탄산칼슘, 석영모래를 혼합하고 파쇄하여 85% 아세톤을 넣어 분쇄한다. 여과깔대기로 흡입, 여과하여 분리한 후 잔사물은 다시 85% 아세톤을 넣어 녹색이 나오지 않을 때까지 추출을 반복한다(소량의 에테르 추가 가능). 25~50 mL 85% 아세톤 추출액과 50 mL 에테르 용액을 섞은 후 분액깔대기에서 녹색 색소가 에테르층으로 완전히 옮겨가도록 흔들어 정치 후 아세톤을 제거하고 에테르 용액을 분리한다.

(5) 흡광도 측정

시료 용액에 무수 황산나트륨을 첨가한 후 에테르를 이용하여 희석한다. 측정 파장 660~642.5 nm 사이에서 흡광도가 0.2~0.8 사이가 되도록 희석하여 흡광도를 측정한다. 총 엽록소의 양, 엽록소 a, 엽록소 b의 함량은 다음 식으로 계산할 수 있다. I_o는 에테르만의 흡광도이다.

$$\text{총 엽록소(mg/L)} = 7.12 \log\left(\frac{I_O}{I_{660\text{ nm}}}\right) + 16.8 \log\left(\frac{I_O}{I_{642.5\text{ nm}}}\right)$$

$$\text{엽록소 a(mg/L)} = 9.93 \log\left(\frac{I_O}{I_{660\text{ nm}}}\right) - 0.0777 \log\left(\frac{I_O}{I_{642.5\text{ nm}}}\right)$$

$$\text{엽록소 b(mg/L)} = 17.6 \log\left(\frac{I_O}{I_{660\text{ nm}}}\right) - 2.81 \log\left(\frac{I_O}{I_{642.5\text{ nm}}}\right)$$

2) 카로티노이드

카로티노이드(carotenoids)는 이소프레노이드(isoprenoid)를 기본 골격 A로 갖는 식물 색소로 황색, 등색, 심홍색 등을 나타낸다. 카로티노이드는 탄소와 수소만으로 구성된 카로틴(carotene)과 산소가 추가된 잔토필(xanthophyll)로 구분된다. 산소는 수산화기(−OH), 메톡실기(−OCH_3), 카복실기(−COOH), 케톤(−C=O) 및 에폭시(−O−) 구조로 연결되어 있으며 산소의 수에 따라 구분된다. 식물체에서 발견되는 카로티노이드의 이중결합은 모두 트랜스(*trans*) 형태를 보이나 인체에서는 시스형이 다수 발견되는 특징이 있다.

지용성 물질인 카로티노이드를 추출하기 위해서는 비극성 용매 혼합물을 사용하여야 하며, 용매의 종류는 식품 조직과 추출하고자 하는 카로티노이드의 종류에 따라 다르다. 일반적으로 헥산 : 아세톤(1 : 1, v/v) 또는 헥산이 건조 시료에 사용되고 메탄올과 테트라하이드로퓨란(THF) (1 : 1, v/v) 혼합물, 클로로폼과 메탄올(2 : 1, v/v) 혼합물 등이 과일 및 채소에 사용된다.

카로티노이드 추출액은 HPLC나 TLC에 의해 분리 및 동정이 가능하다. 카로티노이드의 이중결합들은 400~500 nm 파장을 흡수하며 photodiode array(PDA), coulometric electrochemical array, thermal lens spectrometry 등의 검출기를 사용한다. 카로티노이드의 이성질체를 분석하기 위해 HPLC에 핵자기공명(NMR)이나 질량분석기가 연결된 기기를 사용하기도 한다.

tip HPLC를 활용하여 카로티노이드 분석 시 주의 사항

시료에서 수분의 함량은 적당히 적어야 하며 너무 탈수되었거나 수분 함량이 높은 경우에는 추출 과정이 쉽지 않다. 추출하는 카로티노이드가 비극성인 경우 헥산이 추출 용매로 좋으며 극성이 있는 경우에는 에탄올, 메탄올, 아세톤 등이 좋다. 극성을 모르는 경우에는 헥산 : 아세톤(1 : 1, v/v) 혼합 용매를 사용한다. 지방이나 엽록소의 함량에 따라 비누화 과정이 필요할 수 있다. 역상칼럼은 비극성 카로티노이드의 분석 시, 정상칼럼은 극성 카로티노이드의 분석 시 사용된다.

3) 안토사이아닌

안토사이아닌(anthocyanins)은 꽃, 과일, 채소, 주스, 포도주, 잼 등에서 빨간색, 파란색, 보라색을 나타내는 색소로 pH에 따라 색이 가역적으로 변하는 특징이 있다. pH 1에서는 양이온 플라비리윰(flavylium)으로 붉은색을, pH 4~5에서는 카비놀 베이스(carbinol base)로 무색을, pH 7~8에서는 퀴노이달 무수 베이스(quinoidal anhydro base)로 푸른색을 띤다. 대부분 당과 결합한 배당체로 존재하며 수용성이므로 1% 이하 염산이 첨가된 메탄올이나 에탄올로 조직에서 쉽게 추출된다. 염산을 첨가하는 것은 배당체가 가수분해되는 것을 방지하기 위함이다. 안토사이아닌의 산성 추출물에서는 아실(acyl)기나 당 잔기가 쉽게 분해된다. 이를 방지하기 위해 끓는 물을 사용하거나 아세트산이나 폼산(formic acid)과 같

은 약한 산을 사용하는 경우도 있다. 추출된 시료의 안토사이아닌 함량은 희석된 시료를 pH 1.0에서 510~540 nm의 흡광도를 측정한다. pH 4.5에서 안토사이아닌은 무색이므로 이때의 흡광도를 측정하여 보정하면 더욱 정확한 함량을 얻을 수 있다. 또한 불투명한 경우 원심분리를 통해 투명하게 하고 심한 경우에는 700 nm 흡광도를 활용하여 보정한다. 보다 정확한 정량 및 정성은 HPLC법을 이용한다. 또한 구체적인 구조적 특징은 NMR 및 질량분석기를 활용한다.

$$\text{안토사이아닌 흡광도} = (A_{max} - A_{700\ nm})_{pH\ 1.0} - (A_{max} - A_{700\ nm})_{pH\ 4.5}$$

4) 베타레인

베타레인(betalains)은 주로 근대의 일종인 비트레드에서 발견되는 수용성 색소이다. 보라색-빨간색을 띠는 베타시아닌(betacyanins)과 노란색을 지닌 베타잔틴(betaxanthins)이 주요 화합물이다. 이온화되어 있는 수용성 색소이기에 물로 추출 후 에탄올과 물 혼합액으로 농축해서 셀라이트와 같은 필터링 물질을 이용하여 불순물을 제거한 후 정량한다. 베타시아닌의 대표 물질인 베타닌과, 베타잔틴의 대표 물질인 불가잔틴(vulgaxanthin)의 최대 흡수 파장은 각각 535~540 nm와 476~478 nm이다. 베타닌은 불가잔틴의 최대 흡수 파장을 흡수하지만 불가잔틴은 베타닌의 흡수 파장을 방해하지 않으므로 538 nm의 흡광도와 436 nm 흡광도의 비를 활용하여 정확한 정량분석이 가능하다. 즉

$$x = a - z, \quad y = b - z - \frac{\chi}{(A_{538} / A_{676})}, \quad z = c - \frac{\chi}{(A_{538} / A_{600})}$$

a : 538 nm에서의 흡광도, b : 476 nm에서의 흡광도, c : 600 nm에서의 흡광도
x : 베타닌에 의해 유발되는 흡광도, y : 불가잔틴에 의해 유발되는 흡광도, z : 불순물에 의해 유발되는 흡광도

베타닌과 불가잔틴의 $E^{1\%}$값은 각각 1,120과 750이며 비어-람버트 법칙(Beer-Lambert law)에 의해 각각의 농도를 결정할 수 있다. 또한 역상의 HPLC를 활용하여 베타레인을 분석한다.

5) 타르색소

타르(tar)색소의 분석에는 여지 및 박층 크로마토그래피와 흡수 스펙트럼을 이용한 정성 분석과 HPLC를 활용한 정량분석법이 사용된다.

(1) 타르색소(산성 색소)

시료의 대상에 따라 색소를 추출하는 방법이 다르다. 알코올음료, 청량음료, 액체 조미료 등과 같은 액상 시료와 엿, 과자, 사탕류, 잼, 된장, 팥고물 등의 농산 식품은 시료의 기질(matrix)에 따라 다르게 색소를 추출한다. 색소를 정제한 후 박층 크로마토그래피로 전개하여 분리한다. 전개가 끝나면 시험용액과 색소 표준용액에서 얻은 반점의 위치와 색을 자연광 및 자외선(약 365nm) 광선 아래에서 비교 관찰한다. 박층 크로마토그래피 대신 HPLC를 이용하면 보다 정확한 정성 및 정량 분석이 가능하다(그림 14-2).

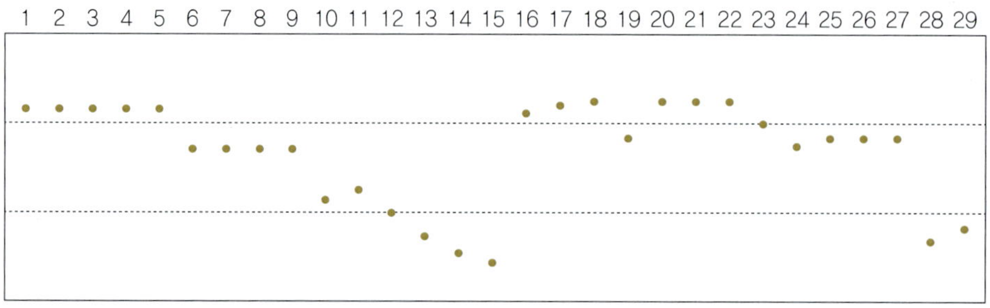

1. 식용적색 3호
2. 에오신
3. phloxine
4. 로스벵갈
5. acid red
6. ponceau 3R
7. ponceau R
8. ponceau SX
9. 아조루빈
10. 아세틸 레트 B
11. acid fast red B
12. new coccine
13. 식용적색 2호
14. ponceau 6R
15. acid naphthol red
16. orange I
17. orange II
18. crocein orange
19. orange G
20. guinea green B
21. acid violet 6B
22. azur blue VX
23. naphthol yellow S
24. 식용황색 5호
25. light green SF yellowigh
26. 식용녹색 3호
27. 식용청색 1호
28. 식용황색 4호
29. 식용청색 2호

그림 14-2 타르색소의 박층 크로마토그램

(2) 유용성 색소(유용성 타르색소 포함)

시료의 수분 함량에 따라 에탄올을 이용하여 먼저 색소를 분리하여 석유 에테르로 추출하거나 직접 석유 에테르로 색소를 추출한다. *N*, *N*-다이메틸폼아마이드를 활용하여 분액깔때기로 색소를 분리하거나 박층 크로마토그래피로 전개하여 분리한다. 이때 정성 가능한 천연색소의 Rf값은 표 14-1에 나타내었다.

표 14-1 유용성 색소와 천연색소의 Rf값

색소명	전개 용매			
	Xylene	1,12-Trichloro ethane	Hexane : chloroform (6 : 4)	Isoamylacetate : hexane (15 : 100)
Aniline yellow	0.06	0.18	0.05	0.17
Butter yellow	0.27	0.47	0.25	0.55
Sudan G	0.02	0.04	0.00	0.14
Sudan I	0.23	0.41	0.06	0.09
Sudan III	0.14	0.34	0.25	0.59
Oil red XO	0.20	0.41	0.17	0.50
Oil orange SS	0.20	0.41	0.25	0.66
Oil yellow AB	0.50	0.64	0.25	0.60
Oil yellow OB	0.55	0.64	0.33	0.42
β-Carotene	-	-	0.35	0.48
Annatto	-	-	0.70	0.93
Curcumine	-	-	0.00	0.00

2. 생리활성물질의 분석

여기에서는 대두의 기능성 물질로 연구되고 있는 이소플라본과 폴리페놀 분석을 중심으로 식물생리활성물질의 정량 및 정성 분석을 소개하고자 한다.

1) 이소플라본

(1) 이소플라본의 특징

대두 및 대두 함유 식품은 양질의 단백질과 지질을 함유하고 있을 뿐 아니라 항암, 항골다공증, 항심혈관 질환 등의 질병 발생률을 감소시키는 것으로 보고되어 있다. 이와 같은 대두의 생리활성 효능은 여성호르몬인 에스트로겐(estrogen)과 유사한 화학 구조를 갖는 이소플라본(isoflavone)과 밀접한 관계가 있다. 대두나 대두 식품 중에 주로 존재하는 이소플라본은 제니스테인(genistein), 다이드제인(daidzein), 글리시테인(glycitein)의 3가지 형태를 갖고 있으며, 각각 비배당체(aglycone), *β*-글루코사이드, 6″-*o*-아세틸-*β*-글루코사이드, 6″-*o*-말로닐-*β*-글루코사이드 형태의 4가지 화학 구조로 존재한다(그림 14-3). 날콩(raw soybean)에 함유되어 있는 이소플라본은 장관에서의 생체 흡수율이 상대적으로 높은 비

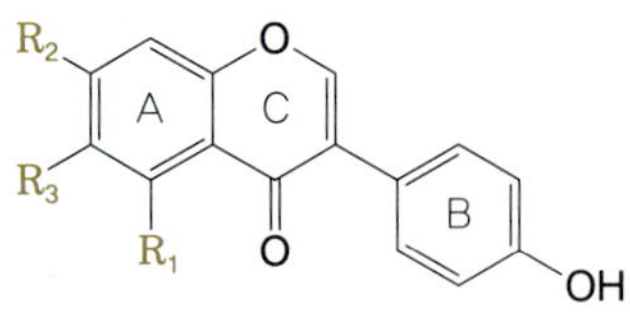

비배당체	R_1	R_2	R_3
제니스테인	OH	OH	H
다이드제인	H	OH	H
글리시테인	H	OH	OCH_3

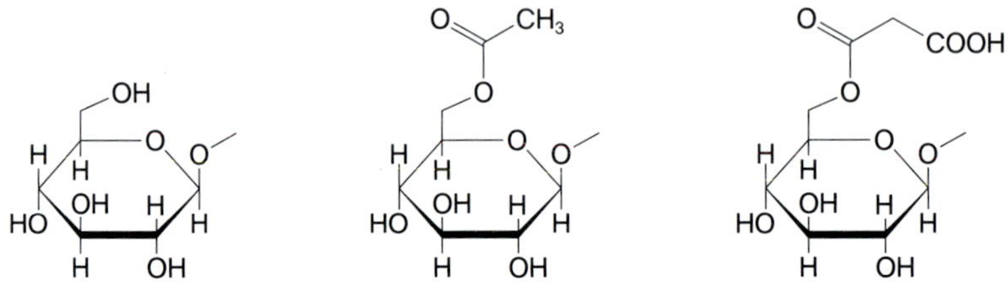

β-글루코사이드　　아세틸-β-글루코사이드　　말로닐-β-글루코사이드

그림 14-3 대두에서 발견되는 이소플라본의 구조

배당체가 2% 이내로 존재하며, 배당체 형태 중 6″-*o*-말로닐-β-글루코사이드가 주요 저장 형태로 발견된다.

(2) 이소플라본 분석법

시료를 막자사발에 넣고 갈아서 각각 1 g씩을 준비한 후 0.1 N의 염산, 아세토나이트릴, 물 혼합 용매를 첨가한 후 섞는다. 원심분리 후 상층액을 질소가스로 건조시킨다. 자외선 검출기가 갖춰진 HPLC를 이용하여 정량분석한다. 칼럼은 역상 C_{18} 칼럼(150 × 3.9 mm I.D)을 사용하고 이동상은 농도 기울기가 있는 2종류의 용매를 사용한다(그림 14-4).

2) 폴리페놀

(1) 폴리페놀의 특징

페놀성 물질은 식물체 내에서 다양한 기능을 수행한다. 식물에 색을 부여하고 항산화, 자연적 항충 기능을 제공하며 자외선으로부터의 보호, 수정 시 필요한 곤충의 유혹, 가스나 수분의 차단 및 물리적 골격을 제공하는 기능을 한다. 페놀류는 화학 구조상 고리 구조를 갖고 있으며 하나 이상의 수산화기(-OH)를 갖는 물질로 단순 페놀류, 페닐프로파노이드류(phenylpropanoids), 벤조산 및 그 유도체들, 플라보노이드, 스틸벤, 타닌, 리그난, 리그닌 등으로 나뉠 수 있다(그림 14-1 참조).

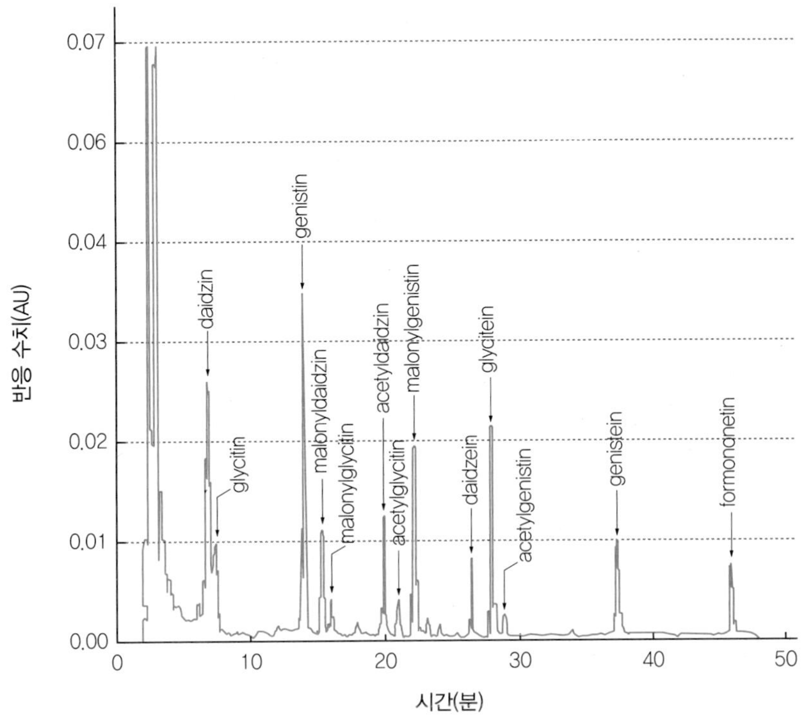

그림 14-4 이소플라본의 HPLC 분석 크로마토그램

페놀류는 아미노산인 페닐알라닌과 타이로신으로부터 생합성된다. 플라보노이드는 C6-C3-C6의 골격을 갖고 있으며, 이중결합의 위치, 수산화기의 여부 등에 따라 안토사이아닌, 플라본올, 플라본, 플라반올, 플라보논 등으로 구분된다.

(2) 폴리페놀의 분석법

폴리페놀(polyphenol)은 다양한 화합물의 통칭이기에 용매를 이용한 추출물에는 여러 화합물이 혼합되어 있다. 예를 들어 메탄올 : 아세톤 : 물(7 : 7 : 6, v/v/v) 혼합 용매를 이용하면 종자에서 유리 페놀류와 에스터 형태의 페놀류를 추출할 수 있다. 이 추출물에서 다이에틸에테르를 이용하여 유리 페놀류를 직접 분리한다. 에스터 결합된 페놀류의 경우 4 M 수산화나트륨을 이용하여 에스터 결합을 가수분해시키고 다시 산으로 중화한 후 다이에틸에테르를 이용하면 에스터 형태로 존재하던 페놀류를 추출할 수 있다. 에탄올, 아세톤 등도 다양한 물의 비율과 혼합되어 페놀류의 추출 용매로 사용된다.

타닌을 추출하기 위해서 메탄올, 에탄올, 아세톤 및 이들의 혼합 용액이 사용된다. 타닌의 회수율은 사용된 용매의 특성, 추출시간, 추출 시 사용된 시료와 용매와의 비율 및 시료의 크기에 영향을 받는다.

용매 추출물로부터 페놀성 물질의 정량분석은 보통 분광광도계를 활용한다. 전체 페놀 함량을 결정하는 방법으로는 Folin-Denis assay법과 Folin-Ciocalteu assay법이 있으며, 각각 특유의 시약을 사용하고 분광광도계를 활용한다(표 14-2).

표 14-2 페놀성 물질의 UV 흡수 특성

페놀성 물질	UV 흡수파장 λ_{max}(nm)	페놀성 물질	UV 흡수파장 λ_{max}(nm)
Benzoic acid	270~280	Flavones	250~270, 330~350
Hydroxycinnamic acids	290~300, 305~330	Flavonones, flavononols	270~295, 300~330
Anthocyanic pigments	270~280, 315~325	Chalocones	220~270, 300~320, 340~390
Flavonols	250~270, 330~380	Aurones	240~270
Flavan-3-ols	270~280	Isoflavones	245~270, 300~350
Coumarins	220~230, 310~350		

(3) 기타 식물생리활성물질 분석법

미지의 물질이 아닌 특정 파이토케미컬을 분석하고자 하는 경우에는 식품 시료에서 추출하는 단계, 농축하는 단계, 분리하는 단계를 거쳐 정성 및 정량 분석을 한다. 식물성 폴리페놀의 정성 및 정량 분석을 참고하여 기타 식물생리활성물질을 식품 시료로부터 분석할 수 있다.

표 14-3, 14-4, 14-5, 14-6, 14-7 및 14-8은 폴리페놀류를 HPLC로 분석한 기존 연구를 종합한 것이다.

표 14-3 대두 식품에서 이소플라본의 HPLC 분석 조건

식품 시료	시료 준비	고정상	이동상
씨앗	80% 메탄올 추출 및 원심분리	Aquapore C8 (220×4.6 mm)	A : 0.1% TFA 함유 10% 아세토나이트릴; B : 0.1% TEA 함유 90% 아세토나이트릴; 선형 농도 기울기 : 100% A, 0% B, 0 min; 70% A, 30% B, 30 min; 농도 기울기 0% A, 100% B

(계속)

식품 시료	시료 준비	고정상	이동상
씨앗, 대두 식품	0.1% 염산-아세토나이트릴 혼합 용매(1:5) 추출 및 필터링	YMC-pack ODS-AM-303 (250×4.6 mm, 5μm)	A : 0.1% 아세트산 수용액, B : 0.1% 아세트산 함유 아세토나이트릴; 85% A, 15% B, 0 min; 85% A, 15% B, 5 min; 71% A, 29% B, 31 min; 65% A, 35% B, 8 min; 85% A, 15% B, 3 min
씨앗	80% 메탄올 추출	YMC-pack ODS-AM-303 (250×4.6 nm, 5μm)	A : 0.1% 아세트산 수용액; B : 0.1% 아세트산 함유 아세토나이트릴; 농도 기울기: 85% A, 15% B, 0 min; 69% A, 31% B, 45 min
간장	직접 주입	Wakosil II 5C18HG (250×4.6 mm)과 precolumn(30×4.6 mm)	A : 0.05% TFA 수용액; B : 0.05% TFA 함유 90% 아세토나이트릴; 100% A, 0% B: 0 min; 100% A, 0% B, 20 min; 75% A, 25% B, 270 min, 선형 농도 기울기
대두 식품	80% 메탄올 추출 및 원심분리	NovaPak C18 역상 (150×3.9 mm, 4μm)과 Adosorbosphere C18 가드 칼럼	A : 10% 아세트산 수용액; B : 메탄올-아세토나이트릴-다이클로로메탄(10 : 5 : 1, v/v/v), 95% A, 5% B, 0 min; 95% A, 5% B, 5 min; 선형 농도 기울기 : 45% A, 5% B, 20 min; 30% A, 70% B, 6 min; 95% A, 5% B, 3 min
	96% 에탄올 추출 및 원심분리, 필터링	NovaPak C18 (150×3.9 mm, 4μm)	아세토나이트릴-물(33 : 67, v/v)

표 14-4 식품에서 카테킨 및 프로안토사이아니딘의 HPLC 분석 조건

식품 시료	시료 준비	고정상	이동상
포도씨	에탄올 추출, Sephadex LH-20 이용한 분획	Exsil 100 ODS C18, 역 상(250×4.6 mm, 5μm)과 C18 가드 칼럼	A : 0.2% 인산(v/v); B : 0.4% 인산 함유 82% 아세토나이트릴; 농도 기울기 : 100% A, 0% B, 0 min; 85% A, 15% B, 15 min; 84% A, 16% B, 25 min; 83% A, 17% B, 5 min; 57% A, 43% B, 3 min; 48% A, 52% B, 1 min; 83% A, 17% B, 1 min; 100% A, 0% B, 2 min
음료	직접 주입	Spherisorb ODS2 (150×46 mm, 3μm)	A : 물; B : 메탄올; C : 4.5% 폼산 수용액; D: 4.5% 폼산 수용액-메탄올(90 : 10, v/v); 농도 기울기 : 0~10 min, 100% A에서 100% C; 10~20 min, 0~15% D 함유 C; 20~30 min, 15% D 함유 C; 30~40 min, 15~35% D 함유 C; 40~45 min, 35% D 함유 C, ; 40~50 min, 35~45% D 함유 C; 60~75 min, 45~100% D 함유 C; 75~175 min, 0~50% B 함유 D; 175~180 min, 50~80% B 함유 D
포도주	필터링 후 직접 주입	Nucleosil 100 C18, (250×4 mm, 5μm)과 C18 가드 칼럼	A : 인산으로 pH 2.6을 맞춘 2 mM $NH_4H_2PO_4$; B : 20% A 용매 함유 아세토나이트릴; C : 암모니아로 pH 1.5 맞춘 0.2 M 인산; 농도 기울기 : 100% A, 0~5 min; 0~4% B, 5~15 min; 4~8% B, 15~25 min; 8% B, 92% C, 25.1 min; 8~20% B, 25.1~45 min; 20~30% B, 45~50 min; 30~40% B, 50~55 min; 40~80% B, 55~60 min
코코아	70% 아세톤(v/v) 이용탈지 씨앗 추출, 70% 메탄올(v/v) 추출, Baker octadecyl 크로마토그래피를 이용한 페놀물질의 분획	Phenomene×Luna (250×4.6 mm, 5μm)	A : 다이클로로메탄; B : 메탄올; C : 아세트산-물(1 : 1, v/v); 농도 기울기 : 0 min, 14% B 함유 A; 0~30 min, 14~28.4% B 함유 A; 28.4~50% B 함유 A, 30~60 min; 50~86% B 함유 A, 60~65 min; 65~70 min

(계속)

식품 시료	시료 준비	고정상	이동상
우롱차	아세토나이트릴 : 물(1 : 1, v/v) 혼합 용매를 이용한 분획	Devolosil PhA-5 (250 × 46 mm)	0.1 M NaH_4 PO_4 버퍼(pH 2.5)-0.1 mM EDTA Na를 포함한 아세토나이트릴(85 : 15, v/v)

표 14-5 식품에서 안토사이아닌과 안토사이아니딘의 HPLC 분석 조건

식품 시료	시료 준비	고정상	이동상
적양파	0.1% 염산이 있는 메탄올로 추출 후 필터링	Prodigy ODS2 (250 × 4.6 mm, 5 ㎛)	A : 10% 폼산 수용액(v/v); B : 메탄올-물-폼산(50 : 40 : 10, v/v/v); 농도 기울기 : 80% A, 20% B, 0~4 min; 선형 회귀 : 20~80% B 함유 A, 4~26 min
적포도주	직접 주입	Ultrasphere(C_{18})ODS(250 × 4.6 mm)	A : 물-폼산(9 : 1, v/v); B : CH_3CN-물-폼산(3 : 6 : 1, v/v/v); 농도 기울기 : 20~85% B함유 A, 0~70 min; 85~100% B함유 A, 70~75 min; 100% B함유 A, 70~75 min ; 100% B, 75~85 min
	원심분리 후 폼산이 1.5% 될 때까지 첨가 후 필터링	Supelcosil LC-18 (250 × 2.1 mm), 역상	A : 5% 폼산 수용액(v/v); B : 메탄올; 농도 기울기 : 5% B함유 A, 0~5 min; 5~65% B함유 A, 5~55 min; 65~100% B, 55~58 min; 100~5% B함유 A, 58~60 min; 5% B함유 A, 60~64 min
오렌지 주스	균질화(아세톤-에탄올-헥산, 25 : 25 : 50, v/v/v) 후 원심분리, 아세톤-에탄올에 의한 농축 및 C_{18} Sep-Pak으로 안토사이아닌 분리	Prodigy ODS3 (150 × 4.6 mm, 5 ㎛)	A : 0.1% 인산 수용액; B : 0.1% 인산 함유 아세토나이트릴; 농도 기울기 : 10% B함유 A, 0~2 min; 10~50% B함유 A, 2~32 min; 50% B함유 A, 32~37 min; 50~70% B함유 A, 37~57 min

표 14-6 식품에서 플라본 및 플라본올의 HPLC 분석 조건

식품 시료	시료 준비	고정상	이동상
적양파	BHT 첨가된 메탄올로 추출, 메탄올로 희석	Supelcosil LC-18 (250 × 4.6 mm, 5㎛)과 Spherisorb Supelguard LC-18	A : 인산으로 pH 2.5 맞춘 0.01 M 인산나트륨 용액; B : 메탄올; 선형 농도 기울기 : 87~60% A함유 B, 0~13.5 min; 60~10% A함유 B, 13.5~39 min; 10~0% A함유 B, 39~42 min; 0~87% A함유 B, 42~46 min
팥의 외피	메탄올로 추출, Sephadex LH-20로 타닌 성분 추출, Sephadex LH-20 이용 플라보노이드 분획	Shiseido Capcell Pak C_{18} 역상(250 × 10 mm, 5㎛)	아세토나이트릴-물(30 : 70, v/v)
메밀	80% 메탄올로 추출, 필터링 후 용매제거, 메탄올-물-옥살산(13 : 36 : 1, v/v/v) 이용 필터링	Capcell Pak C_{18}-SG120 (100 × 4.6 mm, 3㎛)	A : 메탄올-물-아세트산(13 : 36 : 1, v/v/v); B : 메탄올-아세트산(73 : 25 : 2, v/v/v); 농도 기울기 : 10~50% B함유 A, 0~20 min; 50% B함유 A, 20~25 min; 50~10% B함유 A, 25~30 min

(계속)

식품 시료	시료 준비	고정상	이동상
토마토, 양파, 양상추, 셀러리	90°C에서 1.2 M 염산이 있는 50% 메탄올로 2시간 추출, pH 2.5를 맞춘 후 필터링	C_{18} Symmetry(150×3.9 mm, 5μm) 역상 칼럼과 C_{18} symmetry 가드 칼럼	A : 아세토나이트릴; B : TFA로 pH 2.5 맞춘 수용액; 농도 기울기 : 15~35% A함유 B, 0~20 min
식용 열대식물	90°C에서 1.2 M 염산이 있는 50% 메탄올로 2시간 추출, 필터링	Nova Pak C_{18} (150×3.9 mm, 4μm)	메탄올-TFA로 pH 2.5 물(1 : 1, v/v)

표 14-7 식품에서 페놀 성분의 HPLC 분석 조건

식품 시료	분석되는 물질	시료 준비	고정상	이동상
기장	유리페놀산	70% 에탄올 추출, 원심분리, 농축, pH 2~3 보정 후 에틸아세테이트로 추출, 메탄올로 희석	Shimpak C_{18} (250×4.6 mm) 역상	물-아세트산-메탄올(80 : 5 : 15, v/v/v)
보리	페놀산	열수 추출, 산 가수분해, 산 및 α-아밀레이스 처리; 산, α-아밀레이스, 셀룰레이스 처리, 원심분리	Supelcosil LC-18 (150×4.6 mm, 5μm)	A : 50% 아세트산으로 pH 5.4 맞춘 0.01 M 구연산 버퍼; B : 메탄올; 농도 기울기 : 2~4% B함유 A, 0~12 min; 4~13% B함유 A, 12~20 min; 13% B함유 A, 20~26 min; 13~2% B함유 A, 26~30 min
감귤류	쿠마린	아세톤 추출, 필터링, 농축, 메탄올 : 아세톤 혼합 용매(1 : 1, v/v), 필터링	Hypersil ODS (125×4 mm, 5μm)	메탄올-물(75 : 25, v/v)
미강	γ-오리자놀	기름을 헥산-에틸아세톤(9 : 1, v/v)에 용해, 실리카 칼럼을 이용한 중성지질의 제거(250×25 mm)	Microsob-MV C_{18} (250×4.6 mm)	메탄올-아세토나이트릴-다이클로로메탄-아세트산(50 : 44 : 3 : 3, v/v/v/v)
땅콩	레스베라트롤	80% 에탄올 추출, 원심분리, AL_2O_3 실리카겔 $60R_{18}$(1 : 1) 이용한 정제	Vydac C_{18} (150×4.5 mm) 역상	A : 아세토나이트릴; B : 0.1% TFA; 농도 기울기 : 0% A함유 B, 0~1 min; 0~15% A함유 B, 1~3 min; 15~27% A함유 B, 3~23 min; 27~100% A함유 B, 23~28 min

표 14-8 식품에서 여러 페놀류 성분의 HPLC 동시 분석

식품 시료	분석되는 물질	시료 준비	고정상	이동상
베리, 덩굴, 월귤, 양파, 브로콜리, 귤, 복숭아, 자두	카테킨, 플라보논, 플라본, 플라본올	90°C에서 1.2 M 염산이 있는 50% 메탄올로 2시간 추출, 필터링	Inertsil ODS (150×4 mm; 3μm)과 C_{18} 가드 칼럼	A : 50 mM 인산 pH 2.5; B : 아세토나이트릴; 카테킨 86% A함유 B,; 농도 기울기 : 95% A함유 B, 0~5 min; 95~50% A함유 B, 5~55 min; 50% A함유 B, 55~65 min; 50~95% A함유 B, 65~67 min

(계속)

식품 시료	분석되는 물질	시료 준비	고정상	이동상
베리, 덩굴, 월귤, 양파, 브로콜리, 귤, 복숭아, 자두	2 mM NaF 함유한 80% 메탄올 추출, 원심분리, 필터링	열수 추출, 산 가수분해, 산 및 α-아밀레이스 처리; 산, α-아밀레이스, 셀룰레이스 처리, 원심분리	Nucleosil C_{18} (150 × 4.6 mm, 5 μm) 역상과 가드 칼럼	A : 5% 메탄올 수용액; B : 12% 메탄올 수용액; C : 80% 메탄올 수용액; D : 메탄올; 농도 기울기 : 100% A, 0~5 min; 0~100% B함유 A, 5~10 min; 100% B, 10~13 min; 100~75% B함유 C, 13~35 min; 75~50% B함유 C, 35~50 min; 50~0% B함유 C, 50~52 min; 100% C, 52~57 min; 100% D, 57~60 min
빨간나무 딸기	엘리식산, 플라본	80% 메탄올 추출, 필터링, 가수후 농출, Sep-Pak C_{18} 칼럼 이용 정제 및 필터링	Lichrocart 100 RP-18 (250 × 4 mm, 5 μm) 역상	A : 5% 폼산(formic acid) 수용액; B : 메탄올; 농도 기울기 : 10~15% B함유 A, 0~5 min; 15~30% B함유 A, 5~20 min; 30~50% B함유 A, 20~35 min; 50~90% B함유 A, 35~38 min

연습문제

1 식품에 존재하는 천연색소를 분류하시오.

2 다음 빈칸을 채우시오.

용매 추출물로부터 페놀성 물질의 정량분석은 보통 (①)를 활용한다. 전체 페놀 함량을 결정하는 방법으로는 (②)과 (③)이 있으며, 각각 특유의 시약을 사용하고 (①)를 활용한다.

풀이 및 정답

1. 식품의 천연색소는 크게 식물 유래의 4가지와 동물 유래의 1가지로 나눌 수 있다. 식물계 색소는 지용성인 카로티노이드(carotenoid)와 엽록소(chlorophylls), 수용성인 안토사이아닌(anthocyanins)과 베타레인(betalain)이다. 동물성 색소는 헴(heme) 단백질인 마이오글로빈(myoglobin)이 대표적이다. 연어나 송어의 붉은빛은 카로티노이드 색소 때문인데 이들은 식물성 먹이로부터 유래한다.
2. ① 분광광도계
   ② Folin-Denis assay법
   ③ Folin-Ciocalteu assay법

FOOD ANALYSIS

15 무기질(미네랄) 분석

무기질(미네랄)은 식품을 태운 후에 남은 성분으로, 무기원소와 그 화합물은 생물체의 대사에 중요한 역할을 할 뿐 아니라 식품 자체의 맛, 효소의 억제 또는 촉진, 조직감 등에 영향을 주는 반응에도 관여한다. 이들은 인간의 요구도에 따라 다량 또는 미량 무기질로 분류되며, 하루 100 mg 이상 필요한 다량 원소는 칼슘, 인, 나트륨, 칼륨, 마그네슘, 염소, 황 등이고, 그 이하로 필요한 미량 무기질로는 철, 아연, 구리, 요오드, 망가니즈, 셀레늄, 크롬, 규소 등이 있다. 그리고 현재까지 생물학적 역할이 명확하지 않은 초미량 무기질로는 바나듐, 주석, 니켈, 비소, 붕소 등이 있다.

한편, 식품에 존재하면서 독성을 유발하는 무기원소로서 납, 카드뮴, 비소 및 수은 같은 물질은 중금속으로 알려져 있다. 일반적으로 식품 중의 중금속은 식품의 제조, 가공 중에 생성되기보다는 토양, 수질의 오염에서 유래한다.

식품 중의 무기질은 필수 영양소로 식품의 영양적 가치 평가의 기준이 되거나 가공 공정

tip 무기질의 분석은 미량을 다루는 작업이므로 특히 다른 성분의 분석에 비해 특별한 주의가 필요하다. 모든 시약, 특히 산은 증류 또는 순도가 높은 것이어야 하며 모든 초자는 분리되어 특정 무기질 분석에만 사용한다. 대상 무기질이 마쇄기, 유리, 도가니 등으로부터 시료에 오염되지 않도록 시료와 접촉하는 기구는 석영, 유리탄소, perfluoroalkene 등과 같은 특수 소재를 사용한다. 경우에 따라 폴리에틸렌 소재도 사용한다. 시료의 분해를 위해 사용하는 산의 용량은 되도록 최소로 하며, 조작 중 오염이 되지 않도록 주의한다. 일상적인 실험에서 항상 대조구(시료와 동일하게 처리된 표준물질, 품질이 보증된 기준물질)에 대한 분석이 병행되어야 한다.

의 평가 기준이 되며, 독성을 나타내는 중금속들은 식품의 안전성 평가 기준으로 중요하기 때문에 무기질의 평가는 중요한 의의를 지닌다.

1. 시료 용액의 조제

식품 중의 무기 성분을 정량할 때는 먼저 식품 중의 유기물을 분해시켜 제거한 후 무기질만 남아 있는 시료 용액을 조제하여야 한다. 이 방법으로는 고온에서 유기물을 연소시켜 회화하는 건식법과, 강산 혼합물 중에서 가열분해하는 습식법이 있다. 이외에 유기물 분해 없이 시료에서 무기질을 추출하는 방법도 있다.

tip 식품에 따라 산화제를 첨가해도 연소시키기 어려운 소재(카세인)도 있고, 산에 의한 분해가 어려운 소재(지방 제품)도 있다. 건식 회화로 휘발에 의한 손실이나 불용성 물질이 생기는 경우 건식법을 사용하기 어렵다. 습식법에서 분해를 위해 고농도의 산이 사용되는 경우 오염의 위험이 커진다. 비용, 시간, 동시에 분해할 수 있는 시료의 수 및 자동화 가능성도 고려 대상이 된다. 유기물의 분해나 미네랄 추출을 촉진시키기 위해서는 일반적으로 고체 시료는 마쇄하고, 수분 함량이 높은 시료는 건조시켜야 하며, 고지방 시료는 용매로 탈지시킨다. 이런 처리는 시료에서 수분의 방출을 촉진시키고 회화 과정 중에 튀는 것을 방지한다.

1) 건식법

고온의 전기로에서 회화시키는 방법이며, 식물성 식품, 유제품, 음료 등에 이용된다. 간단한 조작, 다량 및 다수의 시료 처리, 회분 용해에 소량의 산을 사용하므로 미량 원소의 사전 농축 효과와 같은 장점이 있다. 그러나 난류, 육류와 같은 일부 동물성 식품은 회화가 어렵고 시간이 오래 걸리며, 고온이나 용기벽에 흡착되어 휘발성 무기물이 손실되는 단점이 있다.

(1) 시약 및 기구

① 묽은 염산 (1→2) 및 (1→4) 용액 : 진한 염산 용액의 2배 및 4배의 희석 용액

② 여과지 : 동양(Toyo) 여과지 No.6 또는 No.5B(지름 11 cm)

③ 사기증발접시(지름 6~9 cm, 용량 50 mL 정도) ④ 칭량병

⑤ 시계접시 ⑥ 전기로 ⑦ 데시케이터

⑧ 물중탕(water bath) ⑨ 세척병(washing bottle)

(2) 시험 조작

① 시료를 표 15-1과 같이 회화용기에 담아 탄화시킨 후 550~600℃의 온도에서 여러 시간 가열하여 백색~회백색의 회분이 얻어질 때까지 회화한다. 수분이 많은 시료는 회화 전에 미리 100~120℃에서 건조시킨다.

② 이 회분을 방랭한 후 주의하여 물로 적신 다음 염산 용액(1→2) 약 10 mL를 가해 물중탕에서 완전 증발 건고시킨다. 물로 적실 때 회분 분말이 날아가지 않도록 주의한다. 알칼리성 식품의 회분은 염산 용액을 가할 때 심하게 이산화탄소가 발생하여 액이 튈 수 있으므로 조심하면서 넣는다. 그리고 증발 건고 시에는 염산 증기가 발생하므로 환기에 주의한다.

③ 이 건고물에 염산 용액(1→4) 약 8~10 mL를 가해 물중탕에서 수 분 가열 후 용해시킨 다음 100 mL 메스플라스크에 여과한다.

표 15-1 시료 채취량

종류 \ 무기 성분	칼슘	채취량	인	채취량	철	채취량
쌀류	2~15 mg[a)]	20~50 g	5~300 mg[a)]	1~10 g	0.1~3.5 mg[1)]	함유량이 10 mg 이하의 것은 10 g 이상
잡곡류	4~53	5~30	25~360	1~5	0.3~5.0	
감자, 곤약류	5~97	5~30	5~74	2~10	0.3~2.5	
과자	2~200	1~50	0~200	1~20	0.3~4.0	
당류	1~58	5~50	1~14	5~20	0.1~2.3	
유지류	1~10	20~50	0~20	5~20	0.1~0.4	
콩류	15~300	1~20	43~710	1~2	1.1~11.0	
종실류	3~282	1~40	15~970	1~5	1.0~16.0	
수조육류	2~58	5~50	21~400	1~5	0.9~16.0	
난류	10~150	2~20	11~570	1~5	0.1~6.3	
유류	50~150	2~5	25~980	1~5	0.1~1.0	
채소류	3~440	1~40	5~240	1~10	0.1~10.0	
과실류	2~83	5~50	4~130	1~10	0.1~4.0	
버섯류	0~16	20~50	15~240	1~5	0.5~3.9	
해초류	115~1,700	1~2	8~600	1~5	4.0~140.0	
조미류	5~553	1~30	10~340	1~5	1.1~45.0	

1) 식품 100 g 중에 함유한 mg 수

④ 불용물은 거름종이와 같이 사용했던 회화용기에 옮겨 건고한 후 회화한다. 이 회분을 물로 적시어 염산 용액(1→4) 약 2 mL를 가해 물 약 5 mL로 희석한 후 물중탕에서 가온하고, 여과한 액을 100 mL 메스플라스크에 채워 물을 가해 100 mL로 만들어 시료 용액으로 한다.

2) 습식법

습식법은 진한 강산의 혼합물(산화제)과 열의 작용으로 시료 유기물을 산화시키는 것으로, 건식회화 중 부풀어 오르거나 과열로 인한 인의 손실 등이 발생하는 육류나 육제품의 분해에 적합하다. 특히 건식회화 중 발생하는 휘발성 무기 성분의 손실, 무기물 간 또는 용기와의 상호작용, 회분의 용해도 감소 및 고흡습성, 회분이 너무 가벼워 다루기 힘든 단점은 없다. 그러나 조작이 번거롭고 분해시간이 오래 걸리며 부식성 가스가 배출되어 드래프트(draft)를 이용해야 한다. 분해를 위해 다량의 산이 필요하고 무기물의 오염 가능성이 증가하며, 희석하여 시료 용액을 조제할 때 산의 농도를 조절하기가 곤란한 점, 한 번에 소수의 시료 처리만 가능하다는 단점이 있으나, 특정 원소 분석을 위한 전 단계로서 유리한 공정이다.

습식법에서는 일반적으로 분해 효율을 높이기 위해서 강산의 혼합물을 사용한다. 질산은 좋은 산화제이나 시료의 완전산화 전에 휘발해 버린다. 황산은 그리 강한 산화제가 아니다. 반면 질산(HNO_3)－과염소산($HClO_4$), 질산－황산(H_2SO_4)－과염소산의 혼합물 사용은 분해가 어려운 많은 유기물도 빠르게 분해시킬 수 있다. 가장 많이 이용되는 것은 질산과 과염소산이다. 진한 질산과 과염소산을 사용하면 이들 산은 부분적으로 휘발되어 제거되고 용해성 무기물은 질산에 녹아 남게 된다.

(1) 시약 및 기구

① 진한 질산(HNO_3) 및 질산 용액(1→2)　② 70% 과염소산($HClO_4$)

③ 분해 플라스크(200~300 mL)　④ 후드(hood)

tip 과염소산은 고온 및 60% 이상의 농도에서 매우 우수한 산화제이다. 그러나 폭발성이 있어 매우 위험하므로 반드시 질산을 먼저 넣어야 하며 어떤 경우라도 유기물을 함유한 뜨거운 용액에 과염소산을 넣어서는 안 된다. 또 플라스틱 성분과 글리세롤이 함유된 마감제를 사용하지 않은 특별한 후드를 사용해야 한다.

(2) 시험 조작

① 시료를 표 15-1과 같이 200~300 mL 분해 플라스크에 담아 진한 질산 5 mL를 가하여 서서히 약하게 가열하고 최초의 격렬한 반응이 끝난 후 다시 온도를 올려 가열한다.

② 질산이 휘산되어 내용물이 거의 건고될 때까지 가열하고, 질산 용액(1→2) 10 mL와 70% 과염소산 10 mL를 넣고 서서히 조절하며 가열한다. 고형물이 완전히 용해되고 액이 거의 무색이 될 때까지 가열을 계속하여 분해한다. 만약, 액이 착색되어 있으면 70% 과염소산 수 mL를 가하여 가열한다.

③ 분해 후 냉각하고 소량의 물로 희석한 후 지름이 9 cm의 사기증발접시에 액을 씻어 옮기고 증발 건고하여 과염소산을 증발시킨다.

④ 잔류물에 염산 용액(1→2) 10 mL를 가하고 동량의 물로 희석시켜 물중탕에서 가온하여 완전히 녹인 다음 메스플라스크로 옮겨 물을 넣고 100 mL로 하여 시료 용액으로 한다.

tip 유도결합 플라스마-질량 분석기(inductively coupled plasma-mass spectroscopy, ICP-MS)

시료를 약 6,000°C의 플라스마에서 이온화시킨 후 각 이온의 특성에 따라 정량 및 정성 분석이 가능한 질량 분석기를 이용하여 시료에 있는 원소의 성분이나 함량을 알아내는 분석방법이다. 시료를 고주파 유도 코일에 의하여 형성된 아르곤 플라스마에 도입하여 6,000~8,000°K에서 들뜬상태의 원자가 바닥상태로 이동할 때 방출하는 발광선 및 발광 강도를 측정하여 원소의 정성 및 정량 분석에 이용하는 방법이다.

플라스마의 온도는 최고 15,000°K까지 이르며 보통 시료는 6,000~8,000°K의 고온에 도입되므로 거의 완전한 원자화가 일어나 분석에 장애가 되는 간섭들이 배제되면서 고감도의 측정이 가능해진다. 또한 플라스마는 그 자체가 광원으로 이용되기 때문에 매우 넓은 농도 범위에서 시료를 측정할 수 있다.

ICP 분석에서 금속이온을 어떻게 녹이냐가 관건인데 산을 잘 선정하여 녹인다. 구체적인 사항은 매뉴얼에 각각의 금속별로 설명이 되니 그것을 참조하기 바란다.

참고로 왕수(aqua regia) 5 mL로 많은 양의 시료를 처리하면 120°C의 끓는 과정에서 시료를 용해시켜야 하는데, 왕수를 직접 접촉시키면 강한 산화력으로 동물 내장 시료 중 일부를 부식시키는 과정에서 탄화가 일어날 수 있다. 장기 적출물에서 이처럼 탄화되어 발생한 탄소가 제거되지 않는다면 여과하여 탄소를 제거하는 방법밖에 없다. 만약 탄화가 진행된다면 탄화가 진행되지 않도록 왕수의 농도를 낮게 조정한다. 예를 들면 왕수를 바로 첨가하지 않고 적출물 시료에 증류수를 소량 투입한 다음 왕수를 투입하여 끓이면서 서서히 용해시킨다. 끓이는 과정에서 물이 날아가 왕수의 농도가 점점 높아지면서 서서히 용해될 것이다. 왕수이든 다른 무엇이든 전처리 과정에서 시료 이외의 첨가물은 많이 들어갈수록 데이터 신뢰도가 떨어진다는 점을 명심한다.

2. 칼슘

칼슘(calcium, Ca)은 뼈 조직의 주요 미네랄 성분으로 건물량의 25%를 차지한다. 신경의 흥분 억제, 혈액 응고, 효소 활성화 등의 중요한 역할을 하는 필수 무기물로, 우유와 유제품이 좋은 급원이다. 식물성 식품은 칼슘 함량이 낮을 뿐 아니라 이용률도 떨어지는데 이는 식물 내 옥살산과 피트산이 칼슘과 불용성 염을 형성하여 흡수를 방해하기 때문이다. 식품 중의 칼슘 함량을 측정하는 방법에는 과망가니즈산칼륨($KMnO_4$) 적정법, EDTA 적정법, 불꽃분석법 등이 있지만, 가장 일반적인 과망가니즈산칼륨 적정법에 의한 칼슘 정량법에 대해 설명하기로 한다.

시료 용액에 존재하는 칼슘이온(Ca^{2+})은 미산성(pH 5.6)에서 수산기($C_2O_4^{2-}$)와 반응하여 난용성인 옥살산칼슘(CaC_2O_4) 침전을 생성한다. 여과로 침전물을 분리한 다음 황산에 용해시킨 후 용액 중의 수산기 양을 과망가니즈산칼륨 표준용액으로 적정하면 간접적으로 수산기의 양으로 칼슘(Ca)을 정량할 수 있다. 이때의 반응식은 다음과 같다.

$$Ca^{2+} + C_2O_4^{2-} \longrightarrow CaC_2O_4 \downarrow$$

$$CaC_2O_4 + H_2SO_4 \longrightarrow CaSO_4 + H_2C_2O_4$$

$$5H_2C_2O_4 + 2KMnO_4 + 3H_2SO_4 \longrightarrow 2MnSO_4 + K_2SO_4 + 10CO_2 + 8H_2O$$

이 방법은 식품에서의 칼슘 정량에 많이 이용되고 있지만 다음과 같은 문제가 있다.

① 생성된 옥살산칼슘 침전물은 상당히 미세하여 여과로 침전물을 완벽하게 분리하기가 어렵다.

② 시료 용액에 옥살산염을 가해 옥살산칼슘으로 침전시킬 때, 다른 양이온(Mg^{2+}, Mn^{2+}, Fe^{2+} 등)도 수산기와 반응해 침전을 형성할 수 있으며, 심지어 Fe^{2+}는 옥살산칼슘의 완전 침전을 방해하여 칼슘이온이 용액 중에 남아 있게 된다.

③ 옥살산칼슘 침전물이 생성된 다음 여과하는 과정에서 옥살산칼슘 침전에 묻어 있는 옥살산염 용액을 완전히 제거하기 위해 충분한 세척을 해야 한다. 옥살산칼슘이 난용성이지만 불용성은 아니므로 묽은 암모니아수로 세척한다. 그러나 반복 세척으로 침전물의 손실이 발생할 수 있다. 이와 같은 문제는 옥살산칼슘 침전을 형성할 때에 반응액에 요소를 첨가하여 대부분 해결할 수 있다. Ca^{2+}과 $C_2O_4^{2-}$가 공존하는 약산성 용액에 요소를 가하고 가열하면 다음과 같은 반응이 일어난다.

$$(NH_2)_2CO + H_2O \longrightarrow 2NH_3 + CO_2 \uparrow$$

요소가 가수분해되면서 암모니아와 탄산가스가 서서히 방출되고, 이때 암모니아가 용액에 녹아 반응액의 pH를 옥살산칼슘의 침전 생성에 적합하도록 꾸준히 올려 준다. 반응액을 약간 가온하면 침전 석출은 늦지만 결정은 크고 순수하며, 수산기와의 반응에 의한 다른 염류의 침전이나 방해가 비교적 적어진다.

(1) 시약 및 기구

① 옥살산암모늄 용액 : 옥살산암모늄〔$(NH_4)_2C_2O_4$〕 3.0 g에 물을 가하여 100 mL로 한다.

② 메틸레드 지시액 : 0.1% 메틸레드 알코올 용액

③ 요소 : 특급 요소를 70~80℃의 저온으로 건조한 다음 흡습하지 않도록 보존한다.

④ 세척용 암모니아수(1→50)

⑤ 침전 용해용 황산 용액(1→25)

⑥ 0.02 N 과망가니즈산칼륨 표준용액 : 과망가니즈산칼륨 약 0.63 g을 비커에 담아 물 1 L를 가하여 잘 교반한 후 일주일간 어두운 곳에 방치하거나, 15분간 서서히 끓인 다음 방랭하여 2일간 어두운 곳에 방치한 후에 유리여과기(3G-3)로 여과하여 착색병에 보존한다. 수시로 정확히 표정해야 한다.

(2) 시험 조작

① 무기 성분 시료 용액 조제로 얻은 시료 용액에서 40 mL(Ca 1~12 mg에 대응하는 양)를 200 mL의 비커에 취하여 메틸레드 시액 수 방울 및 옥살산암모늄 용액 10 mL를 가한 다음 요소 2~5 g을 넣어 녹인다.

② 비커를 시계접시로 덮고 약하게 계속 가열한다. 메틸레드 시액의 색이 적색에서 등황색(pH 약 5.6)으로 되었을 때 가열을 중지하고 방랭한다.

③ 하룻밤 동안 실온에서 방치한다. 이때의 액량은 약 20~30 mL 정도이다.

④ 충분히 침전을 형성시킨 후 석출시키기 위해 옥살산칼슘 결정을 유리여과기(15AG-4)로 흡입 여과하고, 세척용 암모니아수 30~40 mL를 수 회 나누어 침전과 거름종이를 잘 씻는다.

⑤ 세척이 끝나면 침전 생성에 사용한 비커를 앞의 유리여과기 밑에 놓고 여과에 사용한 유리막대를 유리여과기에 넣어 미리 70℃ 이상으로 가온한 황산 용액(1→25)을 유리여과기에 주입한다. 유리막대로 교반하여 잠시 방치하고 옥살산칼슘을 용해한 다음 흡입한다.

⑥ 흡입을 멈추고 가온한 황산 용액(1→25) 약 5~7 mL를 유리여과기에 주입하고 유리막대로 교반하여 내벽을 씻고 흡입한다. 이 조작을 2회 반복한다.

⑦ 비커를 여과장치에서 들어내고 65~80℃로 가열하여 0.02 N 과망가니즈산칼륨 용액으로 적정한다. 공시험에 대하여도 같은 조작을 한다.

(3) 계산

$$칼슘(mg/100\ g) = \frac{(b-a)\times 0.4008\times f\times D\times 100}{S}$$

a : 공시험에 대한 0.02 N 과망가니즈산칼륨 용액의 소비 mL수
b : 시료 용액에 대한 0.02 N 과망가니즈산칼륨 용액의 소비 mL수, f : 0.02 N 과망가니즈산칼륨 용액의 역가
D : 시료 용액의 희석배수, S : 시료의 채취량(g)

3. 인

인(phosphorus, P)은 칼슘과 더불어 뼈 조직의 주요 성분이며, 대사 과정의 조절에 관여한다. 인은 유전 정보물질인 DNA 및 RNA 생성에 필수적인 물질이며, 식품에 칼슘보다 풍부하게 함유되어 있어 결핍증이 나타나지 않는다. 식품 중의 인 함량의 정량에는 몰리브덴 청 비색법, 몰리브덴산 용량법, 이온교환법 등이 있으나, 여기에서는 널리 이용되는 몰리브덴 청 비색법에 대하여 설명하기로 한다.

시료 용액에 존재하는 인산염에 몰리브덴산암모늄〔$(NH_4)_6Mo(MoO_4)_6$〕을 산성 조건하에서 반응시키면 정량적 인몰리브덴산암모늄〔$(NH_4)_3PO_4\cdot 12MoO_3$〕이 생성된다. 인몰리브덴산암모늄에 환원제를 가하면 진한 청색의 몰리브덴 청으로 환원되므로 비색 정량하여 인의 양을 산출할 수 있다. 정량은 인 표준용액을 이용해 구한 검량선으로 가능하다. 이 방법은 비교적 간단하고 미량까지 정량할 수 있는 장점이 있으나 몰리브덴 청의 청색이 안정성이 없고 온도에 따른 변동이 심해 정확성을 기하기 어려운 점이 있다.

$$12(NH_4)_6Mo(MoO_4)_6 + 72H^+ + 7PO_4^{3-} \longrightarrow 7[(NH_4)PO_4\cdot 12MoO_3)] + 51NH_4^+ + 36H_2O$$

(1) 시약 및 기구

① 몰리브덴산암모늄 용액 : 몰리브덴산암모늄〔$(NH_4)_6Mo_7O_{24}\cdot 4H_2O$〕 25 g을 물 300 mL에 녹인다. 따로 진한 황산 75 mL를 물 200 mL로 희석하여 이것을 상기 용액에 가하

tip 일부 계면활성제(유화제, 비누)는 인을 함유하기 때문에 모든 초자기구를 최소 3회 이상 증류수로 세척하여 인의 정량에서 유화제에 의한 오염을 배제한다.

고 여과한다. 침전이 있으면 여과하여 사용한다.

② 하이드로퀴논 용액 : 하이드로퀴논($C_6H_6O_2$) 0.5 g에 물을 가하여 100 mL로 만든다. 여기에 분해를 방지하기 위하여 진한 황산 한 방울을 넣어 냉소에 보존한다. 만일 착색되면 다시 만들어 사용한다.

③ 10% 아황산나트륨 용액 : 무수 아황산나트륨(Na_2SO_3) 10 g에 물을 가하여 100 mL로 만들어 여과한다. 가능한 정량 직전에 조제한다.

④ 인 표준용액 : 미리 데시케이터에서 건조시켜 놓은 산성 인산칼륨(KH_2PO_4) 0.4394 g에 물을 가하여 1 L로 만든다. 이 액 50 mL를 취한 다음 다시 물을 가하여 200 mL로 한다. 이 액 1 mL는 0.025 mg의 인(P)을 함유한다.

(2) 시험 조작

① 시료 용액 1 mL를 25 mL 메스플라스크에 정확히 취한다. 인의 함량이 높은 경우(곡류, 콩류, 어패류, 난류 등)는 시료 용액을 10배로 희석한 후 여기서 2 mL를 취한다. 25 mL의 액량으로 비색하는데 적당한 인의 양은 P로 0.005~0.25 mg이다.

② 시료 용액과 마찬가지로 인 표준용액 2 mL도 별도의 25 mL 메스플라스크에 취한다.

③ 시료 용액과 인 표준용액 양쪽 플라스크에 몰리브덴산암모늄 용액 2 mL씩을 넣고 혼합하여 수 분간 방치한다.

④ 양쪽에 하이드로퀴논 용액 2 mL씩을 가하여 혼합한 후 아황산나트륨 용액 2 mL를 넣고 이때의 시간을 기록한다.

⑤ 양쪽 다 물을 넣어 25 mL로 하여 진탕 혼합한다.

⑥ 정확히 30분 방치한 후 650 nm에서 흡광도를 측정한다.

⑦ 공시험에 대하여도 같은 조작을 한다.

(3) 계산

$$\text{인(mg/100 g)} = 0.05 \times \frac{A}{A_s} \times \frac{1}{S} \times D \times 100$$

A_s : 표준용액의 흡광도, A : 시료 용액의 흡광도, S : 시료의 채취량(g), D : 시료 용액의 희석배수

tip 인의 농도에 따라 처음에 황록색 내지 녹색이었다가 담청색 내지 심청색으로 변한다.

4. 철

철(iron, Fe)은 성인의 체내에 3~4 g 정도 존재하며, 산소 운반 및 저장, 효소의 보조인자로 작용한다. 일반적으로 결핍증이 자주 발생하는 미네랄에 속하며, 철의 형태에 따라 체내 흡수에 차이를 보이는데 제1철이온(Fe^{2+}, ferrous)이 제2철이온(Fe^{3+}, ferric)보다 훨씬 흡수가 잘된다. 대부분의 식품에서 철은 Fe^{3+}로 존재한다. 식품에서는 대부분 헴철분을 함유하고 있는 육류, 어류, 어패류, 가금류 등에 철이 풍부한 반면 우유와 유제품에는 함량이 낮다.

식품 중의 철 함량을 정량하는 방법에는 Fe^{2+}와 오쏘페난트로린(orthophenanthroline)의 반응을 이용한 비색법, NH_4OH에 의한 중량법, Fe^{2+}를 과망가니즈산칼륨($KMnO_4$)으로 적정하는 용량법 등이 있다. 여기에서는 오쏘페난트로린 비색법에 대하여 설명하기로 한다.

pH 3.5에서 오쏘페난트로린($C_{12}H_8N_2$) 3분자는 시료 용액 중의 제1철이온(Fe^{2+}) 1원자와 정량적으로 반응하여 적색의 착화합물〔$(C_{12}H_8N_2)_3 \cdot Fe^{2+}$〕을 생성한다. 이 적색의 강도는 제1철이온의 농도에 비례하므로 철 표준용액을 사용하여 구한 검량선으로 시료 중의 철 함량을 구할 수 있다. 이 방법은 감도가 좋아 1 μg까지 정량이 가능하며 48시간까지도 착염 색상이 유지되고 다른 원소의 간섭작용도 없다. 그러나 철이온 중 제2철이온(Fe^{3+})이 오쏘페난트로린과 반응해 담황색의 착염을 생성하므로 정량할 때는 먼저 시료 용액에 환원제(hydroquinone)를 첨가하여 제2철이온(Fe^{3+})을 제1철이온(Fe^{2+})으로 모두 환원시켜야 한다.

$$3C_{12}H_8N_4 + Fe^{2+} \longrightarrow (C_{12}H_8N_2)_3 \cdot Fe^{2+} \text{(적색의 착염)}$$

(1) 시약 및 기구

① 0.25% 오쏘페난트로린 용액 : 오쏘페난트로린 염산염($C_{12}H_8N_2 \cdot HCl \cdot H_2O$) 0.5 g에 물을 가하여 200 mL로 만들어 냉소에 보존한다.

② 1% 하이드로퀴논 용액 : 하이드로퀴논(hydroquinone) 0.2 g을 200 mL의 물에 녹여 사용하며, 사용할 때마다 새로 만들어야 한다.

③ 시트르산나트륨 용액 : 특급 시트르산나트륨($Na_3C_6H_5O_7 \cdot H_2O$) 50 g에 물을 가하여 200 mL로 만든다. 필요하면 여과하여 냉소에 보존한다.

④ 브롬페놀블루 시액 : 브롬페놀블루 0.1 g을 막자사발에서 0.05 N 수산화나트륨액 30

mL와 잘 마쇄하여 혼합하고 증류수를 가하여 250 mL로 만든다.

⑤ 철 표준액 : 특급 황산제1철 암모늄〔$Fe(NH_4)_2(SO_4)_2 \cdot 6H_2O$〕 0.702 g을 약 1%의 염산에 용해하여 1 L로 한다. 이 용액 1 L 중에는 철 0.1 mg이 함유되어 있다.

(2) 시험 조작

① 피펫을 이용하여 시료 용액 중 10 mL는 25 mL의 메스플라스크에, 그리고 10 mL는 시험관(혹은 작은 삼각 플라스크)에 각각 취한다. 후자는 pH 조절용 대조액으로 쓴다.

② 시험관 쪽에는 브롬페놀블루 시액 4방울을 가하고, 25 mL 메스플라스크 쪽에는 하이드로퀴논 용액 1 mL와 오쏘페난트로린 용액 2 mL를 피펫으로 넣는다.

③ 시트르산나트륨 용액을 뷰렛 또는 5 mL 메스피펫으로 취하여 시험관 용액에 추가한다. 액의 pH가 3.5가 되면 지시액을 가한 액의 색이 황색에서 황록색으로 변하는 때에 적가를 멈추고 이때까지 소요된 시트르산나트륨 용액의 mL 수를 기록한다.

④ 기록한 같은 용량의 시트르산나트륨 용액을 메스플라스크 쪽에 가하여 물로 25 mL의 표선까지 희석하여 20℃ 이상의 온도에서 1시간 이상 방치한다. 하룻밤 방치해도 무방하다.

⑤ 완전히 발색된 액은 적어도 48시간은 퇴색하지 않는다. 이를 510 nm의 파장에서, 광전비색계에서는 녹색 필터를 이용해서 발색액의 흡광도를 측정하여 비흡광계수를 구한다. 미리 작성하여 놓은 검량선과 대조하여 철의 양을 구한다.

(3) 계산

철 표준용액에 대한 검량선은 다음과 같이 만든다.

① 철 표준용액을 증류수로 정확히 10배 희석한다.

② 1, 2, 5, 10, 15 및 20 mL를 각각 1조씩 25 mL의 메스플라스크와 시험관(또는 작은 삼각 플라스크)에 취한다. 10 mL가 안 되는 것은 증류수를 추가하여 거의 10 mL로 만든다.

③ 상기 발색 조작과 동일하게 pH 3.5에서 각 메스플라스크에 발색시켜 흡광도를 측정하며, 농도 흡광곡선을 작성하고 시료 중의 철 함량은 다음 식에 따라 산출한다.

$$\text{철(mg/100 g)} = \frac{A}{S} \times D \times 100$$

A : 흡광곡선에서 구한 철의 양(mg), S : 시료 채취량(g), D : 시료 용액의 희석배수

5. 식염

일반적으로 식품 중의 식염은 나트륨이나 염소의 양을 측정하고 이를 염화나트륨으로 환산하여 정량한다. 그러나 식품 중의 모든 나트륨과 염소가 NaCl에서 유래된 것은 아니므로 이들이 항상 NaCl의 원자비로 존재하는 것은 아니다. 일반적으로 식염의 양은 염소를 정량하여 추정하는데, 여기에서는 자주 활용되는 침전적정법 중에서 모르법(Mohr's method)에 대하여 설명하기로 한다.

시료 용액 중의 염소 음이온(Cl^-)은 질산은($AgNO_3$) 첨가에 따라 염화은(AgCl)을 형성하면서 침전한다. 모든 Cl^-이 염화은 형성으로 없어지면 질산은은 시료 용액 중에 미리 첨가되어 있던 지시약인 크롬산칼륨(K_2CrO_4)과 반응하여 크롬산은(Ag_2CrO_4)의 적갈색 침전을 생성시키므로 이때를 적정 종말점으로 한다.

이 방법은 간단하여 식품에 널리 적용되나 용액 pH를 6.5~10.5 범위로 유지해야 오차를 줄일 수 있다. 또한 물속에 존재하는 탄산염의 간섭을 피하기 위해 끓인 물을 사용한다.

$$AgNO_3 + NaCl \longrightarrow AgCl\downarrow + NaNO_3$$: 모든 Cl^-이 소비될 때까지

$$2AgNO_3 + K_2CrO_4 \longrightarrow Ag_2CrO_4 + 2KNO_3$$: 모든 Cl^-이 모두 소비된 이후에

tip 이 방법은 Cl^- 이외에 Br^-, I^-, CN^-, CNS^-, S^{2-} 등의 적정에도 이용된다.

(1) 시약 및 기구

① 크롬산칼륨 용액 : 크롬산칼륨 10 g을 물 90 mL에 녹인다.

② 0.1 N 질산은 용액 : 특급의 질산은 약 1.75 g에 해당하는 양을 물에 녹여 1 L로 한 후 정확히 표정하여 갈색병에 보관한다.

③ 0.1 N 질산은 용액의 표정 : 표준시약의 특급 염화나트륨 약 120 mg을 정확히 삼각플라스크에 취하고 물 20 mL에 녹인 후 10% 크롬산칼륨 지시약 1 mL를 가한다. 질산은 용액을 갈색뷰렛으로 적하하면서 백색 침전(AgCl)이 적갈색 침전으로 바뀌기 직전까지 적정한다. 약 15초간 흔들어도 퇴색하지 않는 지점을 종말점으로 한다. 다음 식에 따라 0.1 N 질산은 표준용액의 역가를 계산한다.

$$\text{표준용액의 역가(F)} = \frac{\text{표준물질의 채취량(g)} \times 1{,}000}{\text{표준용액의 노말 농도} \times \text{표준물질의 1 g 당량} \times \text{적정 소비량(mL)}}$$

(2) 시험 조작

① 시료 일정량(NaCl 함량이 5%인 식품 약 10 g; 10%인 식품 5 g)을 정확히 칭량하여 물 약 20 mL를 가하고 균질기나 막자사발에 소량의 바다모래를 넣어 같이 마쇄한다.

② 이것을 100 mL 메스플라스크로 옮겨 정용하고 약 5분간 메스플라스크를 흔들어 균질화한다. 이를 건조여과지로 여과하여 시료 용액으로 한다.

③ 시료 용액 10 mL를 100 mL 삼각 플라스크에 정확히 취하고, 10% 크롬산칼륨 지시약 1 mL를 가하여 0.1 N 질산은 표준용액으로 적정한다.

(3) 계산

시료 중의 염소 및 식염의 함량은 다음 식에 의해 계산한다.

$$\text{Cl(mg\%)} = \frac{3.546 \times V \times F \times D \times 100}{S}$$

$$\text{NaCl(\%)} = \frac{0.00585 \times V \times F \times D \times 100}{S}$$

V : 0.1 N $AgNO_3$ 용액의 적정 소비량(mL), F : 0.1 N $AgNO_3$ 용액의 역가, D : 희석배수
S : 시료 채취량(g), 3.546 : 0.1 N $AgNO_3$ 용액 1 mL에 상당하는 Cl의 양(mg)
0.00585 : 0.1 N $AgNO_3$ 용액 1 mL에 상당하는 NaCl의 양(g)

6. 납

납(lead, Pb)은 건식회화에서 손실이 거의 일어나지 않아 습식보다 간편한 건식회화법이 선호되며, 콩, 식초, 와인, 맥아, 쌀, 호프의 납 분석 시에 사용 시료량은 25 g 정도 되어야 한다.

다이싸이존(dithizone)에 의한 정량법에서는 전처리한 시료 용액을 pH 9.0~9.5로 조정하여 납을 추출한 후 다이싸이존과 반응시켜 생성된 적색의 dithizonate를 520 nm에서의 흡광도를 측정해 표준용액 검량선으로 납의 함량을 측정한다.

(1) 시약 및 기구

① 추출용 다이싸이존클로로폼(dithizone·CCl_4) 용액 : 다이싸이존 0.03 g을 클로로폼 100 mL에 흔들어 섞어서 녹이고 암모니아수(1→100) 100 mL를 가하여 잘 흔들어 섞

어 물층을 분리해서 취한다. 다시 클로로폼층에 대해 암모니아수(1→100) 100 mL씩을 사용해 2회 같은 조작을 한다. 얻어진 물층을 모두 합하여 클로로폼 20 mL로 3회 씻는다. 물층에 염산(1→2)을 가하여 산성으로 만든 다음 클로로폼 200 mL씩 2회 추출한다. 클로로폼 추출액을 합쳐서 클로로폼 전량을 약 1,000 mL로 만들어 원액으로 한다. 차광해서 냉암소에 보존한다.

② 다이싸이존·벤젠 용액 : 다이싸이존 약 1 g을 클로로폼 100 mL에 녹이고 불용물이 있으면 여과한다. 이 여액을 암모니아수(1→100) 100 mL씩으로 4회 추출하여 물층을 합하여 탈지면으로 여과한다. 이 여액에 염산(1→2)을 가하여 산성으로 한 다음 침전물을 클로로폼 20 mL씩으로 2회 추출한다. 클로로폼 추출액을 합하여 소량의 물로 2~3회 씻고 비커에 취하여 물중탕에서 용매를 완전히 증발하기 직전까지 유지시킨 다음 50°C 이하의 감압에서 1시간 건조한다. 건조물은 차광마개를 하여 보존한다. 사용 시 벤젠 1,000 mL에 다이싸이존이 20 mg 함유하도록 조제한다.

③ 시트르산암모늄 용액 : 시트르산암모늄 45 g을 물 100 mL에 녹이고 암모니아수를 가하여 pH 8~9로 한다. 이 액을 다이싸이존클로로폼 용액 20 mL씩 다이싸이존 용액이 고유의 녹색을 가질 때까지 추출한 다음 물층을 클로로폼 50 mL씩으로 2회 추출하고 물층을 분리하여 취한다.

④ 아황산나트륨 용액 : 아황산나트륨(무수) 15 g에 물을 가하여 100 mL로 한다(사용 시 조제). 이 용액을 다이싸이존클로로폼 용액으로 앞의 ③에 따라 처리한다.

⑤ 시안화칼륨 용액 : 시안화칼륨(KCN) 50 g에 물을 가하여 100 mL로 한다. 이 액을 다이싸이존클로로폼 용액으로 앞의 ③에 따라 처리한다. 용액 중에 잔존하는 다이싸이존을 제거하기 위해 클로로폼으로 10~20회 조작을 되풀이하고 수용액에 물을 가하여 5배 용량으로 한다.

⑥ 묽은 시안화칼륨 용액 : 시안화칼륨 용액 10 mL에 물을 가하여 100 mL로 한다. 사용 시 조제한다.

⑦ 납 표준용액 : 질산납 0.1598 g을 질산(2.5→100)에 녹여 100 mL로 해서 보존액으로 한다. 사용 시 질산(1→100)으로 100배 또는 1,000배로 희석하여 표준용액으로 한다.

납 표준용액 1 mL=10 μg 또는 1 μg Pb

(2) 시료 용액의 조제

건식법으로 시료를 조제한다.

① 시료(건조물로 5~20 g에 상당하는 양)를 도가니, 백금접시에 취해 건조하여 탄화시킨 다음 450~550°C에서 회화한다. 회화가 잘 되지 않으면 일단 식혀 질산(1+1) 또는 50% 질산마그네슘 용액 또는 질산알루미늄 40 g 및 질산칼륨 20 g을 물 100 mL에 녹인 액 2~5 mL로 적시고 건조한 다음 회화를 계속한다.

② 회화가 불충분할 때는 위의 조작을 1회 되풀이하고 필요하면 마지막으로 질산(1+1) 2~5 mL를 가하여 완전하게 회화를 한다.

③ 회화가 끝나면 회분을 물로 적시고 염산 2~4 mL를 가하여 물중탕 또는 건조장치에서 건조한 다음 염산 1~2 mL을 가하여 가온해서 녹이고, 불용물이 있으면 석면 또는 유리여과기로 여과한 다음 일정량을 시료 용액으로 한다.

④ 공시료 용액에 대해서도 같은 조작을 하여 시료 용액을 보정한다.

(3) 시험 조작

① 시료 용액 및 공시료 용액을 각각 일정량 취하여 시트르산암모늄 용액 2 mL 및 메틸레드 시액 2방울을 가하고 액이 황색이 될 때까지 암모니아수를 가한 후 물을 넣어 전량을 약 100 mL로 한다.

② 이에 시안화칼륨 용액 10 mL 및 아황산나트륨 용액 10 mL를 가하여 혼합하고 물중탕에서 10~15분간 가열한다. 식힌 다음 암모니아수 1.5 mL를 넣고 분액깔때기에 옮겨 다이싸이존·벤젠 용액 10 mL를 정확히 가하여 1분간 강하게 흔들어서 분리한 물층을 제거한다.

③ 다시 묽은 시안화칼륨 용액 40 mL를 넣고 30초간 강하게 흔든 다음 물층을 버리고 벤젠층을 건조여과지로 여과한다. 벤젠층을 525 nm 부근의 흡수극대 파장에서 흡광도 A 및 A_b를 측정한다.

④ 동시에 납 표준용액 10 mL(Pb 10 μg) 및 물 10 mL에 대해서 같은 조작을 하고 벤젠을 대조액으로 하여 흡광도 A_S 및 A_O를 측정한다.

$$\text{납(mg/kg)} = 10 \times \frac{A - A_b}{A_s - A_o} \times \frac{\text{시료용액 전량(mL)}}{\text{시료의 양(g)}} \times \frac{1}{\text{시료용액의 일정량(mL)}}$$

7. 구리

구리(copper, Cu)는 체내의 여러 효소, 단백질의 구성 성분으로 성인의 경우 체내에 약 100~150 mg 정도 함유되어 있으며, 천연식품을 섭취하면 결핍증은 잘 나타나지 않는다. 여기에서는 다이에틸다이싸이오카바민산(diethyl dithiocarbamate)에 의한 정량법에 대하여 설명하기로 한다.

구리를 함유하고 있는 용액에 시트르산염(citrate)과 EDTA를 가하고, pH 8.5로 조정한다. 이 용액에 다이에틸다이싸이오카바민산나트륨(sodium diethyl dithiocarbamate) 용액과 사염화탄소를 가하여 진탕한다. 이때 형성되는 황갈색의 구리착염을 사염화탄소로 추출하여 400 nm에서 흡광도를 측정한다.

(1) 시약 및 기구

① 카바메이트 용액 : sodium diethyl dithiocarbamate 1 g을 물에 녹여 100 mL로 하여 여과한다.

② 시트르산·EDTA 용액 : 시트르산 제2암모늄 20 g 및 에틸렌다이아민 4아세트산 2나트륨(ethylene diamine tetraacetic acid disodium salt) 5 g을 물에 녹여 100 mL로 한다. 구리의 흔적을 제거하기 위해 카바메이트 용액 0.1 mL를 가하고 사염화탄소 10 mL로 추출한다. 이 추출 과정을 사염화탄소층이 무색이 될 때까지 되풀이한다.

③ 티몰블루 시액 : 티몰블루(thymol blue) 0.1 g을 물에 녹이고 청색이 될 때까지 0.1 N 수산화나트륨액을 가한 다음 물을 넣어 100 mL로 희석한다.

④ 구리 표준용액 : 금속 구리(표준품) 0.200 g을 삼각 플라스크에 취하여 질산(1→5) 15 mL를 넣고 플라스크를 시계접시로 덮어 약간 가온하여 녹인다. 발연이 없을 때까지 끓인 다음 200 mL로 한다. 이 용액 10.0 mL에 물을 가하여 100 mL로 하고 5.0 mL를 취하여 2 N 황산을 가해서 200 mL로 한다. 구리 표준용액 1 mL=2 μg Cu에 해당한다.

(2) 시료 용액의 조제

납의 시료 용액 조제와 같은 건식법으로 시료 용액을 조제한다.

(3) 시험 조작

① 시료 용액 25 mL를 분액깔때기에 취하고 시트르산·EDTA 용액 10 mL 및 티몰블루

시액 2방울을 넣은 다음 녹색 또는 청녹색이 될 때까지 6 N 암모니아수를 첨가한다.

② 식힌 다음 카바메이트 용액 1 mL 및 사염화탄소 15 mL를 넣고 2분간 격렬하게 추출하여 사염화탄소층을 탈지면으로 여과하고, 여액을 파장 400 nm에서 흡광도를 측정한다.

③ 따로 작성한 검량선으로 구리의 함량을 구한다. 검량선은 표준용액 0.0, 1.0, 2.5, 10, 15, 20 및 25 mL를 각각 분액깔때기에 취하고 2 N 황산으로 25 mL로 하여 이하 시료 용액의 경우와 같은 조작을 해서 흡광도를 측정하여 만든다.

(4) 계산

시료의 구리 함량은 다음 식으로 계산된다.

$$\text{구리의 양(Cu, ppm)} = \frac{A \times D}{S}$$

A : 표준곡선으로 구한 시료 용액 중의 구리 함량(μg), D : 희석배수, S : 시료 채취량(g)

8. 수은

수은(mercury, Hg)은 다른 무기원소에 비해 상당히 휘발성이 강하므로 시료 용액을 조제할 때는 습식법이 선호된다. 분해된 시료를 적절하게 보관하지 않을 경우에도 손실이 생길 수 있으며, 강한 산화제나 산과 산화제 혼합물을 사용하여 분해물을 보관하기도 한다. 자연계에서 수은은 무기수은인 Hg^{+}, Hg^{2+}와 유기 형태인 메틸수은, 다이메틸수은, 에틸수은으로 존재하는데 메틸수은이 가장 일반적인 형태이며 독성도 가장 강한 것으로 알려져 있다.

수은 정량에 사용되는 다이싸이존법의 원리는 납의 정량에서와 유사하게 수은과 다이싸이존과의 반응에 의해 생성된 dithizonate의 흡광도를 520 nm에서 분석하는 것이다.

(1) 시약 및 기구

① 물 : 이온교환수지관을 통과한 정제수로 한다.

② 황산·질산 용액(1+1) : 질산에 같은 양의 황산을 가하여 혼합한다.

③ 클로로폼 : 클로로폼을 1/20 용량의 진한 황산과 흔들어 섞어 황산층이 무색이 될 때까지 이 조작을 되풀이한다. 다음에 1/5 용량의 10% 수산화나트륨 용액으로 2회 씻고 다시 물로 씻은 다음 소량의 산화칼슘(CaO)을 가해서 증류한다. 여기에 약 1/5 용

량의 0.5% 염산하이드록실아민 용액을 넣고 흔들어 섞은 다음 클로로폼층을 취하여 1/100 용량의 에탄올을 가해서 냉암소에 보존한다.

④ 다이싸이존·클로로폼 용액 : 다이싸이존을 클로로폼에 녹여 다이싸이존 100 mg/L의 용액을 만들어 갈색병에 넣어 보존한다. 사용 시 클로로폼으로 희석하여 Hg^{2+} 0~10 μg의 정량에 대하여 다이싸이존 5~6 mg/L의 용액을 만든다.

⑤ 수은 표준용액 : 염화 제2수은 0.6767 g을 달아 물 100~200 mL 및 염산 5 mL를 가하여 녹이고 물을 500 mL로 한다. 사용 시 이를 물로 500배 희석한다.

수은 표준용액 1 mL = 2 μg Hg^{2+}

⑥ 1.5% 싸이오황산나트륨 용액은 사용 시 만든다.

⑦ 과염소산나트륨 용액 유효염소 5%

(2) 시료 용액의 조제

수은은 다른 무기원소에 비해 휘발이 강하므로 황산-질산환류법으로 시험용액을 조제한다.

① 시료(건조물로 5~10 g에 상당하는 양)를 분해 플라스크에 취하고, 물 10 mL 및 질산 20 mL를 넣어 혼합하여 잠시 방치한 다음 황산 20 mL를 천천히 넣는다.

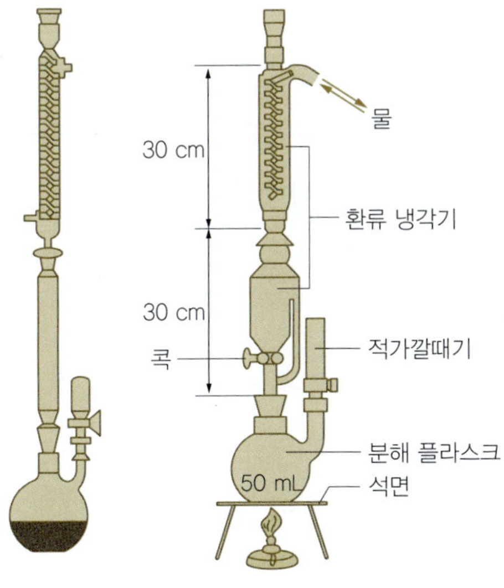

그림 15-1 수은 분해장치

② 환류 냉각기를 연결하여 주의하면서 NO_2의 발생이 끝날 때까지 가열한다. 분해액이 담황색으로 투명하게 되지 않을 때에는 식힌 다음 질산 5 mL를 넣어 다시 가열한다. 필요하면 질산 5 mL의 추가하기를 되풀이하여 분해액이 담황색으로 투명해지고 NO_2의 발생이 끝나면 식힌 다음 물 50 mL 및 10% 요소 용액 10 mL를 넣어서 10분간 끓인 후 과망가니즈산칼륨 1 g을 넣고 10분간 가끔씩 흔들어 섞는다.

③ 자홍색이 없어지면 다시 과망가니즈산칼륨 1 g을 넣고 흔들어 섞는다. 이 조작을 자홍색이 남을 때까지 되풀이하고 20분간 끓여 액의 자홍색이 없어지면 식힌 다음 과망가니즈산칼륨 1 g을 넣고 다시 20분간 가열한다. 이때 액의 자홍색이 없어지면 과망가니즈산칼륨의 첨가 및 가열 조작을 다시 2회 되풀이하고 식힌 후 용액이 무색 투명하게 될 때까지 10% 과산화수소 용액을 주의하여 첨가한다. 다만, 비색의 경우에는 과산화수소 대신 20% 염산하이드록실아민 용액을 이용한다.

④ 식힌 다음 장치의 내부 및 연결 부분을 황산(1→100) 20 mL로 씻고 플라스크에 합쳐 일정량으로 하여 시료 용액으로 한다. 지방분이 많은 시료는 헥산 20 mL씩으로 3회 추출하여 수용액을 시료 용액으로 한다.

(3) 시험 조작

① 시료 용액 및 공시료 용액을 500 mL의 분액깔때기에 취하고 다이싸이존·클로로폼 용액(5~6 mg/L) 10 mL를 넣어 1분간 추출한다.

② 클로로폼층을 분취하여 0.1 N 염산 50 mL와 20% 염산하이드록실아민 용액 5 mL를 넣은 제2의 100 mL 분액깔때기로 옮긴다.

③ 다시 제1의 분액깔때기에 다이싸이존·클로로폼 용액 5 mL씩을 넣어 추출을 2회 되풀이하고 클로로폼층을 제2의 분액깔때기에 넣는다.

④ 제2의 분액깔때기를 1분간 추출하여 클로로폼층을 0.1 N 염산 50 mL를 넣은 제3의 100 mL 분액깔때기로 옮긴다.

⑤ 제2 분액깔때기의 용액을 클로로폼 1~2 mL로 씻고 씻은 액은 제3의 분액깔때기에 넣는다.

⑥ 제3의 분액깔때기에 싸이오황산나트륨 용액 2 mL를 가해서 1분간 추출한 다음 클로로폼층을 버린다.

⑦ 다시 클로로폼 1~2 mL로 물층을 씻고 클로로폼층을 제거한다.

⑧ 물층에 과염소산나트륨 용액 3 mL를 가해서 1분간 잘 흔들어 섞고, 여기에 20% 염산 하이드록실아민 용액 5 mL를 분액깔때기의 입구 부분을 주의하여 씻으면서 흘려 보내고 1분간 잘 흔들어 섞는다.

⑨ 분액깔때기 안에 가스 상태로 남아 있는 Cl_2를 송풍기(blower)로 바람을 보내어 제거하고 30% 아세트산 3 mL 및 클로로폼 2~3 mL를 가해서 1분간 흔들어 섞은 다음 클로로폼층을 제거한다.

⑩ 여기에 다이싸이존·클로로폼 용액(5~6 mg/L) 10.0 mL를 가하여 1분간 흔들어 섞고 분액깔때기의 스톱콕(stopcock) 및 그 밑부분의 내부 수분을 둥글게 한 작은 거름종이로 제거하고 탈지면을 분액깔때기의 밑부분에 끼워 넣어 다이싸이존 추출액을 모은 다음 파장 490 nm에서 클로로폼을 대조액으로 하여 흡광도를 측정한다. 따로 작성한 검량선으로 수은의 함량을 구한다. 다만, 수은의 양이 10 μg 이상인 경우에는 제3 분액깔때기의 내용액에서 검량선 범위에 들어가는 양을 취해 비색한다. 검량선 100 mL의 분액깔때기에 0.1 N 염산 50 mL, 20% 염산하이드록실아민 용액 5 mL 및 30% 아세트산 용액 3 mL와 수은 표준용액 각각 0, 1, 2, 3, 4 및 5 mL를 넣고, 여기에 클로로폼 2~3 mL씩을 가하여 1분간 잘 흔들어 섞어 클로로폼층을 가능한 한 완전히 제거한다. 이에 다이싸이존·클로로폼 용액(5~6 mg/L) 10 mL를 가하여 1분간 추출하고 이를 시료 용액의 경우와 동일하게 조작해서 흡광도를 측정한다.

(4) 계산

시료의 수은 함량은 다음 식으로 계산한다.

$$\text{수은의 양(Hg, ppm)} = \frac{A \times D}{S}$$

A : 표준곡선으로 구한 시료 용액 중의 수은 함량(μg), D : 희석배수, S : 시료 채취량(g)

9. 식품의 산도, 알칼리도 측정

식품 100 g을 태워서 얻은 회분을 중화시키는 데 필요한 1 N의 산 또는 알칼리의 mL 수를 그 식품의 산도, 알칼리도라고 한다. 이는 식품 성분 중에서 알칼리를 형성할 수 있는 K, Ca, Na, Mg 등의 금속원소와 P, S, Cl 같은 원소의 상대적인 양을 나타내는 척도로 식품의 산-알칼리 평형의 기초가 된다. 일반적으로 채소, 과일의 회분에는 알칼리 생성 원소가, 곡류 및 육류에는 산 생성 원소가 많다. 이것을 측정하기 위해서는 식품의 일정량을 회화시켜 얻은 식품의 회분을 일정 농도의 염산 용액에 녹여 알칼리 표준용액으로 중화시키고, 이때 사용한 알칼리의 양으로부터 산도, 알칼리도를 계산한다.

(1) 시약 및 기구

① 1 N 탄산나트륨 용액 : 표정하여 역가를 정확히 구한다.

② 1 N 염산 용액 : 표정하여 역가를 정확히 구한다.

③ 0.1 N 수산화나트륨 용액 : 표정하여 역가를 정확히 구한다.

④ 0.1% 페놀프탈레인·에탄올 용액

⑤ 30% 과산화수소 용액

⑥ 도가니(crucible)

⑦ 전기로

⑧ 환류 냉각기

⑨ 물중탕

(2) 시료 용액의 조제

약 0.1 g의 회분을 가진 시료를 정확히 칭량해서 도가니에 넣고, 회화 중 무기질의 휘산을 막기 위해서 미리 1 g당 1 N 탄산나트륨 용액 0.5 mL를 가하여 잘 이긴 다음 증발 건고시켜 둔다. 이것을 회분 정량 때와 같은 방법으로 회화시킨 후 방랭하여 소량의 증류수를 가하여 녹인다.

(3) 시험 조작

① 시료 용액에 30% 과산화수소 용액을 몇 방울 가하여 증발 건고시킨 후 도가니의 바닥이 미적색을 나타낼 때까지 가열한다.

② 방랭 후 소량의 증류수를 가하여 녹인 다음 식품 1 g당 1 N HCl 용액 1.0 mL의 비율로 가하여 녹인다.

③ 100~200 mL 삼각 플라스크에 용액 및 잔사를 완전히 옮기고 환류 냉각기를 부착하여 물중탕에서 15분 동안 끓인다.

④ 냉각 후 페놀프탈레인 지시약을 가하여 0.1 N NaOH 용액으로 미홍색이 될 때까지 적정한다.

(4) 계산

식품의 산도, 알칼리도는 다음 식에 의해 계산한다. 계산 결과가 +인 경우는 알칼리성 식품으로 알칼리도로, −인 경우에는 산성 식품으로 산도로 각각 절대값을 표시한다.

$$식품의\ 산도,\ 알칼리도 = \frac{(A \times F) - (B \times f_1 + 0.1 \times V \times f_2)}{S} \times 100$$

A : 1 N 염산 용액 사용량(mL),　B : 1 N 탄산나트륨 용액의 사용량(mL)
V : 0.1 N 수산화나트륨 용액의 적정량(mL),　F : 1 N 염산 용액의 역가,　f_1 : 1 N 탄산나트륨 용액의 역가
f_2 : 0.1 N 수산화나트륨 용액의 역가,　S : 시료 채취량(g)

10. 원자분광기를 이용한 무기질 분석

최근 무기질을 분석할 때 전통적인 화학 분석보다 미량 정량이 가능하고 정확도와 정밀도가 우수한 원자분광법(atomic spectroscopy) 활용이 증가하고 있다. 대표적인 원자분광법으로 원자흡광분광법(atomic absorption spectroscopy, AAS)과 유도결합플라스마법(inductively coupled plasma, ICP)이 널리 쓰이고 있다(자세한 내용은 22장 원자분광법 참조).

1) 원자흡수분광법

시료 용액 중의 금속원소를 불꽃(화염)이나 전기 가열(무염)로 원자화시키고 이 원자들이 흡수하는 특정 파장의 빛을 흡수하는 성질을 이용하여 시료 용액 중 대상 무기질 원소의 농도를 구하는 방법이다. 3종 이상의 농도가 다른 표준용액을 원자흡광광도계에 주입하여 얻은 흡광도로 검량선을 작성한다. 이후 측정 가능한 농도 범위로 조제한 시료 용액의 흡광도를 측정한 다음 검량선으로부터 시험용액의 농도를 구한다.

2) 유도결합플라스마법

고에너지의 유도결합플라스마(아르곤 가스에 고주파를 유도 결합방법으로 사용하여 방전되면서 얻은 아르곤 플라스마)에 시료 용액을 주입하여 원자를 들뜨게 한 후 더 낮은 에너지 상태로 되돌아올 때에 방출되는 특정 복사선을 분석하여 대상 무기질 원소의 농도를 구하는 방법이다. 3종 이상의 농도가 다른 표준용액을 유도결합플라스마에 주입하여 얻은 발광광도로부터 검량선을 작성한다. 그리고 측정 가능한 농도 범위로 조제한 시료 용액의 발광강도를 측정한 다음 검량선으로 시험용액의 농도를 구한다.

3) 원자분광법을 이용한 무기질 분석의 예

① 칼슘, 인, 철, 나트륨 : 앞의 '1. 시료 용액의 조제'에 따라 얻은 시료에 대하여 대상 무기

질 농도가 분석에 적합하도록 조정(칼슘 1~5 μg/mL, 인 1~5 μg/mL, 철 1~4 μg/mL, 나트륨 1~10 μg/mL)한 후 유도결합플라스마법에 따라 측정한다.

② 납, 구리 : 앞의 '6. 납'의 '(2) 시료 용액의 조제'에 따라 처리한 시료 용액에 대해 유도결합플라스마법에 따라 측정한다.

③ 수은 : 앞의 '8. 수은'의 '(2) 시료 용액의 조제(황산-질산환류법)'에 따라 조제한 시료 용액을 원자흡광분광법에 따라 측정한다.

연습문제

1 몰르브덴 청 비색법으로 인의 정량 원리를 설명하시오.

2 모르법(Mohr's method)에서 염소 정량 시에 시료 용액의 pH를 중성으로 유지하는 이유는?

풀이 및 정답

1. 몰리브덴 청 비색법이란 식품 중에 존재하는 인산염과 몰리브덴산암모늄을 반응시켜 정량적으로 생성되는 몰리브덴산암모늄에 환원제를 가하여 생성되는 몰리브덴 청(진한 청색)을 비색 정량하여 인의 양을 산출하는 원리이다.

2. 강알칼리성에서는 Ag_2CrO_4의 침전이 생기기 전에 Ag_2O가 침전되며, 산성에서는 $Cr_2O_7^-$으로 되어 CrO_4^-의 농도가 저하되므로 지시약의 작용이 저하되기 때문에 pH 유지가 필요하다.

FOOD ANALYSIS

16 비타민 분석

식품에 존재하는 비타민은 공기, 햇빛, 금속이온, pH의 영향에 의해 시료 조제나 보존 중에 분해되기 쉬우며 비타민 분해효소의 작용도 활발해질 수 있다. 그러므로 시료가 입수되는 즉시 정량하는 것이 원칙이다. 또한 시료 개체 간에는 물론이고 동일 개체에서도 부위에 따라 차이가 많이 나므로 비타민 함량 분석을 위해서는 전체를 대표할 수 있도록 여러 부위에서 시료를 채취하고 잘 혼합하여 정량하여야 한다. 과실과 채소 등은 재배 및 저장조건, 채취시간 등에 따라 비타민 함량이 달라질 수 있어 이에 따른 주의가 필요하다. 수분 함량이 낮은 시료는 습기, 광선, 온도 등에 특히 주의하면서 보존해야 하며, 일반적으로 갈색병에 넣어 냉암소에 보관한다. 수분이 많은 식품은 냉동 상태로 보존해야 한다.

최근에는 고성능 액체 크로마토그래피(High Performance Liquid Chromatography, HPLC)에 의한 분석이 많이 활용되는데 HPLC 분석은 시료 2쌍 간 성분 분포 차이를 이용하여 다성분 혼합물에서 각 성분을 분리, 분석하는 방법으로 흡착능, 분배계수, 휘발성, 이온 교환능력의 차이 등을 이용하여 혼합물을 분리한다. 크로마토그래피의 형식은 여러 가지이지만 원리는 모두 같으며, 고정된 흡착제(고정상)의 한 끝에 시료를 넣고 용매나 기체를 이것에 연속적으로 흐르게 한다(이동상). 이동상과 고정상이 접하면서 이동하는 과정을 전개라 하며, 이동상은 시료를 함유하고 있는 고정상으로부터 시료를 녹여 내는데 용질이 여기를 천천히 지나가서 새로운 고정상에 닿으면 두 상(phase)에 대한 물리화학적 상호작용의 정도에 따라 흡착 또는 분배된다. 고정상이 고체인 경우에는 흡착에 의하여, 액체인 경우에는 분배에 의한 것이 주된 상호작용이다. 따라서 고정상과 이동상의 계면에는 물질의 흡착과 용출이 계속 되풀이되어 시료 속에 함유되어 있는 성분 중 흡착제와 친화성이 강한 성분일수록 용출되어 이동하는 비율이 적고 고정상 속에 머무는 비율은 커진다. 다시 말해서 친화성에 근소한 차가 있으면 고정상 속에서의 이동속도에 차이가 생겨 혼합물의 분리가 가능해진다.

tip 주의 사항

- 이동상(용매)을 담는 용기는 잘 세척된 깨끗한 것을 사용한다.
- 용매 보관병에서 이동되는 용매는 반드시 용매 필터를 거친 후 사용하며, 기포가 생길 우려가 있으므로 경우에 따라 sonicator를 활용한다.
- 잘 세척된 용매 보관병에 담은 용매는 반드시 sonicator를 이용하여 1차 탈가스 과정을 거친다.
- 1차 탈가스를 한 용매는 다른 탈가스 장치를 통과할 수 있도록 하여 사용한다.
- 일정한 유속과 압력으로 용매를 밀어 줄 수 있어야 한다.
- 가동이 쉽고 다양한 용매를 사용할 수 있어야 한다.
- 견고하고 내구성이 강해야 한다.

이와 같이 일정한 유속과 압력은 HPLC 시스템에서 그 안정성과 재현성을 결정하는 요인이 되며, 이것은 데이터 결과에 그대로 반영된다.

분리하고자 하는 물질에 따라 용매의 선택, 칼럼의 선택, 용매의 유속, 압력 등을 달리하여 결정하게 된다. 경우에 따라 용매를 등 용매 이송(isocratic)에서 구배(gradient) 방법까지 다양하게 선택하여 분리할 수 있다. 상기 변수에 관한 조건은 칼럼 제조회사에서 제공하는 조건을 선택하여 분리할 수도 있다.

여기에서 다루는 비타민 분석은 칼럼이나 용매 및 기타 조건이 비타민별로 각기 다르므로 일일이 열거하지는 않으나 칼럼 제공회사의 조건을 참조하기 바란다.

1. 비타민 A

비타민 A라 함은 카로틴 등의 프로비타민 A를 포함하지만, 비타민 A와 카로틴은 전혀 별개의 방법으로 정량한다. 비타민 A는 자외선, 공기, 산화촉진제, 고온 및 수분 등에 약하므로 이러한 것에 의한 파괴가 일어나지 않도록 주의해야 한다. 시료 조제 및 분석 과정에서 자외선, 질소 또는 진공 조건, 고온을 피하고 항산화제를 첨가하기도 한다. 여기에서는 비타민 A 정량법으로 대표적인 삼염화안티몬($SbCl_3$)에 의한 비색법에 대해 설명하기로 한다.

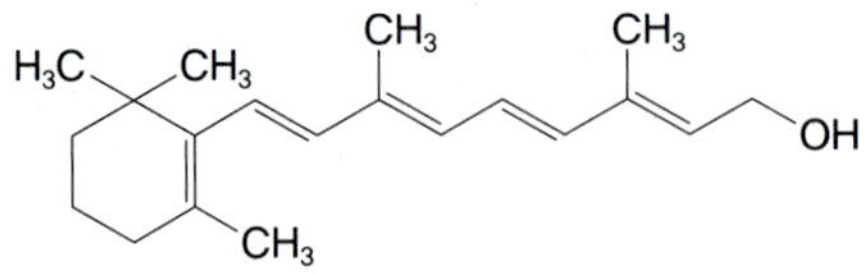

그림 16-1 비타민 A의 구조

이 방법은 비타민 A가 삼염화안티몬과의 반응으로 620 nm에서 최대 흡수의 청색을 나타내는 것을 이용하는 비색정량으로 카르-프라이스(Carr-Price)법이라 한다. 색의 불안정성 때문에 발색 후 수 초 내에 빠르게 측정해야 하는 어려움이 있으나, 비교적 비타민 A의 특이적 반응이며 감도가 높아서 많이 이용된다. 색반응은 레틴알 에스터(retinal ester) 간에 다르지 않지만 retinaldehyde, dehydroretinol 및 유사 화합물은 약간 높은 파장에서 최대 흡광도를 보인다.

tip 소량의 수분이라도 정량을 저해하므로 시료 용액 및 삼염화안티몬에서 수분을 없애는 것이 매우 중요하다. 카로티노이드는 최종 추출물에는 없어야 하지만 존재하는 경우 이에 대한 적절한 보정이 이루어져야 한다.

(1) 시약 및 기구

① 에테르 : 필요하면 증류한다. 증류 시 처음과 마지막에 증류된 액은 각각 10%씩 버리고 사용한다. 정제 후 장시간 경과된 것은 비타민 A를 파괴하는 과산화물이 존재할 수 있으므로 사용하지 않는다.

② 벤젠 : 필요하면 증류한다.

③ 무알데하이드에탄올 : 에탄올 1 L에 50% 수산화칼륨(KOH) 용액 5 mL 및 아연 분말 5 g을 가해 약 2시간 동안 환류 냉각기를 달아 가온한 후 증류한다. 단 처음과 마지막에 증류된 액은 각각 10%씩을 버린다.

④ 무수 황산나트륨 : 무수 황산나트륨(Na_2SO_4)을 2시간 이상 120℃에서 가열한 것을 실리카겔 데시케이터 중에 방랭한다(밀전해서 보존).

⑤ 아세트산 : 빙초산(CH_3COOH) 1 L에 대해서 산화크롬(Cr_2O_3) 10 g을 가해 2회 증류하고 116℃ 이상의 증류액을 취한다.

⑥ 클로로폼 : 클로로폼($CHCl_3$) 1 L를 분액깔때기에 넣고 황산 20~30 mL씩을 가하여 몇

번 진탕하고 황산층이 착색되지 않을 때까지 여러 번 씻는다. 착색이 되지 않으면 수세하여 황산을 제거하고 15~200% 수산화나트륨 용액 20~30 mL로 2~3회 씻은 후 수세한다. 여기에 탄산칼륨을 가하여 혼합한 후 냉암소에 약 12시간 이상 방치하고 탈수시켜 증류한다. 정제한 클로로폼은 갈색병에 넣어 1주일 정도 냉동 보존하는데, 흡습하지 않도록 주의한다.

⑦ 정색 용액 : 삼염화안티몬($SbCl_3$) 20 g을 위의 클로로폼 100 mL에 녹여 하룻밤 방치한 후 무수 아세트산 2 mL를 가해 코르크 마개나 폴리에틸렌 마개로 막아 차광하고 상온에 보존한다. 이 용액은 흡습성이 강하고 변질이 쉬우므로 조제 후 1주 이내에 사용한다. 혼탁되어 있으면 건조여과지로 여과하여 사용해야 한다.

⑧ 표준비타민 A : 비타민 A 기름(1 g 중 비타민 A 10,000 IU 함유)을 사용한다.

⑨ 불활성 가스 : 질소, 이산화탄소를 사용한다.

⑩ 비누화용 플라스크 : 갈색 100~150 mL 환류 냉각기가 연결된 플라스크(그림 16-2)

⑪ 용매 제거장치 : 250 mL 플라스크(그림 16-3)

⑫ 물중탕기

⑬ 분액깔때기 : 갈색 250~200 mL의 밑의 관이 긴 스퀴브(squibb)형

⑭ 가스 발생장치 : 질소가스 또는 이산화탄소가스 봄베

⑮ 자동 피펫 : 삼염화안티몬 용액 첨가를 위한 신속 분주용으로 3 mL를 자동적으로 분취할 수 있다(그림 16-4).

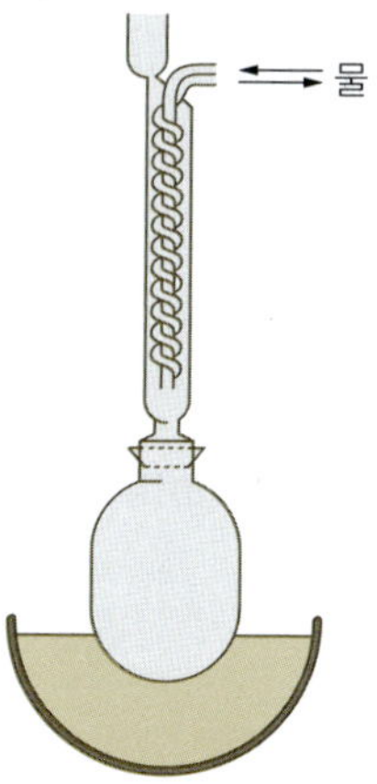

그림 16-2 비누화용 플라스크

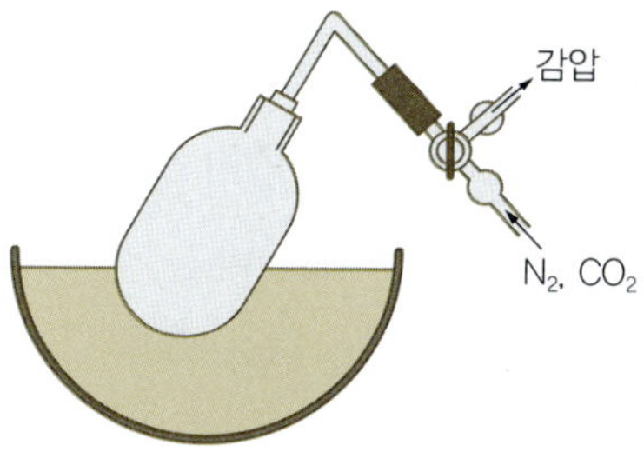

그림 16-3 용매 제거장치

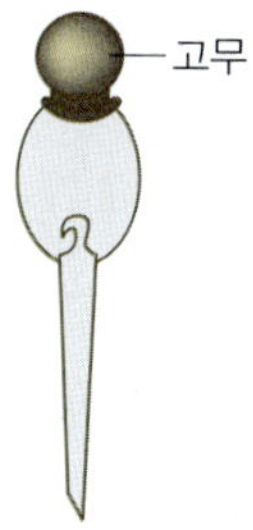

그림 16-4 분주용 자동 피펫

(2) 시료 용액의 조제

① 비누화 : 시료 채취량은 일반적으로 100~150단위에 상당하는 양을 비누화 플라스크에 취하고 피로갈롤 100 mg, 하이드로퀴논 100 mg을 넣는다. 적어도 3 mL 또는 시료와 동량의 50% 수산화칼륨 용액 및 그 8배량의 무알데하이드에탄올을 넣어 환류 냉각기를 달아 비등 물중탕에서 플라스크를 흔들어 주면서 30분간 비누화한다.

② 추출 : 비누화 후 흐르는 물에 식혀 냉각시키고 실온으로 한 다음 정확히 벤젠 100 mL를 가하고 유리마개로 닫아 15초간 격렬하게 흔든다. 침전이 생기면 그것이 침전될 때까지 방치한다. 250~300 mL의 분액깔때기로 옮기고 비누화 플라스크에 침전물을 남기는데 침전물을 씻어 옮길 필요는 없다. 분액깔때기에 1 N 수산화칼륨 용액 100 mL를 가하여 15초간 격렬히 흔든 후 방치하여 분리시킨다. 혼탁된 물층은 버리고 벤젠층에 0.5 N 수산화칼륨액 40 mL를 넣어 진탕 혼합한 다음, 벤젠층을 물 40 mL씩 매회 15초간 격렬하게 진탕 혼합하여 수세하기를 적어도 4회 반복한다(수세액이 페놀프탈레인 시액으로 알칼리 반응을 나타내지 않을 때까지 시행).

③ 탈수 : 분액깔때기를 수 분간 방치해서 최후의 물 1방울까지 제거한다. 분액깔때기 안에 여과지 쪽지 몇 개를 넣어 벤젠 중의 수분이 여과지에 흡착되어 벤젠층이 투명하게 될 때까지 진탕한다. 벤젠층에 항산화제로 소량의 다이부틸하이드록시톨루엔을 가한다.

④ 용제 날림 : 투명하게 된 상기의 벤젠 중 50 mL를 100 mL 증류 플라스크에 정확히 취해 약 45℃의 물중탕에서 수류 펌프의 감압하에 빠르게 증발시킨다. 불활성 가스로 플라스크 내부를 치환한다.

⑤ 시료 용액의 조제 : 잔류물에 직접 클로로폼을 피펫으로 넣어 1 mL 중에 비타민 A가 10~20단위가 되도록 희석하여 일정 용량으로 한다.

(3) 시험 조작

① 시료 용액 0.3 mL와 클로로폼 0.3 mL를 정확히 셀에 취하여 정색 용액 3 mL를 가한다.

② 대조 셀에 클로로폼 0.6 mL를 정확히 취한 다음 정색 용액 3 mL를 첨가한 후 약 5~20초 사이에 파장 620 nm에서 흡광도를 측정한다.

(4) 검량선의 작성

① 표준 비타민 A를 앞의 시료 용액 조제의 ①~④ 방법에 따라 처리한다.

② 클로로폼에 녹여서 1 mL 중에 비타민을 2, 4, 6 및 10 μg 함유하는 용액을 조제한다.

③ 계속해서 조제한 표준용액마다 시료 용액의 경우와 마찬가지로 앞의 (3) 시험 조작에 따라 조작한다.

④ 표준용액으로 구한 흡광도로 검량선을 작성하고 함량을 구한다.

(5) 계산

시료 용액(V mL)의 흡광도와 검량선으로 구한 시료 용액 1 mL 중의 비타민 A의 양을 N μg이라고 하면,

$$\text{시료 중의 비타민 A}(\mu g/100\ g) = N \times V \times \frac{100}{\text{시료 채취량(g)}} \times 2$$

2. 비타민 B_1

잘 알려진 비타민 B_1 정량법으로는 비타민 B_1(thiamin B_1)을 산화시켜 얻은 싸이오크롬(thiochrome)의 형광을 측정하는 싸이오크롬 형광법과 비타민 B_1의 다이아조(diazo) 반응을 이용한 파라-아미노 아세토페논(ρ-amino acetophenone) 비색법이 있다. 싸이오크롬 형광법은 ρ-amino acetophenone 비색법에 비해 다소 복잡하나 감도가 높아 비타민 B_1 함량이 낮은 식품에도 응용할 수 있다. 한편 식품 중의 비타민 B_1은 유리형과 결합형(pyrophosphate ester)으로 존재하는데 유리형에만 반응을 일으키므로 총 함량의 분석을 위해서는 결합형을 효소 처리하여 분해시켜야 한다. 결합형 B_1의 양은 총 비타민 B_1 함량에서 유리형 비타민 B_1의 차이로 구할 수 있다. 여기에서는 싸이오크롬 형광법에 대해 설명한다.

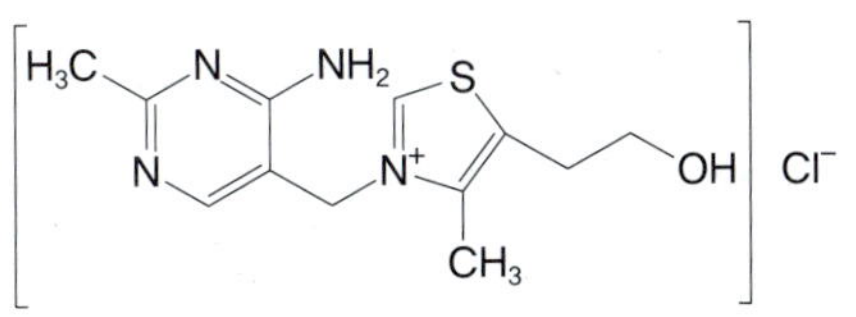

그림 16-5 비타민 B_1 구조

그림 16-6 비타민 B_1으로부터 싸이오크롬(thiochrome)의 생성

싸이오크롬 형광법에는 우선 효소 분해시킨 추출물에 존재하는 유리형 비타민 B_1을 퍼무티트(permutit)층에 이온교환반응으로 선택적으로 흡착시켜 추출물에 존재하던 싸이오크롬반응 방해물질 및 형광 측정에 방해되는 형광물질을 제거한다. 염화칼륨·염산 용액으로 용출시켜 얻은 비타민 B_1을 알칼리성 조건에서 페리시안화칼륨[$K_3Fe(CN)_6$]이나 브롬화시안(BrCN)으로 산화시키면 청색의 형광을 나타내는 싸이오크롬이 된다. 이것을 부틸알코올층에 이행시키고 자외선을 조사하여 생기는 형광을 측정하여 비타민 B_1을 정량한다.

> **tip** 싸이오크롬은 빛에 민감하며 열에 약하고 특히 알칼리 pH에서 안정성이 더욱 떨어지므로 분석 과정은 이들의 영향이 제거된 상태에서 신속하고 정밀하게 진행해야 한다.

(1) 시약 및 기구

① 효소 용액 : 사용 시 다이아스테이스(diastase) 0.5 g에 0.1 N 염산 0.5 mL 및 물 10 mL를 가하여 용해한다. 여기에 산성백토 0.2 g을 첨가하여 30초간 진탕 혼합한 다음 여과시켜 얻은 액 또는 원심분리해서 얻은 상층액을 사용한다.

② 25% 염화칼륨 염산 용액 : 0.1 N 염산에 염화칼륨을 25%의 비율로 녹인다. 결정이 석출되면 가온하여 완전히 녹여 사용한다.

③ 퍼무티트 : 50~80 mesh 퍼무티트를 플라스크에 취해 약 4배의 끓는 물을 넣어 혼합, 정치하고 상층액을 경사하여 버린다. 이 조작을 상층액이 거의 깨끗해질 때까지 여러 번 반복한다. 다음 3%의 아세트산 약 4배 양으로 전과 동일하게 2회 씻는다. 다시 25% 염화칼륨 염산 용액 약 3배 양을 가해서 비등 물중탕에서 약 25분간 저어 주면서 처리한다. 또 다시 3% 아세트산으로 2회 씻어 내고 수세의 조작을 반복한다. 이 세액에 5% 질산은 용액 2~3방울을 가해서 백탁되지 않을 때까지 시행한다. 이것을

약 60℃에서 건조해서 보존한다. 다만, 퍼무티트 외에 엠버라이트 IRC 50을 사용할 수 있다.

④ 산화제

- (제1법) 페리시안·수산화나트륨 용액 : 1% 페리시안 용액 4 mL를 15% 수산화나트륨으로 녹여 100 mL로 한다. 사용 전 4시간 이내에 제조한다.
- (제2법) 브롬시안 용액 : 특급의 브롬시안 4% 용액을 냉장고에 보존하며 그날 사용한다.

⑤ 무수 황산나트륨 : 형광이 없는 것을 사용한다.

⑥ 이소부탄올 : 무형광 시판품이나, 형광이 인정되면 재증류 정제해서 사용한다.

⑦ 비타민 B_1 표준용액 : 표준품을 사용한다. 염산성의 물로 희석해서 1 μg/mL로 한다.

⑧ 칼럼관

- 경질 유리제 흡착관의 S부 밑에 소량의 유리솜을 채워 물을 가득 넣고 별도로 퍼무티트 1.3~1.5 g을 비커에 취한다(그림 16-7).
- 물 약 20 mL를 가해 약하게 진탕해서 퍼무티트에 부착된 기포를 제거한 다음 물과 함께 전부를 흡착관에 유입, 계속해서 3% 아세트산 10 mL 및 물 20 mL를 각각 1분간 1 mL의 유속으로 통하여 조정해 놓는다.

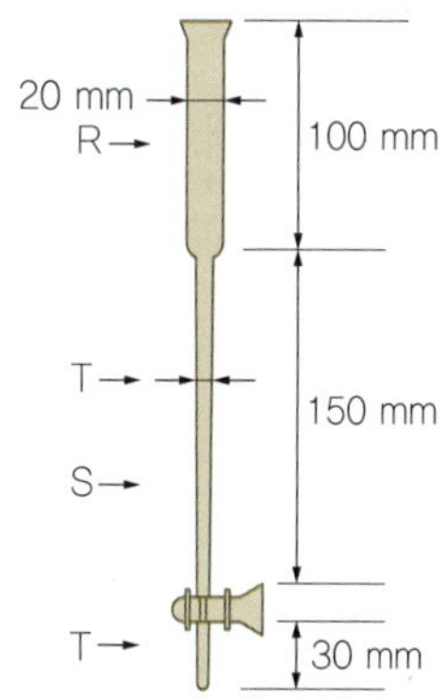

그림 16-7 흡착관

⑨ 추출병 : 50~150 mL까지 10 mL마다 표선을 그려 놓은 것이 쓰기에 편리하다.

⑩ 형광광도계 : 분광식의 들뜸파장 375 nm, 수광부의 형광파장 420 nm에서 측정한다.

(2) 시료 용액의 조제

① 추출 : 시료 1~10 g을 추출병 또는 100 mL의 메스플라스크에 취해 물 약 20 mL를 가하여 혼합하고 0.1 N 염산 또는 0.1 N 황산 약 50 mL를 가하여 잘 섞은 후 끓는 물 중탕에서 30분간 가열 추출한다.

② 효소 분해 : 추출액은 약 50℃에 냉각시켜 놓고 4 M 아세트산나트륨액을 첨가해서, pH를 약 4.5로 조정한다. 다시 한 번 효소 용액 약 2 mL를 가해서 40~50℃에 2~3시간 보온하거나 톨루엔 5~6방울을 가해 37~40℃의 항온기에 넣어서 하룻밤을 방

치한 후 15분간 비등 물중탕에서 온침한다. 냉각 후 물을 가해서 10 mL로 하고 원심분리나 여과해서 상층액을 취한다. 이것을 시료 용액으로 한다.

③ 흡착 : 시료 용액(pH 4.5)의 일정량(비타민 B_1으로 약 5 μg을 함유하는 액량)을 칼럼에 조용히 주입한다. 1분간 1 mL의 유속으로 흡착하게 한다. 계속해서 pH 4.5의 염산 5 mL로 칼럼의 R부 내면을 씻어 버린다.

④ 수세 : 흡착이 끝났다고 생각되면 공존하는 형광물질을 제거한다. 칼럼에 끓는 물을 주입하고 1분간 3~4 mL(1초간에 약 1방울)의 유속으로 흡착층을 씻는다. 세액을 형광이 나타나지 않을 때까지 물로 계속 씻어 준다.

⑤ 탈착 : 수세가 끝나고 칼럼 하부의 수기를 25 mL의 메스플라스크에 교환칼럼이 따뜻할 동안에 비등 25% 염화칼륨 염산 용액 10 mL를 가한다. 1초간 1방울씩 나누어 떨어지도록 조절한다. 탈착액을 받아서 용출액이 퍼무티트의 상단까지 달하면 재차 비등 용출액 8 mL를 주입하여 동일하게 조작한다. 끝으로 같은 용액 7 mL를 주입해서 탈착액 전량을 약 25 mL로 하여 뚜껑을 닫아 놓는다. 메스플라스크를 실온에 방치한다. 냉각 후 물을 가해서 정확히 25 mL로 하여 시료 용액으로 한다.

(3) 시험 조작

① 제1법 : 페리시안에 의한 산화 및 싸이오크롬의 추출

- 시료 용액을 5 mL씩 T_1, T_2, T_3 3개의 50 mL 공전시험관에 나누어 담는다. T_1을 첨가시험용, T_2를 주시험용, T_3를 공시험용으로 한다.
- T_1에는 비타민 B_1 표준액 1 mL(비타민 B_1 1 μg)를, T_2 및 T_3에는 물 1 mL를 가한다.
- 계속해서 T_1 및 T_2에는 페리시안·수산화나트륨 용액 3 mL를 가한 후 혼합한다. 이소부탄올 15 mL를 가해 밀전하여 1분간 격렬히 진탕 혼합한다.
- T_3에는 30% 수산화나트륨 용액 3 mL를 가한 후 혼합한다. 이소부탄올을 가해 진탕 혼합한다.
- T_1, T_2, T_3의 시험관을 정치, 또는 1,000~1,500 rpm으로 2분간 원심분리해서 상층액의 이소부탄올을 피펫으로 별도의 시험관에 분취한다.
- 계속해서 무수 황산나트륨 1~2 g을 소량씩 첨가해서 진탕 혼합한 후 정치해서 깨끗한 이소부탄올을 얻는다.

② 제2법 : 브롬시안화에 의한 산화 및 싸이오크롬의 추출

- 시료 용액을 5 mL씩 T_1, T_2, T_3 3개의 50 mL 공전시험관에 나누어 담는다. T_1을 첨가시험용, T_2를 주시험용, T_3를 공시험용으로 한다.
- T_1에는 비타민 B_1 표준액 1 mL(비타민 B_1, 1 μg)을, T_2 및 T_3에는 물 1 mL를 가한다.
- 계속해서 T_1 및 T_2에는 브롬시안 용액 3 mL를 가해서 혼합한 후 30% 수산화나트륨 용액 3 mL를 혼합한다. 이소부탄올 15 mL를 가해 밀전하여 1분간 격렬히 진탕 혼합한다.
- T_3에는 30% 수산화나트륨 용액 3 mL를 맨 처음 가한 후 브롬시안 용액을 혼합한다. T_1, T_2와 동일 이소부탄올을 가해 진탕 혼합한다.
- T_1, T_2, T_3의 시험관을 정치, 또는 1,000~1,500 rpm으로 2분간 원심분리해서 상층액의 이소부탄올을 피펫으로 별도의 시험관에 분취한다. 계속해서 무수 황산나트륨 1~2 g을 소량씩 첨가하여 진탕 혼합한 후 정치해서 깨끗한 이소부탄올을 얻는다.

(4) 측정 및 계산

앞에서 취한 이소부탄올액을 형광셀에 넣어 첨가시험(T_1), 주시험(T_2), 공시험(T_3)군의 형광강도를 측정하고 다음 식으로 계산한다.

$$\text{시료 중의 비타민 B}_1(\text{mg/100 g}) = D \times \frac{T_2 - T_3}{T_1 - T_2} \times \frac{V_2}{V_1} \times \frac{100}{\text{시료 채취량(g)}} \times \frac{1}{1,000}$$

D : 첨가 비타민 B_1(μg), V_1 : 시료 용액의 채취량(mL), V_2 : 시료 용액 전량(mL)

3. 비타민 B_2

비타민 B_2는 리보플래빈(riboflavin)이라고도 부르는 황색의 결정으로, 중성의 물에 극히 소량만이 용해되나 강산성 및 알칼리성에서는 잘 녹는다. 비타민 B_1처럼 산성에서는 가열에 안정하나 알칼리성에서는 불안정하며, 특히 빛에 의해 분해되기 쉽다. 동식물체에서는 인산 에스터화 형태인 flavin mononucleotide (FMN) 및 여기에 파이로인산염(pyrophosphate)이 결합한 flavin adenine dinucleotide (FAD) 형태로 존재하며 이들은 산화환원반응과 관련되어 보조효소로 작용한다.

비타민 B_2의 정량에는 흡광법과 형광법이 주로 사용된다. 450 nm에서 비타민 B_2의 황색을 측정하는 흡광법은 시료에 방해물질이 없는 경우에 사용되나 식품과 같이 방해물질이 많은 경우에는 형광법을 많이 사용하며 감도 또한 더 높다.

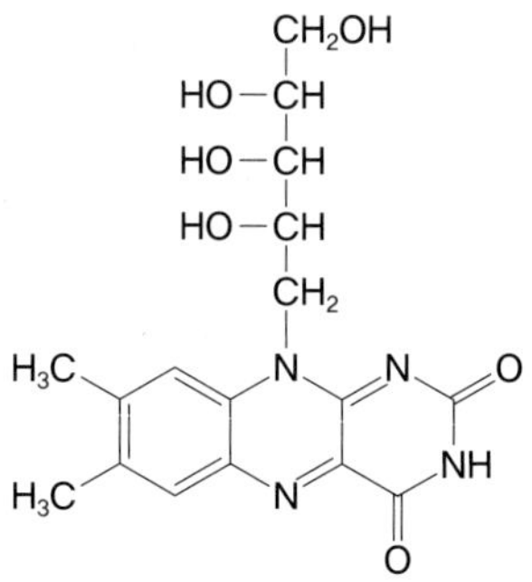

그림 16-8 비타민 B_2의 구조

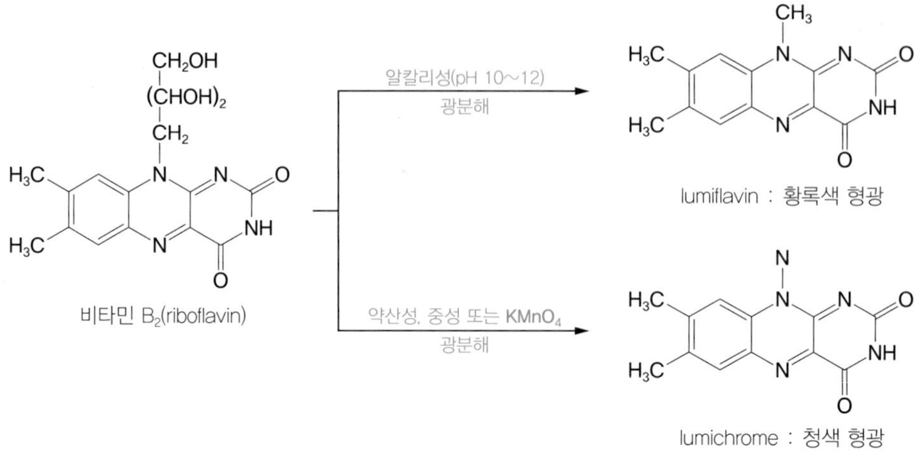

그림 16-9 비타민 B_2로부터 루미플래빈의 생성

비타민 B_2를 알칼리 조건에서 광분해시키면 루미플래빈이 생성되는데, 이 물질의 형광을 측정하는 방법이다. 비타민 B_2는 클로로폼이나 기타 유기용매에 녹지 않는 반면, 루미플래빈은 클로로폼에 잘 녹아 황록색의 형광을 나타낸다. 그러므로 시료에 존재하는 방해물질의 경우, 시료를 광분해하기 전에 미리 클로로폼으로 처리하여 클로로폼 가용성 방해물질들을 제거한다. 또한 광분해 후 생성된 루미플래빈은 산화에 대한 저항성이 강하므로 과망가니즈산칼륨으로 산화시켜 루미플래빈 이외의 형광물질들을 분해, 제거한다. 이 방법은 유리형 비타민 B_2나 인산에스터형의 FMN, FAD에도 동일하게 적용되므로 시료를 효소 분해시킬 필요가 없다. 다만 이 방법은 철 함량이 높은 식품에서는 철을 황산철로 만들어 제거하는 전처리가 필요하다.

(1) 시약 및 기구

① 클로로폼 : 자외선 조사에서 형광이 나타나지 않는 것을 사용한다. 형광이 있는 것은 유리제의 증류장치를 써서 재증류한다. 갈색병에 넣어 물을 포화시켜 냉암소에 보존한다.

② 비타민 B_2, 표준용액 : 비타민 B_2 표준품을 온수에 녹여서 40 μg/mL로 한다. 이것 100 mL에 아세트산 수 방울을 가해서 갈색 공전병에 넣어 냉장고에 보존한다. 사용 시 희석해서 2 μg/mL의 액을 만든다. 밝은 곳에 내놓지 않도록 주의한다.

③ 광 분해장치 : 형광등에 반사경을 달아 시료 용액을 양측으로부터 조사하거나, 상부

tip 비타민 B_2는 자외선에 극도로 민감하므로 광분해 외에 빛에 노출되지 않도록 주의한다. 또한 수용성 비타민이지만 쉽게 물에 녹지 않으므로 표준용액 제조 시 완전히 녹여야 한다.

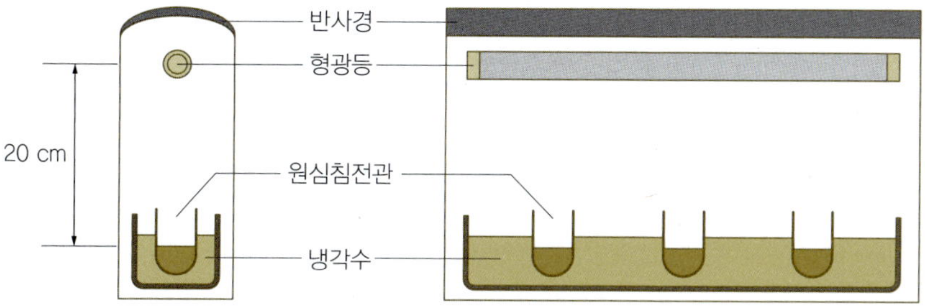

그림 16-10 광 분해장치

에 형광등이 붙어 있고 측면에는 광을 난반사하도록 한 상자 모양의 것도 좋다.

④ 용기 : 갈색 유리기구를 쓴다.

⑤ 형광광도계 : 들뜸파장 430 nm, 측정파장 530 nm

(2) 시료 용액의 조제

① 시료의 일정량을 취해 소량의 물을 가해서 균질기 또는 막자사발에 넣어 마쇄한다. 지방이 많은 것은 미리 탈지한다.

② 이것에 물 수 mL~수십 mL를 가해 물중탕에서 혼합하여 15~20분간 추출한다. 대부분은 이 추출법으로 충분히 추출된다. 또는 '비타민 B_1 (2) 시료 용액의 조제 ② 효소 분해'까지 한 시료 용액을 그대로 사용한다. 추출액은 냉각 후 1 mL 중 0.05 μg이 되도록 일정 용량으로 하여 시료 용액으로 한다.

(3) 시험 조작

① 광 분해 : 시료 용액 일정량(0.2~1 μg 비타민 B_2를 함유하는 용액)을 3개의 공전시험관에 취한다. 그 한 개를 첨가시험용으로 해서 비타민 B_2의 일정량(0.2~1 μg)을 함유하는 용액을 넣는다. 다른 두 개 T_2 및 T_3는 T_1에 가한 비타민 B_2 용액과 동량의 물을 담아 T_1, T_2, T_3를 같은 용량으로 만든다. 이 시료 용액에 같은 양의 1 N 수산화나트륨액을 넣어 혼합한 후 T_1(첨가시험) 및 T_2(주시험)를 광 분해장치로 1시간 광 분해한다. T_3(공시험)는 1시간 암소에 둔다. 광 분해가 끝나면 각 시험관에 아세트산을 0.5 mL씩 가한다.

② 산화 및 추출 : 광분해를 끝낸 산성 용액에 4% 과망가니즈산칼륨 용액 0.5 mL를 가해서 1분간 방치한다(필요하면 아세트산을 소량 넣음). 계속해서 3% 과산화수소 용액을 적가해서 탈색하고 클로로폼 10 mL씩을 가해서 뚜껑을 닫고 격렬히 2분간 진탕 혼합한다. 필요하면 원심분리를 하고, 클로로폼층을 분취한다.

(4) 측정 및 계산

클로로폼층을 측정 셀에 옮기고 T_1(첨가시험), T_2(주시험), T_3(공시험)의 형광 강도를 읽어 T_1, T_2, T_3로 한다. 비타민 B_2의 함량은 비타민 B_1의 함량을 구하는 식과 동일하게 구한다 (261쪽 참조).

4. 비타민 C

식품 중 비타민 C는 영양 성분으로서의 함량 평가 이외에도 저장, 유통, 가공 등에서 품질 변화의 지표로도 정량분석되고 있다. 식품 중 비타민 C는 환원형(ascorbic acid)과 산화형(dehydroascorbic acid)의 2가지 형태로 존재하며 일반적으로 이들의 총량으로 비타민 C 함량을 나타낸다. 그러나 생리 효과면에서 환원형은 강한 비타민 C의 효과를 나타내지만 산화형은 2,3-diketogluconic acid로 변화하기 때문에 반 정도의 효과를 나타낸다.

비타민 C 정량법에는 산화형 비타민 C를 정량하는 2,4-다이나이트로페닐하이드라진(dinitrophenylhydrazine, DNP) 비색법과 환원형 비타민 C를 정량하는 인도페놀(indophenol) 적정법이 잘 알려져 있다. 한편, 환원형을 산화형으로, 산화형을 환원형으로 바꾸어 분석하면 식품 내 총 비타민 C의 함량을 알 수 있다. 그러나 이들 방법은 식품 속에 공존하는 방해물질에 의해 측정값이 높아지기 쉬운 단점이 있다. 특히 DNP 비색법이 특정 식품에서 두드러진다. 최근 HPLC 방법에서 DNP 비색법 이용 시 방해물질로부터 환원형과 산화형 비타민 C의 분별 검출이 가능해졌다. 여기에서는 DNP와 비색법과 인도페놀 적정법에 대해 설명하기로 한다.

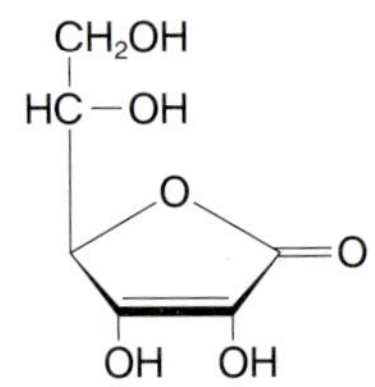

그림 16-11 비타민 C의 구조

tip ▸ 비타민 C는 높은 pH, Fe^{3+}, Cu^{2+} 이온 존재하에서 산화에 더욱 민감하다. 그러므로 분석 과정은 되도록 낮은 pH, 가능하다면 킬레이트화제 등의 존재하에서 실시하도록 한다.

1) 2,4-다이나이트로페닐하이드라진에 의한 정량법

산화형 비타민 C에 2,4-다이나이트로페닐하이드라진(DNP)을 작용시키면 적색의 오사존(osazone)이 생성되며 여기에 황산 용액을 가해 탈수시키면 등적색의 무수물인 *bis*-2,4-dinitrophenylhydrazone으로 변환되어 안정한 정색반응을 보인다. 520 nm에서 이 물질의 흡광도를 분석하고 표준 산화형 비타민 C의 검량선과 비교하여 정량하는 방법이다.

총 비타민 C 함량을 분석하기 위해서는 환원형을 산화형으로 전환시킨 후 기존 산화형 비타민 C와 함께 정량하면 된다. 기존에 존재하는 산화형 비타민 C만을 따로 정량하면 총 비타민 C 함량과의 차이로 환원형 비타민 C의 함량을 산출할 수 있다. 인도페놀법에 비하여 정밀하고 감도가 높아 비타민 C 함량이 적은 시료에 적합하다.

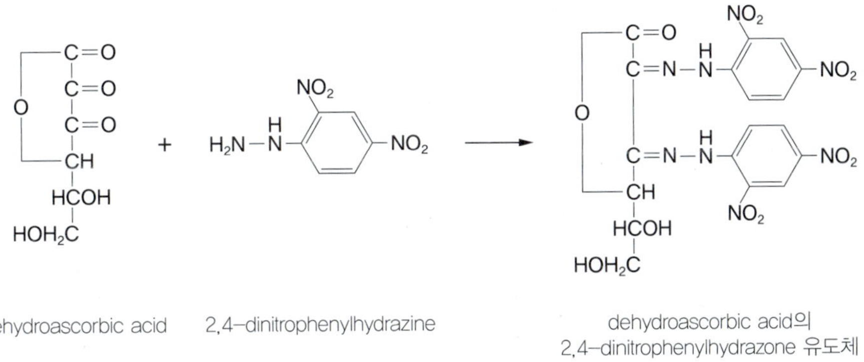

그림 16-12 산화형 비타민 C로부터 *bis*-2,4-dinitrophenylhydrazone 유도체의 생성

(1) 시약 및 기구

① 메타인산-아세트산 용액 : 메타인산(HPO_3) 15 g을 아세트산 40 mL, 물 200 mL로 잘 진탕 혼합하여 녹여 물을 가해 250 mL로 한다. 이 용액은 냉장고에 보관하면 1주간 사용이 가능하다.

② 묽은 메타인산-아세트산 용액 : 메타인산-아세트산 용액을 같은 양의 물로 혼합한다(즉시 제조).

③ 20% 메타인산 용액 : 냉장고에 보존한다.

④ 10% 메타인산 용액 : 냉장고에 저장, 2주간 사용한다.

⑤ 5% 메타인산 용액 : 사용할 때 조제한다.

⑥ 인도페놀 용액 : 2,6-다이클로로페놀인도페놀나트륨염 0.2 g을 더운물에 녹여 100 mL로 한다. 필요하면 여과한다. 이 용액은 냉장고에 보존하며 2주간 사용할 수 있다.

⑦ 메타인산-싸이오요소 용액 : 10% 메타인산 용액 50 mL에 싸이오요소〔$(NH_2)_2CS$〕 2 g을 녹인다. 물을 가해 100 mL로 한다(즉시 조제).

⑧ 다이나이트로페닐하이드라진 용액 : 2,4-다이나이트로페닐하이드라진 2 g을 9 N 황산 용액 100 mL에 녹인 후 유리여과기로 여과한다. 이 용액은 냉장고에서 2주간 보존한다.

⑨ 비타민 C 표준용액 : 비타민 C 표준품 100 mg을 정밀하게 잰다. 메스플라스크에 넣어 5% 메타인산 용액에 녹여서 100 mL로 한다. 이 용액 0.25, 0.5, 1.0, 1.5, 2.0 및 2.5 mL를 각각 메스플라스크에 취해 5% 메타인산 용액을 가해서 100 mL로 한다(즉시 조제).

(2) 시료 용액의 조제

추출을 위해 시료의 일정량을 정밀하게 잰다. 정확히 같은 양의 메타인산-아세트산 용액을 잘 혼합해서 균등한 죽 상태로 만든다. 환원형 비타민 C로 1~5 mg 함유되도록 균등한 죽 상태의 일정량(Wg)을 100 mL의 메스플라스크에 옮기고 묽은 메타인산-아세트산 용액을 100 mL로 한다. 이 용액을 여과하여 처음의 수 mL를 제거해서 그 후의 여액을 취하거나 원심분리해서 상층액을 취하여 시료 용액으로 한다. 이때 모든 조작은 신속히 진행한다.

(3) 시험 조작

① 산화 : 시료 용액 2 mL를 시험관 T_1, T_2, T_3에 취해 T_1에 인도페놀 용액 1방울을 혼합해서 이것이 적색을 나타내는지 확인하고, T_1, T_2, T_3에 메타인산-싸이오요소 용액 2 mL씩 넣는다.

② 오사존의 생성 : 시험관 T_1 및 T_2에 2,4-다이나이트로페닐하이드라진 용액 1 mL씩을 넣어 37℃(±0.5℃) 항온 물중탕 중에서 정확히 3시간 방치하고 T_3와 함께 얼음물 중에 침적시킨다.

③ 오사존의 용해 : 얼음물 중에서 냉각하면서 T_1, T_2, T_3에 85% 황산 용액 5 mL를 조금씩 첨가하여 1분간 얼음물 중에서 내용액을 잘 혼합 냉각한다. 차가운 상태에서 T_3에 2,4-다이나이트로페닐하이드라진 용액 1 mL를 혼합한다. T_1, T_2, T_3의 내용액을 재차 혼합한 후 얼음물에서 꺼내 실온에 30~40분간 방치한다.

(4) 측정 및 계산

① 측정 T_1 및 T_2의 내용액을 510~540 nm에서 흡광도를 측정하고, T_1 및 T_2로 한다. 대조액은 T_3로 한다.

② 검량선의 작성 : 비타민 C 표준용액 각 2 mL씩을 시험관에 취하고 위의 시험 조작 ①~③의 과정을 진행한다. 각각 흡광도를 구하고 검량선을 그린다.

③ 계산 : 시료 용액 2 mL 중의 총 비타민 C의 양과 산화형 비타민 C의 양을, 각각의 환원형 비타민 C의 양(μg)으로 나타낸 수치를 검량선에서 찾아서 T_1 및 T_2에 대응하는 점으로부터 구하여 각각 C_1 및 C_2로 한다. 시료 중의 비타민 C 함량은 다음 식으로 구한다.

$$\text{총 비타민 C(mg/100 g)} = \frac{C_1}{1,000} \times 50 \times \frac{\text{시료 채취량} \times 2}{W} \times \frac{100}{\text{시료 채취량(g)}}$$

$$\text{산화형 비타민 C(mg/100 g)} = \frac{C_2}{1,000} \times 50 \times \frac{\text{시료 채취량} \times 2}{W} \times \frac{100}{\text{시료 채취량(g)}}$$

$$\text{환원형 비타민 C(mg/100 g)} = \text{총 비타민 C(mg/100 g)} - \text{산화형 비타민 C(mg/100 g)}$$

2) 인도페놀 적정법에 의한 정량

이 방법은 비타민 C의 환원력을 이용해 정량하는 방법으로 환원형 비타민 C를 측정한다. 인도페놀은 산성 수용액 중에서 적색(알칼리성 수용액에서는 청색)을 나타낸다. 환원형 비타민 C를 첨가하면 비타민 C의 환원력에 의해 환원되어 무색이 된다. 따라서 일정량의 인도페놀 용액에 환원형 비타민 C 용액을 적정하여 용액의 적색이 사라지는 때를 종말점으로 하며 이 적정량으로 환원형 비타민 C의 함량을 구한다.

시료에 유효량의 철이나 구리가 존재하는 시료에서는 EDTA 같은 킬레이트를 추출 시에 사용한다. 적색 종말점은 최소 10초 유지된다. 적무나 짙은 갈색 시료와 같이 색깔이 있는 시료는 눈으로 비교가 힘들기 때문에 545 nm에서 흡광도 변화를 관찰하여 결정한다.

한편, 인도페놀은 환원형 비타민 C뿐만 아니라 다른 유사한 환원력을 가진 물질에 의해서도 동일한 반응을 나타내므로 실제 양보다 측정값이 높아진다. 신선물의 경우는 이 방법에 의한 측정값이 거의 실제 환원성 비타민 C 함량을 나타내지만, 가공식품의 경우 환원성 비타민 C 이외의 환원물질, 특히 금속염류 등이 존재하는 경우 분석의 방해인자로 작용한다. 또한 시료 용액이 착색된 경우에도 이 비색법을 사용하기 어렵다.

tip 역으로 환원형 비타민 C의 용액에 인도페놀 용액을 적정하여 적색이 나타나는 점을 종말점으로 하는 경우, 농도와 적정값이 정확히 비례하지 않으므로 반드시 적정방법을 지킨다.

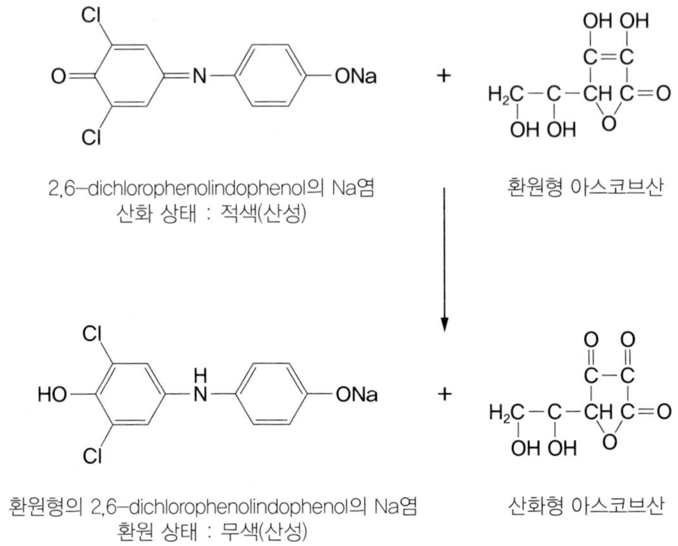

그림 16-13 환원형 비타민 C에 의한 2.6-dichlorophenolindophenol의 환원

(1) 시약 및 기구

① 인도페놀 용액

- 미리 탄산수소나트륨 약 50 mg을 더운물 약 150 mL에 용해시키고 여기에 2,6-다이클로로페놀인도페놀나트륨염 약 50 mg을 녹여 냉각한 후 물로 200 mL로 만든다.
- 여과 후 차광하여 냉소에 저장하면 일주일간 사용할 수 있다.
- 다만, 다음 방법에 따라 사용할 때 표정한다. 비타민 C 표준품 100 mg을 정밀하게 측정해 500 mL의 메스플라스크에 넣어 묽은 메타인산-아세트산 용액으로 500 mL로 한다. 그 5 mL를 정밀하게 취하여 묽은 메타인산-아세트산 용액 5 mL를 가하고 인도페놀 용액으로 액이 적어도 5초간 적색이 지속될 때까지 적정한다. 여기에 적정된 인도페놀 용액의 소비량을 T mL로 한다.

(2) 시험 조작 및 계산

① 환원형 비타민 C의 적정 : 2,4-다이나이트로페닐하이드라진법에서 조제한 시료 용액

10 mL를 삼각 플라스크에 정확히 취하여 즉시 인도페놀 용액으로 액이 적어도 5초간 적색이 지속될 때까지 적정한다. 이때 적정된 인도페놀 용액의 소비량을 S mL로 한다.

② 계산 : 시료 중의 환원형 비타민 C는 다음 식으로 구한다.

$$\text{환원형 비타민 C(mg/100 g)} = \text{A mg} \times \frac{S}{T} \times 10 \times \frac{\text{시료 채취량} \times 2}{W} \times \frac{100}{\text{시료 채취량(g)}}$$

A mg : 인도페놀 용액 T mL에 대응하는 환원형 비타민 C의 양

5. 니코틴산

니코틴산(nicotinic acid)은 나이아신(niacin)이라고도 불리며 체내에서 NAD^+ (NADH), $NADP^+$ (NADPH)의 구성 성분으로 탈수소반응에 관여한다. 천연 식품 중에서는 뉴클레오타이드나 단백질과의 결합 형태가 많아 정량을 위해 먼저 가수분해하여 유리형 니코틴산으로 전환이 필요하다. 여기에서는 잘 알려진 나코틴산 정량법으로, 화학적 방법인 케니히 반응에 의한 비색법에 대해 설명한다.

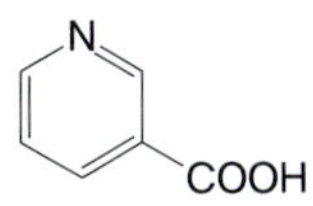

그림 16-14 니코틴산의 구조

식품 중의 니코틴산을 정량하기 위해서 니코틴산아마이드와 그 외의 결합형을 산 또는 알칼리로 가수분해시켜 니코틴산으로 유리시킨다. 여기에 브롬화시안(BrCN)을 부가시키고 산성에서 방향족 아민을 작용시켜 생성되는 황색 화합물을 비색정량하는 방법이다. 이 물

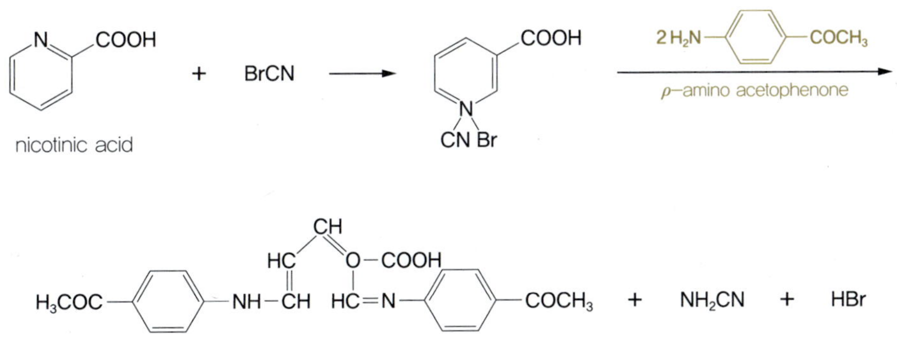

그림 16-15 니코틴산의 케니히 반응

tip 브롬화시안은 매우 독성이 강하므로 반드시 후드 내에서 실험해야 한다.

질은 광선에 예민하여 밝은 곳에서는 퇴색하는 성질이 있다.

(1) 시약 및 기구

① 포화 황산아연 용액 : 황산아연($ZnSO_4 \cdot 7H_2O$) 800 g을 물에 녹여서 1 L로 한다.

② 브롬화시안 용액 : 특급 브롬화시안을 물에 녹여 10%로 한다.

③ 니코틴산 표준용액 : 니코틴산 표준품 약 100 mg을 정밀하게 측정하여 100 mL 메스플라스크에 넣고 10 N 황산액 1 mL를 가하여 녹인 후 물로 100 mL 되게 한다. 이것을 원액으로 해서 차광하여 냉장고에 보존한다. 사용 시 0.25, 0.5, 1.0, 2.0 및 2.5 mL를 각각 취해 물을 가하여 100 mL로 희석한다.

④ 파라-아미노아세토페논 용액 : 파라-아미노아세토페논(ρ-amino acetophenone) 2 g을 소량의 염산에 녹여서 물을 넣어 100 mL로 한다.

(2) 시료 용액의 조제

① 가수분해 : 100 mL의 비커에 니코틴산 400 μg 상당량의 시료를 취한다. 6 N 염산 용액 20 mL를 넣어 비등 물중탕 중에 60분간 침출하여 가수분해한다. 이것을 흐르는 물로 냉각시켜 100 mL 메스플라스크에 옮겨 넣고 물로 100 mL를 만들어 여과 또는 원심분리하여 여액 또는 상층액을 시료 용액으로 한다.

② 중화 : 시료 용액 25 mL를 원심 침전관에 취하고 페놀프탈레인 시액 2방울을 가해서 6 N 수산화나트륨 용액 20 mL로 미산성이 될 때까지 중화한다.

③ 탈색 : 이 중화액에 포화 황산아연 용액 2 mL를 가해 소포제로 아밀알코올 수 방울을 넣고 수산화아연의 침전이 생길 때까지 잘 진탕 혼합하여 3 M 수산화나트륨 용액과 1 N 수산화나트륨 용액을 가하여 중화한다. 다음에 pH 6.5가 될 때까지 2 N 황산 용액을 가하고 다시 물을 넣어 50 mL로 한다. 가끔씩 진탕 혼합하여 10분간 방치한 후 원심분리 또는 여과하여 시료 용액으로 한다.

(3) 시험 조작

발색을 위해 시료 용액 5 mL씩을 2개의 시험관에 취하고 여기에 브롬화시안 용액 2 mL씩을 가하여 60~70℃의 물중탕에서 10~15분간 반응시킨다. 그 다음 얼음물에 냉각시키면서 한쪽에 파라-아미노아세토페논 용액 1 mL를 넣고 다른 쪽은 대조액으로 하여 2개의 시험관에 물로 10 mL를 만든다.

(4) 측정 및 계산

① 비색 : '(3) 시험 조작'에서의 발색액은 얼음물에 냉각한 채로 암실에 10~15분간 방치한 후 대조액에 대하여 파장 420 nm에서 흡광도 A를 측정한다.

② 검량선의 작성 : 각 농도의 니코틴산 표준액 1 mL를 취해 물 4 mL를 가해서 이하 정량 조작은 '(3) 시험 조작'의 발색과 '(4) 측정 및 계산 ① 비색' 과정에 따라 검량선을 작성한다.

③ 계산 : 시료 용액 5 mL 중에 함유한 니코틴산 양을 검량선에 나타난 A에 대응하는 점으로 구하여 X(μg)로 한다.

$$\text{시료 중의 총 니코틴산(mg/100 g)} = X \times 40 \times \frac{100}{\text{시료 채취량(g)}} \times \frac{1}{1,000}$$

6. 비타민 E

토코페롤(tocopherol)로 알려진 비타민 E에는 여러 가지 동족체가 있으며, 기본 구조를 가진 것을 토콜(tocol)이라 하고, 이것의 곁사슬에 이중결합이 들어 있는 것이 토코트라이에놀(tocotrienol)이라고 한다. 이들 구조의 메틸 유도체가 토코페롤류이다. 여기에서는 토코페롤의 정량법으로 α, α'-다이피리딜(α, α'-dipyridyl)에 의한 비색법에 대해 설명한다.

토코페롤에 염화제이철($FeCl_3$)을 반응시키면 토코페롤은 파라-퀴논(ρ-quinone)으로 산화되고, Fe^{3+}는 Fe^{2+}로 환원된다. 여기서 생성된 Fe^{2+}가 α, α'-다이피리딜과 착염을 형성할 때 진한 적색을 나타내므로 이를 비색정량한다. 그러나 토코페롤 이외의 환원제에 의해서도 Fe^{2+}가 생성될 수 있어 토코페롤 함량보다 더 높은 값이 나올 수 있다.

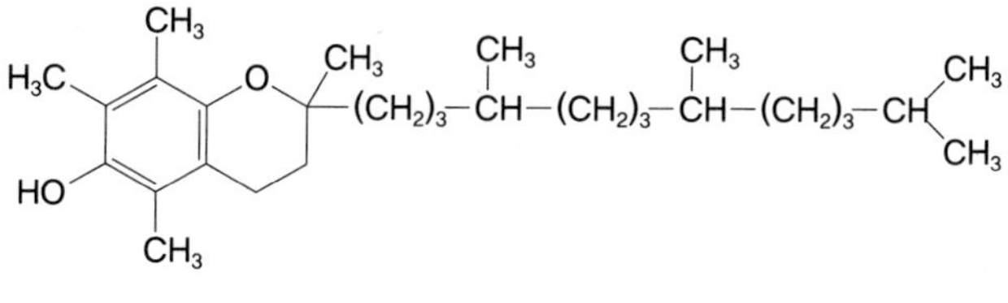

그림 16-16 *dl*-α-**토코페롤의 구조**

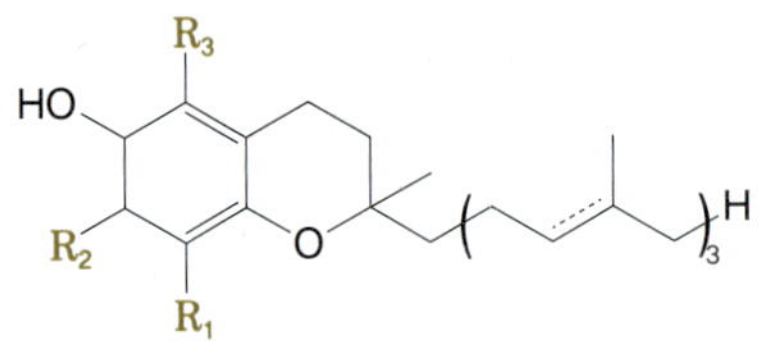

tocol, $R_1=R_2=R_3=H$, 이중결합 없는 구조
tocotrienol, $R_1=R_2=R_3=H$, 이중결합 있는 구조

	R_1	R_2	R_3
α–tocopherol	CH_3	CH_3	CH_3
α–tocotrienol	CH_3	CH_3	CH_3
β–tocopherol	CH_3	H	CH_3
β–tocotrienol	CH_3	H	CH_3
γ–tocopherol	CH_3	CH_3	H
γ–tocotrienol	CH_3	CH_3	H
δ–tocopherol	H	H	H
δ–tocotrienol	H	H	H

그림 16-17 토코페롤 동족체 구조 및 종류

(1) 시약 및 기구

① 정색 용액 : 0.5%, α, α′-다이피리딜 에탄올 용액

② 염화제이철에탄올 용액 : 염화제이철 0.2 g을 에탄올에 녹여 100 mL로 한다.

③ 석유 에테르 : 석유 에테르에 1/10 양의 황산을 가하고 황산층이 착색되지 않을 때까지 세척하고 1회 수세한 다음, 순차로 10% 수산화나트륨 용액과 물로 수세한다. 세정한 석유 에테르층에 무수 황산나트륨을 가하여 탈수한 다음 증류하여 30~60℃에서 유분을 취한다.

④ 표준용액의 조제 : α-토코페롤 약 20 mg에 에탄올을 넣어 녹여 100 mL로 한다.

⑤ 분광광도계

(2) 시료 용액의 조제

① 토코페롤로 0.5~1 mg에 해당하는 양의 시료를 환저 플라스크에 취하여 에탄올 30 mL 및 10% 피로갈롤·에탄올 용액 1 mL를 가하고 수산화칼륨 용액(9→10) 1 mL를 넣어 환류 냉각기를 붙인 물중탕에서 30분간 비누화한다.

② 비누화 후 신속하게 냉각하여 실온으로 하고 물 30 mL를 넣어 갈색 분액깔때기에 옮기고, 플라스크는 물 10 mL, 석유 에테르 30 mL로 씻고 씻은 액을 분액깔때기에 옮겨 잘 진탕 혼합하고 방치하여 석유 에테르층을 분취한다.

③ 물층은 석유 에테르 30 mL씩으로 2회 추출하고 석유 에테르 추출액을 합하여 물 10 mL로 1회, 50 mL씩으로(페놀프탈레인 지시약이 정색되지 않을 때까지) 세척한다.

④ 분액깔때기 중에서 물을 충분히 분리한 후 석유 에테르층에 무수 황산나트륨을 넣어

탈수하고 석유 에테르층은 갈색 플라스크에 옮긴다. 남은 무수 황산나트륨은 석유 에테르 10 mL씩으로 2회 씻고 씻은 액은 플라스크에 합한다.

⑤ 석유 에테르 추출액을 모두 합하여 60℃에서 감압건조하고 잔류물은 에탄올 5 mL로 녹여 25 mL의 갈색 플라스크로 옮긴다.

⑥ 플라스크는 추가로 에탄올 5 mL씩으로 2회 씻고 씻은 액을 플라스크에 가하여 에탄올 25 mL를 채우고 시료 용액 A로 한다.

(3) 시험 조작

① 시료 용액 5 mL와 비타민 E 표준용액 1 mL를 25 mL의 플라스크에 취하여 각각에 염화제2철에탄올 용액 1 mL와 0.5%, α, α′-다이피리딜에탄올 용액 1 mL를 넣은 다음 에탄올을 가하여 25 mL로 한다.

② 따로 에탄올 1 mL를 취하여 같은 방법으로 조작한 것을 대조구로 하여 시료 용액과 표준용액에 대해 파장 520 nm에서 흡광도를 측정한다.

(4) 계산

$$\text{총 토코페롤 함량(mg/100g)} = C \times \frac{T}{S} \times \frac{25}{2} \times \frac{100}{W}$$

C : 비타민 표준용액의 토코페롤 농도(mg/mL), T : 시료 용액의 흡광도
S : 표준용액의 흡광도, W : 시료 채취량(g)

7. 비타민 D

식품 중에 함량이 극히 적고 비타민 A, 비타민 E, 카로티노이드, 스테롤 등 정량을 방해하는 물질이 다량 존재하며, 선택적으로 반응하는 정색 시약이나 선택적으로 감응하는 검출기가 현재까지 없다. 그러므로 확실하게 비타민 D를 정량할 수 있는 동물시험법이 사용되어 왔다. 즉, 쥐나 병아리 등의 동물에 분석 시료를 먹여 생장, 뼈의 석회화, 분변의 pH 등을, 표준 비타민 D를 농도별로 급여한 실험구와 비교하는 방법이다.

이 방법은 기간이 오래 걸리며 조작이 복잡하고 비용도 많이 들 뿐 아니라 오차도 크기 때문에 정량분석보다는 비타민 D 유도체의 생리 효능 등을 검정할 때만 사용한다. 최근에는 HPLC의 급속한 발전으로 비타민 D의 미량 정량도 간단하고 신속하게 수행할 수 있다.

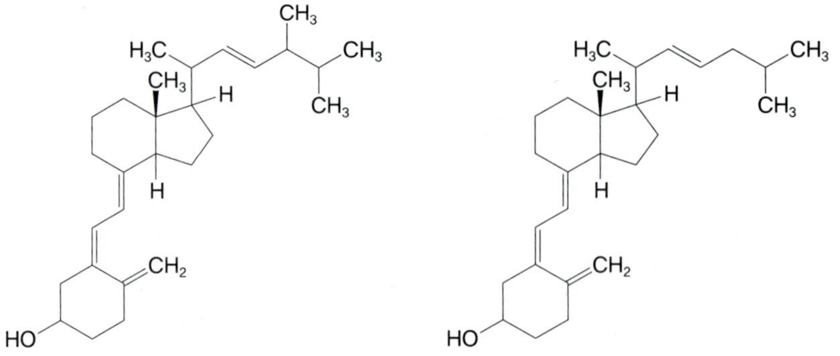

그림 16-18 비타민 D의 구조

(1) 시약

① 무알데하이드에탄올 : 에탄올(특급) 1 L에 50% 수산화칼륨 용액 5 mL 및 아연 분말 5 g을 가하여 약 2시간 환류 후 증류한다. 단, 처음 및 마지막 증류액의 각각 10%는 버린다.

② 벤젠, 아세토나이트릴 및 헥산 : 특급품을 증류하여 사용한다.

③ 메탄올 : 고속 액체 크로마토그래피용

(2) 표준용액의 조제

비타민 D_2 또는 비타민 D_3가 1 mL 중에 4 IU(0.1 μg) 함유하도록 무알데하이드에탄올로 녹인다.

(3) 시료 용액의 조제

① 시료가 고체인 경우에는 초고속 마쇄기 등으로 잘게 마쇄하여 비타민 D 2 IU(0.05 μg) 이상 함유한 시료를 비누화 플라스크에 정밀하게 취하여 피로갈롤·에탄올(1→10) 용액 40 mL를 넣어 약하게 진탕 혼합한다.

② 수산화칼륨(9→10) 용액 10 mL를 가하고, 환류 냉각기를 부착하여 비등 물중탕 중에서 30분간 가열하여 비누화한다. 즉시 냉각하여 실온으로 되면 벤젠 100 mL를 가하여 15초간 강하게 진탕 혼합한다. 침전이 생기면 가라앉을 때까지 방치한다.

③ 250~300 mL 분액깔때기로 옮기고, 비누화용 플라스크의 침전물은 남겨 둔다(침전물을 씻어서 옮기지 말 것). 분액깔때기에 1 N 수산화칼륨 용액 100 mL를 가하여 15초간 강하게 진탕 혼합한다. 방치하여 분리하고(벤젠층은 투명하지 않아도 됨) 혼탁한 물층은

버린다.

④ 벤젠층에 0.5 N 수산화칼륨 용액 40 mL를 가하여 진탕 혼합한 후 벤젠층을 적어도 물 40 mL씩 매회 15초간 격렬하게 진탕 혼합하여 4회 세척한다. 세척액이 페놀프탈레인 시액으로 알칼리 반응을 나타내지 않을 때까지 세척한다.

⑤ 분액깔때기를 수 분간 방치하여 최후의 물 한 방울까지 분리하여 물층을 제거한다. 이 벤젠 용액 80 mL를 플라스크에 취하여 40℃ 이하에서 용매를 감압 농축한다. 잔류물에 벤젠 5 mL를 가하여 녹이고 이 액을 4.5 mL 공전시험관에 취하여 같은 방법으로 감압 농축한다.

⑥ 잔류물에 아세토나이트릴 메탄올(1 : 1, v/v) 500 μL를 정확하게 넣어 녹이고 이를 시료 용액으로 한다.

(4) 시험 조작

① 고속 액체 크로마토그래피 조건

- 제1 단계(분취용) 고속 액체 크로마토그래피 분석 조건

  칼럼 : 역상형 칼럼(안지름 7.5 mm, 길이 300 mm), 이동상 : 아세토나이트릴 : 메탄올(1 : 1, v/v), 유속 2 mL/분, 검출기 : 자외부(UV) 검출기(254 nm)

- 제2 단계(분석용) 고속 액체 크로마토그래피 분석 조건

  칼럼 : 순상형 칼럼(안지름 4.6 mm, 길이 250 mm), 이동상 : 0.4% 이소프로판올·헥산 용액, 유속 : 1.6 mL/분, 검출기 : 자외부(UV) 검출기(254 nm)

② 정량시험

- 제1 단계(분취용) 고속 액체 크로마토그래피 : 시료 용액 200 μL를 정확히 취해 제1 단계 고속 액체 크로마토그래피에 주입하여 분획포집기로 비타민 D 획분을 분취한다(비타민 D 표준용액의 크로마토그램으로 비타민 D가 검출기에 도달하는 시간을 측정하여 피크가 검출기에 도달하는 전후 30초 동안 분액을 받을 수 있도록 예비 실험으로 분석 조건을 준비).
- 제2 단계(분석용) 고속 액체 크로마토그래피 : 제1 단계에서 얻은 비타민 D 획분의 용매를 감압 농축하여 잔류물에 0.4% 이소프로판올·헥산 200 μL를 정확히 가하여 녹인다. 이 용액 100 μL를 정확히 취하여 제2 단계 고속 액체 크로마토그래피에 주

입하여 얻은 크로마토그램에 나타난 비타민 D의 피크 높이 또는 면적을 측정한다.

- 비타민 D 표준용액에 대한 조작 : 별도로 비타민 D 표준용액 1 mL에 대하여 상기의 시료 용액의 조제 및 시험 조작 제1 단계, 제2 단계의 조작에 따라 실행한 후 비타민 D의 피크 높이 또는 면적을 측정한다.

$$\text{시료 100g 중의 비타민 D(IU)} = \frac{P_{sa}}{P_{st}} \times \frac{S}{\text{시료 채취량(g)}} \times 100$$

S : 비타민 D 표준용액의 농도(IU/mL), P_{st} : 비타민 D 표준용액의 피크의 높이 또는 면적
P_{sa} : 시료에 대한 피크의 높이 또는 면적

연습문제

1 인도페놀(indophenol) 적정법으로 비타민 C를 정량분석하는 원리는?

2 다음 빈칸을 채우시오.

> 비타민 C를 정량할 때 환원형인 (①)과 산화형인 (②)을 함께 정량, 탈수제로 (③)를(을) 넣으면 적색이 되어 540 nm 파장에서 확인할 수 있다.

풀이 및 정답

1. 인도페놀 적정법은 indophenol (2,6-dichlorophenol indophenol) 용액이 산성 수용액 중에서 아스코브산(ascorbic acid, 비타민 C)에 의하여 환원되어 무색으로 변하므로, 일정량의 인도페놀 용액에 아스코브산 용액을 첨가하여 용액의 홍색이 사라지는 점을 종말점으로 하여 적정량의 아스코브산 양을 구하는 방법이다.
2. ① 아스코브산(ascorbic acid), ② 데하이드로아스코브산(dehydroascorbic acid), ③ 황산(H_2SO_4)

FOOD ANALYSIS

17 신종 유해물질 및 곰팡이 독소 분석

인류가 식량 문제를 해결하면서 지금까지 먹어 온 여러 식품에 함유된 수많은 유해물질에 대한 관심이 증폭되고 있다. 흔히들 '이제 먹을 것이 하나도 없다'라는 말을 많이 한다. 빈번하게 발생하고 있는 학교 단체급식 식중독사고는 차치하더라도 멀쩡하게 잘 먹던 감자칩, 튀김에 잠재적 발암물질이라는 아크릴아마이드(acrylamide)가 있으니 조심해서 섭취하라고 식품의약품안전처(식약처)에서 권고한다. 또한 기껏 건강을 위해 탄산음료 대신 구입하여 꼬박꼬박 먹던 비타민음료에 벤젠(benzene)이나 벤조산(benzoic acid)이 과다하게 들어 있다고 경고한다. 유아에게 먹이던 분유나 유아식 그리고 평소 즐겨먹던 통조림에 퓨란(furan)이라는 잠재적 발암물질이 들어 있으니 조심하란다. 이러한 일련의 식품 중에 함유된 위해물질들을 특별히 새롭게 발견하였다고 해서 신종 유해물질이라고 한다. 여기에서는 여러 신종 유해물질 중 아크릴아마이드와 퓨란의 특성과 분석방법을 설명하려 한다. 이 분석법은 현재까지 발표된 방법 중 가장 일반적이고 검증이 된 방법이다. 아울러 독성물질의 대표격인 아플라톡신을 위주로 한 곰팡이 독소의 분석법에 대해서도 설명한다.

1. 아크릴아마이드

1) 정의

처음 아크릴아마이드가 가열 식품에서 높은 수준으로 검출되었다고 보고된 것은 2002

년 4월 스웨덴의 국립식품청(Swedish National Food Administration, SNFA)에 의해서이다. 그 이후 세계보건기구(WHO) 및 미국식품의약안전청(FDA)에서 관심을 가져 2002년 6월에는 WHO가 '식품 중의 아크릴아마이드에 대한 건강 관련 보고서'를 발표하였고, 같은 해 9월과 12월에는 FDA가 자체 실시한 연구 결과를 발표하기에 이르렀다.

아크릴아마이드는 그림 17-1에 나타낸 것과 같이 탄소 3, 수소 5, 산소 1, 질소 1개로 구성된 매우 간단한 화합물이다. 화학적 정의에 의하면 분자량 70.08로 무취의 백색 결정이며, 비중은 1.122(30℃), 녹는점 84.5℃, 끓는점 87℃ (2 mmHg), 125℃(25 mmHg)이다. 물, 알코올, 아세톤에 용해되나 벤젠에는 녹지 않는 물질로, 실온에서는 안정하고 승화성이 있다. 열자외선, 감마선, 과산화물 등에 의해 쉽게 중화되고 물에 불변인 중합체를 만드는 물질로 알려져 있다. 이 화합물은 실험실에서 전기영동(electrophoresis)용 polyacrylamide gel (PAGE)을 만드는 데 많이 사용되고 있으며, 각종 화학 분야에서 중합체의 원료로 사용된다. 음용수 및 폐수 처리할 때 사용되며 접착제, 종이, 화장품 제조에도 사용되는 것으로 알려져 있다.

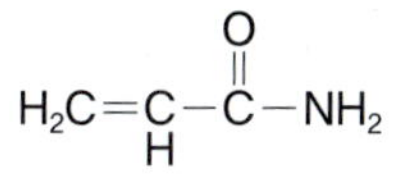

그림 17-1 아크릴아마이드의 구조

2) 가열 식품 중의 아크릴아마이드 농도

현재까지 알려진 노르웨이, 스웨덴, 스위스, 영국, 미국의 분석 결과를 평균한 검사 결과를 비교해 보면, 감자와 고구마 스낵 제품은 평균 1,312 μg/kg으로 가장 많은 양이 분석되었는데 최소 170 μg/kg부터 최대 2,287 μg/kg까지 분석되었다. 표 17-1에 현재까지 각국의 연구 결과를 요약하여 수록하였다. 감자칩은 평균 537 μg/kg, 비스킷, 크래커 등은 평균 423 μg/kg, 시리얼은 평균 298 μg/kg, 옥수수과자는 평균 218 μg/kg으로 분석되었다. 그러나 빵은 평균 50 μg/kg, 초콜릿은 평균 75 μg/kg, 맥주는 30 μg/kg 이하의 양이 분석되었다. 이 결과에 의하면 각 식품마다 다양한 양의 아크릴아마이드가 분석된다는 것을 알 수 있다.

2003년 식품의약품안전처 용역사업으로 실시된 우리나라 자료를 보면 원료 식품인 생감자와 쌀로 가열한 밥에서는 아크릴아마이드가 분석되지 않았으며, 도넛 샘플에서는 36 ppb, 건빵 샘플에서는 854 ppb, 1,081 ppb, 식빵에서는 <30 ppb, 시리얼은 51~283 ppb로 분석되었다. 감자칩과 감자스낵은 598~1,709 ppb, 비스킷은 115~241 ppb, 프렌치프라

표 17-1 세계 각국에서 발표한 식품 중의 아크릴아마이드 검출량

식품의 종류	아크릴아마이드 농도(μg/kg)			
	평균	중간값	최저값-최고값	시료 수
감자, 고구마 튀김	1,312	1,343	170~2,287	38
감자칩	537	330	<50~3,500	39
튀긴 제품들	36	36	<30~42	2
제빵 제품	112	<50	<50~450	19
비스킷, 크래커, 토스트, 바삭바삭한 빵	423	142	<30~3,200	58
시리얼	298	150	<30~1,346	29
옥수수	218	167	34~416	7
부드러운 빵	50	30	<30~162	41
생선튀김, 해산물 튀김	35	35	30~39	4
육류 및 튀긴 제품	52	52	39~64	2
인스턴트 맥아음료	50	50	<50~70	3
초콜릿분말	75	75	<50~100	2
커피분말	200	200	170~230	3
맥주	<30	<30	<30	1

자료 : FAO/WHO, 2002

이 샘플은 341~1,896 ppb로 분석되었으며 커피는 160~220 ppb, 초콜릿은 47~63 ppb로 분석되었다.

3) 가열 식품 중의 아크릴아마이드 생성 경로

아크릴아마이드의 생성에 대하여 궁금한 점은 '식품 중에서 전구물질이 무엇이며, 생성 경로 및 메커니즘이 무엇일까' 하는 것이다. 현재까지 가열 식품에서의 아크릴아마이드 생성 후보 전구물질로는 아크롤레인(acrolein), 아크릴산(acrylic acid), 아미노산, 그리고 아미노산과 환원성 당의 마이야르 반응물 등을 들 수 있다. 먼저 acrolein과 acrylic acid는 아크릴아마이드와 구조적으로 매우 유사하며 문제가 된 가열 식품인 감자 튀김의 기름 성분에서 생성되는 화합물이어서 주목을 끌었다. 하지만 최근의 연구 결과에서 두 물질은 직접적인 전구물질이 아님을 확인하였다. 아미노산도 그 자체로는 가열 식품 중의 아크릴아마이드의 주된 전구물질이 아닌 것으로 판명되었다. 현재까지 가장 유력한 후보군은 아미노산

과 환원성 당(포도당, 과당 등)의 비효소 갈변화 반응인 마이야르 반응물로 의견이 모아지고 있다.

식품에서의 마이야르 반응은 가열 식품의 색깔과 향을 결정하는 매우 중요한 반응이지만 아크릴아마이드 생성의 주요한 원인으로 지목받는다. 이 반응물과 반응이 생성 경로로 주목받은 이유는 감자가 상대적으로 많은 양의 유리 아미노산(특히 아스파라진)을 함유하고 있고, 감자와 곡물은 환원당의 소스인 탄수화물을 많이 함유하고 있기 때문이다. 어떤 아미노산이 아크릴아마이드를 생성하는가 하는 실험에서는 단연 아스파라진이 높은 아크릴아마이드 생성량을 보였다. 포도당과 가열반응 시 다른 아미노산보다 월등히 많은 양의 아크릴아마이드를 생성하였다. 동위원소를 이용한 실험에서도 아스파라진이 생성된 아크릴아마이드의 질소 및 탄소원이 되는 것을 확인하였다. 현재 마이야르 반응을 이용하여 아크릴아마이드의 생성 메커니즘을 밝히는 작업이 진행 중이다. 가열 식품의 가공 조건에서는 가열 시간 및 온도가 매우 중요한 것으로 나타났다. 즉 시간과 온도가 길고 높을수록 많은 양의 아크릴아마이드가 생성된다.

4) 아크릴아마이드의 독성

지금까지 알려진 아크릴아마이드의 독성은 동물에는 발암물질이고, 인간에게는 신경독성을 가지며, 생식 및 발생에 영향을 끼치는 것으로 알려져 있다. 관심사인 발암물질 관련 연구를 요약하면, 아크릴아마이드는 'Probable carcinogenic to human〔국제암기구(IARC) 발암등급 2A〕'으로 여겨지는 발암 의심물질로, 과거에는 플라스틱으로부터의 전이와 흡연이 주요 노출 원인으로 지적되어 왔다. 장기간 아크릴아마이드에 노출된 쥐는 자궁, 신장 등에 종양이 유발된다고 한다. 하지만 동물에 암을 유발한다는 실험 결과가 사람에게 적용되지는 않으며, 식품에 의한 소량 섭취로 발암 가능성을 판단하기 어렵다. 실제로 WHO에서는 아크릴아마이드에 대한 발암 가능성을 0.07%로 매우 낮게 추측하고 있다. 가열 식품 중의 아크릴아마이드는 인류가 튀기거나 굽는 조리법을 사용하기 시작했을 때부터 존재했으므로 인체 내에 그에 대한 면역성이 발달했을 가능성도 배제할 수 없다.

5) 아크릴아마이드 분석방법

아크릴아마이드는 발암 가능성의 문제와 관련해서 국제적인 관심을 끌고 있어 여러 가지 분석방법에 대한 연구도 활발히 진행되고 있다. 표 17-2에 나타낸 것처럼 직접(direct) LC-MS/MS에 의한 실험 결과가 가장 빠르고 효율적인 실험방법으로 나타났다. LC-MS/MS 방법은 2단계를 거쳐 30 ppb 정도까지 1시간 안에 분석할 수 있다. 브롬화(bromination) 추출에 의한 GC/MS 분석은 10 ppb의 낮은 농도까지 분석되지만 5단계를 거쳐야 하고 2일 정도 소요되므로 비교적 비효율적인 방법이다. 아세트산에틸(ethyl acetate) 추출에 의한 GC/MS 분석과 ethyl acetate 추출에 의한 LC/MS에 의한 분석방법은 3단계를 거쳐 비교적 빠르게 분석할 수 있으나 검출 한계(ldetection limit)가 50 ppb이므로 다른 분석방법보다 정확성이 떨어진다.

표 17-2 아크릴아마이드 분석법 비교

분석법	분석 시간	시료 준비의 과정	검출 한계	특이성	분석 비용
Bromination GC/MS	2 days	High 5 stages	10 ppb	High	Low
Direct LC/MS/MS	1 hr	Lowest 2 stages	30 ppb	Medium	High
Ethyl Acetate Extraction GC/MS	2 hr	Low 3 stages	50 ppb	High	Low
Ethyl Acetate Extraction LC/MS	1.25 hr	Low 3 stages	50 ppb	Medium	Low

(1) 분석방법 실례

감자튀김 내의 아크릴아마이드 분석을 위해 사용한 액체 크로마토그래피 직렬 질량분광계(Liquid Chromatography-Tandem Mass spectrometry, LC-Tandem MS)는 API 3,000(Applied Biosystems)을 사용하였다. 진탕배양기, 고속 저온 원심분리기, 소형 원심분리기(Marathon Micro High Speed Centrifuge)는 샘플 준비를 위하여 사용된다. 액체 크로마토그래피의 칼럼은 Aqua C_{18} HPLC column, 2×250 mm (Phenomenex)을 사용하였고, 표준용액은 acrylamide (Sigma Chemical Co.)를 구입하여 20±4℃ 실온에 보관한다. 내부표준용액은 $^{13}C_3$-Labeled 아크릴아마이드(Cambridge Isotope Laboratory)를 구입하여 4±2℃에 냉장 보관하여 사용하였다. LC-MS/MS 분석을 위하여 각각 HPLC급의 acetonitrile (Omnisolv), 메탄올, 2-propanol, 증류수, 폼산(formic acid) 99% (Sigma), 빙초산 99% (Sigma)를 사용한다. LC-MS/MS의 측정 조건은 표 17-3에 나타내었다.

표 17-3 아크릴아마이드 분석을 위한 LC-MS/MS 분석 조건

이동상	Aqueous 0.1% acetic acid 0.5% methanol
칼럼 유속	200 μL/min
Post-column 유속	50 μL/min 2-propanol로 만든 1% acetic acid
주입 양	20 μL
칼럼 온도	26℃
아크릴아마이드 검출시간	6.5 minutes
이온화 시간	Positive ion electrospray
탐침기 온도	240℃
이온소스 온도	120℃
충돌 가스의 압력	1 Torr
충돌 에너지	19 volts
MS/MS 실험 조건	multiple reaction ion monitoring ±0.25 amu window
모니터되는 이온	Acrylamide (m/z 72,55,27) Internal Standard (75,58,29)

(2) 실험 샘플 준비

검량선 작성을 위하여 HPLC급 메탄올에 0.5, 5, 25, 50 ppb로 표준물질을 첨가하여 LC-Tandem MS로 분석한다. 국내 식품의 예비 분석을 위한 샘플 실험은 샘플 100 g을 믹서기에서 균질화한 후 50 mL 폴리프로필렌 공중합체(polypropylene copolymer) 원심분리기용 용기(Nalgene)에 1 g을 취한다. 내부표준물질인 $^{13}C_3$-labeled 아크릴아마이드를 0.1% 폼산에 200 ng/mL로 제조하여 1 g 취한 샘플에 1 mL 넣어 주고 9 mL 증류수를 넣는다.

이 샘플을 진탕배양기에 15℃, 1,800 rpm으로 10분 동안 진탕한다. 15℃, 9,000 rpm으로 30분 동안 원심분리한 후 지방층과 샘플층의 중간액을 Maxi-Spin filter tube (0.45 μm PVDF, Alltech Associates)에 옮겨 9,000 rpm으로 4분 동안 원심분리한다. OASIS HLB 6 mL 고체상 추출 카트리지(solid phase extraction cartridge; C_8, 200 mg packing, waters Corporation)를 5 mL 메탄올과 5 mL 증류수로 활성화시킨 후 필터 튜브를 통과한 샘플 2 mL를 OASIS SPE 카트리지에 여과한 후, HPLC급 증류수 2 mL를 통과시킨다. 그리고 3 mL 고체상 추출 카트리지(mixed mode, C_8, SAX and SCX, 200 mg packing, Varian Inc.)에 3 mL 메탄올과 3 mL

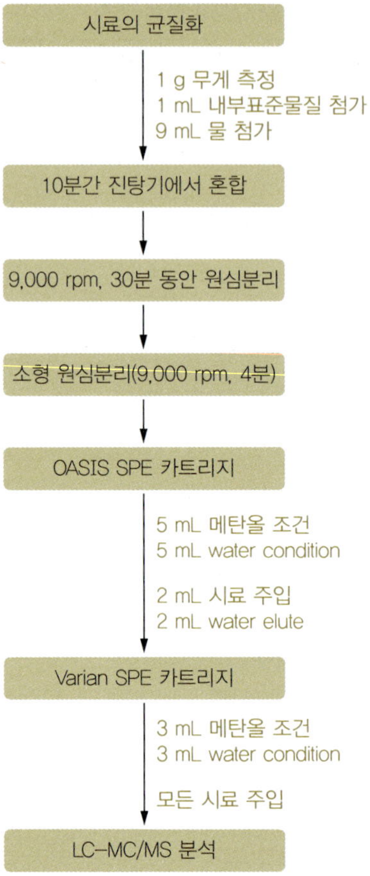

그림 17-2 아크릴아마이드 분석을 위한 시료 전처리

증류수를 흘려 활성화시킨 후 전 단계 OASIS SPE 카트리지에 거른 모든 샘플을 Varian SPE 카트리지에 통과시킨다. 이 샘플을 LC-tandem MS로 분석한다(그림 17-2).

정량방법은 LC-tandem MS 분석 결과의 계산된 농도에 샘플 추출의 마지막 카트리지까지 거른 샘플의 무게를 곱해 회석 농도(×10/2)를 계산해 정량한다. 정량 한계는 30으로 정하고 30 이하의 분석량은 <30으로 한다.

2. 퓨란

1) 정의

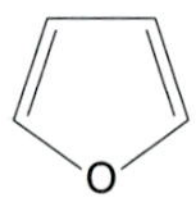

그림 17-3 퓨란의 화학구조

퓨란은 아크릴아마이드와 마찬가지로 매우 간단한 구조를 가지고 있다. 분자량은 67 정도이고 탄소 4, 수소 4, 산소 1개로 구성되어 있다. 이 물질은 휘발성이 매우 강해 끓는점이 31℃로 매우 낮은 것이 특징이다. 즉 우리나라의 여름 날씨에도 쉽게 휘발해 버리는 성질을 지닌다. 퓨란은 식품이 가지는 고유의 성분인 탄수화물이나 지질, 비타민 등이 열을 받으면 변성이 되는데 이때 생성되는 매우 자연스런 산물이다. 이 물질은 내분비계 장애물질로 알려진 다이옥신과 유사한 '퓨란류'로 불리는 나이트로퓨란이나 다이벤조퓨란과는 완전히 다른 물질이다.

일반적으로 퓨란 자체는 화학 공업 분야에서 용매로 많이 사용하나, 식품에서는 열처리 후 발생하는 풍미물질 중 하나로 인식되고 있다. 이미 1960년대부터 식품에서 다량 생성된다는 연구 결과가 발표되었고, 이후 풍미 성분으로서 퓨란에 대한 연구가 많이 진행되어 왔다. 1993년 미국독성연구원(NTP)에서 2년간의 실험 결과 설치류에 암을 유발한다는 국제암연구기구(International Agency for Research on Cancer, IARC)의 리포트가 퓨란에 대한 경각심을 일깨웠다. 현재까지 퓨란은 IARC에 의해 인간에 발암 가능성 물질(2B)로 분류되고 있다. 하지만 당시 퓨란은 매우 적어서(ppb, 즉 약 10억분의 1) 퓨란의 농도를 정확하게 측정하는 것이 불가능하였다. 2002년 이후 새로운 분석 기술의 도입으로 미세한 양의 퓨란을 분석하는 기술이 발표되면서 식품 중 퓨란 농도가 베일을 벗었다.

2) 식품 중 퓨란의 농도

현재까지 미국의 FDA, 캐나다의 Health Canada 등이 주축이 되어 자국 내의 퓨란 농도를 모니터링하였다. 주로 문제가 되는 식품은 캔에 포장되어 판매되는 제품으로, 이들 제품에서 퓨란이 검출되었다. 캔으로 포장되는 식품에는 유아들이 많이 먹는 분유, 이유식 등이 포함되어 있으며 통조림류, 커피류가 있다.

2006년 우리나라 식품의약품안전처에서 퓨란 검출 가능성이 많은 분유·이유식류 107건, 통조림 식품 50건, 커피류 21건에 대해 모니터링을 실시하였다. 그중 분유·이유식류는 불검출~147.7(평균 8.07), 통조림 식품은 불검출~199.5(평균 11.8), 커피분말류는 22.6~2552.7(평균 358.3) ppb가 검출되었다. 여기서 말하는 1 ppb는 식품 1 g 중 십억분의 1 g이 존재한다는 의미이다. 이 결과를 다른 나라의 검출량과 비교해 보면 분유·이유식류와 통조림 식품은 미국, 독일, 스위스와 비슷하거나 낮은 수준이고, 커피류는 독일, 스위스와 비슷하거나 낮은 수준이라는 것이 전문가들의 해석이다. 커피의 퓨란 농도가 높게 나온 것은

표 17-4 국내 식품 중의 퓨란 농도

구분	시료 수	검출 농도 범위(ppb)	평균(ppb)	median(ppb)
분유	47	N.D~20.7	3.60±5.06	1.1
이유식	40	2.1~147.7	21.03±24.85	13.05
유아 음료	20	t~21.0	5.47±5.68	2.95
과일 통조림	5	t~3.5	2.28±1.64	2.6
곡류·콩류 통조림	10	t~22.8	5.61±7.20	2.25
채소류 통조림	5	t~25.0	6.24±10.55	2.5
육류 통조림	10	N.D.~44.5	14.09±11.98	14.25
참치 통조림	10	3.23~76.9	25.20±24.54	14.65
기타 수산물 통조림	10	t~199.5	59.17±70.75	34.55
인스턴트 커피	11	22.6~224.5	90.06±67.13	73.1
원두커피	10	267.1~2552.7	814.1±648.96	643.5

*N.D.: Not detected, t : trace, values lower than LOQ (1 ppb)
자료 : 식품의약품안전처, 2005

이 연구에서의 커피는 우리가 마시는 액상의 커피 용액이 아닌 커피 그 자체를 모니터링했기 때문이라고 한다. 따라서 퓨란의 고휘발성을 고려한다면 물에 용출해 섭취할 때에는 평균 61~90% 감소하여 실제 잔류량은 0.86~11.19 ppb 수준으로 감소할 것으로 판단된다.

3) 퓨란의 생성 경로

현재까지 알려진 퓨란의 생성 경로는 3가지로 요약할 수 있다. 첫 번째는 식품 중에 존재하는 단백질이나 탄수화물이 열을 받아 변성되면서 생성될 수 있다. 사실 이러한 생성 경로는 식품 과학에서 가장 중요한 화학반응인 마이야르 반응에 의해서 일어난다. 마이야르 반응은 이미 1세기 전에 식품 중의 환원당과 단백질을 구성하는 아미노산이 열을 받으면 여러 가지 향미 성분들과 갈색을 나타내는 것이라 밝혔으며, 그 생산물 중의 하나가 퓨란이다. 가장 대표적인 식품 내 퓨란의 생성 경로라고 할 수 있다.

두 번째 경로는 역시 식품의 지질 중 불포화지방산들이 열변성되면 생성될 수 있다. 퓨란 생성 직전에 4-hydroxy-2-butenal과 같은 독성물질이 생성되는데 이 물질의 독성은 이미 널리 알려져 있었으며, 퓨란의 생성이 이러한 독성물질의 생성을 저하시키는 작용을 한다.

세 번째 생성 경로는 비타민 C로부터 생성되는 것이다. 비타민 C가 여러 당과 마이야르 반응에 관여하는 동안 퓨란이 만들어진다는 이론이다. 이미 비타민 C는 비타민 음료에서 벤젠을 생성한다는 보고도 있는 관계로 우리가 몸에 좋아서 먹는 비타민이 항상 긍정적인 효과를 주는 것만은 아니라는 교훈을 주고 있다.

4) 퓨란의 독성

퓨란의 독성은 앞서 설명한 아크릴아마이드와 유사한 면을 많이 가지고 있다. 설치류를 대상으로 실험한 결과 암을 유발하여 인간에 잠재적 발암물질(2B)로 분류되어 있다. 퓨란은 호흡, 식이, 그리고 피부를 통해 흡입 또는 접촉하게 되면 독성을 나타내는 것으로 알려져 있다. 암을 일으키는 발암성에 대해서는 실험 결과에 많은 의구심이 제기되고 있는데, 예를 들면 동물실험 시 너무 높은 농도의 퓨란을 주입했다는 것 등이다. 하지만 분명한 사실은 동물에 발암성을 나타내었다는 것이고, 이는 곧 인간에게도 유해하다는 뜻이니 조심해야 한다.

5) 퓨란의 분석방법

(1) 사용된 시약

실험에 사용된 퓨란은 순도 99%(Aldrich사, USA) 제품이고, -20℃ 냉동고(freezer)에 보관하였다. 내부표준물질로 사용된 d4-퓨란 역시 순도 99%(Aldrich사, USA) 제품이며 -20℃ 냉동고에 보관하였다. 용매로는 물과 메탄올을 사용하는데 모두 HPLC급을 사용한다.

(2) 표준액 제조

① 퓨란 저장액 제조방법

20 mL 헤드스페이스 바이알(headspace vial)에 메탄올 10 mL을 넣고 50 μL 실린지(syringe)를 이용하여 20 μL의 퓨란을 vial에 넣고 충분히 섞이도록 흔들어 준다. 실험 시 퓨란은 휘발성이 높으므로 실내 온도를 최대한 낮추어 주고, 아이스박스를 이용하여 최대한의 손실을 줄인다. 이렇게 만들어진 저장액(stock solution)은 4℃에서 2주간 보관하며 사용한다.

② 퓨란 사용액 제조방법

20 mL headspace vial에 물 10 mL을 넣고 50 μL syringe를 이용하여 20 μL의 퓨란 저장액(stock solution)을 vial에 넣고 충분히 섞이도록 흔들어 준다. 실험 시 퓨란은 휘발성이 높으므로 실내 온도를 최대한 낮추고 아이스박스를 이용하여 최대한 손실을 줄인다. 사용액(working solution)은 매일 준비한다.

③ 내부표준물질(d4-퓨란) 저장액 제조방법

20 mL headspace vial에 메탄올 10 mL을 넣고 50 μL syringe를 이용하여 20 μL의 d4-퓨란을 vial에 넣고 충분히 섞이도록 흔들어 준다. 실험 시 퓨란은 휘발성이 높으므로 실내 온도를 최대한 낮추고, 아이스박스를 이용하여 최대한 손실을 줄인다. 이렇게 만들어진 저장액은 4℃에서 2주간 보관하며 사용한다.

④ 내부표준물질(d4-퓨란) 사용액 제조방법

20 mL headspace vial에 물 10 mL을 넣고 50 μL syringe를 이용하여 20μL의 d4-퓨란 저장액을 vial에 넣고 충분히 섞이도록 흔들어 준다. 실험 시 d4-퓨란은 휘발성이 높으므로 실내 온도를 최대한 낮추고, 아이스박스를 이용하여 최대한 손실을 줄인다. 사용액은 매일 준비한다.

(3) 시료 전처리 방법

① 고형 식품일 때 : 통조림류

샘플 전체를 넣을 수 있는 비커를 준비하여 물 20 mL과 고형 식품을 넣고 ice bath에 비커가 잠기도록 놓고 열 발생에 주의하면서 블렌더(Philips)를 이용하여 1분간 균질화시킨다. 1분 휴식하는 방법으로 5회 반복한 후 신속히 5 g씩 headspace vial에 옮긴 후 물 5 mL을 넣어 클림퍼(crimper)를 이용하여 알루미늄 캡으로 봉해서 4℃에서 냉장 보관한다. 분석 직전에 10 μL 기밀 실린지(gastight syringe)를 이용하여 준비한 working IS (spike)를 4 μL 넣어 준다.

② 액체 상태의 식품일 때 : 분유, 이유식(두유), 음료, 커피

포장이 된 상태에서 잘 흔들어 준 후 5 mL씩 20 mL의 vial에 넣어 총 5 mL이 되도록 한다. 고체 시료에서와 같은 방법으로 저장 보관하여 사용한다.

③ **죽 상태의 식품일 때 : 이유식(레토르트, 떠먹는 이유식, 뿌려 먹는 제품)**

죽 상태의 이유식인 경우 샘플 전체를 넣을 수 있는 비커를 준비하여 죽 상태의 식품을 넣고 ice bath에 비커가 잠기도록 놓는다. 열 발생에 주의하면서 블렌더로 1분간 균질화시킨 후 1분 휴식하는 방법으로, 5회 반복한 후 신속히 5 g씩 headspace vial로 옮긴 후 물 5 mL을 넣어 준다.

(4) SPME-GC/MS 분석법

퓨란 분석방법은 고체상 미량 추출(solid phase microextraction, SPME)과 GC/MS를 이용한다.

① **실험기구**

GC-MS는 질량 선택성 검출기(mass selective detector)를 부착한 GC-MSD 시스템을, SPME fiber는 Carboxen/polydimethylsiloxane (CAR/PDMS)를, 블렌더(Philips)는 Cucina 핸드 블렌더 HR 1350/80 모델을 사용하며, vial은 미국 Wheaton사의 20 mL headspace vial을 사용한다.

② **분석 조건**

- GC 조건 : GC-MS의 분석 조건으로 칼럼은 HP-PLOT Q Columns (0.32 mm I.D × 15 m length, 20 ㎛ film, J & W Scientific)을 사용하고, 인젝터(injector) 온도는 250℃, 오븐 온도는 50℃에서 2분간 유지한 다음 분당 3℃로 230℃까지 올린 후 230℃에서 2분간 유지하도록 한다. 운반 기체는 헬륨을, 평균 유속은 44 cm/s로 고정하며 splitless mode로 1 ㎕ 주입한다.
- MS parameters : MS source 온도는 230℃이고 검출 mode는 SIM mode로 39, 68, 42, 72 m/z를 측정한다.
- SPME 조건 : 준비된 샘플에 SPME fiber 바늘을 15 mm 정도로 꽂아 주고 fiber를 vial의 상부 공간 중간에 위치하게 밀어 넣어 준다. 80℃에서 20분간 흡착시킨 후 fiber를 바늘로 집어넣고 바늘을 끝까지 돌려 주입한 다음 신속히 GC inlet에 꽂고 fiber를 탈착되도록 내밀어 준다. 5분간 탈착시키고 재사용하기 전에 250℃에서 10분간 fiber를 구워 준다.

(5) 표준곡선 작성, 정량 한계 및 회수율 측정방법

① 표준곡선 작성

20 mL headspace vial에 메탄올 10 mL을 넣고 50 μL syringe를 이용하여 20 μL의 퓨란을 vial에 넣고 충분히 섞이도록 흔들어 준다(표준저장 용액 4℃에서 2주 보관). 20 mL headspace vial에 증류수(HPLC용) 10 mL을 넣고 50 μL syringe를 이용하여 20 μL의 퓨란 표준저장 용액을 vial에 넣은 후 충분히 섞이도록 흔들어 준다. d4-퓨란도 동일한 방법으로 용액을 만든다. vial에 10 mL의 HPLC Water를 넣고 농도별로 spike된 퓨란(0.4~3.2 ppb)과 d4-퓨란(1.6 ppb)을 80℃에서 가열하여 SPME로 GC-MS의 분석 조건으로 퓨란의 표준곡선을 작성한다.

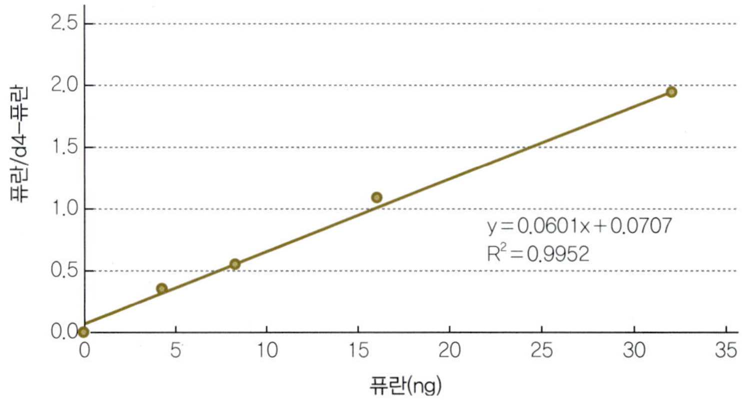

그림 17-4 퓨란 분석을 위한 표준곡선 작성

② 검출 한계 및 정량 한계 실험방법

검출 한계실험 및 정량 한계실험은 20 mL의 vial에 증류수(HPLC용) 10 mL와 준비된 d4-퓨란(4.1 ppb)과 농도별 차이를 둔 퓨란(1~25 ppb)의 사용액(working solution)을 첨가하여 80℃에서 20분간 가열한 뒤 GC/MS 조건으로 분석한다. 표준곡선의 기울기를 시료에서 7회 반복하여 얻은 농도값의 표준편차로 나누어 GC/MS 크로마토그램상의 노이즈 높이의 3배에 해당하는 농도를 측정하여 검출 한계 농도를 산출하고, GC/MS 크로마토그램상의 노이즈 높이의 10배에 해당하는 농도를 측정하여 정량 한계 농도를 결정한다.

③ **회수율 측정**

20 mL vial에 HPLC Water 5 mL와 퓨란이 검출되지 않은 시료 5 g을 넣고 인위적으로 1.6 ppb의 퓨란을 내부표준물질(d4-퓨란, 1.6 ppb)의 사용액을 함께 첨가하여 80℃에서 20분간 가열한 뒤 GC/MS 조건에서 회수율을 산출한다. 각 농도별 시료는 3회 반복하여 정확도와 정밀도를 높이고, 실험 후 검출된 퓨란의 농도를 퓨란의 양(ng)으로 환산하여 표준곡선에 대입하며 처음 첨가한 농도와 비교하여 회수율을 결정한다.

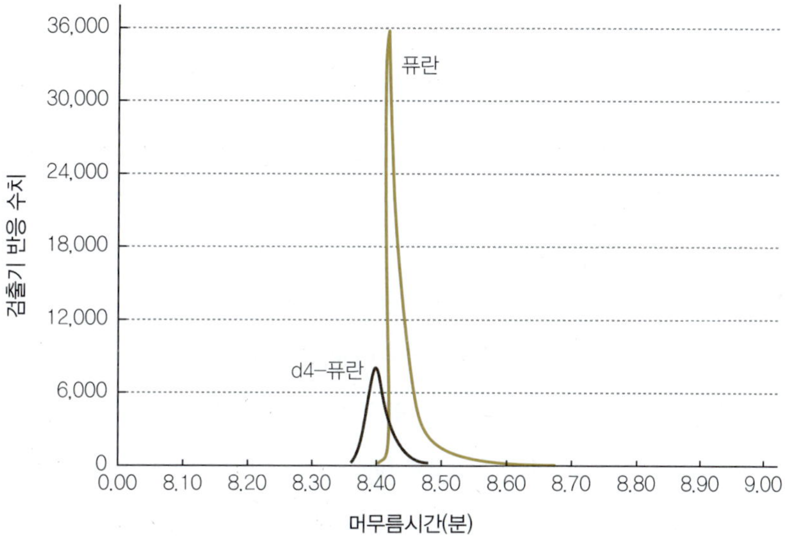

그림 17-5 퓨란을 분석한 크로마토그램의 예

3. 아플라톡신

1) 아플라톡신의 최신 분석 기술 현황

식품의 안전성 및 경제적 관점에서 아플라톡신(aflatoxin)의 중요성 때문에 새로운 분석기법의 개발이 계속되어 왔다. 표 17-5에는 아플라톡신의 종류와 특성을 나타내었다. 최근 아플라톡신을 모니터링하는 데 신기술을 응용하는 분야가 크게 발전하고 있다. 아플라톡신은 다양한 식품에서 발견되고 아플라톡신 이성질체들도 다양하기 때문에 이를 분석하는 방법 또한 매우 다양하게 제시되고 있다. 다른 독성물질의 분석과 마찬가지로 높은 민감도(sensitivity), 정밀도(precision), 정확도(accuracy), 재현성(reproducibility), 그리고 시간

표 17-5 아플라톡신의 종류 및 특성

아플라톡신	구조식	분자식 (분자량)	녹는점(°C)	LD_{50}
AFB_1	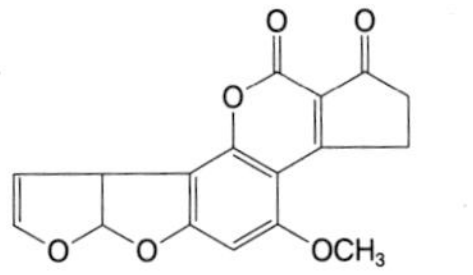	$C_{17}H_{12}O_6$ (312)	268~269	24 μL/kg
AFB_2		$C_{17}H_{14}O_6$ (314)	286~289	1,700 μL/kg
AFG_1	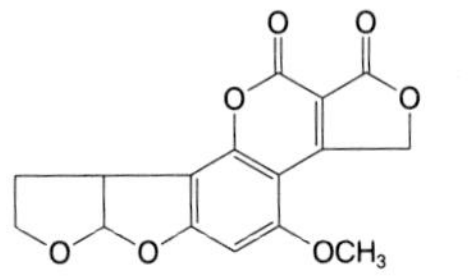	$C_{17}H_{12}O_7$ (328)	244~246	784 μL/kg
AFG_2		$C_{17}H_{14}O_7$ (330)	237~240	3,450 μL/kg
AFM_1	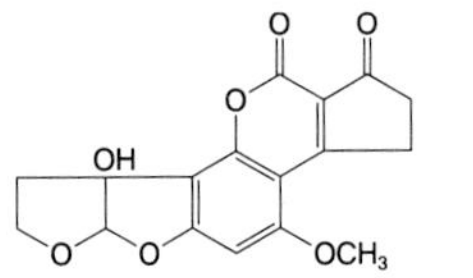	$C_{17}H_{12}O_7$ (328)	299	320 μL/kg
AFM_2		$C_{17}H_{14}O_7$ (330)	293	1,230 μL/kg

단축이 아플라톡신 분석의 중요한 인자라고 할 수 있다.

아플라톡신 분석 초기에는 주로 박층 크로마토그래피(thin layer chromatography, TLC)와 자외선을 이용한 분석방법이 이용되어 왔으며, 미니칼럼을 이용한 방법, HPLC (high performance liquid chromatography) 및 GLC (gas-liquid chromatography) 등 크로마토그래피를 이용한 방법들이 시도되었다. 특히 HPLC에 의한 아플라톡신 분석법은 다양한 형태의 시료에 성공적으로 적용될 수 있는 정확한 분석방법이기는 하나, 시료의 추출과 정제 과정에 시간이 오래 걸리고 고가의 장비와 숙련된 기술이 요구된다.

현재 아플라톡신의 분석에 이용되는 방법들을 정리하면 표 17-6과 같다. 즉, 분석 원리, 사용 목적 등에 따라 여러 가지 분류방법이 있으나 독소의 존재 여부를 간접적으로 파악하는 간접방법과 직접 독소의 함량을 측정하는 직접방법으로 분류할 수 있다. 간접방법에는 visible *A. flavus*법 (VAF method), BGYF (bright greenish-yellow fluorescence)법, bichromatic sorter 사용법, FTIR (fourier transform infrared spectroscopy) 이용법 등 대부분 추정 시험방법들이 있으며, 직접방법으로는 TLC법, 미니칼럼 이용법, HPLC법, 면역 분석법 등이 있다. 면역 분석법은 세부적으로 방사성동위원소나 효소를 이용하는 방법으로 나누거나, 방법에 따라 microwell 분석(microtiter plates, strips), dipstick 분석 및 immunofiltration 분석으로 나눌 수 있다. 특히 최근 몇몇 연구진에 의해 곰팡이 검출을

표 17-6 아플라톡신의 다양한 분석법

<table>
<tr><th></th><th colspan="2">분석방법</th></tr>
<tr><td>간접법</td><td colspan="2">Visible *A. flavus* (VAF) method
BGYF method (Black light)
Bichromatic sorter method
NIR method
FTIR-method</td></tr>
<tr><td rowspan="5">직접법</td><td colspan="2">TLC</td></tr>
<tr><td colspan="2">Minicolumn method</td></tr>
<tr><td colspan="2">HPLC</td></tr>
<tr><td>Immunoassay (RIA, EIA)</td><td>Microwell (microtiter plate, strip)
Dipstick assay
Immunofiltration</td></tr>
<tr><td>Biosensor</td><td>Fiber optics
Small particle (microbead)
Surface plasmon resonance (SPR)
Liposome
Microcapillary
Fluorescence polarization (FP)</td></tr>
</table>

위한 추정 시험용뿐만 아니라 독소의 검출을 위한 바이오센서(biosensor) 개발이 활발하게 이루어지고 있다.

2) 아플라톡신 분석을 위한 시료의 채취

아플라톡신은 다양한 식품에서 검출되며 시료에 아플라톡신이 균질하게 분포하지 않기 때문에 시료를 대표하는 것을 선택하는 것, 즉 시료의 채취(sampling)와 시료의 보관은 분석에 있어 매우 중요한 요소이다. 아플라톡신이 발견되는 시료들을 살펴보면 식품에서는 가장 빈번히 검출되는 땅콩과 같은 견과류나 유제품이 있고, 독성 연구에서는 독성을 추적, 분석하기 위한 소변, 혈액, 조직 등이 있다. 시료 채취는 아플라톡신 분석에서 오차의 대부분을 차지하고 있다. 일반적으로 시료의 성상에 따라 분석에서 상이한 결과를 보여주는데, 시료의 입자가 작으면 오염되기 쉬운 반면, 아플라톡신의 추출은 용이하다. 또한 시료의 외관에 상처나 껍질의 유무에 따라 시료의 오염도가 달라지므로 이를 고려하여 분석해야 한다.

3) 아플라톡신 분석을 위한 시료 준비

아플라톡신의 추출은 시료의 물리화학적 특성에 좌우되기 때문에 시료에 따라 다양한 추출용매와 추출방법을 사용하고 있다. 아플라톡신은 물에 잘 녹지 않으나 유기용매에 잘 녹는 성질을 가지며, 추출용매로 아세톤, 클로로폼, 메탄올을 주로 사용하고 있다. 소량의 물을 유기용매에 섞어서 사용하면 시료에 대한 유기용매의 성질을 좋게 해주므로 아플라톡신의 추출 효율을 높인다.

전처리방법으로는 AOAC에 나와 있는 CB method, BF method, immunoaffinity column method, Romer's cleanup column method를 가장 널리 사용하고 있다. 이들 전처리방법들은 liquid-liquid partition, solid phase extraction (SPE), immunoaffinity column method 등을 이용하였다. Liquid-liquid partition은 crude extraction을 얻기 위한 작업으로 주로 사용한다. SPE은 실리카겔 자체나 실리카겔에 C_6, C_8, C_{18}, phenyl을 결합시킨 후 칼럼에 충전하고 나서 통과시킨 아플라톡신을 유기용매에 따라 분리하여 용출시키는 방법이다. 최근에는 여러 SPE 제품이 상용화되어 있어 사용이 편리하고 간단하며 가격이 저렴하다는 장점이 있다. Immunoaffinity column을 이용한 아플라톡신 추출방법은 높은 특이성과 민감도, 그리고 많은 양의 추출액을 농축할 수 있는 기능을 가진다. Kussak 등은 소변과 공기 중에서 아플라톡신을 분석하기 위해 특이성과 민감도가 높은 immunoaffinity을 사용하여 분석하였다. 아플라톡신의 정확한 분석을 위해 추출방법 간의 효율성과 회수율에 대한 비교 실험들이 다양하게 이루어졌다.

4) 박층 크로마토그래피 분석법

박층 크로마토그래피(thin layer chromatography, TLC)는 아플라톡신 분석에서 간단하고 비용이 저렴한 분석법으로 알려져 있다. 하지만 TLC 분석법은 민감도가 낮고 정량분석이 어려운 것이 단점이다. 노동 및 시간 집약적이라는 이유로 TLC 분석법은 유럽을 중심으로 한 선진국에서 최근 HPLC 분석법 등으로 대체되었다. 그러나 아플라톡신을 분석하는 방법으로 TLC 분석법은 여전히 가장 간단하고 저렴한 분석방법으로 많이 사용되고 있다.

5) 고성능 액체 크로마토그래피 분석법

고성능 액체 크로마토그래피(High performance liquid chromatography, HPLC)를 이용한

아플라톡신 분석은 시료 채취, 시료 전처리, 정제, 농축, 추출, 정량, 정성의 작업을 거쳐 이루어진다. 처음 HPLC를 이용한 AF 분석에서는 순상(normal phase, NP)에서 자외선 흡광 검출기(ultraviolet absorption detector)로 분석을 하였으나 검출 한계가 높은 관계로 역상(reverse phase, RP)을 채택한 형광 검출기(fluorescent detector)를 이용한 분석법으로 전환되었다. 형광 검출기를 사용한 아플라톡신 분석은 자외선 흡광 검출기를 사용한 것에 비해 30~40배 정도 높은 민감도를 가진다. 형광 검출기를 선택한 이유는 아플라톡신의 화학 구조에서 높은 공액도(conjugate)와 안정성으로 자연 형광성을 띠기 때문이다. 그리고 아플라톡신 이성질체들의 구조적 차이, 특히 말단 고리(terminal ring)의 차이에 의해 형광 성질에 차이가 생기므로 HPLC-형광 검출기로 여러 아플라톡신 이성질체들의 동시-개별 분석이 가능하게 되었다. 예를 들면 AFG_2, AFB_2 이성질체는 AFB_1, AFG_1보다 더 높은 형광성을 띤다.

아플라톡신의 분석에서 높은 민감도를 가진 간편한 분석방법을 개발하기 위해서 다양한 검출기를 적용하고 여러 유도체를 통해 분석하였다. 보다 안정적으로 검출 한계를 낮추기 위해 질량 분석기(MS), amperometric 검출기를 사용하면 아플라톡신의 검출 한계를 7~10 ng까지 낮출 수 있다.

유도체를 이용한 아플라톡신 분석은 비유도체 방법보다 검출 신호(detection signal)를 3~4배 높여 주는 결과를 보인다. 표 17-7에 각 유도화 방법별로 검출 한계, 대상 아플라톡신 등을 정리하여 나타내었다. AFB_1, AFG_1를 분석하기 위하여 TFA (trifluoroacetic acid), bromine, 그리고 요오드에 의한 유도체화를 시키는데 이때에는 AFB_1과 AFG_1 이성질체들의 형광성이 비유도체에 비해 2~3배 높은 값을 가지게 된다. 유도체화는 유도체화시키는 시기에 따라 칼럼 전(pre-column) 방법과 칼럼 후(post-column) 방법으로 나눌 수 있다. 주로 아플라톡신의 형광성을 향상시키기 위해 칼럼 전 방법을 사용하여 TFA로 hemiacetal 유도체를 형성시키거나 칼럼 후 방법을 사용하여 bromine이나 iodine을 가지고 유도체화를 시킨다.

TFA에 의한 칼럼 전 방법은 HPLC로 주입하기 전에 TFA와 미리 반응시키는 것인데 다양한 식품 중의 아플라톡신을 유도체화하기 위해 사용되었다. TFA 유도체법을 이용하여 우유, 크림, 치즈 중의 AFM_1 검출도 시도하였다. 이 실험에서 검출 한계는 0.3 μg/L이고, 1 ppb에 대한 회수율은 93~125%이었다. 그리고 유도화 과정으로 3~4배 이상의 형광성

표 17-7 HPLC를 활용한 아플라톡신 분석법 비교

Derivatization Method	아플라톡신	검출 한계	회수율(%)
Trifluoroacetic acid (TFA)	B_1, B_2, G_1, G_2, M_1	0.3 μg/L	93~125%(in 1 ppb)
Trifluoroacetic acid (TFA)	B_1, B_2	1.5 μg/L(B_1), 0.8 μg/L(B_2)	> 90%
Trifluoroacetic acid (TFA)	B_1, B_2, G_1, G_2	0.02 μg/L(in wine)	
Iodine	B_1, B_2, G_1, G_2	1 μg/L	80%
Iodine	B_1, B_2, G_1, G_2		71~88.3%
Iodine	B_1, B_2, G_1, G_2	2.7 μg/L(B_1), 1.6 μg/L(B_2), 2.5 μg/L(G_1), 3.2 μg/L(G_2)	82.1~88.0%
Bromine	Q_1	49.5 ng/L(in urine)	88%
Bromine	B_1, B_2, G_1, G_2	0.05 μg/L	70~100%
Bromine	B_1, B_2, G_1, G_2		88.9%(B_1), 100.5%(B_2)
Bromine	B_1, B_2	1.1 μg/L(B_1), 0.3 μg/L(B_2)	> 90%
Bromine	B_1, B_2, G_1, G_2, Q_1	6.9 ng/L(B_1, B_2, G_1, G_2), 18 ng/L(M_1, Q_1) (in urine)	96~106%(B_1, B_2, G_1, G_2), 103%(M_1), 100%(Q_1)
Bromine	B_1, B_2, G_1, G_2	3.1 μg/L(B_1, G_1, G_2), 1.8 μg/L(B_2) (in airborn dust)	84~101%
Bromine	B_1, B_2, G_1, G_2		95~99%
Bromine	B_1, B_2, G_1, G_2		86%(CB method)
Cyclodextins (CDs)	B_1, B_2, G_1, G_2	4 μg/L(B_1), 4 μg/L(B_2), 6 μg/L(G_1), 4 μg/L(G_2) in DM β-Cyd	
Cyclodextins (CDs)	B_1, B_2, G_1, G_2, M_1	0.05 μg/L(B_1), 0.003 μg/L(B_2), 0.125 μg/L(G_1), 0.075 μg/L(G_2), 0.0005 μg/L(M_1) in β-CD-Su	76.5%(0.25 μg/L), 75.2%(0.5 μg/L), 73.2%(0.1 μg/L)

이 향상되었다. TFA 유도화의 가장 큰 단점은 메탄올이 메틸아세탈(methylacetal)을 형성하여 아플라톡신 유도체를 불안정하게 한다는 점이지만 이 문제는 메탄올을 이동상으로 사용하지 않으면 해결할 수 있다.

6) 아플라톡신 분석을 위한 ELISA 분석법

최근 아플라톡신 분석에 있어서 빠르고 간편하면서 높은 민감도가 있어야 한다는 필요성이 제기되었다. 기존의 TLC나 HPLC의 분석방법은 추출과 정제에 많은 시간과 유기용매가 소비되고 넓은 작업 공간, 많은 기구 그리고 전문 인력이 필요하다. 이런 문제점에 대하여 효소결합면역흡착검사(enzyme linked immunosorbent assay, ELISA)는 높은 민감도, 짧은

분석시간, 전처리 과정의 간편함으로 주목을 끌었다.

현재 사용되고 있는 아플라톡신을 분석하기 위한 상업적 ELISA Kit를 표 17-8에 정리하였다. ELISA가 아플라톡신 분석법으로 공식적으로 받아들여진 것은 1990년대부터였다. ELISA 분석법은 아플라톡신 분석에서 분석시간을 2시간 이내로 줄였고, 아플라톡신 B_1과 M_1의 검출 농도를 1 ppb, 0.01 ppb까지 낮추었다.

표 17-8 아플라톡신 분석을 위한 ELISA 방법

시료	제조사	키트의 이름	비고	1차 매트릭스
Aflatoxin	Edittek/Diagnostix	Single Step Cup		순수배양
Aflatoxin	Edittek/Diagnostix	EZ Screen		옥수수, 땅콩
Aflatoxin	Edittek/Diagnostix	EZ-QUANT		옥수수, 땅콩
Aflatoxin	International Diagnostics Systems Corp.	Afla-Cup Aflatoxin Screening		옥수수, 땅콩
Aflatoxin	r-Biopharm GmbH	RIDASCREEN Aflatoxin Total		시리얼, 사료
Aflatoxin	r-Biopharm GmbH	RIDASCREEN Aflatoxin Column		시리얼, 사료
Aflatoxin	Vicam LP	Aflatest	Performance Tested 940801 AOAC Official method 991.31; USDA-FGIS	곡류, 옥수수, 면화씨
Aflatoxin	Neogen	Veratox AST	USDA-FGIS	곡류, 옥수수, 면화씨
Aflatoxin	Charm Sciences, Inc.	Charm II Aflatoxin		
Aflatoxin M_1	Charm Sciences, Inc.	Charm ROSA Aflatoxin M_1 Test		우유
Aflatoxin M_1	Edittek/Diagnostix	Single Step Cup		우유
Aflatoxin M_1	Reidel-de Haen AG	ELIZA System for Aflatoxin M_1	Section 35 LMBG (Food and Commodities Act of Germany)	우유, 유가공 제품
Aflatoxin M_1	IDEXX Laboratories, Inc.	SNAP Aflatoxin M_1		우유
Aflatoxin M_1	International Diagnostics Systems Corp.	Aflatoxin M1 One-Step ELISA		우유
Aflatoxin M_1	r-Biopharm GmbH	RIDASCREEN Aflatoxin M_1	Section 35 LMBG (Food and Commodities Act of Germany)	우유, 치즈
Aflatoxin M_1	Vicam LP	AflaM$_1$		우유

(계속)

시료	제조사	키트의 이름	비고	1차 매트릭스
Aflatoxin B	Vicam LP	AflaB		옥수수, 땅콩
Aflatoxin B_1	Edittek/Diagnostix	Single Step Cup		우유, 시리얼
Aflatoxin B_1	Reidel-de Haen AG	ELIZA System for Aflatoxin B_1	Section 35 LMBG (Food and Commodities Act of Germany)	시리얼, 사료
Aflatoxin B_1	r-Biopharm GmbH	RIDASCREEN Aflatoxin B_1		
Aflatoxin B_1	Diffchamb AB	Transia Plate Aflatoxin B_1		사료, 시리얼, 땅콩, 옥수수, 밀, 너트, 무화과, 코코아, 향신료, 차, 기타
Aflatoxin B_1	Diffchamb AB	Transia Tube Aflatoxin B_1		사료, 시리얼, 땅콩, 옥수수, 밀, 너트, 무화과, 코코아, 향신료, 차, 기타
Aflatoxin(B_1, B_2, G_1, G_2)	Romer Labs, Inc.	FluoroQuant Afla	USDA;FGIS	보리, 옥수수, 목화씨, 콩, 쌀, 팝콘 등
Aflatoxin(B_1, B_2, G_1, G_2)	Romer Labs, Inc.	Aflacup	AOAC Official method 993.16; USDA-FGIS	옥수수, 사료, 땅콩, 목화씨
Aflatoxin	Romer Labs, Inc.	Romer Minicolumn	AOAC Official method 975.36	옥수수, 사료, 땅콩, 목화씨

Part 4

식품의 물성 및 물성 분석

FOOD ANALYSIS

18 물성학적 원리와 식품의 물성 분석

1. 물성학적 원리

식품의 기호적 성질 중 맛, 색깔, 향기 등과 함께 경도, 찰기, 조직감, 저작감 등 물리적 성질도 큰 역할을 한다. 이러한 성질을 식품의 물성이라 하며, 식품의 물성은 식품의 역학적 성질의 총칭이다. 물성학(Rheology)은 식품 물성의 연구 수단으로 물체의 유동을 포함하는 변형을 취급하는 과학을 말한다.

1) 점성 변형과 탄성 변형

식품 물성의 기초가 되는 역학적 특성은 점성과 탄성이다. 대부분 식품의 물리적 성질은 이 두 가지를 조화시킨 것으로 이를 점탄성이라고 한다. 점성은 액상 물체의 유동과 그것에 대한 저항에 의해 생기는 현상이고, 탄성은 고형 물체의 가해지는 힘에 의하여 변형되는 정도를 말한다. 실제 식품의 순수한 점성체나 탄성체는 거의 없고 대부분은 이 두 가지의 중간적 성질을 갖고 있다.

(1) 점성

액체에 힘을 가하였을 때 흐름에 대하여 저항하는 내부 마찰력이 있다. 액체 각 부위에서 유동 속도가 다를 때 그 속도 기울기를 정상적으로 일으키는 힘을 마찰응력이라 한다. 단위면적당 마찰응력(P)은 마찰속도(D)에 비례하는데 이것을 뉴턴의 점성법칙이라 하며 다음 식과 같이 표시한다.

$$P = \eta \cdot D \text{ 또는 } PP = \eta \cdot D^n \ (n=1\text{일 때})$$

η는 비례상수로 유동을 일으키기 어려운 정도를 나타낸 것으로 점성률(점성계수) 또는 점도라고 한다. 점도의 cas단위는 g/cm·s(SI 단위로는 Pa·s), poise (P) 등이 있으며 0.01 P를 1센티포아즈(cP)라 한다. 20℃ 물의 점도는 1 cP이다. 또 지수 n을 유동성 지수라고 한다. 점도 η를 그 액체의 밀도 ρ로 나눈 값을 동점도(ν)라 하고 단위는 stocks (St)로 나타낸다. 0.01 St는 centistocks (cSt)이다.

$$\upsilon = \frac{\eta}{\rho}$$

완전 점성체의 유동은 뉴턴의 점성법칙에 따른다. 이것을 뉴턴 유동(Newtonian flow)이라 하며 마찰속도(D)와 마찰응력(P)은 직선적 관계에 있다. 그러나 실제 식품에서는 이렇게 나타나지는 않는다. 마찰속도(D)와 마찰응력(P) 간에는 비직선적 관계를 보여 주는데 이것을 비뉴턴 유동(Non-Newtonian flow)이라 하며 유동성 지수 n의 값에 따라 뉴턴 유동과는 다른 양상을 보인다(그림 18-1).

(2) 탄성

물체에 외부의 힘을 가해서 압축하면 순간적으로 변형되거나 뒤틀리는데 가한 힘을 빼면 다시 원형으로 회복하는 성질을 말한다. 거대한 응력에 의해서 파괴되지 않고 찢어지며

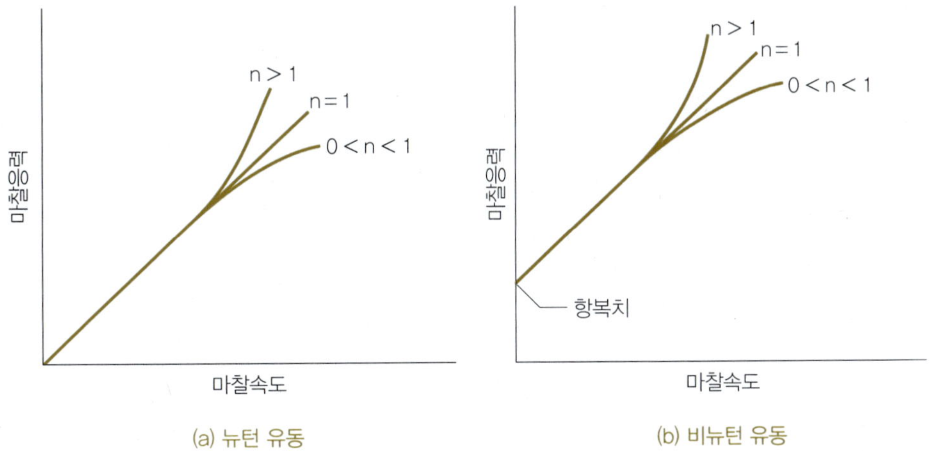

그림 18-1 뉴턴 유동 및 비뉴턴 유동의 마찰속도와 전단응력 관계

원형에 대해서 뒤틀림은 단위면적당 마찰응력(P)에 비례한다.

$$P = E \cdot \varepsilon \ (\text{dyne/cm}^2)$$

E는 비례정수로 Young의 탄성률이라 하며 탄성의 강도를 나타낸다. 완전 탄성체의 변화는 후크의 탄성법칙(Hooke's law of elasticity)에 따르며 응력과 뒤틀림의 관계는 완전히 직선적으로 나타내고 그 변화들을 그림 18-2와 같이 순간적이다. 고형 식품에서는 응력이 마찰응력의 모양을 취하는 것이 많으며, 이 경우의 탄성률을 마찰 탄성률 또는 강성률이라 한다.

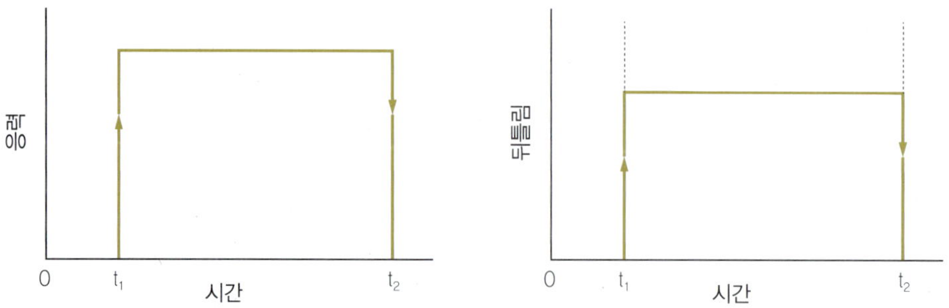

그림 18-2 완전 탄성체의 응력과 뒤틀림

2) 식품의 조직감

식품의 역학적 성질에 기인하는 구강 내의 촉감을 총칭해서 조직감(texture)이라고 하며, 이는 입안에서의 촉감, 치아에서의 촉감, 매끄러운 정도, 찰기, 점성 등 다양한 물리적 성질을 포함한다. 조직감은 식품의 기호성에 결정적인 영향을 미치고 있지만 사람의 감각에 의한 특성이라 정량적으로 명확한 분류는 어렵다. 현재 널리 정착하고 있는 것은 Szczesniak이 제안한 것으로, 조직감을 3가지 범주로 분류하는데 첫 번째, 두 번째 파라미터로 나누고 이들과 일상 관용어와의 대응관계를 나타내었다.

Sherman은 보다 레올로지 입장에서 Szczesniak의 분류를 개선했다. 이들의 파라미터를 실측하기 위해 개발된 텍스처 분석기(texture analyzer)는 간편해서 실용적인 조직감 측정기로 널리 이용되고 있다. 이것은 사람 구강 내에서 씹는 운동을 모델로 해서 위치나 목적별 플런저(식품의 직접 닿는 부분)의 움직임으로 치환되므로 광범위한 식품의 조직감을 측정할

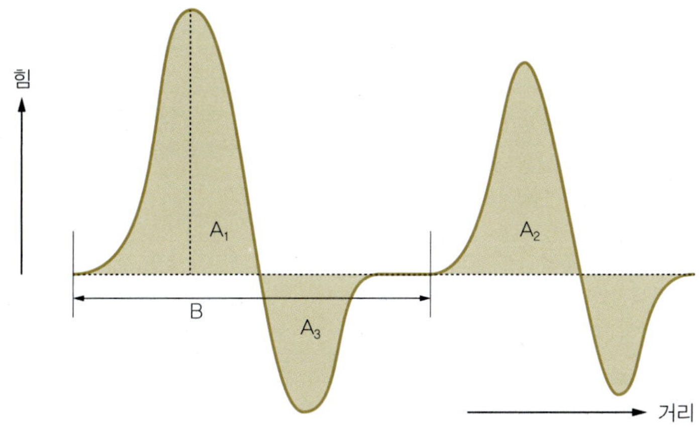

그림 18-3 텍스처 측정기에 의한 기록 곡선과 분석

수 있다. 시료를 2회 씹을 때 변형에 의한 응력의 변화가 자동 기록된다. 이 곡선의 전형적인 예를 그림 18-3에 나타내었다.

첫 번째 파라미터(동력으로 측정된 기계적 특성) : 경도(hardness : A_1의 넓이), 탄력성(springiness), 응집성(cohesiveness : A_2/A_1 넓이의 비율), 부착성(adhesiveness : A_3의 넓이), 점성(viscosity)

두 번째 파라미터(첫 번째 파라미터의 조합에 의함) : 부수어지는 성질(fracturability), 검성(gumminess), 씹히는 성질(chewiness)

현재는 씹는 부분을 플런저의 상하운동의 변화에서 그 운동 속도를 씹는 것에 준한 사인 운동을 하는 것에 의해 텍스처 측정기(texturometer) 같은 측정을 가능하게 한 측정기도 개발되었다. 레오미터(rheometer)가 그 예로 상하운동을 정속으로 하여 여러 가지 시험을 가능하도록 하였다.

2. 식품의 물성 분석

레올로지(rheology) 측정에 이용되는 기기로는 기초적인 레올로지 상수를 측정하는 것부터 사람의 손이나 입의 운동을 모델로 한 것까지 종류와 용도에 따라 여러 가지가 있다. 그러나 식품의 기호적 성질을 판정하기 위해서는 인간의 감각에 의한 판단과 상관관계가 높아야 하며, 이들 기기는 그러한 측정 내용에 따라 구분된다(표 18-1).

대부분의 측정기는 시료에 일정 방향의 힘을 가해서 뒤틀림을 유발하고 응력 변화를 읽

표 18-1 식품에 있어서 레올로지적 기기 측정의 분류

방법	측정	기기
기초적 방법	정적 탄성 상수, 동적 점탄성 상수, 유동 특정값, 파단 특정값 등 기초적 레올로지 상수의 측정	모세관 점도계, 회전 점도계, 낙구식 점도계, 응력 완화 측정장치, 동적 점탄성 측정장치, 힘 변형 측정장치, B형-점도계, E형-점도계, Rheometer, Instron, Dyner-graph 등
경험적 방법	확실히 역학적으로 정의되지 않은 경험적인 조직감과 관계있는 특성값의 측정	과일류 경도계, 곡류 경도계, 육류 절단시험기, Cardmeter, Penetrometer, Shortmeter, Compressimeter 등
모의적 방법	손으로 반죽하기, 팽창시키기, 씹어보기, 실제 식품의 취급이 깨지기 쉬울 때 동일한 조건에서 측정	Amylograph, Farinograph, Extensograph, Alveograph, 텍스처 측정기, Rheometer

거나, 자동 기록을 해석하는 것들이다. 가하는 힘은 수직 방향의 압축이거나 인장이 많다. 기초적 점탄성의 측정장치는 대체적으로 플런저 부분에다가 목적에 대응하는 어댑터를 붙여서 바꾸는 것에 의한 파단, 전단 등 다양한 경험적 측정이나 조직감 측정에도 사용하도록 만들어져 있다.

1) 점도계

점도는 식품의 물성 측정에서 아주 기초적인 성질이다. 점도계는 유체 내부 마찰 저항을 유동 속도나 저항값으로 검출한다.

(1) 모세관 점도계

모세관을 흐르는 유체의 유출속도나 유출량 등을 측정하여 점도를 구하는 방식의 점도계이다. 이 점도계 중 가장 간편하고 일반적인 오스트발트(Ostwald) 점도계는 뉴턴 유체의 점성계수를 구하는 것에 적용하지만, 모세관의 통과시간을 측정하는 것에 의해 비뉴턴 유체의 겉보기 점도를 비교할 수도 있다. 오스트발트 점도계는 유리로 만든 U자관의 한쪽이 모세관으로 되어 있고 모세관의 안지름이 좁은 순으로 No. 1~7의 7종이 있다(그림 18-4). 시료의 점도에 따라 적당한 것을 사용한다.

① 측정법

① 일정량의 시료(보통 10 mL)를 피펫 등으로 주입한다.

② 이것을 일정 온도(20~50℃, 시료가 변하지 않는 점도가 적당한 온도)의 용기 중에 유지해

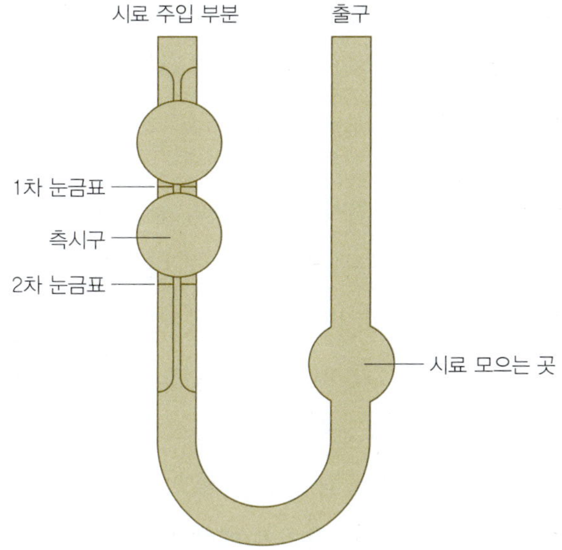

그림 18-4 오스트발트 점도계

서 시료의 온도를 평형시킨다.

③ 고무관으로 입구로부터 표선보다 위까지 액을 빨아 올려서 측정구를 가득 채운다.

④ 입구를 개방하면 액면이 내려가기 시작하는데 액면이 1차 눈금 표선을 통과할 때부터 2차 눈금 표선을 통과하기까지의 시간을 스톱워치로 3회 반복 측정해서 평균값을 구한다.

⑤ 점성이 큰 경우 통과시간은 길다. 뉴턴 유체의 점성계수를 구할 때에는 먼저 점성 계수와 밀도를 파악하고 점성이 다른 것을 상호 비교하여 측정한다. 대부분 물을 사용하나 점도가 높은 때는 글리세린 등을 위의 방법으로 측정한다.

⑥ 점도계의 내부를 잘 세정하여 건조시킨다. 급할 때는 알코올과 에테르로 씻어 말린 후 시료를 넣어 측정한다. 시료의 점성계수는 다음 식으로 구한다.

$$\eta = \frac{t}{t_s} \times \eta_s$$

η : 시료의 점성계수, t : 시료의 흐름 시간, η_s : 표준물질의 점성계수, t_s : 표준물질의 흐름 시간

⑦ 표준시료로 물을 이용할 때 물의 점성계수는 25℃에서 0.00893, 30℃에서 0.00800이지만 물의 밀도를 1, 점성계수도 1로 해서 계산하면 비점도의 계수를 구할 수 있다.

⑧ 결과는 반드시 측정온도를 기록한다. 점도계 모세관 내에 미세한 먼지가 부착해 있으면 측정값에 크게 영향을 미치므로 사용 후에는 반드시 잘 세척해 둔다.

2) 회전 원통 점도계

점성 액체 내에서 원통형 모터를 회전시켜서 시료의 점성 저항을 측정한다. 낮은 점도의 점성액부터 높은 점도의 죽 상태 시료까지 광범위하게 이용되고 있다. 뉴턴 유체에 가까운 액상 물질로는 점성계수를 구할 수 있지만, 비뉴턴 유체에서는 시료의 마찰응력과 마찰속도가 비례관계이고 상수를 구할 수 없는데, 이것을 겉보기 점도(apparent viscosity)라고 한다. 시료의 실제적인 끈끈한 강도를 조사할 수 있다. 회전 점도계는 원통만 회전하는 단일 원통형과 공축의 바깥통과 안쪽통 사이에 시료를 넣고 어느 쪽이든지 한쪽을 회전시키는 공축 이중 원통형이 있다. 단일형은 시료 용기와 액량을 규정해서(약 500 mL의 비커) 측정하거나 특수 용기에서 측정한다.

모터와 눈금판에 스프링을 매개로 해서 모터가 연결되어 있고 점성 액체 내에서 모터를 일정 속도로 회전시키면 모터는 동일 속도로 회전하지만, 액체의 점성 저항이 생기면 비트는 힘(torque)과 스프링의 복원작용의 반복으로 비틀어진다. 이 비틀린 각도를 바늘이 가리키는 것을 읽어 겉보기 점도를 구한다.

현재 널리 사용되고 있는 것은 B형 점도계이다. 이 점도계는 내종의 모터를 갖추고 회전속도는 6, 12, 30, 60 rpm의 4단계로 설정할 수 있으며, 시료의 점성에 대응한 마찰속도로 측정한다. 또 회전 수를 순차적으로 바꾸며 점도를 구함으로써 시료의 물성을 추정할 수도 있다. B형 점도계의 기본은 단일 원통형이지만 낮은 점도의 시료를 측정할 때는 BL어댑터를 부착하여 이중 원통형으로 사용할 수도 있다. 또 어댑터를 부착하면 2.5~10.0 mL 정도 소량의 시료에서도 측정이 가능하다. 이 결과 시료의 점성에 대응해서 $1 \sim 1 \times 10^5$ cP의 범위에서 측정이 가능하다.

(1) 측정법

① 장치를 수평으로 유지하고 로타를 붙인다. 점도가 추정되지 않을 때에는 번호가 큰 것부터 작은 쪽으로, 회전 수는 저속에서 고속 쪽으로 이용한다.

② 시료액을 담고 로타를 액침 마크까지 바르게 투입한다. 온도가 목표 온도로 있는지 용기 내의 온도차가 같은지를 확인한 후 스위치를 넣어서 로타를 회전시킨다.

③ 바늘이 안정하면(약 1~2분) 크란푸레비를 눌러 내린 상태에서 스위치를 끄고 바늘의 눈금을 읽어 부속의 환상 승수표로 점도(cP)를 계산한다.

④ 바늘이 가리키는 눈금이 안정되지 않은 경우는 온도가 변화하고 있는지, 회전에 의해 액의 성상이 변화하는 물질인지를 검토한다.

⑤ 액의 점도가 15 cP 이하의 낮은 점도일 경우는 BL어댑터를 이용한다.

3) 레오미터

식품의 물성 측정기로 널리 이용된다. 정속에서 상하로 움직이는 시료대에 얹어서 시료의 압축 또는 인장시킴으로써 그 응력 변화를 검출, 기록한다. 이 기기는 200종 이상의 전용 어댑터를 갖추고 용도에 따라 교환함으로써 압축, 파단, 침입도, 젤리 강도, 절단 응력, 인장 강도 등 다목적 물성 측정에 이용된다. 또 정압 기능을 갖추어 응력 완화나 씹는 시험도 가능하다. 전용 플로터를 접속해서 내장된 컴퓨터로 연산 처리한 데이터를 기록할 수 있다.

(1) 측정법

① 시험 목적에 따라서 어댑터를 본체에 부착한다. 시료대를 UP, DOWN, UP & DOWN 중 어느 것으로 설정하고 시료대 속도, 정지 시간, 최대 하중의 조건을 결정한다.

② 시료대 중앙에 시료를 놓고 스위치를 켜서 시료대를 작동한다.

③ 응력 변화를 눈금으로 읽으면 동시에 기록계 또는 프린터에 기록된다. 시료의 크기, 두께 등은 앞의 조직감 측정에 준한다.

(2) 실제 측정의 예

식품의 조직감을 측정할 때 텍스처 프로필 분석(texture profile analysis, TPA)을 한다. 이것은 변형(거리)과 시간과의 함수로 힘의 변화를 나타내어 식품의 조직 특성을 설명한다. TPA에서 미리 설정된 변형을 사용하여 압축을 되풀이하면 이때 식품에 따라 변형되는 정도가 달라진다. TPA 결과는 식품의 크기, 변형 속도, 변형 정도 등과 같은 시험 조건이 일정한 상태에서 분석하여야 의미 있는 결과를 얻을 수 있다. 그림 18-5, 18-6, 18-7은 힘-시간 곡선과 식품 조직의 힘-거리 곡선 형태이다.

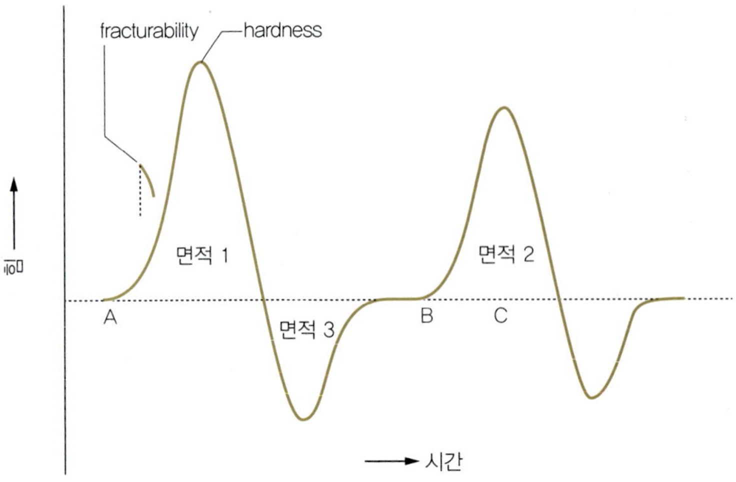

그림 18-5 일반적인 텍스처 프로필 분석 곡선

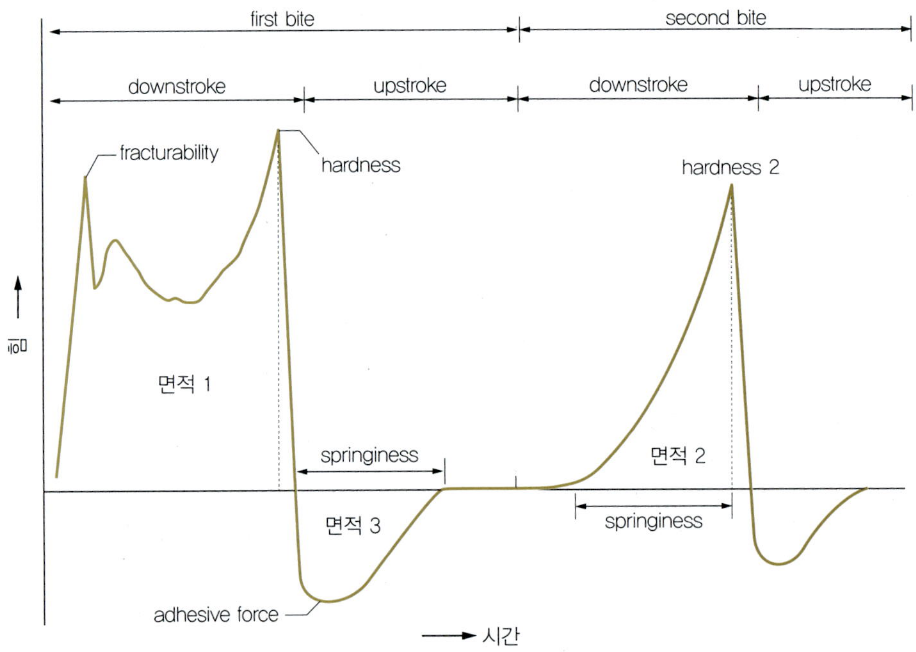

그림 18-6 General Foods사의 텍스처 측정기에 의한 기록 곡선

4) 젤라틴 젤리의 물성 측정

젤라틴은 용해성이 양호하고 다른 여러 종류의 식품 성분과의 상용성(서로 분리되지 않고 용해하는 것)이 좋으며, 가온↔냉각에 의해 가역적인 졸(sol)↔젤(gel)의 상태로 전환될 수

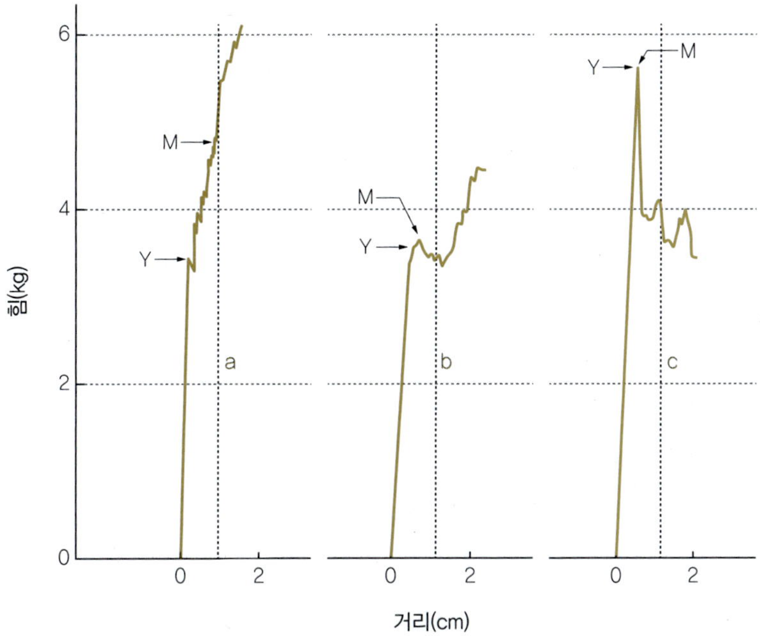

그림 18-7 Instron에 의한 식품 조직의 힘-거리 곡선

있기 때문에 조작성을 좋게 하기 위한 식품의 물성 조정제 및 젤화제로 널리 사용되고 있다. 그러나 젤라틴에 다른 성분을 첨가하면 젤라틴의 물성은 크게 변동하는 것으로 알려져 있다. 여기에서는 젤라틴 젤리의 물성에 미치는 젤라틴의 농도, 설탕 및 과즙의 영향에 대해서 레오미터를 이용하여 조사하기도 한다.

(1) 주요 기기 및 재료

Food rheometer, 젤라틴, 설탕, 레몬과즙(착즙 후 여과)

(2) 물성 측정

젤라틴 젤리는 실온에 1시간 방치한 후 다음 조건에서 레오미터에 의해 젤 물성을 측정한다.

Plunger 지름 : 10 mm	침입 거리 : 15 mm	클리어런스 : 두께 – 침입 거리
온도 : 20℃	렌디 : 200 g	기록계 감도 : 1 X
plunger 속도 : 6 cm/min	차트 속도 : 6 cm/min	모드 : up-down(1회)

(3) 결과의 해석

차트에 기록된 그림 18-8의 곡선으로부터 젤라틴 젤리의 경도 및 파단 강도를 다음과 같이 구한다.

$$파단\ 강도\ S(g/cm^2) = \frac{F}{A}$$

$$경도\ H(g/cm^2) = \frac{F}{L}$$

F : 파단 시의 하중(g), L : 파단 시의 침입 거리(cm), A : 플런저의 단면적(지름 1 cm일 때 0.785 cm²)

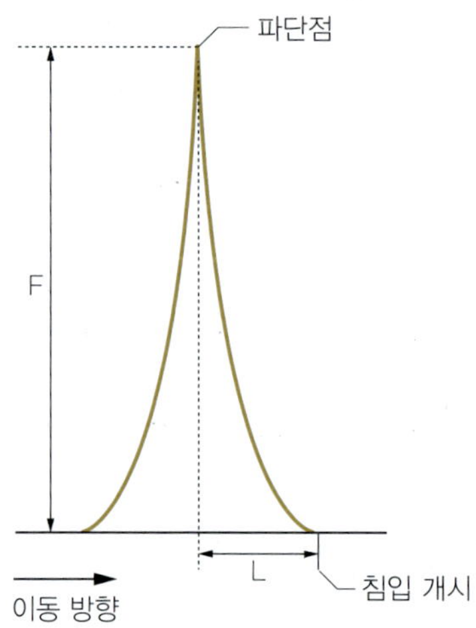

그림 18-8 레오미터에 의한 기록

5) 텍스처 분석기

식품의 조직이 갖고 있는 특성을 측정하기 위한 분석기기로 인스트론(Instron)이 많이 사용되었으나, 현재와 같이 다양한 형태의 식품이 개발되어 있는 시점에서는 그 분석 능력이 한계에 도달한 것으로 지적받고 있다. 다양한 분석 항목에 대한 데이터를 도식화하기가 매우 어렵고 일일이 계산하여야 한다는 점에서도 한계가 보인다. 텍스처 분석기(TA-XT 2 texture analyser)는 이러한 단점을 강력한 소프트웨어로 보완함으로써 신속하고 정확한 정보를 얻을 수 있는 동시에 인스트론이나 레오미터로는 측정할 수 없는 항목들을 분석할 수 있다.

(1) 구성

TA-XT 2는 소형이면서도 매우 다양하게 이용된다. 이 기계의 구성은 측정이 이루어지는 test bed와 다양한 조작을 명령하는 조작 키보드(control console)의 2개 부위로 나눌 수 있으며, 결과를 도식적인 그래프로 볼 수 있는 컴퓨터, 모니터 및 프린터를 장착할 수 있다. 사양에 따라 최대 힘 25 kg으로 0.1 g의 오차를 갖는 것과 50 kg에서 2 g의 오차 한도를 갖는 로드 셀 등이 있다.

(2) 측정

TA-XT 2로 측정 가능한 항목들은 크게 나누면 ① 침투력(penetration force) ② withdrawal force ③ 면으로부터의 측정거리(distance) ④ 인장강도(tensile strength) ⑤ 분쇄점(breaking point), 파열점 ⑥ 퍼짐성(spreadability) ⑦ 절단력(cutting force) ⑧ 크리프 시험(creep test) ⑨ 응력 완화시험(stress relaxation test) ⑩ 텍스처 프로필 분석(texture profile analysis) : two bite test 등이 있다.

인스트론이나 레오미터보다 매우 편리하며, 특히 몇 가지 기능에 있어서 기존의 기계보다 편리한 기능을 갖추고 있다. 기계 조작의 특징을 살펴보면 다음과 같다.

- 기계 조작이 간편하여 15분이면 측정에 필요한 조작을 쉽게 익힐 수 있다.
- 기계가 차지하는 공간이 305×380 mm(12″×15″)로 매우 작고, 중량도 16 kg 정도로 가벼워 이동과 사용이 편리하다.
- 손쉽게 조작할 수 있는 키보드가 부착되어 신속하고 신뢰도 높은 측정이 가능하다.
- 25가지 이상의 다양한 종류의 탐침(probe)을 사용할 수 있으며, 측정 목적에 맞는 장치를 제작하여 부착할 수도 있다.
- 탐침이 시료를 관통하여 들어가는 깊이, 탐침의 복귀 및 파열점을 0.01 mm의 오차로 제어할 수 있다.
- 측정 시 가해진 힘(force)을 ±0.1 g의 오차 이내로 감지한다.
- 시료 표면을 자동적으로 감지하므로 표면부터의 측정거리를 임의로 제어한다.
- 탐침의 이동속도를 0.1~10.0 mm/sec 범위에서 임의로 선택할 수 있다.
- 탐침의 이동거리를 0.1~350 mm 범위 내에서 임의로 선택할 수 있다.
- 최대 하중(maximum force) 25 kg까지 측정이 가능하다.
- 과부하에 대한 안전장치가 부착되어 로드 셀을 보호한다.

- 측정값에 대한 결과를 키보드의 디스플레이, 아날로그 레코더(선택 사양), 디지털 프린터(선택 사양) 또는 컴퓨터에 연결하여 저장 및 출력할 수 있다.
- 측정 조건에 대한 항목을 저장시켜서 다시 입력할 필요 없이 반복 사용할 수 있다.

(3) 일반적인 기기 활용도

이 기기의 활용도는 기존의 인스트론이나 레오미터보다 넓어서 거의 모든 종류의 식품, 포장재, 식품 원료들에 대한 조직 특성을 측정한다. 이 기기를 통하여 얻을 수 있는 측정 항목들과 대상 식품은 다음과 같다.

① 측정 항목

- Adhesion(부착성)
- Bloom strength(블룸 강도)
- Breaking point(분쇄점)
- Cohesion(응집)
- Creep(크리프)
- Crispness(바삭바삭함)
- Curing time(큐어링시간)
- Density(밀도)
- Extrudability(압출능)
- Film strength(필름 강도)
- Hardness(경도)
- Lumpiness(덩어리짐)
- Needle sharpness(예사성)
- Rubberiness(고무질성)
- Slipperiness(매끌거림)
- Smoothness(매끄러움)
- Softness(부드러움, 유연성)
- Spreadability(퍼짐성)
- Springback(탄력성)
- Tackiness(찐득거림)
- Tensile strength(인장 강도)

② 측정 가능한 식품과 원료 등

- 알긴산, 검류
- 빵, 도넛, 파이, 케이크류
- 모든 종류의 과일, 채소류
- 젤 상태의 모든 식품
- 각종 냉동식품류
- 각종 형태의 요구르트
- 각종 사료(펠렛사료, 애완용 동물의 식품)
- 비스킷, 스낵 등의 과자류
- 버터, 마가린, 땅콩버터
- 사탕, 초콜릿
- 아이스크림, 빙과류
- 푸딩
- 수프류
- 모든 종류의 떡, 전병, 유과 등

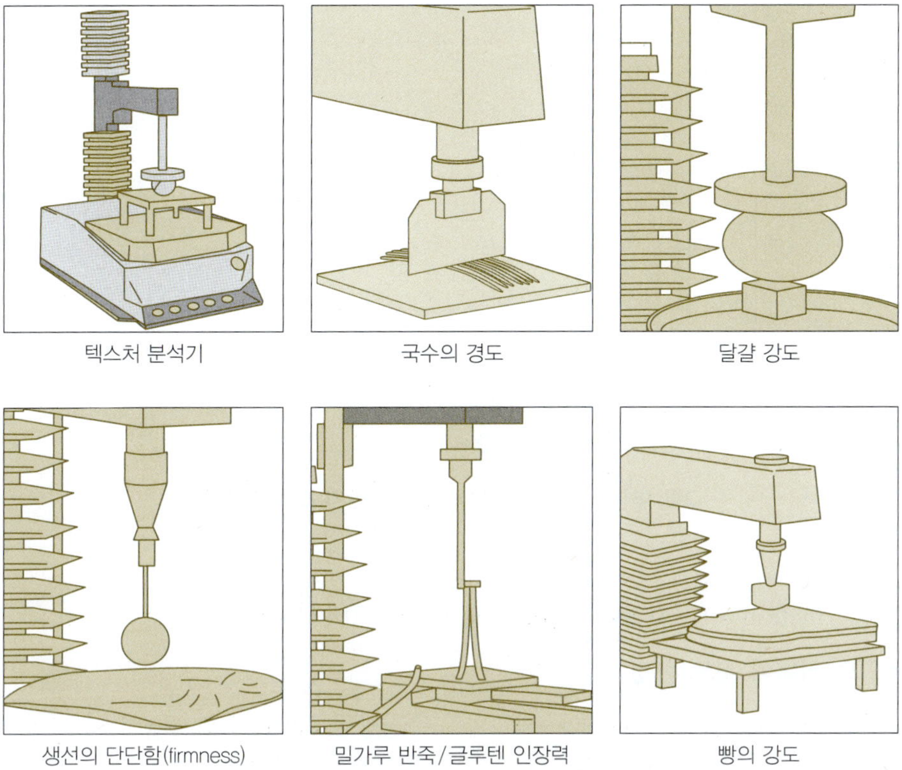

그림 18-9 텍스처 분석기에 의한 다양한 응용 예

- 안정제류
- 녹말 및 이를 원료로 한 모든 식품
- 설탕 및 이를 원료로 한 모든 제품
- 파스타, 라면, 국수, 즉석면, 칼국수
- 수리미(surimi) 및 이를 원료로 한 어묵, 맛살 등의 식품
- 햄, 소시지, 베이컨 등의 육가공 제품, 캔 제품들과 원료육, 냉동육
- 식품을 포장하는 용기 및 포장재, 테이프
- 각종 신소재, 신물질

③ 식품 연구에서의 활용 예

- 비스킷의 경도 측정

  측정량 : compression force(압축력)　　측정방법 : return to start

  사용된 탐침 : knife type blade

  탐침의 전진속도 : 0.3 mm/sec　　탐침의 전진거리 : 10 mm

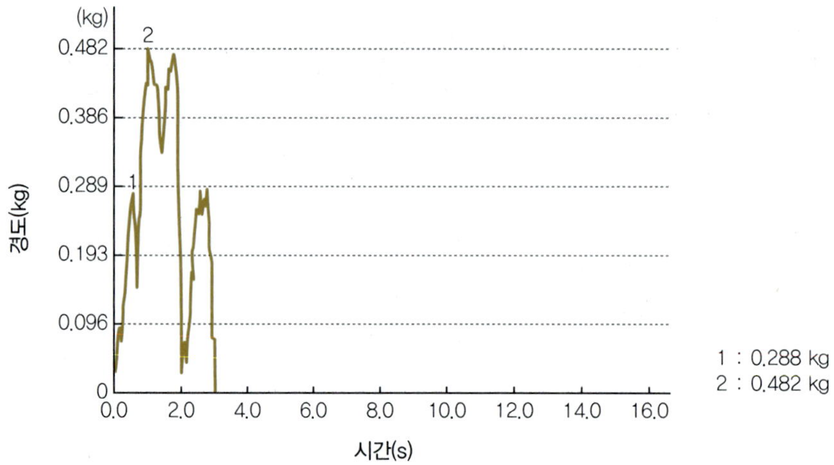

그림 18-10 TA-XT 2에 의해 측정한 비스킷의 경도

결과 : fraction force 0.288 kg, hardness force 0.482 kg

- 소프트 커드의 경도 측정

측정량 : compression force(압축력)　　　측정방법 : return to start

사용된 탐침 : cylinder type 탐침 (D=1 inch)

탐침의 전진속도 : 0.3 mm/sec　　　탐침의 전진거리 : 15 mm

결과 : fraction force 0.213 kg 분획력, hardness 0.218 kg

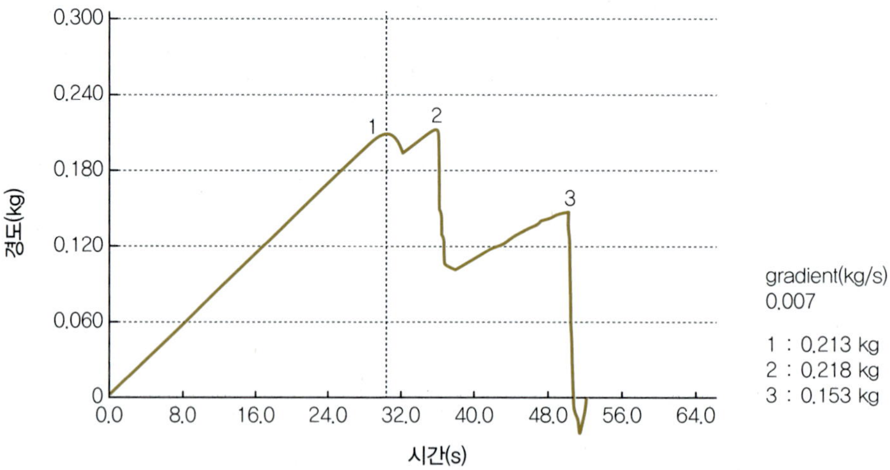

그림 18-11 TA-XT 2에 의해 측정한 소프트 커드(soft curd)의 경도

• 유과의 조직 분석

측정량 : compression force(압축력)　　측정방법 : return to start

사용된 탐침 : cylinder type 탐침 (D = 2 mm)

탐침의 전진속도 : 0.3 mm/sec　　탐침의 전진거리 : 20 mm

결과 : layer number 10, mean force for penetration(침투력) 0.045 kg

• 떡의 TPA test

측정량 : compression force(압축력)　　측정방법 : 텍스처 프로필 분석

사용된 탐침 : cylinder type 탐침 (D = 6 mm)

탐침의 전진속도 : 0.3 mm/sec　　탐침의 전진거리 : 30% 변형

• 떡의 응력 완화(stress relaxation)를 이용한 점탄성 측정

측정량 : compression force　　측정방법 : force relaxation

사용된 탐침 : cylinder type (D = 1 inch)　탐침의 전진속도 : 5 mm/sec

초기 힘(initial force) : 500 g　　실험시간 : 148 sec

결과 : 각각의 측정값을 출력시켜서 여러 가지 모델에 따라 분석할 수 있음.

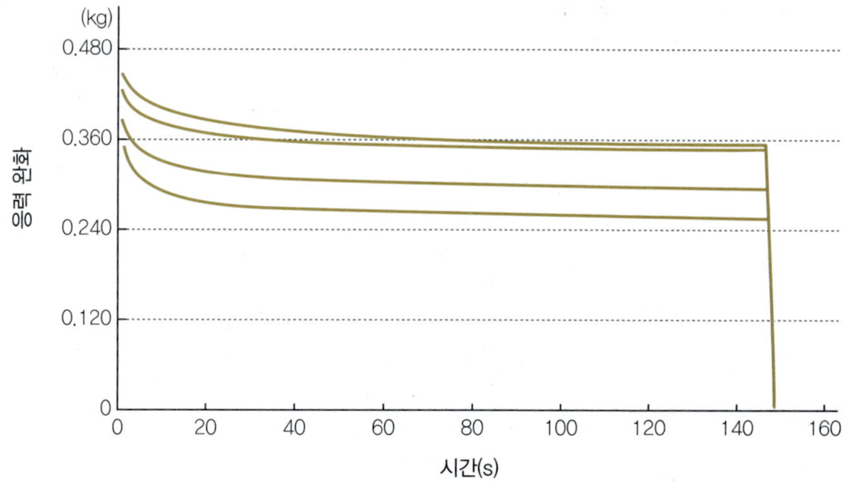

그림 18-12 TA-XT 2에 의해 측정한 떡의 응력 완화

• 스펀지케이크의 크리프 실험을 이용한 점탄성의 측정

측정량 : compression distance　　측정방법 : hold until time

사용된 탐침 : cylinder type (D=3 inch) 탐침의 전진속도 : 10 mm/sec

초기 힘 : 300 g 실험시간 : 60 sec

결과 : 각각의 측정값을 출력시켜서 여러 가지 모델에 따라 분석할 수 있음.

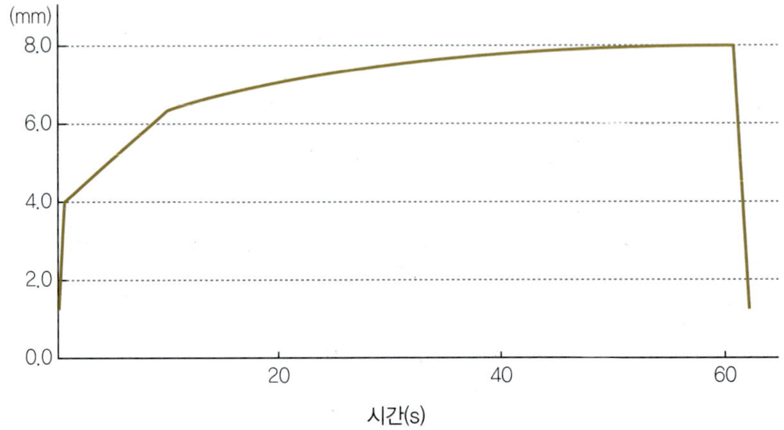

그림 18-13 TA-XT 2에 의해 측정한 스펀지케이크의 크리프 시험

6) 텍스처 프로필 분석 : 압축력시험(TPA test : compression test)

탐침(probe)을 측정기에 끼우고 측정기와 컴퓨터의 전원을 연결한다. 압축력시험의 경우 원통형 탐침(cylindrical type probe)을 사용한다.

(1) 컨트롤 보드의 환경 설정 방법

① 열쇠를 이용하여 컨트롤 보드의 기능을 'configure'로 하고 숫자판 중의 'ENT'를 눌러 special parameter를 선택한다.

② 이때 나타나는 것은 먼저 시계(CLOCK), 날짜(DATE), 날짜 표시방법(USA)-ON, 로드셀의 종류(CELL)-25, 특수 측정방법(LIB) 설정을 요구하며 이때 주로 변경되는 것은 특수 측정방법이다. 선택할 수 있는 종류는 TPA, CCYC, ADHE, HLDD, RUPT이며 +/- 키를 이용하여 선택할 수 있다. TPA를 선택하고 완료되면 'ENT'를 누른다.

③ 이어서 'general configuration'을 수행하여야 하며, 이 기능은 'RESET'을 누르고 'PROG'를 눌러 선택한다.

④ 이때 나타나는 것은 다음과 같다.

TTYP (triggering type) – AUTO

TRIG (triggering force) – 5 ; 1~5까지 정해줌

PRE (pre-test speed) – 5

POST (post-test speed) – 10

SET (distance input format) – DIST

DISP (distance display format) – TRIG

PHT (probe height) – 20 ; 시료의 두께에 따라서 조정

각각의 세부 사항은 +/– 키로 선택하며 선택이 완료되면 'ENT' 키를 누른다. 선택 요소 중 숫자를 입력하여야 하는 것은 숫자판을 눌러 선택한다. 선택이 완료되면 'RESET' 키를 눌러 준다. 한편 설정값(setting value)이 변형(strain)일 때는 SET-STRAIN, DISP-DIST로 조정한다.

⑤ 다음에는 probe의 위치를 조정해야 하며(distance calibration), 이것은 컨트롤 보드 중의 'FAST' 키와 'CALIBRATE' 키를 동시에 누르면 실행된다. 이때 probe는 바닥까지 전진했다가 probe 높이만큼 후퇴하여 정지한다.

(2) 컨트롤 보드의 측정방법 설정

① 열쇠를 이용하여 컨트롤 보드의 기능을 'Test Set Up'으로 한다.

② 먼저 'OPTION'을 눌러 원하는 기능(Library)의 램프에 불이 들어오게 한다.

③ 'UNIT SELET'를 눌러 표시되는 단위(Gram)를 선택한다.

④ 다음 컨트롤 보드 상단의 LED Display 숫자판에서 왼쪽 것(Speed)이 깜박이도록 'ENT'를 누르고 숫자 (0.5)를 입력하는데, 이것은 probe의 전진속도를 지정하는 것이다.

⑤ 'ENT'를 눌러 중간의 LED Display (Distance)가 깜박이도록 하고 전진거리 (1)을 지정한다. 이때 전진거리가 시료의 두께보다 크면 안 된다.

⑥ 'ENT'를 눌러 제일 오른쪽 LED Display가 깜박이도록 하여 delay time (1)을 지정하는데, 이 시간만큼 경과된 후 다시 두 번째의 압축이 이루어지게 된다.

⑦ 모두 지정한 다음 컨트롤 보드의 기능을 'Run'으로 열쇠를 이용하여 조정한다.

(3) 모니터링 컴퓨터의 환경 설정 방법

① 컴퓨터의 프로그램을 동작시킨 후 XTRAD를 선택하여 실행시킬 수 있다.

② F3 키를 누르면 CURRENT SETTING' 화면이 나오는데 각각의 항목은 키보드의 화살표 키로 선택되며, 내장된 선택 요소들은 스페이스바를 눌러서 선택할 수 있다. 'Enter' 키를 눌러 수정을 완료한다.

③ 그래프의 형태를 스페이스바를 사용하여 지정하는데 압축시험에서는 주로 forcetime 형태의 그래프를 사용한다.

④ 스페이스바를 사용하여 auto-scaling을 선택하기 위하여 'on'으로 한다.

⑤ 파일 형태가 '엑셀', 기록 유형(storage type)이 'plotted point'로 조정되었는지 확인한다.

⑥ points per second가 '400' min, graph data가 'off', force units가 'gram', peak confirmation이 'on'으로 되어 있는지 확인한다.

⑦ contact area는 6 mm probe를 사용할 경우 28.27이 기입되었는지 확인하고 contact force가 triggering force와 같은 5가 기입되었는지 확인한 후 'Enter'를 치고 F1 키를 쳐서 본래 화면으로 돌아온다.

⑧ 이 화면에서 F2를 치면 좌표가 나타나며 이 상태에서 모든 준비가 끝난다.

(4) 실험의 수행

① 시료를 일정한 크기로 잘라서 준비하여 측정판 위에 올려놓는다.

② 'F2' 키를 치면 측정이 시작되고 측정이 끝나면 화면이 멈춘다.

③ Y/N을 이용하여 두 peak를 선택한 후 shift-F1 키를 눌러 분석을 실행한다. 이때 중요한 데이터는 F9를 눌러 저장장치에 저장한다.

④ 다음 시료를 측정판 위에 놓고 'F2'를 눌러 다음 실험을 반복 수행하고 분석한다.

⑤ 분석이 끝난 다음 P를 누르면 분석한 데이터가 인쇄된다.

(5) 자료의 관리

① 측정된 데이터는 일단 저장된 후 분석에 들어간다.

② 저장은 'run a test'에서 F9(archive)를 선택하면 수행되며 일단 저장된 데이터는 F8(restore)을 선택하여 다시 불러올 수 있다. F8을 선택하면 그래프의 종류를 묻는데 이때 보통 F2(single graph), F3(multiple graphs)를 선택한다.

③ 그래프 분석에는 'peak', 'area', 'gradient', 'mean' 등이 있다. 이것은 F10(anchor)을 이용하며 텍스트 파일을 만들고, 엑셀프로그램에서 'import' 명령으로 데이터를 받아들여 출력시킬 수 있다.

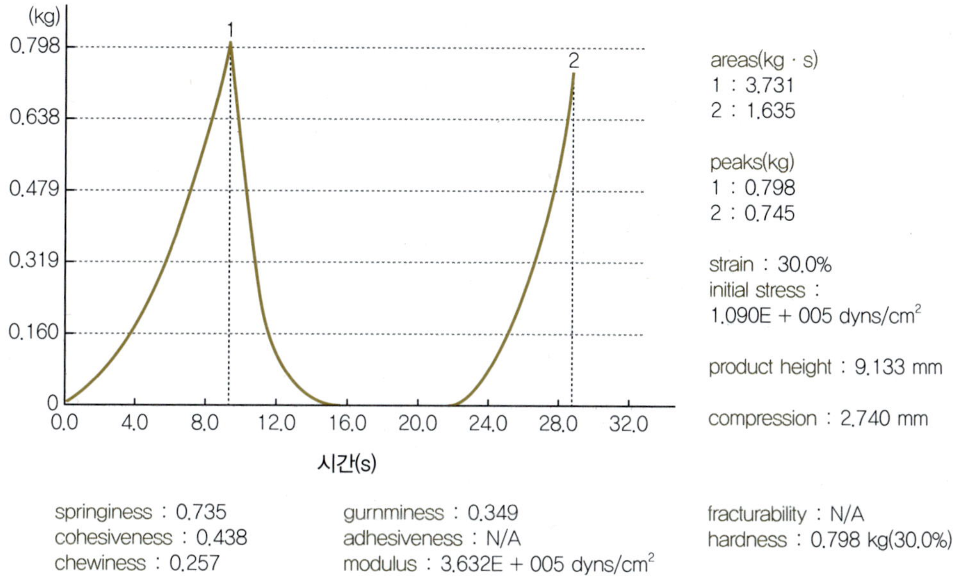

그림 18-14 TA-XT 2에 의해 측정한 검의 텍스처 프로필 분석 곡선

> **tip** 텍스처를 측정하면서 발생할 수 있는 오차는 크게 기계, 시료, 사용자에 의한 것 등을 예상할 수 있다. 기계에 의한 것은 측정 시 사용되는 기구들의 지름, 반지름, cone angle, gap, 축 정렬(shaft alignment) 등이 있을 수 있으며, 각속도에 따른 모터의 균일성 또는 디지털로 전환시켜 주는 시스템에서도 오차가 생길 수 있다. 그리고 가해지는 힘, 즉 torque 등을 잘 고려해야 한다. 시료에서는 입자, 공기방울, 화학반응, 탄성, 팽윤, 침전 등이 영향을 미칠 수 있으며, 사용자에 따라 온도를 일정하게 유지하지 못하거나 시료의 전처리 상태, 충전 시, 측정 범위의 선택, 전단열(shear heating) 등에 의해 오차가 발생할 수 있으므로 이런 오차 가능성을 최대로 줄이는 것이 중요하다.

표 18-2 Texture Analyser 부품별 시험방법

부품	샘플 종류	Parameter	샘플 준비 조건	TA setting
75/100 mm Compression platen, Cylinder probe (10 ~50 mm)	자체 형태를 유지하는 샘플	Stress relaxation, Yield stress, Max. force, Work, TPA, Creep recovery	샘플 크기는 probe 크기보다 작아야 함	• Measure force in compression
φ36 mm Cylinder probe	빵	Firmness	샘플 높이 25 mm	• Measure force in compression • 25% compression(Strain)

(계속)

부품	샘플 종류	Parameter	샘플 준비 조건	TA setting
Pasta Firmness/Stickiness Rig	국수 종류	Firmness, Stickiness	표준 파스타 cooking/draining procedure	• Measure force in compression • 400~500 PPS compression
Spaghetti Flexure Rig	국수 종류 (단단한 종류)	Flexure force/Force fluctuation		• Measure force in compression
Cylinder Probe(2~10 mm)	과일	Bioyield force, Plateau force		• Measure force in compression (penetration)
	젤 종류	Gel strength, Brittleness, Elasticity		
Needle Probe	과일, 립스틱	과일 껍질 경도	ASTM D1321-96	
0.5" Cylinder Probe	젤라틴	Gel strength	BS 757	
Conical Probe	버터, 마가린	Max. penetration		
Flat Knife Blade	생선, 채소	Max. force, Work (Shear)		• Measure force in compression (shear)
Flat Knife Blade	스파게티 등		표준 파스타 cooking/draining procedure	
Warner-Bratzler	육류, 생선 등			
Craft Knife Blade	견과류, 씨앗	Max. yield force		
Fracture Wedges	채소, 치즈	Max. force, work (Shear), Shear distance at break, Fractuability		
SMS/Miller-Hoseney Toughness Rig	빵	Peak force	같은 두께의 샘플	
Volodkevitch Bite Jaws	육류, 치즈	Max. force, work (Shear)	샘플 표면 크기 1 cm^2 이하	• Measure force in compression (shear)
Butter Cutter	버터, 치즈	Plateau force	블록 모양의 샘플	
Crisp Fracture Support Rig	콘칩 등 스낵류	Frist peak force, Max. force, 전체 peak의 개수		• Measure force in compression (shear) • 400~500 PPS compression
Three Point Bending Rog	비스킷, 채소, 초콜릿, 시리얼바	Max. Force, 깨질 때까지 거리, Bend Modulus	샘플 크기 일정, 받침 간격 일정	• 400~500 PPS compression
Ottawa Cell(wire, bar, hole extrusion plate)	과일, 채소, 유아 식품	Max. force, Plateau Force, Energy	동일한 샘플 조건 (무게, 높이, 샘플개수)	• Extrusion (compression)
Back Extrusion Cell	점성이 있는 반고체 상태의 샘플(자체 형태 유지 곤란)	Max. force, Plateau orce, Positive/negative force area		

(계속)

부품	샘플 종류	Parameter	샘플 준비 조건	TA setting
Forward Extrusion Cell	점성이 있는 반고체 상태의 샘플(자체 형태 유지 가능)	Plateau force, 압출 과정의 force fluctuation	샘플 내에 공기가 없도록 준비	• Extrusion (compression)
SMS/Kieffer, Dough/Gluten Extensibility Rig	반죽, 글루텐, 추잉껌	Max. force, Extension distance to break	샘플 최대 폭 10 mm	• Tension
Pizza Tensile Rig	피자	Max. force		
Spaghetti/Noodle Tesile Rig	스파게티, 국수	Max. force, Break force, 끊어질 때까지의 거리	샘플 길이 150 mm 이상	
Tensile Grips	육류, 가죽, 스낵류, 필름	Max. force, Break force, 끊어질 때까지의 거리	클램프로 고정할 수 있는 샘플	
SMS/CHEN-Hoseney Dough Stickiness Rig	반죽, 캐러멜	Max. force (Stickiness), Energy (work of adhesion)	압출할 수 있는 샘플	• Adhesive test 사용 • 400~500 PP tension
Cylinder Probe(Ø4~100 mm)	과자류	Surface stickiness (Confectionery holder 필요)	샘플이 딸려 올라가지 않도록 고정시킴	• Adhesive Test 사용 • 400~500 PPS tension
Spherical Probe(Ø5 mm~1")	칩, 스낵	Fractuability(바삭거림)		• Measure force in compression
	과일, 치즈, 식품 포장재	Hardness		
TTC Spreadability Rig	마가린, 왁스, 테이블 스프레드	Spreadability, Adhesiveness		
Multiple Extrusion Cell	반고체, 액상 녹말, 지방, 파스타, 치즈, 스프레드, 육류 제품	Viscosity, Food breakdown	지름 25 mm 6공 피스톤 상하운동으로 점성 측정	• 온도 조절용 물중탕 재킷 장착 • Cycle test
Multiple Puncture Probe	내용물이 일정하지 않고 고형물이 첨가된 샘플	Hardness(초콜릿 칩, 머랭, 과일 chunk, thick-cut 마멀레이드)	샘플이 딸려 올라가지 않도록 용기를 고정시킴	• Measure force in compression
Annular Pumping Rig	젤라틴, 펙틴, 점착제	Melting 과정, Curing(경화) 과정	지름 40 mm 피스톤 상하운동으로 점성 측정	• 온도 조절용 물중탕 재킷 장착 • Sinewave Test

7) 식품의 기능성 분석

식품의 기능적 성질은 다양하며 일종의 물성적인 성질이라 할 수 있다. 그러나 이를 정의하거나 측정하는 것은 국가마다 또는 실험실마다 달라서 기준이 되는 방법이 있다기보다는 많은 실험실에서 활용하고 있는 방법을 이용한 상대적 비교를 통하여 결정하고 있다. 따라서 이를 이용한 분석 결과의 해석은 다소 의견이 다를 수도 있으므로 실험실 간에 또는 국가 간에 상호 보정과 논의를 통하여 조절될 수 있다. 여기에 소개되는 방법들은 비교적 잘 알려진 방법으로, 단백질과 지질 등의 물성을 판단하는 데 많이 이용되는 몇 가지를 소개하고자 한다.

(1) 에멀션 안정성

마요네즈 저장을 위해 에멀션 안정성(emulsion stability, ES)을 측정하려면 가속숙성시험(accelerated aging test)을 실시한다. 시료를 −10℃ 냉동실에서 1, 2, 3일 저장한 후 에멀션 안정성을 측정한다. 에멀션 안정성 실험으로는 점도, 탁도, 기름의 분리도 등이 있으며, computerized imaging system과 쿨터 계수기(Coulter counter)로 기름의 분리도를, 주사전자현미경에 의해 미세 구조를 관찰한다.

① 점도 측정

시료 250~300 g을 비커에 취하여 점도계로 측정한다. 점도의 변화가 어느 정도 일어나는지를 관찰하여 대조구 대비 상대적 비교를 관찰한다.

② 탁도 측정

시료 0.05 g을 100 mL 삼각 플라스크에 취하여 0.1% 도데실황산나트륨(sodium dodecyl sulfate, SDS) 용액으로 1 : 1,000 비율로 희석한 다음 polytron 균질기(homogenizer)로 3분간 교반한 후 2시간 정도 방치한다. 500 nm에서 흡광도를 측정하여 탁도로 표현하고 이를 비교한다.

③ 기름의 분리도 측정 a

시료 40~50 g을 원심분리 튜브에 취하여 원심분리기로 1,960 × g에서 30분간 원심분리한 다음 이때 분리되는 기름의 양을 측정한다.

④ 기름의 분리도 측정 b

유화된 시료를 20 × 110 mm 시험관에 넣고 30℃의 배양기에 2시간 방치한 다음 기름층의 부피를 눈금으로 측정한다. 유화제를 만들기 전 초기 기름 성분의 부피와 비교하여 다음 식으로 ES(emulsion stability)를 구할 수 있다.

$$ES(\%) = \frac{F}{F_0} \times 100(\%)$$

F : 30℃에서 2시간 방치한 다음 기름층의 부피, F_0 : 초기의 기름 부피의 양

(2) 에멀션 안정성 지수 측정

유화계의 안정성을 결정하기 위하여 에멀션 안정성 지수(emulsion stability index, ESI)를 측정한다. 식용유, 유화제, 증류수로 이루어진 유화계를 형성한 후 혼합비, 시료의 투입 농도, 균질화 시간 및 방치온도에 따른 저장시간이 경과함에 따라 분리되는 기름층의 부피를 측정하여 다음과 같은 식에 따라 에멀션 안정성 지수를 구할 수 있다.

$$\text{에멀션 안정성 지수(ESI, \%)} = 1 - \frac{\text{분리된 기름층 부피}}{\text{유화액 내 기름층의 총 부피}} \times 100(\%)$$

(3) 에멀션 활성지수 측정

개량 탁도법에 의해 에멀션 활성지수(emulsion activity index, EAI)를 측정한다. 다양한 단백질 용해액(1, 2, 4, 6, 8%, w/w) 2 g과 대두유(또는 다른 종류의 기름) 0.5 g을 시험관(1.35× 11 cm)에 넣고 균질기를 이용하여 30℃에서 8분간 21,000 rpm으로 유화시켜 에멀션을 만든다. 이 에멀션을 3분간 탈기하고 시험관 밑부분에서 100 mL 채취하여 10% SDS 용액에 1 : 1,000의 비율로 희석한다. 이것을 다시 3분간 탈기한 후 500 nm에서 흡광도를 측정하여 다음과 같은 식에 의하여 EAI를 구한다.

$$\text{EAI} = \frac{2}{\Phi \cdot C} \times \frac{2.303A}{L}$$

Φ : 에멀션 중 기름 부피 분율(volume fraction), C : 에멀션 제조 전 액상 상태에서 단위부피당 단백질 무게
L : 큐벳의 통과 길이, A : 측정된 흡광도

(4) 기포성 측정

기포성(foamability)을 측정하는 방법에는 여러 가지가 있는데 여기에서는 3가지를 소개하기로 한다.

① 기포성 또는 기포 형성력 측정을 위해서 공기의 유입 유량을 기포 생성에 가장 유리한 조업 조건 21.25 cm/s로 일정하게 유지시키고, 일정한 기체 유량하에서 기포의 초기 거품 생성 높이를 측정한다.

② 다른 방법으로는 시료 1 g에 증류수, 0.1 M 또는 0.5 M NaCl 용액 100 mL씩을 가하고 pH를 2~10으로 조절한 후 Waring 블렌더로 5분간 고속으로 거품을 형성한다. 250 mL 눈금의 실린더를 이용하여 부피 변화를 측정하고 다음 식에 의하여 기포 형성력을 나타낸다.

$$부피\ 증가(\%) = \frac{휘핑\ 후\ 부피(mL) - 휘핑\ 전\ 부피(mL)}{휘핑\ 전\ 부피(mL)} \times 100(\%)$$

③ 조제한 단백질 시료 용액 50 mL를 가지고 1.5 L의 휘핑용 용기에 넣어 double beater로 98 rpm에서 5분 간격(5, 10, 15 및 20분)으로 합계 20분 동안 휘핑한다. 각각 5분 경과 시마다 형성된 기포 100 mL의 무게를 측정한다. 기포 형성능은 다음 식에 의하여 overrun(%)으로 나타낸다.

$$Overrun(\%) = \left(\frac{단백질\ 시료\ 용액\ 100\ mL의\ 무게}{거품\ 100\ mL의\ 무게}\right) - 1 \times 100(\%)$$

(5) 거품 안정성(foam stability)

① 아민 수용액을 이용하는 방법

① 아민 수용액을 채운 후에 공기를 실험장치 안으로 주입하여 거품을 발생시킨다.

② 어느 정도 안정된 거품이 생성된 후에 밸브로 기체의 유량을 조절하여 일정한 높이에 도달할 때까지 거품을 생성시킨다.

③ 거품의 초기 높이로는 액체 수면으로부터 9 cm가 되었을 때 기체의 유입을 막고, 생성된 거품이 모두 소멸될 때까지 거품의 소멸 속도를 측정한다.

④ 아민 수용액의 경우 비교적 수명이 짧은 거품이기 때문에 소멸되는 높이를 측정하여 기록한다.

⑤ 수명이 긴 거품의 소멸 속도를 측정할 때 마노미터(manometer)나 장치 위에 있는 압력계를 이용해서 압력을 측정한 후 압력 변화로 거품의 면적 변화를 측정하여 거품 안정성(foam stability)을 분석한다.

② 배수법

① 시료 용액을 15분간 휘핑한 후 측정한다.

② 1.5 L 휘핑용 용기의 바닥에 지름 0.6 cm의 구멍을 뚫는다.

③ 형성된 거품을 실온에 방치하였을 때 시간이 경과함에 따라 구멍을 통하여 거품에서 흘러나온 액체의 무게를 측정한다.

④ 이때 흘러나온 액체가 휘핑 직후 전체 거품 무게의 50%가 되는 데 소요되는 시간(분)을 측정하여 구한다.

(6) 거품의 열 안정성 측정

① 거품의 열 안정성은 5분 간격으로 합계 20분간 휘핑하면서 5분마다 시료 용액에서 형성된 거품을 페트리 접시(107.6 mL)에 채운다.

② 일정한 상대습도가 유지된 90℃의 오븐에서 30분간 가열한 후 꺼내어 실온에서 30분간 냉각한다.

③ 이때 페트리 접시에 남아 있는 거품의 높이와 지름으로 부피를 계산한다.

④ 가열 전의 부피(107.5 mL)에 대한 백분율로 나타낸다.

$$\text{거품의 열 안정성(\%)} = \frac{\text{가열 후의 부피}}{\text{가열 전의 부피}} \times 100(\%)$$

(7) 단백질의 응집도

단백질 시료 용액의 응집 정도는 분광광도계를 이용하여 500 nm에서 투광도를 측정하여 다음의 관계식으로 혼탁도를 구한다. 혼탁도의 값이 100일 때는 완전하게 혼탁한 용액(투광도 0)에 해당하며, 대조구와의 비교로 상대적 응집 정도를 알 수 있다.

$$\text{혼탁도} = (1 - \text{투광도}_{500\ \text{nm}}) \times 100(\%)$$

연습문제

1 어린이를 대상으로 한 새로운 젤리 제품이 개발되어 텍스처를 기기 분석하려고 한다. 특히, 사람 입안에서의 저작작용을 모방하여 식품을 두 번 압축함으로써 텍스처를 분석하고자 할 때 사용할 수 있는 방법은?

① 인장시험(tensile test) ② 텍스처 프로필 분석(texture profile analysis)
③ 파괴시험(puncture test) ④ 감각평가(sensory evaluation)
⑤ 진동 테스트(oscillatory test)

2 다음 그림과 같이 핫도그에 케첩을 부으면 잘 떨어지지 않고 그 형태를 유지하고 있다. 또한 마요네즈를 빵 표면에 발랐을 때에도 마찬가지 현상을 관찰할 수 있다. 이와 관련이 있는 식품의 물성 특성은?

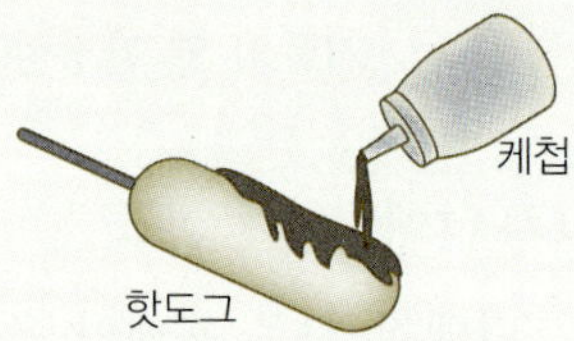

① 인장력(tensile force) ② 전단력(shear force)
③ 경도(hardness) ④ 탄성(elasticity)
⑤ 항복응력(yield stress)

3 고체 식품의 텍스처를 측정하는 방법으로 텍스처 프로필 분석(texture profile analysis, TPA)이 흔히 사용된다. 이는 사람의 입안에서의 저작 활동을 모방한 것으로, 기기를 사용하여 식품을 두 번 압축하고 여기서 얻은 힘-시간(거리) 그래프로 텍스처를 분석하는 방법이다. 다음 보기 중 이 TPA 방법으로 얻을 수 있는 특성이 아닌 것은?

① 경도(hardness) ② 부착성(adhesiveness) ③ 응집성(cohesiveness)
④ 점탄성(viscoelasticity) ⑤ 탄력성(springiness)

4 액체의 점도를 측정하는 기기로 회전형 점도계가 흔히 사용된다. 뉴턴 유체(Newtonian)의 경우 회전형 점도계의 회전속도에 상관없이 항상 일정한 점도값을 보여 주는데 다음 중 뉴턴 유체에 속하지 않는 식품은?

① 물 ② 커피 ③ 탄산음료
④ 차 ⑤ 농축주스

5 철수는 점심으로 어머니께서 밀가루를 사용하여 수제비 만드는 것을 도와 드렸다. 수제비 반죽을 손가락으로 누른 후 떼어내니, 반죽이 들어갔다 다시 원래 상태로 돌아오려고 하는 모습을 관찰하였다. 이와 같은 현상을 설명할 수 있는 식품의 물성 특성은?

① 점탄성(viscoelasticity) ② 점성(viscosity) ③ 응집성(cohesiveness)
④ 부서짐성(fracturability) ⑤ 검성(gumminess)

6 청국장이 잘 만들어진 후 젓가락으로 들어 올리면 흰 실타래처럼 따라 올라오는 모습을 볼 수 있다. 이러한 성질과 더불어 밀가루 반죽이 긴 끈 모양으로 늘어나는 성질은?

① 예사성과 경도 ② 신전성과 소성 ③ 예사성과 신전성
④ 신전성과 탄성 ⑤ 탄성과 예사성

7 식품은 보통 여러 성분이 불균일하게 퍼져 있는 성상을 갖고 있다. 식품의 분상 시스템에 대한 설명이 올바르지 못한 것은?

① 콜로이드는 일정 수준 이상의 크기를 지닌 분산상이 분산매에 분산되어 있는 것으로 분산상은 액체, 고체, 기체가 될 수 있다.
② 식품이 졸(sol) 상태에서 브라운 운동을 하며 빛을 산란시킨다.
③ 분산질과 분산매가 서로 섞이지 않는 액체인데 이들이 상대적으로 안정한 콜로이드 상태로 제조된 형태를 졸(sol)이라 한다.
④ 우유, 소스, 육수, 된장국, 식빵 등이 대표적인 콜로이드 함유 식품이다.
⑤ 분산매가 액체이고 분산상이 기체인 경우는 폼(foam)이라 한다.

8 식품의 제조 공정 시 고려해야 할 것 중 하나가 원료 및 혼합물의 물성이다. 식품의 물성에 대한 설명 중 적절한 것은?

① 외부의 힘을 가하면 곧 변형이 발생하고 힘을 제거하면 곧바로 변형이 소멸되어 원상으로 완전히 복귀되는 현상은 소성(plasticity)이라 한다.
② 외부의 힘에 의하여 변형된 물체가 그 힘이 제거되었을 때 원상태로 되돌아가려는 성질은 탄성(elasticity)이라 한다.
③ 젤리, 곶감, 밀가루 등은 일정 한계 내에서 탄성을 보유하고 있다.
④ 국수가 막대기처럼 늘어나는 현상을 측정하는 기기는 패리노그래프(farinograph)이다.
⑤ 밀가루 반죽, 마요네즈 등의 유체의 점성 및 흐름성은 뉴턴 액체를 따른다.

9 식품은 전단응력에 따라 흐르는 성질이 다르며, 이는 식품 공정에서 대단히 중요한 성질이다. 예를 들어 제조된 원료를 혼합할 때 잘 흐르지 않으면 더 강력한 모터를 이용하여 혼합해야 하기 때문이다. 다음 식품의 흐르는 성질에 대한 설명이 적절하지 않은 것은?

① 물, 청량음료, 식용유 등 묽은 용액은 뉴턴 유체라고 한다.
② 토마토케첩, 마요네즈 등의 유체 점성 및 흐름성은 비뉴턴 액체를 따른다.
③ 요변성 유체 또는 틱소트로피(thixotropic) 유체는 전분 젤, 젤라틴 수용액, 마요네즈처럼 전단응력이 오래 작용할수록 점조도가 감소한다.
④ 고농도의 전분액은 호화가 진행될수록 전단속도가 급격히 증가하는 딜레이턴트(dilatant) 유체이다.
⑤ 뉴턴 유체의 경우 외부에서 가해진 힘이 곧 점성이 되며, 전단응력과 전단속도가 반비례의 경향을 나타낸다.

10 신제품 개발 과정 중 입안에서 느껴지는 감촉을 매우 중요하게 여기는데 이러한 성질 중의 하나가 점성이다. 식품의 점성에 영향을 미치는 요인은?

11 식품의 물성 중 특히 조직감을 조절할 수 있는 물성 개량제의 종류는?

풀이 및 정답

1. ② 텍스처 프로필 분석(texture profile analysis)은 사람 입안의 저작 활동을 모방하여, 식품을 두 번 압축하여 얻은 힘-거리(시간) 곡선을 분석하여 식품의 텍스처를 분석하는 방법이다.
2. ⑤ 물체를 흐르게 하는 데 필요한 최소한의 응력(stress)을 항복응력(yield stress)이라 하며, 이러한 항복응력값이 높을수록 물체가 흐르지 않고 그 형태를 유지할 수 있다. 마요네즈, 케첩 등이 흐르지 않고 그 형태를 유지하는 것은 이러한 항복응력을 가지고 있기 때문이다.
3. ④ 점탄성(viscoelasticity)은 진동 테스트(oscillatory test) 또는 응력완화검사(stress relaxation test), 크리프 시험(creep test) 등의 방법으로 구할 수 있다.
4. ⑤ 농축주스는 전단 묽어짐(shear thinning), 유사소성(pseudo-plastic) 액체이다.
5. ① 점성과 탄성의 특성을 모두 가진 물질을 점탄성 물질이라고 하며, 이들 물질은 변형 시 탄성의 성질이 있어 원래 상태로 되돌아오려고 하나 점성을 가지고 있어 원래 상태로는 돌아오지 못한다.
6. ③ 옛날에는 내륙 지방의 사람들이 소금을 구하기 어려울 때 국수를 만들려고 반죽할 때 소금 대신에 나무나 잎을 태운 재를 이용하기도 하였다고 한다. 이는 Na의 농도를 높이기 위한 것으로, 밀가루에 Na가 첨가되면 글루텐 단백질과 함께 신전성이 향상된다.
7. ③ 분산질과 분산매가 서로 섞이지 않는 액체를 혼합하여 상대적으로 안정한 콜로이드 상태를 에멀션(emulsion)이라고 한다.
8. ③ ①의 설명은 탄성(elasticity)의 성질이고, ②는 소성(plasticity)에 대한 설명이다. ④는 신전성을 설명하는 것이며 이는 엑스텐소그래프(extensograph)를 사용한다. ⑤에서 밀가루 반죽은 가소성 유체(plastic fluid)이고, 마요네즈는 요변성 유체(thixotropic fluid)로 뉴턴 유체가 아니다.
9. ⑤ 뉴턴 유체는 외부에서 가해진 힘이 곧 점성이 되며 전단응력과 전단속도가 비례의 경향을 나타낸다.
10. 온도 및 농도, 용질의 분자량, 현탁물질 등이다.
    - 온도, 농도 : 물 분자와 용질 상호 간 결합력의 함수이며, 수소 분자의 힘과 분자 상호 간의 공간에 영향을 받는다.
    - 용질의 분자량 : 분자량이 클수록 점도는 증가한다.
    - 현탁물질 : 낮은 농도에서 현탁물질은 점성을 약간 증가시키지만, 현탁물질이 많이 함유되어 있을 때는 입자 간 뒤엉킴 때문에 점도가 크게 증가한다.
11. 녹말류, 고무류, 당알코올(polyol)류, 인산염류, 금속 제거제, 팽창제, 유화제, 연화 방지제, 기포제 등이 있다.

19 식품의 색도 및 색 분석

FOOD ANALYSIS

감각적 성질 중 색깔은 식품의 기호와 관련된 가장 우선적 요인이며, 상품적 가치는 물론 식품의 성숙도, 변질, 신선 상태 등을 판정하는 데 중요한 기준이 된다. 색은 어떤 식품 또는 식품 재료의 신선도, 숙성 정도, 변질 정도를 나타내는 지표이므로 이를 통해 시각적으로 쉽게 재료의 변질 여부를 판단할 수 있다. 어떤 식품이든 식품 상태에 따라 자기 고유의 색을 가지고 있다. 색은 식품의 품질을 판단하는 기준이므로 소비자로 하여금 식품의 관능적 구매에 대한 심리적 영향을 불러일으켜 기호적 욕구를 채워 주는 요인이 된다.

모든 신선한 식품 재료는 원래 자기 색을 가지고 있으나, 시간이 흘러 어떤 변화가 생기면 원래의 색깔은 변한다. 즉, 식품의 색은 식품 성분의 변화를 의미하며, 성분의 변화로 인해 영양가는 물론 생화학적, 미생물학적 변화도 수반한다.

고체 식품의 경우에는 식품 종류에 따라 다르지만 색의 선명성, 퇴색 정도, 변색 정도 등을 관찰함으로써 그 식품의 신선도를 구별할 수 있다. 그러나 액체 식품의 신선도는 고체 식품의 기준 이외에 투명도, 혼탁도 등이 더 고려되어야 한다. 예를 들어 고체 식품의 경우 바나나는 초록빛이 많을수록 미숙하고, 노란빛을 띠기 시작할 때부터 성숙이 시작되는 시점이다. 따라서 노란색이 많을수록 바나나가 많이 숙성된 것이다. 복숭아도 초록빛은 미숙, 노란색 또는 빨간색은 성숙을 의미한다. 이러한 색의 변화는 식품의 이화학적, 생물학적 변화를 의미한다.

1. 색의 표시방법

현재 색의 표시방법은 세 가지 색체계를 이용한다.

1) 육안 비교

색의 측정은 먼저 육안으로 식품의 색을 표준색과 비교하여 결정하는 방법으로, 표준색은 먼셀(Munsell) 색체계에 수록된 색을 기준으로 한다. 색깔을 Munsell 색체계에 있는 표준색과 비교하여 해당하는 색의 번호와 기호로 표시한다. 이 방법은 식품의 색 표시에는 적합하나 Munsell 색체계를 항상 비치해야 하는 번거로움이 따른다.

2) CIE 색체계에 의한 방법

CIE 1931 XYZ 색체계에 의해 색을 표시하는데, 이 방법은 세 가지 기본색인 빨강(X), 노랑(Y), 파랑(Z)의 삼원색(X, Y, Z는 3자극값)을 서로 혼합하여 모든 색을 만들어 놓고 식품의 색을 X, Y, Z로 나타내어 결정한다. 이 방법은 광학적 방법으로 삼원색의 혼합비율 원리를 보다 발전시킨 표시방법이다. 이 색체계는 XYZ 표색계 색도도(그림 19-1)를 만들어 놓고 색도좌표(x, y), $x = \frac{X}{X+Y+Z}$, $y = \frac{Y}{X+Y+Z}$의 값으로 색을 결정한다. 그림 19-1에서 z의 방

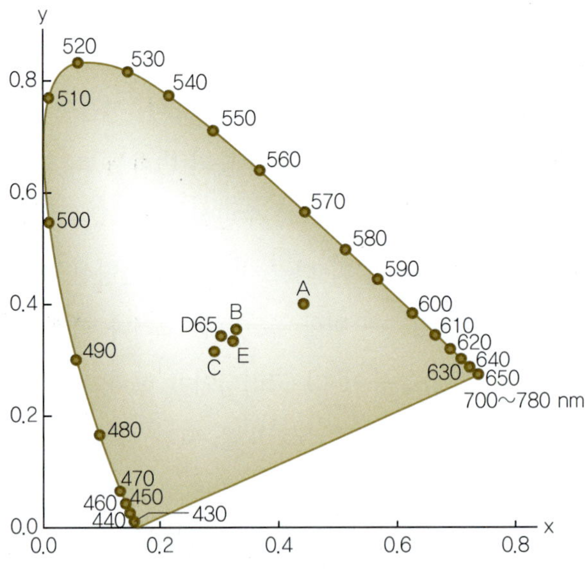

그림 19-1 CIE 색도도표

향은 평면으로부터 위로(눈쪽으로) 올라오는 방향이다.

이 색체계는 1931년 CIE(국제조명위원회, International Commission on Illumination)에 의해 결정된 것으로, 현재 CIE 표준 표색계의 기초가 되는 색체계이다. 그러나 CIE 색체계는 매우 이론적이긴 하지만, 그 표시 수치와 색감각이 직선적으로 연결되지 않는 단점이 있다. CIE 색체계 값은 헌터(Hunter) 색체계 값으로 서로 전환될 수 있다.

3) Lab 색체계에 의한 방법

Lab 색체계(CIE 1976 Lab)에 의한 색 결정방법으로, 색채색차계로 L, a, b값을 얻은 후 색깔을 색도도(色度度)로 결정한다(그림 19-2). 이렇게 측정한 L, a, b값을 Hunter 색체계(그림 19-2)로 표시하는데, Hunter 색체계는 CIE, Munsell 색체계의 단점을 보완한 색체계이다. 이 색체계는 명도를 나타내는 세로축 L값 색상을 나타내는 a값과 b값으로 나타내며, a, b값의 비율로 혼합색을 나타낸다.

Hunter 색체계에서 ⊿E ab값이 중요한데, 이 값은 Lab 공간에 걸려 있는 두 개의 지각색(知覺色)을 대표하는 두 점 간의 직선거리(그림 19-2)로 다음 식과 같이 나타낸다.

$$\text{색차 } \Delta E\,ab = \sqrt{(\Delta L)^2 + (\Delta a)^2 + (\Delta b)^2}$$

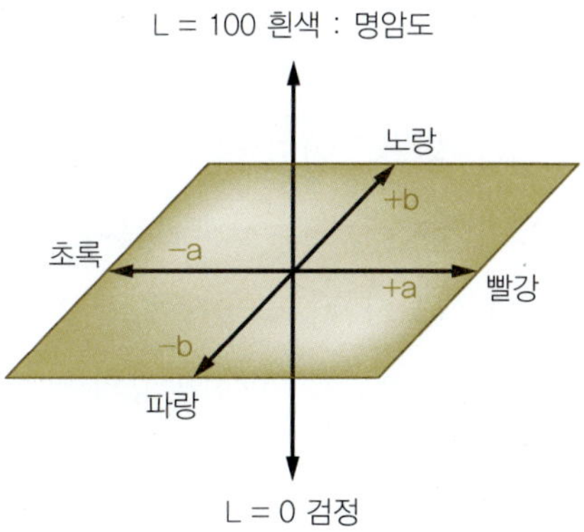

그림 19-2 헌터 색채 체계

tip
1) L값 : 명도(lightness), 0~100, CIE 색체계의 Y값과 관련
2) a값 : +에서는 적색, 0에서 회색, −에서 녹색, CIE 색체계의 X, Y값과 관련
3) b값 : +일 때 황색, 0에서 회색, −에서 청색, CIE 표준 색체계의 Z, Y값과 관련

만약 ΔE ab값이 0~0.5이면 색차가 거의 없는 것이고 0.5~1.5는 근소한 차이, 1.5~3.0은 감지할 수 있을 정도의 차이, 3.0~6.0은 현저한 차이, 6.0~12.0은 극히 현저한 차이, 12 이상이면 다른 계통의 색으로 결정한다. 이 색체계는 값이 싸고 측정이 간편하며 신속하기 때문에 식품의 색 측정에서 매우 유용하게 이용된다.

Lab 표색계는 균등 지각색 공간으로 CIE가 권장하고 있으며 다음 식과 같다.

$$L = 116\sqrt[3]{\left(\frac{Y}{Y_0}\right)} - 16$$

$$a = 500\left[\sqrt[3]{\left(\frac{X}{X_0}\right)} - \sqrt[3]{\left(\frac{Y}{Y_0}\right)}\right]$$

$$b = 200\left[\sqrt[3]{\left(\frac{Y}{Y_0}\right)} - \sqrt[3]{\left(\frac{Z}{Z_0}\right)}\right]$$

X_o, Y_o, Z_o … 조명 광도의 삼자극치, 표준광 C의 경우(2도 시야 XYZ계)
$Y_o=100$, $X_o=98.072$, $Z_o=118.225$, 표준광 D_{65}의 경우(2도 시야 XYZ계)
$Y_o=100$, $X_o=95.045$, $Z_o=108.892$

tip 위의 식은 $\frac{X}{X_0}$, $\frac{Y}{Y_0}$, $\frac{Z}{Z_0}$가 0.008856 이상인 경우에 적용된다.

실제 색 측정의 원리는 측정하고자 하는 식품을 색채색차계의 감응부에 갖다 대거나 측정 셀에 집어넣으면, 그 식품이 지닌 색이 그림 19-2의 색도도 상의 수치로 나타난다. 이렇게 나타난 수치를 읽으면, 그 색이 정확히 어떤 색인지 측정할 수 있다. 예를 들어 사과 A의 색을 수치로 표현하면 L=42.8, a=45.0, b=9.5와 같다. 이 수치를 그림 19-2에서 보면 a와 b값이 교차하는 점이 사과의 색도가 되고, 동시에 경사 방향의 원눈금의 채도를 보면 그 값이 46.1이므로 전체적으로 사과 색깔은 적색 방향의 색상으로 선명한 색이라고 결론지을 수 있다.

2. 기기 측정

색 결정은 기기로 측정하는 방법이 있다. 이 방법에 사용되는 기기로는 우선 색도계(colorimeter)가 있는데 눈의 망막 구조를 모방한 기기이며, 반사 또는 투과광선의 강도를 측정하여 색을 결정한다. 원리는 조사광선이 재료로부터 다시 반사되어 X(빨강), Y(노랑),

> **tip** 셀을 손으로 잡고 다룰 때에는 빛이 투과하는 방향의 유리면에 지문이 남지 않도록 주의하여야 한다.

Z(파랑) 필터를 투과하는 복사에너지의 크기를 전기적 에너지로 전환시켜 수치로 나타낸 것이다. 대표적인 기기가 Hunter 색차기로 X, Y, Z를 환산하여 L, a, b의 수치로 나타낸다. 일반적으로 표준시료에 대한 보정을 한 후 시료를 대상으로 L, a, b값을 읽으면 된다.

둘째로 분광광도계로 측정한다. 분광분석기에 의한 색 측정은 반사, 파장, 순도에 기초하며 반사는 명도, 파장은 색상, 순도는 강도(또는 채도)와 관련이 있다. 조사되는 빛이 전부 반사하면 백색을, 전부 흡수하면 검은색을 나타내고, 순도는 측정 파장의 빛이 반사되는 양을 말하므로 색의 강도를 의미한다.

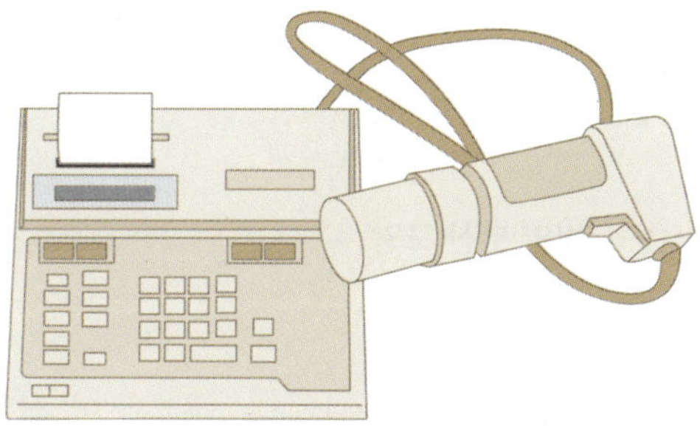

그림 19-3 **색도계**

시료에 들어 있는 물질의 종류에 따라 다른 흡광도를 보이는데 이 성질을 활용하여 시료 중에 포함된 두 가지 이상 물질의 정량적 분석이 가능하다. 우선 여러 가지 색을 동시에 갖는 물질의 최대 흡광도를 갖는 파장을 알아보기 위하여 주사(scanning)를 실행한다. 이것은 파장을 달리하면 어떤 파장에서 흡광도 값이 높은지 여부를 알 수 있으며, 이를 토대로 측정하고자 하는 물질들이 갖는 최대 흡광도의 파장을 선택한다. 선택된 파장에서의 흡광도를 토대로 물질의 농도를 알 수 있다('제5부 분광광도계' 참조).

3. 식품의 광택

감각적으로 시각과 관련되는 요인으로 색 이외에 광택(glossy, shiny)이 있다. 광택은 식품의 품질 결정에 색처럼 크게 관여하지는 않지만, 식품 종류에 따라서는 식품의 품질 가치를 결정하는 요소인 경우도 많다. 예를 들면 사과, 오이, 쌀의 경우는 광택이 좋을수록 좋게 평가하지만 알사탕, 견과류, 햄, 소시지, 버섯, 오렌지, 베이컨, 식용유, 참기름, 단무지, 건포류 등은 오히려 광택이 없을수록 우수한 품질로 취급된다. 따라서 식품은 광택이 있다고 해서 반드시 품질이 우수하다고 할 수 없다.

광택은 식품 표면의 빛 분산 정도에 따라 결정되며(그림 19-4), 주로 육안으로 그 정도를 주관적으로 결정한다. 빛의 분산 가운데 가장 일반적인 현상은 확산광(diffused reflection)이다. 이것은 빛이 여러 방향으로 반사되어 어느 방향에서 보든 식품의 광택은 동일하다. 이때 입사각과 반사각은 같다. 거친 표면을 가진 식품의 경우에는 모든 방향으로 빛이 난반사하므로 반사각은 뚜렷하지 않지만 흡수율은 거의 1에 가깝다.

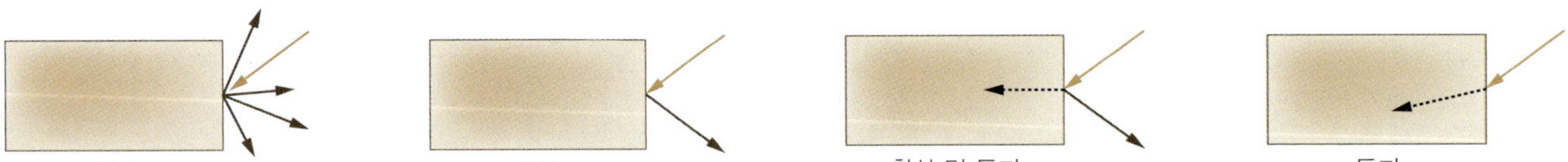

그림 19-4 빛의 분산 모양

이와 같이 반사율과 흡수율은 입사각과 무관하다. 대부분의 식품은 확산반사를 한다. 정반사(specular reflection)의 경우에는 빛이 일정한 방향으로 반사되므로 다소 희미한 광택을 내지만, 확산 투과(diffused transmission)는 우유의 경우처럼 빛이 표면에서 여러 방향으로 투과되므로 식품이 불투명(cloudy)하게 보인다. 특히 확산 투과는 빛의 방향에 따라 빛 강도의 위치가 변한다. 그러나 정반사 투과(specular transmission)는 빛이 식품에서 확산되지 않고 대부분 투과되므로 보통 투명(transparent)하게 보인다. 물이 바로 이런 경우이다.

tip 파동이 진행될 때 파동의 파장 정도의 크기, 또는 그보다 작은 파장을 가진 장애물을 만나면 파동은 그 장애물을 중심으로 사방으로 퍼져나간다. 이러한 현상을 산란(scattering)이라고 하는데 설탕, 소금 등 입자가 굵은 식품들은 모든 파장의 빛을 똑같이 산란시키기 때문에 백색으로 보인다. 그러나 대부분 식품은 조사되는 빛의 반사로 백색을 나타낸다.

4. 전자눈

사람이 감지하지 못하는 광범위한 1,600만 컬러 연속스펙트럼인 색의 미세한 차이를 객관적인 데이터로 얻을 수 있다. 시료의 색상 스펙트럼, 형태 등 시각적 정보를 얻을 수 있으며, 다른 분석장비와 달리 시료의 변형이나 파괴 없이 분석이 가능하다. 시료 이미지의 모든 픽셀 하나하나를 4,096개의 컬러 코드로 나타낼 수 있으며 해당 컬러 코드의 픽셀 수를 변수로 하여 다변량 통계 처리로 시료 간의 상대적 시각 차이를 판별한다.

전자눈을 이용하면 비파괴방식으로 식품이나 식재료의 색을 수치화할 수 있어서, 이를 바탕으로 기준 범위 내의 색도를 갖지 못하면 제거하는 방식으로 품질관리에 활용한다. 과자의 경우 굽는 정도에 따라 약간 탄 부분이 있을 수 있는데 허용 범위 안에 들어오면 큰 문제가 없으나 허용 범위를 벗어나면 불량품으로 처리하게 된다.

향미가 있는 식품의 경우 전자눈만으로는 불량품과 정상적인 제품의 차이를 구분하기 어려운 경우가 발생하기도 한다. 그런 경우에는 전자코, 전자혀, 전자눈의 3가지 또는 두 가지 분석기기를 사용하면 훨씬 정확도 높게 분석할 수가 있다.

그림 19-5 색의 종류나 채도, 색도 등에 따라 그 차이를 수자로 표현한 차트

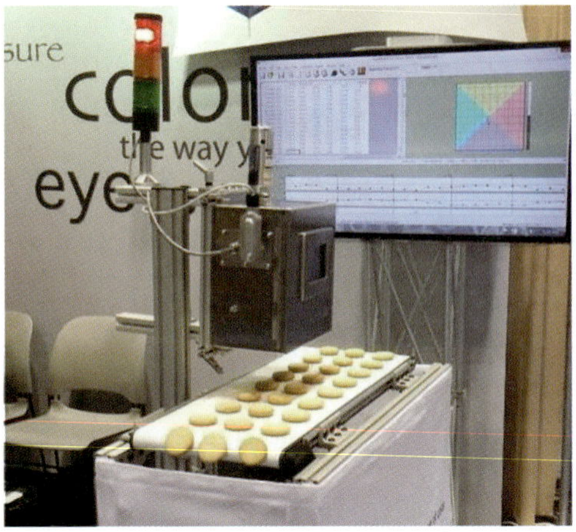

그림 19-6 전자눈을 활용한 과자의 품질관리

과자의 굽기 정도를 전자눈에 의해 수치화하여 불량 여부를 판단하여 품질관리용으로 활용하는 시스템

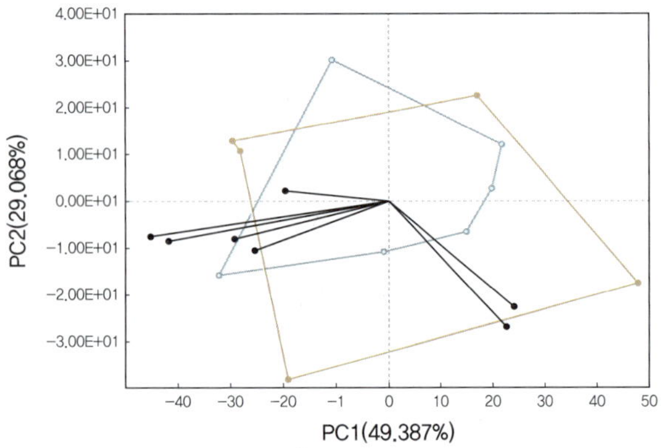

(a) : GC를 바탕으로 한 전자코 결과를 토대로 한 주성분 분석

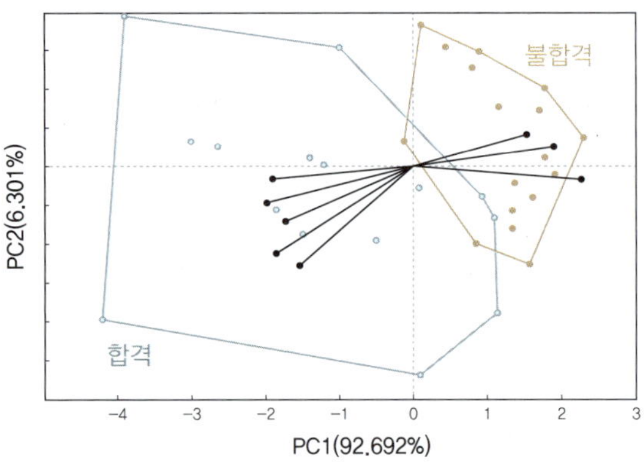

(b) : 전자눈에 의한 분석

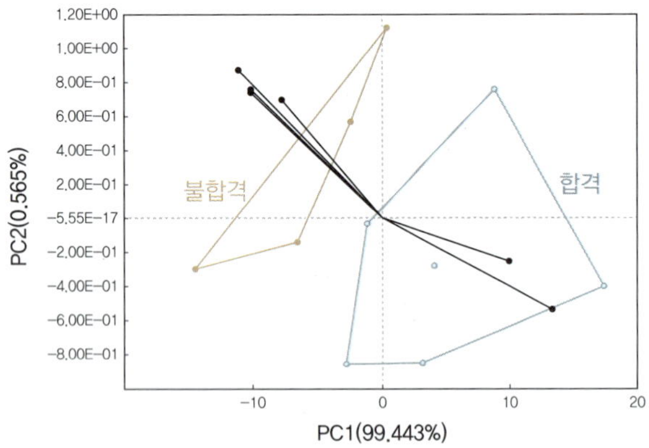

(c) : 전자코와 전자눈을 함께 사용하여 분석한 결과

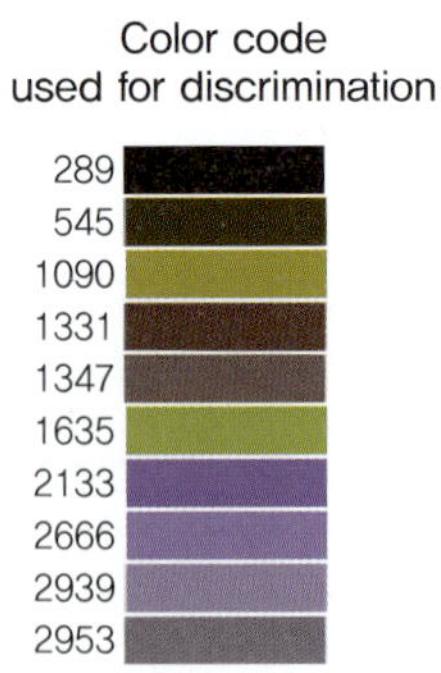

(d) : 전자눈 분석을 위한 분별에서 각각의 색별로 매긴 색 코드

그림 19-7 전자코와 전자눈을 이용한 커피의 품질관리

전자코와 전자눈을 이용한 품질관리를 통과한 로스팅 커피와 통과하지 못한 커피의 품질 분석

전자코, 전자혀, 전자눈의 데이터는 각 장비의 구동뿐만 아니라 다양한 통계 처리 시스템을 갖추고 있는 독자적인 소프트웨어(alpha software)로 해석될 수 있다. 기본적으로 사용하는 통계 처리는 여러 시료의 상대적 차이를 확인하는 목적으로 사용되는 주성분 분석 외에, 시료의 그룹 간 판별로 미지 시료의 판별을 위해 사용하는 판별함수 분석, 주로 품질 평가에서 많이 이용하는 통계적 품질관리와 SIMCA, 시료의 냄새 또는 맛의 강도나 특정 성분의 정량을 목적으로 하는 최소자승법 등 다양한 통계 처리를 별도의 소프트웨어 없이 이용할 수 있는 시스템에 활용된다. 이처럼 전자코, 전자혀, 전자눈의 데이터를 모두 종합하여 시료를 평가함으로써 후각적, 미각적, 시각적 차이 등 복합적 차이를 기반으로 하여 시료 간의 상대적 차이를 판별할 수 있다.

그림 19-7은 전자혀 분석을 통해서 제품 간의 차이를 구분하기 어려웠던 경우에 전자혀와 더불어 전자눈의 분석 결과를 동시에 접목하여 주성분 분석을 실시하여 불량품과 정상적인 품질의 제품을 구분할 수 있는 경우를 제시하고 있다.

*위의 '4. 전자눈' 내용은 『식품의 감각평가와 기호적 품질관리(권미라 외, 수학사, 2018)』에서 일부 발췌하였다.

Part 5

분광 광도계

20 분광 광도
21 질량분석법
22 원자분광법

FOOD ANALYSIS

20 분광 광도

1. 분광학의 기본 원리

분광학(spectroscopy)은 다양한 전자기적 성질을 갖는 광선을 이용하여 대상이 되는 물질과의 상호작용을 통해 생성되는 스펙트럼을 해석하는 학문이다. 대상이 되는 물질의 성질, 가시광선, 자외선, 적외선, 라디오파 등 사용된 광선의 종류, 흡수(absorption), 방출(emission), 회절(diffraction) 등의 광선과 물질 간의 반응 형태에 따라 다양한 분석 기법이 있으며, 이를 활용하여 대상물의 정량 및 정성 분석이 가능하다.

표 20-1 빛의 파장에 의한 분광광도계에서의 활용 및 화학물에서의 변화

파장 종류	파장의 범위	분광광도계 종류	화학물에서의 변화
감마선	0.01~1 A	방출(emission)	핵의 광자 및 중성자
X-선	0.1~10 nm	흡수(absorption) 방출 형광 및 회절(diffraction)	내부 shell의 전자
자외선	10~380 nm	흡수, 방출, 형광	원자 외부 shell의 전자 분자에 있는 전자들
가시광선	380~750 nm	흡수, 방출, 형광	자외선과 동일
적외선	0.075~1,000 μm	흡수	원자의 진동
마이크로파	0.1~100 cm	흡수, 전자스핀 공명	전자의 회전 자기장에서 쌍을 이루지 못한 전자들의 변화
라디오선	1~1,000 m	핵자기공명(NMR)	자기장에서 핵의 변화

1) 빛의 성질

빛이란 에너지를 지닌 입자가 파동을 그리면서 움직이는 것이라 할 수 있다. 파동의 성질을 통해 간섭(interference), 회절 및 굴절(refraction) 현상이 생기며 입자의 성질을 통해 대상 물질로의 에너지 흡수 및 방출이 설명된다.

전자기장의 파동 성질은 주파수(frequency, ν), 파장(wavelength, λ) 및 진폭(amplitude)의 개념을 포함한다. 주파수(ν)는 1초당 주어진 거리를 파동치는 횟수로 정의되며, 파장(λ)은 파고와 파고 사이이고, 파수(wavenumber, $1/\lambda$)는 파장의 역수가 된다. 파수의 단위는 cm^{-1}으로 특히 적외선분광광도계에서 주로 쓰인다.

빛을 이루는 에너지 입자를 광자(photon)라 하며, 광자가 갖는 에너지는 다음과 같이 정의된다.

$$E = h\nu$$

E : 광자 하나의 에너지, h : 플랑크 상수(4.135×10^{-15} eV · sec = 6.625×10^{-34} J · sec), ν 주파수

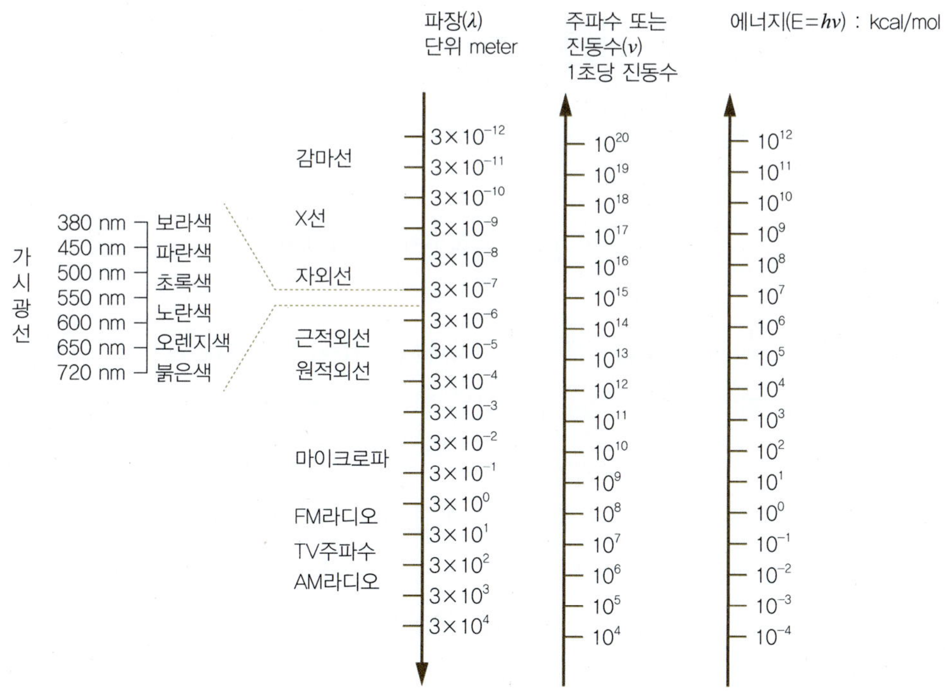

그림 20-1 빛의 파장, 주파수 및 에너지의 관계

단색광(monochromatic light)의 광자는 같은 파동과 파장을 유지하므로 동일한 에너지를 갖는다. 단일 파장 빛의 밝기 세기가 변화한다는 것은 광자의 개수가 변화한다는 의미이며, 분광학에서는 복사선속(radiant power, P) 또는 복사세기(radiant intensity, I)를 사용한다. 구체적으로 radiant power (P)는 단위시간에 단위면적에 충돌하는 광선의 줄(J) 수이다. 빛의 파장, 주파수 및 에너지의 관계는 그림 20-1과 같다.

원자와 분자는 대부분 바닥상태(ground state)로 존재하다가 에너지를 얻으면 특유의 에너지 준위로 이동한다(그림 20-2). 특정 물질은 특정 에너지 준위로만 이동이 가능하므로 흡수와 방출 에너지 준위만으로도 정성분석이 가능하다.

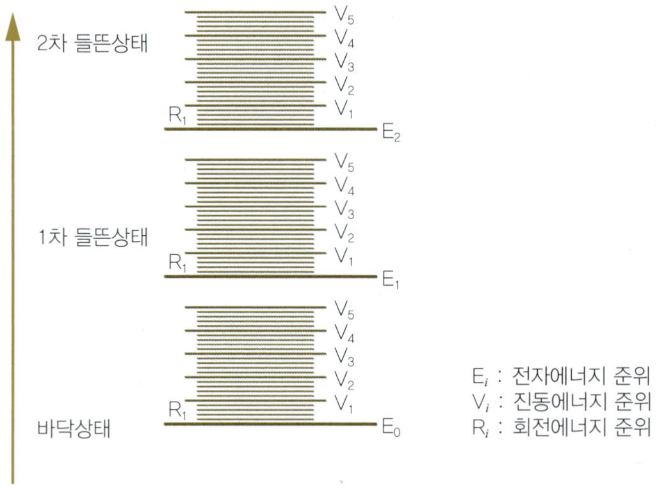

그림 20-2 구체적인 분자의 에너지 레벨

들뜬상태(excited state)의 전자는 특정한 전자에너지 준위(electronic energy level, E_i)만으로 이동할 수 있고 원자의 경우, 보유하고 있는 전자가 특정 전자에너지 준위로 이동하며 진동에너지 준위(vibrational energy level, V_i) 및 회전에너지 준위(rotational energy level, R_i)는 갖지 않는다. 반면에 분자의 경우 전자에너지 준위 이외에 진동(V_i) 또는 회전(R_i) 에너지 준위로의 변환을 동시에 고려해야 한다(그림 20-2). 진동에너지를 이용하는 대표적 방법이 적외선분광광도법이며, 회전에너지를 이용하는 방법으로는 마이크로파분광광도계가 있다.

핵자기공명(NMR) 분광광도계의 경우 외부의 자기장을 이용하여 내부의 핵(nuclei)이 특정한 방향성의 배열(orientation)을 보이는데 이를 측정하게 된다.

2) 광선의 흡수

광선의 흡수란 광선의 광자가 대상 물질의 원자나 분자에 의해 흡수되는 현상이다. 원자나 분자의 에너지는 흡수한 광자의 에너지만큼 증가하므로 들뜬상태가 된다. 대상 물질에 의한 광자의 흡수를 표현한 그림이 흡수스펙트럼(absorption spectrum)으로 각 파장에 따른 상대적인 광자 흡수 정도를 나타낸 것이다. 예를 들어 그림 20-3은 빛의 조사에 의한 엽록소의 감소 변화를 흡수스펙트럼으로 확인한 결과이다. 각 파장의 광자가 엽록소에 의해 흡수되는 정도가, 빛에 의해 분해되어 엽록소가 적게 존재할 때는 감소하는 것을 알 수 있다.

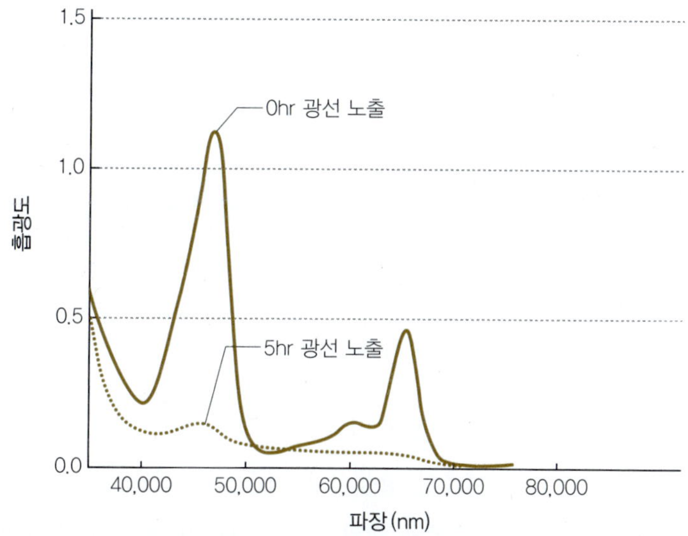

그림 20-3 엽록소의 농도 변화를 판단하는 흡수스펙트럼의 변화

3) 광선의 방출

방출 과정은 흡수의 정반대 개념으로, 원자나 분자가 광선의 형태로 에너지를 외부로 발산하는 것이다. 들뜬 분자는 여러 형태로 바닥상태로 되돌아가게 된다. 높은 에너지를 갖는 분자끼리 충돌하여 열(heat)의 형태로 방출되는 것이 가장 일반적인 형태이며, 일부는 에너지가 다소 낮은, 즉 파장이 상대적으로 길어진 형광이나 인광(phosphorescence) 형태로 배출된다. 또한 진동에너지나 회전에너지 형태로 방출되기도 한다.

4) 분광광도계 사용법

UV-Vis 분광광도계는 가장 범용적인 분석기기로 UV 파장 범위인 200~350 nm와 가시 광선 파장인 350~700 nm를 이용한다. 주로 정량적 분석 연구에 사용된다.

정량적 흡수분광광도계는 시료의 농도에 비례하여 광선을 흡수하는 정도가 달라지는 원리를 이용한다. 시료가 직접 광선을 흡수할 수 있으며 만약 직접 흡수를 하지 못한다면 시료를 화학적으로 변형하여 광선을 흡수할 수 있도록 처리하여 정량분석한다.

시료는 큐벳(cuvette)이라는 셀에 담겨 측정되며, 시료가 광선을 많이 흡수할수록 상대적으로 낮은 파장의 빛이 통과한다. 시료의 농도를 정량적으로 표현하기 위해 투과율(transmittance, T)과 흡광도(absorbance, A)라는 용어를 도입하였다.

투과율은 큐벳을 통과한 빛의 세기(P)를 통과하기 전 빛의 세기(P_0)로 나눈 값이다.

$$\text{퍼센트 투과율 } \%T = \frac{P}{P_0} \times 100$$

투과율(T)과 퍼센트 투과율(%T)은 시료의 농도가 높을수록 감소한다. 보통 시료의 농도가 높을수록 결과값이 증가하도록 표현하는 것이 편리하기에 흡광도(A)를 도입하였다.

$$\text{흡광도 } A = \log\left(\frac{P_0}{P}\right) = -\log T = 2 - \log \%T$$

시료에 들어 있는 물질의 광선 흡수성에 따라 동일한 농도의 시료라도 다른 흡광도를 보이게 된다. 이 성질을 활용하여 시료의 정량적 분석을 가능하게 하는 것이 비어-람베르트 법칙(Beer-Lambert's law)이다. 즉 동일한 흡광도라도 시료의 종류에 따라 흡광도가 다르므로 다른 농도를 나타낸다.

$$A = abc$$

a : 흡광계수〔단위: $(cm)^{-1}$(농도)$^{-1}$〕, b : 큐벳의 길이(cm), c : 시료의 농도

시료의 농도를 몰 농도로 표현하므로 몰 흡광계수(molar absorptivity, ε)를 이용한다.

$$A = \varepsilon bc$$

ε 몰 흡광계수〔molar absorptivity, molar extinction coefficien, 단위 : $(cm)^{-1}(M)^{-1}$〕

시료를 녹인 용매에 광선이 흡수되기도 하므로 참고 셀(reference cell)을 이용하여 흡광

도를 보정한다. 하지만 비어-람베르트 법칙은 일반적으로 10 mM 정도의 묽은 용액에 잘 적용되고, 농도가 높은 경우에는 일치하지 않을 수 있다. 예를 들어 고농도의 경우 시료 분자 간의 간격이 점점 작아져 광자를 흡수하는 능력이 달라지므로 흡광도가 바뀔 수 있고, 이온 형태와 중성 형태에 따라서도 흡광도는 달라진다.

5) 분광광도계로 시료 측정할 때 고려 사항

시료를 준비할 때는 완전한 동질 상태를 이루어야 하며, 참고 셀로는 시료를 녹이는 데 사용한 용매만을 이용한다. 셀은 파장을 흡수하지 않는 재질로 된 것을 사용하며, UV 광선에는 석영(quartz)이나 용융 실리카(fused silica)로 된 것, 가시광선 영역에서는 실리카유리(silicate glass)나 일회용 플라스틱 재질을 사용한다.

시료가 준비되면 적절한 파장을 선정해야 한다. 이상적인 경우는 최대 흡광도를 보이는 파장을 선정하는 것으로, 단위농도당 최대의 변화를 민감하게 측정할 수 있다. 파장이 결정되면 분광광도계를 0%와 100% 투과율 수치를 보이도록 보정한다. 일단 기기가 준비되면 표준물질을 이용하여 적정표준곡선을 작성한다.

tip
- 비어 법칙(Beer's law) : 방사선의 흡수량과 흡수하는 화학종 농도에는 상관관계가 있다. 단색광은 화학종의 농도의 산술적 증가에 따라 지수함수적으로 감소한다.
- 람베르트 법칙(Lambert's law) : 빛의 흡수량과 흡수성 매질의 광로 길이는 일정한 관계가 있다. 즉, 흡수성 매질의 두께가 산술적으로 증가할수록 단색의 투과광은 지수함수적으로 감소하게 된다.
- 비어-람베르트 법칙(Beer-Lambert's law) : 단색광의 흡수에 미치는 경우는 용액의 광로 길이와 화학종의 농도 변화에 기인한다.

2. 자외선, 가시광선, 적외선, 형광 분광광도계

자외선, 가시광선, 적외선 및 형광의 파장을 활용하면 식품의 특정 성분에 대한 정성 및 정량 분석이 가능하다. 식품의 성분은 핵, 전자, 원자와 분자로 구성된 화학물의 조합으로 이들 중 일부는 빛의 특정 파장, 즉 광에너지를 흡수 및 방출할 수 있다. 분광광도계는 이러한 화합물과 특정 빛의 파장과의 관계를 이용하는 기기로, 자외선 및 가시광선을 활용한 흡수분광광도계, 형광분광광도계, 적외선분광광도계로 나눌 수 있다.

1) 흡수분광광도계(자외선 및 가시광선 분광광도계)

(1) 흡수분광광도계의 구성

UV 및 Vis 분광광도계는 흡수분광광도계의 대표적 형태로 자외선 또는 가시광선을 흡수하는 시료의 성질을 이용한 분광광도계이다. 보통 광원, 단파장 선별장치 또는 단색화 장치, 시료/참고시료 고정장치, 검출기 및 출력장치의 5가지로 구성되어 있다(그림 20-4).

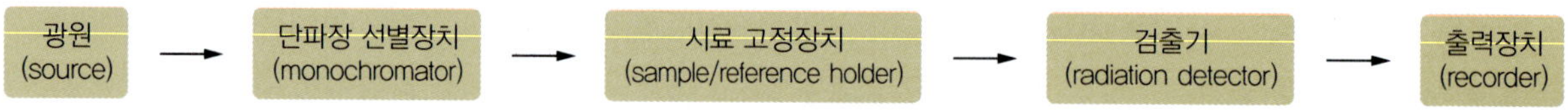

그림 20-4 흡수분광광도계의 대표적 구조

가시광선에는 보통 텅스텐 필라멘트 램프가 광원으로 사용되고 파장은 350~2,500 nm를 발생시키며, 자외선용으로는 중수소 방전(deuterium electrical-discharge) 램프가 주로 사용되고 160~375 nm를 발생시킨다. 특히 강력한 광원이 요구되는 경우에는 제논(xenon) 방전관을 사용하기도 한다. 광원에서 나온 다양한 파장의 빛은 단파장 선별장치로 구별된다. 시료를 통과한 단파장은 검출기를 통해 정량화된다. 검출기는 광자를 받으면 전기적 신호를 발생하는 장치로 광전관(phototube)과 광전자증폭관(photomultiplier tube)이 주로 사용된다. 이렇게 발생한 전기적 신호는 출력장치를 통해 표시된다. 광원에서 나온 광선이 하나로 진행되어 시료로만 전달되는 기기를 단선 빔(single-beam) 기기라 하고, 광선이 참고 셀로 나뉘게 되어 시료와 참고시료를 동시에 측정할 수 있는 기기를 복선 빔(double-beam) 기기라 한다. 자외선 및 가시광선 분광광도계 사용 시 흔히 사용되는 용매 및 최저 컷오프 파장은 표 20-2와 같다.

표 20-2 용매의 최저 컷오프 파장

용매	파장(nm)	용매	파장(nm)
물	200	아세톤	330
95% 메탄올	205	클로로폼	245
메탄올	315	사이클로헥산	215
이소옥탄	215	벤젠	285
피리딘	205		

(2) 흡수분광광도계의 사용법

가시광선이나 자외선을 흡수할 수 있는 특정 발색단(chromophore)을 갖는 화합물은 특정 가시광선이나 자외선을 흡수하여 들뜬상태가 된다. 이때 시료는 넓은 영역의 파장에서 다양한 정도로 흡수하게 되며 가장 흡수가 잘되는 흡수극대파장이 존재하게 된다(표 20-3). 각각 물질의 흡수극대파장을 활용하여 정량 및 정성 분석이 가능하다.

표 20-3 대표적 유기물질의 흡수극대파장

유기물	흡수극대파장(nm)	유기물	흡수극대파장(nm)
인지질	215	스테롤	215
토코페롤	298	다이아실글리세롤	215
클로로필	670	모노아실글리세롤	215
카로틴	436	유리지방산	215
잔토필	436	TAG hydroperoxides	232
스쿠알렌	254	DPPH	515~517

2) 형광분광광도계

(1) 형광분광광도계의 구성

형광을 이용한 분광광도계는 흡수분광광도계보다 10~1,000배 더 민감하다. 분자가 UV나 가시광선에 의해 들뜬 후 바닥상태로 되돌아오면서 파장이 더 긴 형광 형태를 배출하게 된다. 흡수분광광도계와 기기 구성 상태는 같으나 들뜬 광선(excitation beam)과 방출광선(emission beam)을 위한 파장분리기가 있다. 보통 방출된 형광은 90° 직각 형태로 검출기에

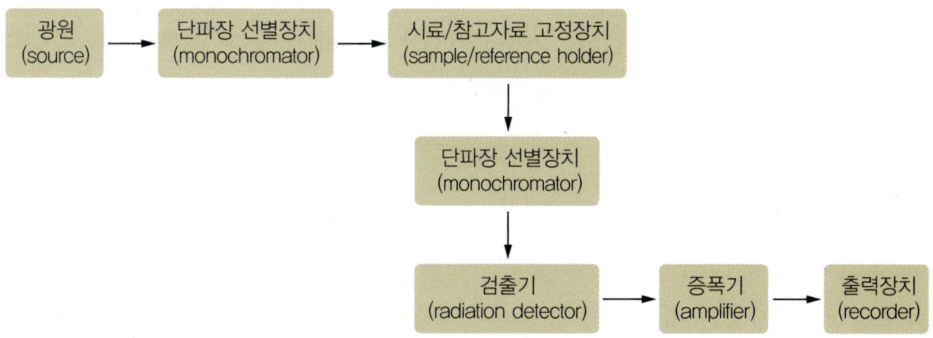

그림 20-5 형광분광광도계의 대표적 구조

검출된다. 이는 다른 물질의 간섭을 피하기 위해 고안된 것이다(그림 20-5).

광원으로는 수은램프 또는 제논 방전관이 사용된다. 수은램프는 강한 선스펙트럼을, 제논 방전관은 약 250~500 nm의 연속스펙트럼을 방출한다.

(2) 형광분광광도계의 사용법

분자 구조 중 방향족 및 헤테로고리 화합물, 특히 수산화기(−OH)와 아미노기(−NH_2) 같은 원자단을 갖는 화합물은 강한 형광을 나타내는 경향이 있다. 반면에 −Br, −I, −NO_2 및 −COOH와 같은 원자단은 형광을 감소시키는 경향을 보인다.

형광분광광도계는 형광을 나타내는 물질의 정량 및 정성에 사용되며, 형광성을 지니지 않더라도 형광물질의 변형 또는 첨가에 의해 물질을 정량하는 데 사용된다. 또한 비타민 B_1(티아민), 비타민 B_2(리보플래빈) 등의 정량에도 사용된다.

3) 적외선분광광도계

(1) 적외선분광광도계의 구성

시료의 적외선을 흡수 성질을 활용하여 정량 및 정성 분석을 하는 기기이다. 적외선(infrared ray, IR)의 파장은 0.8~100 μm이고, 근적외선(Near IR)은 0.8~2.5 μm, 중적외선(Mid IR)은 2.5~15 μm, 원적외선(Far IR)은 15~100 μm의 파장 영역을 가지며 주로 중적외선 및 근적외선 분광광도계가 사용된다. 분자가 적외선을 흡수하면 진동 발생으로 쌍극자 모멘트(dipole moment)가 변화하게 되는데 가장 일반적인 진동은 stretch와 bending(scissoring)운동이다. 예를 들어 물 분자의 경우 대칭형 stretch, 비대칭형 stretch, bending이 각각 적외선 3,652 cm^{-1}, 3,756 cm^{-1}, 1,596 cm^{-1}에서 발생한다.

중적외선은 2.5~15 μm, 즉 4,000~650 cm^{-1} 영역을 이용하며 시료에 광원이 투과되어 나온 투과율을 이용하고, 분산성(dispersive) 기기와 푸리에(Fourier) 전환기기로 나뉜다. 분산성 기기는 니크롬선(nichrome wire)에 전기가 흐르면 적외선이 방출 및 분산되면서 시료를 통과하게 되어 시료에 각 파장이 흡수되는 정도를 측정한다. 푸리에 전환기기는 광원을 분산시키는 것이 아니라 모든 파장을 검출기에 도착하게 한 후 푸리에 전환이라는 수학적 연산 처리를 거쳐 적외선 스펙트럼을 재구성하는 방법이다. 단색화 장치 대신 간섭계(interferometer)를 사용하여, 시료에 흡수되어 검출기에 다르게 전해지는 각 파장을 동시에 분석하기 때문에 분산기기보다 좀 더 신속한 결과를 얻을 수 있으며 신호와 노이즈의 비를 크게 향상시킬 수 있다. 주로 액체 시료가 이용되고 큐벳, 즉 셀(cell)은 할로젠화합물이나 황화물 염으로 된 것을 사용한다.

(2) 적외선분광광도계의 사용법

유기 작용기에 따라 중적외선 흡수 파장이 다르며 이를 활용하여 정성분석에 많이 활용된다(표 20-4). 우유에서 지방, 단백질, 젖당 함량을 측정하는 데 이용되며, 이는 지방의 에스터기는 5.73 μm(1,742 cm^{-1}), 단백질의 아마이드 결합은 6.47 μm(1,348 cm^{-1}), 젖당의 수산화기는 9.61 μm(1,046 cm^{-1})의 파장을 흡수하는 성질을 이용한다.

표 20-4 화학기와 적외선분광광도계의 사용 예

화학기	흡수 특징	주파수(cm^{-1})
알칸(alkanes)	-CH stretch 및 굽힘(bend)	3,000~2,800
	$-CH_2$와 $-CH_3$ 굽힘(bend)	1,470~1,420과 1,380~1,340
알켄(alkenes)	stretch 및 굽힘(bend)	3,100~3,000
알킨(alkynes)	-CH stretch	3,300
방향족(aromatic)	-C-C- stretch	3,100~3,000
	-C=C- stretch	1,600
알코올(alcohol)	-OH stretch	3,600~3,200
	-OH bend	1,500~1,300
	C-O stretch	220~1,000
에테르(ethers)	C-O 비대칭 stretch	1,220~1,000
아민(amine)	-NH stretch	3,500~3,300
알데하이드와 케톤	-C=O stretch	1,735~1,700
	-CH 이중선	2,850~2,700
카복실산	-C=O stretch	1,740~1,720
아마이드(amide)	-C=O stretch	1,670~1,640
	-NH stretch	500~3,100
	-NH 굽힘(bend)	1,640~1,550

근적외선은 0.8~2.5 μm 파장을 이용하며 중적외선보다 정량분석에 더 많이 사용된다. 주로 고체 시료 측정 시 확산반사(diffuse reflectance) 측정법을 이용하게 된다. 고체가 광선을 받으면 표면에서 반사(reflectance)하게 되나 고체 내부에 투과되는 광선의 경우 고체

의 화학 구성물과 반응하여 특유의 반사를 하게 된다. 이를 확산반사라 한다. 따라서 시료의 크기 및 형태가 큰 영향을 미칠 수 있으며, 주로 고체 입자인 곡류에 사용된다. 실제 식품의 예로 본 근적외선의 흡수대는 표 20-5와 같다.

표 20-5 실제 식품의 예로 본 근적외선의 흡수대

식품명	흡수 화학기	파장(nm)
물	-OH stretch 및 변형의 복합	1,920~1,950
	-OH stretch	1,400~1,450
단백질과 펩타이드	-NH 변형(deformation)	2,080~2,200, 1,560~1,670
지방	메틸렌 -CH stretch	2,300~2,350
	$-CH_2$와 $-CH_3$ stretch	1,680~1,760
탄수화물	C-O, O-H- stretch 복합	2,060~2,150

21 질량 분석법

지난 세기 동안 질량 분석법(mass spectrometry, MS)은 식품과학 분야에서 다양한 물질을 검출하고 동정하는 데 필수 불가결한 기술로 자리 잡았다. 질량 분석법은 화합물에 전하를 띠게 하여 이온으로 만드는 과정을 거치며, 이러한 과정을 이온화 과정이라 한다. 이렇게 생성된 이온들은 질량분석계(mass analyzer) 내에서 질량 대 전하비(mass-to-charge ratio, *m/z*)에 따라 분리될 수 있다. 분리된 이온들은 검출기(detector)로 검출할 수 있으며, 추가로 탠덤 질량 분석(tandem mass spectrometry)으로 구조 분석도 가능하다. 이온의 생성, 조각내기(fragmentation), 분리, 검출의 과정을 거쳐 질량 스펙트럼(mass spectrum)이 얻어지고, 이를 통해 분자량 또는 분자 구조를 확인할 수 있다. 이러한 독특한 과정 때문에 질량 분석법은 매우 선택성과 민감도가 높은 분석법으로 사용되고 있다.

일반적인 화학 분석에 질량 분석법이 사용되기 시작한 것은 1940년대 초 석유 공업에서 탄화수소 혼합물을 분석하면서부터이다. 이후 1950년대 초반부터는 다양한 유기화합물의 분자 구조 확인에 이용되었으며, 특히 1980~1990년대에 개발된 전자 분무 이온화법(electrospray ionization, ESI)과 매트릭스 지원 레이저 탈착 이온화법(matrix-assisted laser desorption ionization, MALDI)은, 비휘발성이며 열에 불안정한 분자들을 효율적으로 이온화시켜 다양한 식품 성분 분석에 널리 이용되고 있다. 또한, 가스 크로마토그래피(gas chromatography, GC)나 액체 크로마토그래피(liquid chromatography, LC)와 같은 분리기술이 질량 분석에 접목되어 검출의 민감도와 선택성을 획기적으로 개선시킴으로써 이 기술은 분석화학 분야에 더욱 널리 사용되게 되었다.

1. 기기의 구성

질량분석기(mass spectrometer)는 다음 세 가지의 기본 요소를 갖추고 있으며, 주요 질량분석기 요소의 종류는 표 21-1에 정리하였다. 그림 21-1은 질량분석기의 대략적인 구성 모

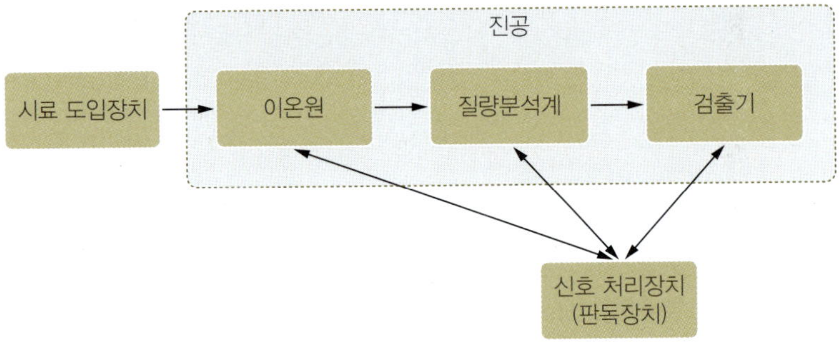

그림 21-1 질량분석기의 구성

표 21-1 질량분석기의 구성 요소 및 유형

	유형	적용
시료 도입장치	직접주입법	기체나 휘발성 액체
	직접 탐침 도입법	고체
	가스 크로마토그래피(GC)	기체나 휘발성 액체
	액체 크로마토그래피(LC)	비휘발성 고체나 액체
이온원	전자 이온화법(EI)	휘발성 물질(GC-MS)
	화학 이온화법(CI)	휘발성 물질(GC-MS)
	전자 분무 이온화(ESI)	비휘발성 극성물질(LC-MS)
	대기압 화학 이온화(APCI)	비휘발성 비극성물질(LC-MS)
	매트릭스 지원 레이저 탈착 이온화(MALDI)	깨지기 쉬운 고분자물질
질량분석계	사중극자(Q)	정성 및 정량
	이온 포집(IT)	정성(MS^n 가능)
	비행시간형(TOF)	정성, 고분자분석
	자기장부채꼴(magnetic sector)	고해상도
	푸리에 변환(FT)	초고해상도

식도를 보여 준다.

① 이온화(ionization) : 이온원(ion source)에 의해 분자들이 전하를 띠게 되는 과정

② 분리(separation) : 전하를 띤 분자이온들(또는 그들의 조각이온)이 질량분석계 내에서 질량-대-전하비(m/z)에 따라 분리되는 과정

③ 검출(detection) : 분리된 전하를 띤 이온들이 검출되는 과정

1) 시료 도입장치

질량분석기는 10^{-6}~10^{-8} torr에 해당하는 진공이 유지되어야 한다. 이러한 진공 상태는 검출기에 이르기 전 전하를 띤 이온들과 다른 기체 분자들 간에 불필요한 이온-분자 간 반응을 피하기 위해 반드시 필요하다. 시료 도입장치(sample inlet)는 이러한 진공 상태가 유지된 채로 시료가 이온원으로 주입되도록 하는 역할을 담당한다. 이러한 도입장치에는 정치식(static method) 도입장치의 일종인 직접 주입법(direct injection method)과 직접 탐침 도입법(direct insertion probe method)이 있으며 그 외 GC와 LC를 활용한 도입장치도 사용된다.

정치식 도입법은 가장 단순하고 고전적인 방법이며, 직접 주입법으로 시료를 외부에서 증발시킨 후 진공 상태인 이온화 영역으로 들어가게 한다. 직접 탐침 도입법은 고체와 비휘발성 액체 시료도 주입 가능한 방법으로, 이온원으로 연결되어 있는 탐침 끝에 시료를 담을 수 있는 용기가 달려 있고, 시료는 탐침을 통해 이온원으로 들어가 가열에 의해 시료가 휘발하게 된다. 이러한 정치식 도입법은 순수한 물질의 분석에 사용되나, 식품과 같은 혼합물 분석에는 적합하지 않다. 혼합 성분들로 구성되어 있는 시료의 경우에는 질량분석기에 주입하기 전 성분들을 각각 분리하여 주입하는 방법을 쓴다. 흔히 사용되는 방법은 가스 크로마토그래프(GC)나 고성능 액체 크로마토그래프(HPLC)에 질량분석기를 연결하여 사용하고 있다. 연결 구조는 다량의 GC의 이동상 기체나 HPLC의 이동상 용매를 제거하는 역할을 담당하며, 이로 인해 질량분석기 내의 진공 상태가 안정적으로 유지될 수 있다.

2) 이온원

시료의 특성과 크로마토그래피 종류에 따라 다양한 이온화 장치가 사용될 수 있다(표 21-1 참조).

(1) 전자 이온화법

전자 이온화법(electron ionization, EI)은 가스 크로마토그래피-질량분석기(GC-MS)에 주로 사용되는 방법으로 전자 충격 이온화법(electron impact ionization)이라고도 한다. 그림 21-2는 전자 이온원(ion source)의 대략적인 구성을 보여 준다.

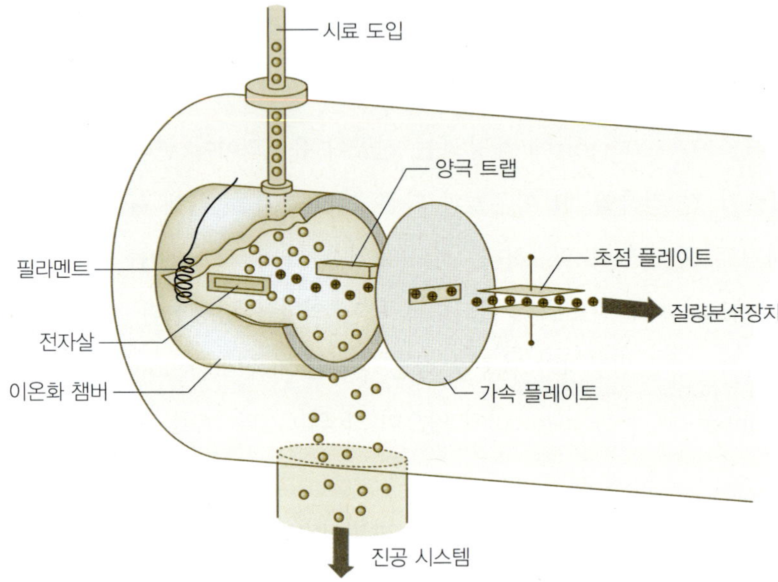

그림 21-2 전자 이온원

텅스텐이나 레늄으로 만든 필라멘트에서 전자빔이 방출되고, 필라멘트와 양극 트랩(positive electrode trap) 사이에 걸려 있는 전압(보통 70 eV)에 의해 가속된다. 주입장치로부터 들어온 시료 분자(M)들은 가속화된 전자빔과 수직으로 충돌하게 되는데, 이때 전자를 하나 잃고 다음과 같이 양이온으로 바뀌게 된다.

$$M^{+} + e^{-} \longrightarrow M^{+\bullet} + 2e^{-}$$

이렇게 전자와의 충돌로 생긴 양이온($M^{+\bullet}$)은 높은 내부 에너지를 갖게 되고, 이로 인해 분자 내의 결합이 끊어져 다양한 조각이온들(fragment ions)을 생성시킬 수 있다. 모든 이온은 가속 플레이트와 초점 플레이트를 통과하여 가속화된 상태로 질량분석계로 이동한다.

전자 이온화법은 하드 이온화법(hard ionization method)으로, 생성된 이온은 큰 에너지를 받아 높은 에너지 상태로 들뜨게 된다. 이 경우 이완 과정에서 화학결합이 끊어지게 되고, 결과적으로 분자이온의 *m/z*보다 작은 조각이온들이 생긴다. 전자 이온화법을 통해 얻은 다양한 물질의 분해 양상에 대한 라이브러리(library)가 광범위하게 구축되어 있으며, 이를 활용하여 미지 화합물을 동정할 수 있다.

(2) 화학 이온화법

대부분의 최신 기기는 전자 이온화와 함께 화학 이온화(chemical ionization, CI)가 가능하도록 되어 있다. 화학 이온화에서는 기화된 시료의 분자들이 직접 전자와 충돌하지 않고, 전자와의 충돌로 양이온화된 시약 기체(reagent gas)에 의해 양이온으로 전환된다. 시약 기체로는 메탄, 프로판, 이소부탄 및 암모니아 등이 사용될 수 있으며, 보통 시료에 비해 시약 기체의 농도가 10^3~10^4배 정도 높아 전자빔은 거의 모두 시료 분자 대신 시약 기체와 충돌한다. 시약 기체로 가장 흔히 쓰이는 메탄(CH_4)의 경우 높은 에너지 상태의 전자와 충돌하면 대부분 $CH_4^{+\bullet}$ 또는 CH_3^+로 전환된다.

$$CH_4 + e^- \longrightarrow CH_4^{+\bullet} + 2e^-$$
$$CH_4^{+\bullet} \longrightarrow CH_3^+ + H\cdot$$

이렇게 형성된 양이온들은 다음과 같이 다시 다른 메탄 분자와 빠르게 반응하여 다른 형태의 양이온들을 만든다.

$$CH_4^{+\bullet} + CH_4 \longrightarrow CH_5^+ + CH_3\cdot$$
$$CH_3^+ + CH_4 \longrightarrow C_2H_5^+ + H_2$$

일반적으로 CH_5^+, $C_2H_5^+$와 같은 들뜬상태의 양이온들은 시료 분자(M)와 충돌하며, 이로 인하여 양성자(H^+)나 수소화 이온(H^-)의 이동이 일어난다.

$$M + CH_5^+ \longrightarrow [M+H]^+ + CH_4 \text{ (양성자 이동)}$$
$$AH + C_2H_5^+ \longrightarrow A^+ + C_2H_6 \text{ (수소화 이온 이동)}$$
$$M + C_2H_5^+ \longrightarrow [M+C_2H_5]^+ \text{ (첨가 생성물 형성)}$$

여기에서 시료 분자는 양성자나 수소화 이온의 이동으로 원래의 분자량보다 질량이 1 증가한 이온이나 1 감소한 이온을 생성시킨다. 어떤 화합물의 경우에는 분자이온보다 질량이 29 증가한 피크가 생기는데, 이것은 분석물질에 $C_2H_5^+$이온이 결합하여 생긴 것이다.

다양한 조각이온들의 생성으로 원래 시료 분자에 해당하는 분자이온(molecular ion)들이 질량 스펙트럼 상에 잘 나타나지 않는 하드 이온화 방식에 비해 소프트 이온화 방식(soft ionization method)인 화학 이온화에서는 분자량보다 1 증가하거나 1 감소한 유사 분자이온(pseudo-molecular ion)에 해당하는 피크가 분명하게 나타나 이로부터 분석물질의 분자량을 유추할 수 있는 장점이 있다.

(3) 전자 분무 이온화법

전자 분무 이온화법(electrospray ionization, ESI)은 현재 LC-MS를 이용한 분석법에서 가장 널리 사용되는 이온화법이다. 일반적으로 극성물질이 이 방법에 적당하며, 분석물질의 전하에 따라 이온화로 인해 형성되는 전하의 종류가 결정된다.

전자 분무 이온화는 대기압 하에서 그림 21-3에 나타낸 장치를 이용하여 작동한다. 시료 용액은 금속 바늘을 통하여 주입된다. 이 바늘은 둘러싸고 있는 원통형의 전극을 통해 수천 kV의 전압이 가해진다. 바늘을 통해 나온 미세한 방울들이 전기장 하에서 전하를 띠며 분사(spray)되고, 이 작은 방울은 모세관을 통과하게 된다. 이 과정에서 용매가 증발하고 분석물질은 전하를 가지게 된다. 용매가 기화되는 과정을 거쳐 시료 방울은 더 작아지고, 이들의 전하 밀도가 높아지다가 한계에 도달하면 방울은 더 이상 견디지 못하고 표면장력이 깨진다. 여기에서 소위 쿨롱 폭발(coulomb explosion)이라는 현상이 일어나 방울은 더 작은 방울로 쪼개지며, 이 작은 방울들은 분석물질로부터 용매를 제거할 때까지 반복되어 전하를 띤 분자들만 남게 된다(그림 21-4). 이것들은 정전기 렌즈를 통해 질량분석기로 유입된다.

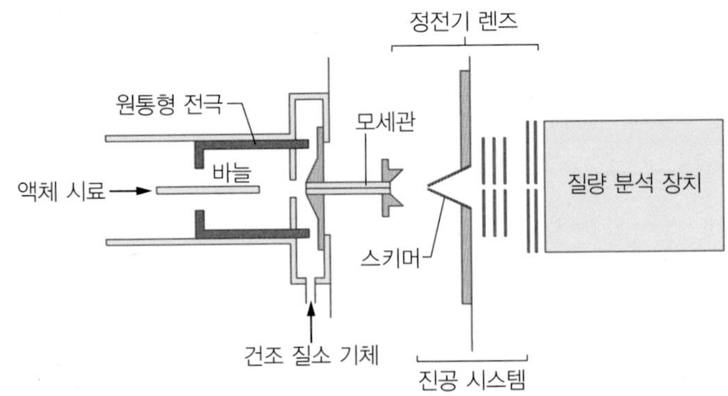

그림 21-3 전자 분무 이온원 모식도

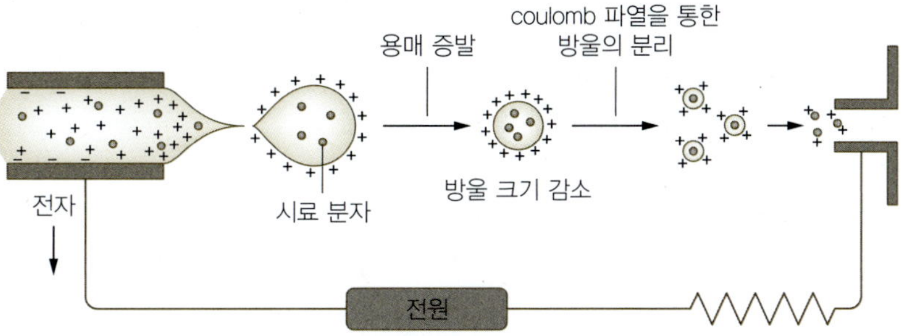

그림 21-4 전자 분무 이온화 과정

전자 분무 이온화법은 대체적으로 소프트 이온화 방법으로 유사 분자이온을 형성하게 된다. 특히, 열적으로 깨지기 쉬운 분자의 경우 조각화가 거의 일어나지 않고, 형성된 이온들이 다중 전하를 가지는 경우에 나타나는 *m/z* 값이 작아 측정이 용이하다. 이러한 장점으로 단백질을 포함한 다양한 물질의 분석에 사용된다. 다만, 조각화가 잘 일어나지 않아 구조 분석을 위해서는 추가로 탠덤 질량 분석이 필요하다.

3) 질량분석계

질량분석계(mass analyzer)는 질량분석기(mass spectrometer)의 가장 핵심 부분이다. 질량분석계에서는 질량-대-전하(*m/z*)에 따라 이온들이 분리되며, 사용하는 기기 유형에 따라 분석할 수 있는 질량 범위(mass range), 정밀도, 정확도 및 민감도 등이 결정된다. 가장 널리 사용되는 세 종류의 질량분석계를 소개하면 다음과 같다.

(1) 사중극자 질량분석계

사중극자 질량분석계(quadrupole mass analyzer, Q)는 이름에서도 알 수 있듯이 전극 역할을 하는 네 개의 원통형 금속 막대로 구성되어 있으며, 마주보는 막대 두 개가 각각 서로 전기적으로 연결되어 쌍을 이룬다. 한 쌍은 가변 직류(direct current, DC) 전원의 양극에, 다른 한 쌍은 음극에 연결되어 있으며, 추가적으로 180° 위상 차이를 갖는 가변 라디오주파수(radio frequency, RF) 영역의 교류(alternating current, AC) 전압을 각 양쪽 막대에 걸어 준다.

이온 분자가 사중극자 질량분석계 내부에 Z의 방향으로 들어오게 되면, 반대 전하를 띠고 있는 금속 막대 쌍의 인력이 작용하여 막대 쪽으로 끌린다. 이에 비해 같은 전하를 띠

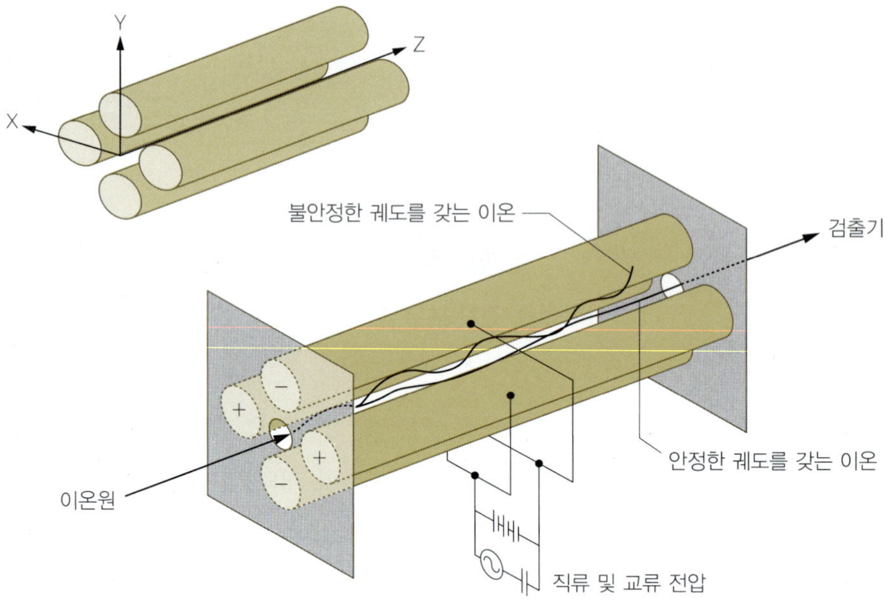

그림 21-5 사중극자 질량분석계의 모식도

는 금속 막대 쌍에 의해서는 척력이 작용하여 막대들 사이의 중심 통로에 모이게 된다(그림 21-5).

이러한 전기장의 전압이 주기적으로 바뀌게 되면 Z방향으로 직진하는 이온들이 금속 막대들에 의한 인력과 척력을 교대로 받게 되므로, 통로 중심으로 모이기와 막대 쪽으로 분산되기를 반복하게 된다. 예를 들어 진입한 양이온은 금속 막대 중 두 개가 양의 직류 전위로 유지되는 경우, 이 막대에는 중첩된 교류 신호가 있어 진동하게 된다. 질량이 큰 이온은 좀 더 느리게 진동하고 막대 사이의 통로에 남아 통과한다. 다른 두 개의 막대는 교류 신호와 함께 음의 직류 전위를 가지게 되는데, 양이온은 금속 막대를 끌어당겨 충돌하려고 하지만, 교류 신호에 의해 가운데로 밀어내어진다. 교류 전압은 가벼운 양이온을 막대 가운데로 이동시켜 좀 더 가벼운 이온이 통로에 남아 통과할 수 있게 해준다. 이렇게 교류와 직류 전위를 적절하게 조절하여 사중극자 질량분석계는 일정 범위의 m/z값을 갖는 이온들만이 안정한 궤도를 갖게 되어 사중극자를 통과할 수 있다. 이에 비해 불안정한 궤도를 갖는 이온들은 금속 막대에 충돌하여 중성 분자로 변하여 제거된다. 보통 사중극자 방식은 질량이 1단위 차이 나는 이온들을 분리할 수 있다.

사중극자 질량분석계는 크기가 작고 가볍다는 장점 외에 가격이 비교적 저렴하고 내구성이 좋아 널리 사용되고 있다. 또한, 주사시간(scan time)이 100 ms 이하로 짧아 크로마토그래피 분리를 기록하기에 적당하다.

(2) 이온 포집 분석계

이온 포집 분석계(ion trap analyzer, IT)는 내부로 도입된 이온들을 일정 시간 동안 포집하며, 가변성 라디오주파수(RF) 전압을 변화시켜 포집된 이온들을 방출하여 검출한다. 사중극자 방식이 안정된 궤도를 갖는 이온들을 검출하고 불안정한 이온들은 금속 막대와 충돌시켜 제거하는 것에 비하여, 이 방식은 불안정한 이온들을 포집 후 방출함으로써 검출하는 차이가 있다.

그림 21-6은 간단한 이온 포집 분석계의 단면도이다. 이온 포집 분석기는 위아래에 있는 한 쌍의 덮개 전극(end cap electrode) 사이에 고리 전극(ring electrode)이 설치되어 있다. 이온원에서 생성된 넓은 *m/z* 범위의 이온들이 덮개 전극을 통해 전기적으로 이온 포집기 내부로 주입되어 포집되고, 고리 전극에 걸려 있는 가변성 라디오주파수 전압의 영향을 받아 덮개 전극 사이에서 안정적인 3차원 궤도로 움직이게 된다. 가변성 라디오주파수 전압을 변화시키면 해당하는 특정 *m/z* 값을 가진 이온의 궤도만 안정하고, 나머지는 불안정해져 덮개 전극에 있는 구멍을 통하여 이온 포집 분석계 밖으로 방출되어 검출기로 이동한다.

이온 포집 질량 분석의 가장 큰 장점은 MS^n을 수행할 수 있다는 점이다. 포집 분석계 내에서 이온이 생성되어 저장되면 한 종류의 이온만 선택되고 나머지 다른 이온들은 포집 분석계에서 제거할 수 있다. 선택된 이온에 에너지를 가하면 이온은 분해되어 조각이온을 생

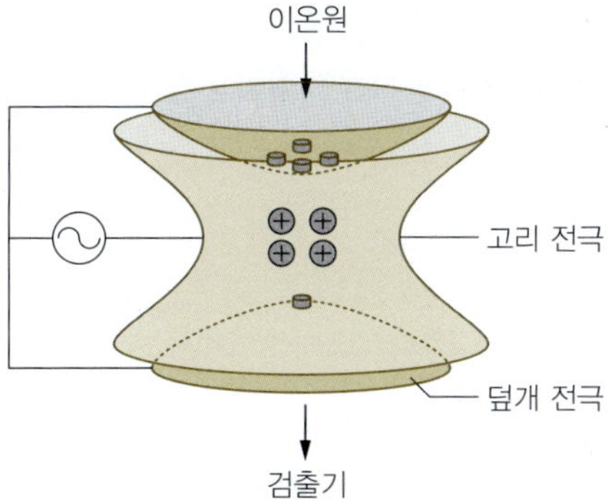

그림 21-6 이온 포집 질량분석계의 모식도

성하게 되고, 이는 라디오주파수를 변화시켜 측정할 수 있다. 이 과정을 여러 차례 반복할 수 있으므로 연속적인 조각화를 통해 분석물질의 구조를 규명할 수 있다.

(3) 비행시간형 질량분석계

비행시간형 질량분석계(time-of-flight analyzer, TOF)는 이온이 일정한 거리를 이동하는 데 걸리는 시간을 측정한다(그림 21-7). 이온원에서 생성된 이온들은 전기장에 의해 가속화되어 약 1 m 길이의 표류관 속으로 들어온다. 같은 전기장에 의해 동일한 운동에너지를 갖게 된 이온들은 *m/z* 값에 따라 이동속도가 달라지는데, 가벼운 이온은 무거운 이온보다 더 빨리 이동하여 검출기에 먼저 도달한다. 이러한 속도 차이로 이온이 검출기에 도달하는 시간이 달라지므로 이를 측정하여 질량 스펙트럼을 기록한다.

비행시간형 질량분석계의 장점은 빠른 데이터 획득 속도와 사실상 무제한인 넓은 질량 측정 범위이다. 따라서 단백질과 같은 복잡한 고분자 분석에 유용하다. 반사판을 설치한 경우 표류관의 길이를 늘이는 효과가 있어 우수한 분해 성능을 얻을 수 있다.

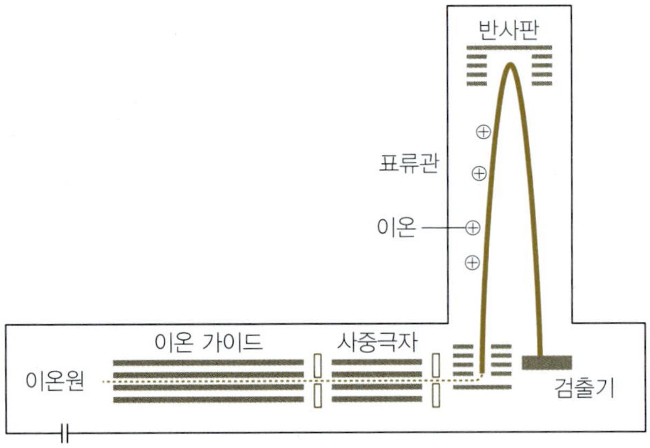

그림 21-7 비행시간형 질량분석계의 모식도

2. 질량 스펙트럼

1) 질량 스펙트럼의 이해

질량 스펙트럼은 시료 분자가 이온화 과정에 의해 형성한 다양한 이온과 그의 조각이온들을 그들의 질량-대-전하비(*m/z*)에 해당하는 이온의 강도(intensity)로 나타낸다. +1 전하를 갖는 양이온의 질량-대-하전비는 질량을 +1로 나눈 값, 즉 각 질량값에 해당한다.

그림 21-8는 부탄(butane)의 질량 스펙트럼이다. *m/z*는 x축에, 이온의 상대 존재량은 y축에, 그리고 막대그래프에 있는 각 선은 *m/z*에 해당하는 이온과 그 이온의 상대 존재량을 표시한다. 스펙트럼에서는 기준 피크(base peak)라고 불리는 가장 큰 피크가 있는데, 상대 존재량을 표시하기 위해 그 크기를 임의로 100%로 정하고 나머지 피크들의 높이는 기준 피크에 대한 백분율로 계산한다. 부탄은 *m/z* 43에 기준 피크가 있다.

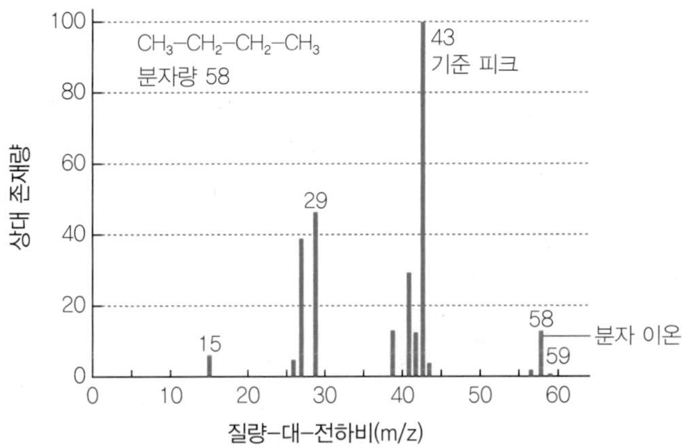

그림 21-8 전자 이온원에 의해 얻은 부탄(C_4H_{10}) 분자의 질량 스펙트럼

부탄의 질량 스펙트럼에서는 *m/z* 58에 해당하는 분자이온도 관찰할 수 있다. 가장 큰 *m/z* 값을 가지며 분해되지 않은 온전한 분자이온에 해당된다. 전자 이온화의 경우 이온화 과정 중에 시료 분자가 전자 하나를 잃고 양이온 라디칼($M^{+\bullet}$)을 형성하며 나타난다. 전자 하나의 질량은 거의 미미하므로 분자이온으로부터 그 성분의 분자량을 알 수 있다. 흔히 분자이온은 조각화가 활발히 진행되어 대부분의 경우 질량 스펙트럼에서 볼 수 없으며, 이를 확인하고자 하는 경우에는 소프트 이온화 방식을 이용해야 한다.

앞에서 설명하였듯이 에너지 준위가 높은 전자와 시료 분자가 충돌하면 분자가 이온 하나를 방출하고 들뜬상태의 분자이온을 형성하며, 이후 곧바로 이완되면서 분해되어 조각이온이라는 작은 이온들을 생성한다. 부탄을 예로 들어 보면 분해에 의한 주생성물은 기준 피크에 해당하는 $CH_3CH_2CH_2^+$이며, 이것은 분자이온에서 $\bullet CH_3$기가 떨어져서 생성된다. 이외에 양전하를 띤 다른 조각이온들도 다양하게 생성된다. 부탄에서 주요 조각이온들의 생성 과정은 다음과 같다. 부탄의 질량 스펙트럼에서 나타난 많은 조각이온들은 부탄의 조각이온으로부터 직접 떨어져 나왔거나, 또는 메틸렌(CH_2)기와 메틸(CH_3)기가 순차적으로 해리됨으로써 생성된다.

$$CH_3CH_2CH_2CH_3 + e^- \longrightarrow CH_3CH_2CH_2CH_3^{+}\cdot (m/z=58) + 2e^-$$
$$CH_3CH_2CH_2CH_3^{+}\cdot \longrightarrow CH_3CH_2CH_2CH_2^{+}\cdot (m/z=57) + \cdot H$$
$$CH_3CH_2CH_2CH_3^{+}\cdot \longrightarrow CH_3CH_2CH_2^{+}(m/z=43) + \cdot CH_3$$
$$CH_3CH_2CH_2CH_3^{+}\cdot \longrightarrow CH_3CH_2^{+}(m/z=29) + \cdot CH_2CH_3$$

또한, 그림 21-8 부탄의 질량 스펙트럼을 자세히 살펴보면 $m/z=58$인 분자이온보다 m/z가 1단위 높은 $m/z=59$의 이온을 볼 수 있다. 이는 M+1로 나타낼 수 있으며, 이는 자연계에 존재하는 동위원소들 때문에 나타난다. 즉, 자연계에 있는 탄소(C)는 대부분 질량이 12인 ^{12}C이나 질량이 1단위만큼 무거운 ^{13}C이 미량(약 1.11%) 존재한다. 따라서 ^{13}C을 포함하고 있는 분자이온들은 m/z가 1만큼 크게 나타난다. 분자 내에 탄소가 4개인 부탄의 경우에는 M+1이온이 분자이온에 비해 약 4.44%($4\times1.11\%=4.44\%$)의 상대적 세기로 나타난다. 이러한 방식으로 유기화합물의 원소 구성을 추측할 수 있다.

2) 하드 이온화법과 소프트 이온화법

이온화법에 따라 질량 스펙트럼에서 다양한 정보를 얻을 수 있다. 하드(hard) 이온화법으로 생성된 이온은 큰 에너지를 받아 높은 에너지 상태로 들뜨게 된다. 이 경우 이완 과정에서 화학결합이 끊어지게 되고, 결과적으로 분자이온의 m/z값보다 작은 조각이온들이 생긴다. 그림 21-9는 하드 이온화법과 소프트(soft) 이온화법으로부터 얻은 스펙트럼의 차이를 보여 준다. 스펙트럼 (a)는 하드 이온화법인 전자 이온화법으로 얻은 질량 스펙트럼으로 m/z 142로 예상되는 분자이온($M^{+\cdot}$)의 피크는 보이지 않고 m/z 87, 69, 56에 해당되는 조각이온들이 나타난다. 하드 이온화법으로 얻은 조각이온의 질량 스펙트럼을 통해 분자 내 작용기와 분자 구조에 대한 정보를 얻을 수 있다. 나아가 컴퓨터를 이용하여 미지 시료의 스펙트럼과 라이브러리에 저장되어 있는 이미 알고 있는 물질의 질량 스펙트럼을 비교하여 미지 시료를 동정하기도 한다.

하드 이온화법과는 달리 소프트 이온화법에서는 조각이온이 적게 발생한다. 그림 21-9

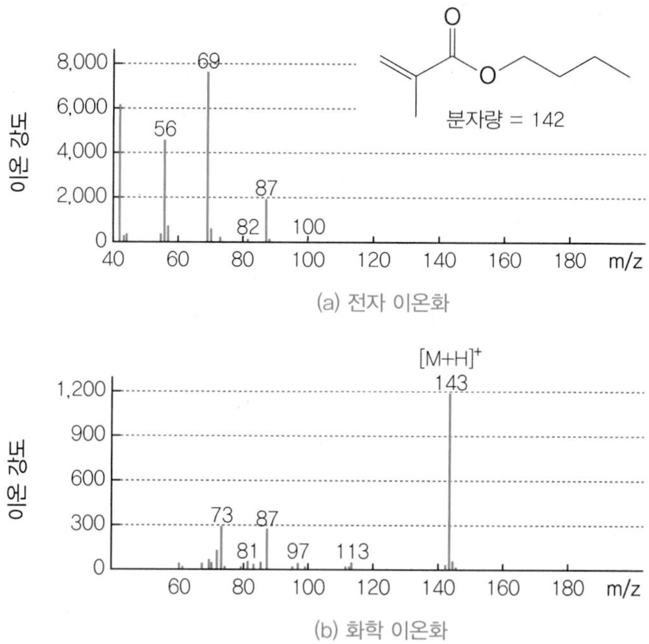

그림 21-9 전자 이온화와 화학 이온화에 의한 butyl methacrylate의 질량 스펙트럼

(b)에 나타냈듯이 소프트 이온화법인 화학 이온화 스펙트럼에서는 *m/z* 143인 유사 분자이온($[M+H]^+$)이 강한 피크이고, 전자 이온화 스펙트럼에서보다 적은 조각이온들을 생성한다. 따라서 소프트 이온화법으로부터 얻은 질량 스펙트럼은 분석물질의 구조보다는 분자량을 정확하게 결정하는 데 유용하다.

3. 탠덤 질량 분석

탠덤 질량 분석(tandem mass spectrometry, MS/MS)은 선택된 이온과 그의 조각이온 스펙트럼을 얻는 방법이다. 기본 개념은 그림 21-10에 나타내었다. 이온화 과정을 통해 생성된 이온들은 첫 번째 질량 분석(MS1) 과정을 통해 선구이온(precursor ion)을 선택하고, 이후 선구이온들은 자발적으로 분해되거나 충돌 기체와 반응을 하거나 또는 강한 세기의 레이저와 반응하여 생성이온(product ion)이라는 조각들을 만든다. 이 이온들은 두 번째 질량 분석(MS2)을 통해 측정된다.

탠덤 질량 분석은 공간 탠덤(tandem-in-space)과 시간 탠덤(tandem-in-time)의 두 가지

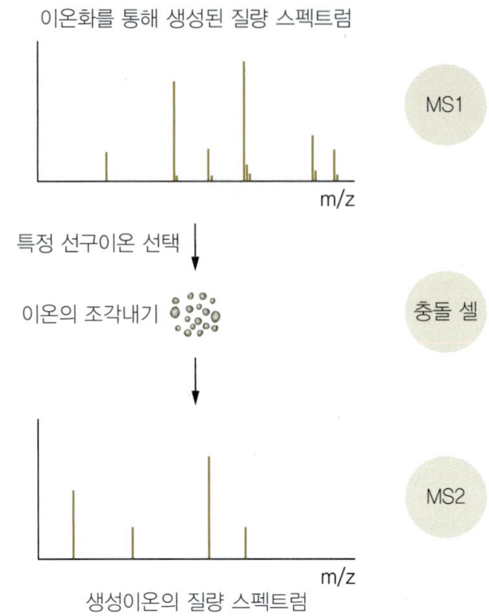

그림 21-10 탠덤 질량 분석의 원리

방법으로 가능하다. 오늘날 가장 널리 사용되는 공간 탠덤 질량분석기는 삼중사극자(triple quadrupole, TQ) 질량분석기이다. 작동 모드에 따라 MS1인 첫 번째 사중극자(Q1)와 MS2인 세 번째 사중극자(Q3)는 질량 스펙트럼을 얻거나 특정 이온만을 선택하여 분석할 수 있다. 미량 성분 분석에는 선택반응 모니터링(selected reaction monitoring, SRM) 모드가 주로 사용되는데, 이 모드에서 첫 번째 사중극자(Q1)는 질량 필터(mass filter) 역할을 하여 특정 이온을 선택하고, 선택된 이온은 충돌 셀(Q2)로 이동하여 기체 분자와 충돌하여 조각이 난다. 세 번째 사중극자(Q3)에서는 얻어진 생성이온들 중 특정 이온만을 분석한다(그림 21-11). 시간 탠덤 질량 분석은 주로 이온 포집 질량분석기에 의해 이루어지며, 삼중사극자와

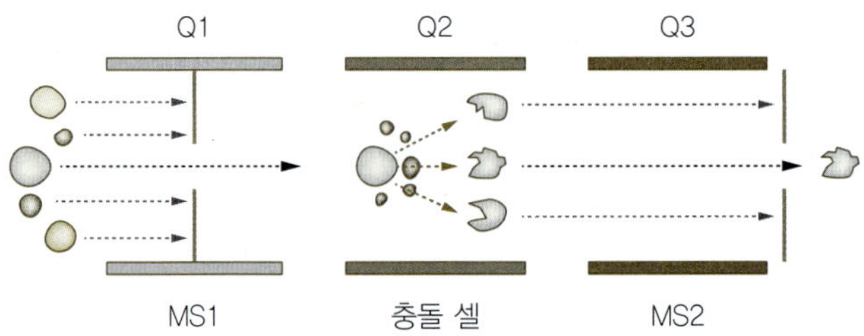

그림 21-11 삼중사극자 질량 분석의 SRM 모드 분석의 원리

달리 공간 이동 없이 동일한 포집 분석계 안에서 수차례의 연속적인 탠덤 질량 분석(MS^n)이 가능한 장점이 있다.

4. 크로마토그래피-질량분석기 연결법

질량 분석법은 순수한 시료물질을 직접 주입법이나 직접 탐침 도입장치를 이용하여 이온원으로 주입하여 얻은 질량 스펙트럼으로 물질을 동정하는 데 이용한다. 그러나 혼합물의 경우에는 정확한 분석 결과를 얻기가 매우 어려운데 이는 혼합물의 경우 각 물질에서 다양한 조각이온들이 생겨 매우 복잡한 스펙트럼을 나타내므로 정성분석에 어려움이 따르고, 다양한 이온 간의 상호작용에 의해 정량분석의 정확도에 한계가 발생하기 때문이다. 이로 인해 혼합물들을 각각의 성분으로 분리할 수 있는 장치와 질량분석기를 연결시키는 방법들이 개발되어 왔다.

가스 크로마토그래피-질량 분석법(gas chromatography-mass spectrometry, GC-MS)은 복잡한 유기물이나 생화학적 시료를 비교적 용이하게 분석할 수 있는 기기이다. 그러나 이 방법은 비휘발성이거나 열에 약한 시료에는 사용하기가 어렵다. 이를 위해 액체 크로마토그래피와 연결시키는 액체 크로마토그래피-질량 분석법(liquid chromatography-mass spectrometry, LC-MS)이 개발되어 최근 급속한 발전이 이루어지고 있다. 이 두 가지 분석법은 크로마토그래피 칼럼에서 나온 시료가 운송 기체나 액체에 의해 크게 희석되어진다. 이 때문에 시료가 질량분석기에 도달하기 전에 운송 기체나 액체를 제거시키는 방법들이 개발되고 있다.

1) 가스 크로마토그래피-질량 분석법

가스 크로마토그래프와 질량분석기를 연결시키는 것은 매우 간단하여 적절한 연결장치(interface)만 추가로 설치하면 된다. 가스 크로마토그래프는 이동상 기체를 이용하므로 이들이 질량분석기 내로 도입되지 않도록 하거나 최소화하여 질량분석기 내의 진공 상태가 유지될 수 있도록 한다. 충전 칼럼(packed column) GC에서 이를 위해 사용되는 대표적인 장치는 제트 분리기(jet-separator)이다. 제트 분리기는 저분자의 이동상 기체를 진공 펌프로 흡입시키고, 이보다 크기가 큰 시료 분자는 질량분석기의 이온화 장치로 보내는 역할을 한다. 오늘날 GC-MS는 대부분 모세관 칼럼(capillary column)을 장착하고 있는데 이 경우에는 이동상 기체의 양이 적어 그리 큰 문제가 되지 않는다. 따라서 가스 크로마토그래프와 질량분석기 사이에 가열 부분(heated zone)을 설치하여 시료물질과 이동상 기체가 직접 질량분석기로 이동할 수 있도록 한다. 이를 가열 모세 이동관(heated capillary transfer line)이라 한다. 그림 21-12는 크로마토그래피-질량분석기의 단면도이다. 시료는 가스 크로마토그래프에 주입되어 모세관 칼럼에서 분리되며, 가열된 연결장치를 통해 질량분석기로 이동한다.

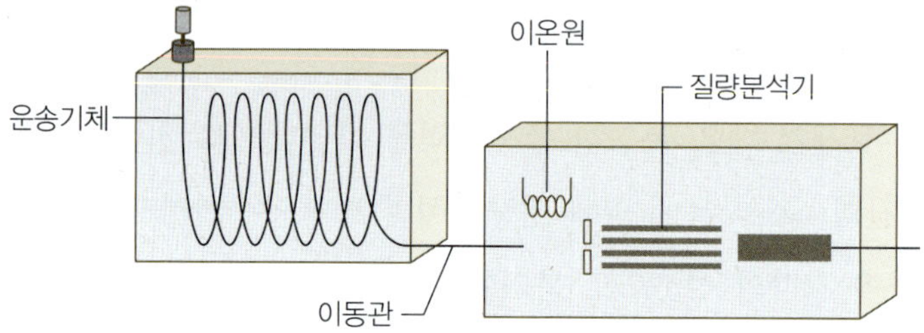

그림 21-12 모세관 GC-MS 장치의 구성도

2) 액체 크로마토그래피-질량 분석법

액체 크로마토그래피-질량분석기(LC-MS)를 위해서는 무엇보다도 적절한 연결장치가 필요하다. 이것은 액체 크로마토그래프에서 나오는 다량의 이동상 액체를 제거하면서 액체 상태의 시료 일부분을 기화시켜 질량분석기로 보내야 하기 때문이다. 특히, 액체 크로마토그래피는 비휘발성이거나 열에 약한 시료를 분석하는 데 이용되고 있으므로, 시료를 원래의 상태로 보전하면서 기화시키는 것은 그리 간단한 일이 아니다. 기본적인 액체 크로마토그래피-질량분석기의 연결장치는 감압 상태를 유지한 채 전기장 하에서 가열하여 이동상 용매를 제거하고 분석물질을 기체 형태의 이온으로 변화시킨다. 용매를 제거하기 위해 사용되는 열에너지는 기화에 필요한 에너지로 모두 사용되므로 열에 약한 시료가 이 과정 중 분해되지 않는다. 최근에는 여러 방식의 연결장치가 개발되고 있는데, 그중 대기압하 이온화 연결장치인 전자 분무 이온화(ESI)와 대기압 화학 이온화(atmospheric pressure chemical ionization, APCI) 방식이 가장 널리 사용되고 있다. ESI는 극성, APCI는 비극성 물질 분석에 주로 사용되며, 소프트 이온화 방법에 해당되어 조각나지 않은 온전한 분자의 분자량 정보를 제공한다. 따라서 추가적인 탠덤 질량 분석을 시행함으로써 구조적 정보도 얻을 수 있다.

3) 크로마토그래피-질량 분석법의 활용

질량분석기는 크로마토그래피 진행 과정에서 매우 빠른 속도로 새로운 스펙트럼을 수집하여 기록한다. 따라서 한 번의 크로마토그래피 분석에서 수천~수만 개의 질량 스펙트럼을 얻을 수 있다. 기기를 통하여 시간별로 검출된 모든 이온의 합을 크로마토그래피 추적(trace)으로 표시하고, 이를 총 이온 크로마토그램(total ion chromatogram, TIC)이라고 한다. 예를 들어 6개의 지방산 메틸에스터(fatty acid methyl ester) 혼합물의 총 이온 크로마토그램은 그림 21-13 (a)와 같다. 6개의 물질을 분석했지만 피크는 네 개만 관찰되었다. 이는 여러

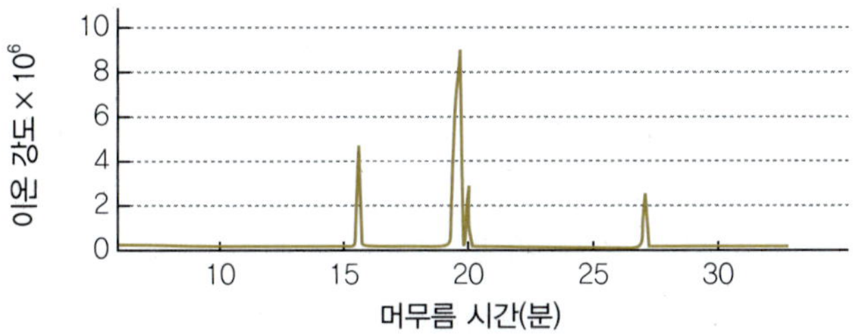

(a) 총 이온 크로마토그램(TIC)

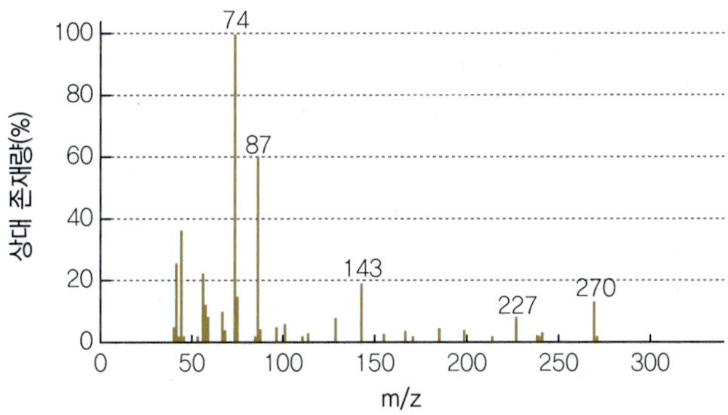

(b) 머무름시간 15.5분에서 질량 스펙트럼

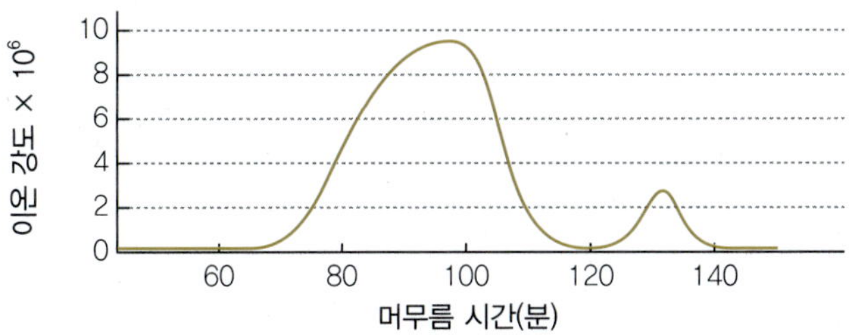

(c) 19.2~20.2분 사이의 총 이온 크로마토그램

그림 21-13 6종류의 지방산 메틸에스터 혼합 시료의 전자 이온화 GC-MS 분석 결과

분석물질이 일부 피크에서 중첩되어 용출되었을 가능성을 보여 준다. 머무름시간 15.5분에 나타나는 피크의 스펙트럼은 피크 내 여러 시점에서 모두 동일하였고, 라이브러리와의 비교함으로써 이 물질이 팔미트산의 메틸에스터 단일물질에 해당되는 것을 알 수 있다〔그림 21-13 (b)〕. 머무름시간이 19분인 경우에는 주위의 총 이온 크로마토그램에서 피크는 하나로 나타났지만, 여러 시점에서 스펙트럼을 분석한 결과로는 피크의 앞쪽 부분의 질량 스펙트럼은 중간 또는 뒷부분에서 얻게 되는 스펙트럼과 달랐다. 따라서 여러 가지 물질이 하나의 피크로 용출되는 것을 알 수 있다〔그림 21-13 (c)〕. 이러한 예에서 보듯이 질량 분석법에서는 크로마토그래피로 분리되지 않은 여러 화합물들을 스펙트럼으로 식별할 수 있어서 식품을 포함한 복잡한 시료의 분석에 유용하다.

크로마토그래피에 사중극자 질량분석기의 SRM 모드를 이용한 탠덤 질량 분석(MS/MS)을 연결하면 분석의 선택성과 민감도를 획기적으로 향상시킬 수 있다. 이는 한 단계의 질량 분석(MS)이 특정 *m/z*에 대한 질량 필터의 역할만 하지만, 탠덤 질량 분석(MS/MS)의 SRM 모드는 Q1에서 특정 선구이온을 통과시킨 후 Q3에서 얻은 생성이온 중 목적이온을 다시 한 번 더 선택하여 통과시킨다. 이러한 단계를 거쳐 목적 성분 이외의 물질은 분석에서 철저하게 제외시킨다. 그림 21-14는 복잡한 시료(가금류의 간)에 존재하는 항생물질인 narasin을 분석한 결과로 MS 분석에 비해 MS/MS 분석에서는 바탕(background)을 효과적으로 제

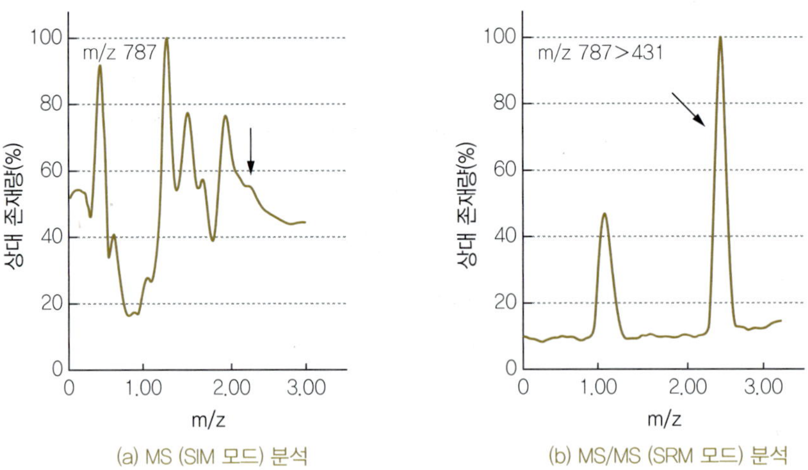

그림 21-14 시료에 존재하는 narasin(40 ng/mL)의 액체 크로마토그래피-질량 분석 결과
선구이온 = m/z 787 : 생성이온 = m/z 431
자료 : Analyst, 126, 1990–1995, 2001

거하여 우수한 신호-대-잡음비(S/N비)를 얻을 수 있다. 이러한 특성을 활용하여 복잡한 매트릭스에 존재하는 미량 목적 성분을 정량분석하는 데 유용하게 활용된다.

크로마토그래피-질량분석기는 이러한 장점으로 사용이 급속도로 증가하고 있다. 앞으로 관련 기술이 더욱 발전하여 해상도, 민감도, 정확도 등이 보다 더 향상될 것으로 예상되며, 이로 인하여 식품에 있는 농약, 향, 아미노산, 펩타이드, 핵산, 지방 및 당류의 정성 및 정량적 분석에 더욱 활발히 사용될 것으로 기대된다.

연습문제

1 질량 분석의 이온화 방식 중 EI와 CI의 차이점은?

2 분자식이 $CH_3CH_2CH_2CH_2OH$인 1-butanol의 전자 이온화에 의한 질량 스펙트럼이 그림과 같을 때

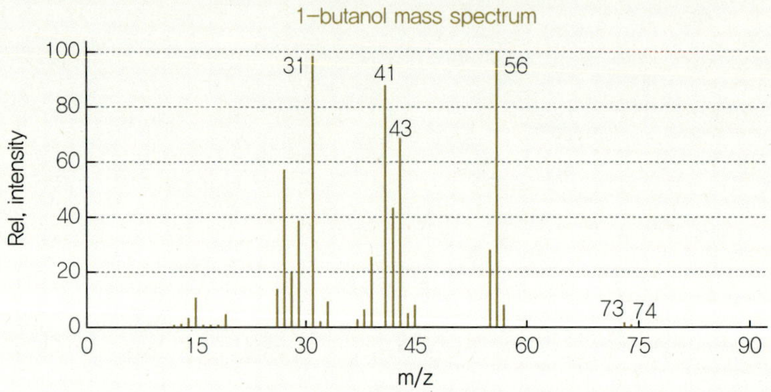

(1) 피크(m/z 31, 56)에 해당하는 각각의 화학식을 쓰시오.

(2) 위의 질량 스펙트럼에서 기준 피크(base peak)는?

(3) 위의 질량 스펙트럼에서 분자이온(molecular ion)은?

풀이 및 정답

1. • EI는 전자 이온화법(electron ionization)의 약자이다.
   - 이온원에서 기화된 시료 분자에 전자선을 충격시켜 이온화한다.
   - 전자와의 충돌로 생긴 양이온(M^+)은 높은 내부 에너지를 갖게 되고, 이로 인해 분자 내의 결합이 끊어져 분석물질의 분자 구조를 특징짓는 다양한 조각이온(fragment ions)을 생성하게 된다.

   • CI는 화학 이온화법(chemical ionization)의 약자이다.
   - 기화된 시료의 분자들이 직접 전자와 충돌하지 않고 전자와의 충돌로 양이온화된 메탄이나 프로판과 같은 시약 기체(reagent gas)에 의해 분자들이 이온으로 전환된다. 이때 시료 분자는 양성자나 수소화 이온의 이동으로 원래의 분자량보다 질량이 1 증가한 이온이나 1 감소한 이온을 주로 생성한다.
   - 소프트 이온화법인 화학 이온화법에서는 조각이온이 적게 발생하여 분석물질의 분자량을 측정하는 데 유리하다.

2. (1) m/z 31 → CH_2OH^+, m/z 56 → $C_4H_8^{+\cdot}$
   (2) 가장 큰 피크인 m/z 56 피크가 기준 피크이다.
   (3) 가장 큰 m/z 값을 가지며 분해되지 않은 온전한 이온으로 1-butanol의 분자량에 해당되는 m/z 74가 분자이온이다.

22 원자분광법

중성 원자에 에너지를 가하면 에너지의 흡수, 방출 및 형광 현상이 일어나는데 이러한 현상을 이용하여 물질을 분석하는 기술을 원자분광법(atomic spectrometry)이라 한다. 이 중에서 에너지의 흡수를 분석하는 원자흡수분광법은 1960, 70년대부터 널리 이용되기 시작하였으며, 에너지의 방출을 분석하는 원자방출분광법 중에서 들뜸(excitation)에너지원으로 플라스마(plasma)를 사용하는 유도결합플라스마방출분광법이 1970년대 후반부터 실용화되었다. 이론적으로는 주기율표상의 모든 원소가 원자흡수 및 원자방출 분광법에 의해 분석될 수 있지만 실질적으로는 주로 미네랄 분석에 이용된다. 미네랄 분석에서 전통적인 화학 분석법이 철과 인의 분석에 여전히 사용되고 있으나 원자분광법의 이용이 빠르게 증가하는 추세이다.

1. 원자분광의 이해

원자흡수분광법은 기체 상태로 잘 분리된 원자나 이온들이 복사선(방사선)을 흡수하는 양을 정량하는 것인 데 반해, 원자방출분광법은 열이나 다른 에너지에 의해 들뜬 원자로부터 방사선 방출을 분석하는 것이다. 원자에 의해 흡수되거나 방출되는 원자 스펙트럼은 불연속적 선의 형태이며, 각 원소는 고유한 원자 스펙트럼을 가진다. 그러므로 각 원소는 다른 원소로부터 유래한 원자나 이온이 존재하더라도 정확하고 정밀하게 특정 원소가 동정되고 정량화될 수 있다.

1) 원자에서 에너지 전이와 스펙트럼

원자 내 전자들은 대부분 바닥상태(ground state)로 존재하나 외부로부터 에너지(radiation)를 받으면 들뜬상태(excited state)가 된다. 들뜬상태의 전자들은 수명이 짧기 때문에 곧바로 바닥상태로 전이된다. 원자가 에너지를 흡수할 때 원자 흡수 스펙트럼이 나타나고 바닥상태로 전이하며, 에너지를 방출할 때는 원자 방출 스펙트럼이 나타난다. 원자는 특정한 파장의 에너지를 흡수하거나 방출하여 선 스펙트럼을 나타내는데, 이는 각 원자 내 전자의 에너지 수준이 고정되어 있기 때문이다(그림 22-1).

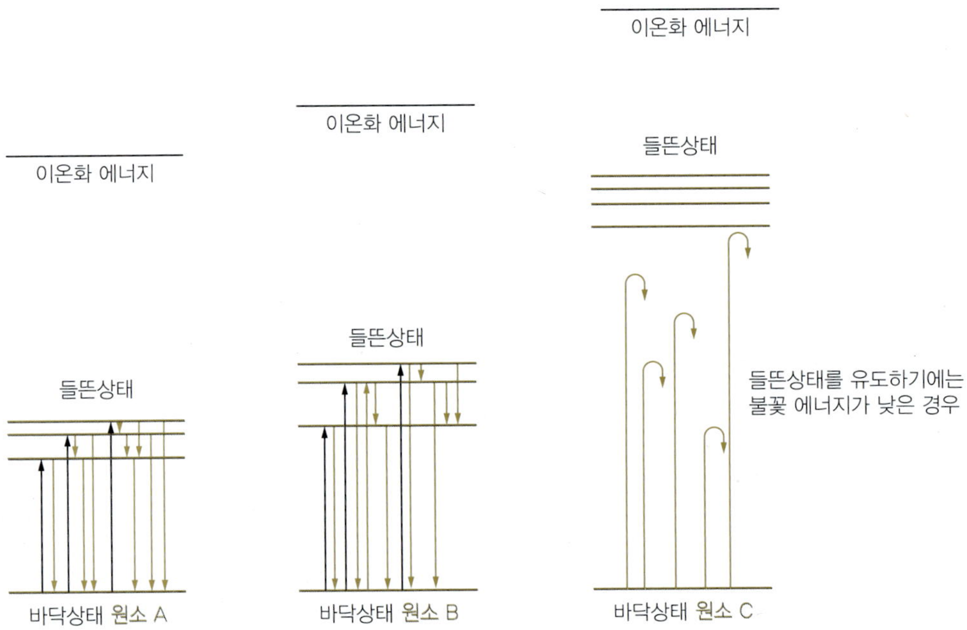

그림 22-1 불꽃에서 원자의 에너지 상태

바닥상태와 들뜬상태의 에너지 차이는 흡수된 복사선과 직접적인 관련이 있다. 즉,

$$E_e - E_g = h\nu$$

E_e : 들뜬 상태의 에너지, E_g : 바닥상태의 에너지, h : 플랑크상수(Planks constant)
ν : 방사선의 주파수(frequency)

이 식을 재배열하면 $\nu=(E_e-E_g)/h$이 되고, $c=\lambda\nu$를 대입하면 $\lambda=hc/(E_e-E_g)$이 된다. 여기서 c는 빛의 속도, λ는 흡수된 빛의 파장이다. 이 관계로부터 특정 전자의 전이가 일어날 때, 전자의 에너지 준위 차이에 해당하는 불연속적 파장의 복사선이 흡수되거나 방출되는 것이다. 그리고 각 원소는 특이적으로 허용된 전이가 있어 특징적인 스펙트럼을 나타내게 된다.

2) 원자화

분석하고자 하는 원소는 다른 원소와 결합되어 있으면 분석이 불가능하기 때문에 공간상에서 원자 상태로 떨어져 있어야 한다. 그러므로 여러 가지 성분이 화합물 또는 복합물로 존재하는 식품의 경우 분석 전에 반드시 원자화(atomization)하는 작업이 필요하다.

일반적으로 원자화는 분석물을 함유한 용액을 분무시켜 불꽃이나 플라스마의 고온에 노출시켜 수행하는데, 시간이 지남에 따라 용매는 증발하여 고체가 남고 이것이 기체화된 다음 원자로 분해된다. 이 원자가 에너지를 흡수하거나 흡수된 에너지를 방출한다. 한편 너무 많은 에너지가 공급되면 이온화도 발생한다(그림 22-2).

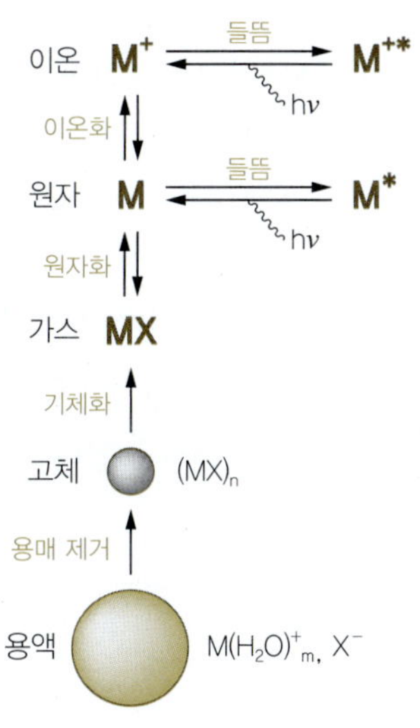

그림 22-2 불꽃이나 플라스마에서 원소의 원자화 과정

2. 원자분광법 종류 및 특징

1) 원자흡수분광법

원자흡수분광법(atomic absorption spectroscopy, AAS)은 원자에 의한 자외선 또는 가시광선의 흡수를 측정하는 분석으로, 상대적으로 간단하고 저렴하며 식품 분석에 가장 널리 사용되는 원자분광법이다. 원자화 방법에 따라 불꽃(flame)과 흑연 전기로를 이용한 전기가열(electrothermal, graphite furnace) 원자흡수분광법으로 나눈다.

(1) 원자흡수분광기의 구성

원자흡수분광기는 그림 22-3에 나타낸 것과 같이 광원, 광 단속기(chopper), 원자화 장치(flame 또는 furnace), 단색화 장치, 검출기 및 출력기(readout)로 되어 있다.

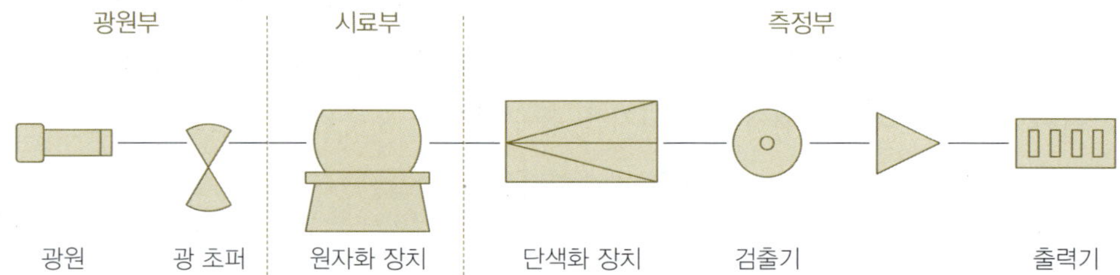

그림 22-3 원자흡수분광기의 구성도

① 광원

원자가 흡수하는 복사선을 발생시키기 위한 광원으로 중공음극램프(hollow cathode lamp)를 사용한다. 램프는 아르곤이나 네온 등의 불활성 기체가 채워져 있고 텅스텐으로 된 양극과 분석 대상 원소의 금속으로 된 음극이 있다. 두 전극 사이에 300 V 전압을 걸

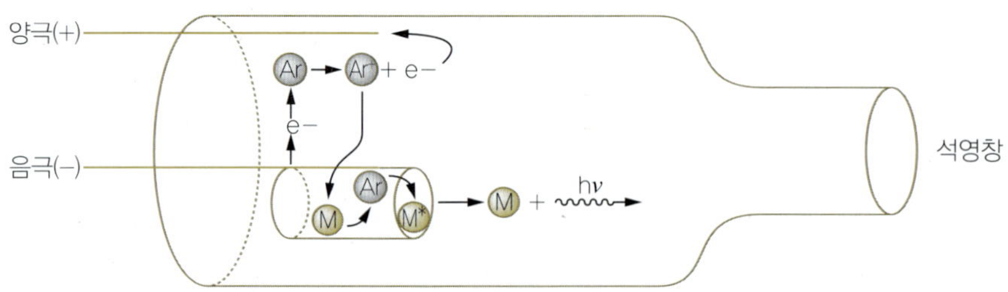

그림 22-4 중공음극램프의 구조

어 주면 충전된 비활성 기체가 이온화하여 양이온(Ar^+ 또는 Ne^+)이 생성되고, 이 양이온들이 음극 표면에 충돌하여 약간의 금속 원자가 떨어지는 스퍼터링(sputtering) 현상이 일어난다. 이때 떨어진 원자들 중 일부는 다시 불활성 기체 양이온과 충돌하여 들뜨게 된다. 이때 들뜬상태의 원자들은 불안정하여 바닥상태로 떨어지면서 금속 고유의 복사선을 방출한다. 만일 음극이 나트륨이면 나트륨 스펙트럼이 방출된다. 이 스펙트럼이 시료 함유 불꽃을 통과할 때 나트륨 원자는 그 복사선의 일부를 흡수하여 들뜨게 된다. 다른 원자의 분석에는 해당하는 음극을 가진 다른 램프가 사용되며 약 40종류가 상업화되어 있다.

② 광 단속기

광 초퍼는 광원과 불꽃 사이 복사선에 수직으로 존재하며 일정한 간격으로 마디가 제거된 디스크이다. 이 장치는 일정한 속도로 회전하면서 광원에서 불꽃으로 도달하는 복사선을 일정한 간격으로 전달했다 끊었다(on-off) 한다. 이는 검출기에 도달하는 복사선 중 광원에서 유래한 것과 들뜬상태의 원자가 방출하는 복사선을 구별하기 위한 것이다. 실제로 광원에서 나온 복사선의 일부는 원자에 흡수되어 원자를 들뜨게 하고 또 다른 일부는 그대로 검출기까지 도달한다. 이 경우 검출기에는 원자에 흡수되지 않고 불꽃을 통과한 복사선과, 들뜬 원자로부터 방출된 복사선이 함께 검출되어 구별이 어렵다.

그러므로 초퍼를 사용하면 흡수되지 않고 통과한 복사선은 on-off 형태를 띠지만, 들뜬 원자에서 나오는 복사선은 연속광이므로 구별할 수 있다. 이 경우 원자에 의해 흡수된 정도를 분석하기 위해서는 on-off 되는 복사선량을 측정하면 된다. 한편 단속기 대신에 광원에서 나오는 복사선 자체를 변조시켜 구별하는 방법도 있다.

③ 원자화 장치

분석 시료를 원자화시키기 위한 장치로 2가지가 있다.

- 불꽃 원자화 장치(flame atomizer) : 불꽃원자흡수분광법(flame atomic absorption spectrophotometry, FAAS)에서 원자화에 쓰이는 장치로 분무기와 버너로 구성되어 있다(그림 22-5).

  시료 용액은 모세관을 통해 분무기 내에 흡인되면서 미세한 안개 모양으로 분무되고, 여기에서 흡인된 산화제, 연료 가스와 섞이게 된다. 분무실 내에는 기류 방해판(baffles)이 있어 큰 분무 방울은 부딪혀 바닥으로 떨어져 배출되고 미세한 입자만이

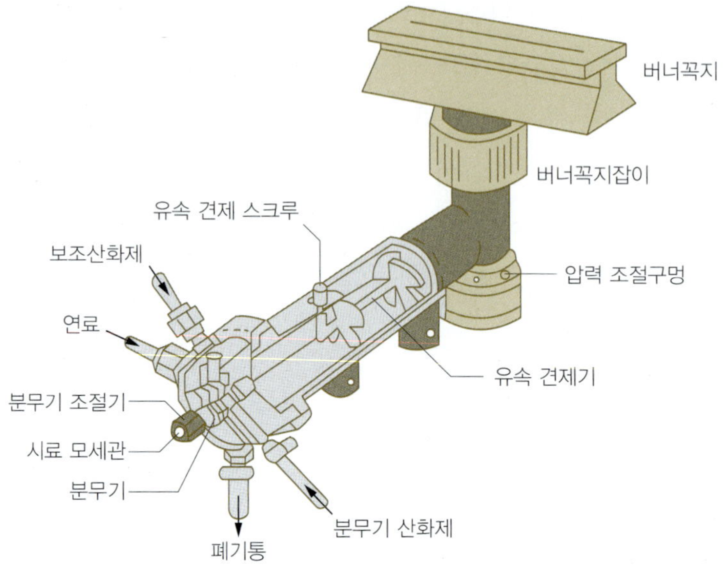

그림 22-5 불꽃 원자화 장치의 구조

산화제-연료 가스와 함께 버너꼭지로 간다. 버너꼭지는 가늘고 긴 슬롯(slot, 길이 5~10 cm) 형태로 측정 감도를 증가시킬 수 있도록 복사선을 통과할 때 긴 경로를 제공한다.

버너꼭지에 도달한 분무 시료액은 산화제-연료에 의해 생성된 불꽃에 태워져 원자화된다. 이때 불꽃의 가장 뜨거운 부분에서 원자와 이온이 형성된다. 불꽃 온도는 화합물을 원자와 이온으로 전환시키는 효율 및 원자와 이온의 비율에 영향을 주기 때문에 매우 중요하다. 한 원소의 원자와 이온은 서로 다른 스펙트럼을 보이기 때문에 원자화는 최대, 이온화는 최소가 될 수 있는 불꽃온도를 선택해야 한다. 불꽃의 온도는 산화제-연료의 종류 및 비율에 따라 달라지는데 가장 일반적인 조합은 공기-아세틸렌, 아

표 22-1 불꽃의 종류와 온도

연료가스	조연가스	최고 온도(°C)
프로판	공기	1,700
수소	공기	2,100
아세틸렌	공기	2,300
아세틸렌	산소	3,100
아세틸렌	아산화질소	3,000

산화질소-아세틸렌이다. 산화제-연료의 비율에 따라 3종류의 불꽃을 만들 수 있는데, 산화제와 연료가 화학당량으로 공급되어 연료와 산화제가 동시에 완전히 소모되는 것으로 가장자리가 노란 불꽃〔화학량적(stoichiometric) 불꽃〕, 연료가 산화제보다 적어 생성되는 밝은 푸른색의 가장 뜨거운 불꽃(산화 불꽃), 그리고 연료가 더 많아 상대적으로 온도가 낮은 노란색 불꽃(환원 불꽃) 등이 있으며, 분석 원자의 특성에 따라 적절한 불꽃을 사용한다.

- 흑연 전기로 원자화 장치(graphite furnace atomizer) : 전기가열 원자흡수분광법(electrothermal atomic absorption spectrophotometry, EAAS)에서의 원자화에 사용되는 장치로, 화학불꽃 대신 원통형 흑연관에 전류를 통하여 발생하는 전열을 이용하여 시료를 원자화시킨다.

시료는 작은 구멍을 통해 흑연로에 주입(마이크로실린지를 이용하여 0.5~1 μL 정도)한 후 온도를 단계별로 올리는 과정을 통해 초기에 증발, 회화시키고 최종 온도를 2,000~3,000℃까지 급속하게 올려 시료를 빠르게 증기화 및 원자화시킨다. 작동 과정

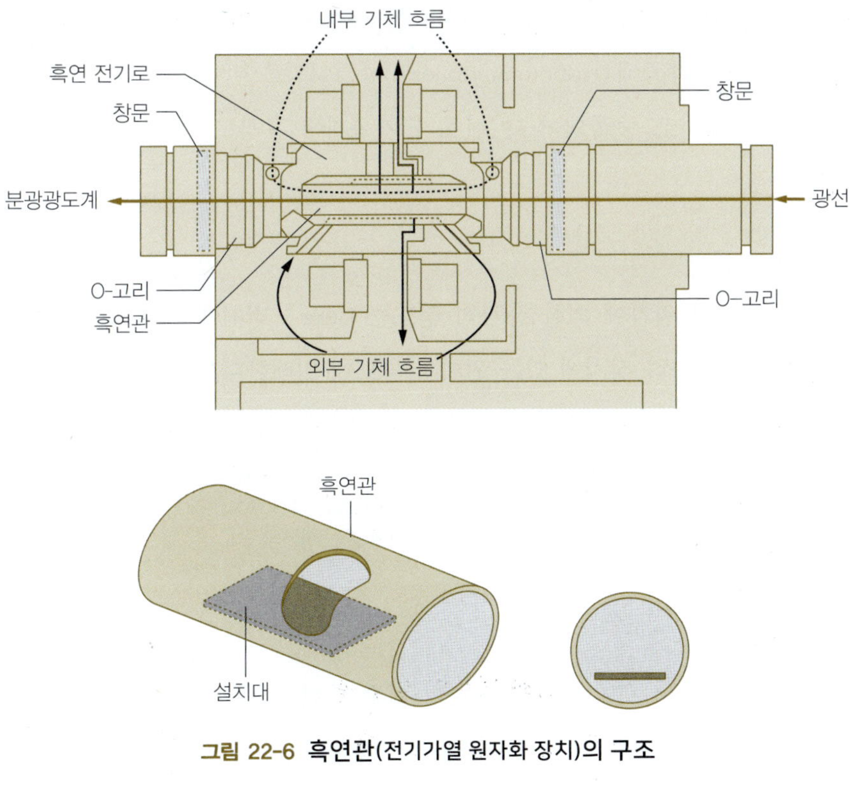

그림 22-6 흑연관(전기가열 원자화 장치)의 구조

에서의 탄화를 막기 위해 불활성 기체를 공급하고 시료에서도 공기를 제거한다.

이 방법은 시료를 밀폐된 흑연로 안에서 원자화하므로 불꽃방법에 비해 소량의 시료로 분석이 가능하고 감도가 높으나, 가열로가 고가이고 원소당 분석 과정이 느리며 측정 농도 범위가 좁은 단점이 있다. 불꽃 원자화 장치가 적당한 검출 한계를 나타내지 못할 때 사용한다.

④ 단색화 장치

여러 파장을 가진 복사선으로부터 분석에 필요한 파장의 복사선만을 분리하는 장치이다. 불꽃이나 흑연관을 통과한 복사선과 광원에서 나오는 복사선으로부터 대상 원자의 들뜸에 가장 강한 스펙트럼선(공명선)만을 얻게 한다. 나트륨은 589 nm의 강도가 크기 때문에 단색화 장치를 통과시켜 589 nm 파장의 복사선을 분석에 이용하도록 한다. 단색화 장치(monochromator)로는 grating형이 많이 사용된다.

⑤ 검출기/기록계

검출기는 스펙트럼선의 파장에 따라 적당한 분광 감도 특성을 갖는 검출기를 사용하는데 원자흡수분광법에서는 주로 자외선, 가시광선 파장 범위(185~850 nm)에서 민감한 광전물질로 만들어진 광전자증배관(photomultiplier tube, PMT)을 이용한다. 이 검출기에서 나오는 신호는 다시 증폭기로 증폭되어 그 신호가 기록계에 흡광도, 흡광률(%), 투과율(%) 등으로 나타난다.

(2) 결과의 해석

원자흡수광도법에서 원자에 의한 흡광의 정도는 Beer's 법칙에 의해 측정되며 흡광도는 불꽃이나 전기가열 원자화 장치에 있는 원자의 농도에 비례한다.

$$A = \log(\frac{I_0}{I}) = abc$$

A : 흡광도, I_0 : 불꽃에서의 복사 강도, I : 불꽃에서 나오는 복사 강도, a : 원자의 몰 흡광계수
b : 원자화(불꽃, 흑연관)의 통과 경로, c : 불꽃(흑연관)에 있는 원자의 농도

2) 원자방출분광법

원자를 들뜬상태로 전이시키기 위해 별도의 외부 광원을 사용하는 원자흡수분광법과는 달리 불꽃, 레이저, 아크, 스파크, 유도결합플라스마 등을 가해 원자를 직접 들뜨게 한 후

더 낮은 에너지 상태로 되돌아올 때 방출되는 복사선을 분석하는 방법이다. 외부 광원이 없으므로 구조는 간단하나 원자흡수분광법의 불꽃이나 전기가열보다 더 높은 에너지를 공급해야 한다.

식품 분석에서는 불꽃방출분광법과 유도결합플라스마 원자방출분광법이 일반적으로 사용되는 원자방출분광법(atomic emission spectroscopy, AES)이다.

(1) 불꽃방출분광법

원자흡수분광법과 마찬가지로 분무기-버너를 이용해 시료를 원자화시킨다. 다만 광원이 없으므로 원자는 불꽃의 에너지에 의해 들뜨게 된다. 기기 구성은 불꽃 원자흡수광도법에서 광원만 빠져 있는 것과 같아 최근에 시판되는 불꽃 원자흡수광도계를 불꽃 원자방출광도계로도 사용할 수 있다. 불꽃방출분광법(flame emission spectroscopy, FES)은 상대적으로 낮은 에너지로 원자가 들뜰 수 있는 원소(Na, K, Ca 등) 분석에 유용하다.

(2) 유도결합플라스마 원자방출분광법

유도결합플라스마 원자방출분광법(inductively coupled plasma-atomic emission spectroscopy, ICP-AES)은 최근 이용도가 높은 원자분광법으로, 불꽃 대신 플라스마를 이용한다. 플라스마란 양이온과 전자가 유효한 농도로 존재하는 가스상 혼합물 상태로 온도가 8,000~10,000K 정도로 매우 높아 시료의 원자화 및 원자를 들뜬상태로 전이시키는 데 매우 좋은 에너지원이다. 특히 원자를 고온에서 가열하면 원자들의 이온화로 분석에 문제가 생길 수 있는데, 플라스마에는 이미 아르곤이 가스상 이온으로 존재하므로 분석 원자의 이온화를 방지할 수 있다.

① 기기 구성

ICP-AES의 기본 구성은 그림 22-7과 같다. 동시 분광기(simultaneous spectrometer; polychromator)와 순차 분광기(sequential spectrometer; monochromator) 두 종류를 주로 사용한다. 두 기종 모두 한 시료를 이용해 여러 개의 원소를 분석할 수 있는데, 동시 분광기는 제한된 수의 원소를 동시에 분석할 수 있는 반면, 순차 분광기는 동시에 여러 원소를 분석할 수는 없어도 빠르게 여러 가지 원소를 연속적으로 분석할 수 있다.

- 아르곤 플라스마 토치 : 유도결합 아르곤 플라스마 토치의 개발은 원자방출분광법의 진전에 크게 기여하였다. 그림 22-8에 나타낸 것과 같이 플라스마 토치는 3개의 동심

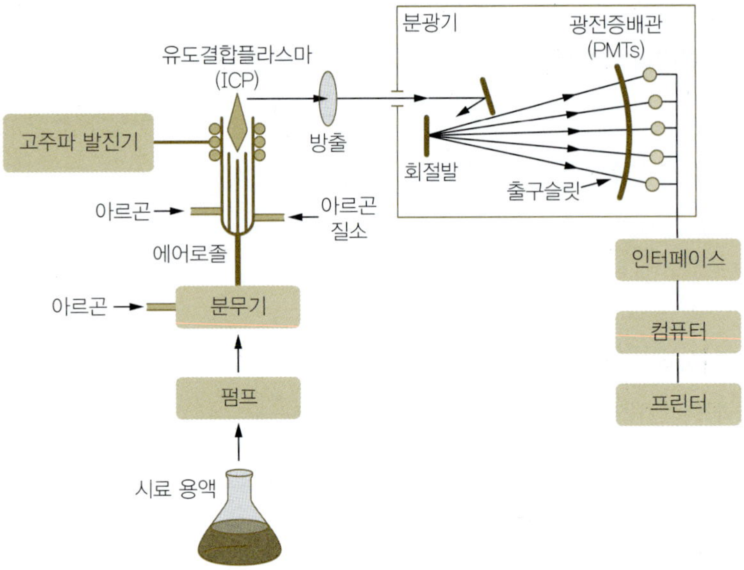

그림 22-7 유도결합플라스마 원자방출분광의 구조

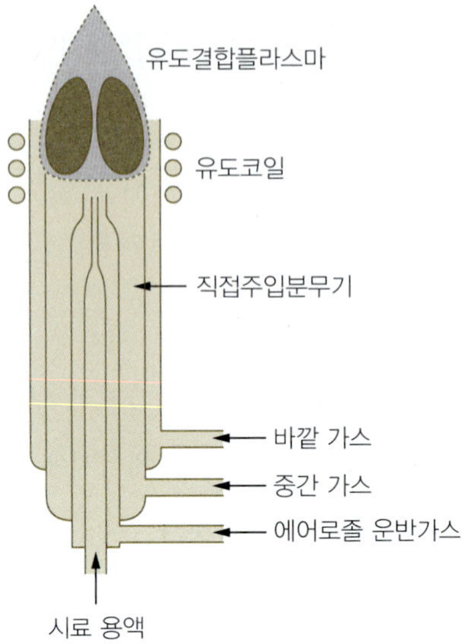

그림 22-8 아르곤 플라스마 토치의 구조

원 모양의 석영관으로 이루어져 있으며 제일 바깥쪽 관의 끝부분에 감겨진 유도코일에는 4~50 MHz의 고주파를 흘려 관의 안쪽에 자기장을 형성시킨다. 플라스마를 생성하기 위해 아르곤을 관에 흘려주면서 Telsa 코일을 사용해 첫 번째 자유 전자를 생성시킨다. 이때 유도 자기장에 의해 석영관 안쪽에서 환상 경로로 움직이도록 가속된 전자와 이온들이 아르곤 원자와 충돌하면서 열을 발생시키고 이로 인해 아르곤의 추가 이온화가 일어난다. 전기장에 의해 자성을 띠게 된 전자는 플라스마 바깥쪽을 따라 흘러 전자 밀도가 높아져서 외측 온도가 10,000℃에 가까워진다. 그러나 중앙 부근에서는 전자 밀도가 낮고 온도는 6,000~8,000℃ 정도이다. 고온 부분의 휘도가 높기 때문에 상부에서 보면 플라스마는 도넛처럼 보인다.

고온으로 인해 석영관이 녹는 것을 방지하기 위해 아르곤(또는 질소)을 외부 석영관을 통해 흐르게 하여 관 냉각은 물론이고 중간이 분리된 플라스마를 얻을 수 있도록 한다. 지름 5 mm 정도인 가장 안쪽의 관으로는 흡입된 시료가 분무화되어 플라스마에 주입된다.

아르곤 플라스마는 매우 높은 온도와 이온화 억제 효과로 인해 시료의 원자화와 원자를 들뜨게 하는 데 효과적이다. 산소를 사용하지 않으므로 불꽃방법에서 문제가 되는 산화물(oxide) 생성이 억제되며, 불꽃에 비해 상대적으로 일정한 온도와 플라스마 내에서 머무르는 시간이 길어 훨씬 넓은 농도 범위에서 좋은 직선성을 보인다.

- 단색화 장치 및 다색화 장치(polychromator) : 순차 ICP-AES 기기는 단색화 장치가 장착되어 파장 범위 탐색이 가능하고, 설정된 파장에서 흡광도 분석이 신속히 이루어질 수 있다. 동시 ICP-AES 기기는 여러 파장을 동시에 검출할 수 있는 다색화 장치가 장착되어 있어 동시에 여러 원소의 분석이 가능하다.

3. 원자흡수분광법과 원자방출분광법의 적용

두 방법은 식품의 무기원소 분석에 널리 사용되는데 대부분 분석 전에 식품을 회화시켜 유기물을 파괴하고 회분을 적절한 용매에 용해(물이나 염산)시켜야 한다. 건식회화의 경우 일부 원소의 휘발이 문제가 되어 습식법이 선호되나, 이는 회화보조제 등으로 인한 원소의 오염 문제가 있다. 이 경우에는 일반적으로 공시험군을 취하는 것이 좋다. 그러나 일부 액체 시료는 회화 없이도 분석이 가능한데, 예를 들면 식물유는 유기용매(아세톤, 에탄올 등)에 녹여서, 우유는 트라이클로로아세트산(trichloroacetic acid) 처리로 단백질을 침전시킨 후 상층액을 직접 분석할 수 있다. 식품 중에 무기원소들은 미량 존재하므로 고순도 시약을 사용해야 하며, 기구와 용기도 분석 대상 무기원소가 없어야 한다. 일반적으로 플라스틱 용기가 유리용기보다 금속이온 흡착이 적어 유리하다. 용기는 세제로 세척한 후에 증류수나 탈이온수로 세척하고 산 용액(대개 1 N HCl이면 충분)에 담갔다가 다시 증류수나 탈이온수로 세척해야 한다.

한편, 검량선 작성을 위한 표준물질 용액은 시료 용액과 동일한 조건에서 조제하며, 불꽃온도, 흡인속도 등 다양한 요소가 정량에 영향을 줄 수 있으므로 되도록 시료 분석 전 또는 후에 표준물질을 분석하는 것이 좋다.

4. 정량분석에서의 간섭현상

원자분광법에서는 여러 가지 요인이 특정 무기원소의 정량에 간섭을 줄 수 있다.

1) 원자흡수분광법에서의 간섭

(1) 스펙트럼성 간섭

① 광원의 흡광도 : 시료에 분석 대상 원소에 사용하는 스펙트럼 파장을 다른 원소가 흡수하는 경우로 다른 복사선 파장을 이용하거나 단색화 장치의 슬릿 너비를 줄여 해결한다.

② 불완전한 원자화 : 분석 시료의 불완전한 원자화로 인해 일부 입자들이 광원에서 나오는 복사선을 산란시켜 검출기에 도달하는 복사선량을 감소시킨다. 이 경우에는 더 높은 불꽃온도를 사용하여 완전히 원자화가 이루어지도록 하면 극복할 수 있다.

(2) 비스펙트럼성 간섭

① 전달 간섭 : 시료 용액의 특성으로 분석 대상 원소가 흡입, 분무 또는 불꽃으로 전달이 충분하지 않을 경우가 있다. 이 경우 불꽃 대신 흑연관을 사용하거나 시료 용액과 표준물질 용액의 물리적 성질을 가능한 가깝게 맞추어 극복할 수 있다.

② 용질 휘발 간섭 : 특정 간섭물질이 대상 원소와 결합하여 휘발성이 낮은 화합물을 형성시키는 경우에 발생하는 간섭이다. 이 경우 화합물 형성을 방해하는 물질을 첨가하거나 더 높은 불꽃온도를 사용하여 극복할 수 있다.

③ 이온화 간섭 : 불꽃에서 대상 원자의 이온화는 상당한 간섭을 일으킨다. 이온화는 불꽃의 온도에 따라 증가하는데 더 쉽게 이온화되는 원소(K 등) 등을 첨가함으로써 대상 원자의 이온화를 줄일 수 있다.

2) 유도결합플라스마 원자방출분광법에서의 간섭

일반적으로 ICP-AES는 AAS보다 간섭 문제가 적으나 특정 이온이 고농도로 존재하는 시료의 경우 바닥방출(background emission) 스펙트럼의 강도 자체가 증가할 수 있기 때문에 실지 값을 얻기 위해서는 이를 보정해야 한다.

5. 원자흡수분광법과 유도결합플라스마 원자방출분광법의 비교

두 방법 모두 기존의 화학적 방법에 비해 정밀도와 정확도가 높고 미량 무기원소를 정량할 수 있다. AAS의 경우 ICP-AES에 비해 상대적으로 많은 연구가 수행되었기 때문에 실험 조건 및 방법, 그리고 간섭현상의 해결 방안들에 대한 자료가 풍부한 편이다. 반면 ICP-AES는 한 시료를 이용해 여러 원소를 동시에 정량할 수 있으며, AAS 불꽃으로 완전한 원자화가 어려운 시료도 쉽게 분석할 수 있다.

한편, 분석방법을 선택하는 중요한 기준 중의 하나로 검출 한계(detection limit)가 있다. 이는 최소로 분석이 가능한 농도이며 일반적으로 ICP-AES가 AAS보다 적은 값을 가져 감도가 뛰어나다. 식품 분석에서 관심의 대상이 되는 여러 원소들에 대한 각 원자광도법에서의 검출 한계값을 표 22-2에 나타내었다.

표 22-2 일부 원소에 대한 각 원자흡광법의 검출한계값

(단위 : ng/mL)

원소	불꽃 원자흡수분광법	전기가열 원자흡수분광법	불꽃방출분광법	유도결합플라스마 원자방출분광법
Al	30	0.005	5	2
Ca	1	0.02	0.1	0.02
Cd	1	0.001	800	2
Cu	2	0.002	10	0.01
Fe	5	0.005	30	0.3
Hg	500	0.01	0.0004	1
Mg	0.01	0.00002	5	0.05
Mn	2	0.0002	5	0.06
Na	2	0.0002	0.1	0.2
Pb	10	0.002	100	2
Zn	2	0.00005	0.0005	2

6. 식품에 응용

흡광광도법의 이용으로 과거 전통적인 화학 분석으로는 양이 적거나 방법이 개발되지 않아 분석이 어려웠던 미네랄 및 비영양 원소를 정확하고 정밀하게 정량할 수 있게 되었다.

식품에서의 흡광광도법 활용 초기에는 벌꿀의 칼슘, 마그네슘, 칼륨, 나트륨 등 미네랄 함량을 분석하였고, 이후 치즈, 와인, 당, 주스, 우유, 식초, 스낵류 등 다양한 식품에서 미네랄 및 중금속들을 분석하였다. 특히 식품 중의 미네랄은 대부분 농수산물 원료에서 유래되는 특징이 있는데, 이것은 바로 원료가 생산되는 산지의 토양, 수질, 공기 등 환경 요인과 관련이 있다. 식품 재료의 원산지를 확인할 수 있는 방법이 생긴 것이다. 이외에도 꿀, 와인, 주스 등의 미네랄 분석으로 제품의 진위 여부는 물론, 혼입물을 섞은 불량 제품 판별에도 흡광광도법이 사용되고 있다. 최근에 식품 안전성에 대한 관심이 증대되고 있는 경향과 더불어 중금속 분석에도 유용한 방법으로 평가받고 있다.

Part 6
크로마토그래피

FOOD ANALYSIS

23 크로마토그래피 원리 및 액체 크로마토그래피

1. 크로마토그래피의 기본 원리

현재 식품 분석에서 크로마토그래피(chromatography)의 중요성은 이루 말할 수 없다. 불과 20여 년 전만 하더라도 GC, LC로 대표되는 크로마토그래피는 일부 고급 인력만이 사용할 수 있는 어려운 기기였다. 따라서 1903년 크로마토그래피 기술이 소개된 이후 110여 년 동안 화학계의 중요 결과물을 양산하는 20세기 대표 분리기술로 자리매김하였다. 관련 기술이 발전하고 널리 보급되면서 이제 대학 학부 과정의 실험 수업에서도 다루고 있어서 식품 관련 학과를 전공하였으면 꼭 배워야 하는 분석기기 중의 하나가 되었다.

여기에서는 크로마토그래피의 이론을 먼저 설명하고, 고성능 액체 크로마토그래피 (high performance liquid chromatography, HPLC)의 원리도 살펴볼 예정이다. 다만, GC는 다음 장에서 별도로 설명하기로 한다.

1) 크로마토그래피의 정의 및 원리

(1) 크로마토그래피의 정의

분석화학 기기 중 가장 광범위하게 사용되는 기기가 크로마토그래피이다. 현재에는 질량분석기와 결합되어 더더욱 그 활용도와 가치가 커지고 있다. 크로마토그래피의 정의는 여러 가지가 있지만 다음이 가장 명확한 정의라고 판단된다. 즉, 크로마토그래피란 혼합물에서 각 성분을 분리하는 기술로 각 성분들은 정지상과 이동상이라는 두 상(phase) 사이의 분배계수에 의해 분리되는 특성을 지니는 분리 기술이다. 크로마토그래피의 원리는 추출과 매우 유사하다고 볼 수 있다. 하지만 추출의 경우 두 상이 같은 상태로 존재하나 크로마토그래피는 하나의 상은 정지된 채로, 그리고 나머지 상은 이동 상태로 존재하는 것이 차이라고 볼 수 있다.

크로마토그래피의 역사는 100여 년 전으로 올라간다. 1903년 식물의 색소를 분리하기 위해 미하일 츠베트(Mikhail Tsvet)라는 러시아 과학자가 처음으로 크로마토그래피 기술을 개발하였다. 이후 여러 과학자에 의해 개발되다가 1952년 A.J. Martin과 R.L.M. Synge가 액체 크로마토그래피(liquid chromatography, LC)에 대한 기술로 노벨상을 수상하였다. 이후 현재까지 10여 명의 과학자가 이 기술로 노벨상을 받았다. 가장 최근의 수상자로는 MALDI 기술을 개발한 일본 시마즈(Shimadzu)사에 근무하는 고이치(Koichi Tanaka)로 2002년 노벨 화학상을 수상하였다. LC의 기술이 먼저 개발되고 GC의 기술은 제2차 세계대전 이후 급속도로 발전하였다.

(2) 크로마토그래피의 원리

크로마토그래피에는 반드시 2개의 상이 존재하는데 정지상(stationary phase)과 이동상(mobile phase)이다. 크로마토그래피에서 이동상은 액체와 기체로 나누어지는데 이동상이 액체인 경우 LC, 기체인 경우 GC이다.

GC의 정지상은 일반적으로 모세관 튜브에 점액질의 정지상이 코팅되어 있다. LC의 경우에는 공모양 입자에 정지상이 표면에 코팅되어 있다. 어떤 경우이든 크로마토그래피의 원리는 정지상과 이동상에 포함된 구성 성분들의 상호 결합력(여러 가지 결합력이 존재, 차후에 자세히 설명) 또는 분배계수에 의해 차별화되어 분리되는 원리이다.

여기서 몇 가지 용어에 대해 알아보면 크로마토그래피 칼럼을 액체나 기체가 통과하는 과정(process)을 용출이라 한다. 칼럼은 LC에 많이 쓰이는 충전 칼럼(packed column)과 GC에 많이 쓰이는 열린 관칼럼(open tubular column)이 있다. Packed column은 앞에서 설명한 입자에 정지상이 코팅되어 있고 open tubular column은 모세관에 정지상이 코팅되어 있다.

2) 크로마토그래피의 일반 이론

(1) 크로마토그래피의 종류

대표적으로 5가지 정도로 분류할 수 있다. 첫 번째는 흡착 크로마토그래피(adsorption chromatography)이다. 흡착 원리를 이용한 것으로 반드시 정지상은 고체여야 하고, 액체 또는 기체의 이동상 내에 있는 분석체들이 정지상에 흡착되는 정도의 차이로 분리된다.

분배 크로마토그래피(partition chromatography)는 보통 액체 상태의 정지상이 얇은 막을 형성하여 공모양 입자에 코팅되어 있다. 분리되는 원리는 분석체들의 정지상과의 상호 분배계수의 차이에 의한 것이다.

이온 교환 크로마토그래피(ion exchange chromatography)는 레진(resin)이라는 고정체에 음이온이나 양이온이 공유결합되어 있어 이들과 분석체와의 상호 이온 결합력에 의해 분리되는 특성을 가진다. 일반적으로 분리하려고 하는 분석체의 전하에 반대되는 정지상을 설치하는 것이 원칙이다.

분자 배제 크로마토그래피(molecular exclusion chromatography)는 오직 분석체의 분자 크기에 좌우되어 분리되는 특성을 지닌다. 즉 정지상과 분석체와의 어떠한 화학 결합력이 작용하지 않고 크기에 의해 분리된다. 일정한 크기를 지닌 그물 같은 칼럼을 설치하여 일정 크기 이하의 분석체는 걸려서 늦게 나오게 되고 큰 분석체는 상대적으로 빨리 칼럼을 통과하게 된다.

친화 크로마토그래피(affinity chromatography)는 현재까지 개발된 가장 선택성이 높은 크로마토그래피이다. 면역반응의 주원리인 항원-항체 반응을 이용함으로써 오직 한 가지 물질만이 선택되어 결합하고 오래 머물게 되는 특성을 지닌다. 이 칼럼은 특수하게 a라는 물질을 분리하려고 하면 그 물질을 토끼 등의 동물에 주입하여 혈액으로부터 항체를 얻는다. 분리된 항체를 칼럼에 붙인 후 분리하게 되면 오직 a라는 물질만이 분리되는 것이다.

여러 가지 크로마토그래피 중에서 가장 널리 쓰이는 것은 흡착과 분배 크로마토그래피이다.

(2) 크로마토그램

크로마토그램(chromatogram)이란 전개시간에 따라 나오는 검출기의 신호를 그래프로 표시한 것이다. 여기에서는 머무름시간(retention time)이 중요한데, 칼럼에 도입된 후 각 구성

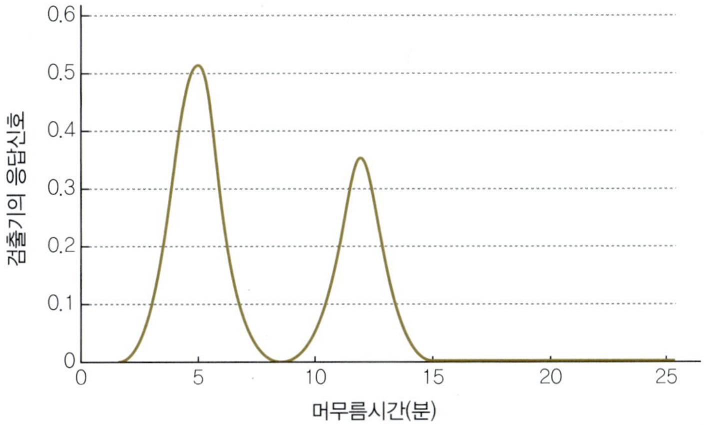

그림 23-1 크로마토그램의 일반 그래프

성분들이 검출기에 도달할 때까지의 시간을 말한다.

(3) 칼럼의 효율

크로마토그래피에 사용되는 칼럼의 효율(column efficiency)을 말할 때 가장 널리 쓰이는 방법은 이론적 단수(number of theoretical plates, N)를 표시하는 것이다. 이론적 단수 N은 다음과 같은 식으로 나타낼 수 있다. 이론적 단수라는 개념은 오늘날 크로마토그래피의 특성을 설명하는 중요한 이론이 되고 있다. 여기서 분자는 머무름시간(t_r)의 제곱이 되고, 분모는 피크 중간 부위의 너비($W_{1/2}$)를 말한다.

$$\text{칼럼에서의 이론적 단수 : } N = \frac{5.55t_r^2}{W_{1/2}^2}$$

날렵하고 샤프한 피크일수록 높은 이론적 단수값을 가지며 더 좋은 분리능을 가진 칼럼으로 평가한다. 이론적 단수값은 단위가 없는 무차원값이므로 분자와 분모의 값을 동일한 단위로 표기해 주어야 정확한 이론적 단수값을 얻을 수 있다.

이론적 단수 외에 우리가 알아야 하는 것은 HETP (Height Equivalent Theoretical Plates)라는 값인데, 이는 칼럼의 길이를 고려한 효율을 보여 주는 값이라고 할 수 있다. 아무리 높은 이론적 단수값을 가진다 해도 만약 칼럼의 길이가 너무 길다면 경제적으로 바람직하지 않다. 따라서 칼럼의 길이는 분자에 둠으로써 길이를 고려한 칼럼의 효율을 표기한 것이 HETP라고 할 수 있다.

$$\text{HETP (H)} = \frac{\text{칼럼의 길이}}{\text{N}}$$

이론적 단수값이 무차원단위의 값이었다면 H값은 분자에 칼럼 길이가 있으므로 미터와 같은 길이단위를 가지는 특성이 있다. H값이 작을수록 샤프한 피크를 얻고 보다 좋은 효율의 칼럼을 가진다.

예제 N과 H의 계산 : 407초의 머무름시간을 가지는 분석체의 half-height의 너비는 8.1이었고, 이때 칼럼의 길이는 12.2 m였다. 이때 N과 H의 값을 구하시오.

풀이

$$\text{number of plates} \quad N = \frac{5.55 t_r^2}{W_{1/2}^2} = \frac{5.55 \cdot 407^2}{8.1^2} = 1.40 \times 10^4$$

$$\text{plate height} \quad H = \frac{L}{N} = \frac{12.2 \text{ m}}{1.40 \times 10^4} = 0.87 \text{ mm}$$

분해능(resolution)은 반드시 두 개 이상의 피크가 있을 때 이들의 분리 정도를 나타내는 것이다. 두 피크의 머무름시간의 차이가 클수록, 그리고 두 피크의 평균 너비가 작을수록 높은 분해능을 나타낸다.

(4) 정성 및 정량 분석의 원리

크로마토그래피를 이용한 정성분석에서 가장 쉬운 것은 co-chromatography (co-injection이라고도 함) 기술을 이용하는 것이다. 즉 우리가 분석한 시료의 크로마토그램이 여러 피크를 보여 주었다면 우리가 분석하고자 하는 분석체의 피크를 구분하기 어려울 것이다. 이때 분석체를 인위적으로 넣어 주어 증가되는 피크를 찾으면 그 피크가 분석체의 피크라고 판단할 수 있다. 보다 더 정확한 정성분석을 위해서는 질량분석기나 적외선분광기 그리고 핵자기공명(NMR)과 같은 장비를 이용하면 된다.

정량분석의 원리는 앞에서도 설명한 바와 같이 크로마토그램의 피크 면적(또는 높이)은 항상 분석체의 농도와 비례한다는 것에 기초하고 있다. 크로마토그래피를 수행할 때의 여러 오차를 줄이기 위해 때때로 내부표준물질을 부분적으로 사용하기도 한다.

2. 액체 크로마토그래피

크로마토그래피의 특성을 설명하면 크로마토그래피는 한마디로 도심에 있는 쇼핑몰에 비유할 수 있다. 대형 쇼핑몰의 각 점포를 정지상이라고 한다면 쇼핑객은 분석체가 되고 쇼핑몰 자체는 칼럼이 된다. 쇼핑객들은 각자의 취향에 따라 각 점포에 머무르는 시간이 다를 것이다. 이것은 흡사 정지상과 분석체의 상호작용과 비슷하다.

이러한 정지상과 분석체의 상호작용이 가장 잘 설명되는 크로마토그래피가 HPLC라고 할 수 있다. 여기서 LC 앞에 붙은 High Performance는 고성능이라는 뜻으로 고전적인 LC의 경우 압력을 중력만으로 칼럼에 가하여 분리를 시도하였다. 하지만 보다 더 정확한 분리를 위해 칼럼에 압력을 가하기 시작하였다. 압력은 주로 펌프를 이용하여 높였으며 이 때문에 한때 HP가 고압력(high pressure)으로 설명되기도 하였다. 이후 여러 편의장치를 덧붙여 이를 고성능 액체 크로마토그래피라 명명하였다.

1) HPLC 시스템

HPLC의 작동원리는 일반적인 크로마토그래피와 매우 유사하다. 액체 상태의 분석체는 칼럼 내의 정지상을 통과할 때 다양한 물리화학적 친화도에 따라 머무르는 시간이 상이하므로 이를 이용하여 분리하는 원리이다.

LC의 칼럼은 충전식 칼럼이 대부분이고 고형의 중심체에 여러 정지상들이 코팅되어 있

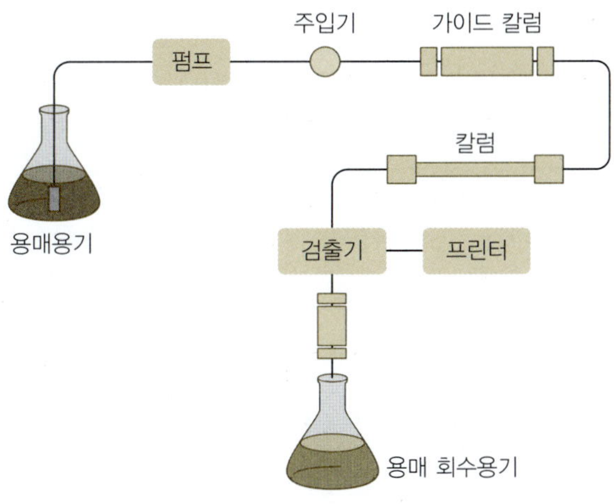

그림 23-2 HPLC 시스템의 모식도

는 형식을 취한다. 그림 23-2에 간단한 HPLC의 모식도를 나타내었다.

2) 액체 크로마토그래피의 종류

여러 종류의 LC가 있는데 주로 이동상과 정지상이 무엇이냐에 따라 다음과 같이 구분한다.

- Liquid-Solid Chromatography 〔LSC : 흡착 크로마토그래피(adsorption chromatography)〕
  - A. 정상(Normal Phase) LSC
  - B. 역상(Reverse Phase) LSC : 거의 존재하지 않음
- Liquid-Liquid Chromatography 〔LLC : 분배 크로마토그래피(partition chromatography)〕
  - A. 정상(Normal Phase) LLC
  - B. 역상(Reverse Phase) LLC
- Ion Exchange Chromatography(이온 교환 크로마토그래피)

이 중 LSC는 정지상이 고체인 LC를 말하는 것으로 주로 실리카를 채택하고 있다. LSC와 LLC는 다시 정상과 역상으로 나뉘는데, 여기서 말하는 정상과 역상은 어떤 특별한 의미를 가진 용어가 아니라 정지상이 극성이면 정상, 비극성이면 역상을 의미하는 상징적인 용어이다. 아마도 극성을 정상이라고 표현하는 관용적인 표시라고 생각하면 된다. LSC는 거의 정상만 존재하고 LLC는 정상과 역상을 모두 가지고 있으나 가장 널리 쓰이는 LLC는 C_{18}로 대표되는 역상이다.

(1) 액체-고체 크로마토그래피

액체-고체 크로마토그래피(liquid-solid chromatography, LSC : adsorption chromatography)의 칼럼은 실리카(silica, SiO_2)가 대표적이다. 이 칼럼은 주로 흡착현상을 이용하는데 실리카가 매우 극성을 띠는 관계로 정상 크로마토그래피라고 보면 된다. 분석체는 극성 실리카와 반응하는 흡착의 정도가 다르므로 이에 따라 정지상에 흡착하는 시간이 달라진다. 정지상에 흡착한 분석체는 영원히 흡착되어 있는 것이 아니라 극성이 강한 용매가 도달하면 그 용매에 자리를 내어 주고 칼럼을 통과하게 된다. 그림 23-3에 그 전개 과정을 나타내었다. 아울러 LSC 칼럼의 대표격인 실리카 칼럼의 모습은 그림 23-4에 나타내었다.

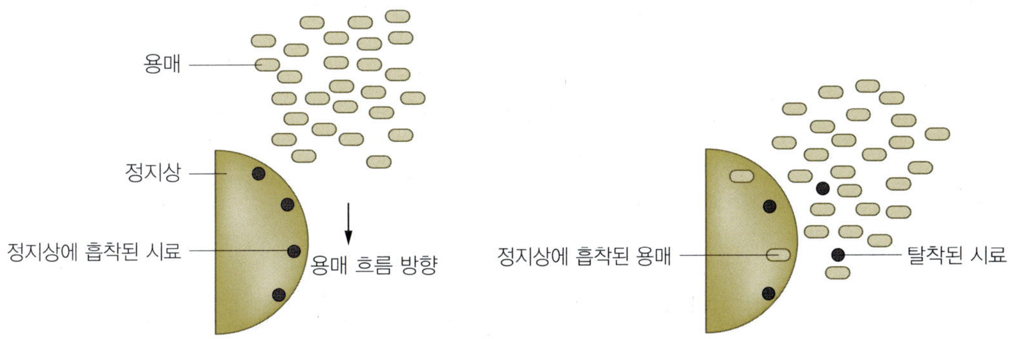

(a) 고정상에 먼저 도착한 분석 시료가 붙어 있음

(b) 이들 분석 시료들은 용매(이동상)의 작용에 의해 위치가 바뀌어 용매와 함께 나가게 됨

그림 23-3 흡착 크로마토그래피의 분리 이론을 나타낸 모식도

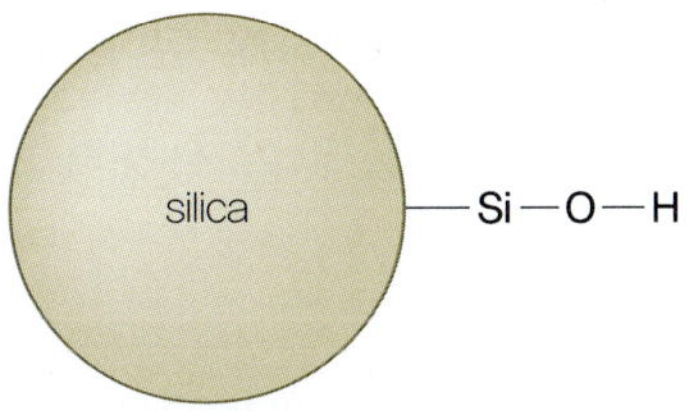

그림 23-4 실리카 칼럼의 모식도

(2) 액체-액체 크로마토그래피

액체-액체 크로마토그래피(liquid-liquid Chromatography, LLC : partition chromatography)는 액체 고정상을 이용하는 것으로 액체인 분석체와의 분배계수 차이에 의한 분리를 그 원리로 하고 있다. 이 LC의 고정상은 고체 표면에 탄화수소(역상)나 여러 작용기(정상)를 화학결합으로 연결시켰다. 이를 bonded phase 크로마토그래피라 한다. 그림 23-5는 LLC에 많이 쓰이는 고정상의 모습이다.

LLC에 주로 쓰이는 고정상의 종류는 표 23-1과 같다. 가장 흔히 접하는 HPLC 칼럼인

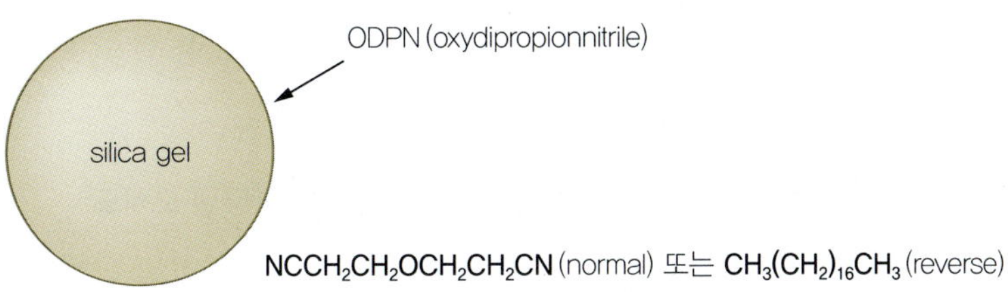

그림 23-5 C_{18} 칼럼 등 분배 크로마토그래피에서 사용되는 칼럼의 모식도

표 23-1 자주 사용되는 boned phase 칼럼의 종류

극성기		비극성기	
R = $(CH_2)_3NH_2$	Amino	R = $(CH_2)_{17}CH_3$	Octadecyl
R = $(CH_2)_3C{\equiv}N$	Cyano	R = $(CH_2)_7CH_3$	Octyl
R = $(CH_2)_2OCH_2CH(OH)CH_2OH$	Diol	R = $(CH_2)_3C_6H_5$	Phenyl

C_{18}이나 C_8 등은 역상 LLC의 대표적인 경우이다. 이와 같은 칼럼을 많이 사용하는 이유는 바로 분석체가 물에 녹는 경우 이를 분리하는 데 가장 적합한 고정상이 C_{18}이기 때문이다.

우리 주변에서 볼 수 있는 식품 관련 소재나 생물체의 구성 성분은 거의 대부분 수용성이다. 이들 분석체를 실리카와 같은 정지상으로 분리한다면 용매로 쓰이는 물의 극성이 너무 강하여 실리카의 대부분과 결합 또는 흡착하게 된다. 그러면 분석체들을 분리할 수 없기 때문에 이들의 분리를 위해서 역상 LLC를 많이 사용하는 것이다.

(3) 이온 교환 크로마토그래피

이온 교환 크로마토그래피(ion exchange chromatography, IEC)는 고형상의 지지대에 이온을 화학적으로 결합시킨 형태이다. 분리 과정은 그림 23-6과 같다. IEC는 pH 조절이 매우 중요하며 일단 양이온이 포함된 분석체를 분리하려면 그림 23-6과 같은 칼럼을 사용하되 초기 pH는 낮게 유지하고 시간이 경과한 후 pH를 높여 주면 원래 있던 나트륨이온이 제자리를 찾아오면서 분리가 일어난다.

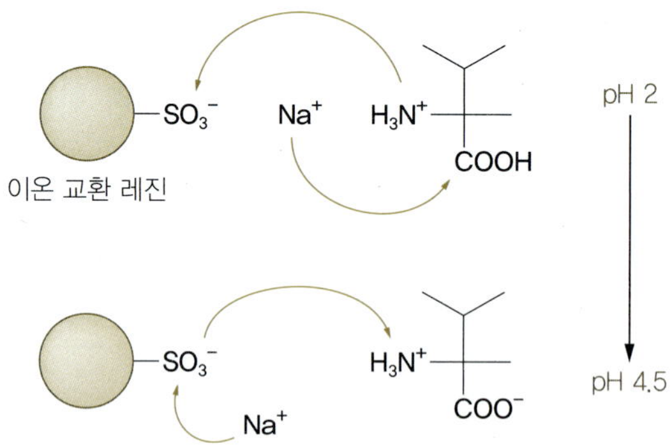

그림 23-6 이온 교환 크로마토그래피의 원리를 나타낸 모식도

(4) 적절한 HPLC의 선택

여러 LC 중 적합한 칼럼을 선택하는 것은 분석에서 매우 중요하다. 일단 분석체가 정해지면 문헌을 통해 적합한 칼럼 및 운용 조건을 찾는 것이 중요하다. 문헌을 찾지 못했으면 각 분석체의 특성을 파악한 후 표 23-2 등을 참조하여 LC를 선택한다.

표 23-2 시료 종류에 따른 LC의 선택

시료의 종류	LC 종류
Positional isomers	LSC 또는 LLC
Moderate polarity molecules	LSC 또는 LLC
Compounds with similar functionality	LSC 또는 LLC
Ionizable species	IEC
Compounds with differing solubility	LLC
Mixture of varying sized molecules	GCC

3) HPLC 용매, 용매세기 그리고 운용방식

(1) HPLC 용매의 특성

HPLC에 쓰이는 용매는 극성에 따라 다음과 같이 구분될 수 있다.

- 극성 용매(polar solvents) : water > methanol > acetonitrile > ethanol > oxydipropionitrile
- 비극성 용매(non-polar solvents) : n-decane > n-hexane > n-pentance > cyclohexane

극성 용매로는 물이 대표적이며 메탄올, 아세토나이트릴 등이 조금 낮은 극성을 보인다. 비극성 용매로는 탄화수소가 가장 비극성이고 기타 여러 화학 용매들이 그 뒤를 따르고 있다. 이들 용매의 선택은 GC에서 온도 프로그래밍에 필적하는 매우 중요한 기능을 HPLC에서 수행하고 있다. 즉 어떤 분석체가 고정상과 반응하여 결합되어 있는데 이를 다른 극성을 띤 용매가 자리를 차지하며 분석체를 밀어내는 작용을 한다. 이는 분석체들의 머무름시간을 조절하는 매우 중요한 기능이다.

이들 용매의 특성을 이용하는 LC에 따라 구분 지을 수 있는 지표가 용매 세기(solvent strength)이다. 용매의 세기는 사용하는 LC가 정상이냐 역상이냐에 따라 달라지는데 이에 대한 이해가 필요하다.

표 23-3에 정상 LSC에서 사용되는 용매 세기를 나타내었다. 정상 LSC에서는 보다 빠른 분석체 분리를 위해 용매 세기가 센 용매를 사용한다. 따라서 용매 세기는 극성이 강할수록 커진다. 반면 역상 LSC에서는 용매 세기가 표 23-3과 반대라고 보면 된다. 역상 LSC의 분석체 분리를 위해서는 비극성이 강한 용매(용매 세기가 약한)를 사용해야 한다.

표 23-3 용매 세기와 자외선 한계

용매	용매 세기(ε_0)	자외선 한계(mm)
Pentane	0.00	190
Hexane	0.01	195
Heptane	0.01	200
Trichlorotrifluoroethane	0.02	231
Toluene	0.22	284
Chloroform	0.26	245
Dichloroform	0.26	245
Dichloromethane	0.30	233
Diethyl ether	0.43	215
Ethyl acetate	0.48	256
Methyl tert-butyl ether	0.48	210
Dioxane	0.51	215
Acetonitrile	0.52	190
Acetone	0.53	330
Tetrahydrofuran	0.53	212
2-Propanol	0.60	205
Methanol	0.70	205

*자외선 한계(ultraviolet cutoff)란 용매의 강한 자외선 흡수파장보다 큰 파장에서 용질이 검출될 수 있는 대략적인 최소파장이다. 물의 경우 190 mm

자료 : Snyder L.R., High-performance Liquid Chromatography(C. Horvath. ed), Vol.3(New York: Academic Press, 1983); Burdick & Jackson Guide. 3rd ed Muskegon. MI:Burdick & Jackson Laboratories, 1990

(2) HPLC 운용방식

HPLC를 보다 효율적으로 운용하기 위한 가장 적합한 방식은 여러 용매를 사용하되 그들의 조성을 조절하는 것이 매우 중요하다. 초기 상태의 용매 조성을 그대로 유지하는 방식을 isocratic 방식이라 하고, 시간의 경과에 따라 조금씩 용매 조성을 달리하는 방식을

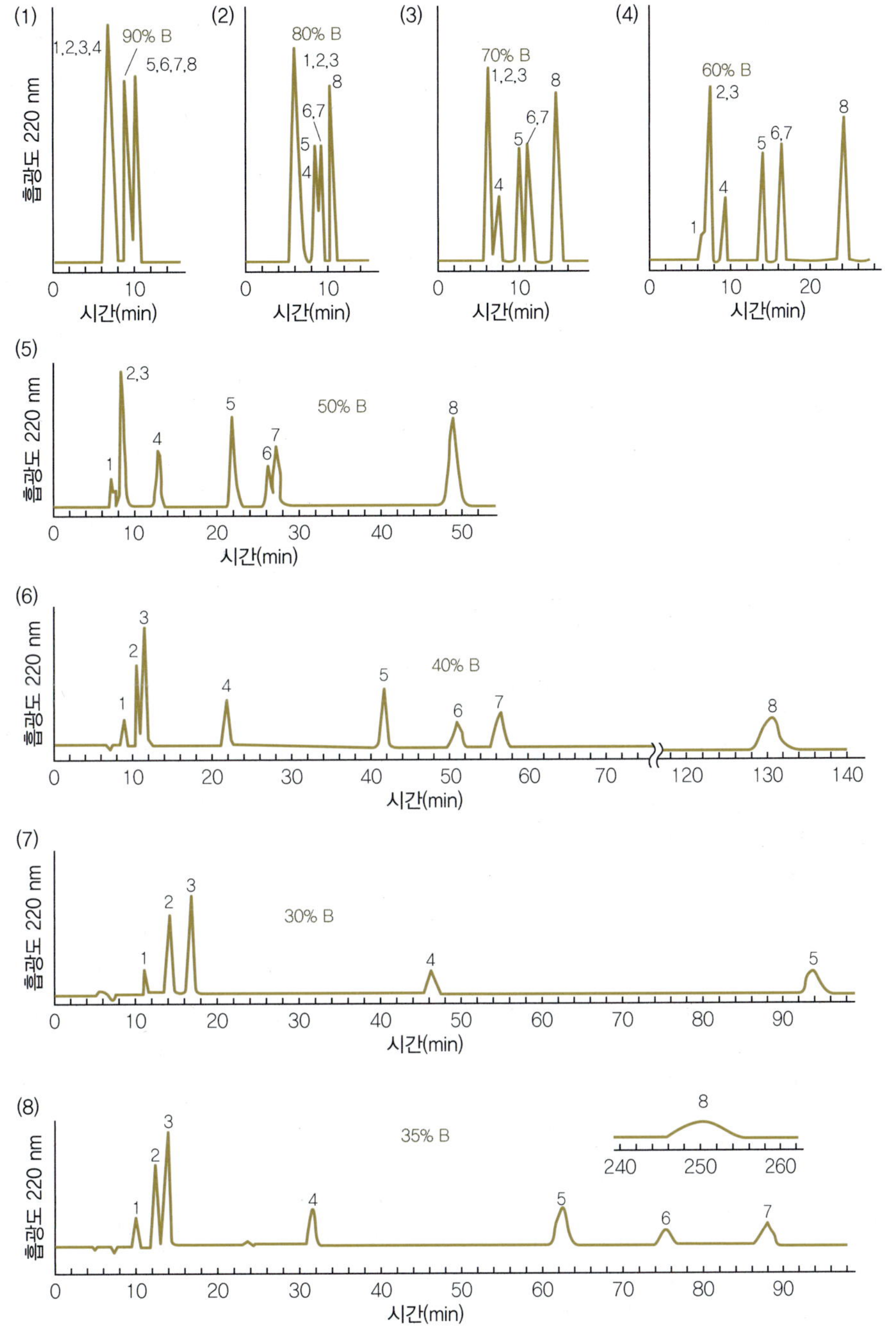

그림 23-7 용매 조성에 따른 분석체들의 분리 정도

실온(~22°C)에서 0.46×25 cm Hyperail ODS 칼럼(C_{LH} on 5-μm silica)상에서 이동상 흐름속도가 1.0 mL/min일 때 방향족 화합물들이 혼합물의 등용매 HPLC 분리 : (1) 벤질알코올; (2) 페놀; (3) 3′Δ′-다이메톡시아세토피논; (4) 벤조인; (5) 에틸벤조에이드; (6) 톨루엔; (7) 2,6-다이메톡시톨루엔; (8) o-메톡시비페닐. 용리액은 완충 수용액(A로 지정)과 아세토나이트릴(B로 지정)로 구성되었다. 첫 번째 크로마토그램에서 90% B 기호는 10% 부피를 의미한다. 24 mM KH_2PO_4와 0.1 g/L 아지드화나트륨(sodium azide)을 포함하는 완충 용액은 염산을 이용하여 pH 3.5로 조절되었다.

gradient 방식이라고 한다. 그림 23-7에 gradient 방식의 효율성을 나타내었다.

그림 23-7을 보면 물(A용매)과 아세토나이트릴(B용매)의 비율에 따라 분석체들의 머무름 시간이 달라지고 각 피크의 해상도가 달라지는 현상을 알 수 있다. 즉 각 분석체들의 분리능과 머무름시간의 경제성 등 여러 요소들을 고려하여 용매를 선택해야 한다(그림 23-8).

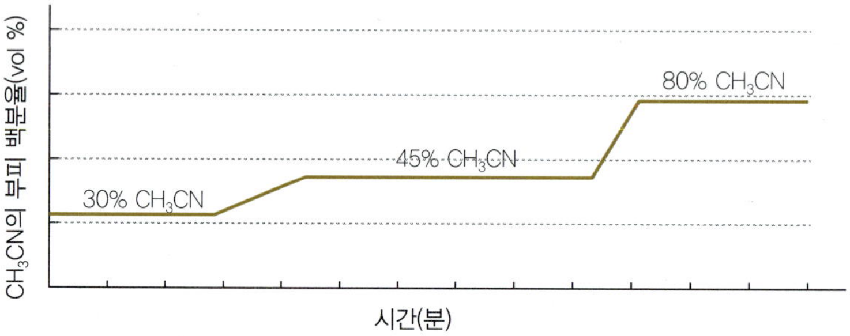

그림 23-8 용매의 비율에 따른 분석 조건

그림 23-9는 등 용매이송(isocratic) 방식에 비해 구배(gradient) 방식이 적절하게 사용된 예를 나타내었다. 즉 일정한 농도의 isocratic 방식에 비해 gradient로 했을 때 분리능과 시간을 훨씬 절약할 수 있음을 알 수 있다.

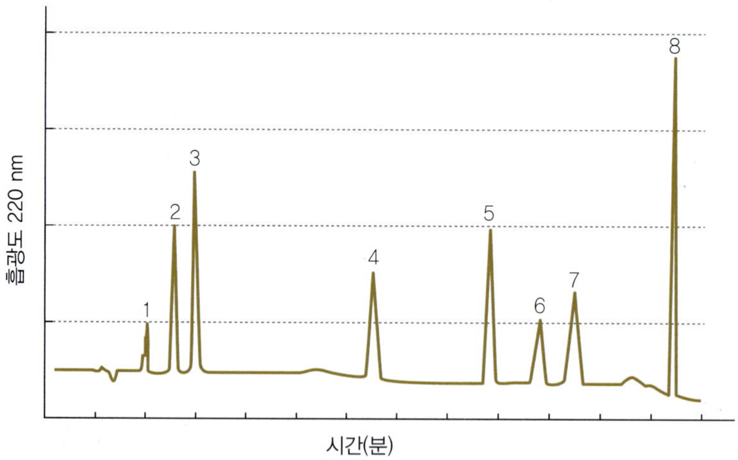

그림 23-9 그래디언트 방식일 때의 각 분석체들의 분리능

4) HPLC 인젝터

HPLC의 인젝터(injector)는 매우 흥미로운 발명품이라고 할 수 있다. 그림 23-10과 같이 두 가지 방식이 존재한다. 로드 방식과 주입 방식인데, 로드 방식은 일단 샘플을 HPLC 주입기에 주입하는 과정에서 필요한 동작을 말한다. 주입기는 모두 6개의 통로가 있어 이들 통로를 통해 샘플이 주입되는데, 핵심은 정확한 양을 주입하기 위해 루프를 사용한다는 것이다. 루프의 종류는 주입되는 샘플의 양에 따라 10 μL, 20 μL, 100 μL 등으로 다양하다. 로드 방식에서는 일단 정해진 양이 루프에 채워지게 되고, 주입 방식으로 돌리면 마침내 루프에 있던 시료가 칼럼으로 들어가게 된다.

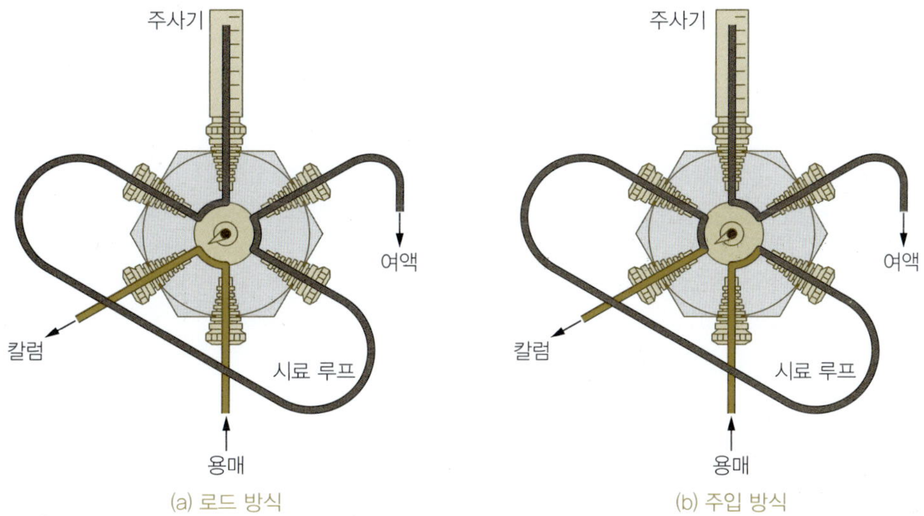

그림 23-10 HPLC 인젝터 모드

5) HPLC 검출기

GC 검출기와는 달리 HPLC 검출기는 대부분 분광기의 원리를 이용한다. 따라서 분광광도계에 대한 이해가 필요하다. 검출기는 기본적으로 noise와 drift가 적어야 하고 유속, 온도, 압력 등에 안정해야 하며 감도도 좋아야 한다. 검출기는 작용원리에 따라 광학적 요인을 이용하는 광학적 검출기(optical detector)와 전기적, 화학적 요인을 이용하는 전기화학검출기(electrochemical detector)가 있다.

광학적 검출기는 빛의 에너지 차이에 따라 검출하는 자외선/가시광선 검출기(UV/Vis

detector)와 형광 검출기(fluorescence detector, FL detector)가 있으며, 빛의 굴절률 차이에 따라 검출하는 굴절률 검출기(refractive index detector, RI detector)로 구분된다.

전기화학검출기는 전도도 값의 차이에 따라 검출하는 전도도 검출기(conductivity detector), 산화·환원 반응에 따른 전류값 차이에 따라 검출하는 전기화학검출기, 그리고 ELSD (evaporative light scattering detector)가 있다. ELSD는 용매 제거가 매우 효과적이고 안정적인 LED 광원에 산란된 화합물을 검출할 수 있어 재현성이 높다. RI 검출기의 제한적인 분석 조건을 극복하여 화합물을 신속, 정확하게 검출할 수 있다.

연습문제

1 액체 크로마토그래피와 가스 크로마토그래피를 분류하는 근거는?

2 HPLC에서 이동상인 용매의 조성에 대해 기술하시오.

풀이 및 정답

1. 이동상의 물질 상태에 따라 이동상이 액체인 경우 액체 크로마토그래피, 이동상이 기체인 경우 가스 크로마토그래피라고 한다.
2. HPLC를 보다 효율적으로 운용하기 위해 가장 적합한 방식은 여러 용매를 사용하되 그들의 조성을 조절하는 것이 중요하다. 초기 상태의 용매 조성을 그대로 유지하는 방식을 isocratic 방식이라 하고, 시간이 경과함에 따라 용매의 조성을 달리 해주는 방식은 gradient 방식이라고 한다.

FOOD ANALYSIS

24 가스 크로마토그래피

식품의 품질을 평가하거나 품질을 관리하기 위한 방안으로 향기 성분이나 휘발 성분을 분석하는데, 이때 많이 활용되는 장치가 바로 가스 크로마토그래피(gas chromatography, GC)이다. 칼럼을 통과하는 휘발성 기체 성분들이 온도 조절(temperature programming)에 의해 순차적으로 휘발되고 이어 검출기에 의해 검출 확인됨으로써 휘발 성분의 종류와 양을 측정할 수 있다. 표준물질이나 Library를 이용하기도 하며 질량분석기와 연결되어 물질의 구조까지 파악하기도 한다.

1. GC의 원리

GC는 이동상을 기체로 하는 특성을 지니고 있으며, 휘발성 분석체가 기체인 이동상에 섞여 칼럼을 통과하면서 칼럼에 코팅되어 있는 정지상과의 분배계수에 의해 분리되는 원리이다. 이동상으로 기체를 사용하기 때문에 액체를 사용하는 LC에 비해 개발이 늦어졌으나 발전 속도는 LC를 능가하여 발전해 왔다. 일반적으로 칼럼은 모세관 칼럼(capillary column)을 사용하고 이동상이 기체이므로 가스탱크가 필요하며, 인젝터(injector, 시료를 주입하는 부분)에서 높은 온도로 가열하여 모든 성분을 휘발시킨다. 과거에는 모세관 칼럼이 아닌 LC 같이 관과 같은 충전식을 사용하였는데 이제 고해상도 작업이 필요해져 모세관 칼럼으로 바뀌었다.

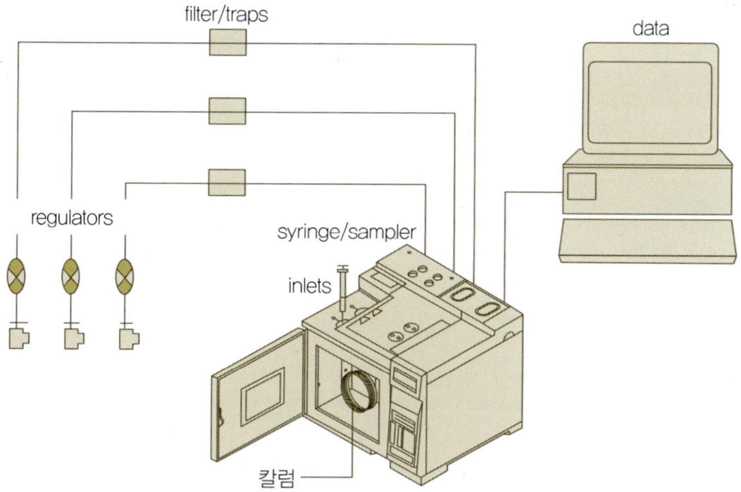

그림 24-1 GC의 일반적인 구성도

검출기는 주로 불꽃을 피워 연소시키는 원리를 사용하므로 수소, 질소 가스 등이 필요하다. 그림 24-1에 GC의 주요 구성 인자를 나타내었다. GC에서는 기체화된 분석체들이 운반기체(carrier gas)라 불리는 이동상과 함께 혼합되어 칼럼을 통과한다. 정지상은 칼럼 내부에 코팅되어 있는 비휘발성 액체 성분이 대부분이다. 정지상은 극성에 따라 여러 가지 종류로 구분된다.

2. GC의 칼럼

GC의 칼럼은 LC와 마찬가지로 충전식 칼럼(packed column)이 대부분이었지만 기술이 발전하면서 모세관 칼럼이 주를 이루게 되었다. 이러한 칼럼을 열린 관칼럼(open tubular column)이라 한다. 이 칼럼은 실리카(fused silica)로 제조되며 충전식 칼럼에 비해 높은 해상도, 짧은 분석시간, 높은 민감도를 가진 반면, 도입되는 샘플의 양이 상대적으로 적다. 이러한 기술적 진보가 현재의 모세관 칼럼이 주를 이루는 GC 시스템을 구축하였다.

많이 쓰이는 칼럼의 두께(I.D.)는 0.1~0.53 mm이고 길이는 15~100 m까지 다양한데 길이가 길수록 가격이 비싸다. 정지상이 코팅되는 두께는 매우 얇아서 겨우 0.1~0.5 μm 정도이다. 코팅되는 두께가 매우 얇고 긴 특성을 지니므로 이들을 생산하기 위한 기술 및 장치가 많이 필요하다. 표 24-1에 GC에 많이 쓰이는 정지상을 나타내었다.

표 24-1 많이 쓰이는 GC 칼럼의 정지상

구조	극성	온도 범위
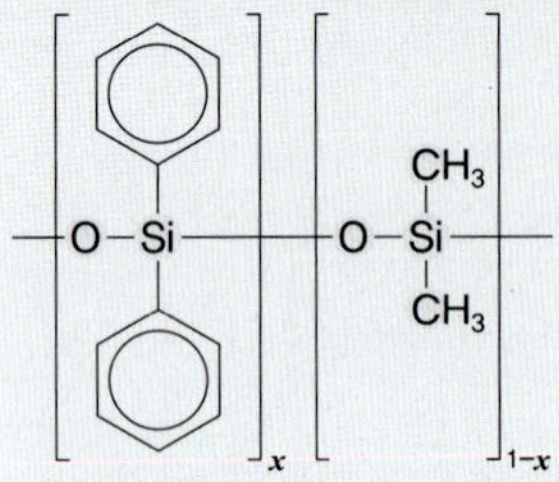	x=0 비극성 x=0.05 비극성 x=0.35 중간 정도의 극성 x=0.65 중간 정도의 극성	-60°C~360°C -60°C~360°C 0°C~300°C 50°C~370°C
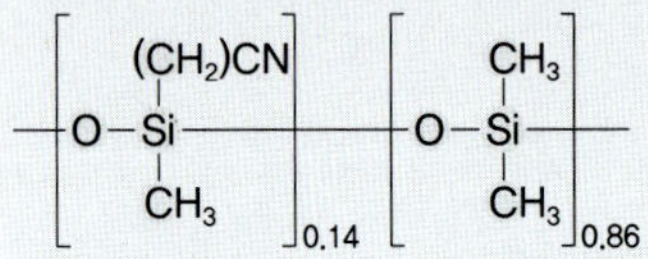	중간 정도의 극성	-20°C~280°C
$[CH_2CH_2-O]_n$	강한 극성	40°C~250°C
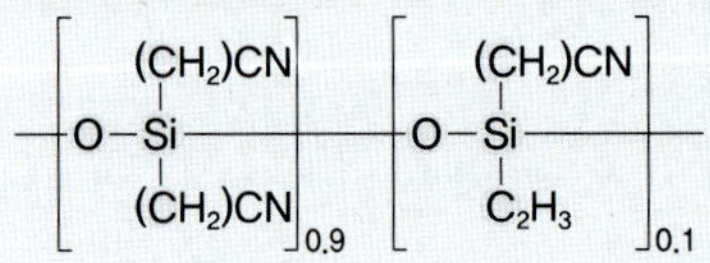	강한 극성	0°C~275°C

Polysiloxane 계열의 GC 칼럼이 가장 일반적으로 쓰이는 칼럼이며, 표 24-1에 나타낸 것과 같이 페닐기가 얼마나 있느냐에 따라 극성의 정도가 다르다. 페닐기가 전혀 없는 polysiloxane 계열 칼럼은 통상 DB-1과 같이 1이라는 브랜드명이 붙는데 각 회사별로 1이라는 숫자가 붙은 칼럼은 이와 같은 칼럼이라 생각하면 된다. 여기서 DB는 GC 칼럼을 가장 많이 생산하고 있는 J&W 회사의 브랜드명이다. 휴렛팩커드(현재는 Agilent Technology로 합병됨)사는 HP를 사용하고 있다. 어느 정도의 페닐기가 있는 칼럼은 DB-5라는 숫자가 붙는데 중간 정도의 극성을 지니고 있다. 반면에 carbowax 칼럼은 구성 성분이 산소를 지니고 있어 극성이 강하다. 따라서 DB-Wax와 같이 wax가 붙은 칼럼은 매우 극성이 강한 성분의 분석에 좋다. 즉, 분석하려는 분석체가 비극성이면 비극성 칼럼을, 극성 물질이면 극성 칼럼을 선택한다. 일반적으로 식품의 향기 성분들은 상대적으로 극성이 강하여 wax 칼럼을 쓰는 경우가 많고, 일반적인 독성물질들은 1, 5칼럼을 쓰는 경우가 많다. 하지만 이것은 일반적인 경우이고 자신의 실험에 맞는 성질의 칼럼을 선택하여 사용하여야 한다.

3. 온도 조절 프로그램

GC 운용에서 온도 조절은 매우 중요하다. 칼럼이 있는 오븐의 온도를 올리면 분석체들의 증기압을 증가시켜 칼럼을 빨리 통과하게 되어 머무름시간을 줄이고 피크를 날렵하게 만들 수 있다. 하지만 지나치게 온도를 올리면 분리능이 떨어지는 단점도 있다. 각자의 분석에 맞게 최적의 조건을 잡는 것이 'GC 운용의 기술'이라 할 수 있다. 마치 LC에서 용매의 종류와 농도를 달리하여 해상도와 머무름시간을 조절하듯이 GC에서는 오븐의 온도 조절로 같은 효과를 보고 있다고 생각하면 된다.

온도를 올리는 방식도 온도를 일괄적으로 올리는 등 용매이송(isocratic) 방식보다는 시간에 따라 조금씩 온도를 올리는 구배(gradient) 방식이 훨씬 해상도가 증가하고 효과적이다.

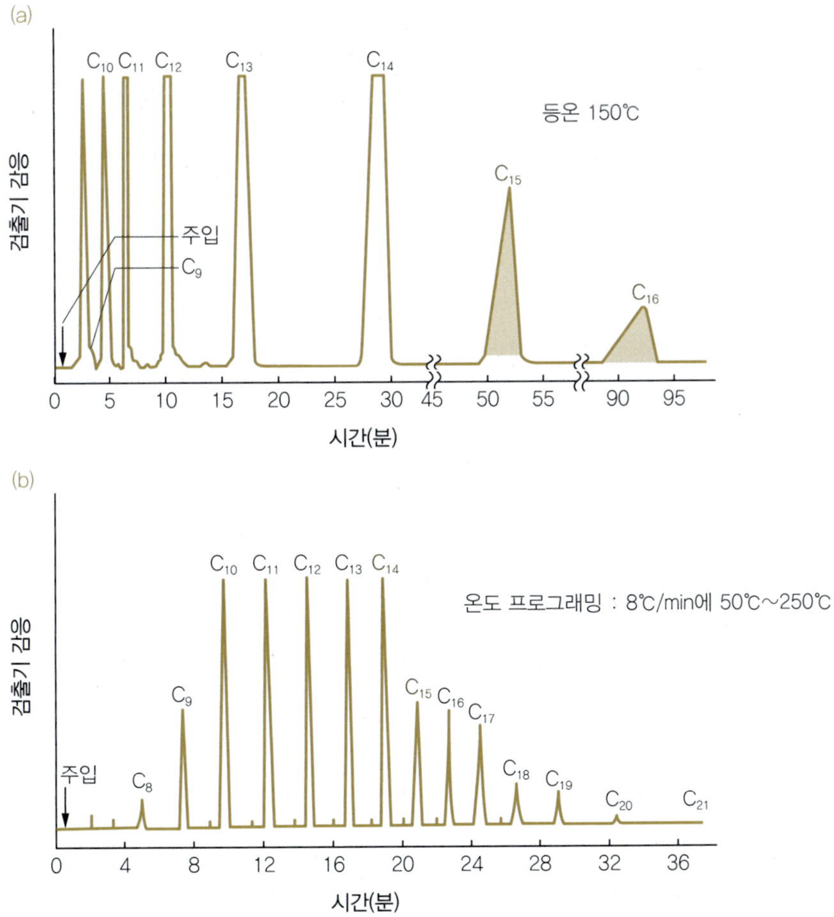

그림 24-2 온도 조절 프로그램을 사용했을 때의 크로마토그램의 변화

4. 주입 방식

GC의 운용에 있어 온도 조절과 함께 아주 효과적인 방식은 주입 방식(injection method)의 변화이다. 주입 방식에는 2가지가 있는데 분할(split)과 비분할(splitless) 방식이다. 이것은 LC에는 없는 GC만의 고유한 특징이다. 인젝션 모드는 splitless, 즉 넣어 준 시료 모두 칼럼을 통해 분석하는 방식이다. Split 방식은 넣어 준 시료 전량이 칼럼에 들어가는 것이 아니라 일부만 들어가고 나머지는 배출기를 통해 나오는 방식이다. 단순하게 생각하면 매우 비효율적이라 할 수 있겠지만 현재 GC들이 거의 모세관 칼럼 방식인 것을 고려하면 split 방식이 여러 면에서 장점이 있다.

Split 방식의 장점을 열거하면 일단 전체 시료에서 분석체의 농도가 0.1% 이상인 경우에 매우 유리하다. 즉 너무 많이 칼럼에 들어가게 되면 이들이 뭉치거나 해상도가 떨어지는 경우가 많기 때문이다. 높은 해상도를 요구하는 분석에 적당하며 보통 0.2~2%의 시료만이 칼럼에 들어가게 한다. 배출구를 통해 나가는 시료양과 칼럼에 들어가는 양의 비율을 분할배(split ratio)라 한다. 그림 24-3에 두 방식의 개요를 그림으로 나타내었다.

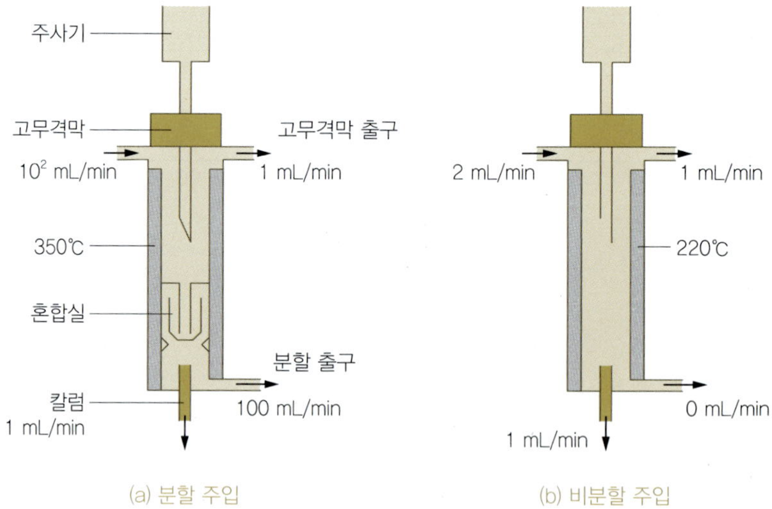

그림 24-3 GC의 주입기 방식

반면 splitless 방식은 분석체의 농도가 아주 낮은 흔적 분석(trace analysis)에서 유용하게 사용된다. 각 방식별로 인젝터 내의 유리 liner가 다르므로 구별하여 사용하도록 한다.

5. GC 검출기

다른 분석기기의 검출기와 마찬가지로 GC의 검출기도 분석체들이 가지는 물리화학적 성질을 이용한다. 크로마토그래피는 상대적으로 분석체들의 물리적 성질을 이용하는 것이 대부분이다. 물리적 성질을 선호하는 까닭은 이 성질들은 쉽게 전기적 신호로 전환될 수 있고, 이러한 전기적 성질을 모니터링하기가 용이하기 때문이다.

물리적 성질로는 열전도도, 흡광도, 연소열 등을 들 수 있다. 이러한 성질들이 전기적 신호로 바뀐 후 증폭 과정을 거쳐 기록되는 것이다.

1) 열전도 검출기

열전도 검출기(thermal conductivity detector, TCD)는 다른 GC 검출기에 비해 분석체들을 분해하지 않으며 상대적으로 간단하면서도 저렴하다는 특성을 가진다. 반면 민감도와 선형도는 상대적으로 다른 검출기에 비해 떨어진다. 이 검출기의 원리를 간단히 소개하면, GC의 모든 분석체는 기체이므로 각 기체가 검출기를 통과할 때 상대적으로 열의 손실이 다른데 이 성질을 이용하는 것이다. 그림 24-4는 휘트스톤 브리지 회로(Wheatstone bridge circuit)라는 전자회로인데 중간부에 보이는 필라멘트는 기체의 흐름에 의해 냉각(열손실)되는 특성을 지닌다. 특히 운반기체로 사용되는 헬륨의 냉각 능력이 가장 뛰어나다. 그런데 분석체 가스가 운반기체와 같이 필라멘트를 때리면 분석체에 따라 냉각하는 능력에 차이가 난다. 이 차이가 열전도도의 차이를 일으키면서 전기신호에 차이가 생긴다.

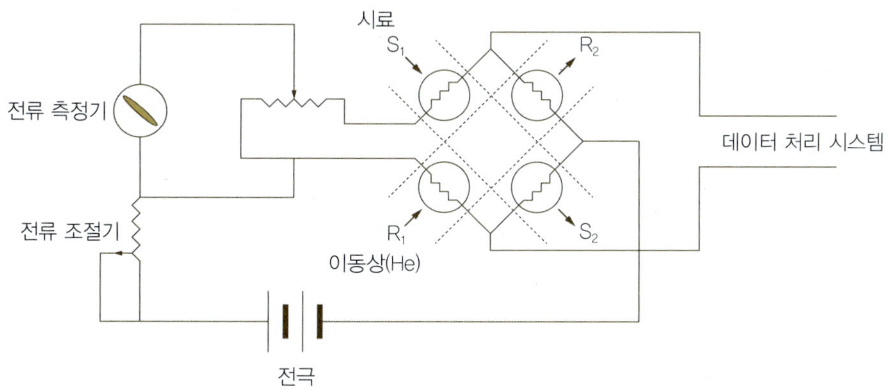

그림 24-4 TCD 검출기

2) 불꽃 이온화 검출기

불꽃 이온화 검출기(flame ionization detector, FID)는 가장 널리 쓰이는 GC의 검출기이다. 일반적으로 GC를 구입하면 기본적으로 설치되어 있는 검출기라고 보면 된다. 이 검출기의 특징은 가장 민감도가 높다는 것과 탄소를 함유한 유기물질의 분석에서 선택성이 매우 좋다는 것이다. 또 선형도도 매우 우수하다. 이 검출기는 TCD와는 달리 열을 이용하여 분석체를 분해하기 때문에 검출 후 다시 그 분석체를 사용할 수 없다.

이 검출기의 원리를 간단히 설명하면, 그림 24-5에 나타낸 것과 같이 칼럼 끝을 통과한 분석체들은 수소가스와 공기로 인해 만들어진 불꽃에 분해된다. 분해된 분석체들은 주로 양전하(cation)를 띠는데 이들 양전하가 전극 사이의 전자 흐름을 방해하여 미세한 전하의 변화를 일으킨다. 이때 전하의 변화는 분석체의 탄소 수에 비례하므로 질량에 비례하게 된다. 전하의 변화는 검출기의 신호로 기록된다.

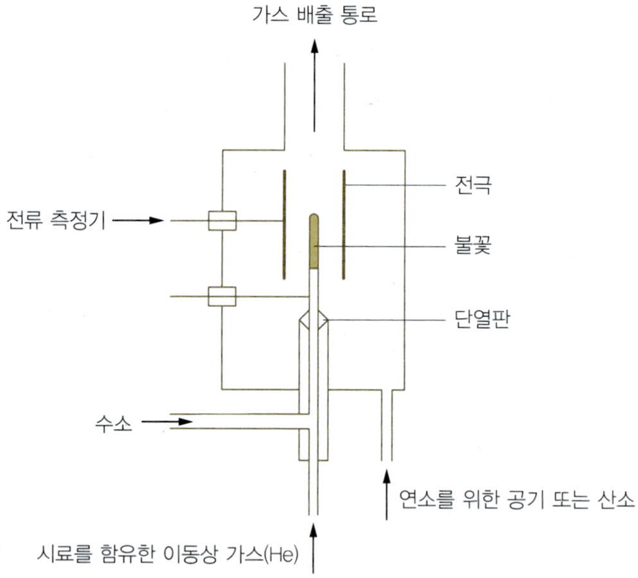

그림 24-5 FID 검출기

직접 FID로 분석하면 그림 24-6과 같은 크로마토그램을 얻을 수 있다. 이 크로마토그램은 방향식물인 유칼립투스 식물(*Eucalyptus polyanthemos* Schauer)을 추출한 후 GC-FID로 분석한 결과이다.

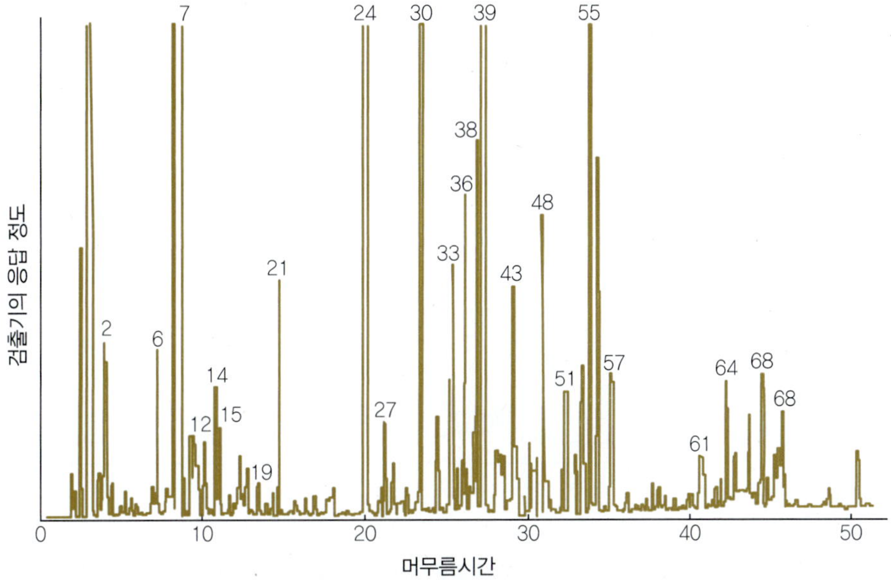

그림 24-6 FID 검출기로 분석한 유칼립투스의 향기 성분 크로마토그램

3) 질소-인 검출기

질소-인 검출기(nitrogen phosphorus detector, NPD)는 분석체 중 질소와 인을 포함한 화합물이면 특별히 검출이 가능한 검출기이다. 질소와 인은 특별히 농약이나 환경 관련 제품에서 많이 검출되므로 이들 물질을 검출할 때 유용하게 쓰인다.

이 검출기에는 알칼리 비드(alkali bead)가 장착되어 있다. 이 비드는 주로 루비듐(rubidium)이나 세슘(cesium)으로 제조되며 그림 24-7과 같이 불꽃을 가하면 전자가 방출되도록 설계되어 있다. 방출된 전자는 전극에서 전하의 변화를 일으킨다. 만약 분석체가 질소나 인을 함유하고 있으면 이들이 비드에 흡착되어 표면 활성에 변화를 주게 된다. 그 결과 비드에서 더 많은 전자가 방출된다. 이 변화가 검출기 신호로 변환되면서 기록이 된다. 질소와 인을 비교하면 인을 함유한 물질이 질소를 함유한 물질에 비해 3배 이상 감도가 높다.

그림 24-8은 NPD로 질소를 함유한 물질인 1-메틸피라졸(1-methyl pyrazole)을 분석한 크로마토그램이다.

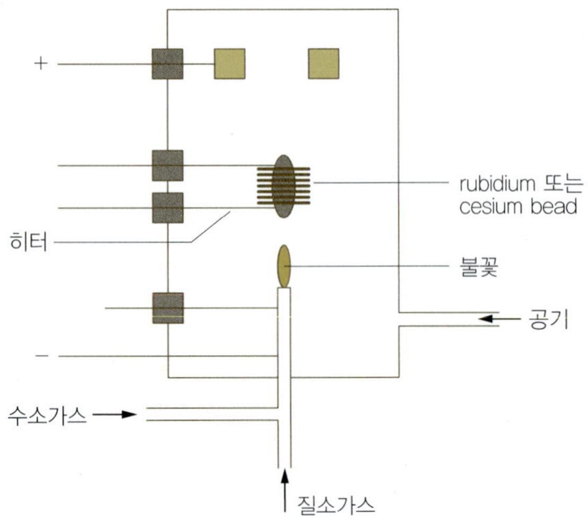

그림 24-7 NPD 검출기

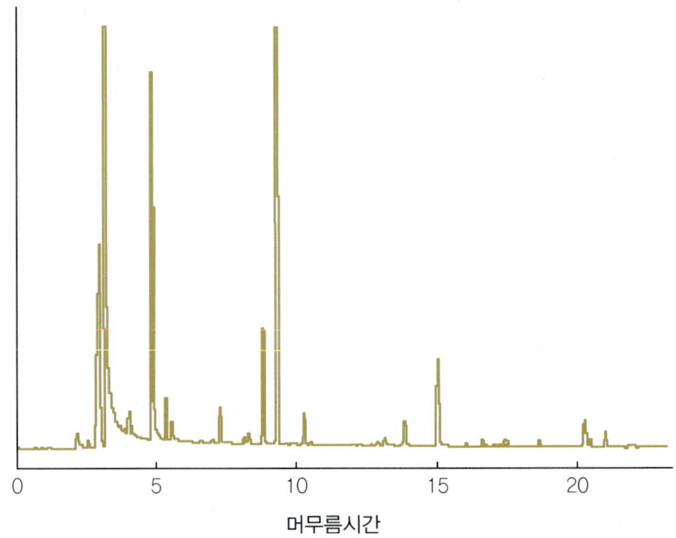

그림 24-8 NPD 검출기로 분석한 크로마토그램

4) 불꽃 광도 검출기

불꽃 광도 검출기(flame photometric detector, FPD)는 인과 황을 함유한 화합물만을 선택적으로 분석할 수 있는 검출기이다(그림 24-9). 이 검출기 또한 환경 관련, 농약 관련 화합물의 분석에 널리 쓰인다. 인과 황을 함유한 화합물은 수소로 만들어진 불꽃에 연소되면 특별한 파장의 빛에 화학적으로 화학 발광(chemiluminescence)을 만들어 낸다. 이런 화학 발

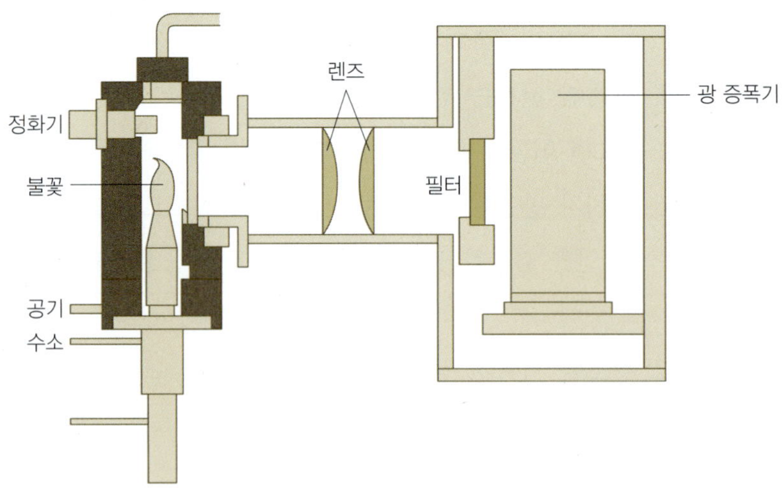

그림 24-9 FPD 검출기

광은 특별한 파장으로 기록되는데 이들 파장은 인과 황에 따라 다르다. 특별한 파장의 빛만을 통과시키는 광학 필터가 이들 신호를 증폭시켜 신호를 만들어 낸다.

$$R-P \xrightarrow{\Delta} HPO^* \longrightarrow HPO + h\nu\ (525\ nm)$$

$$R-S \xrightarrow{\Delta} S_2^* \longrightarrow S_2 + h\nu\ (393\ nm)$$

그림 24-10은 실제 어떤 물질을 FID와 FPD에서 분석한 결과이다. 크로마토그램을 보면 알겠지만 모든 유기물질을 모니터링하는 FID에 비해, FPD는 특이하게 인과 황을 포함한 물질만을 모니터링한다.

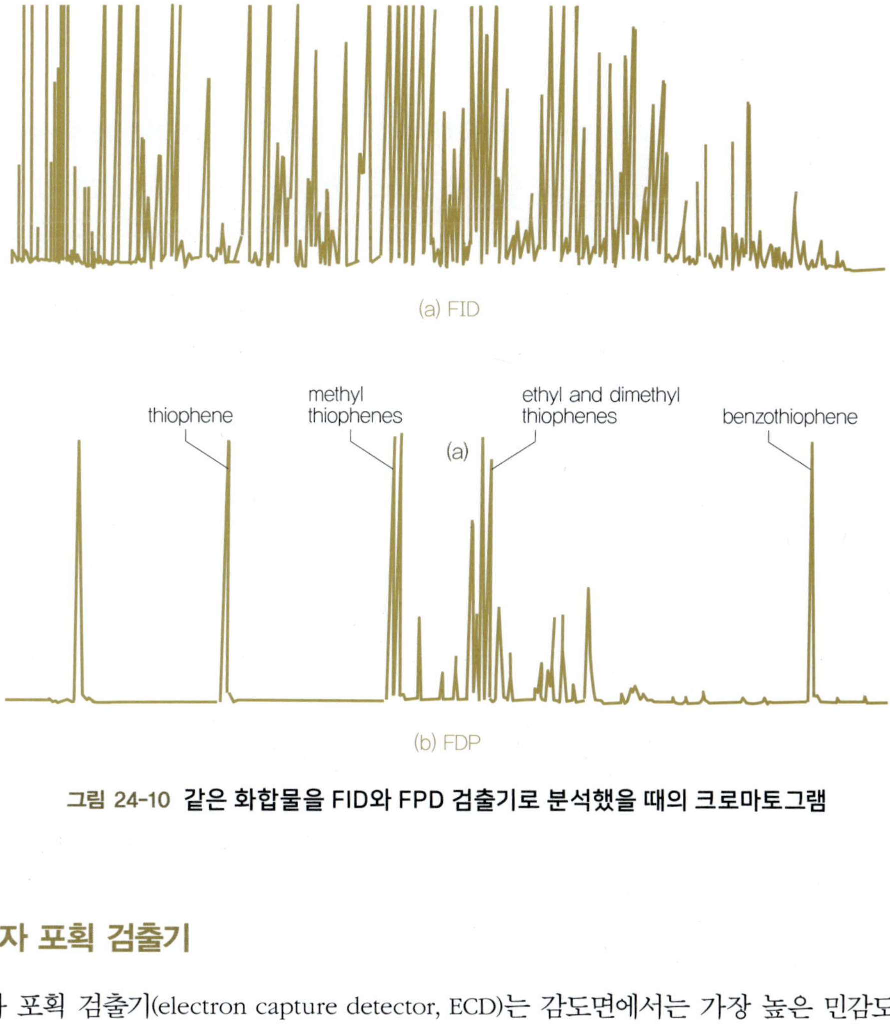

그림 24-10 같은 화합물을 FID와 FPD 검출기로 분석했을 때의 크로마토그램

5) 전자 포획 검출기

전자 포획 검출기(electron capture detector, ECD)는 감도면에서는 가장 높은 민감도를 자

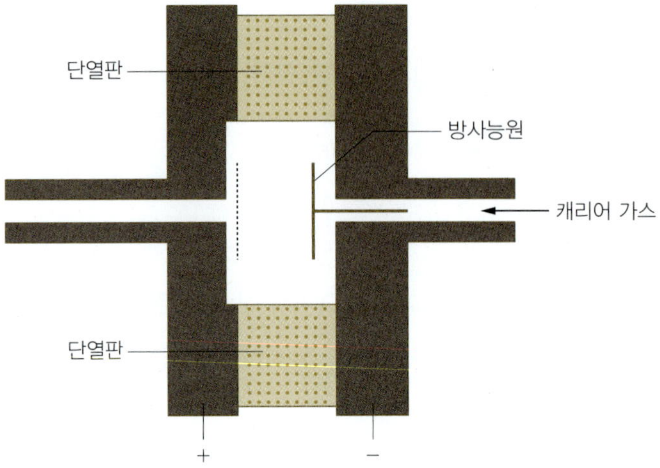

그림 24-11 ECD 검출기

량한다(그림 24-11). 특히 할로젠 원소를 함유한 물질을 선택적으로 분석하는 특성이 있다. 이 검출기의 민감도는 10^{-13} g/mL이고 할로젠 원소를 함유한 물질이 주로 농약이 많은 관계로 농약 성분 분석에 탁월하다. 이 검출기는 방사선을 이용하는데 방사선이 전자와 이온을 생산한다. 과거에는 방사선 원료로 삼중수소(tritium)를 사용하였으나 최근에는 니켈(^{63}Ni)을 사용하고 있다. 운반기체로 사용되는 질소는 방사선에 의해 이온화된다.

$$N_2 \longrightarrow N_2^+ + e^-$$

크기가 작은 전자들은 질소를 함유한 양전하와 만나기 전에 음극에 붙어 있게 된다. 만약 할로젠을 함유한 화합물(AM이라 표기)이 들어오면 이들은 주로 할로젠의 특성에 의해 전자를 잡아끄는 성질이 있다.

$$AM + e^- \longrightarrow AM^-$$

$$AM^- + N_2^+ \longrightarrow AM + N_2 + \text{에너지}$$

할로젠을 함유한 화합물이 전자를 끌어당기므로 결국 전하량이 감소하게 되고, 이 감소량은 할로젠 함유 화합물의 농도에 비례하여 분석 신호를 방출하게 된다.

이외에도 다수의 GC 검출기가 있으나 여기에서는 이 정도 소개하기로 한다. 표 24-2에 본문에서 소개한 검출기 외에 다른 검출기도 수록하였으니 참조하기 바란다.

표 24-2 GC에 많이 쓰이는 검출기 목록

	검출기	분석	민감도	선택성(CH)	작동 원리
TCD	Thermal conductivity detector	General	5 ng	1	분석체가 필라멘트를 통과할 때 필라멘트의 온도가 상승하는데 이를 전기적 신호로 바꾸어 줌
FID	Flame ionization detector	Analytes that combust	10 pg	0.5	분석체가 불꽃에 의해 연소될 때 양이온이 만들어지는데 이들 이온이 전극에 모여 전류를 형성함
NPD	Nitrogen-phosphorus detector	Nitrogen and phosphorus compounds	0.5 pg(P), 2 pg(N)	> 10,000	특별히 제작된 비드에서 나오는 플라스마로 인해 질소와 인이 함유된 화합물만 전류를 증가시킴
FPD	Flame photometric detector	Phosphorus and sulfur compounds(and others)	1 pg(P), 10 pg (S)	1,000,000	황과 인이 함유된 화합물이 연소되면서 특정 파장에 의해 검출됨
AED	Atomic emission detector	Turnable by element-C, N, Cl, P, S, O, Br, Hg and others	약 1 pg 10 pg (S)	다양함	플라스마 소스에 의해 에너지를 얻게 된 화합물이 들뜬상태로 변하는데 이들이 다시 원래 에너지 준위로 돌아오면서 특별한 파장을 지닌 전자기장을 방출함
PID	Photoionization detector	UV absorbing compounds	20 pg	10~1,000	자외선에 의해 에너지를 얻게 된 화합물들이 이온을 방출하는데 이때 전류가 형성됨
ECD	Electron capture detector	Electronegative compounds(Cl, Br, F, NO_2)	0.01 pg	10,000~100,000	할로젠과 같은 높은 전기음성도를 지닌 화합물이 검출기를 통과할 때 에너지를 흡수하므로 이 세기에 의해 전류가 형성됨
MS	Mass spectrometer	Compounds with a mass less than 600~2,000 amu	10 pg(Scan), 0.1 pg(SIM)	1~10(scan), 100,000(SIM)	크로마토그래피에 의해 분리된 화합물들이 강한 전자 또는 화학적 에너지에 의해 산산조각나게 되는데 이들이 분리되어 검출기에 의해 정체가 밝혀지게 됨
MS/MS	Tandem mass spectrometer	Compounds with a mass less than 600~2,000 aum	0.02 pg 0.1 pg(SIM)	1,000,000 100,000(SIM)	질량분석기가 2대 연속으로 달려 있다고 이해하면 됨. 즉 첫 번째 질량분석기에 의해 화합물들이 갖가지 이온들로 쪼개지는데 이들 이온이 다시 한 번 두 번째 질량분석기를 거치면서 정성/정량됨

연습문제

1 가스 크로마토그래피의 주요 구성 인자는?

2 GC의 주입 방식(injection mode) 2가지는?

풀이 및 정답

1. • 이동상 기체 : 주입된 시료가 칼럼으로 이동될 수 있도록 밀어 주는 불활성 기체
   • 주입기 : 시료가 장비 안으로 들어가는 곳
   • 칼럼 : 실제로 주입된 시료 성분의 분리가 일어나는 곳
   • 검출기 : 주입된 혼합 시료가 칼럼을 지나면서 단일 성분으로 분리되고, 분리된 단일 성분들이 전기적 신호로 바뀌게 되는 곳

2. GC의 인젝션 모드에는 분할(split) 방식과 비분할(splitless) 방식이 있다. 분할 방식은 넣어 준 시료 전량이 칼럼에 들어가는 것이 아니라 일부만 들어가고 나머지는 배출기를 통해 나오게 되는 방식이다. 반면 비분할 방식은 분석체의 농도가 아주 낮은 미량 분석에서 유용하며, 시료 전량이 칼럼에 들어가도록 하는 방법이다.

Part 7
식품의 미지 시료 분석법

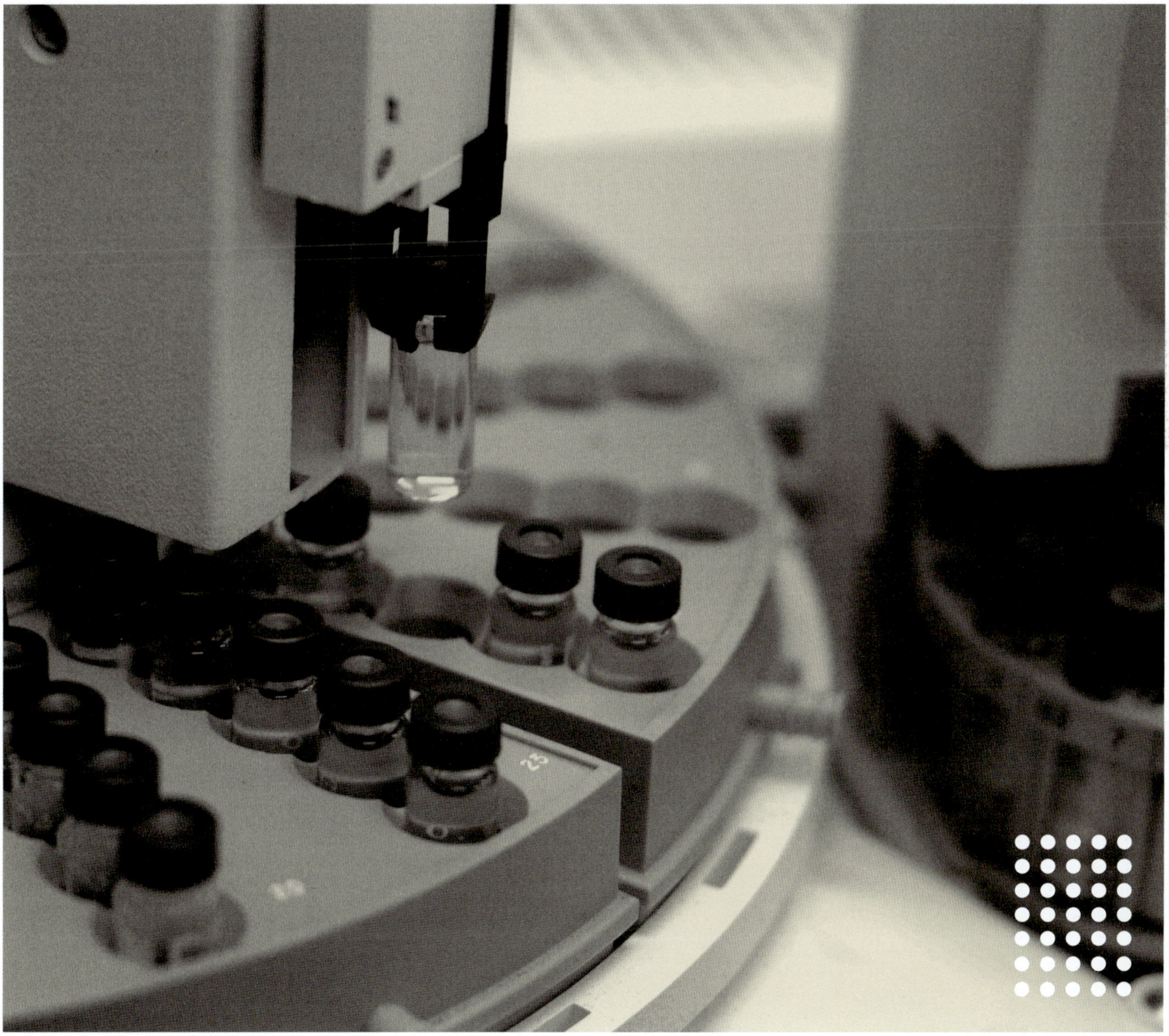

25 식품 및 휘발성 미지 시료의 분석법

1. 식품의 미지 시료 분석 접근법

기능성 식품에 대한 관심이 높아지면서 식품에 존재하는 기능성 물질의 검출, 동정, 구조적 분석, 정량 및 정성 분석에 대한 많은 연구가 보고되고 있다. 식품의 기능성에 대한 접근법은 식품 또는 식품의 수용액 및 유기용매 추출물의 특정 약리적 기능 보유 여부를 탐색하는 것으로 시작된다. 즉 항산화성, 항암성, 항당뇨, 항혈전, 항비만 등의 약리작용을 갖는 추출물의 존재를 확인한 후 약리작용을 강하게 부여하는 물질에 대한 순수 분리 및 구조 동정을 하게 된다. 일단 화학적 구조가 확인된 경우 유기합성 등의 방법을 통해 대량생산 여부를 탐색하는 동시에 만성 및 급성 독성에 대한 연구를 진행한다.

식품은 다양한 물질이 섞여 있는 비균질 상태이며, 순수 분리한 물질이 원래 식품과 같은 약리적 작용을 대변할 수도 있지만 실제로는 그렇지 못한 경우도 많다. 따라서 각각의 화학 성분을 분석하는 것도 의미가 있지만 이들이 동시에 존재하는 경우의 상호 상승 및 간섭 현상에 대한 이해, 식품 조직(matrix)에서의 존재 형태에 따른 실제 작용의 한계에 대한 이해도 있어야 한다. 또한 특정 식품에 존재하는 것으로 알려진 특정 화학물질의 존재 이유를 고려한다면 식품에서 미지의 시료를 분석하는 작업은 매우 흥미로운 일이 될 것이다.

1) 미지 시료 분석의 접근법

각 식품이 갖고 있는 고유의 특성에 대한 연구는 시료의 물리적 성질을 파악한 후 화학적 성질의 분석으로 접근하는 것이 쉬운 접근법이다. 먼저 분석하고자 하는 물질의 휘발성 여부에 따라 휘발 성분의 분석 및 비휘발 성분의 분석으로 나눌 수 있다.

2) 휘발 성분의 분석 접근법

휘발 성분은 GC(gas chromatography)를 이용하는 것이 쉽다. 즉 GC-FID(gas chromatography-flame ionization detector)를 이용한 정량분석 및 GC-MS(gas chromatography-mass spectrometer)를 이용한 정성분석으로 휘발 성분에 대한 정량 및 정성 분석이 가능하다. 감각적인 부분이 강조될 경우에는 가스 크로마토그래피-후각검사(gas chromatography-olfactometry, GC-O)를 활용하고, 아로마 추출 희석 분석(aroma extract dilution analysis, AEDA)이나 OSME법을 추가로 이용하여 각 휘발성 성분의 향미 특성을 규명할 수 있다.

식품에서 휘발성 물질을 분리, 농축하는 방법은 용매를 사용하는 경우와 사용치 않는 경우로 구분한다. 물을 용매로 사용하는 것은 대개 식물로 정유(essential oil)를 제조하는 경우이다. 수증기 증류와 유기용매에 의한 추출이 동시에 이루어지는 기구인 Likens-Nickerson 장치를 이용하면 수증기에 의해 증류된 휘발성 물질을, 유기용매를 이용하여 추출 및 농축할 때 불순물질(artifact)을 최소화할 수 있다. 그러나 수분에 의한 증류가 선행되어야 하므로 지방 함량이 많은 시료에는 사용이 쉽지 않다.

최근 유기용매를 사용하지 않고 시료 headspace 위의 휘발성 물질을 분리 및 농축하는 고체상 미량 추출(solid phase microextraction, SPME)법이 개발되어 휘발성 물질 분석에 폭넓게 응용되고 있다.

이밖에 휘발성 물질을 특정 흡착물질에 포집하여 일시에 분석하는 purge-and-trap법(Dynamic headspace법), 유기용매와 고압의 진공을 이용한 SAFE unit (solvent-assisted flavor evaporation unit) 등의 방법이 도입되어 휘발 성분의 추출 및 농축을 더욱 용이하게 한다. 이러한 방법들에 의해 휘발 성분이 분리되면 GC-MS를 이용하여 임시(tentative) 동정을 하게 되며, GC-MS에 의해 제시된 휘발성 물질의 표준품이 존재하는 경우 이를 이용하여 동정을 확실히 할 수 있다.

3) 비휘발성 성분의 분석 접근법

식품의 고분자물질인 단백질, 지질, 탄수화물, 무기물, 비타민류, 색소 등은 비휘발성으로 존재한다. 따라서 분석하고자 하는 물질의 성격을 미리 파악하거나 큰 카테고리를 먼저 선별해야 한다. 가장 현실적인 접근법은 각각의 용매를 활용하여 목표(target) 물질의 분류를 한정시키는 것이다. 예를 들어 70% 에탄올 추출물이 특정 질환에 효과를 나타냈다면 이 추출물을 여러 용매를 활용하여 분획하게 된다. 용매 분획물 중 특정 효과를 나타내는 시료를 선정하여 이를 순수 분리하게 된다.

박층 크로마토그래피(thin layer chromatography, TLC)나 고성능 액체 크로마토그래피(high performance liquid chromatography, HPLC) 분석을 통해 순수한 물질인지 확인한 후 Prep-HPLC나 고체상 추출(solid phase extraction) 등을 활용하여 고농도로 분리한 다음 LC-MS (liquid chromatography-mass spectrometer) 또는 핵자기공명(NMR)을 활용하여 동정하거나, 휘발 성분으로 유도체화하여 GC나 GC-MS를 이용하여 동정할 수 있다.

만약 분리한 물질이 파이토케미컬(phytochemicals)이나 지방산과 같이 단분자 형태라면 위의 방법이 효율적이지만, 탄수화물이나 단백질과 같은 중합체(polymer)에서 유래하는 물질이라면 상대적으로 큰 분자량을 가지므로 다른 접근법을 이용해야 한다. 예를 들어 탄수화물은 특정 기능성을 부여하는 물질이 단위체(monomer)보다는 몇 개의 단위체가 연결된 올리고 또는 중합체 형태일 가능성이 크다. 또한 단백질 유래 물질도 몇 개의 아미노산이 연결된 올리고펩타이드일 수 있거나, 효소와 같이 수백 개 이상의 아미노산이 연결된 형태일 수 있다.

미지의 시료를 분석하는 단계는 그림 25-1과 같이 나타낼 수 있다. 미지의 시료는 휘발성인지 비휘발성인지 여부를 일차로 확인하고 휘발성이라 판단되면 GC나 GC-MS를 이용하여 분석한다. 만일 비휘발성이면 용매를 이용하여 추출하고, 박층 크로마토그래피 또는 HPLC를 활용하여 순수 분리한 후에 구조를 동정한다.

(1) 비휘발성 물질 동정의 구체적인 예

농수축산물 또는 가공식품의 시료로부터 항산화성을 나타내는 비휘발성 물질의 분석기법을 예로 들어 보면 다음과 같다.

① 선정 시료로부터 다양한 용매의 추출물 획득 : 물, 주정(에탄올), 헥산, 또는 각각 용매

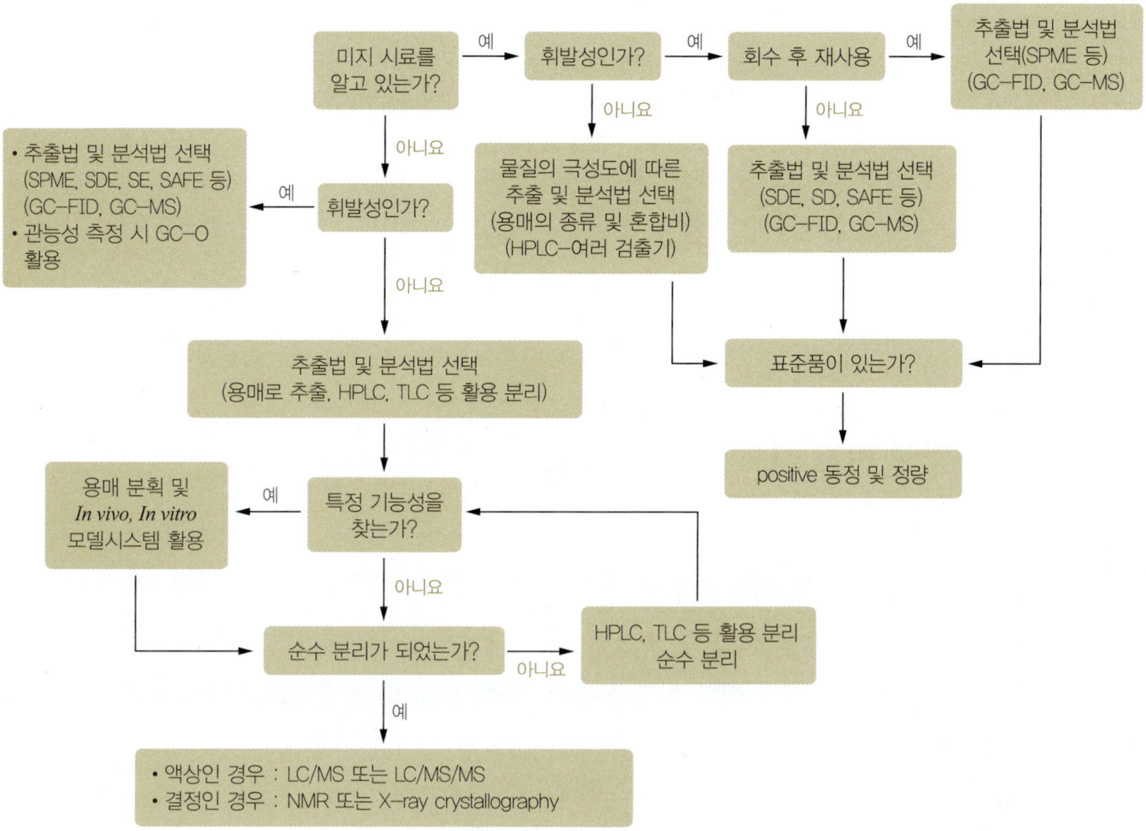

그림 25-1 미지의 시료 분석 체계도

의 혼합물 등의 다양한 극성을 지닌 용매를 활용하여 추출물을 얻는다. 동결건조 과정을 거치는 것이 정량적 결과를 얻는 데 유리하다. 비극성 물질이 많을수록 점성이 높은 성상을 지닌 추출물을 얻게 되는데 이 경우에는 희석배수에 의존하여 정량해야 한다.

② 적당한 희석배수를 이용하여 추출물의 다양한 항산화성을 확인 : 전자 또는 수소 공여능, hydroxyl radical(•OH) 측정법, 산화질소(nitric oxide, •NO) 측정법, β-카로틴-리놀레산 산화실험을 이용하여 항산화성을 확인한다. 실제 유지를 활용한 산화 측정실험(headspace 산소 소거능, CDA, p-AV, Rancimat법 등), 환원력 측정실험법인 $K_3Fe(CN)_6$-$FeCl_3$법 등을 이용한다.

③ 각각의 분획물에서 최고의 항산화성을 지닌 분획물을 정한 후 다시 여러 용매의 혼

합물을 이용하여 재분획하여 ②항의 항산화성을 측정한다.

④ TLC 또는 HPLC를 활용하여 선정된 분획물이 몇 가지 혼합물로 이루어져 있는지 확인한다.

⑤ 순수한 물질로 판명되면 LC-MS 또는 NMR, X선 결정학(X-ray crystallography)을 활용하여 구조 동정한다. 만약 혼합물로 판명되면 TLC 또는 HPLC를 활용하여 다시 순수 분리를 한다. 순수한 물질이 아니라면 위의 과정을 반복하여 순수한 물질을 얻을 때까지 계속한다.

2. 휘발성 미지 시료 분석 접근법

자연계에는 약 2만여 종의 화합물이 방향 특성을 갖고 있으며, 현재 산업에 이용되는 향기(odor) 성분을 갖는 휘발 성분은 약 6,900여 종이 보고되었고 이 중 약 3,500여 종이 식품 산업에 이용되고 있다. 휘발 성분은 매우 다양하고 불안정하며 정확한 분석이 쉽지 않아 최근까지도 식품에서 휘발 성분을 추출, 농축, 분리 및 동정하려는 방법이 계속 연구 개발되고 있다.

1) 휘발 성분의 추출 및 분석 목적

(1) 새로운 향미물질의 개발

새로운 휘발성 물질의 개발은 주로 자연계에 존재하는 천연향을 분석하여 이의 분자 구조를 밝히고, 유기합성법을 통해 원하는 휘발 성분을 제조하는 방법을 확립하는 과정으로 이루어진다. 여러 휘발성 향미 성분을 혼합하여 새로운 '향'을 제조하는 경우에도 기계적 분석 결과가 사용된다. 휘발성 향미 분석은 식품에 첨가되는 값비싼 천연 향료의 대용을 찾는 데도 활용되며, 새로운 제품이 개발되면 경쟁 업체끼리 상대방 제품의 향미 성분을 분석하여 신속히 유사 제품을 만드는 경우에도 이용된다.

(2) 식품 내 향미 성분과 관련된 문제점 해결

식품은 제조나 저장 중 지방 산패, 미생물 오염, 효소작용, 포장 재료 및 공기 등으로부터 오염 등 다양한 원인에 의해 향미의 품질이 저하될 수 있다. 휘발성 향미 성분을 분석함으로써 이러한 이취 성분의 발생 원인을 밝힐 수 있고, 재발 방지 및 품질 개선 등에 활용될 수 있다. 또한 향미 성분의 변화를 정확히 파악하면 식품의 품질 변화 및 저장 기간 등을 결정할 수 있다.

(3) 식품 및 향미의 품질 평가 및 품질관리

식품 내 향미 성분에 관한 기기 분석 데이터는 감각평가(sensory evaluation) 결과와 함께 식품의 향미 특성을 이해하는 데 활용될 수 있다. 때로는 감각평가를 대신하여 제품의 품질 평가방법으로도 이용된다. 비교적 간편하고 신속한 향미 추출방법을 사용하여 기기 분석 과정을 단순화하면 제품의 품질관리(quality control) 등에도 이용할 수 있다. 질량분석기 등을 사용하여 동위원소 및 이성질체 비율 등을 비교하면 휘발성 향미 성분이 천연 유래인지 혹은 합성품인지를 알 수 있으며, 천연 제품의 경우 생산 산지까지도 알 수 있다.

2) 분석 시 고려 사항

식품은 특유의 물리화학적 성질을 가지고 있고, 식품 내 존재하는 휘발성 향미 성분도 보통 수백 가지 이상의 다양한 유기화합물로 이루어져 있다. 사용된 향미 추출법에 따라 휘발성 물질 분석 결과는 서로 상이할 수 있으며 어느 한 분석방법도 특정 식품의 향미 성분을 완전하게 보여 주지는 못한다. 식품에서 휘발 성분 분석 시 고려 대상은 분석방법의 정확성과 정밀성, 재현성, 단순성, 분석 한계 및 이용 가능한 분석기기 등이다. 그 외에도 식품의 물리적 상태, 화학적 조성(특히 지방 함량), 분석 가능한 시료의 양 등도 분석방법을 확립할 때 고려해야 할 사항들이다.

(1) 향미 성분의 다양성

식품 내에 존재하는 향미 성분들은 매우 다양하고 서로 다른 물리화학적 성질을 지니고 있어 한 가지 특정 방법으로 모든 종류의 향미 성분을 분석하는 것은 거의 불가능하다. 추출 용매를 사용하는 경우 용매의 극성에 따라 극성 및 친수성이 상대적으로 큰 향미 성분(저급지방산, diacetyl, furaneol 등)과, 비극성 및 소수성이 높은 성분들(고급지방산, 탄화수소 등) 간에 추출 효율이 달라진다. 따라서 분석 목적 및 시료 성질에 따라 분석하고자 하는 특정 휘발성 물질을 선정하거나, 각 분석방법의 장단점에 따라 서로의 결과를 보완해 줄 수 있는 두 가지 이상의 방법을 동시에 사용할 것을 권한다.

(2) 시료 저장 및 준비 중의 변화

향미 성분은 식품에 존재할 때는 물론 추출 과정 및 추출 후 보관 과정, 그리고 기기분석 과정(예를 들면 가스 크로마토그래피로의 주입 과정, GC 칼럼상에서의 분리 과정 등) 중 끊임없이 변화하고 분해된다. 예를 들어 2-acetyl-2-thiazoline은 상온에서도 비교적 쉽게 분해되며, 2-methyl-3-furanthiol은 반응성이 매우 커서 추출 후 유기용매 내에서도 냉동 보관해야 한다. 바닐라향의 주요 성분인 바닐린, 계피향의 주요 성분인 cinnamaldehyde 등과 같이 분자 내 알데하이드기나 케톤기를 가지고 있는 성분은 아미노기를 가지고 있는 다른 물질과 상호 반응하여 소실될 수 있다. 그 밖에 마늘향의 주성분인 알리신(allicin) 같은 유황 함유 계통의 물질들은 열에 약하여 보통 150~250℃로 유지되는 GC의 주입구 부분에서 상당량 소실된다.

(3) 식품 조직의 영향

식품 내 향미 성분은 단백질, 지질, 탄수화물 등의 거대 분자에 의해 물리화학적으로 영향을 받는다. 친유성(lipophilic) 및 상대적 비극성 향미 성분은 식품 조직(matrix)에서 주로 유지층에 존재하지만, 단백질이나 녹말 등 다당류에 의해서도 물리적으로 포집되어 있다. 또한 싸이올(thiol)기를 가지고 있는 황 함유 향미 성분들은 단백질의 시스테인(cystein) 등과 이황화(disulfide) 결합을 할 수 있다. 기기 분석에 의한 식품의 향미 성분 분석 결과는 휘발성 향미 성분이 식품 내 거대 분자와의 결합 상태에서 headspace 또는 추출 용매 등으로 추출 시 이동한 것만 분석된다.

3) 휘발 성분의 추출방법

휘발성 향미 분석은 식품 조직으로부터 향미 성분의 추출, 각각의 성분으로 분리, 그리고 동정 및 정량의 과정으로 이루어진다.

(1) 휘발성 향미 성분의 추출

식품 내 향미 분석은 추출 과정으로부터 시작되며 적절한 추출방법을 사용하지 않으면 그 이후 휘발 성분의 분리, 동정 및 정량 과정에서 좋은 결과를 기대하기가 어렵다. 다음은 일반적으로 사용되는 휘발성 향미 성분의 추출법이다.

① 직접 주입법

직접 주입법(direct injection)은 수용액 상태나 비교적 친수성이 큰 용매(알코올, 프로필글라이콜, 트라이아세틴, 글리세린 등)에 용해되어 있는 휘발성 향미 성분을 주사기로 직접 주입한다. 간단하고 신속하며 다른 추출방법과 달리 추출 과정 중 향미 성분의 변화가 전혀 없다는 장점이 있으나, 농축 과정이 없어 분석하고자 하는 향미 성분의 농도가 낮은 경우에는 사용이 어렵다. 또한, 상당량의 용매와 수분이 GC 내부로 유입되어 극성이 강한 GC 칼럼의 고정상 분해나 오염을 일으키거나, 수분에 민감한 GC 검출기의 오작동을 유발할 수 있다.

② 정치 헤드스페이스 추출법

밀폐된 용기 안에 있는 액체 또는 고체 상태의 시료를 일정한 온도에서 일정 시간 동안 방치하여 식품 내에 존재하는 일정량의 휘발성 향미 성분을 시료용기의 headspace로 이동시켜 평형 상태(equilibrium)를 이루도록 한다. 외부 공기가 들어가지 않는 주사기(airtight type)로 headspace로부터 일정량을 취한 후 GC 등으로 분석한다. 정치 헤드스페이스(static head space) 추출법은 시료와 headspace 간에 평형 상태를 잘 유지시키고 자동 시료 채취기 등의 특수한 GC 장치를 사용하면 분석 결과가 재현성이 높다. 또한 분석 절차가 단순하고 유기용매의 사용이 없는 점, 추출 과정 중 발생 가능한 오염을 피할 수 있는 것 등의 장점이 있다. 또 소비자가 실제로 식품에서 코로 맡는 휘발성 성분들과 이 추출방법으로 분석된 성분들 간의 조성비가 가장 유사하다. 그러나 휘발성이 큰 성분의 분석은 가능하나, 휘발성이 작은 성분은 분석이 어렵고 다른 방법들에 비해 민감도(sensitivity)가 떨어지는 것은 단점이다.

③ 동적 헤드스페이스 추출법

동적 헤드스페이스(dynamic headspace) 추출법은 static headspace 추출법의 단점인 민감도를 높이기 위해 고안된 방법으로, 불활성 기체(주로 질소 또는 헬륨가스)를 연속적으로 시료가 담긴 용기 안으로 불어넣어 기체와 함께 나오는 휘발성 성분을 적당한 방법으로 포집 및 농축하는 방법이다. 휘발성 물질은 테낙스(Tenax)나 숯(charcoal) 등의 흡착물질, 액체 질소 또는 유기용매 등을 이용하여 포집한다. 최근에는 주로 포집물질을 이용하는 방법이 사용되며 흡착물질에 포집된 휘발 성분은 고온에서 가열하여 탈착(desorption)시킨다. Purge and trap 방법이라고도 하는 이 추출법의 과정은 그림 25-2에 나타내었다. 이 방법

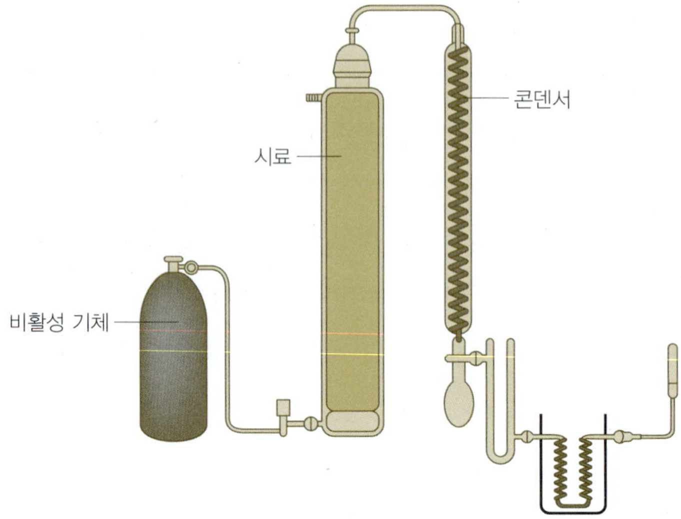

그림 25-2 Dynamic headspace 추출장치

은 static headspace 추출법에 비해 검출 한계의 증가, 추출 과정 중 발생 가능한 오염 형성 최소화, 유기용매의 불필요성 등의 장점이 있으나, 시료를 단 한 번밖에 사용할 수 없고 고가의 추출장치가 필요하다. 또 사용된 포집물질에 따라 각 휘발성 향미 성분이 흡착되고 탈착되는 정도가 달라지는 것도 단점이다.

④ 용매 추출

대개의 향미 성분은 소수성이며 비극성 유기용매에 친화력이 강하다는 점을 이용한 추출방법으로, 회분식(batch type) 또는 추출 효율을 높이기 위한 연속식 추출이 가능하다. 유기용매는 추출 효율이 높고 적당한 극성을 가진 것, 불순물이 적은 것, 농축 과정이 필요한 경우에는 끓는점이 낮은 것 등을 선택해야 하며, 주로 다이클로로메탄, 다이에틸에테르, 펜탄, 헥산 등이 이용된다. 유기용매로 추출한 후에는 대개 농축 과정이 수반되는데, 이때 다량의 용매를 제거하기 위해 질소가스 농축, 쿠데나-데니쉬(Kuderna-Danish) 농축기 이용 농축, Vigreux 컬럼, Spinning band molecular distillation 등이 사용된다.

용매 추출법은 다른 방법에 비해 추출 효율이 매우 높고 비용이 적게 들지만, 유기용매에 잘 녹는 지방 등 비휘발성 물질이 동시에 추출되고 에멀션 및 거품이 잘 형성되어 문제를 일으킬 수 있다. 용매에 불순물이 들어 있으면 분석 시 오차가 발생할 수 있다. BHT (butylated hydroxy toluene)와 같은 항산화제가 첨가된 용매는 사용 전에 재증류

(redistillation) 등으로 이들을 제거한 후 사용해야 한다.

⑤ 동시 용매 증류 추출

동시 용매 증류 추출(simultaneous steam distillation/solvent extraction)은 보통 물과 잘 섞이지 않는 유기용매와 수용액 상태의 시료를 동시에 가열하여 추출 효율이 좋은 기체 상태에서 수증기 증류와 용매 추출을 동시에 한다(그림 25-3). 응축 후에는 유기용매층과 물층으로 나누어지며, 비극성 향미 성분은 용매층을 따라 별도의 수기로 이동한다. 이동된 각각의 수기로부터 유기용매와 수분은 연속적으로 재사용된다. 상압 또는 진공펌프 연결로 감압된 상태에서 이용할 수 있다. 추출 효율이 좋은 추출방법 중 한 가지이며, 특히 휘발성이 중간 정도에서 상당히 낮은 향미 성분의 추출에 효과적이다. 그러나 상압하에서 사용 시 열에 의한 일부 휘발성 향미 성분의 변성이 일어나고, 친수성이 강한 성분의 추출 효율이 높지 못한 단점은 있다. 거품의 형성 방지를 위해 간혹 사용되는 소포제, 진공 상태 도입을 위해 사용하는 기름 성분(grease) 등에 의해 오염이 발생할 수 있다.

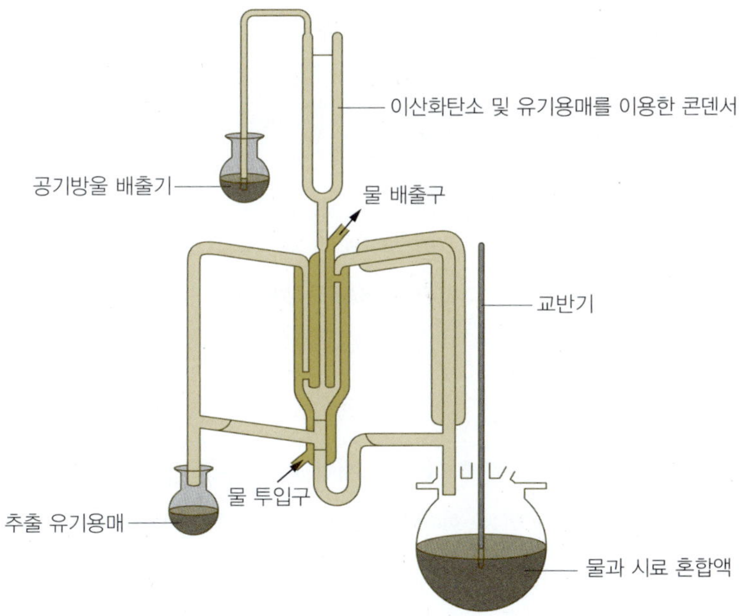

그림 25-3 Likens과 Nickerson 장치

⑥ 고진공 추출법

고진공 추출법(high vacuum stripping)은 주로 초고진공펌프를 사용하여 얇은 막 상태의 시료에서 휘발성 성분을 추출하는 방법이다. 진공펌프에 연결되는 수기는 다양한 모양으로 제작하여 사용된다. 최근에는 독일에서 고안된 SAFE (solvent assisted flavor extraction) 장치가 널리 사용되고 있다(그림 25-4). 이 장치는 기존 추출법에 비해 다루기가 쉽고, 용매 추출과 병용하여 사용 시 추출 효율이 매우 뛰어난 것으로 알려져 있다. 추출 과정 중 향미 성분의 손실이나 변성이 잘 일어나지 않으나, 고가의 펌프 장비가 필요하고 비교적 추출 과정이 복잡하다.

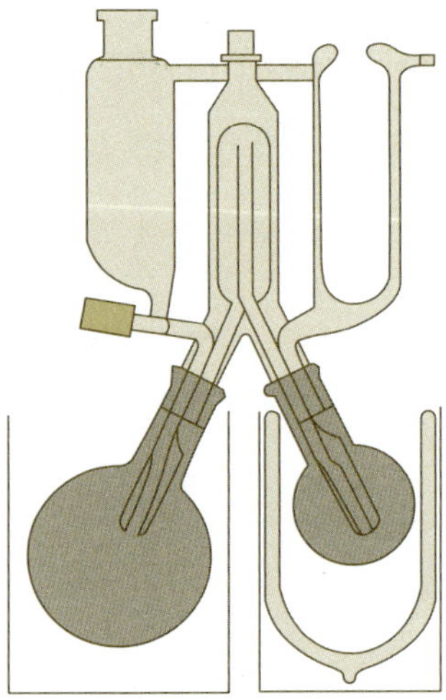

그림 25-4 SAFE 장치

⑦ 흡착 추출법

흡착 추출법(sorptive extraction)의 하나인 고체상 미량 추출법(SPME)이 1989년 Pawliszyn에 의해 처음 시도된 이후 현재까지 환경공학 및 향미화학 분야에서 널리 사용되고 있다. 주사기 바늘처럼 생긴 곳에 실리카를 기본으로 하는 물질을 코팅하고(fiber라 함) 추출하고자 하는 휘발성 향미 성분을 흡착시킨 후 GC 도입부에서 고온으로 탈착시킨다(그림 25-5). 액체 식품상 또는 headspace에서 분석하고자 하는 향미 성분을 추출할 수 있으며, 추출 효율은 fiber 종류, 추출온도, 시료의 진탕속도, 시료의 pH, 시료와 용기의 크기 및 시료와 headspace의 비율 등에 의해 민감하게 달라진다. 사용이 매우 간단하고 기구 이동이

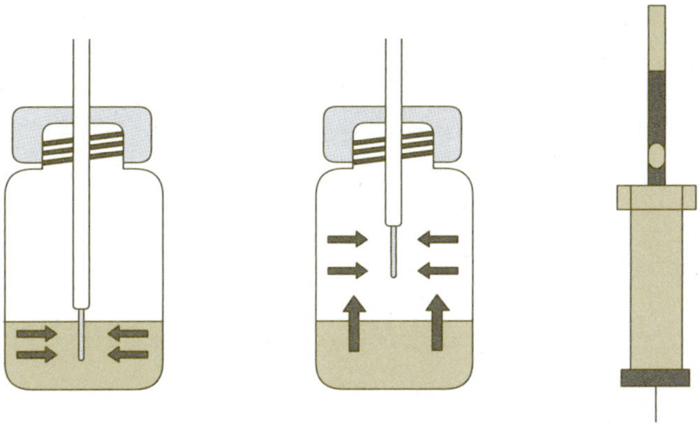

그림 25-5 SPME 장치 및 시료 채취방법

용이하며, GC의 도입부에 직접 연결하여 사용할 수 있다. 검출 한계나 재현성도 사용하는 fiber의 개량으로 많이 향상되었다.

최근에는 흡착물질을 지닌 교반 막대(stir bar)를 이용한 추출법이 상용화되었다. 이 방법은 고체상 미량 추출법에 비해 추출 효율이 향상되었고 추출시간을 단축할 수 있는 등의 장점을 가진다. 식품의 경우 대부분 headspace상에서 활용하며, 특히 지방 성분이 있는 경우에는 시료 속에 fiber를 넣으면 안 된다.

⑧ 초임계 이산화탄소 추출법

초임계 이산화탄소 추출법(supercritical carbon dioxide extraction)은 초임계 상태에서 이산화탄소가 액체와 기체의 특성을 모두 가지는 원리를 이용하여 용매 추출과 유사한 원리로 향미 성분을 추출한다. 초임계 상태의 이산화탄소는 펜탄 또는 헥산과 비슷한 비극성을 띠는 것으로 알려져 있다. 이 장치는 비교적 적은 시료로 추출이 가능하며 초임계를 위한 압력과 온도를 조절하여 주로 비극성 성분의 추출 효율을 높일 수 있다. 추출 후에는 이산화탄소를 기체 상태로 쉽게 제거할 수 있어 유기용매의 잔존량에 대한 걱정도 없다. 다만 이산화탄소 제거 시 휘발 성분이 동시에 감소할 수 있는 단점이 있으며 상대적으로 고가의 장비가 필요하다.

⑨ 직접 고온 탈착법

직접 고온 탈착법(direct thermal desorption)은 튜브 모양의 시료 용기 안에 시료를 첨가한 후 고온에서 유기화합물을 열분해시키면서 분리되는 휘발성 성분을 GC를 이용하여 분석하는 방법이다. 보통 수분 함량이 낮고 고온에 의한 열분해 시 식품 조직 자체에 큰 변화가 없는 시료를 분석할 때 이용된다. 비교적 간단하고 신속하게 사용할 수 있는 방법이나 분석하고자 하는 향미 성분의 농도가 ppm (parts per million) 정도는 되어야 정확하게 분석할 수 있다.

(2) 각각의 성분으로 분리

여러 가지 성분이 혼합되어 있는 추출물은 GC나 HPLC에 의해 각각의 순수한 성분으로 분리할 수 있다. 주로 GC가 사용되나 휘발성이 낮은 물질 또는 열에 약한 일부 성분은 HPLC를 이용하여 분석한다. 최근에는 고온의 도입구 부분이 불안정한 GC의 단점을 보완하기 위하여 on-column injector 외에도 매우 다양한 특수한 도입부 시스템이 계속 개발되고 있다. Programmed temperature vaporization large volume injection, large volume headspace sampler, 냉각 주입 시스템(cooled injection system) 등은 시료의 주입량을 늘리거나 낮은 온도에서 도입이 이루어질 수 있도록 고안된 시스템들이다.

4) 동정, 정량 및 감각적 특성

(1) GC를 활용한 분석의 동정 및 정량

GC는 다양한 검출기를 사용하여 휘발 성분의 동정 및 정량분석을 할 수 있다. 검출기로 사용되는 종류는 FID, TCD, ECD, PID, NPD, FPD, 질량분석기, 적외선 분광법(infrared spectrometry), 원자 방출 검출기(atomic emission detector) 등이 있으며, 직접 GC에 연결시켜 사용할 수 있다. 위 검출기 중 휘발 성분의 분석에 주로 사용되는 검출기는 FID와 질량분석기이며, 특히 질량분석기는 휘발 성분의 동정이 가능하다.

(2) 휘발 성분의 감각적 성격 규명

휘발 성분의 기계적 분석법의 장점은 구체적인 화합물의 동정 및 정량이 가능하다는 것이다. 그러나 특정 휘발 성분이 식품의 관능성에 어떠한 영향을 미치는지에 대해서는 알 수 없다. GC로 분리된 휘발 성분은 사람의 코를 검출기로 활용하는 스니핑(sniffing) 방법으로 휘발 성분의 풍미와 관능성을 밝힌다. 예를 들면 공기 중에서 역치값(threshold value)이 약 0.001 ppt 정도인 2-methyl-3-furanthiol 같은 향미 성분은 역치값 근처 농도에서 사람의 코 이외에 기존에 알려진 다른 검출기로는 검출되지 않는다. 또한 스니핑 결과로 각 성분의 향미적 특성을 얻을 수 있다.

휘발성 시료의 향미 특성에 접근하는 스니핑 방법으로는 GC-O가 있으며 AEDA 및 OSME는 각 휘발 성분의 향미적 특징을 객관적으로 접근하는 방식이다. AEDA는 휘발 성분을 순차적으로 희석하여 GC-O를 통해 각 성분이 어느 정도의 희석 농도까지 특정 향기를 인지할 수 있는지에 대한 분석법이다(그림 25-6). 따라서 결과는 각 휘발 성분의 희석 정도로 나타낸다.

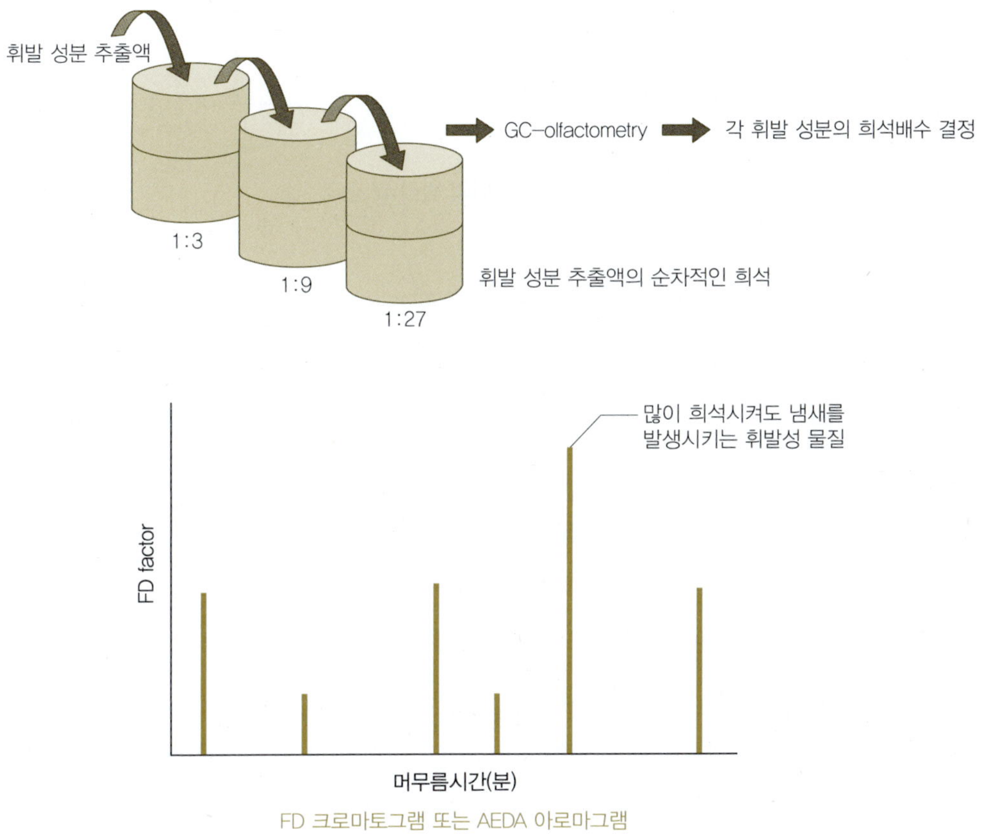

그림 25-6 AEDA법의 원리 및 결과

OSME는 비희석법으로 시료 자체를 활용하여 GC-O에서 나오는 각 휘발성 물질의 강도를 사람이 직접적으로 표현하는 법이다. 미리 훈련받은 사람이 각 휘발 성분의 향미 강도를 훈련된 기준에 맞춰 점수를 주는 방식이다. 결과는 향미의 강도로 표현된다(그림 25-7).

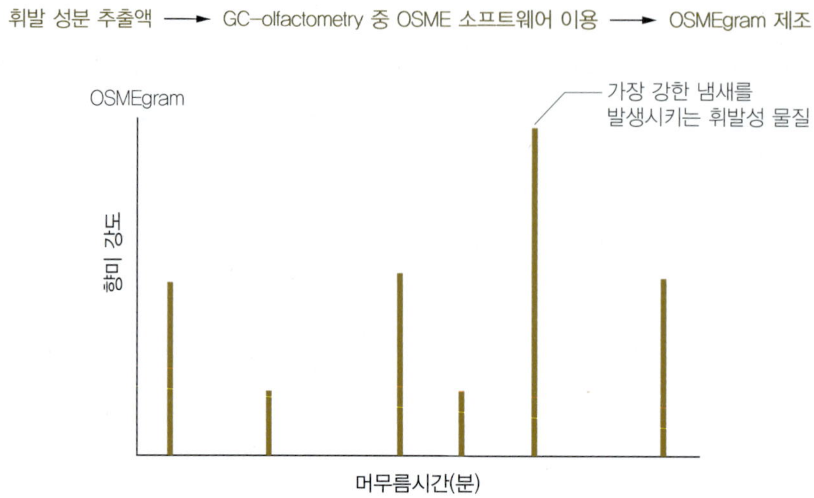

그림 25-7 OSME법의 원리 및 결과

5) 전자코와 전자혀를 이용한 접근방법

식품산업에서 품질관리나 신제품 개발 과정에서 품질평가 및 적절한 배합비와 공정을 선택함에 있어 최우선으로 비중을 두어야 하는 항목은 식품의 독특한 맛과 향이다. 아무리 기능성이 탁월한 제품이라 하더라도 변질된 향을 소비자가 느끼게 된다면 더 이상 제품으로서 사랑받을 수 없다. 식품의 이취 성분을 판별하는 것이나 바람직한 향미를 찾아내는 일 모두 핵심적 사항이다.

식품 제조 공정과 유통 저장 조건에서 생성된 휘발 성분을 측정하는 방법은 주관적 방법인 관능검사법과 객관적 방법인 기계적 분석법으로 크게 나뉜다. 주관적 방법인 감각평가의 경우 여러 장점에도 불구하고 식중독의 위험이 뒤따르거나 부패된 식품 또는 변질 가능성이 우려되는 식품의 이취 성분은 감가평가 요원도 꺼리거나 시험할 수 없는 어려운 점이 있다. 혹여 이취 성분이 적은 양으로는 불쾌감을 조성하지 않는다고 하더라도 유해물질일 가능성이 높다고 판단되면 인체를 대상으로 확인 작업을 하는 것은 위험을 초래할 수 있다.

객관적 분석방법인 GC-MS 같은 방법이 이러한 문제를 부분적으로 해결해 준다. 분석기기를 사용하면 불쾌한 성분이나 유해물질을 밝힐 수 있을 뿐 아니라 이들 종류와 농도까지도 밝힐 수 있으며, 시료가 많아도 높은 재현성을 제공한다. 그러나 원하는 성분 이외의 다른 물질들을 분리시켜야 하는 전처리 작업이 필요하고, 성분에 따라 그에 합당한 칼럼을 선택해야 하며 적절한 분리 조건 등을 확립해야 한다. 이러한 일은 잘 훈련된 사람에 의해 효율적으로 이루어지며, 또한 얻을 수 있는 수많은 피크 성분 중 이취나 바람직한 향과 관련된 성분을 찾아내는 일은 또 다른 문제이다.

예를 들어 커피의 경우 수많은 피크 중에서 관심 있는 65가지의 성분만 따로 선별하여 판별을 하는 데 이용되고 있다. 너무 많은 성분을 분석할 수 있더라도 과연 어느 성분이 찾고자 하는 향미와 관련이 있는지 여부를 파악하는 것은 힘겨운 일이다. 뿐만 아니라 두 가지 이상의 성분이 상승효과를 가져올 수도 있고, 또 상쇄되는 경향을 보일 수도 있다. 이런 부분을 구체적으로 밝혀내기에는 한계가 있다. 패턴 인식 형태로 분석해야 되는 일을 성분 하나하나로 분석하려 한다면 상호 연관성을 찾아내기 어렵다. 따라서 이러한 문제를 극복하기 위하여 전자코를 비롯한 다양한 분석기기를 사용하여 데이터의 상호 연관성을 추적하거나 또는 감각평가 결과와 함께 해석하려는 시도가 이루어지고 있다.

(1) 전자코의 기본 원리

전자코 시스템은 생체 코의 기능과 구조의 이해를 기초로 하여 1982년 영국의 Persaud와 Dodd에 의해 단일 종의 가스 인식 시스템이 소개된 것이 그 효시이며, 여러 나라에서 이를 이용한 연구들이 활발히 이루어져 왔다.

전자코는 인간 코의 기능을 디지털화한 것으로 여러 개의 센서 배열을 이용해 특정 냄새 성분과 각각의 센서에서의 반응을 전기화학적 신호로 나타내, 이 신호를 소프트웨어에서 데이터 처리함으로써 각 냄새의 정성, 정량 분석을 빠르게 수행한다. 즉, 사람 코의 후각 세포에 해당하는 가스 센서의 배열과 다차원의 배열 신호를 패턴화하여 처리하는 패턴 인식 신호 처리 기술로 사람의 후각 인지 시스템을 모방한 냄새 감별 전자 처리장치이다.

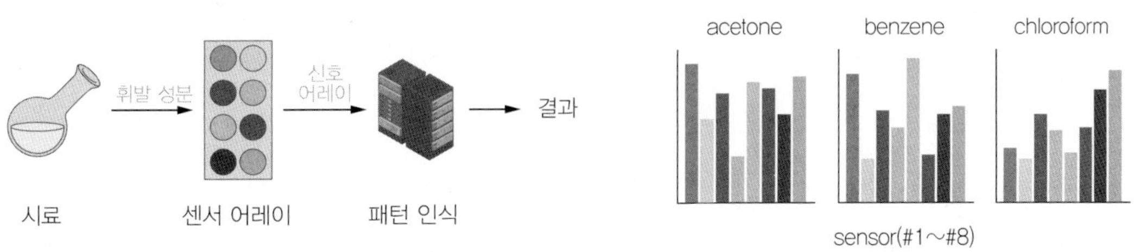

그림 25-8 전자코의 기본 원리와 개념(왼쪽) 및 8개의 각 센서별로 나타낸 감응도 차이(오른쪽)

(2) 데이터의 패턴 인식

전자코의 분석은 신속하고 편리하며 비파괴적 분석방법으로 GC와 같이 성분 하나하나를 분리하여 향을 분석하는 것이 아니라 인간이 감지하는 것처럼 제품에 배합된 전체의 향을 감지하는 특성을 가지고 있다. 물론 사람의 기능을 100% 따라갈 수는 없지만, 주의 깊은 센서의 선택에 의해 사람과 유사하게 향에 반응할 수 있으며 사람이 감지할 수 없는 화학물질에도 반응하고 사람이 감지하기 어려운 농도까지 감지하는 특징이 있다.

서로 다른 향을 가진 커피 품종들을 전자코로 판별하는 경우 각 시료에 대하여 서로 다른 패턴을 보여 주는 일종의 지문(fingerprint)을 통해 이루어진다. 그것은 데이터를 처리함에 있어 패턴 인식방법으로 다변량 통계 분석 등이 많이 활용되는데 지도(supervised) 방법과 비지도(non-supervised) 방법으로 나뉜다. 비지도 방법으로는 주성분 분석, 다변량 판별 분석방법이 있고, 인공신경망은 지도식 방법의 가장 좋은 예라 할 수 있다. 인공신경망의 경우 최적 조건에서 2개 이상의 구조가 각기 다른 물질과의 차이로부터 얻은 데이터를 바탕으로 반복적인 학습을 시켜 알파고처럼 좋은 결과를 얻어 낸다. 이를 위하여 많은 수의 데이터를 확보해 학습을 시켜야 만이 좋은 결과를 얻을 수 있다는 단점은 있다. 반면, 전자코는 얻어진 자료의 객관적 자료화가 가능하며 재현성이 보장되고 일정 기간이 지난 후에도 이미 분석한 향 분석 자료를 기준 자료로 활용할 수 있는 장점이 있다.

인공신경망을 활용하기 위해서는 우선 많은 양의 데이터를 확보하는 것이 중요하다. 예를 들어 두부가 임의의 온도에서 며칠이 되었는지를 전자코로 예측하고자 한다면 두부를 임의의 온도에서 0일부터 1일이 지난 것, 2일, 3일, ……, 15일이 지난 것 등 많은 실험 분석을 통한 데이터를 확보한 후 이들 데이터를 토대로 1일이 지난 것, 2일, 3일, ……, 15일이 지난 것의 데이터를 반복되는 학습을 1만 번 정도 반복시킨다. 반복된 학습을 통해서 인공신경망은 며칠(5일) 지난 것과 유사한 패턴의 값을 가지면 며칠(5일)이 되었다고 예측할 수가 있다. 많은 양의 데이터 실험과 반복된 학습 효과가 인공신경망의 예측 정확도를 높여준다.

(3) 전자혀의 원리

전자혀는 단맛, 신맛, 짠맛, 쓴맛, 감칠맛을 대표하는 이온 선택성 전극을 이용하여 분석한다. 신맛은 pH계(pH meter)를 이용하여 수소이온 농도를 측정하고 이를 토대로 신맛의 상대적 강도를 예측한다. 지금까지 개발된 전자혀는 각종 물질에 반응하는 센서를 이용한

표 25-1 미각 성분을 대표하는 표준 성분들

미각	맛 표출 성분
단맛	당류, 알라닌, 글리신, 알코올류
신맛	아세트산, 구연산 등
짠맛	식염
쓴맛	키니네, 카페인, 니코틴
감칠맛	MSG, 고기나 생선의 이노신산나트륨, 버섯의 구아닐나트륨

초보적인 것으로 기껏 백포도주와 식초를 구분하는 수준에 불과하였다. '전자혀'의 작동 원리는 인간이 맛을 느끼는 원리와 똑같다. 인간의 혀에는 유두라는 돌기가 있고 이 유두에 있는 미뢰(taste buds)에는 향(맛) 전달 분자가 닿았으면 신경신호를 일으키는 수용체 분자가 있다. 각각의 맛 감각 기능은 이러한 수용체에 의하여 유도된 독특한 신호와 대응한다. 인간은 이러한 정보가 신경망을 통해 뇌에 전달이 되는데 전자혀는 이와 똑같은 원리로 작동된다. 전자혀는 인간이 느끼는 4가지 기본 맛인 단맛, 짠맛, 쓴맛, 신맛을 확인할 수 있는 4가지 화학 센서를 가지고 있다. 이 센서들은 3개의 초박막 고분자와 루테늄이온을 함유한 작은 분자로 이루어져 있다.

신맛은 산성도를 측정하는 pH 센서와 유사하다. 산성도는 수소이온(H^+)의 농도에 비례하는데, pH 센서는 수소이온에 감수성이 높은 박막을 갖춘 센서로, 막의 계면에서 수소이온 농도에 따라 선택적으로 감응해 전위가 달라지는 전극으로 산성도를 측정한다. 이 박막 센서는 당(단맛), 식염(짠맛), 키니네(쓴맛), 염산(신맛)과 같은 맛을 가진 물질을 흡수하며 이것을 전기적 움직임으로 바꾸어 인간이 측정할 수 있게 한다. 즉, 4가지(또는 그 이상)의 각기 다른 센서가 나트륨, 염소, 칼슘 등 식품에 들어 있는 각종 물질에 반응한다.

센서에서 나온 신호는 맛을 나타내는 그래프 좌표 위에 점으로 표시되며 보통 레이더그램(radargram)으로 나타낸다. 전체적인 맛의 경향을 보여 주는데, 단점이라면 맛이 복합적으로 나타날 경우 두 가지 맛이 만나서 각기 가지고 있던 본래의 맛이 가려지거나 상쇄되기도 하고 때로는 상승효과를 보이는 경우가 있는데 이러한 부분을 세밀히 잡아내지 못하고 단지 각각의 성분이 가지는 성질의 일부 특성만을 제시하는 단점이 있다.

각 센서는 서로 다른 맛에 다르게 감응하며 4가지 맛에 관련된 복합 센서는 서로 다른 맛에 대하여 각각 전기적으로 독특한 신호를 만들어 낸다. 이 신호는 그래프 위에 각각 조

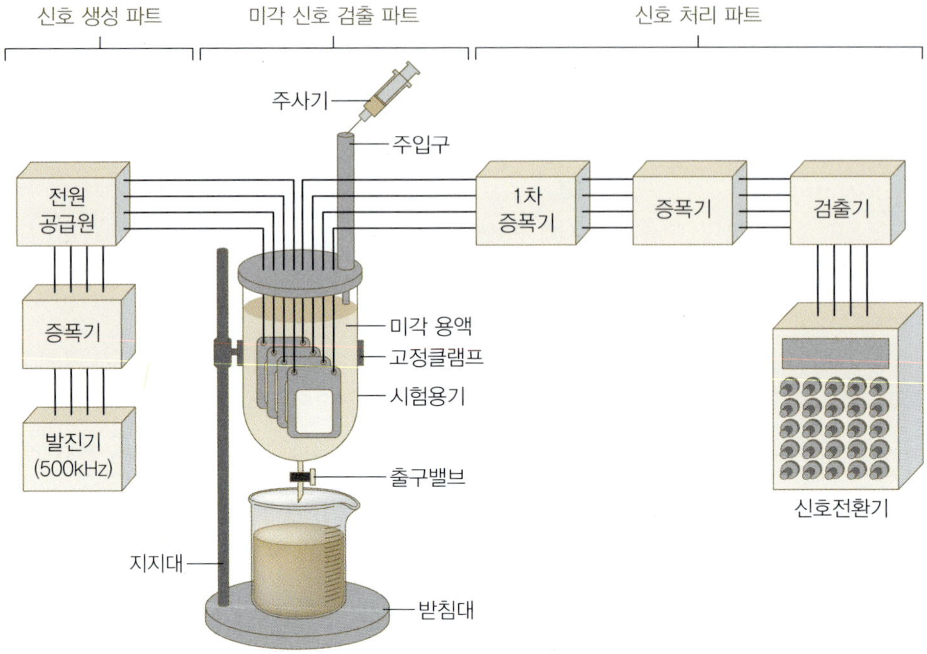

그림 25-9 **전자혀 시스템을 구성하는 요소들**

합된 형태의 데이터로 나타나는데 그래프 선상의 위치를 보고 어떤 맛이 강한지 여부를 상대적으로 파악할 수 있다.

(4) 전자혀와 전자코의 활용 예

① 맥주 맛과 포도 맛을 구분하는 전자혀

주류나 식품 회사에서는 맛을 감지하는 '혀'가 재산이다. 소믈리에처럼 미각 훈련이 잘 되어 있는 전문가들이 미세한 맛의 차이를 감별해 왔지만, 사람의 미각을 모방한 '전자혀'들이 개발되고 있어 소믈리에 로봇이 와인을 추천해 줄 날도 멀지 않았다.

바르셀로나 자유대 연구진은 맥주 맛을 81.9%의 정확도로 감별하는 전자혀의 능력을 발표하였다. 전자혀는 맥주에 들어 있는 21가지 이온을 감지하는 센서들로 구성되어 있어서 이 센서들이 이온의 분포 형태를 분석해 라거 맥주, 필스너 맥주 이외에도 6종의 맥주를 구별하였다.

발렌시아대학 연구진은 산도와 당분의 함량을 감지하는 전자혀로 와인 제조에 쓰이는 8종의 포도가 얼마나 익었는지 알아냈다. 이러한 정보들이 인공지능을 활용한다면 몇 년도에 생산된 와인인지 여부도 구분해 낼 수 있다.

② 단맛 감지하는 바이오 전자혀 개발(서울대)

감칠맛은 20여 종의 맛 수용체 단백질 중 'T1R1'이, 그리고 단맛은 'T1R2'가 맡는다. 이들은 각각 'T1R3' 단백질과 짝을 지어 해당 맛을 내는 물질과 결합한다는 사실을 이용하여 사람의 단맛 수용체 단백질로 만든 바이오 전자혀를 개발하였다. 사람 세포에 T1R2와 T1R3 단백질 유전자를 집어넣어 이 단백질들이 세포 표면에서 자라도록 한 다음 이 단백질이 있는 부분을 다시 떼어내 단맛 수용체 단백질이 주축이 된 미니 세포를 탄소 나노 튜브와 연결하였다. 그리고 미니 세포에 흐르는 전류가 미세하게 변하는 과정을 감지하여 전류의 변화로 바이오 전자혀가 사람의 혀가 감지하는 것보다 100분의 1 낮은 농도까지 단맛을 감지하는 데 성공하였다. 감미료 성분인 아스파탐의 구성 성분인 아미노산도 감지한다.

③ 전자코, 전자혀, 전자눈의 통합

Alpha MOS사는 전자코, 전자혀, 전자눈의 세 장비를 모두 취급하고 있는데 이와 관련된 상당한 데이터를 확보하여 시료 간의 차이를 판별하는 경우, 세 가지의 장비를 모두 동일한 소프트웨어로 조작하고 데이터를 해석함으로써 세 가지 장비에서 얻은 각각의 데이터를 하나의 소프트웨어로 이동시켜 통합 처리가 가능함을 보여 주었다. 즉, 후각, 미각, 시각의 복합적 차이를 통해 시료 간의 상대적 품질 차이를 판별할 수 있게 한 것이다.

④ 음료의 색깔과 맛 조정

앱(app)을 통해 칵테일 잔에 든 음료의 색깔과 맛을 바꿀 수 있는, 일명 '복테일(Vocktail, Virtual Cocktail)'은 모바일 앱과 연동시켜 사용하는 칵테일 잔 모양의 기기이다.

이 장치에는 향기를 만들어 내는 '아로마 튜브'와 미각 자극을 만들어 내는 전극, 그리고 빛을 바꾸는 LED가 탑재되어 기존 음료에 맛을 더하거나 향기와 색을 입힐 수 있다. 블루투스를 지원하기 때문에 무선 앱에서 음료를 지정할 수 있다. 유리 잔 바닥에 있는 LED가 액체 음료의 색깔을 바꿔 주고, 전극에 전기 자극을 줌으로써 맛을 만들어 낸다. 신맛, 쓴맛, 짠맛 등을 만들어 낼 수 있으며 유리잔에 붙어 있는 튜브를 통해 아로마향이 방출된다.

⑤ 전자코의 소형화

현장에서 활용되거나 일반 소비자들이 이용할 수 있으려면 시스템 자체가 매우 간편하

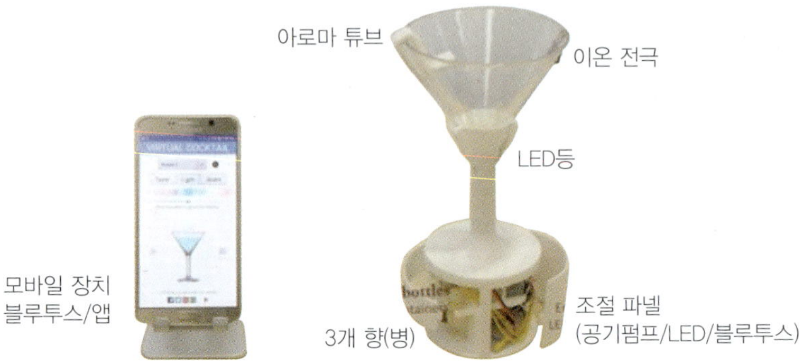

그림 25-10 복테일 잔의 구성도

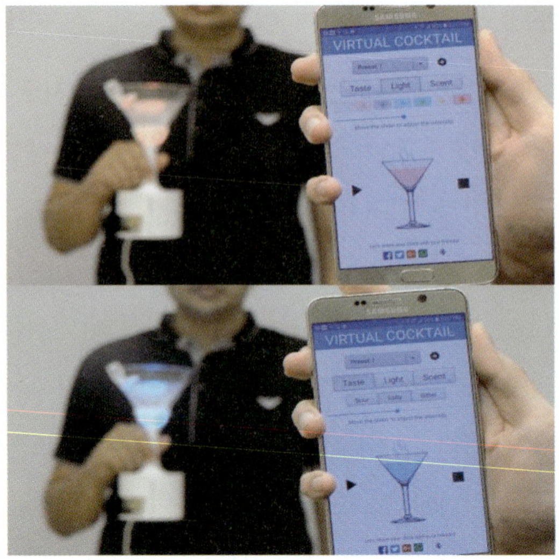

그림 25-11 복테일 잔과 이를 운영하는 휴대전화의 앱 작동 모습

그림 25-12 휴대전화에 연결된 앱과 휴대용 전자코를 이용해 고기별 미생물의 번식 정도를 파악하여 신선도를 예측하는 시스템

고 소형화되어야 한다. 전자코가 휴대전화 크기로 소형화되고 일반인들이 손쉽게 사용할 수 있도록 개발되었다. 이 전자코 시스템은 다양한 휘발 성분을 측정할 필요 없이 단순하게 특정 부패 미생물이 발생시키는 냄새만을 포착하여 부패 여부를 판별하는 것이 가능하다. 특정 분야에만 한정적으로 활용하면 소형화가 가능하다.

이 시스템을 발전시켜 생선류와 돼지고기를 함께 측정하는 시스템이 소개되었고, 쇠고기와 닭고기 등 미국인이 즐겨 먹는 4가지 육가공 제품에 대한 분석을 일반 주부들도 쉽게 측정할 수 있게 되었다. 이 모듈은 휴대전화와 연결된 앱을 설치함으로써 간편하게 육류 제품의 신선도를 판단할 수 있다(그림 25-12). 일반 소비자들도 시각적으로 쉽게 오염 유무를 판단할 수 있다. 그러나 기능을 압축하다 보니 육류의 신선도라는 특정한 목적 이외에 다른 분야에 적용하기가 어렵다는 것은 단점이 있다.

⑥ 포장재 이취

식품 소재에 따라서도 각각 구성 성분의 차이로 인해 나타나는 이취 성분을 전자코로 분석하였다. 뿐만 아니라 포장재 재질로부터 이취가 이행되는 경우가 있는데, 이때 포장재로부터 이행이 되었는지 여부를 관찰해야 하는데 포장 재질인 병과 뚜껑이 각기 다른 재질로 구성이 되어 있어 이를 관찰하기 위해서는 각기 다른 전처리를 할 수밖에 없다. 그러면 각기 다른 전처리 과정에서 이취가 발생하였는지, 아니면 오염된 물 때문에 발생이 되었는지를 구분하기가 쉽지 않다. 이러한 경우 특히 전처리 과정 없이 분석하는 것이 바람직하며, 미세한 이취 성분인 경우 전처리 과정에서 손실 가능성이 높으므로 전자코 분석을 선택하는 것이 바람직하다.

그림 25-13과 같이 추진 전략을 수립하고 원료 재질이 서로 다른 조합으로 동시에 분석을 실시하여, 이 제품은 저장창고에서 보관을 잘못하였거나 인쇄 잉크가 유입되었거나 혹은 해당 재질만 다른 공장에서 생산하였거나 등으로 추측해 볼 수 있다. 이처럼 뚜껑과 병은 서로 다른 재질로 구성이 되어 있으나 전처리 과정을 생략함으로써 서로 다른 재질의 시료를 동시에 분석해서 전처리 과정으로 인한 오차를 최소화하면서 문제를 해결할 수 있다.

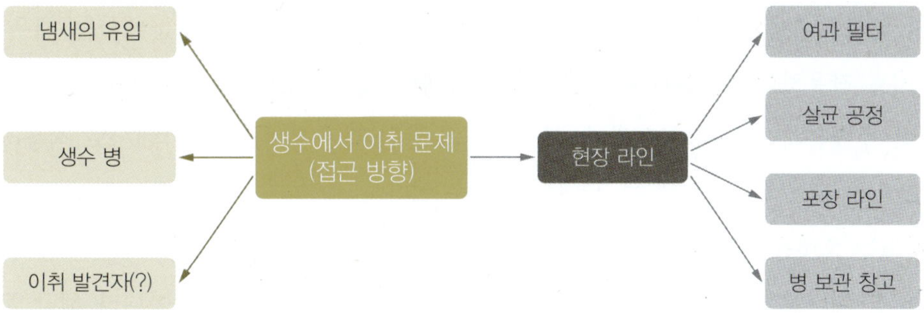

그림 25-13 생수 이취 문제 해결을 위한 가능 전략 구도

그중 페트병의 뚜껑과 병을 조합한 분석 결과는 그림 25-14와 같다. 그림을 보면 공기로부터 가장 먼 위치에 자리를 잡은 A뚜껑이 가장 냄새가 많이 나는 것을 의미한다. 따라서 문제가 된 것은 뚜껑 A라는 것이 판정되었다.

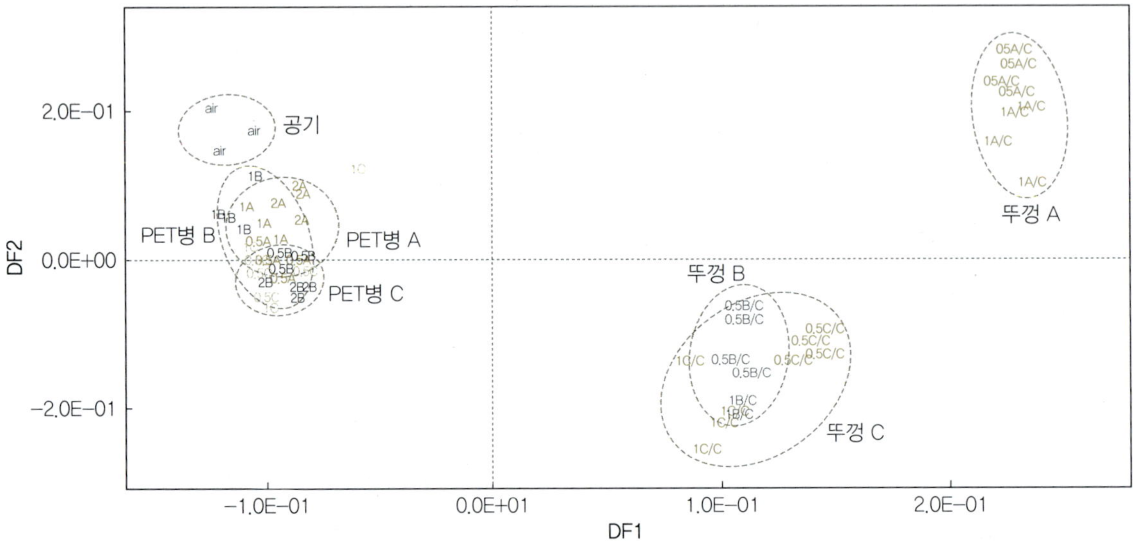

그림 25-14 질량분석계를 바탕으로 한 전자코로 병과 뚜껑을 분석한 결과
뚜껑 A가 동떨어진 위치에 나타남

⑦ 전자코-전자혀-전자눈

전자코와 함께 전자혀나 전자눈 혹은 그 외의 장비들을 함께 사용하여 정확도를 높여 나가는 방법들은, 전자코 분석 결과로는 다소 미진한 부분의 인자를 다른 기기의 분석 결과가 보충해 주는 효과가 있다.

전자코 분석에서 큰 의미가 없다고 생각한 인자들이 전자혀나 전자눈에서는 매우 중요한 인자로 작용하여, 이 결과를 전자코 결과와 함께 통계 프로그램을 돌리는 경우 차별성이 더욱 뚜렷하게 구분되기도 한다. 분석기기의 통합 활용은 다른 분야에서도 적용하였던 방법으로 효과적인 분석 정도를 극대화시킬 수 있다.

전자코는 오랫동안 크게 신뢰할 수 있는 장비로 인식되지는 못하였다. 지문을 통해서 패턴 인식을 한다고는 하지만 전자코가 바로 지문을 만들어 주는 것이 아니라 해당 물질에 해당하는 향미에 맞는 지문을 만들어 가는 것으로 보이기 때문이다. 다변량 분석과 같이

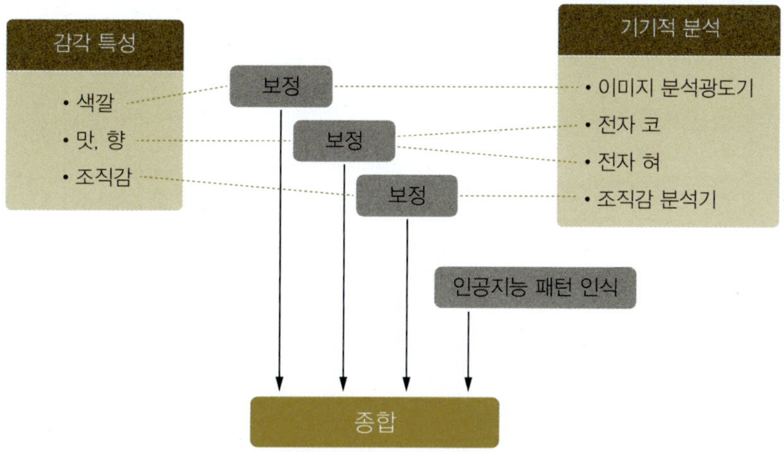

그림 25-15 품질 지표를 위한 관능적 특성 데이터의 종합화

n차원의 그림을 그려서 해석한다는 것은 쉬운 일이 아니며, 그 속에서 지문을 만들어 내는 일도 훈련되지 않은 사람에게는 어려운 일이다. 그럼에도 그 활용 가능성을 높여 갈 것으로 기대되며, 앞으로도 다른 분석기기들과의 상호 연관성을 통해 작은 차이로 인한 이질성을 어떻게 확대해 가고 해석하는지는 이후 풀어야 할 과제라 할 수 있다. 그 외에 원산지 판별을 비롯한 다른 경우에 적용된 결과를 소개하면 다음과 같다.

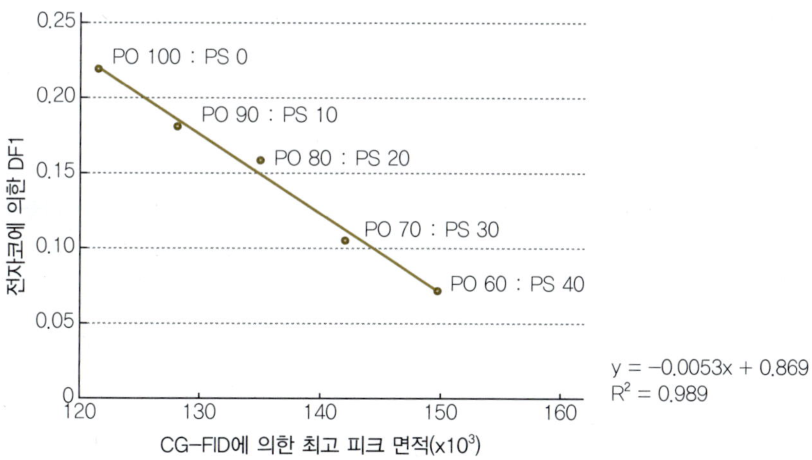

그림 25-16 Palm olein triglyceride(PO)와 palm stearin triglyceride(PS) 혼합 비율에 따른 전자코로 분석한 결과(DF1)와 GC로 분석한 결과(highest peak) 간의 상관관계($r^2 = 0.989$)

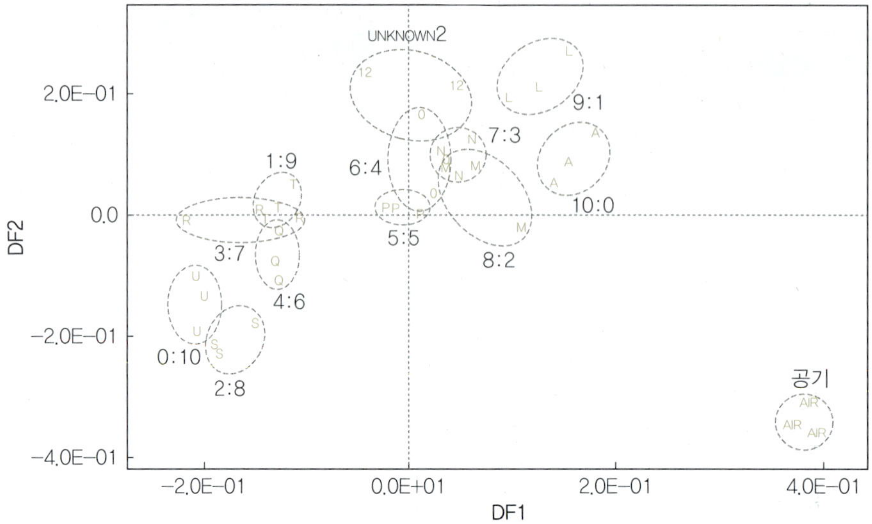

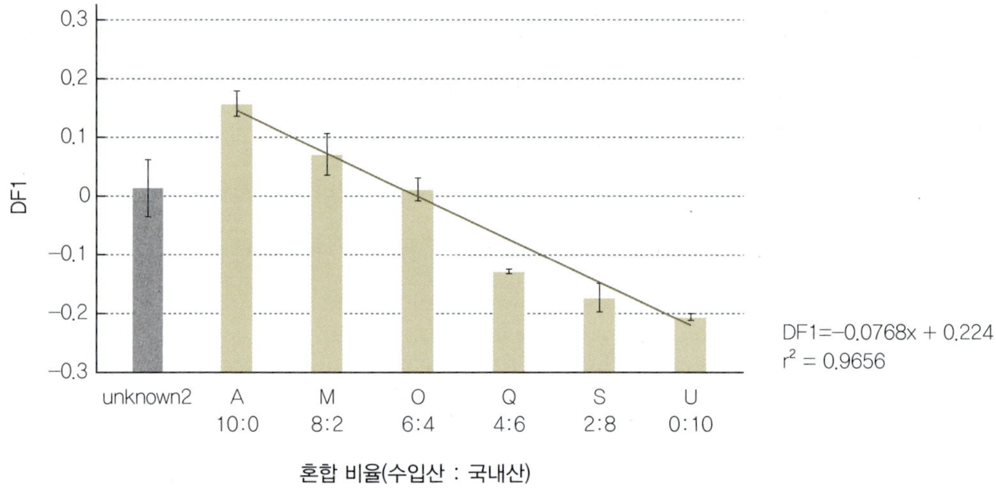

그림 25-17 중국산과 수입산 홍삼 추출액을 일정 비율로 혼합한 것과 미지의 시료(unknown 2)를 함께 전자코로 분석한 결과

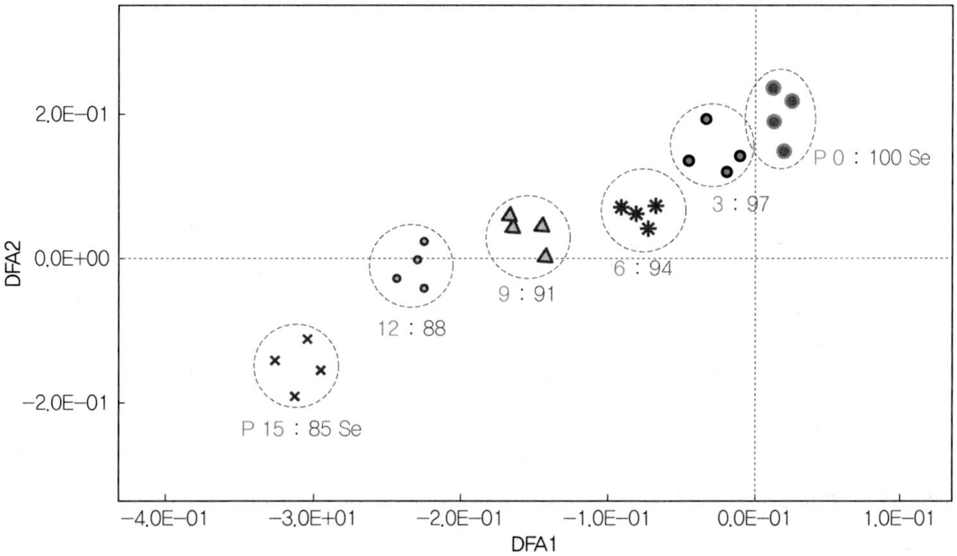

그림 25-18 들기름(P)과 참기름(Se)을 일정 비율로 혼합한 것을 전자코로 분석하여 다변량 통계 분석한 결과

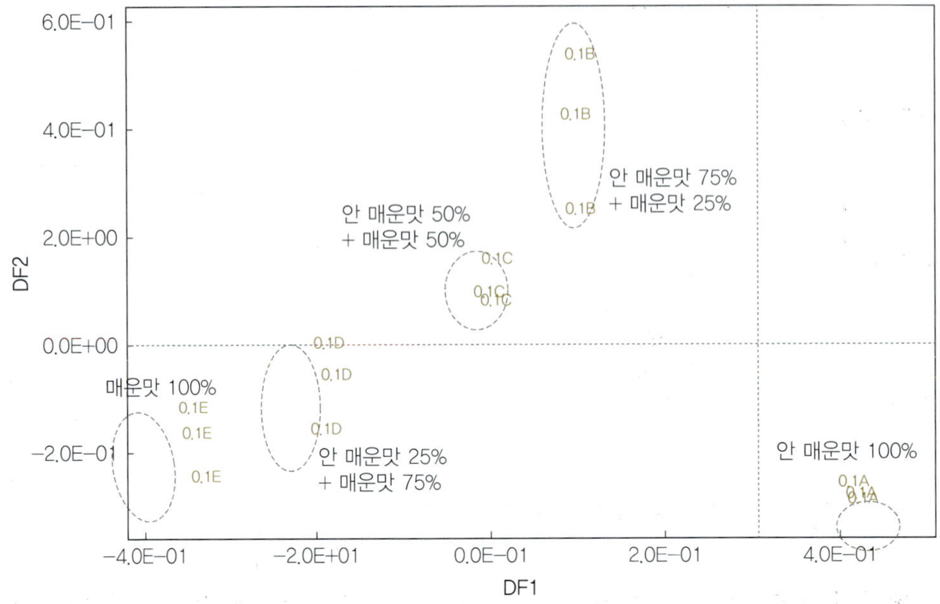

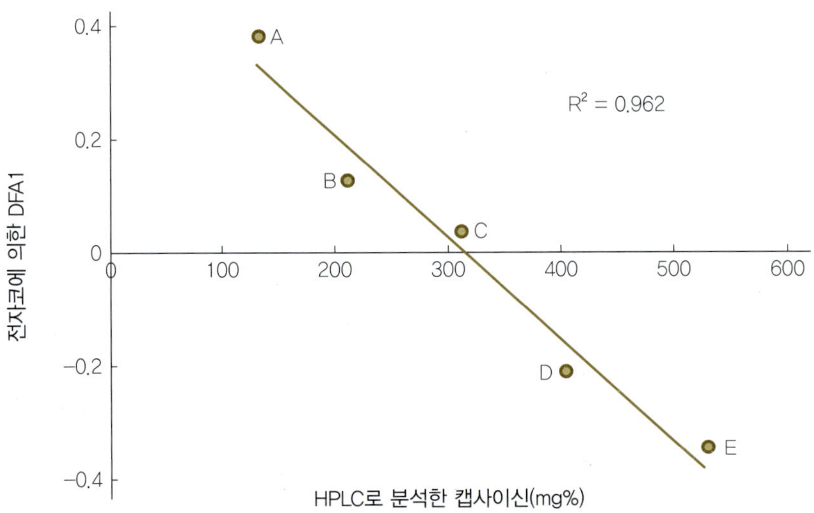

그림 25-19 매운 고추(캡사이신 520 mg)와 안 매운 고추(캡사이신 135 mg)를 일정 비율로 혼합한 것을 전자코로 분석한 결과 (DF1)와 HPLC로 분석한 결과(capsaicin) 간의 상관관계

*위의 '5) 전자코와 전자혀를 이용한 접근방법' 내용은
『식품의 감각평가와 기호적 품질관리(권미라 외, 수학사, 2018)』에서 일부 발췌하였다.

연습문제

1 휘발성 성분 분리 및 분석의 목적 세 가지는?

2 식품 내 휘발성 성분의 분석 과정을 개괄적으로 3단계로 나열하면?

3 개별 휘발성 성분의 감각적 향미 특성을 분석하는 방법에 대해 설명하면?

풀이 및 정답

1. ① 새로운 향미물질의 개발
   ② 식품 내 향미 성분과 관련된 문제점 해결
   ③ 식품 및 향미의 품질 평가 및 품질관리
2. ① 식품 조직으로부터 휘발성 성분의 추출
   ② 각각의 성분으로 분리
   ③ 휘발성 성분의 동정 및 정량
3. GC에서 분리된 개별 휘발성 성분들의 감각적 향미 특성은 코를 검출기로 활용하는 스니핑(sniffing) 방법인 GC-Olfactometry(GC-O)로 분석할 수 있으며, 이를 해석하는 대표적인 방법으로는 AEDA(아로마 추출 회석분석, aroma extract dilution analysis)가 있다. 이는 휘발성 성분을 2배수의 희석배수(1+1), 또는 3배수의 희석배수(1+2)를 사용하여 연속적으로 향 추출물을 희석함으로써 이들 성분이 묘사하는 향 특성이 인지되는 최대 희석배수를 향 희석배수(flavor dilution factor, FD factor)로 나타내어 그 식품의 주요 향기 활성 성분을 분석하는 이론이다.

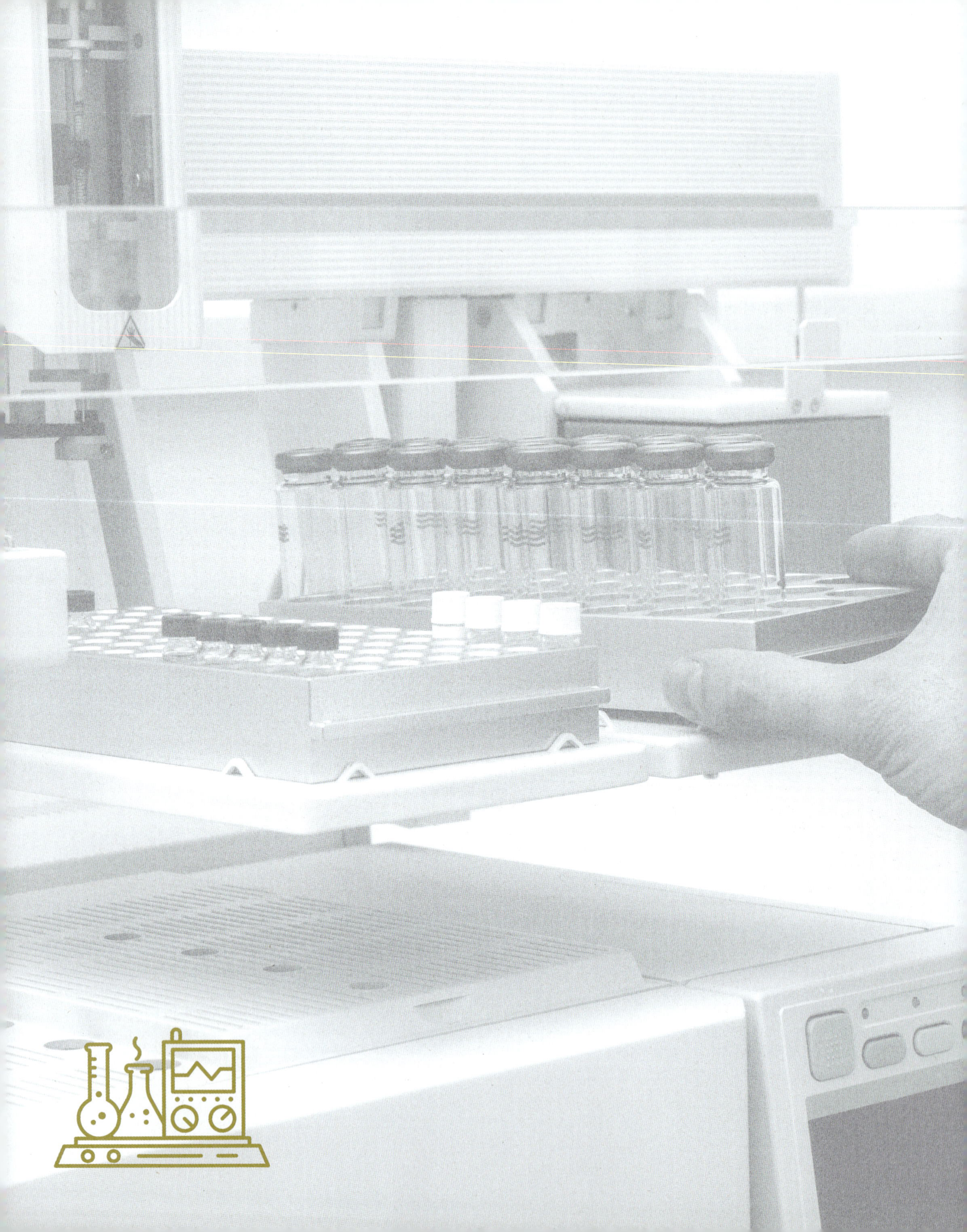

APPENDIX
부록

1. 분석 방법의 프로토콜
2. 식품기사 준비를 위한 필답형

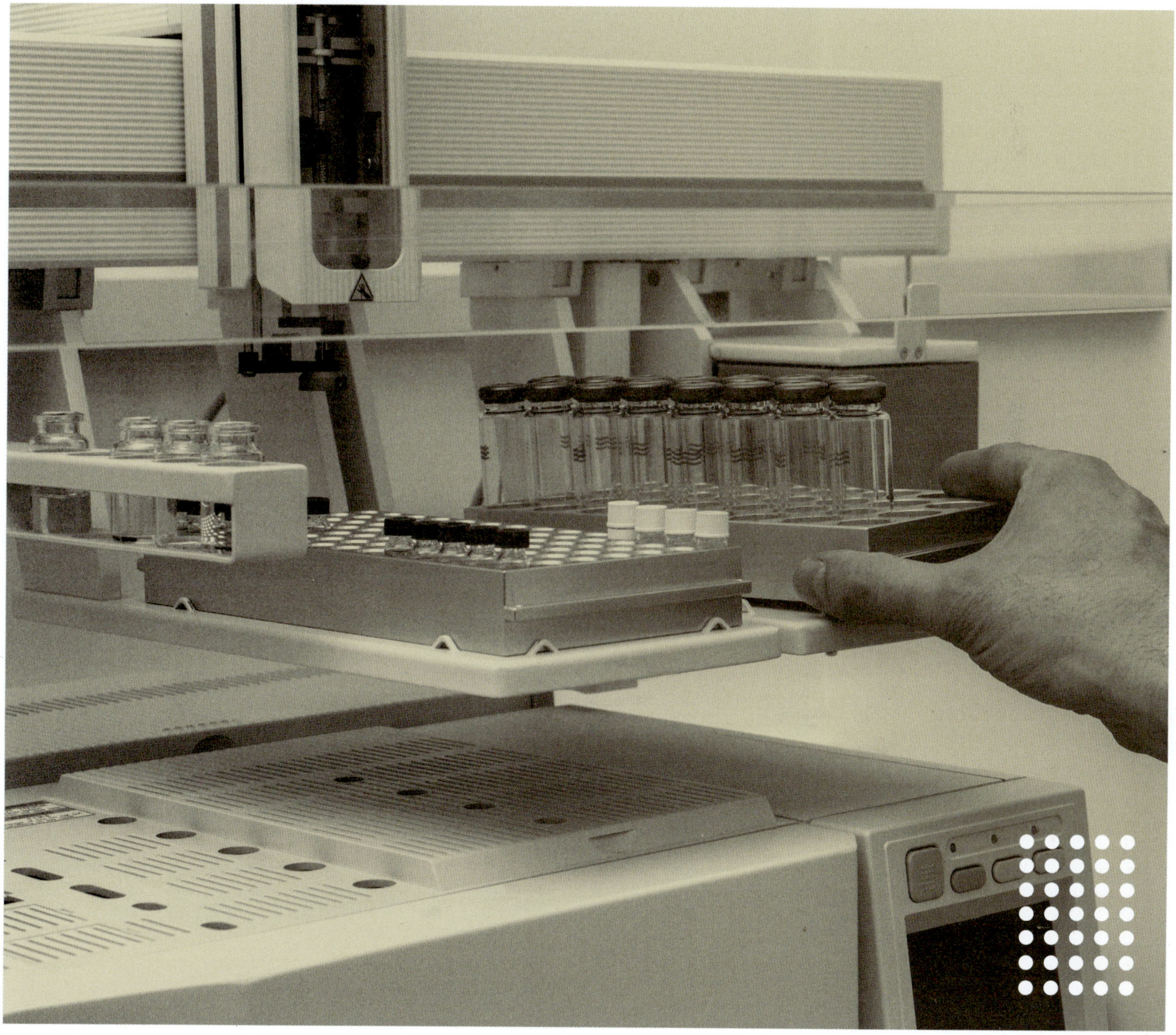

1. 분석방법의 프로토콜

실험 1 Bradford 방법에 의한 단백질 정량

1. 시약 및 기기

① Coomassie Brillant Blue G-250 용액(Bio-Rad, Sigma Co.)

② Bovine serum albumin (표준용액 제조용)

③ 분광광도계

2. 측정

① Coomassie Brillant Blue G-250 원액을 5배 희석한다.

② 시료(단백질 1-100 μg/mL) 0.1 mL에 위의 희석한 용액 5 mL를 잘 혼합한다.

③ 5분 동안 상온에서 반응시킨 후 분광광도계로 595 nm에서 흡광도를 측정한다.
공시험 시료(대조구)는 단백질 대신 증류수 0.1 mL를 사용한다.

④ 표준검량곡선을 구하기 위하여 알고 있는 농도의 소혈청알부민(bovine serum albumin, BSA)을 사용하여 위와 같은 방법으로 농도와 흡광도의 관계를 구한다.

3. 계산

표준검량곡선으로부터 얻은 흡광도에 해당하는 농도값을 얻는다.

tip 브래드포드(Bradford) 방법은 다른 단백질 정량법에 비해 민감도가 우수하나 단백질 간의 차이가 많기 때문에 정제된 단백질의 절대량을 구하기는 어렵다.
신속한 방법으로 1시간까지 안정성이 유지된다. 재현성이 높고 감도가 로리(Lowry)법에 비하여 매우 높다. K^+, Na^+, Mg^{2+}, $(NH_4)_2SO_4$, 폴리페놀, 환원당 등에 영향을 받지 않으며 4,000 dalton 이상의 펩타이드나 단백질은 모두 측정할 수 있다.
비이온성 세척제(Triton X-100), 도데실황산나트륨(sodium dodecyl sulfate) 등에 영향을 받으나 그 양이 0.1% 이내이면 무난하다.
석영큐벳과 반응하기 때문에 유리 또는 플라스틱 큐벳을 사용해야 하며, 단백질의 종류에 따라 표준검량곡선이 약간 달라질 수 있으므로 검량곡선의 표준물질을 선택하는 것이 매우 중요하다.

실험 2 환원당 정량으로 다이나이트로살리실산법

1. 시약 및 기구

① A 용액 : 4.5% NaOH 용액 300 mL에 1% 3,5-dinitrosalicylic acid 용액 880 mL을 혼합하고 이 혼합액에 로셸(Rochelle)염 255 g을 용해한다.

② B 용액 : 10 g의 결정 phenol을 10% NaOH 용액 22 mL에 용해하고, 물을 가하여 100 mL로 한다. 이 용액 69 mL에 황산수소나트륨($NaHSO_3$) 6.9 g을 녹인다.

③ A 용액과 B 용액을 혼합하여 갈색병에 담아 보존한다.

④ 물중탕(water bath)

⑤ 분광광도계

⑥ 특급 무수 포도당, 알코올

2. 측정

① 시료를 1 mL당 0.2~2 mg의 환원당이 함유될 정도로 증류수를 넣어 대략 50배로 희석한다.

② 25 mL 메스플라스크에 시료 희석액 1 mL와 시약(A와 B, 혼합액) 3 mL를 가한다.

③ 물중탕에서 5분간 끓인다.

④ 얼음물에서 냉각한 후 증류수로 25 mL가 되게 채운다.

⑤ 큐벳 셀에 넣어 550 nm에서 흡광도를 측정한다.

⑥ 시료 대신 물 1 mL에 시약(A와 B, 혼합액) 3 mL를 가한다. 같은 방법으로 처리하여 흡광도를 측정하며 이것을 공시험구로 사용한다.

⑦ 특급 무수 포도당을 알코올로 재결정하여 건조한 다음 0.2~2 mg/mL의 용액을 만들어 같은 방법으로 흡광도를 측정하여 표준곡선을 만든다.

3. 계산

특급 무수 포도당 0.2~2 mg/mL의 용액을 만들어 측정한 표준검량곡선으로부터 시료의 당량을 구한다.

실험 3 우유 및 요구르트의 지방 정량

1. 시약 및 기기

① 하이드록실아민 용액 : 하이드록실아민, 염산($NH_2OH \cdot HCl$) 20 g을 메탄올 200 mL에 녹인 용액과 3.5 N NaOH를 5 : 3의 비율로 희석한 용액

② $FeCl_3$ 용액 : $FeCl_3$ 100 g을 1.2 N 염산 100 mL에 녹인 용액과 에탄올을 1 : 4로 희석한 용액

③ 분광광도계

2. 실험방법

① 0.2 mL의 시료에 2.5 mL 에탄올과 2.5 mL 다이에틸에테르를 첨가한 후 잘 섞는다.

② 1.0 mL의 하이드록실아민 용액을 첨가하고 균일상으로 만든 후 30분간 반응시킨다.

③ 0.4 mL 염산과 0.5mL의 $FeCl_3$ 용액을 넣고 반응시킨다.

④ 2~3분간 원심분리한 후 525 nm에서 흡광도를 측정한다.

⑤ 올리브유를 클로로폼으로 100배 희석한 다음 이미 알고 있는 양을 취해서 중탕냄비에서 클로로폼을 휘발시킨 후 0.2 mL의 증류수를 가하여 전술한 측정방법으로 흡광도를 측정한다.

⑥ 시료 중의 지방량을 측정하기 위하여 탈지분유에 이미 알고 있는 양의 지방을 넣고 유화시킨 다음 표준곡선을 만든다.

3. 계산

표준곡선을 이용하여 시유와 요구르트의 지방 함량을 측정한다.

tip 사용 용기는 비눗물, 유기용매(다이에틸에테르, 에탄올, 아세톤) 순으로 2회 이상 세척한 후 증류수로 세척하여 실험오차를 최소화하여야 한다.

실험 4 효소활성 측정 : Amylase 활성

장류, 식혜 등과 같은 발효식품의 발효 정도를 관찰하기 위하여 측정한다.

A. 전체 amylase의 활성 측정

1. 시약 및 기기

① 가용성 녹말 용액 ② 0.1 N I_2 용액 ③ 0.01 N NaOH, 0.01 N HCl (pH 조절용)

④ 항온 물중탕, 얼음 물중탕 ⑤ 분광광도계

2. 실험방법

① 가용성 녹말 용액 5 mL를 기질로 하여 효소액 1 mL를 가한 것을 반응용 시료로 한다.

② 효소액 대신에 증류수 1 mL를 가한 것을 공시험구로 한다.

③ 반응용 시료와 공시험구를 완충 용액으로 최적 pH를 맞춘다.

④ 항온 물중탕의 최적 온도에서 효소-기질액을 반응시킨다. 반응시키는 동안 가끔 흔들어 준다.

⑤ 얼음물을 사용하여 효소반응액을 냉각시켜 효소의 활성을 정지시킨다.

⑥ 0.1 N I_2 용액 20 mL를 가한다.

⑦ 660nm에서 흡광도를 측정하여 1분당 흡광도의 변화를 측정한다.

3. 계산

1분당 흡광도의 변화를 효소단위(임의 값)로 계산한다. ($\Delta E/\Delta t$: ΔO.D./min)

상대적 변화를 서로 비교하는 데 용이하다.

B. α-Amylase의 활성

① 2 mL 0.02 M 아세트산 완충 용액(pH 5.4)에 5 mL의 0.5% 가용성 녹말 용액, 1 mL의 1% NaCl 용액, 0.8 mL의 증류수를 시험관에 넣고 75℃에서 5분간 예열시킨다.

② 효소액 0.2 mL를 넣고 10분간 반응시킨 후 얼음물에 담가 반응을 정지시킨다.

③ 여과지(Whatman No.1)를 사용하여 침전물을 제거한다.

④ 여액 1 mL를 취하여 3 mL의 다이나이트로살리실산(dinitrosalicylic acid) 시약과 혼합하고 끓는 물에서 5분간 반응시킨다.

⑤ 상온에서 냉각시킨 다음 분광광도계로 550 nm에서 흡광도를 측정한다.

⑥ 시료의 흡광도값은 엿당(maltose) 표준곡선에서 엿당 함량으로 환산한다.

⑦ 효소 단위(unit)는 분당 1 μmole의 엿당을 유리시키는 효소의 양으로 정의한다.

실험 5 갈변효소 활성 측정 : Polyphenol oxidase(PPO) 활성

1. 시약 및 기기

① 0.2 M 카테콜(catechol)

② 50 mM 인산 완충 용액 (pH 7.5)

③ 분광광도계

④ 사과나 감자 등 측정하고자 하는 시료

⑤ 믹서기와 거즈 및 여과지

2. 실험방법

① 효소액과 보조효소액을 확보한다. 사과를 갈아서 거즈로 여과한 후 여액을 보조효소액으로 사용한다.

② 0.2 M 카테콜 0.2 mL를 3 mL 큐벳에 넣는다.

③ 50 mM 인산 완충 용액(pH 7.5) 2.2 mL와 (보조)효소액 0.1 mL를 가한다.

④ 반응시켜 얻은 생성물의 흡광도를 시간에 변화($\Delta E/\Delta t$)로 나타내기 위하여 분광광도계를 이용하여 420 nm에서 측정한다.

⑤ 같은 방법으로 공시험구는 효소액 대신 증류수를 첨가하며 시간에 따른 흡광도의 변화를 측정한다.

3. 계산

1분간 효소액 1 mL당 생성된 반응물의 흡광도 변화를 0.01 증가시키는 것을 효소 단위로 한다(임의 단위로 상대적 비교를 위해 사용).

실험 6 산값 측정 실험

산값(acid value)은 유지 1 g 중에 함유된 유리지방산(free fatty acid, FFA)을 중화시키는 데 필요한 KOH의 mg 수를 말한다. 대부분의 식용유지(edible oil)는 중성지질(neutral lipid) 형태로 되어 있으며 저장기간, 수분, 효소작용과 같은 외부 환경 요인 등에 의하여 글리세롤(glycerol)과 유리지방산(FFA)으로 분해(주로 가수분해)된다.

산값은 산-염기의 중화 적정에 의한 유지의 산화도 측정방법이며 품질의 척도이다.

1. 시약 및 기기

① 0.1 N KOH 용액(in EtOH) : 85% KOH 0.6601 g(56.11 × 100/85)을 증류수 10 mL에 녹인 후 에탄올로 100 mL까지 정용

② 에테르-에탄올 혼합 용매 : 다이에틸에테르와 에탄올을 2 : 1로 혼합한다.

③ 1% 페놀프탈레인 용액 : 0.25 g 페놀프탈레인을 에탄올로 25 mL까지 정용

④ 뷰렛, 코크

⑤ 스탠드, 스포이드, 삼각 플라스크

2. 실험방법

① 5~10 g 유지시료를 삼각 플라스크에 정확히 칭량하여 기록한다.

② 에테르-에탄올 혼합 용매 50 mL를 넣어 유지 시료를 용해시킨다.

③ 1% 페놀프탈레인 지시약을 2, 3방울 떨어뜨린다.

④ 0.1 N KOH 용액을 뷰렛에 넣어 코크로 조절하며 떨어뜨려 적정한다.

⑤ 종말점은 미홍색이 30초간 사라지지 않을 때이며, 종말점까지 적정에 사용된 KOH의 양을 기록한다.

3. 계산

$$\text{산값(acid value)} = \frac{(T_1 - T_0) \times 56.11 \times f \times N}{S}$$

T_1 : 이 실험에서 KOH 용액의 적정값(mL), T_0 : 공실험에서의 KOH 용액의 적정값(mL) (대조군)

56.11 : KOH의 g 당량, S : 시료의 채취량(g), f : KOH 용액의 역가

N : KOH 용액의 농도(normal concentration)

실험 7 지방산 분석

1. 시약 및 장비

① 14% 트라이플루우오로보란메탄올 용액(125 g BF_3/L 메탄올)

② 메탄올성 수산화나트륨 용액(0.5N) : 수산화나트륨 2 g을 메탄올 100 mL에 녹인다. 장시간 방치하는 경우 흰 침전(탄산나트륨)이 생길 수 있으나 이는 무시하여도 된다.

③ 이소옥탄 : 가스 크로마토그래피용

④ 내부표준용액 : undecanoin(C11:0) 0.01 g을 이소옥탄 용액 10 mL에 녹인다(1 mg/mL).

⑤ 표준용액 : 각 지방산 메틸 에스터와 내부표준물질 운데카논산(undecanoic acid) 메틸 에스터를 이소옥탄에 녹여 각각 0.5 mg/mL이 되도록 조제한다.

⑥ 가스 크로마토그래프 : 불꽃 이온화 검출기(FID)

⑦ 교반기(vortex mixer)

2. 실험방법 : 지방의 추출

지방 추출에 앞서 검체를 균질화한다. 내부표준물질로 사용하는 undecanoic acid에 대한 간섭을 확인하기 위하여 내부표준물질 없이 시험용액을 조제하여 분석하고 해당 피크가 발견되면 내부표준물질 피크면적을 계산할 때 보정한다. 이를 위해 내부표준용액 대신 클로로폼 2 mL을 사용한다.

1) 우유 등 유제품 및 치즈를 제외한 식품

균질화된 검체를 약 100~200 mg의 지방을 포함하는 양으로 정확히 칭량하여 마조니어관에 넣고 약 100 mg의 피로갈롤을 첨가한 후 2 mL의 내부표준용액을 첨가한다. 마조니어관에 끓임쪽(boiling chip)을 넣고 2 mL 에탄올을 첨가하여 전체 검체가 잘 섞일 때까지 혼합한다. 8.3 M 염산 용액 10 mL을 넣고 잘 섞는다. 마조니어관의 마개를 고무줄 또는 테프론테이프 등으로 밀봉한 후 70~80℃의 수조에서 적당한 속도로 교반하면서 40분간 분해한다. 마조니어관의 벽면에 붙어 있는 입자들이 잘 혼합될 수 있도록 10분마다 교반기로 혼합한다. 분해 후 실온으로 냉각하고 에테르 추출 시 분액이 용이하도록 마조니어관의 아래 부분을, 에탄올을 첨가하여 채운 후 부드럽게 섞어 준다.

2) 우유 등 유제품

균질화된 검체를 약 100~200 mg의 지방을 포함하는 양으로 정확히 칭량하여 마조니어관에 넣고 약 100 mg의 피로갈롤을 첨가한 후 2 mL의 내부표준용액을 첨가한다. 마조니어관에 끓임쪽을 넣고 2 mL 에탄올을 첨가하여 전체 검체가 잘 섞일 때까지 혼합한다. 4 mL의 물을 첨가하여 잘 섞은 후 2 mL의 수산화암모늄을 첨가하여 교반하고 마조니어관의 마개를 고무줄 또는 테프론테이프 등으로 밀봉한 후, 70~80℃의 수조에서 적당한 속도로 교반하면서 10분간 분해한다. 마조니어관 벽면에 붙어 있는 입자들이 잘 혼합될 수 있도록 매 5분마다 교반기로 혼합한다. 분해 후 페놀프탈레인 용액을 몇 방울 넣고 염기성(분홍색)이 유지될 수 있도록 수산화암모늄을 첨가한다. 에테르 추출 시 분액이 용이하도록 마조니어관의 아래 부분을, 에탄올을 첨가하여 채운 후 부드럽게 섞어 준다.

3) 치즈

균질화된 검체를 약 100~200 mg의 지방을 포함하는 양으로 정확히 칭량하여 마조니어관에 넣고 약 100 mg의 피로갈롤을 첨가한다. 그리고 2 mL의 내부표준용액을 첨가한다. 마조니어관에 끓임쪽을 넣고 2 mL 에탄올을 첨가하여 전체 검체가 잘 섞일 때까지 혼합한다. 4mL의 물을 첨가하여 잘 섞은 후 2 mL의 수산화암모늄을 첨가하여 교반하고 마조니어관의 마개를 고무줄 또는 테프론테이프 등으로 밀봉한 후 70~80℃의 수조에서 적당한 속도로 교반하면서 20분간 분해한다. 마조니어관의 벽면에 붙어 있는 입자들이 잘 혼합될 수 있도록 5분마다 교반기로 혼합한다. 12 M 염산 용액 10 mL을 추가하여 넣고 20분간 분해한다.

마조니어관의 벽면에 붙어 있는 입자들이 잘 혼합될 수 있도록 10분마다 교반기로 혼합한다. 에테르 추출 시 분액이 용이하도록 마조니어관의 아래 부분을, 에탄올을 첨가하여 채운 후 부드럽게 섞어 준다.

4) 에테르 추출

1), 2), 3)에서 준비된 마조니어관의 분해물에 25 mL 다이에틸에테르를 첨가하고 마개를 한 후 5분간 진탕하여 추출한다. 에테르 혼합 추출용매로 마개를 씻고 25 mL의 무수 석유에테르를 추가하여 5분간 다시 진탕 추출하고 600 rpm에서 5분간 원심분리한다. 원심분리가 어려울 경우, 상층이 깨끗해질 때까지 적어도 1시간 이상 방치하여 분리한다. 에테르 혼합 추출용매로 마개를 씻고 150 mL 비커에 에테르층을 분액한 후 증발시키기 위해 질소를 사용하여 35~40℃ 수조에서 에테르를 천천히 증발시킨다.

3. 실험방법 : 지방의 메틸에스터화

① 시료 약 25 mg을 유리 튜브에 정밀히 취하고 내부표준용액 1 mL를 첨가한다.

② 0.5 N 메탄올성 수산화나트륨 용액 1.5 mL를 가하고 질소를 불어넣은 후 즉시 뚜껑을 덮고 혼합한다.

③ 이어 100℃ 가열블록(heating block)에서 약 5분간 가온한다.

④ 이를 냉각한 후 14% 트라이플루오로보란메탄올 용액 2 mL를 가하고 다시 질소를 불어넣은 후 즉시 뚜껑을 덮고 혼합하여 100℃에서 30분간 가온한다.

⑤ 이어 30~40℃로 냉각하여 이소옥탄 용액 1 mL를 가하여 질소를 불어넣은 후 뚜껑을 덮고 이 온도에서 30초간 격렬하게 진탕한다.

⑥ 이후 즉시 포화 염화나트륨 용액 5 mL를 가하고 질소를 불어넣은 후 뚜껑을 덮고 진탕한다.

⑦ 상온으로 냉각한 후 물층으로부터 분리된 이소옥탄층을 무수 황산나트륨으로 탈수하여 시험용액으로 한다.

4. 실험방법 : 기체 크로마토그래피 조건

지방산을 분석할 때 $C_{18:3}$(linolenic acid, n3 cis)과 $C_{20:1}$(eicosenoic acid) 및 $C_{22:1}$(docosaenoic acid), $C_{20:3}$(eicosatrienoic acid)와 $C_{20:4}$(arachidonic acid)의 분리도는 1.0 이상이어야 한다.

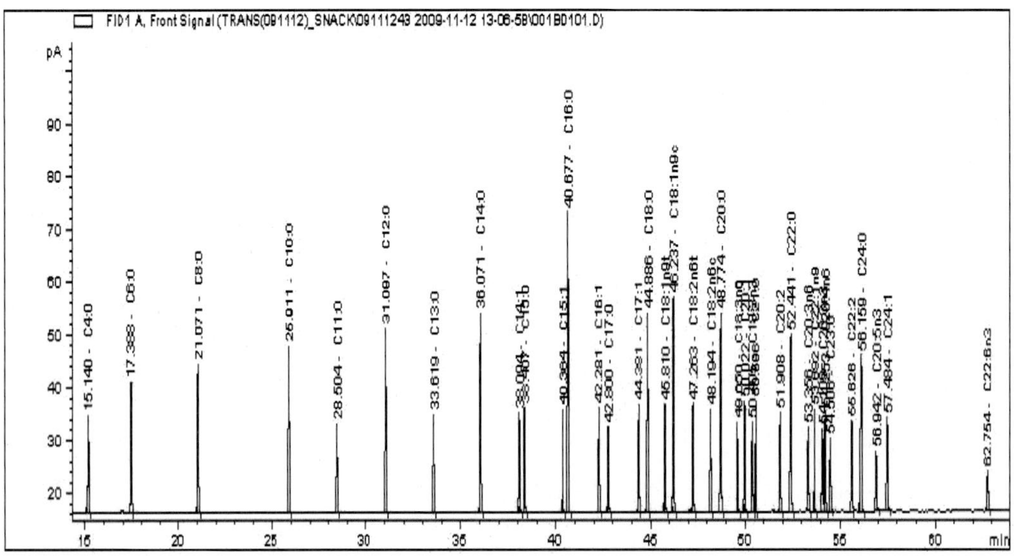

① 칼럼 : SP-2560 (100 m × 0.25 mm × 0.2 μm) 또는 이와 동등한 것

② 주입부 온도 : 225℃

③ 칼럼 온도 : 100℃에서 4분간 유지한 후 3℃/min의 비율로 240℃까지 온도를 상승시키고 이후 15분 이상 유지한다.

④ 검출기 온도 : 285℃

⑤ 유량 : 헬륨 0.75 mL/min

⑥ 분할비(split ratio)는 200 : 1

5. 계산

1) 개별 지방산 메틸 에스터의 함량 계산

$$W_{FAMEi} = \frac{Pt_i \times Wtc_{11:0} \times 1.0067}{Ptc_{11:0} \times R_i}$$

W_{FAMEi} : 지방산 i의 메틸 에스터로서의 양(mg), Pt_i : 시험용액 중 지방산 i의 피크 면적
$Wtc_{11:0}$: 시험용액 중 내부표준물질($C_{11:0}$ triundecanoin) 첨가량(mg)
1.0067 : 내부표준물질(C11:0 triundecanoin)의 트라이글리세라이드로부터 지방산 메틸 에스터로의 전환계수
$Ptc_{11:0}$: 시험용액 중 내부표준물질(undecanoic acid methyl ester)의 피크 면적
R_i : 지방산 i의 반응계수(response factor)

$$*R_i = \frac{P_{Si}}{P_{SC11:0}} = \frac{W_{C11:0}}{W_i}$$

P_{Si} : 표준용액 중 지방산 메틸 에스터 i의 피크 면적
$P_{SC11:0}$: 표준용액 중 내부표준물질(undecanoic acid methyl ester)의 피크 면적
$W_{C11:0}$: 표준용액 중 내부표준물질(undecanoic acid methyl ester)의 양(mg)
W_i : 표준용액 중 지방산 메틸 에스테르 i의 양(mg)

2) 개별 지방산 및 지방 함량 계산

(1) 개별 지방산

$$\text{지방산(g/100 g)} = \frac{W_{FAi} \times 100}{W_{sp1}}$$

$$W_{FAi} = W_{FAMEi} \times f_{FAi}$$

f_{FAi} : 지방산 i(메틸 에스터로서)의 지방산 전환계수(표 1), W_{sp1} : 검체량(mg)

(2) 포화지방

$$\text{포화지방(g/100 g)} = \frac{\Sigma \text{포화지방산}_i \times 100}{W_{sp1}}$$

포화지방산$_i$: $C_{4:0}$(butyric acid), $C_{6:0}$(caproic acid), $C_{8:0}$(caprylic acid) 등 이중결합이 없는 지방산

(3) 단일 불포화지방

$$단일\ 불포화지방(g/100\ g) = \frac{\Sigma 단일\ 불포화지방산_i \times 100}{W_{sp1}}$$

단일 불포화지방산$_i$: $C_{16:1}$(palmitic acid), $C_{17:1}$(margaroleic acid), $C_{18:1}$(oleic acid) 등 하나의 시스형 이중결합이 있는 지방산

(4) 다가 불포화지방

$$다가\ 불포화지방(g/100\ g) = \frac{\Sigma 다가\ 불포화지방산_i \times 100}{W_{sp1}}$$

다가 불포화지방산$_i$: $C_{18:2}$(linoleic acid), $C_{18:3}$(linolenic acid), $C_{20:2}$(eicosadienoic acid) 등 시스형 이중결합이 두 개 이상인 지방산

(5) 트랜스지방

$$트랜스지방(g/100\ g) = \frac{\Sigma 트랜스지방산_i \times 100}{W_{sp1}}$$

트랜스지방산$_i$: $C_{18:1}$(elaidic acid), $C_{18:2}$(linolelaidic acid) 등 트랜스 구조를 1개 이상 가지고 있는 모든 불포화지방산을 말한다. 이중결합이 2개 이상일 때에는 메틸렌기에 의해 분리되거나 비공액형 이중결합을 가지고 있는 지방산으로 한정한다.

표 1 각 지방산 methyl ester의 지방산 전환계수

지방산명		f_{FAi}
C4:0	butyric acid	0.8627
C6:0	caproic acid	0.8923
C8:0	caprylic acid	0.9114
C10:0	capric acid	0.9247
C11:0	undecanoic acid	0.9300
C12:0	lauric acid	0.9346
C13:0	tridecanoic acid	0.9386
C14:0	myristic acid	0.9421
C14:1	tetradecanoic acid	0.9417
C15:0	pentadecanoic acid	0.9453
C15:1	pentadecenoic acid	0.9449
C16:0	palmitic acid	0.9481
C16:1	hexadecenoic acid	0.9477
C17:0	margaric acid	0.9507
C17:1	margaroleic acid	0.9503

(계속)

지방산명		f_{FAi}
C18:0	stearic acid	0.9530
C18:1	octadecenoic acid	0.9527
C18:2	octadecadienoic acid	0.9524
C18:3	linolenic acid	0.9520
C20:0	arachidic acid	0.9570
C20:1	eicosenoic acid	0.9568
C20:2	eicosadienoic acid	0.9565
C20:3	eicosatrienoic acid	0.9562
C20:4	arachidonic acid	0.9560
C20:5	eicosapentaenoic acid	0.9557
C21:0	heneicosanoic acid	0.9588
C22:0	behenic acid	0.9604
C22:1	docosaenoic acid	0.9602
C22:2	docosadienoic acid	0.9600
C22:3	docosatrienoic acid	0.9598
C22:4	docosatetraenoic acid	0.9595
C22:5	docosapentaenoic acid	0.9593
C22:6	docosahexaenoic acid	0.9590
C23:0	tricosanoic acid	0.9620
C24:0	lignoceric acid	0.9563
C24:1	nervonic acid	0.9632

실험 8 항산화성 성분의 분석

A. DPPH 라디칼 소거능 활성

1. 시약 및 장비

① DPPH (1,1-diphenyl-2-picryl hydrazyl) ② 메탄올 ③ 분광광도계

2. 실험방법

① 시료 0.1 mL를 메탄올 용액에 녹인 0.1 mM DPPH 1.5 mL에 첨가한다.

② 암실에서 30분간 정치시킨 후 분광광도계로 517 nm에서 흡광도를 측정한다.

3. 계산

결과는 EC_{50}(mg/mL)로 나타내거나 상대적 흡광도 변화 〔1−(시료에 의한 흡광도/공시료에 의한 흡광도)〕× 100으로 나타낸다.

$$\text{자유라디칼 소거 효과〔Free radical scavenging effect(\%)〕} = \frac{Abs_{DPPH} - Abs_{sample}}{Abs_{DPPH}} \times 100$$

Abs_{DPPH} : 공시료에 의한 흡광도, Abs_{sample} : 시료에 의한 흡광도
EC_{50}(mg/mL) : 초기 흡광도를 반으로 줄이는 데 필요한 시료량. EC_{50}(mg/mL)가 낮을수록 라디칼 소거능이 높음

B. ABTS 라디칼 소거능 활성

1. 시약 및 장비

① ABTS (2,2′-azino-bis-3-ethylbenzothiazoline-6-sulfonic acid)

② 과황산칼륨(potassium persulfate) ③ 분광광도계

2. 실험방법

① 7 mM ABTS 수용액과 2.45 mM potassium persulfate를 혼합하여 암실에서 16시간 반응시킨다.

② UV/Vis-spectrophotometer를 이용하여 734 nm에서 흡광도가 0.70±0.05가 되도록 에탄올로 희석한다.

③ 희석된 ABTS 용액 1.9 mL과 시료 0.05 mL를 혼합하여 6분간 상온에서 정치한 후 734 nm에서 흡광도를 측정한다.

3. 계산

결과는 EC_{50}(mg/mL)로 나타내거나 상대적인 흡광도 변화로 나타낸다.

실험 9 총 폴리페놀 함량 측정

총 폴리페놀 함량은 폴린-시오칼토(Folin-Ciocalteu) 방법에 따라 측정한다.

1. 시약 및 장비

① Folin-Ciocalteu 시약

② 탄산나트륨(sodium carbonate)

③ 분광광도계

④ 타닌산〔tannic acid (표준용액 제조용 : 순도가 높은 것 사용)〕

2. 실험방법

① 시료 0.25 mL에 증류수 4 mL 1 : 1(v/v)으로 희석한 Folin-Ciocalteu 시약 0.25 mL를 첨가하여 30초간 혼합 후 5분간 정치한다.

② 시료 0.25 mL에 Folin-Ciocalteu 희석액 0.25 mL를 첨가하여 30초간 혼합한 후 5분간 정치한다.

③ 위 용액에 포화된 sodium carbonate 0.5 mL를 첨가하여 30분간 정치한다.

④ 충분히 반응이 이루어진 다음 이 혼합액을, 분광도계를 이용하여 725 nm에서 흡광도를 측정한다.

⑤ Tannic acid를 농도별(μM)로 5가지 용액을 제조한 후 이를 토대로 표준곡선을 확보한다.

3. 계산

Tannic acid를 표준물질로 하여 얻은 표준곡선으로부터 타닌산당량(tannic acid equivalent, μM)으로 총 폴리페놀 함량을 나타낸다.

실험 10 총 플라보노이드 함량 측정

1. 시약 및 장비

① 에탄올

② 아세트산칼륨(potassium acetate)

③ 분광광도계

④ 염화알루미늄(aluminum chloride)

⑤ 퀘세틴〔quercetin (표준용액 제조용 : 순도가 높은 것 사용)〕

2. 실험방법

① 10% aluminum chloride 용액을 제조한다.

② 1 M potassium acetate 용액을 제조한다.

③ 시료 0.5 mL에 95% ethanol 1.5 mL, 10% aluminum chloride 0.1 mL, 그리고 1 M potassium acetate 0.1 mL 및 증류수 2.8 mL를 각각 혼합한다.

④ 30분간 충분히 반응이 이루어진 후 이 혼합액을 분광광도계를 이용하여 415 nm에서 흡광도를 측정한다.

⑤ Quercetin을 농도별(μM)로 5가지 용액을 제조한 후 이를 토대로 표준곡선을 확보한다.

3. 계산

Quercetin을 표준물질로 하여 얻은 표준곡선을 이용하여 총 플라보노이드 함량을 퀘세틴 당량(quercetin equivalent, μM)으로 나타낸다.

실험 11 이소플라본(isoflavone) 분석

1. 시약 및 장비

① 100 mM HCl ② Acetonitrile (HPLC급) ③ Methanol (HPLC급)

④ 와트먼지(Whatman paper) No.2, Syringe filter (0.2 μm)

⑤ 표준물질 : Formononetin ⑥ 진탕기 ⑦ 원심분리기 ⑧ 질소 농축기

2. 실험방법 : 이소플라본 추출

① 가루 형태의 시료 1 g에 100 mM HCl 2 mL과 7 mL의 acetonitrile, 3 mL의 탈이온수, 내부표준물질(internal standard)인 포모노네틴(formononetin)을 첨가한다.

② 혼합 시료는 2시간 동안 진탕한다.

③ 이어 2,208×g으로 10분 동안 원심분리 후, Whatman No. 2 여과지로 여과한다.

④ 여과액은 질소가스로 건조시킨 뒤 건조된 시료에 1 mL 메탄올을 첨가하여 0.2 μm syringe filter로 여과한다.

⑤ 여과된 시료는 이소플라본을 함유하고 있으며, 이를 HPLC 시료로 사용한다.

3. 이소플라본의 HPLC 분석법

① 이소플라본은 4μm Waters Nova pak C_{18} reversed-phase (150×3.9 mm I.D.) HPLC 칼럼으로 분리하여 HPLC-UV로 검출한다.

② 이동상으로 A용매는 1%(v/v) 아세트산과 B용매는 100% acetonitrile을 사용한다.

③ 유량은 0.6 mL/min이며, B용매는 0~5분 동안 15%, 5~44분 동안 35%로 증가, 44~45분 동안에는 15% 감소, 안정화를 위해 B용매를 45~50분 동안 15%로 유지한다.

④ 시료 주입량은 10 μL이며, 254 nm에서 검출한다.

⑤ 각각의 이소플라본 표준물질을 같은 방법으로 분석하여 머무름시간을 참고한다.

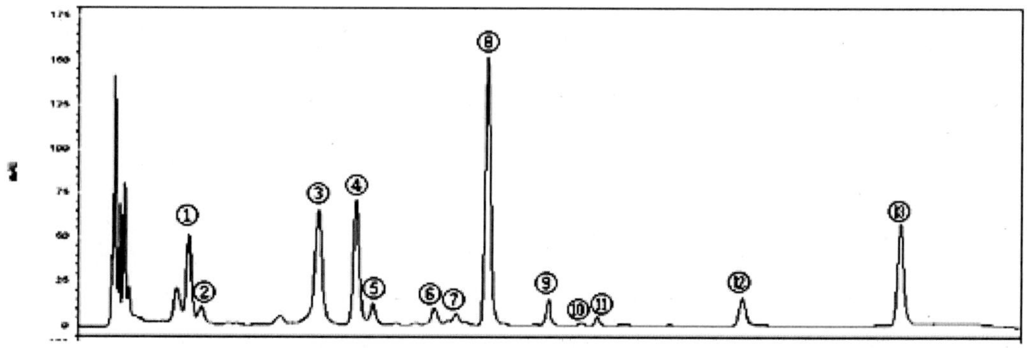

(① Daidzin, ② Glycitin, ③ Genistin, ④ 6″-o-Malonyl-β-daidzin, ⑤ 6″-o-Malonyl-β-glycitin, ⑥ 6″-o-Acetyl-β-daidzin, ⑦ 6″-o-Acetyl-β-glycitin, ⑧ 6″-o-malonyl-β-genistin, ⑨ Daidzein, ⑩ Glycitein, ⑪ 6″-o-Acetyl-β-genistin, ⑫ Genistein, ⑬ Formononetin)

2. 식품기사 준비를 위한 필답형

Q01 **40% 소금물 100 mL를 5%의 소금물로 희석하려면 첨가해야 하는 물의 양은?**

A01 피어슨 공식을 이용한다.

```
40      5
   \  /
    5
   /  \
0       35
```

40% : 0% = 5 : 35 = 1 : 7 = 100 mL : x

$\therefore x = 700$ mL

Q02 **15브릭스(brix) 음료 5 kg이 있다. 50brix 음료를 첨가하여 30brix의 음료로 만들려고 할 때에 첨가해야 할 50brix 음료의 양은?**

A02 피어슨 공식을 이용한다.

```
15      20
   \  /
    30
   /  \
50      15
```

15brix : 50brix = 20 : 15 = 4 : 3 = 5 kg : x

$\therefore x = 3.75$ kg

Q03 **0.2 N H_2SO_4 (분자량 98, 농도 98%, 비중 1.84) 용액 100 mL를 조제하시오.**

A03 ① H_2SO_4는 2당량이므로 0.2 N H_2SO_4 용액 100 mL 조제하기 위해 필요한 H_2SO_4의 양은 $98/2 \times 0.2\ \text{N} \times 0.1\ \text{L} = 0.98$ g

0.98g을 mL로 변환하면 $0.98/1.84 = 0.532$ mL

$0.532 \times 0.98\ (98\%) = 0.521$ mL

② 피펫으로 0.521 mL를 취하여 비커로 옮긴다.

③ 적당량의 증류수로 녹인 후 100 mL 정용 플라스크로 옮기는데, 증류수로 표시선까지 정확하게 담는다('바로'와 '거꾸로'를 반복하여 섞어 주면서).

Q04 **5% 설탕액 2 kg을 농축시켜 20% 설탕액으로 제조하려고 한다. 증발시켜야 할 5% 설탕액의 양은?**

A04 $\text{중량백분율(w/w\%)} = \dfrac{\text{용질의 질량(g)}}{\text{용액의 질량(g)}} \times 100$

증발시켜야 할 수분의 양(x)은

$\dfrac{5}{100} \times 2 = \dfrac{20}{100} \times (2 - x)$ $\qquad \therefore x = 1.5$ kg

Q05 60% 소금물 100 mL를 20%의 소금물로 희석하려면 첨가해야 하는 물의 양은?

A05 첨가해야 할 물의 양(x)은

$$\frac{60}{100} \times 100 = \frac{20}{100} \times (100 + x)$$

$\therefore$ $x = 200$ mL

Q06 44% H_2SO_4로 20%의 H_2SO_4 용액 500 mL를 만들려면 44% H_2SO_4 용액의 필요량은?

A06 $NV = N'V'$

$44 \times x = 20 \times 500$

$\therefore$ $x = 1{,}100$ mL

Q07 H_2SO_4(분자량 98) 98 g 500 mL로 H_2SO_4 용액을 만들 때, 그 용액의 M 농도와 N 농도는?

A07 ① 몰 농도 : 용액 1 L에 함유되어 있는 용질의 g 분자량 수

H_2SO_4의 분자량이 98이므로 1 M일 때 물 1 L에 황산 98 g이 함유되어 있고, 물 500 mL에는 49 g이 함유되어 있다.

1 M : 49 g = x : 98 g　　　$\therefore$ $x = 2$ M

② 노말 농도 : 용액 1 L에 함유되어 있는 용질의 g 당량 수

1 N : 49/2(2당량이므로) g = x : 98 g　　　$\therefore$ $x = 4$ N

Q08 2 M NaCl, 0.6 M KCl, 0.2 M HCl 시약을 이용하여 0.2 M NaCl, 0.2 M KCl, 0.5 M HCl 농도의 총 부피 500 mL 시료를 제조하려고 한다. 각각 필요한 시약 용액 및 부피는?

A08 $MN = M'N'$ 공식을 이용하면

2 M NaCl의 경우 : $2 \times x = 0.2 \times 500 \longrightarrow x = 5{,}000$ mL

0.6 M KCl의 경우 : $0.6 \times y = 0.2 \times 500 \longrightarrow y = 1{,}500$ mL

0.2 M HCl의 경우 : $0.2 \times z = 0.5 \times 500 \longrightarrow z = 200$ mL

$\therefore$ 2 M NaCl : 5,000 mL, 0.6 M KCl : 1,500 mL, 0.2 M HCl : 200 mL

Q09 수분활성도를 구하는 공식은?

A09 $$a_w = \frac{P_S}{P_0} = \frac{N_w}{N_w + N_s} = \frac{\text{식품의 수증기압}}{\text{순수한 물의 수증기압}} = \frac{\text{용매의 몰수}}{\text{용질의 몰수} + \text{용매의 몰수}}$$

P_S : 식품 속의 수증기압 = 용액의 증기압,　P_0 : 순수한 물의 증기압 = 용매의 증기압
N_W : 물의 몰수,　N_S : 용질의 몰수

Q10 **40%의 수분과 20%의 설탕을 함유하고 있는 식품의 수분활성도(a_w)는? 단, 분자량은 물 : 18, 설탕 : 342.**

A10 수분활성도$(a_w) = \frac{P_S}{P_0} = \frac{N_w}{N_w + N_s} = \frac{40/18}{(40/18) + (20/342)} = 0.97$

a_w : 수분활성도, N_W : 물의 몰수, N_S : 용질의 몰수

Q11 **소금물로 수분활성도 0.6의 상태를 얻고자 할 때에 소금 용액의 몰 농도는?**

A11 ① 수분활성도$(a_w) = \frac{N_w}{N_w + N_s}$

N_w : 용매의 몰수, N_s : 용질의 몰수

$$= \frac{\text{물의 몰수}}{\text{물의 몰수} + \text{소금의 몰수}} = \frac{6}{6+4} = 0.6$$

물의 몰수=6, 소금의 몰수=4

② 몰 농도 : 용액 1 L에 들어 있는 용질의 몰수

소금(NaCl) 분자량=58.5 g/mol, 물(H_2O) 분자량=18 g/mol

소금물의 부피

=〔58.5 g/mol×4 mol÷2.16 g/mol〕+(18 g/mol×6 mol÷1 g/mL)

=216 mL (소금의 비중 : 2.16, 물의 비중 : 1)

소금물의 몰 농도=4 mol÷0.216 L=18.52 M ∴ 18.52 M

Q12 **(1) 등온흡습(탈습)곡선에 대해서 설명하면?**

(2) 그래프의 가로축과 세로축의 의미를 표시하고 일반적 모형을 그리면?

(3) 이력 효과(hysteresis effect)에 대해서 설명하면?

A12 (1) 일정 온도에서의 상대습도와 평형 수분 함량 사이의 관계를 상대습도의 증감에 따라 표시한 곡선이다. 대기 중의 수분을 흡수함으로써 평형에 이르는 것을 표시한 그래프가 등온흡습곡선이고, 반대로 식품에서 대기 중으로 수분이 방출됨으로써 평형에 이르는 것을 표시한 그래프가 등온탈습곡선이다. 온도가 높을수록 같은 상대습도에 대응하는 수분 함량은 커진다.

(2)

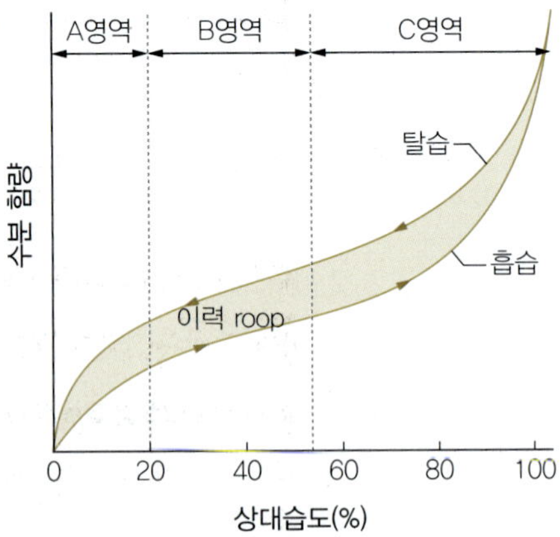

(3) 등온흡습곡선과 등온탈습곡선이 일치되지 않는 현상을 이력현상이라 하며, 그 효과는 등온 곡선의 굴곡점에서 가장 크다. 많은 건조 식품이 흡습할 때보다 탈습할 때에 동일한 수분활성도에서 수분 함량이 높게 나타난다. 이는 식품 조직의 변화나 성분의 변화에 기인한다.

Q13 등온흡습(탈습)곡선 중 모세관 응고 영역에 대하여 설명하면?

A13 12번 문제 풀이 그림에서 C영역을 말한다. 식품의 다공질 구조, 즉 모세관에 수분이 자유로이 응결되고 식품 성분에 대하여 용매로 작용한다. 따라서 화학, 효소 반응들이 촉진되고 미생물의 증식도 일어날 수 있다. 물은 주로 자유수로 존재한다.

Q14 전 수분량이 75%일 때 유리수의 양이 23%이다. 이때 다음을 계산하면?

(1) 결합수 함량 (%) **(2) 보수력 (%)**

A14 (1) 결합수 함량

총 수분량 = 유리수의 양 + 결합수의 양

75% = 23(%) + 결합수의 양

∴ 결합수의 양 = 75(%) − 23(%) + 52(%)

(2) $\text{보수력}(\%) = \frac{\text{유리수의 양}}{\text{결합수의 양}} \times 100 = (\frac{23}{52}) \times 100 = 44.23(\%)$

Q15 1 N 옥살산(oxalic acid) 500 mL를 만드는 데 필요한 옥살산의 양과 제조방법을 설명하면? 단, 옥살산의 분자량은 126.07 g/mol이다.

A15 ① 필요한 옥살산(oxalic acid)의 양

1 N 옥살산 = 옥살산 1 g 당량/용액 1 L

$(\text{oxalic acid 1 g 당량} = \frac{\text{분자량}}{\text{원자가}} = \frac{126.07}{2} = 63.035\text{ g})$

= 옥살산 63.035 g/용액 1 L

= 옥살산 31.5175 g/용액 500 mL

∴ 31.5175 g

② 제조방법

- 순수한 옥살산 31.5167 g을 비커에 넣는다.
- 소량의 증류수로 용해한다.
- 이를 500 mL 정용 플라스크에 넣고 표시선까지 정용하여 혼합한다.
- 표준물질(1 N NaOH)로 표정하여 factor 구한다.

Q16 설탕 25 kg과 물 75 kg을 녹여 당액을 만들 때에 다음을 구하면?

(1) 당도(%)　　　(2) 몰분율

A16 (1) 당도(%) $= \frac{25}{(25+75)} \times 100 = 25\%$

∴ 25%

(2) 몰분율 $= \frac{\text{해당 성분의 몰수}}{\text{혼합물의 총 몰수}} = \frac{(25/342)}{(25/342)+(75/18)} = 0.02$

∴ 0.02몰분율

Q17 항량에 대해 설명하면?

A17 식품 분석에서 수분, 회분, 섬유 등의 정량은 일정한 조건 하에서 화학 천칭을 사용한 중량 분석을 통해 이루어진다. 칭량병이나 도가니는 가열한 직후와 장시간 실내에 방치해 두었을 때 그 무게에 차이가 생기므로, 데시케이터 속에서 일정 시간 방랭한 후 무게를 측정하여 이에 대한 오차를 줄인다. 이러한 건조 또는 가열을 반복하여 중량이 일정하게 변화하지 않게 되었을 때의 중량을 항량이라 한다.

Q18 식품의 비중을 비중병으로 측정할 때 다음에 관해 기술하시오.

(1) 조작법　　　(2) 계산식

A18 (1)
- 비중병의 항량을 구한다.
- 비중병에 증류수를 넣은 후 측정하고자 하는 온도에서 1시간 방치한다.
- 모세관 속의 증류수를 표준 선에 정확히 맞추어 그 무게를 측정한다.
- 증류수 대신 시료를 넣고 먼저 조작한 후 무게를 측정한다.

(2) 비중 $= \frac{W_2 - W_0}{W_1 - W_0}$

W_0 : 비중병 항량, W_1 : 증류수를 담은 비중병 무게, W_2 : 시료를 담은 비중병 무게

Q19 비중병의 무게는 30 g이며 증류수를 넣어 20℃에서 칭량하였을 때 무게는 55 g이다. 식용유를 넣어 같은 온도에서 칭량하였을 때의 무게가 52 g이면 이때 식용유의 비중은?

A19 비중 $= \frac{W_2 - W_0}{W_1 - W_0} = \frac{52-30}{55-30} = 0.88$

W_0 : 비중병 항량, W_1 : 증류수를 담은 비중병 무게, W_2 : 시료를 담은 비중병 무게

Q20 식품의 수분 정량법 중 상압가열건조법에 대하여 설명하면?

A20 시료 일정량을 칭량하여 상압 하에서 105℃로 가열 건조하여 수분을 제거한 후 다시 칭

량하여 건조 전후의 중량 차이를 수분량으로 산출하는 방법이다. 그 계산식은

$$수분(\%) = \frac{W_2 - W_0}{W_1 - W_0} \times 100$$

W_0 : 칭량병의 중량(g), W_1 : 건조 전 칭량병과 시료의 중량(g), W_2 : 건조 후 칭량병과 시료의 중량(g)

Q21 건조기를 이용하여 5,000 kg의 당근을 수분 함량이 87.5%에서 4%로 건조하려 한다. 제거해야 하는 물의 총량은?

A21 먼저 당근의 고형분 함량은 $5{,}000 \times (100 - 87.5)/100 = 625$ kg

두 번째로 증발 후 남은 수분의 무게를 구하면

건조 후 제품의 양$(x) = x \times 0.96 = 625$

$\therefore\ x = 651$

이들 계산을 바탕으로 증발시켜야 할 수분의 양을 구하면

$(5{,}000 - 625) - 26 = 4{,}349$ kg

Q22 80%의 수분을 지니는 식품 1 kg에서 60%의 수분을 건조시켰을 때 다음을 계산하시오.

(1) 건조된 수분량　　(2) 건조 후 고체와 수분의 무게

A22 (1)
- 건조 전 수분량 : 1 kg × 0.8 = 0.8 kg
- 60% 수분 건조 : 0.8 kg × 0.6 = 0.48 kg

(2) 건조 후 고체와 수분의 무게
- 건조 전과 후의 고체 무게 : 0.2 kg (건조 전과 후의 고형분 무게는 같음)
- 건조 후 수분의 무게 : 0.8 − 0.48 = 0.32 kg

Q23 A와 B는 수분 함량이 같은데 보존기간은 A가 훨씬 길다. 그 이유를 수분활성도로 설명하면?

A23 수분 함량이 같아도 수분 결합 정도에 따라 저장성이 달라진다. 즉, 결합 정도가 강할수록 수분활성도는 감소한다. A의 보존기간이 긴 것은 B보다 수분활성도가 낮기 때문이다.

Q24 표준용액, 표정, 역가의 정의는?

A24
- 표준용액 : 정량분석의 기준 용액으로 사용되는 것
- 표정 : 표준용액의 실제 농도를 결정하는 조작
- 역가 : 용액이 얼마나 정확하게 만들어졌는지를 확인하기 위하여 실제 노말 농도를 원하는 소정의 노말 농도로 나누어 준 값

Q25 중화 적정의 정의에 의한 표준용액, 종말점, 지시약을 설명하면?

A25 • 중화 적정 : 산과 염기의 중화반응을 이용하여 적정하는 정량분석법

• 표준용액　산 : HCl, H_2SO_4

　　　　　염기 : NaOH

• 지시약 : 페놀프탈레인, 메틸오렌지

• 종말점　페놀프탈레인 : 산성(무색) → 알칼리(붉은색)

　　　　　메틸오렌지 : 산성(붉은색) → 알칼리(노란색)

Q26 역적정의 정의를 내리고, 예를 2가지 이상 들면?

A26 • 분석하고자 하는 식품의 성분이 한 번에 적정되지 않아 분석 샘플과 반응하는 화학 시료를 과량으로 첨가하여 반응시킨 후 남아 있는 화학 시료의 양을 적정하여 사용된 화학 시료의 양을 확인함으로써 샘플 내의 식품 성분량을 추정하는 방법을 역적정이라 한다. 적정하려고 하는 물질(제산제)과 물질(염산)이 반응하여 중화는 일어나지만 정확한 적정점을 찾기 어려울 때 사용한다.

• 역적정의 예로는 산가 측정, 조단백 정량, 우유 속 칼슘 정량 등이 있다.

Q27 NaOH 표준용액을 적정하는 방법은?

A27 먼저 0.1 N NaOH 표준용액 1,000 mL 조제한다.

① 1 N NaOH(분자량 : 40.01 g/mol)

=NaOH 1 g 당량/1,000 mL

=NaOH 40.01 g/1,000 mL

② 0.1 N NaOH=NaOH 4.001 g/1,000 mL

③ NaOH 4.001 g을 정확히 칭량하여 소량의 증류수로 용해한다.

④ 1,000 mL의 정용 플라스크에 옮겨 넣고 증류수로 1000 mL까지 정용하여 혼합한다.

• 0.1 N HCl로 표정하는 방법은

① 0.1 N HCl 20 mL를 200 mL 삼각 플라스크에 정확하게 담는다.

② 페놀프탈레인 2방울을 넣는다.

③ 0.1 N NaOH 용액을 뷰렛으로 서서히 넣으면서 적정한다. (무색→붉은색)

• Factor 계산

$$F = \frac{0.1\ N\ HCl\ \text{채취량}(mL) \times F_0}{0.1\ N\ NaOH\ \text{소비량}(mL)}$$

Q28 식품 중의 조단백질 정량에 있어서 질소계수란?

A28 식품 중의 단백질은 평균 16% 정도 질소를 함유하고 있다. 따라서 식품 중의 단백질 양을 구하고자 할 때에는 총 질소량을 정량하여 그 값에 (100/16=6.25)를 계수로 곱하면 산출할 수 있다. 이때의 계수를 질소계수(nitrogen coefficient)라고 한다.

Q29 조단백질의 켈달 질소 정량법(Kjeldahl nitrogen determination)을 설명하면?

A29 • 원리 : 질소를 함유한 유기물을 촉매의 존재하에서 황산으로 가열분해하면 질소는 암모니아로 변한다. 계속 NaOH를 가하여 알칼리성으로 유지하고, 유리된 NH_3를 수증기와 증류하여 희황산으로 포집한다. 이 포집액을 NaOH로 적정하여 질소의 양을 구하고, 여기에 질소계수를 곱하여 조단백질의 양을 산출한다.

• 화학식

① 분해 : 시료(sample)에 진한 황산과 분해 촉진제를 넣고 가열하면 시료 중의 질소가 암모니아로 되어 진한 황산과 반응하여 황산암모늄의 형태로 분해액 중에 포집된다.

〔시료 중의 N + 진한 $H_2SO_4 \longrightarrow (NH_4)_2SO_4 + SO_2\uparrow + CO_2\uparrow + CO\uparrow + H_2O$〕

② 증류 : 분해액 일정량에 과잉의 진한 알칼리를 계속 가해 수증기와 증류하면 암모니아가 유리된다.

〔$(NH_4)_2SO_4 + 2NaOH \longrightarrow 2NH_3 + Na_2SO_4 + 2H_2O$〕

③ 중화 : 유리된 암모니아를 일정량의 묽은 황산 용액으로 포집한다.

〔$2NH_3 + H_2SO_4 \longrightarrow (NH_4)_2SO_4 + H_2SO_4$(잔여)〕

④ 적정 : 잔존하는 과잉의 묽은 황산을, 농도를 알고 있는 알칼리 표준용액으로 적정하여 암모니아와 반응함으로써 소비된 묽은 황산의 양을 계산한다.

〔H_2SO_4(잔여) $+ 2NaOH \longrightarrow Na_2SO_4 + 2H_2O$〕

Q30 조단백질의 켈달(Kjeldahl) 질소 정량분석 시 0.1 N H_2SO_4 용액을 넣은 수기에 보통 첨가하는 지시약은?

A30 0.1% methyl red 용액과 0.1% methylene blue 용액의 혼합 용액

Q31 A, B, C의 세 가지 시료가 있다.

(1) 총 질소 함량을 이용하여 조단백질을 구할 때의 식은?

(2) 질소계수가 각각 5.95, 6.31, 5.30이라 할 때 어떤 시료에 질소를 더 많이 함유하고 있는 아미노산이 있는지 답하고 그 이유를 설명하면?

A31 (1) 조단백질의 양 = (질소량) × 6.25

(2) 질소계수가 낮을수록 아미노산의 함량이 높으므로 질소계수가 5.30인 시료에 아미노산의 함유량이 가장 높다.

Q32 유지를 고온 가열할 때 발생하는 현상을 물리적, 화학적으로 2가지씩 쓰면?

A32 ① 점도가 낮아지고 색이 탁해진다.

② 지방 산화, 이중결합 *cis*형이 *trans*형으로 변한다.

Q33 다음은 식품 속 지질의 양을 정량하는 원리와 속슬렛(Soxhlet) 추출법을 설명한 것이다. 빈칸에 알맞은 용어를 채우시오.

> 지질은 물에 녹지 않고 유기용매에 녹는 성질을 지닌다. 그러므로 삼각 플라스크와 같은 기구 내에서 시료와 유기용매를 반응시켜 시료 중의 지질을 모두 추출할 수 있다. 그 후에 기구로부터 유기용매와 시료의 잔여물을 제거하면 (①)의 무게만큼 그 기구의 무게가 증가하게 된다. 이것이 지질 정량법의 기본 원리이다. 즉, 지질 정량법은 (②) 분석법이며 지질을 정량할 때에는 유기용매로 (③)를 주로 사용한다.
>
> 속슬렛 추출법에서는 위의 과정을 보다 쉽게 하기 위해서 속슬렛 추출장치를 사용한다. 이 방법으로 지질을 정량할 때에는 시료로부터 지질을 추출하기 전의 (④) 무게와 시료에서 지질을 추출하고 유기용매를 제거한 후에 지질이 남아 있는 (④)의 무게를 정확하게 측정하는 것이 매우 중요하다.

A33 ① 지질 ② 무게 ③ 에테르 ④ 수기

Q34 속슬렛(Soxhlet)법을 이용하여 조지방 함량을 구하고자 한다. 그 계산식은?

A34 조지방 함량(%) = $\frac{W_1 - W_0}{S} \times 100$

W_0 : 수기의 중량 (g), W_1 : 조지방을 추출하여 건조시킨 수기의 중량 (g), S : 시료의 채취량 (g)

Q35 유지의 화학적 측정방법인 산값, 비누화값, 요오드값, 과산화물값의 정의를 각각 쓰고, 측정 목적을 설명하면?

A35
- 산값 : 유지 1 g 중에 함유된 유리지방산을 중화하는 데 필요한 KOH의 mg수. 유지의 신선도 판정에 이용
- 비누화값 : 유지 1 g을 비누화하는 데 필요한 KOH의 mg수. 유지의 분자량 판정에 이용

- 요오드값 : 유지 100 g에 흡수되는 요오드의 g수. 유지의 불포화도를 측정하는 데 이용
- 과산화물값 : 유지 1 kg 중에 함유되어 있는 과산화물의 mg 당량수. 산패 정도와 유도기간의 길이 판정에 이용

Q36 유지의 측정 요소인 TBA값이란?

A36 유지의 산화 시에 생성되는 카보닐(carbonyl) 화합물 중 malonaldehyde의 양을 나타내는 수치로, 유지의 산패를 측정하는 데 이용된다. TBA값은 유지 1 kg 중에 함유되어 있는 malonaldehyde의 몰수로 표시된다.

Q37 유지 시료 2.164 g을 취하여 비누화값을 측정한 결과 0.5 N HCl 용액(F=1.02)의 적정값이 5.51 mL이고, 공시험의 적정값은 18.21 mL이었다. 이 유지의 비누화값은?

A37 비누화값 $= \dfrac{28.05 \times (V_1 - V_0) \times F}{S}$

$$= \frac{28.05 \times (18.21 - 5.51) \times 1.02}{2.164} = 167.91$$

V_1 : 이 시험의 0.5 N HCl 용액의 적정 소비량 (mL), V_0 : 공시험의 0.5 N HCl 용액의 적정 소비량(mL)
S : 시료 채취량(g), F : 0.5 N HCl 용액의 역가

Q38 유지 시료 5.6 g의 산값을 측정할 때 0.1 N KOH 소비량은 1.1 mL, 대조구의 소비량은 1.0 mL이었다. 이때 0.1 N KOH를 표정하기 위해 안식향산 0.244 g을 취해 에테르에탄올에 녹여 적정하는 데 20 mL가 소비되었다. 이때 다음을 계산하시오.

(1) 0.1 N KOH의 factor값 (2) 산값

A38 (1) factor $= \dfrac{\text{실제 농도}}{\text{이론 농도}}$

안식향산 분자량 : 122.13

1 N 안식향산 용액 1 L에는 안식향산이 122.13 g 들어 있다.

1 N : 122.13 = 0.1 N : x

0.1 N 안식향산 용액 1 L에는 안식향산 12.213 g이 들어 있다.

0.1 N KOH 용액의 역가(F) $= \dfrac{\text{안식향산 채취량(g)} \times 1{,}000}{0.1 \times 122.13 \times \text{0.1 N KOH의 적정 소비량(mL)}}$

$$= \frac{0.244 \times 1{,}000}{0.1 \times 122.13 \times 20} = 0.999$$

(2) 산값 $= \dfrac{(V_1 - V_0) \times 5.611 \times F}{S}$

$$= \frac{(1.1 - 1.0) \times 5.611 \times 0.999}{S} = 0.1 \text{ KOH/mg 당량수}$$

S : 시료의 채취량 (g), V_1 : 이 시험의 0.1 N KOH 용액의 적정 소비량 (mL)
V_0 : 이 시험의 0.1 N KOH 용액의 적정 소비량 (mL), F : 0.1 N KOH 용액의 역가

Q39 **유지 시료 0.5 g을 취하여 요오드 적정법에 의한 과산화물값을 측정한 결과, 0.01 N $Na_2S_2O_3$ 용액(factor 1.01)의 적정값이 16.2 mL이고, 공시험의 적정값은 0.28 mL이었다. 이 시료의 과산화물값은?**

A39 과산화물값(meq/kg) $= \dfrac{(V_1 - V_0) \times F \times 0.01}{S} \times 1{,}000$

$$= \frac{(16.2-0.28) \times 1.01 \times 0.01}{0.5} \times 1{,}000 = 320$$

V_1 : 이 시험의 0.1 N $Na_2S_2O_3$ 용액의 적정 소비량 (mL), V_0 : 공시험의 0.1 N $Na_2S_2O_3$ 용액의 적정 소비량 (mL)
S : 시료 채취량 (g), F : 0.1 N $Na_2S_2O_3$ 용액의 역가

Q40 **유지 시료 0.3 g을 취해 요오드값을 측정한 결과, 0.1 N $Na_2S_2O_3$ 용액(factor 1.03)의 적정값이 12 mL이고, 공시험의 적정값은 15.0 mL이었다. 이 유지의 요오드값은?**

A40 요오드값 $= \dfrac{(V_0 - V_1) \times 12.69 \times F}{S}$

$$= \frac{(15 - 12) \times 12.69 \times 1.03}{0.3} = 130.707$$

V_1 : 이 시험의 0.1 N $Na_2S_2O_3$ 용액의 적정 소비량 (mL), V_0 : 공시험의 0.1 N $Na_2S_2O_3$ 용액의 적정 소비량 (mL)
S : 시료 채취량 (g), F : 0.1 N $Na_2S_2O_3$ 용액의 역가

Q41 **요오드값에 대하여 다음을 서술하시오.**

(1) 정의 **(2) 목적**

(3) 다음의 요오드값 중 녹는점이 낮은 것은?

A : 60, B : 120

A41 (1) 정의 : 유지 100 g에 흡수되는 요오드의 g수

(2) 목적 : 유지의 불포화도를 측정하는 데 사용

(3) B 불포화도가 높을수록 요오드값이 높고 녹는점은 낮다.

Q42 **식품 100 g 중 트랜스지방의 함량은?**

A42 (지방 4.0 g/식품 100 g, 트랜스지방산 0.3 g/식품 100 g)

트랜스지방 함량(g/식품 100 g) $= \dfrac{A \times B}{100} = \dfrac{\text{조지방 함량} \times \text{트랜스지방 함량}}{100}$

A : 조지방 함량(g/식품 100 g), B : 트랜스지방산 함량(g/식품 100 g)

∴ 0.012 g

Q43 Fehling 당의 환원작용으로 생기는 적색 침전물의 명칭과 화학식은?

A43 • 명칭 : 산화구리(Cu_2O)

• 화학식 : $R-CHO+Cu^{2+} \longrightarrow R-COOH+Cu_2O$ (적색)↓

Q44 300 kg 녹말을 산분해할 때 이론적으로 생성되는 포도당의 양은?

A44 162 kg 녹말을 산분해하면 180 kg의 포도당이 생긴다.

$162 : 180 = 300 : x$

$\therefore x = 333.33$ kg

Q45 헨네베르크-스토만법(Henneberg-Stohmann method)을 개량한 AOAC법을 이용하는 조섬유 정량방법이란?

A45 AOAC법에 의한 조섬유의 정량은

① 조작

• 융해 과정과 회화 과정의 두 단계로 나누어서 한다.

• 융해 과정은 식품을 묽은 산(12.5% H_2SO_4)과 묽은 알칼리(12.5% NaOH)로 처리하여 가용성 물질을 모두 제거하는 과정이고, 회화 과정은 용해 과정에서 용해되지 않은 물질 중에 무기물이 소량 함유되어 있으므로 그 무기물의 양을 측정하기 위한 과정이다.

• 따라서 조섬유 양은 시료를 용해시킨 다음 남아 있는 물질의 무게에서 회분의 무게를 빼면 얻을 수 있다.

② 시약 : 12.5% H_2SO_4, 12.5% NaOH, 95% 알코올, 아밀알코올(소포제), 석면

③ 계산식

$$\text{조섬유} = \frac{W_1 - W_2}{S} \times 100$$

W_1 : 용해 후 유리 여과기의 항량 (g), W_2 : 회화 후 유리 여과기의 항량 (g), S : 시료의 채취량(g)

Q46 Mohr법에 의해 식염(NaCl)을 정량할 때에 다음 사항을 기술하시오.

(1) 정량방법 (2) 반응식 (3) 계산식

A46 (1) • 시료 5~10 g을 취하여 증류수 20 mL와 함께 마쇄한 후 100 mL 정용 플라스크에 옮겨 정용한다. (시료 용액)

• 삼각 플라스크에 시료 용액 10 mL를 취한다.

• 10% K_2CrO_4 용액(지시약) 1 mL를 가한다.

• 0.02 N $AgNO_3$ 용액으로 적정한다. (종말점 : 백색 → 적갈색)

(2) Mohr법은 K_2CrO_4를 지시약으로 한 침전 적정으로 Cl^-, Br^-, I^-, CN^-, CNS^-, S^{2-} 등의 적정에도 이용된다. Cl^-의 경우는 식염 NaCl 용액을 비커에 넣고 K_2CrO_4 용액을 소량 가하여 뷰렛으로 $AgNO_3$ 표준용액을 적하하면 AgCl의 백색 침전이 생성된다.

$AgNO_3 + NaCl \longrightarrow AgCl\downarrow$(백색 침전물) $+ NaNO_3$

또 K_2CrO_4와 반응하여 크롬산은 Ag_2CrO_4의 적갈색 침전이 생기기 시작하므로 적정 종말점을 알 수 있다.

$K_2CrO_4 + 2AgNO_3 \longrightarrow Ag_2CrO_4\downarrow$(적갈색 침전물) $+ 2KNO_3$

(3) 식염 (%) $= \dfrac{0.00117 \times V \times F \times D}{S} \times 100$

S : 시료의 채취량 (g), V : 적정에 사용된 0.02 N $AgNO_3$ 용액의 소비량 (mL), F : 0.02N $AgNO_3$ 용액의 역가, 0.00117 : 0.02N $AgNO_3$ 표준용액 1 mL에 상당하는 NaCl의 양 (g) (0.00585 : 0.1 N $AgNO_3$ 표준용액 1 mL에 상당하는 NaCl의 양 ∴ 0.00585/5), D : 희석 배수(500/10 = 50)

Q47 단무지 7.5086 g을 마쇄하여 500 mL로 정용한 후 여액 10 mL를 취하여 0.02 N $AgNO_3$ 용액을 적정한 결과 10.8 mL가 소비되었다. 단무지의 식염 함량은? 단, 0.02 N $AgNO_3$ 용액의 역가는 1.0008이다.

A47 NaCl (%) $= \dfrac{0.00117 \times V \times F \times D}{S} \times 100$

$= \dfrac{0.00117 \times 10.8 \times 1.0008 \times 50}{7.5086} \times 100 = 12.24\ (\%)$

S : 시료의 채취량 (g), V : 적정에 사용된 0.02 N $AgNO_3$ 용액의 소비량 (mL), F : 0.02 N $AgNO_3$ 용액의 역가, 0.00117 : 0.02 N $AgNO_3$ 표준용액 1 mL에 상당하는 NaCl의 양 (g) (0.00585 : 0.1N $AgNO_3$ 표준용액 1 mL에 상당하는 NaCl의 양 ∴ 0.00585/5), D : 희석배수(500/10 = 50)

Q48 완충 용액(buffer solution)이란?

A48 산이나 염기를 가해도 공통 이온 효과에 의해 그 용액의 수소이온 농도(pH)가 크게 변하지 않는 용액을 말한다.

Q49 어떤 식품의 수소이온 농도가 5×10^{-6}일 때, 이 식품의 pH는? 단, log 5 = 0.699로 계산한다.

A49 $pH = -\log[H^+] = -\log[5 \times 10^{-6}] = -0.699 + 5.999 = 5.3$

Q50 텍스처(texture)란 무엇이며, 반고체 식품의 텍스처를 구성하는 1차, 2차 기계적 특성은?

A50 • 정의 : 식품의 모든 물성학적 및 구조적 특성 (물리적 감각)

• 1차적 특성(기본 특성) : 점성(viscosity), 탄성(elasticity), 경도(hardness), 부착성

(adhesiveness), 응집성(cohesiveness)

- 2차적 특성(기본 특성들이 복합적으로 작용하여 생기는 특성) : 깨짐성(brittleness), 씹힘성(chewiness), 검성(gumminess)

Q51 텍스처의 1차적 특징인 경도, 응집성, 탄력성, 부착성의 정의를 내리면?

A51
- 경도 : 물질을 변형시킬 때 필요한 힘
- 응집성 : 식품의 형태를 구성하는 내부적 결합에 필요한 힘
- 탄력성 : 일정 크기의 힘에 의해 변형되었다가 힘이 제거될 때 다시 복귀되는 정도
- 부착성 : 식품의 표면이 접촉 부위에 달라붙어 있는 인력을 분리하는 데 필요한 힘

Q52 Rheology의 성질과 대표적 특성 2가지는?

A52
- Rheology : 외부 힘에 의한 물질의 변형과 흐름에 대한 물성학의 한 분야로, 식품의 가공 적성뿐만 아니라 식품 섭취 시 기호성과 밀접한 관련이 있다.
- 특성

  ① 점성(viscosity) : 외력에 의해 생기는 층밀림현상에 대한 내부 저항(유체의 흐름에 대한 저항)

  액체의 경우 : 온도↑ ⟶ 점성↓; 압력↑ ⟶ 점성↑

  예) 물엿, 꿀 → 점성 大; 식초, 간장 → 점성 小

  ② 탄성(elasticity) : 외력에 의해 생긴 변형이 외력을 제거하였을 때 원래의 형태로 되돌아가는 성질

  예) 식품 중 완전한 탄성체는 없다. (곤약 → 비교적 탄성 大)

  ③ 소성(plasticity) : 외력에 의해 생긴 변형이 외력을 제거하여도 원래의 형태로 되돌아가지 않는 성질

  예) 생크림, 버터 → 소성 O; 물엿 → 소성 ×

  ④ 점탄성(viscoelasticity) : 외력에 의해 탄성 변형과 점성 유동이 동시에 나타나는 성질

  예) 밀가루 반죽, 부드러운 떡, 씹는 껌 → 점탄성 O

Q53 다음 사항에 대해 기술하시오.

(1) 밀가루 품질 측정 기준 **(2) 밀가루 품질 측정기기**

(3) 색도 측정 방법 및 입자에 따른 색 변화

A53 (1) 단백질(gluten) 함량, 회분 함량, 점탄성, 습부량 및 건부량, 흡수율, 색상, 손상 전분 등

(2) 패리노그래프(farinograph), 엑스텐소그래프(extensograph), 아밀로그래프(amylograph)

③ • 색도 측정방법 : 페커 시험(Pekar test)으로 밀기울(겨)의 혼입도 측정

• 입자가 고울수록 밝고 희다.

Q54 다음 밀가루 2차 가공 시험법은 밀가루 반죽의 어떤 특성을 측정하기 위한 것인가?

(1) 패리노그래프(farinograph) **(2) 엑스텐소그래프(extensograph)**

(3) 아밀로그래프(amylograph)

A54 (1) 패리노그래프(farinograph) : 점탄성

• 반죽의 흡수율 측정 : 반죽이 일정한 굳기(500 B.U.)를 얻기까지의 필요한 수분량

• 반죽의 물리적 성질 측정 : 견고도, 반죽시간, 안정도(500 B.U. 유지시간), 약화도 (안정도+12분 후)

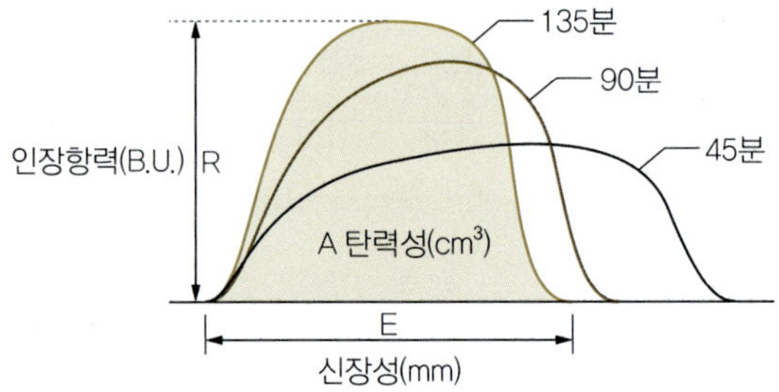

강력분 : 안정도↑, 약화도↓

박력분 : 안정도↓, 약화도↑

(2) 엑스텐소그래프(extensograph) : 신장성, 인장항력

• 반죽의 신장성 측정 : 밀가루 반죽이 끊어질 때까지 늘림

• 발효시간 측정 (발효 중 반죽의 신장성과 탄력성의 관계)

• E↑ → 신장되기 쉬움; R↑ → 강인함; A↑ → 탄력 있음

강력분 : 가로, 세로, 넓이 모두 값이 큼

박력분 : 가로, 세로, 넓이 모두 값이 작음

(3) 아밀로그래프(amylograph) : 호화온도 및 점도, α-amylase 활성

• 반죽의 호화온도 및 점도 측정(밀가루를 호화시키면서 점도를 측정함)

• 맥아의 액화효소, 즉 α-amylase 활성 측정(제분율이 높을수록 α-amylase, β-amylase 많음)

Q55 밀가루 20 g에 물 10 mL를 넣어 습부량을 측정한 결과로 4 g일 때 습부량을 계산하면?

A55 $습부량 = \frac{습부중량}{사용한\ 밀가루의\ 무게} \times 100 = \frac{4}{20} = 20$

∴ 20%

Q56 100 g의 밀가루를 건조하여 15 g의 글루텐을 얻었다. 이 밀가루의 건부율을 구하고 제과용이나 튀김용에 적합한지 판정 여부를 건부율과 연관하여 설명하면?

A56 • $건부율 = \frac{사용한\ 밀가루의\ 무게}{건부중량} \times 100 = \frac{15}{100} = 15$ ∴ 15%

• 강력분 (13% 이상) : 제빵용

중력분(10~13%) : 제면용

박력분(10% 이하) : 제과 및 튀김용

건부율이 15%로 강력분(13% 이상)이므로 박력분(10% 이하)을 사용하는 제과 및 튀김용으로 적합하지 않다.

Q57 헌터(Hunter) 색차계에서 L, a, b가 의미하는 것은 ?

A57 • L(명도) : 검은색(0)에서 흰색(100)을 나타냄

• a(색상) : 적색이 진할수록 0~+100으로 증가, 녹색이 진할수록 0~−80으로 감소

• b(채도) : 황색이 진할수록 0~+70으로 증가, 청색이 진할수록 0~−70으로 감소

Q58 식품 분석실험에서 정확도와 정밀도의 차이란?

A58 정확도는 실제값과 얼마만큼 가까운지를 나타내는 기준이고, 정밀도는 여러 번 측정하거나 계산하여 그 결과가 서로 얼마만큼 가까운지를 나타내는 기준이다.

Q59 식품 분석에서 유효숫자(significant figures)란?

A59 정확도를 높이기 위해 과학적 의미를 지니는 최소의 자릿수를 의미한다.

Q60 120.1 g의 비커에 20.003 g의 시료를 가한 전체 무게를 유효숫자를 고려하여 계산하면?

A60 두 무게를 합한 값은 140.103이지만, 유효숫자의 덧셈/뺄셈의 경우 가장 작은 소수점 이하 자릿수를 맞추므로 답은 140.1 g이다.

Q61 다음 식은 과산화물값을 계산하는 식이다. 유효숫자를 고려하여 다음을 계산하면?

A61 과산화물값(meq/kg) $= \dfrac{(16.54 - 0.34) \times 1.01 \times 10}{0.5896}$

덧셈/뺄셈 : 가장 작은 소수점 이하 자릿수에 맞추어 계산

곱셈/나눗셈 : 가장 유효숫자가 적은 쪽에 맞추어 계산

∴ 계산값이 277.5101이 나오지만 유효숫자가 소수점 이하 2개이므로 277.51이 된다.

Q62 크로마토그래피에서 반높이 상수 = 5.54, $w_{1/2}$ = 2.4 sec, t_a = 12.5 min일 때 반높이 너비법의 이론 단수는?

A62 N : 이론 단수, t_a : 머무름 시간, W : 피크의 너비

$$N_{w1/2} = 5.54\left(\frac{t_a}{w_{1/2}}\right)^2$$

$$= 5.54\left(\frac{12.5}{2.4}\right)^2$$

$$= 150.28$$

Q63 HPLC 분배계수를 고정상과의 친화력과 통과속도를 비교해 보면?

A63
- 분배계수가 크다 : 성분이 고정상과 친화력이 있어 천천히 용리됨을 의미
- 분배계수가 작다 : 성분이 고정상과 친화력이 없어 빨리 용리됨을 의미

Q64 HPLC로 혼합물을 분석할 때 분리능을 높이기 위해 효과적인 방법 2가지와 분석 시 영향을 주는 요인 3가지는?

A64
- 시료를 충분히 분리관에 머무르게 하여 용출시킨다. 또한 용출 성분 각각의 피크 폭이 좁아야 하며 인접한 피크와 서로 겹치지 않아야 한다.
- 3가지 요인은 고정상 및 이동상, 분리관의 길이, 용질

Q65 HPLC의 분배계수에 대한 정의를 쓰고, 고정상과의 친화력 및 통과속도를 비교하여 설명하면?

A65
- 분배계수의 정의
  - 충분히 섞이지 않는 2개의 용매로 구성된 two-phase 시스템에서 용해되는 물질의 평형농도의 비
  - 용질은 칼럼을 통과하여 고정상과 이동상 사이에서 분배가 이루어지며, 분배의 정도가 어느 쪽으로 치우쳤는지는 분배계수로 표현 가능

- 분배계수 ↑ : 고정상과 친화력이 있어서 칼럼을 천천히 통과하므로 통과속도가 느리다.
- 분배계수 ↓ : 고정상과 친화력이 약해서 칼럼을 빠르게 통과하므로 통과속도가 빠르다.

Q66 가스 크로마토그래피에서 가스 주입기(가스가 들어오는 이동상)와 데이터 출력기(데이터를 분석하는 부분), 온도 조정을 제외한 주요 기관 3가지는?

A66 시료 주입구(injector), 고정상(column), 검출기(detector)

Q67 가스 크로마토그래피의 분리능을 좋게 하려면?

A67
- 고정상의 필름 두께가 얇을수록 분리능이 좋다.
- 칼럼의 넓이가 좁을수록 분리능이 좋다.
- 칼럼의 길이는 길수록 분리능이 좋다.
- 유속↑, 충전제의 입자 크기↓, 온도↑ : 분리능이 좋다.

Q68 HPLC 분석 결과 당류의 함유량에 대해 y=6x+2라는 방정식을 얻었다. y는 당도(μg/mL)이고 x는 피크시간을 나타내며 피크시간은 20이다. 총 10 g의 시료를 15 mL로 하여 분석하였으며 5배 희석하여 사용하였다. 이 경우 100 g의 시료에 함유된 총 당의 함유량은? 단, 단위는 mg/100 g이다.

A68 $y=6x+2$ ($x=20$ 대입) ⟶ $y=122\ \mu g/mL$

$$122\ \mu g/mL \times 5 \times \frac{15\ mL}{10\ g} = 915\ \mu g/g$$

∴ 91.5 mg/100 g

Q69 질량분석계에서 EI와 CI의 차이점은?

A69 ① EI (Electron Ionization, 전자 이온화법)

- 이온화실에서 기화된 시료 분자에 전자선을 충격시켜 이온화한다.
- 이 조건에서 이온 생성률이 최대이고 시료의 분자 구조를 특징짓는 다양한 이온(M^+)이 생성된다.

② CI (Chemical Ionization, 화학 이온화법)

- 메탄이나 암모니아 같은 반응 가스(시약 가스)를 약 1 Torr에서 전자 충격시키면 반응 가스의 이온화와, 계속해서 이온 분자 간의 반응에 의해 이차 반응이온이

생성한다.

- 생성된 이차 반응이온들이 기화된 기체 상태의 시료 분자 M에 대하여 루이스산(Lewis acid) 또는 브론스테드산(Bronsted acid)으로 작용하여 $[M+H]^+$, $[M-H]^+$ 등의 이온을 생성한다.
- 즉 CI에 의해 시료 분자로부터 유사 분자 이온이 생성된다.

Q70 LOD와 LOQ의 정의를 내리면?

A70
- LOD (Limits of Detection, 검출한계) : 검출할 수 있는 최소량
- LOQ (Limits of Quantitation, 정량한계) : 지정된 방법으로 정해진 물질계에서 어떤 성분의 정량분석이 가능한 최소한의 농도

참고문헌

고명수·김태화·박규현·양종범·오창환·이경혜. 알기 쉬운 기기분석. 유한문화사 (2005)

권미라·노봉수·이승주·이영승·이지현·이혜성·조인희·최낙언. 식품의 감각평가와 기호적 품질관리. 수학사 (2018)

권수한·권영순·김영상·박기채·윤영자·차기원·최희선. 기기분석의 원리 제5판. 자유아카데미 (1999)

김강진·김하석·이대운·이원. 분석화학. 자유아카데미 (2007)

송연호·김석현·조영태·노기환·박영조. 분석화학. 창문각 (2005)

식품공전. 식품의약품안전청 (2007)

2012 식품공전 Ⅰ, Ⅱ, 한국식품산업협회, 문영사 (2012)

신효선. 식품분석, 이론과 실습. 신광출판사 (2004)

유주현·양한철·정동효·양융. 식품공학실험. 탐구당 (1988)

이기훈. 엑셀을 이용한 통계학 3판. 자유아카데미 (2003)

주현규·조광연·박충균·조규성·채수규·마상조. 식품분석법. 학문사 (1995)

채수규·강갑석·류인덕·마상조·방광웅·오문헌·오성훈. 표준 식품분석학, 이론과 실험. 지구문화사 (2005)

Anonymous. *An Introduction to Electronic Nose Technology.* Neotronics Scientific Inc. Essex. UK (1996)

Askar, A. and Treptow, H. *Quality assurance in Tropical Fruit Processing.* Springer Laboratory (1993)

Aurand, L.W., Woods, A.E. and Wells, M.R. *Foods Composition and Analysis*, p.545. Van Nostrand Reinhold Company, New York (1987)

Bradford, M.A rapid and sensitive method for the quantitation of microgram quantities of protein utilizing the principle of protein-dye binding. ***Anal. Biochem.*** 72: 248-254 (1976)

Cheli, F. Bonetempo V. Dell'Orto V. E-nose and E-tongue: an analytical tool for quality control and management in the pet food industry. ***Sens. Transducers***, 213(6) : 24-29 (2017)

Czepa, A, Hofmann T. Structural and sensory characterization of compounds contributing to the bitter off-taste of carrots (Daucus carota l.) and carrot puree. ***J. Agric. Food Chem.*** 51: 3865-3873 (2003)

Dijksterhuis, GB. Procrustes analysis in sensory research; Multivariate analysis of data in sensory science. Series: Data handling in science and technology. pp 185-220. Elsevier, New York, USA (1997)

Dong, Y. Capillary electrophoresis in food analysis, ***Trends in Food Science and Technology***, 10: 87-93 (1999)

Flambeau, KJ. Lee W-J, Yoon J. Discrimination and geographical origin prediction of washed specialty Bourbon coffee from different coffee growing areas in Rwanda by using electronic nose and electronic tongue. ***Food Sci. Biotech.*** 26(5) : 1245-1254 (2017)

Gabor, E. Determination of the protein content of certain meat products by ultraviolet absorption spectrophotometry. ***Acta Alimentaria***, 8(2): 157-167 (1979)

Gross, J. ***Mass Spectrometry A Textbook***, 3rd Ed., Springer (2017)

Harris, D.C. ***Exploring Chemical Analysis***, 3rd Ed, Freeman (2005)

Harris, D.C. ***Exploring Chemical Analysis***, 5th Ed., Freeman (2013)

Harris, D.C. ***Quantitative Chemical Analysis***, 7th Ed, Freeman (2007)

Harris, D.C. ***Quantitative Chemical Analysis***, 10th Ed., Freeman (2020)

Hoffmann, E. ***Mass Spectrometry Principles and Applications***, 3rd Ed., Wiley (2007)

Hwang, J.H., Lee, K.G. Reduction of aflatoxin B1 contamination in wheat by various cooking treatments. ***Food Chemistry***, 98(1): 71-75 (2006)

Jun, H.J., Lee, K.G., Lee, Y.K., Woo, G.J., Park, Y.S., Lee, S.J. Correlation of urinary furan with plasma γ-glutamyltranspeptidase levels in healthy men and women. ***Food Chemistry Toxicology***, 46(5): 1753-1759 (2008)

Kaushal, A. Gupta, P. Electronic nose evolution for food adulteration: A Review. ***International J. Eng. Develop. Res.*** 5(3) : 108-112 (2017)

Lee, J.K., Lee, K.G., Chun, H.S. Alleviation of aflatoxin B1-induced oxidative stress in HepG2 cells by volatile extract from Allii Fistulosi Bulbus. ***Life Sciences***, 77(23): 2896-2910 (2005)

Lee, K.G. Acrylamide in cooked foods-detection level, formation mechanism, and toxicity of acrylamide. *Food Eng Progress*, 7(1), 65–72 (2004)

Lee, K.G. Analysis of furan in processed foods using SPME. *Bulletin of Food Technology*, 20(3): 80–88 (2007)

Lowry, O.H., Rosebrough, N.J., Farr, A.L. and Randall, R.J. Protein measurement with the Folin phenol reagent. *J. Biol. Chem.* 193: 265–275 (1951)

Method of Biochemical Analysis, John Wiley and Sons, New York. vol. 25 (1979)

Methods of Biochemical and Food Analysis, Boehringer Mannheim GmbH, Mannheim (1989)

Nielsen, S.S. *Food Analysis*, 2nd Ed, An Aspen publication (1998)

Nielsen, S.S. *Food Analysis*, 5th Ed., An Aspen Publication (2017)

Nielsen, S.S. Introduction to Chemical Analysis of Food, Jones and Bartlett Publishers (1994)

Persaud, K, Dodd, GO. Analysis of discrimination mechanisms of the mammalian olfactory system using a model nose. *Nature.* 299:352–355 (1982)

Peterson, G.L. Review of the Folin phenol protein quantitation method of Lowry, Rosebrough, Farr, and Randall. *Anal. Biochem.* 100: 201–220 (1979)

Pomeranz, Y. and Meloan, C.E. *Food Analysis: Theory and Practice,* 3rd ed. Chapman & Hall (1994)

Poole, C.F. *The Essence of Chromatography*, Elsevier (2003)

Reid, L.M. O'Donnell, C.P. and Downey, G. Recent technological advances for the determination of food authenticity. *Trends in Food Science & Technology*, 17: 344–353 (2006)

Rosa, ARD. Leone, F. Cheli, F. Chiofalo, V. Fusion of electronic nose, electronic tongue and computer vision for animal source food authentication and quality assessment : A review. *J. Food Eng.* 210: 62–75 (2017)

Rosén J., Efficient and sensitive screening and confirmation of residues of selected polyether ionophore antibiotics in liver and eggs by liquid chromatography–electrospray tandem mass spectrometry, *AnAnalyst*, 126, 1990–1995 (2001)

Rubinson, J.F., Rubinson, K.A. *Contemporary Chemical Analysis*, Prentice Hall (1999)

Scharbert, S, Holzmann N, Hofmann T. Identification of the astringent taste compounds in black tea in fusions by combining instrumental analysis and human bioresponse. *J. Agric. Food Chem.* 53: 9165–917 (2004)

Skoog, A.S. *Principles of Instrumental Analysis*, 7th Ed., Cengage (2018)

Torten, J. and Whitaker, J.R. Evaluation of the biuret and dye-binding methods for protein determination in meats. *J. Food Sci.* 29: 168–174 (1964)

Wagner, G. and Guilbault, G.G. *Food Biosensor Analysis*, Marcel Dekker (1994)

Whitaker, J.R. and Granum, P.E. An absolute method for protein determination based on difference in absorbance at 235 and 280 nm. *Anal. Biochem.* 109: 156–159 (1980)

Xu, Y. Tutorial, Capillary Electrophoresis, *The Chemical Educator*, 1: 1–14 (1998)

Zou, Y. Wan, H. Zhang, X. Ha, D. Wang P. Electronic nose and electronic tongue. In *Bioinspired Smell and Taste Sensors.* Wang P. Liu Q. Wu C. Hsia KJ. (eds), pp 19–44, Springer International Publishing AG. Dordrecht, Netherlands (2015)

웹사이트

bachem.snu.ac.kr/course/anallab06_1/lab_12.pdf

blog.naver.com/humanhong/140011732217

www.chemsoc.org/ExemplarChem/entries/2003/leeds_chromatography/chromatography/

www.rsc.org/ebooks/archieve/free/BK978085404924/BK9780854044924-08001.pdf

www.cis.rit.edu/htbooks/nmr/inside.htm (Homak, J.P.)

찾아보기

ㅅ

ㅇ

ㅈ

ㅊ

ㅋ

ㅌ

ㅍ

ㅎ

영문

S

W

저자 소개

노봉수

현재 서울여자대학교 식품공학과 명예교수

서울대학교 식품공학과 학사 · 석사

Univ. of California, Davis 식품공학 석사 · 박사

동서식품기술연구소 연구원

김석중

현재 동덕여자대학교 식품영양학과 교수

서울대학교 식품공학과 학사

한국과학기술원 생물공학과 석사 · 박사

Univ. of Texas Health Science Center, Post Doc.

한국식품연구원 선임연구원

대구가톨릭대학교 식품공학과 부교수

김영석

현재 이화여자대학교 식품공학과 교수

서울대학교 식품공학과 학사 · 석사

Rutgers Univ. 박사

Univ. of Minnesota, Post Doc.

Griffith Laboratories Company (Innova) 책임연구원

이광근

현재 동국대학교 식품생명공학과 교수

서울대학교 식품공학과 학사 · 석사

Univ. of California, Davis 식품과학 박사

CJ 종합연구소 선임연구원

이재환

현재 성균관대학교 식품생명공학과 교수

서울대학교 식품공학과 학사 · 석사

Ohio State Univ. 식품공학 박사

서울과학기술대학교 식품공학과 교수

최승준

현재 서울과학기술대학교 식품공학과 교수

서울대학교 식품공학과 학사 · 석사

서울대학교 농생명공학부 박사

이혜영

현재 동의대학교 식품공학전공 교수

서울대학교 식품공학과 학사 · 석사

Univ. of California, Davis 식품과학 박사

삼양제넥스 연구원

한국표준과학연구원 박사후연구원

조인희

현재 원광대학교 식품생명공학과 교수

이화여자대학교 식품영양학과 이학석사

이화여자대학교 식품공학과 공학박사

The Pennsylvania State Univ. Post-Doc.

이화여자대학교 식품산업융합기술연구소 연구교수

실무를 위한 식품분석학 개정

2023년 8월 10일 개정2판 3쇄 발행
2020년 8월 31일 개정2판 1쇄 발행
2014년 8월 30일 개 정 판 1쇄 발행
2008년 9월 5일 초 판 1쇄 발행

저자 노봉수 · 김석중 · 김영석 · 이광근
이재환 · 최승준 · 이혜영 · 조인희

발행인 이 영 호
발행처 **수 학 사**
10881 경기도 파주시 회동길 56 기한재 1층
출판등록 1953년 7월 23일 제2020-000143호
전화번호 031) 946-4642(代) 팩스 031) 944-1457
http://www.soohaksa.co.kr
디자인 북큐브

정가 28,000원

ISBN 978-89-7140-734-9 (93570)